우주생물학 ^{제3판}

우주생물학 제3판

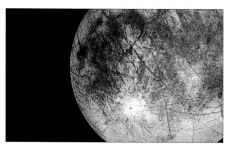

David A. Rothery, Iain Gilmour, Mark A. Sephton 편저

Mahesh Anand, Andrew Conway, Iain Gilmour
Barrie W. Jones, Manish R. Patel, David A. Rothery
Susanne P. Schwenzer, Mark A. Sephton, John C. Zarnecki 지음

송인옥, 권석민, 장헌영, 김유제, 심채경, 김용기, 손정주, 심현진 옮김

Σ 시그마프레스

우주생물학, 제3판

발행일 | 2020년 6월 10일 1쇄 발행

편저자 | David A. Rothery, Iain Gilmour, Mark A. Sephton
옮긴이 | 송인옥, 권석민, 장헌영, 김유제, 심채경, 김용기, 손정주, 심현진
발행인 | 강학경
발행처 | (주)시그마프레스
디자인 | 이상화
편 집 | 이호선

등록번호 | 제10-2642호
주소 | 서울시 영등포구 양평로 22길 21 선유도코오롱디지털타워 A401~402호
전자우편 | sigma@spress.co.kr
홈페이지 | http://www.sigmapress.co.kr
전화 | (02)323-4845, (02)2062-5184~8
팩스 | (02)323-4197

ISBN | 979-11-6226-242-9

An Introduction to Astrobiology, 3rd Edition

＊ 책값은 책 뒤표지에 있습니다.
이 도서의 국립중앙도서관 출판예정도서목록(CIP)은 서지정보유통지원시스템 홈페이지 (http://seoji.nl.go.kr)와 국가자료종합목록 구축시스템(http://kolis-net.nl.go.kr)에서 이용하실 수 있습니다. (CIP제어번호 : CIP2020020098)

역자 서문

우주와 생명에 대한 궁금증은 누구나 가지고 있을 것이다. 우리가 살고 있는 지구와 태양계는 우주의 어디이며, 나는 한 생명으로서 누구인가 하는 생각 말이다. 두 질문이 마치 씨실과 날실처럼 자연에 대한 이해를 도와주는 듯하다. 이 책은 "지구 밖에 생명이 있을까?"라는 궁금증을 한 번이라도 품어본 사람이라면 누구나 흥미를 가질 만한 내용을 담고 있다. 고등학교 이상의 교육을 받은 사람이라면 대부분의 내용을 이해할 수 있으며, 내용 중간에 있는 퀴즈라든가 간단한 질문에 답해보는 것도 이 책을 읽는 재미 중 하나다. 이 책은 지난 몇 년간 '우주생물학' 강좌의 교재로 사용했는데, 기초 화학이나 생물, 물리만을 주로 공부해왔던 학생들에게는 새롭고 흥미로운 주제로 다가왔다. "지구 밖에 생명이 있을까요?"라는 한 학생의 질문으로 시작된 학기였는데, 마무리될 때에도 같은 질문이 던져졌다. "그래서, 지구 밖에 생명이 있을까요?" 한 학기 강의를 마쳤는데도 동일한 질문을 받아 난감해 하던 차에 다른 학생이 현명한 답을 내놓았다. "걱정 마세요, 질문의 깊이가 더 깊어졌어요". 여러분들도 우주와 생명에 대한 질문의 깊이가 이 책을 읽은 후 조금 깊어지기 바란다.

이 책은 생명이란 무엇인가를 보편적으로 정의하며, 생명을 이루는 물질과 그 기원에 대해서 다룬다. 생명 가능 지대를 정의하고, 그 영역에 위치한 지구에서 시간에 따른 대기권 및 지권의 변화와 생명의 진화에 대해 다룬다. 생명 가능 지대에 속하면서도 생명체가 존재할 수 있도록 해주는 여러 조건을 모두 만족시키는 것이 얼마나 경이로운지 알 수 있을 것이다. 극한 생명체에 대한 소개와 함께 태양계의 화성과 얼음 행성들에서 생명의 존재 가능 조건에 대해 설명한다. 외계행성의 발견 방법과 분류에 대해서 다루며, 태양계와 비교한다. 외계행성에서 생명을 찾을 수 있느냐는 질문에 답을 찾기 위한 과학적 방법들에 대해 소개하고 외계 지적 생명체를 다루며 책은 마무리된다. 이 긴 여정에는 드레이크 방정식이 있다. 우리 은하 내에 1년 동안 탄생하는 별의 개수부터 이 항성들이 행성을 가질 확률, 생명체가 살 수 있는 행성의 수, 발생할 생명체가 지적 문명으로 진화할 확률을 담고 있다. 이 책은 이 방정식처럼 우주와 생명에 대한 의구심을 해결하기 위한 로드맵과 원동력을 제공해준다.

용어 번역은 한국 천문학회의 천문학 용어집을 기준으로 하였으나, 때로는 역자들이 선택한 용어를 그대로 사용하였다. 우주생물학 분야에서 처음 번역되는 전문 교과서이기에, 용어 선택과 사용에 부담과 어려움이 있었다. 이 분야 번역서가 많이 출간되어 서서히 용어에 대한 합의가 이루어지길 바란다. 끝으로 윤문 및 감수를 맡아주신 부산외국어대학교의 최은실 교수님과 생물 분야 번역을 검토해주신 한국과학영재학교의 안정훈 박사님께 감사드린다. 이 책의 발간을 맡아주고 원고를 꼼꼼하게 편집하고 교정해준 (주)시그마프레스 출판사에 깊이 감사드린다.

2020년 5월
역자 일동

저자 서문

어떤 사람들은 온라인 시대에 책이 어떤 가치를 가지는지에 대해 의문을 던진다. 우주생물학처럼 여러 영역에서 빠르게 발전하는 분야에서는 어떤 책이라도 인쇄된 후에는 시대에 뒤떨어진 책이 될 것이다. 하지만 이 새로운 판에서 효율적인 방식으로 배울 수 있는 무언가가 있다는 것을 독자가 인정해주길 바란다. 나는 여전히 책의 가치를 굳게 믿는다. 이 판은 내가 만들어낼 수 있고 균형적인 관점을 줄 것이라고 바라는 영역에서 완성도 높고 가장 최신의 '스냅숏'을 보여준다. 누군가 원하는 주제에서 가장 최신의 발전을 알고자 한다면, 그때 좋은 방법이 인터넷이다.

이전 판이 출판된 후 7년 동안의 발전을 반영하여 이 판에서 업데이트되었다. 새로운 글과 용어도 늘어났을 뿐만 아니라 그림도 새롭게 추가되었다. 이 책은 '생명'이란 무엇인가에서 시작해서 지구에서 생명이 언제 어디에서 발현하게 되었는지, 생명체가 존재하는 데 필요한 환경조건은 무엇인지 알아본다. 생명이 발현한 다양한 단계의 시기에 대해서 가장 이른 시기까지 검토한다. 화성을 다룬 장에서는 오랜 기간 동안 게일 충돌구를 횡단하고 지금도 진행 중인 MSL 로버 큐리오시티로부터 얻은 내용이다. 어두운 경사면처럼 보이는 곳에서 현재 물이 배어 든 증거가 보이며 화성에 메테인이 있을 가능성에 대해서도 조심스럽게 언급되고 있다. 얼음천체들을 다룬 장은 유로파를 주로 다루긴 했어도, 카시니 미션의 성공으로 엔셀라두스를 좀 더 다룰 수 있었다. 지하 바다의 존재에 대해 의심의 여지가 없도록 증명하였으며, 제트 같은 분출의 해석으로 해양 바닥 해저열수구에서 물질 대사 경로를 유지할 수 있는 모든 것의 존재를 보일 수 있다. 이 제트 분출은 현재 유로파에서도 관측되고 있다! 타이탄을 다룬 장에서는 호수의 깊이와 구성성분을 측정한 결과를 추가하였고, 여기에서도 지하 바다가 존재한다는 증거로 카시니 미션이 측정한 조석 변형에 대해서도 덧붙였다.

가장 많이 재구성되고 수정이 필요했던 장은 외계행성 부분이다. 모든 산포도와 막대그래프가 업데이트되었다. 두 가지 종류의 주요 관측 기술 덕분에 별 주위를 공전하는 행성으로 현재 수천 개가 알려져 있다. 우리 태양계와 비교할 수 있을 정도로 행성을 많이 가지고 있는 시스템도 충분히 알고 있고, 지구와 비슷한 외계행성의 발견도 다수 이루어지기 시작했다. 이전에는 고려하지 않았던 M형 왜성 주위의 행성에서 생명 가능성을 제시한다. 외계행성에서 생명을 어떻게 찾을 것인가에 대한 장은 근본적인 점검까지는 필요하지 않겠지만, JWST(James Web Space Telescope, 제임스 웹 우주망원경)가 이루어낼 것을 미리 살펴보고자 한다. 행성식이 있을 때 투과되는 별의 스펙트럼에 대한 부분과 성간 우주선의 빛으로 항해하는 기능을 주로 다루는 부분이 있다.

나는 마지막 장을 쓸 때 특히 즐거웠는데, 이 장에서는 브레이스웰 앤드 폰 노이만 우주선의 내용을 추가한 외계 지적 생명체에 대해 다루었다. 탐사 계획은 새롭게 다루어졌고 혹시 모를 '만남'의 가능성을 평가하기 위한 유용한 방법으로 리오 척도를 소개한다.

이 책 내용 전부는 수많은 동료의 노력이 모인 결과물이다. 여러분들도 이 책을 즐기길 바란다.

데이비드 로터리(David R. Rothery)
영국 오픈대학교 행성지질학 교수
2017년 12월

차례

제1장   생명의 기원

1.1 생명이란 무엇인가 1
1.1.1 생명의 정의 2 | 1.1.2 왜 탄소인가 3 | 1.1.3 왜 물인가 4

1.2 생명을 구성하는 요소 4
1.2.1 물 4 | 1.2.2 지질(지방과 기름) 6 | 1.2.3 탄수화물 6
1.2.4 단백질 7 | 1.2.5 핵산 8 | 1.2.6 세포 11

1.3 생명의 기원과 존재를 연구하는 방법 12
1.3.1 생물 지표 : 과거 생명 찾기 12
1.3.2 생명의 기원에 대한 두 가지 접근법 13

1.4 우주 유기물질 13

1.5 지구 초기에 유기 분자의 합성 16
1.5.1 에너지원 16 | 1.5.2 밀러의 생명 기원 실험 17
1.5.3 머치슨 운석의 유입 18 | 1.5.4 혜성 유기물 19

1.6 지구 초기에 배달된 지구 밖 유기물질 20
1.6.1 우리는 우주먼지 20 | 1.6.2 키랄성 22
1.6.3 결집 - 유기물질의 축적 26

1.7 복잡성을 이룸 27
1.7.1 결합하는 고리 : 고분자와 고분자 생성 27
1.7.2 경계층의 형성 28 | 1.7.3 광물의 역할 30

1.8 화학에서 생물 시스템으로 31
1.8.1 RNA 세계 31 | 1.8.2 원시 생화학 33

1.9 하향식 접근 : 계통 발생론 34

1.10 생명의 기원에서 합성 36

1.11 요약 37

제2장   생명을 품은 세계

2.1 서론 39

2.2 생명 잉태 천체의 정의 40

2.3 생명 가능 지대 41
2.3.1 물과 빛 41 | 2.3.2 태양의 거주 가능 지역 44
2.3.3 태양계 밖 우주에서의 거주 가능 지역 47

2.4 초기 지구의 환경 48
2.4.1 거주 가능한 행성? 48 | 2.4.2 초기 지구에서의 판구조운동 50
2.4.3 초기 지구에서의 수권 53 | 2.4.4 지구의 원시 대기 56

2.4.5 원시 지구 생명에 관한 고생물학 및 지질학적 증거 58
2.4.6 진화하는 복잡성 65

2.5 가장자리 환경에서 사는 생물 67
2.5.1 서론 67 | 2.5.2 온도 69 | 2.5.3 방사선 71 | 2.5.4 pH 71
2.5.5 염분 72 | 2.5.6 건조 환경 72 | 2.5.7 압력 73 | 2.5.8 산소 73

2.6 극한 환경 74

2.7 요약 77

제3장 화성

3.1 서론 79
3.1.1 화성의 기본 지형 81

3.2 배경 82

3.3 바이킹 : 생명의 첫 탐사 90

3.4 물, 어디에나 있는 물? 93
3.4.1 과거 물과 화성의 연표 94 | 3.4.2 오늘날의 물 99
3.4.3 화성 대기의 진화 : 물의 역할 105
3.4.4 화성에서 온 운석과 화성 대기 107 | 3.4.5 화성 대기의 메테인 112

3.5 ALH 84001 이야기 : 화성 운석의 생명 증거 114

3.6 행성 보호 117

3.7 생명의 서식지 120

3.8 요약 122

제4장 얼음천체 : 유로파, 엔셀라두스, 그 외 천체들

4.1 서론 123
4.1.1 위성들의 발견 123 | 4.1.2 위성계와 그 기원 124
4.1.3 거대위성들의 특성 탐사 127 | 4.1.4 조석열의 발견 132
4.1.5 갈릴레오 탐사선 135

4.2 유로파 136
4.2.1 얼음과 염류 137 | 4.2.2 유로파의 표면 탐사 139
4.2.3 유로파 얼음의 두께는 어느 정도일까? 150
4.2.4 열과 생명 152

4.2.5 유로파에 대해 어떻게 좀 더 알 수 있을까? 157

4.3 생명의 거처로서 그 밖의 다른 얼음천체들은? 160
4.3.1 엔셀라두스 160 | 4.3.2 트리톤 162 | 4.3.3 명왕성 162
4.3.4 가니메데와 칼리스토 163 | 4.3.5 타이탄 164
4.3.6 거주 가능성 164

4.4 요약 166

제5장 타이탄

5.1 서론 167

5.2 관측 167

5.3 타이탄의 대기 170
5.3.1 구성 172 | 5.3.2 대기 화학 173 | 5.3.3 에어로졸과 연무 180
5.3.4 열적 구조 181

5.4 타이탄의 표면 182

5.4.1 표면에서의 메테인의 운명 182
5.4.2 하위헌스에서 본 풍경 183 | 5.4.3 표면 물질의 성질 184
5.4.4 카시니가 호수와 바다를 발견하다 185
5.4.5 메테인의 원천 189

5.5 타이탄의 내부 190

5.6 요약 192

제6장 외계행성 탐사

6.1 서론 193
6.1.1 우주에 있는 행성, 생명체 그리고 지적생명체 193
6.1.2 외계행성의 발견 196

6.2 반사된 빛 197

6.3 방출된 빛 202

6.4 흡수되거나 엄폐된 빛 205
6.4.1 통과 측광 방법 205

6.5 굴절된 빛 208

6.5.1 미시 중력렌즈 효과 208

6.6 항성의 움직임 210
6.6.1 측성학 211 | 6.6.2 도플러 분광학 – 시선속도 방법 212

6.7 여러 개의 행성을 지닌 항성 221
6.7.1 다중 행성 통과 222 | 6.7.2 통과 시간의 변화 222
6.7.3 다중 행성계의 시선속도 222

6.8 관측 가능한 물리량과 주요 성질 223

6.9 요약 224

제7장 외계행성계의 본질

7.1 외계행성계의 발견 225
7.1.1 외계행성의 명명 226 | 7.1.2 발견과 특성화 226

7.2 외계행성계 228
7.2.1 알려진 외계행성계의 별 228 | 7.2.2 외계행성의 종류 231
7.2.3 외계행성의 질량 232 | 7.2.4 외계행성의 크기와 구성 235
7.2.5 외계행성 궤도 239

7.3 외계행성계 내에서 외계행성 이주 242

7.3.1 거대한 행성의 이주 메커니즘 및 결과 242
7.3.2 지구-질량 행성의 형성과 생존을 위한 거대행성 이동의 시사점 245

7.4 태양계는 얼마나 전형적인가 246
7.4.1 태양계의 유사성과 비유사성 247
7.4.2 거주 가능성이 가장 높은 외계행성은? 248

7.5 외계위성? 251

7.6 요약 252

제8장 외계행성에서 생명을 찾는 방법

8.1 행성의 거주 가능성 255
8.1.1 외계행성의 대기 257 | 8.1.2 표면에 거주하는 생명 258

8.2 외계행성에서 생물권을 찾는 방법 259
8.2.1 지구에는 생명이 있는가? 259 | 8.2.2 지구의 적외선 스펙트럼 262
8.2.3 화성의 적외선 스펙트럼 267

8.2.4 외계행성의 적외선 스펙트럼 268
8.2.5 가시광선과 근적외선에서의 외계행성 스펙트럼 270
8.2.6 항성 앞을 지나는 외계행성의 스펙트럼 273

8.3 항성 간 이동 탐사선 274

8.4 요약 278

제9장 외계 지적 생명체

9.1 서론 279

9.2 탐사-SETI 280

9.2.1 어느 주파수인가 *280* | 9.2.2 어디를 볼 것인가 *282*

9.2.3 무엇을 찾을 것인가 *285*

9.3 교신-CETI 288

9.3.1 공통의 지식 *288* | 9.3.2 암호화 *290* | 9.3.3 아레시보 메시지 *292*

9.4 현재까지의 탐색 294

9.5 모두 어디에 있는가 296

9.6 최초의 접촉 규약 298

9.7 요약 302

질문과 대답 305

부록 332

용어해설 343

더 읽을거리 350

크레딧 351

그림 참고문헌 353

찾아보기 354

1

생명의 기원

46억 년(4.6 Ga) 전 지구가 형성된 지 얼마 되지 않았을 때, 우리 행성은 생명이 있지도 않았고 있을 수도 없는 곳이었다. 지구 생성 후 10억 년 정도 이후에 만들어진 암석을 조사할 수 있다면, 약 35억 년 전 지구 위에 든든한 첫발을 내디딘 생명의 증거를 찾을 수 있을 것이다. 이 기간 사이에 무슨 일이 일어났는지를 이 장에서 다룰 것이다. 다른 말로, 어떻게 생명이 시작되었는지 이해하고자 한다.

Ga(giga-annum)는 국제적으로 인정받는 시간 단위에 대한 약어로 10억 년을 의미한다.

이 장에서는 과학자들이 생명을 정의하기 위해 노력한 방법과 겉으로 보기에 쉬워 보이는 이 일이 얼마나 예상치 못하게 어려운지에 대해 살펴본다. 또는 생명체(living system)를 이루고 있는 요소(entities, 독립체)의 화학과 기능에 대해서 알아볼 것이다. 그다음으로 생명이 시작되기 전 생명을 구성하는 재료(raw material, 원자재)가 우주와 지구상 어디에서 생겨나는지에 대해 알아본다. 끝으로 비생물 초기 물질이 최초의 생명체(living organism)로 결합될 수 있는 방법을 다룰 것이다.

1.1 생명이란 무엇인가

저명한 과학자들이 이룩한 현재 지식에 기반하여 생명을 의심의 여지없이 정의할 수 있는 시도를 시작할 것이다. 생명이 언제, 어떻게 시작되었는가에 대한 질문은 과거부터 계속 이어져 왔다.

처음에는 많은 사람이 지구상에서 생명이 자발적이고 반복적으로 생겼다고 생각했다. 썩은 고기에서 파리와 구더기가, 땀에서는 이가, 갯벌에서 장어와 물고기가, 습한 땅에서 개구리와 생쥐가 저절로 생기는 것이라고 확신했다. 그러다 가끔 자연 발생이라는 것에 의문이 들기 시작했다. 1668년에 토스카나의 의사였던 프란시스코 레디(Francesco Redi, 1627~1697)를 예로 들자면, 구더기는 파리의 애벌레이며 만약 고기를 밀폐된 용기에 보관하면 파리가 없으므로 구더기도 생기지 않는다는 것을 보였다.

하지만 네덜란드의 현미경 제작자인 안톤 반 레벤후크(Anthony van Leeuwenhoek, 1632~1723)가 1676년에 미생물체[지금은 줄여서 '미생물(microbes)'이라 함]를 발견하면서, 자연 발생은 이런 어디에나 있는 생명체로 명백히 설명할 수 있게 되었다. 1862년 프랑스 과학 아카데미로부터 상을 받기 위해 루이 파스퇴르(Louis Pasteur, 1822~1895)가 수행한 일련의 설득력 있는 실험으로 이 문제를 잠재울 수 있었다(그림 1.1). 파스퇴르는 배양액이나 용액이 멸균이 잘되고 미생물과 접촉을 피한다면, 영원히 무균 상태로 남는다는 것을 보여주었다.

그림 1.1 루이 파스퇴르는 생명이 자연적으로 생성될 수 있다는 생각을 반증했다. (Robert Thom)

파스퇴르는 생명의 기원으로 자연 발생을 반증함으로써 중요한 문제를 해결했지만, 더 어렵고 새로운 질문을 하지 않을 수 없었다. 만약 모든 생명이 기존의 생명으로부터 발생한다면, 최초의 생명은 어디에서 오는가? 생명은 무생물로부터 발생한다는 오래된 아이디어를 버리면서도 역설적이게 최초의 생명은 우주에 존재하는 무생물로부터 생긴다는 논리적인 결론을 피할 수 없다.

1.1.1 생명의 정의

생명이 언제, 어떻게 시작되었는지 알고자 한다면 생명이란 무엇인가를 정확히 정의하는 것이 필요하다.

생물학자 대부분이 인정할 수 있는 생명의 두 가지 주요 특징은 다음과 같다.
- 자기 복제 능력
- 다윈의 진화 능력

이 기준에 대해 조금 더 자세히 알아보자. 유기체가 자기 복제를 하려면 자신과 같은 복제물을 만들어낼 수 있어야 한다. 다윈의 진화를 겪으려면, 복제되는 과정에서 불완전하거나 돌연변이가 가끔 생겨나야 하고 이런 새로운 돌연변이는 자연선택을 받아야 한다(글상자 1.1). 자연은 특정 조건의 환경에서 특정한 형질을 선호하며 조건에 가장 적합한 개체가 생존할 가능성이 커진다. 유전적 돌연변이를 일으키는 유익한 형질은 진화적 변화를 가져오는 이 과정에서 다음 세대로 전해져야 한다.

두 가지 특성으로도 생명을 실용적으로 정의할 수 있다. 1992년에 NASA(National Aerona-utics and Space Administration)의 공개 토론회에서 제안한 정의는 '다윈의 진화를 진행하는

글상자 1.1 | 자연선택과 다윈의 진화

그림 1.2 자연선택이론을 수립한 찰스 다윈 (George Richmond)

케임브리지에서 22세의 나이로 신학 학위를 받은 찰스 다윈(Charles Darwin, 1809~1882)은 영국 왕립 해군의 HMS 비글호의 지도 제작 탐험대(1831~1836)에 박물학자로 참여하여 동태평양의 갈라파고스 군도로 향했다. 여기에서 그는 진화론을 발전시킨 핵심 자료를 수집했다. 다윈은 종들이 조금씩 서로 다른 개체로 구성되어 있다는 점을 알아냈다. 번식에 성공하여 오랜 기간 살아남는 데 유리하게 변화한 개체들은 그들의 형질을 다음 세대로 더 자주 물려준다. 결과적으로 그들의 형질이 점점 일반화되고 이러한 종이 진화한다. 다윈은 이것을 '수정된 혈통'이라고 불렀다.

이 과정의 아주 좋은 예는 갈라파고스 방울새이다. 만약 새들이 건조한 환경에 처해 있다면, 선인장 씨를 먹기에 좋은 부리를 가진 새들은 그렇지 않은 부리를 가진 새들보다 먹이를 더 많이 얻을 수 있다. 먹이가 풍부한 결과, 짝짓기에도 좀 더 유리하다. 실질적으로, 자연은 생존과 번식에서 가장 잘 적응한 종을 선택했다. 다윈은 이 과정을 '자연선택'이라 불렀다.

다윈은 다양한 방울새 종들은 환경에 따라 다른 것이라고 믿지 않았다. 선인장 씨를 먹기에 좋은 부리를 가진 새와 그렇지 않은 새의 예로 보자면, 다양한 종들은 이미 존재하고 그중 가장 잘 적응한 종을 자연이 선택한 것이라고 다윈은 정확히 생각했다. 다윈은 이 과정을 '적자생존'이라고 했다. 다윈이 50세가 된 1859년이 되어서야 마침내 진화론을 종의 *기원*이라는 책에 발표했다. 지금은 자연선택과 다음 세대에 미치는 영향에 대한 개념을 **다윈의 진화**(Darwinian evolution)라고 한다.

자립적 화학 시스템'이다. 하지만 생명의 정의가 어떠한 것이든 간에 설명할 수 없는 상황도 있다. 예를 들어, 노새는 당나귀와 말의 자손이다. 노새는 번식할 수 없으므로 자기 복제와 다윈의 진화를 겪지 않는다. 그렇다고 노새가 살아있다는 것을 부정할 수도 없다. 그러나 대부분의 경우에 생명에 대한 이 정의는 만족할 만하다.

생명체가 자신을 스스로 유지하고 다윈의 진화를 겪어가며 성장하고 자손을 번식하기 위해서는 에너지와 물질을 주위 환경으로부터 얻어야 한다. 생명체의 화학적 기능과 이를 다루기 위해 살아 있는 소기관들도 존재해야만 한다. 다음 절에서는 어떤 종류의 화학 시스템이 생명을 이루고 있는지와 초기 지구에는 어떤 종류의 에너지가 존재해 원시 생명체에 유용했는지 알아볼 것이다.

1.1.2 왜 탄소인가

생명에 필요한 기능을 수행하기에 충분한 크기의 **분자**(molecules)를 만들 수 있는 유일한 원소가 있다. 바로 탄소다.

탄소는 다른 원자들과 결합하여 화학적으로 아주 다양한 분자를 만들 수 있다. 유기 화합물은 또한 수소, 산소, 질소, 황, 인 원소를 포함한다. 철, 마그네슘, 아연과 같은 다양한 금속도 탄소와 결합한다.

탄소는 지구 생명체에 필수적인 물에 쉽게 용해되는 화합물을 만들 수 있으며, 물은 지구생명체에 필수적이다. 생명체(living organisms)를 이루는 기본 요소들은 다른 요소들과 상호작용할 수 있어야 하고 물이 있으므로 수월하게 상호작용한다.

현재까지 알려진 생명은 모두 탄소 기반 유기 화합물을 활용한다.

유기 화합물을 만드는 데 필요한 원소들을 우주가 모두 가지고 있다는 것을 우주에 가장 흔한 성분의 함량비가 보여준다(표 1.1). 지구 생명체가 이용하는 가장 기본적인 네 가지 원소인 수소, 산소, 탄소, 질소는 우주에서 가장 풍부한 활성 기체 원소이다. 황과 인(표에는 없지만 우주에서 열 다섯 번째로 풍부한 원소)은 지구 생명체에 중요한 원소이다.

생명이 어떻게 발생하는지 알아보는 과정에서 '유기적(organic)'이라는 용어를 종종 보게 될 것이다. 맥락이 다르지만, 생물학의 영향으로 '유기적'이라는 단어가 가끔 강조되기도 하지만, 화학자에게는 단지 탄소를 기반으로 하는 화합물을 나타낼 때 사용한다.

생명을 구성하는 가장 중요한 성분 6개의 화학 기호는 기억하기 쉽게 CHNOPS로 조합하여 사용할 수 있다[한국어로 하자면, 천스프(CHONSP)가 쉽겠다-역자 주].

표 1.1 우주, 지구, 생명에 가장 풍부한 원소 열 가지(전체 100,000 원자당 원소의 개수)

순서	우주		지구의 지각		지구의 해양		건조한 공기		인간	
1	H	92,714	O	60,425	H	66,200	N	78,100	H	60,563
2	He	7,185	Si	20,475	O	33,100	O	20,920	O	25,670
3	O	50	Al	6,251	Cl	340	Ar	950	C	10,680
4	Ne	20	H	2,882	Na	290	C	32	N	2,440
5	N	15	Na	2,155	Mg	34	Ne	1.8	Ca	230
6	C	8	Ca	1,878	S	17	H	1.2	P	130
7	Si	2.3	Fe	1,858	Ca	6	He	0.5	S	130
8	Mg	2.1	Mg	1,784	K	6	Kr	0.1	Na	75
9	Fe	1.4	K	1,374	C	1.4	Xe	0.009	K	37
10	S	0.9	Ti	191	Si	0.3	−	−	Cl	33

표 1.1을 살펴보고 위에서 서술한 탄소에 대한 내용을 고려하면서, 비활성 기체의 양이 생명체에 적은 이유를 설명하라.

1.1.3 왜 물인가

물도 생명의 필수 조건으로 보인다. 생명체는 분자가 용해되고 화학반응이 일어날 수 있는 매질이 필요하다. 물은 이 기능을 아주 잘 수행하기 때문에 보편적 용매제로 불린다. 물만큼 생명을 촉진하는 용매도 드물다. 물은 생화학 반응을 유지하기에 온도가 낮지 않고, 결합을 분해하거나 유기 결합이 많이 일어날 수 없을 정도로 높지 않은 온도 범위 사이에서 액체 상태로 존재한다. 암모니아는 지구보다 훨씬 온도가 낮은 곳에서 액체로 존재할 수 있지만, 이러한 온도에서는 생명 활동을 이끄는 화학반응이 천천히 일어나고 생명체를 이루기가 어려울 것이다.

1.2 생명을 구성하는 요소

지구 생명체는 수소, 산소, 탄소, 질소의 네 가지 원소에 주로 의존하며 황과 인, 두 원소는 적은 양이 필요하다. 그럼에도 이 여섯 가지 원소는 아주 다양한 유기 화합물을 이룬다. 각각의 화합물들은 생명체를 지키고 오래노록 유지하기 위한 역할을 한다. 생명체가 어떻게 유지되는지 완전히 이해하기 위해서, 먼저 원소들로 이루어진 분자에 대해 생각해야 한다.

1.2.1 물

생명체에서 발견되는 주요 유기 분자의 분류를 논하기 전에 잠깐 물의 역할에 대해 생각해볼 것이다. 물 분자는 생체 조직의 주성분이며, 보통 질량의 70%를 차지한다.

■ 표 1.1에서 생명체에 상대적으로 물의 양이 많다는 것을 제시하는 실마리는 무엇인가?

☐ 물을 이루는 원소인 수소와 산소가 인체에서 가장 풍부한 두 원소이다.

생명체는 물을 많이 포함하고 있어, 대부분의 성분들은 물이 있는 환경에서 존재할 수밖에 없다. 물은 **극성**(polar) 용매다. 다른 말로 하자면, 분자의 끝이 서로 다른 전하를 띠고 있다. 구체적으로, 물 분자의 수소 원자들은 양전하의 성질을 띠고 있지만, 산소 원자는 음전하를 띠고 있다. 하지만 물 분자는 일직선으로 이루어진 게 아니라 다소 굽어 있다. 그 결과 각 끝에 있는 살짝 양전하를 띤 수소 원자들은 다른 분자의 산소 방향 쪽으로 쏠린다. 반대 극은 서로 끌어당기기 때문에, 물 분자 1개의 수소 원자와 다른 물 분자의 산소 원자는 수소 결합을 형성하며 작용한다(그림 1.3a).

물 분자는 서로 상호작용할 뿐만 아니라 유기 분자에도 중요한 영향을 미친다. 유기 용매를 생각할 때는, "끼리 끼리 용해한다"라는 말을 기억하는 게 편리하다. 물과 같은 극성 용매는 극성 유기 분자를 용해시킨다는 것을 의미한다(그림 1.3b). 반대로, **무극성**(apolar) 유기 분자는 물에 쉽게 용해되지 않는다(그림 1.3c). 이러한 특성들을 이용하여 유기 분자를 두 분류로 정의할 수 있다.

비활성 기체(noble gas)는 거의 반응하지 않으며, 불활성 기체로도 알려져 있다. 헬륨(He), 네온(Ne), 아르곤(Ar), 크세논(Xe) 등이 있다. 화합물을 만들기 위해 다른 원소들과 화학 결합을 거의 하지 않는다.

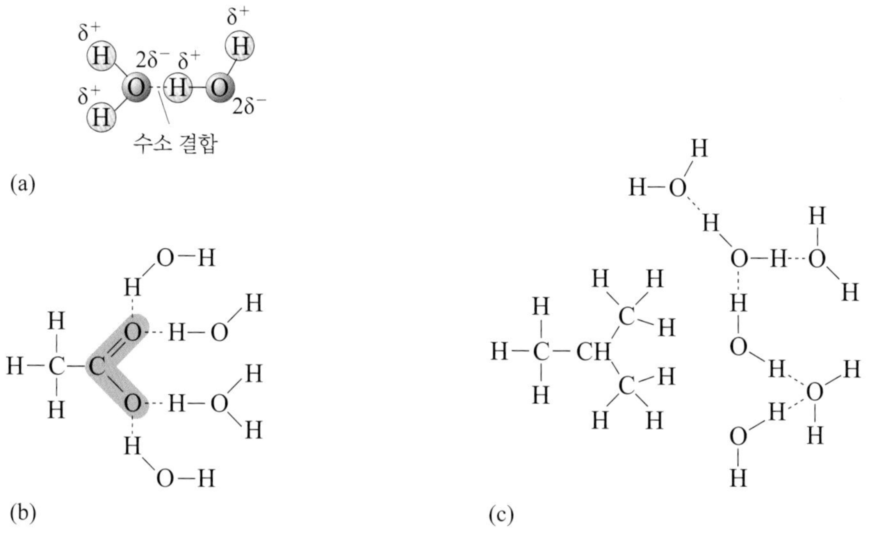

그림 1.3 물 분자와 상호작용. (a) 물 분자는 수소 원자가 약한 양이온의 성질(δ^+)을 띠고 산소 원자 쪽은 약한 음이온의 성질($2\delta^-$)을 가져 수소 결합을 할 수 있다. (b) 물 분자는 극성 유기 분자와 상호작용한다. (c) 무극성 유기 분자는 물 분자와 상호작용하지 않는다. (Zubay, 2000)

- 극성이고 물에 대해 친화성이 높아 용해되기 쉬운 물질을 **친수성**(hydrophilic, 물을 좋아하는) 분자라고 한다.
- 무극성이고 물에 대한 친화성이 낮아 상대적으로 불용성인 것을 **소수성**(hydrophobic, 물을 싫어하는) 분자라고 한다.

생명체는 서로 다른 분자들의 친수성과 소수성 성질을 이용하여 정해진 기능을 수행한다는 것을 알게 될 것이다.

표 1.2는 박테리아에서 발견된 주요 구성 성분들을 보여준다. 다른 여러 화학 물질과 더불어 물이 주 성분이라는 것을 알 수 있다.

표 1.2 박테리아를 구성하는 분자의 종류와 함량

	총중량의 퍼센트	분자 유형 수
물	70	1
무기 이온. 예 : Na^+, K^+ 및 Ca^{2+}	1	20
작은 유기 분자(원자의 개수가 1,000개 이하). 예 : 지방산, 당, 아미노산, 뉴클레오티드	7	750
큰 유기 분자(원자의 개수가 10만 개 이상). 예 : 지질, 탄수화물, 단백질, 핵산 종류	22	5,000

원자 단위, 보다 정확하게는 원자 질량 단위는 탄소 원자 질량의 12분의 1로 정의되고, 양성자 1개나 중성자 1개의 질량과 비슷하다.

■ 표 1.2를 보고 생명체의 유기물 질량의 대부분은 작은 분자인가, 큰 분자인가?

❏ 큰 유기 분자가 대부분이다.

생명체에서 대부분의 질량은 물을 제외하고는 큰 유기 분자나 **거대분자**(macromolecules)로 이루어진다. 거대분자는 네 가지 유형으로 세분한다: **지질**(lipids), **탄수화물**(carbohydrates), **단백질**(proteins), **핵산**(nucleic acids).

거대분자들은 보통 **단량체**(monomers, '단일한 부분'이라는 그리스어에서 유래)라고 불리는 개별 유기 분자가 **중합체**(polymers, '많은 부분'이라는 그리스어 유래)로 결합되면서 생성된다. 여러 종류의 거대분자는 생명체에서 하나 혹은 그 이상의 필요한 역할에 적합하다. 다양한 종류의 거대분자와 이들이 하는 역할에 대해 알아볼 것이다.

1.2.2 지질(지방과 기름)

지질은 한쪽 끝은 소수성, 다른 쪽은 친수성을 띠는 다양한 분자 그룹이다(그림 1.4). 극성인데도 전반적으로 물에 잘 용해되지 않고 개별 분자로는 거의 나타나지 않는다. 지질은 약하게 결합된 덩어리로 거대분자이다. 지질은 화학 에너지를 저장하는 유용하면서 농축된 방법이고, 거대분자 구조 안의 약한 결합에 따른 높은 탄력성은 세포막에 사용된다.

1.2.3 탄수화물

탄수화물은 그림 1.5와 같이 수산기(−OH)가 많이 결합된 분자다. 이 수산기는 극성이며 탄수화물을 물에 용해시킨다. 당은 일반적인 탄수화물로 물에 녹으면 고리와 같은 구조를 형성한다(그림 1.5). 5개의 탄소 원자를 가진 당을 오탄당이라 부르고 6개의 탄소 원자를 가진 당은 육탄당이라고 한다. 탄수화물 구조가 크면 다당류라고 하며 당 단량체가 서로 연결되어 있다. 단량체가 서로 연결되어 중합체를 형성하는 과정을 중합이라 한다. 중합 반응은 탈수 현상이 수반되며, 다당류는 선형이나 가지로 이루어진 망 형태로 나타난다. 다당류는 유용한 에너지

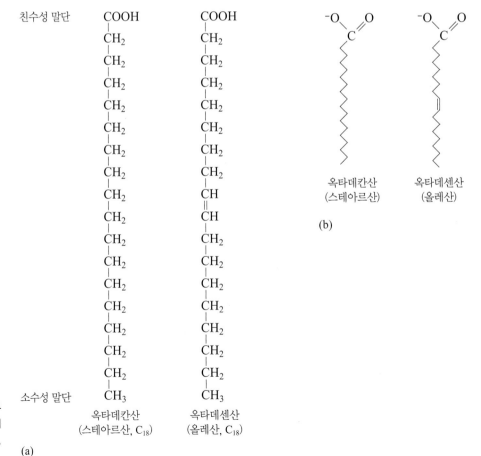

그림 1.4 18개의 탄소 원자로 이루어진 두 종류의 지질 구조. (a) 옥타데칸산과 옥타데센산의 상세 구조, (b) 단축 구조 (Zubay, 2000)

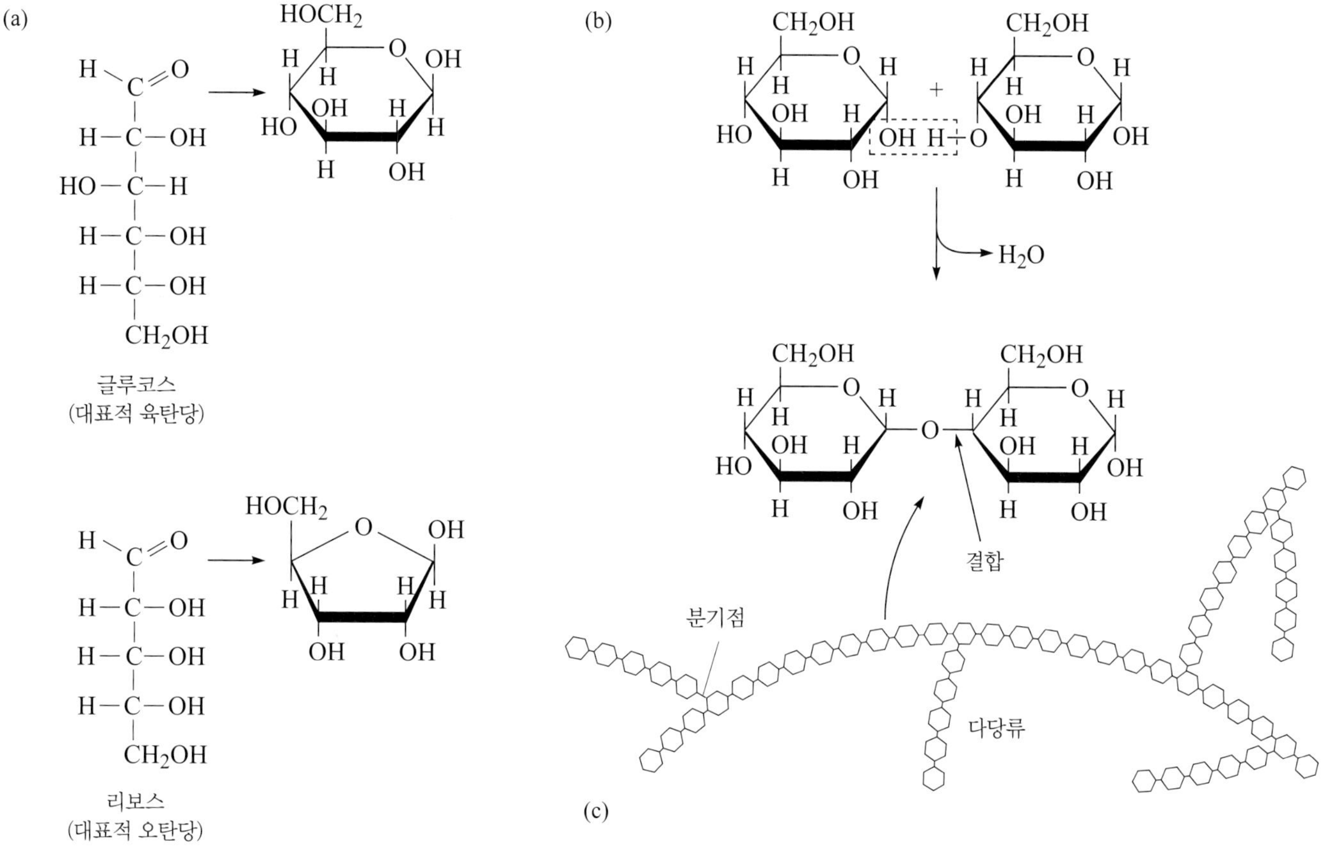

(a)

(b)

→ H_2O

결합

분기점

다당류

(c)

그림 1.5 (a) 긴 띠 구조의 끝에 C=O 이중 결합이 있는 고체 상태의 두 종류의 일반적인 당 분자 구조인 오
탄당과 육탄당. 물에 용해되었다면, C-O-C로 변하면서 고리 모양의 사슬 구조가 된다(고리의 연결 부분에
아무것도 쓰여 있지 않은 것은 C원자를 나타낸다). (b) 당 단량체는 탈수 반응으로 (c) 다당류로 형성하는 단
순한 반응에 의해 중합된다. (Zubay, 2000)

저장고이며 유기체의 구조를 형성하는 일을 한다.

1.2.4 단백질

단백질(protein, 그리스어 *proteios* 또는 primary에서 유래)은 생명체를 이루는 가장 복잡한 거
대분자이다. 이들은 **아미노산**(amino acids)이 서로 연결된 긴 '기차'로 이루어져 있다. 다당류
와 마찬가지로, 이들은 간단한 탈수 반응으로 서로 결합한다(그림 1.6). 생명체를 이루는 단백

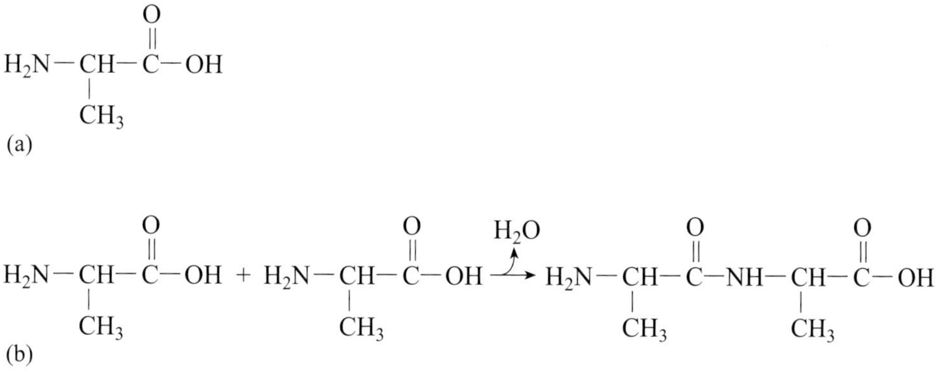

(a)

(b)

그림 1.6 (a) 아미노산, (b) 아미노산 단량
체는 간단한 탈수 반응으로 중합한다. 이
유형의 일련의 반응으로 단백질을 만들게
된다.

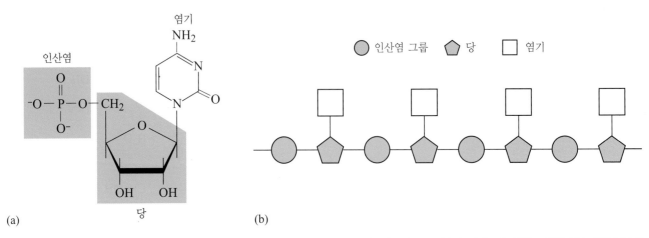

(a)

(b)

그림 1.7 인산염 그룹, 당 분자와 질소 염기(이 경우에는 사이토신)로 구성된 뉴클레오티드의 구조, (b) 뉴클레오티드들은 간단한 탈수 반응으로 중합되어 핵산을 만든다. [(a) Zubay, 2000]

촉매는 반응 속도를 증가시키는 물질이지만 반응 자체에 사용되지는 않는다.

질에는 20종의 아미노산이 있으며 아미노산의 배열이 단백질의 기능을 다르게 한다. 단백질은 생명을 이루는 화학물질 중 가장 중요할 것이고 그 역할이 셀 수 없이 다양하다. 일례로, 인체의 손톱이나 머리카락 같은 구조를 제공하기도 하고 위장에서 소화를 돕는 **촉매**(catalysts) 역할을 하기도 한다. 촉매 역할을 하는 단백질을 **효소**(enzymes)라고 한다.

1.2.5 핵산

핵산은 알려진 것 중에서 가장 큰 거대분자로서, 뉴클레오티드가(그림 1.7a) 긴 사슬 모양으로 중합된 것이다(그림 1.7b). 당과 아미노산과 마찬가지로, **뉴클레오티드**(nucleotides)도 탈수 반응으로 단순한 반응에 의해 결합된다. 뉴클레오티드는 다음의 것으로 이루어져 있다.

- 오탄당 분자
- 하나 혹은 그 이상의 인산염 그룹(PO_4^{3-})
- 질소 염기라고 부르는 질소 함유 화합물

가장 유명한 핵산은 디옥시리보 핵산(또는 **DNA**)이다. 또 다른 중요한 핵산은 리보 핵산(또는 **RNA**)이다(이 절의 뒷부분에서 RNA의 역할에 대해 다룬다). 1953년 이전까지 DNA에는 네 가지의 다른 뉴클레오티드가 있으며, 다른 염기에 동일한 당과 인산염 그룹을 가지고 있다고 알려져 있었다. 이 염기는 아데닌, 구아닌, 사이토신, 타이민이며 때로는 A, G, C, T 글자로 약칭한다(그림 1.8). 그러나 이들 구성 요소가 정확히 어떻게 배열되었는지는 알 수 없었다.

1953년에 제임스 왓슨(James Watson, 1928~), 프란시스 크릭(Francis Crick, 1916~2004),

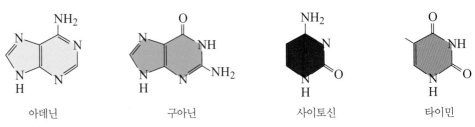

그림 1.8 DNA의 염기

로절린드 프랭클린(Rosalind Franklin, 1920~1958)과 모리스 윌킨스(Maurice Wilkins, 1916~2004)는 DNA는 2개의 긴 분자 가닥이 **이중 나선**(double helix)을 만들며 꼬여 있다는 것을 알게 되었다(그림 1.9). 2개의 나선 가닥은 나선형 층계의 계단과 비슷하게 연결되어 있다. 계단은 2개의 뉴클레오티드로 구성되어 있고, 하나의 뉴클레오티드는 계단의 반을 차지한다. 나선의 중심에 있는 염기는 약한 수소 결합으로 연결되어 있다. 염기는 항상 짝이 있는데, 하나의 뉴클레오티드에 있는 아데닌은 다른 쪽의 타이민 쌍을 이루며, 구아닌은 항상 사이토신과 결합하고 있다. 한 가닥의 염기 서열은 다른 염기 서열을 정확히 결정하게 된다.

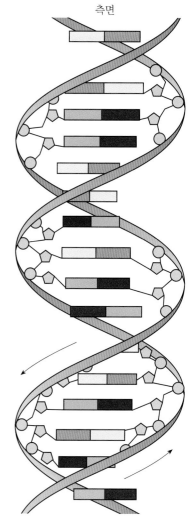

측면

DNA 가닥	DNA 가닥
A	T
T	A
G	C
C	G

염기는 나선 안쪽의 당 그룹에 연결되어 다시 인산염 그룹으로 이루어진 바깥쪽 나선을 따라 연결되어 있다.

■ 위의 단순화된 DNA(예 : ATGC)를 살펴보고, 이를 그림 1.7 및 1.9에 나오는 핵산의 개념화된 구조와 비교하라. 핵산 구조의 어느 부분이 단순화된 그림에서 생략되었는가?

☐ 핵산 내에서 당과 인산염 그룹의 종류는 변하지 않기 때문에 당과 인산염으로 이루어진 기본 구조가 표시되지 않았다.

■ 이 상호 보완적 시스템으로 DNA가 유전 정보를 어떻게 전달하는지 제시할 수 있는가?

☐ 나선 구조 한 가닥의 염기 서열이 다른 쪽의 서열을 결정하기 때문에, 이중 나선 구조를 '푸는' 것으로 견본 2개가 생겨 한쪽 모체로부터 새로운 DNA 분자를 똑같이 만들어 2개의 새로운 DNA 분자가 만들어질 수 있다(변이가 일어나지 않는다면).

아데닌, A   ◯ 인산염 그룹
타이민, T   ⬠ 당
구아닌, G
사이토신, C

그림 1.9 DNA 이중 나선. '리본'은 아니지만 이중 나선의 본질을 설명하기 위한 것이다.

특수한 단백질 효소는 이중 나선의 가닥을 분리한다. 단일 가닥은 분자 주변의 액체에 있는 여분의 뉴클레오티드를 가져온다. 풀려진 나선 가닥에 있는 각각의 염기는 상호 보완적인 염기와 결합한다. 새로 얻은 뉴클레오티드에 당과 인산염 그룹이 연결되어 나선 가닥을 만들고, 원래의 것과 똑같은 이중 나선 구조를 가진 분자가 만들어진다(그림 1.10).

이중 나선 구조의 발견은 생명의 중요한 특징 중의 하나를 이해하는 기반이 되었다: 생물학적 분자가 스스로 복제하는 메커니즘.

같은 종의 개체 간 변화나 종 사이의 차이는 다른 DNA 서열로 설명된다(글상자 1.2).

DNA는 한 세대에서 다음 세대로 이어지는 자기 복제와 정보 전달뿐만 아니라, 단백질 합성을 맡는다. DNA는 염기 분자의 서열로 나타난 유전 정보라는 '설명서' 묶음을 가지고 있다. 예를 들어, ATGC는 유전자 코드의 한 부분일 수 있고, ATGG도 마찬가지다. **유전 정보**

그림 1.10 모체 이중 나선 구조가 어떻게 '풀어지며' 2개의 동일한 딸 이중 나선 구조를 생성하는지를 보여준다. (Lowestein et al., 1998)

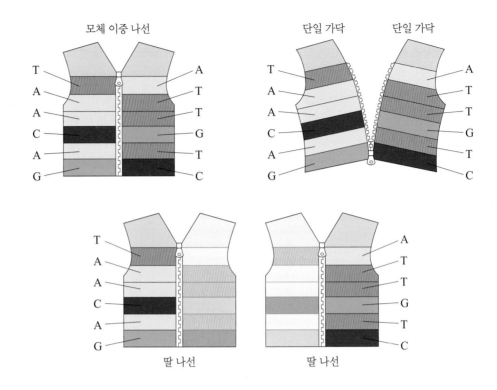

(genetic code)는 생명체의 구조와 기능에 필요한 수천 개의 단백질을 직접 생산한다. 단백질 합성 과정에서 DNA 메시지가 RNA 메시지로 먼저 전사(복사)된다. RNA는 DNA와 매우 비슷하지만 약간 다르다. RNA에 있는 당 성분은 디옥시리보스가 아니라 리보스이고, 타이민 대신에 우라실로 이루어져 있다(그림 1.12).

따라서 RNA 염기는 아데닌, 구아닌, 사이토신, 우라실 4개이고, 간단하게 A, G, C, U로 나타낸다. DNA와 결합할 때, 우라실은 타이민 대신에 DNA의 아데닌과 염기쌍을 이룬다.

글상자 1.2 | DNA 혼성화 : 유전학으로 알아보는 '누가 누구?'

DNA 이중 나선 구조를 풀어 동일한 DNA 가닥 두 가지를 만들고, 같은 종의 DNA 가닥 하나는 다른 가닥을 만들어내 다시 결합한다는 것을 알아보았다. 같은 종 안에도 아주 가깝거나 아주 먼 관계를 가지고 있는 DNA 가닥 하나가 서로 엮어질 수 있을까? 답은 그렇다. 하지만 부분적으로 그렇다. 가까운 친척 관계의 종은 똑같지는 않지만 비슷한 뉴클레오티드 서열을 가지고 있으며 상대적으로 잘 엮어진다. 먼 친척 관계의 종은 뉴클레오티드의 서열이 비슷하지 않으며 상대적으로 잘 결합하지 않는다.

그림 1.11 외모는 사기일 수 있다. 올빼미(b)의 DNA는 팔콘이나 매(c)보다 쏙독새(a)와 더 밀접한 관련이 있다.

이 개념은 DNA 혼성화로 알려진 기술로 나타난다. 한 종의 DNA 나선을 가열하면 풀어지고 다른 종의 풀어진 DNA와 결합한다. 혼합물의 온도가 내려가면 서로 다른 가닥들 일부는 서로 연결된다. 가까운 관계의 종들이라면 가닥들은 거의 일치할 것이고 새로운 이중 나선의 결합은 강할 것이다. 가깝지 않은 종들이라면 그 반대가 될 것이다. 즉, 새로운 이중 나선은 강하게 결합되지 않을 것이다. 새로운 혼합물이 다시 가열될 때 결합의 강도, 즉 종의 관계의 세기가 나타난다. 관련이 적어 약하게 결합된 나선은 저온에서 결합이 풀어진다.

DNA 혼성화는 비슷한 모습이어서 관계가 있을 것 같은 종이 사실은 아주 다른 조상을 가진다는 것을 알려준다. 일례로, 올빼미(owl)가 매(falcons 또는 hawks)와 비슷하다는 생각은 잘못되었다. 올빼미는 사실 쏙독새와 더 가까운 관계. 유전적 유사성 측정을 위한 DNA 혼성화 사용은 가닥에 있는 모든 염기를 읽을 수 있는 DNA 서열 기술로 대체되었다.

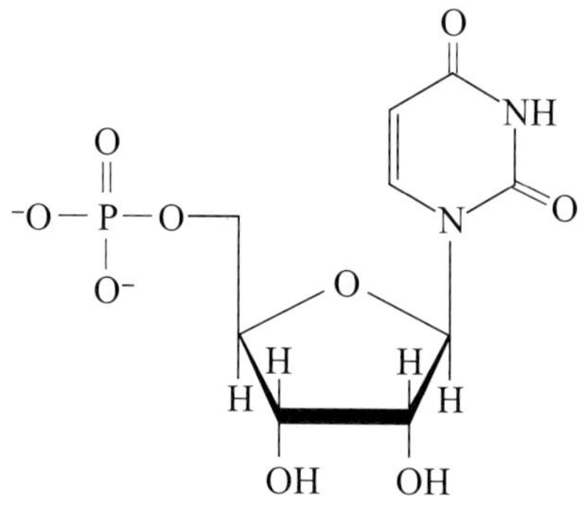

그림 1.12 DNA와는 다른 RNA를 만드는 당과
우라실 염기를 가진 RNA 뉴클레오티드

아주 자세히 비교하지 않으면, 우라실(그림 1.12)은 타이민(그림 1.8)과 같은 것으로 보인다. 타이민은 고리의 '10시 방향'에 있는 탄소 원자가 고리 바깥쪽의 CH_3 그룹과 연결되어 있는 반면 우라실의 같은 위치에 있는 탄소는 H와 연결되어 있다.

DNA 가닥	RNA 가닥
A	U
T	A
G	C
C	G

전사 과정에서 DNA는 mRNA(RNA 심부름꾼)를 만든다. 우선 DNA를 복제하는 것처럼 DNA 나선을 푼다. 새로운 DNA 이중 나선을 만들기 위해 DNA 뉴클레오티드가 자기 짝을 찾는 대신에, RNA 뉴클레오티드를 찾아 mRNA 가닥을 만든다. 이 mRNA 가닥이 만들어지고, DNA 이중 구조는 다시 결합한다. 만들어진 mRNA는 DNA 서열 버전을 가지고 자유로운 아미노산이 들어 있는 **리보솜**(ribosomes) 분자 공장 영역으로 들어간다. 여기서 mRNA를 이용하여 아미노산을 긴 단백질 사슬로 만든다.

1.2.6 세포

생명체를 유지하기 위해 서로 다른 많은 분자들은 촘촘히 있어야 한다. 화학반응에서 반응물의 농도가 증가함에 따라 일반적으로 반응률이 증가한다. 용매에서 분자들이 단순히 떠도는 것을 멈추고 생명에 필요한 화학이 일어날 수 있을까? 세포가 답이다. 간단히 말해, 세포는 분자들로 이루어져 외부와 분리된 작은 가방이다(그림 1.13). 세포의 중심에 있는 DNA 가닥들이 유전 정보를 저장하고 사용하는 데 집중한다. DNA는 효소와 리보솜을 가진 식염수 용액인 시토졸로 둘러싸여 있다. 세포 내용물은 부드러운 막에 감싸여 있다. 이것을 세포막이라 부르는데, 지질과 단백질로 만들어진다. 세포막은 분자들이 안으로 들어오거나 나가는 이동을 제한하여 세포 안의 내용물들을 보호한다. 마지막으로, 세포막은 탄수화물 분자와 짧은 아미노

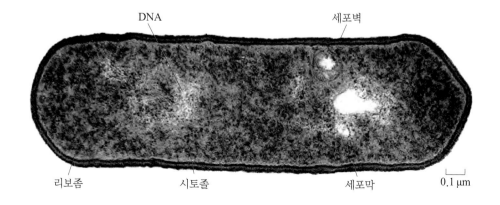

그림 1.13 **간단한 세포** (I.D.J. Burdett)

산 사슬로 구성된 단단한 세포벽으로 세포를 견고하게 한다.

세포는 생화학 과정이 일어나고 유전 정보를 저장할 수 있는 환경을 제공한다. 세포는 현재 지구상의 모든 유기체 구조의 가장 기본 단위이지만, 개수, 모양, 크기, 기능은 모두 다르다. 예를 들어, 인체는 약 10^{12}개의 세포로 이루어진 반면 박테리아는 단세포 유기체이다.

그림 1.13에 있는 것 같은 단순한 세포는 2개로 나뉘어 복제될 수 있다. DNA가 복제되고 2개의 새로운 DNA 분자가 세포막의 다른 영역으로 나뉘면서 복제가 일어난다. 다음으로 세포는 DNA를 포함하고 있는 각기 다른 두 영역으로 나뉘어지기 시작한다. 세포 분열이 끝나면, 2개의 동일한 딸 세포가 모체 세포로부터 생성된다.

1.3 생명의 기원과 존재를 연구하는 방법

지금까지 우리는 생명이 무엇을 의미하는지, 생명이 존재하기 위해 무엇이 필요한지, 살아있는 유기체는 무엇으로 이루어져 있는지에 대해 알아보았다. 이제 생명의 기원에 대해 어떻게 연구할지에 대해 생각해볼 시간이다. 여러분은 이제 이 문제에 접근하는 방법이 한 가지 이상이라는 것을 알게 될 것이다.

1.3.1 생물 지표 : 과거 생명 찾기

'생물학적 지표' 혹은 **생물 지표**(biomarker)는 석유 탐사에 사용되던 용어다. 석유와 관련된 것을 연구하는 지질화학자는 지질학적 환경을 고려하여 언제 어디에서 화석 연료가 만들어지고 저장되었는지 발견하고자 한다. 유기물이 풍부한 암석에서 어떤 유기체의 특징을 보여주는 분자 화석이나 생물 지표를 발견하는 것이 가장 유용한 방법 중의 하나다. 유기체가 특정 환경에서만 나타나서 알아낼 수 있는 정보가 뚜렷해지면 생물 지표의 가치는 높아진다.

최근에 우주생물학자는 생물 지표라는 용어를 사용하기 시작했고, 그 정의를 확장하고 있다. 오늘날, '생물 지표'라는 말은 유기물질에만 사용되는 것이 아니라, 현장 혹은 멀리 떨어진 곳에서 발견되는 현재나 과거의 증거를 의미한다. 1999년에, 생물학자 데이비드 데스 마라이스(David Des Marais)와 말콤 월터(Malcolm Walter)는 생물 지표를 분류하여 목록으로 만들었다.

Marais, D. D. and Walter, M. R. (1999) 'Astrobiology: exploring the origins, evolution, and distribution of life in the universe', *Annual review of ecology and systematics*, vol. 30, no. 1, pp. 397–420.

1. 세포의 잔해
2. 생명 활동을 한 공동체의 구조와 기능이 남겨진 퇴적물 조직 구조
3. 생물학적으로 생성된 (생물학적) 유기물
4. 생물학적 과정에 의해 퇴적된 광물
5. 생물학적 활동을 나타내는 안정한 동위원소 양상
6. 생물학적인 기원으로 설명 가능한 대기 성분의 상대적 농도

방향족 탄화수소는 탄소 원자 6개가 단일 결합과 이중 결합이 교대로 고리 모양을 이루고 있는 분자. 탄소 고리가 여러 개일 경우에는 다중고리 방향족 탄화수소 혹은 파허(PAH)라고 짧게 쓴다.

이 기준을 잠깐 보면, 정의를 포함해서 매우 주관적이다. 조직 구조나 유기물이 생물 기원인지 아닌지를 정하는 것은 매우 어려운 과정이다. 예를 들어, 방향족 탄화수소는 살아있던 유기체의 시체에 열이나 압력을 가해 발생할 수 있는 유기 분자군이다. 이들이 석탄의 주요 구성 성분이다. 석탄은 육상 식물 화석 잔존물로 구성된다. 여기서 문제는 방향족 탄화수소는 내연 기관의 엔진이나, 삼겹살 파티, 거성에서 쉽게 발생할 수 있다. 유기 화합물을 검출한 것으로

생명체가 한번 존재했다고 한다면 쉽게 논란이 될 수 있다.

1.3.2 생명의 기원에 대한 두 가지 접근법

생명 기원에 대한 연구는 크게 두 가지 방식으로 나눌 수 있다.

- 상향식(bottom-up) 접근법
- 하향식(top-down) 접근법

상향식 접근법은 속성이 알려져 있는 과거 무생물, 분자, 광물의 조합에 중점을 둔 접근 방법이며, 생명체가 발현되기 위해 이들이 어떻게 조합하기 시작했는지 알아내려고 한다. 그와는 반대로, 하향식 접근법은 현대 생물학을 살펴보고 이 정보를 이용하여 가장 단순한 생명 단위를 추론해 간다. 다음 절에서는 지구 생명이 어떻게 발생했는가라는 질문에 최대한 정확하게 답하기 위해 상향식과 하향식 접근법을 사용할 것이다. 알다시피, 두 접근법이 충분히 진척되어 서로 맞닿아 일치하는 답을 얻으리라는 보장은 없다(그림 1.14).

1.4 우주 유기물질

상향식 접근 방식으로 생명의 기원을 살펴보도록 하자. 유기물질은 생명체의 기본적인 구성 요소이며 초기 지구에서 발생한 생명을 구성하는 비생물 물질 중 하나다. 생명이 어디에서 탄생할 수 있는지는 유기물질이 어디에 분포하는지로부터 알아낼 수밖에 없다. 그러므로 우리 행성을 염두에 두고 유기물질이 생성된다고 생각되는 주요 환경을 조사할 것이다.

우리 태양계가 형성되기 훨씬 이전의 우리 은하에서 유기물질은 만들어지고 있었다. 탄소가 풍부한 적색 거성 주변의 두터운 껍질은 많은 양의 유기 분자를 만들고 있다(그림 1.15). 여기에서 일어나는 화학반응은 지구에서 촛불을 밝힐 때와 비슷하며 주로 방향족 탄화수소를 만든다고 여겨진다. 그림 1.16은 IRAS21282+5050 주위의 두터운 껍질의 적외선 스펙트럼이다. 이 스펙트럼과 실험실에서 실험한 두 종류의 일반적인 방향족 탄화수소의 스펙트럼이 비슷하다는 것은 유기 분자가 우주의 어떤 공간에서는 일반적인 구성 요소라는 점을 시사한다.

분자들은 항성풍에 의해 성간 공간으로 방출된다. 여기에서 유기물질이 생성될 수 있는 환경을 접할 수 있다. 이런 환경에는 분자운이 있는데(그림 1.17), **성간 물질**(interstellar medium)의 온도가 낮고(10∼20 K) 밀도가 높은 영역으로 은하의 진화에 중요한 역할을 한다. 모든 별과 행성계는 분자운에서 형성되는데, 다른 종류의 성간운은 별을 탄생시키기에 온도가 너무 높거나 밀도가 낮게 퍼져 있다. 별 탄생은 성간 기체와 먼지 티끌로 꽉 찬 덩어리가 자체 중력에 의해 수축할 때 일어난다.

수많은 분자들이 성간 구름과 별 주변의 껍질에서 발견되었다(표 1.3). 우리 은하에서 발견되는 대부분의 유기 분자가 지구상이 아닌 거대분자운에서 발견된다는 것은 놀랄만하다.

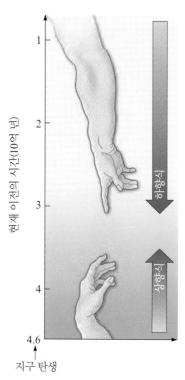

그림 1.14 생명 기원에 대한 연구의 두 가지 접근법 (Lahav, 1999)

IRAS21282+5050이라는 이름은 IRAS (InfraRed Astronomical Satellite) 우주 망원경이 1983년에 전체 하늘을 관측하면서 판별한 천체다. 숫자는 하늘에서 이 천체의 위치를 나타낸다.

그림 1.15 많은 양의 유기물질이 발견되는 별 주위의 두터운 껍질 (Copyright © European Space Agency)

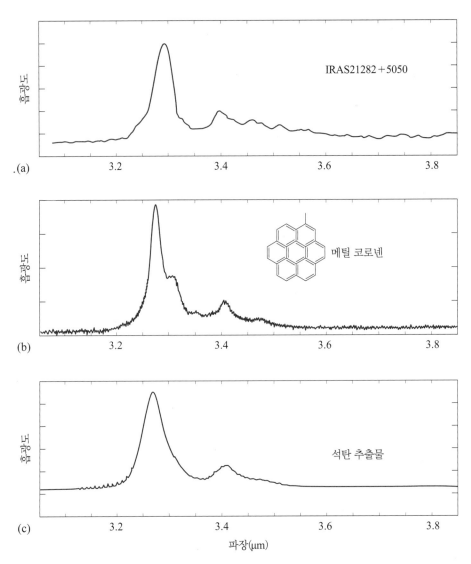

.(a)

IRAS21282＋5050

(b) 메틸 코로넨

(c) 석탄 추출물

파장(μm)

그림 1.16 IRAS21282＋5050 주위의 두터운 껍질의 적외선 스펙트럼 일부분(a)을 메틸 코로넨이라는 한 종류의 탄화수소 스펙트럼(b)과 탄화수소의 혼합물인 석탄 추출물의 스펙트럼(c)과 비교한 것 (de Muizon et al., 1986)

그림 1.17 독수리 성운에 있는 분자 구름의 허블 우주 망원경 이미지. 기체 구름의 크기는 몇 광년 정도의 크기이다. (NASA)

표 1.3 성간 공간이나 별 주변의 껍질에서 발견된 분자들(참조 : D는 수소의 한 형태인 중수소)

수소 종류

H_2	HD	H_3^+	H_2D^+			

수소와 탄소 화합물

CH	CH^+	C_2	CH_2	C_2H	C_3	C_6H_6(circ)
CH_3	C_2H_2	C_3H(lin)	C_3H(circ)	CH_4	C_3H_2(circ)	$C_{14}H_{10}$
H_2CCC(lin)	C_4H	C_5	C_2H_4	C_5H	H_2C_4(lin)	
CH_3C_2H	C_6H	H_2C_6	C_7H	CH_3C_4H	C_8H	

수소, 탄소, 산소 화합물

OH	CO	CO^+	H_2O	HCO	HCO^+
HOC^+	C_2O	CO_2	H_3O^+	$HOCO^+$	H_2CO
C_3O	CH_2CO	HCOOH	H_2COH^+	CH_3OH	HC_2CHO
C_5O	CH_3CHO	C_2H_4O(circ)	CH_3OCHO	CH_2OHCHO	CH_3COOH
CH_3OCH_3	CH_3CH_2OH	$(CH_3)_2CO$	CH_3CH_2CHO		

수소, 탄소, 질소 화합물

NH	CN	NH_2	HCN	HNC	N_2H^+
NH_3	HCNH+	H_2CN	HCCN	C_3N	CH_2CN
CH_2NH	HC_2CN	HC_2NC	NH_2CN	C_3NH	CH_3CN
CH_3NC	HC_3NH+	C_5N	CH_3NH_2	CH_2CHCN	HC_5N
CH_3C_3N	CH_3CH_2CN	HC_7N	CH_3C_5N	HC_9N	$HC_{11}N$

그 외

NO	HNO	N_2O	HNCO	NH_2CHO		
SH	CS	SO	SO^+	NS	SiH	C_{60}
SiC	SiN	SiO	SiS	HCl	NaCl	C_{70}
AlCl	KCl	HF	AlF	CP	PN	
H_2S	C_2S	SO_2	OCS	HCS^+	SiC_2(circ)	
NaCN	MgCN	MgNC	H_2CS	HNCS	C_3S	
$HSiC_2$	SiC_3	SiH_4	SiC_4	CH_3SH	C_5S	

참조 : (circ)은 원형 분자, (lin)은 선형 분자

■ 별과 별 사이, 별 주위의 환경에서 가장 작은 분자와 가장 큰 분자는 무엇인지 표 1.3을 이용하여 답하라.

☐ H_2가 가장 작은 분자이고 C_{70}가 가장 큰 분자다.

C_{60}과 C_{70}은 '풀러렌' 또는 '버키볼'이라고 불리는 탄소 원자로 이루어진 공 모양의 분자다.

다양한 종류의 분자는 성간 혹은 별 주위 구름 안에서 복잡한 화학반응 네트워크로 만들어진다. 온도가 낮아 수소나 헬륨보다 무거운 원자나 분자들이 고체 형태의 먼지 티끌에 부딪히며 들러붙어 얼음 맨틀을 만드는 것이 밀도가 높은 분자운에서 일어난다. 유기 화합물이 먼지 티끌에 부착되면, 티끌 표면에 의해 화학반응이 촉진되고 UV나 우주선(cosmic ray)에 의해 다른 반응물이 생성될 수 있다. 티끌의 맨틀 화학반응에 의해 생성된 반응물은 새롭게 탄생한 별 주위의 온도가 다소 높고 (200~400 K) 밀도가 높은 (>100 H_2 molecules/cm^{-3}) 기체에서 유기 화학반응을 더 이끌 수 있다. 이 영역은 성간 물질에서 화학적으로 가장 풍부한 영역으로 알려져 있으며 '핫 코어(hot core)'라고 불린다. 표 1.3에 있는 대부분은 이 핫 코어 영역에서만 나타난다. 얼음 티끌 맨틀이 핫 코어에서 가열될 때 흥미로운 다른 화합물들이 생성된다. 별이 생

그림 1.18 태양계 성운의 상상도. 티끌과 가스로 이루어진 회전하는 원반에서 태양과 행성이 만들어지고 있다. (NASA)

성되는 근처에서는 별의 복사가 얼음을 증발시키고 분자를 기체 상태로 되돌린다.

별 형성이 진행되면, **태양계 성운**(solar nebula)이라 부르는 회전 원반이 생겨나며, 이는 먼지와 가스로 이루어졌다. 태양계 성운은 분자운으로부터 다양한 유기 분자들을 물려받기도 하고(그림 1.18), 새로운 유기물질을 합성하기도 한다. 별 주위의 껍질에서 일어나는 기체 반응이나 분자운에서 일어나는 티끌 촉매 반응과 같은 비슷한 과정이 이 성운에서도 일어날 것이다. 태양계 성운은 마침내 중심 별과 행성, 초기 유기물 일부를 보존하고 있는 **혜성**(comets)과 같은 태양계 소천체로 이루어진 태양계로 발전된다.

1.5 지구 초기에 유기 분자의 합성

태양 성운이 형성되면서, 새롭게 태어난 행성의 표면과 대기는 유기 분자 생성의 새로운 기회가 된다. 이제 행성으로 눈을 돌려, 가장 잘 이해하고 있는 우리 행성, 지구가 탄생한 이후에 일어났을 법한 반응을 자세히 알아볼 것이다.

1.5.1 에너지원

우주의 화학은 대부분 유기화학이며, 생물학적으로 사용 가능한 유기 화합물을 만들 수 있는 환경이 지구 말고도 있을 수 있다는 것을 알아봤다. 그러나 이런 유기 화합물은 상대적으로 단순하며 생명체에서 보이는 유기체를 조직하기에는 아직 멀었다. 시스템을 그대로 둔다면 무질서한 방향으로 변하는 물리법칙이 있다. 질서를 생성하고 유지하기 위해서는 에너지가 필요하다. 지구에서 어떻게 생명이 시작되었는지 이해하기 위해서 우리는 어떤 에너지원이 있었는지 알아야 한다.

에너지는 생명의 기원에 두 가지 역할을 할 것이다. 초기 지구의 유기물질을 합성하는 반응에 필요했을 것이고, 원시 생명체가 유지되기 위해서도 필요했을 것이다.

표 1.4는 현재 지구에 있는 주요 에너지원이다.

표 1.4 현재 지구의 주요 에너지원

에너지원	에너지량(W m^{-2})
태양 총일사량	360
지열 열 흐름	8.1×10^{-2}
전기 방전(번개)	5.4×10^{-8}
우주선	2×10^{-11}
충격파(대기 진입)	1.5×10^{-8}

■ 지구상 에너지원으로 가장 큰 비중을 차지하는 것은 무엇이며, 그다음 에너지원과는 얼마만큼의 차이가 있는가?

❏ 가장 큰 비중을 차지하는 에너지원은 태양광으로, $360/(8.1 \times 10^{-2}) = 4{,}400$배만큼 차이 난다.

초기 지구의 태양의 세기는 오늘날보다 약 20~30% 약한 것으로 생각되지만, 유기물질을 합성할 때 사용되는 중요한 에너지원이었을 것이다. 나중에 보게 될 텐데, 초기 지구의 유기 분자 합성을 재현하기 위한 수많은 실험에서 전기 방전이 이용되기도 한다.

하지만 이런 방법의 에너지는 아주 적은 양이기 때문에, 유기 분자 합성을 위한 중요한 에너지원이라고 여겨지지는 않는다. 우라늄이나 포타슘에 의한 방사능 붕괴도 지구 내부에서 열을 생성한다. 지구가 강착되면서 방출한 중력 에너지가 지구 초기 열로 발생되고, 화산 활동은 1,000도를 넘는 온도에서 용암 분출로 이어졌을 것이다. 유성과 **운석**(meteorites)이 지구 대기를 통과하면서 발생시킨 충격파 또한 분자를 합성하는 데 활용된 에너지일 것이다. 그럼에도 이 모든 에너지원은 태양에 의한 에너지보다 상대적으로 아주 적을 것이다.

1.5.2 밀러의 생명 기원 실험

1950년대 초, 스탠리 밀러(Stanley Miller, 1930~2007)는 시카고대학교에서 해럴드 유리(Harold C. Urey, 1893~1981) 교수의 지도를 받던 박사과정생이다. 초기 지구에서 일어났던 화학반응의 방법을 재현해보기 위해, 원시 해양을 모사하고자 물을 담은 플라스크를 사용했다. 원시 수권에서의 흐름을 재현하고자 플라스크를 가열하여 수증기가 장치 전체를 순환하게 하였다(그림 1.19). 물이 담긴 플라스크보다 조금 더 높게 위치한 플라스크는 대기를 의미했으며 메테인(CH$_4$), 암모니아(NH$_3$), 수소(H$_2$)가 담겨져 수증기와 섞이게 된다. 저예산 프랑켄슈타인 영화가 생각날텐데, 번개를 모사하여 기체 플라스크에 계속 전기를 방전시켰다. 전기 에너지는 기체끼리 서로 작용하게 하였고, 반응물은 물로 채워진 트랩으로 내려가 쌓였다. 밀러-유리 실험은 일주일간 진행되었다. 반응물을 분석해보니, 아미노산같이 생명에 필요한 유기 화합물 다수가 환원성 기체로부터 간단하게 생성된 것이 명백했다. 유기 화합물이 쉽게 생성된다는 것은 우주에도 풍부하고 널리 존재한다는 것을 암시한다. 이제 우리는 이 사실을 알고 있지만, 밀러-유리 실험에서 재현된 것처럼 행성의 수권에서만 이 현상이 일어날 필요는 없다는 사실도 알고 있다.

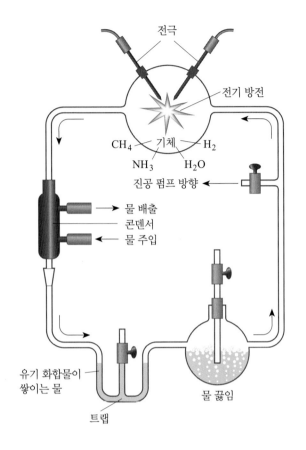

그림 1.19 비생물적인 아미노산을 합성하기 위한 밀러와 유리의 실험 장치. 아래에 위치한 플라스크에서 끓는 물은 원시 해양을 모사한다. 원시 대기를 모사한 위에 있는 플라스크로 수증기가 들어오고, 메테인, 수소, 암모니아와 섞인다. 전기 방전으로 기체들이 아미노산으로 합성하게 되며 물로 채워진 트랩에 쌓인다.

1.5.3 머치슨 운석의 유입

1969년 9월 일요일 아침, 호주 빅토리아주 멜버른 근처의 머치슨이라고 불리는 작은 도시에 탄소가 풍부한 희귀한 운석이 떨어지며 고요하던 도시에 굉음이 울려 퍼졌다. 머치슨 운석은 **탄소질 콘드라이트**(carbonaceous chondrite)로 화성과 목성 사이를 궤도 운동하던 **소행성**(asteroid)의 조각이며 태양계가 형성된 직후부터 지금까지 그대로의 모습을 간직하고 있다(그림 1.20). 돌에서 유기용매 냄새가 난다는 최초 목격자의 보고에 따라 머치슨 운석이 유기 분자를 함유하고 있다는 제안이 나오기 시작했다. 머치슨 운석 유기물 종류에 대한 초기 분석은 아폴로 달 탐사선이 표본을 가지고 올 때를 대비하여 실험실에서 수행되었다. 아미노산을 포함한 유기화합물 몇 종류가 검출되었다. 이 발견은 초기 태양계에 유기 화학반응이 많이 일어났음을 시사한다. 표 1.5는 밀러-유리 실험에서 합성한 아미노산의 종류와 양을 머치슨 운석에서 발견된 결과와 비교하여 나타낸다.

■ 밀러-유리 화합물에서 발견된 아미노산의 종류는 머치슨 운석에서 보인 것과 어느 정도 일치하는가?

☐ 매우 일치한다. 아미노산의 종류와 양은 비슷해 보인다.

머치슨 운석과 밀러-유리 실험에서 비슷하게 발견된 유기화합물은 생명을 이루는 기본적인 유기물이 우주에 광범위하고 보편적으로 생긴다는 의견에 힘을 실어준다. 초기 태양계와 지구에서 단순한 유기 분자들의 농도가 적당했을 것으로 보인다. 단순한 분자가 거대분자로 중합되어 결국 생명의 특징을 얻게 된다고 어렵지 않게 상상할 수 있다.

1.5 cm

그림 1.20 머치슨 탄소질 콘드라이트. 초기 태양계의 유기물질을 보존하고 있는 운석의 한 종류

표 1.5 밀러-유리 실험에서 합성되고 머치슨 운석에서 발견된 아미노산의 함량. 점의 개수는 상대 함량을 나타내며, 대부분의 경우 밀러-유리 실험과 머치슨 운석의 화합물의 함량이 비슷하다. 단백질과 같은 생명에 필수적인 아미노산도 표시했다.

아미노산	아미노산의 함량		지구상 단백질 유무
	밀러-유리 실험에서 합성	머치슨 운석에서 발견	
글리신(glycine)	••••	••••	예
알라닌(alanine)	••••	••••	예
α-아미노-N-부티르산(α-amino-N-butyric acid)	•••	••••	아니요
α-아미노이소부티르산(α-aminoisobutyric acid)	••••	••	아니요
발린(valine)	•••	••	예
노르발린(norvaline)	•••	•••	아니요
이소발린(isovaline)	••	••	아니요
프롤린(proline)	•••	•	예
피페콜산(pipecolic acid)	•	•	아니요
아스파르트산(aspartic acid)	•••	•••	예
글루타민산(glutamic acid)	•••	•••	예
β-알라닌(β-alanine)	••	••	아니요
β-아미노-N-부티르산(β-amino-N-butyric acid)	••	••	아니요
β-아미노이소부티르산(β-aminoisobutyric acid)	•	•	아니요
γ-아미노부티르산(γ-aminobutyric acid)	•	••	아니요
사르코신(sarcosine)	••	•••	아니요
N-에틸글리신(N-ethylglycine)	••	••	아니요
N-메틸알라닌(N-methylalanine)	••	••	아니요

밀러-유리 실험은 다른 에너지원을 이용한다던가 조금 다른 기체 혼합물을 쓴다던가 해서 다양하게 변형되어 재현되고 있다. 그럴 때마다 혼합된 환원성 기체로부터 생물학적으로 유용한 작은 분자들이 만들어진다. 2.4.4절에서 보게 되겠지만, 최근의 대기 진화 모형에 따르면 초기 대기는 태양광에 의해 기체가 쉽게 해리되기 때문에 메테인이나 암모니아가 풍부한 환원성 대기가 아니라는 것이 제시되고 있다. 초기 지구 대기에는 좀 더 안정한 분자들인 이산화탄소, 질소와 물이 풍부했을 것으로 보인다. 이러한 덜 환원적인 환경으로, 밀러-유리 합성은 더욱 어려워진다. 초기 지구 환경은 생명이 유지되기에 적합했을지는 몰라도, 생명을 위한 기본 물질이 만들어지기엔 적합하지 않았을 것이다.

1.5.4 혜성 유기물

혜성에서 얻은 표본을 분석함으로써 생명을 이루는 구성요소의 일부가 우주에서 생성될 수 있다는 것을 다시 확인할 수 있다. 2006년에 NASA의 스타더스트 미션으로 빌드-2 혜성에 근접 비행하며 먼지 티끌을 수집하였고, 지구로 가져온 먼지 티끌 표본이 글리신을 함유하고 있는 것을 발견했다. 물론 지구 환경으로 인한 오염을 완전히 배제할 수는 없지만, 유럽우주국(ESA)의 혜성 랑데부 미션인 로제타가 2014년과 2018년 사이에 67P/츄르모프-게라시멘코 혜성(67P/Churyumov-Gerasimenko)에서 15개의 다른 유기물질과 함께 글리신을 현장에서 검출하면서 의심이 해결되었다. 비생물학적 합성과정으로 아미노산과 당을 만들 수 있고 반응을 아주 잘하는 분자인 글리코알데히드(CH_2OHCHO)와 핵산을 만들기 위해 필요한 질소성 염기(1.2.5절)를 위한 포름아미드(NH_2CHO)를 포함한 유기물질 몇몇은 이미 성간물질에서도 발견되었던 것이다(표 1.3).

1.6 지구 초기에 배달된 지구 밖 유기물질

1.6.1 우리는 우주먼지

초기 지구에서 생명을 위한 요구사항이 해결되었는지 알아보자. 그림 1.21은 태양계의 탄소 함량을 보여준다. 탄소는 비생물학적 유기물질 함량의 지표로 간주될 수 있지만, 지구의 생물학적 유기물질(생명)로도 고려되었다. **소행성대**(asteroid belt) 안쪽으로는 유기물질의 양이 급격히 줄어들어 생명이 탄생했을 동안에 태양계 안쪽의 유기물질을 모두 합하더라도 그 양은 아주 적었을 것이다.

유기물질뿐만 아니라 액체 상태의 물도 생명을 위한 필요조건인 것으로 알아본 적이 있다. 물은 지구의 역사 이래 표면에서 액체 상태로 안정적이었고, 화성 표면에서는 한때 안정적으로 액체 상태의 물이 있었을 것이다. 태양으로부터 멀어지면, 온도가 낮은 위성의 표면 아래에서는 물이 액체 상태로 있을 수 있지만, 행성 표면에서 물이 액체로 존재하기 위한 영역은 지난 46억 년 동안 1.7 AU 바깥쪽으로 확장된 적이 없다(2.3.2절 참조).

생명에 필요한 두 가지 성분인, 액체 상태의 물과 유기물질이 태양계의 서로 다른 영역에 존재한다는 상황은 역설적이다. 생명의 필수 성분이 태양계의 다른 영역에 있는 역설에 대한 해결책을 1961년 후안 오로(Juan Oró, 1923~2004)가 내놓았다.

> ■ 표 1.1을 다시 보자. 당신 신체의 원소 성분은 지구와 비슷한가, 지각과 더 비슷한가, 아니면 우주 전체와 더 비슷한가?
>
> □ 신체를 이루는 가장 풍부한 원소 4개를 고려한다면, 신체를 구성하는 원소 성분은 지구보다 우주와 더 비슷하다.

AU=천문 단위. 지구-태양 평균 거리로 1억 5,000만 km이다.

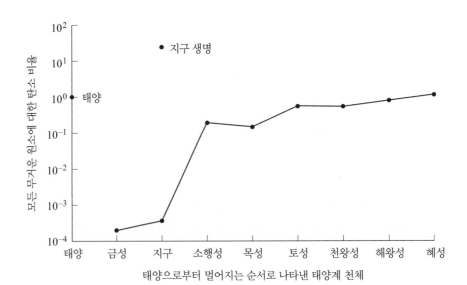

그림 1.21 각 태양계 천체의 탄소와 무거운 원소의 비율(H와 He보다 무거운 모든 원소를 말한다). 가로축의 간격은 무시한다.

오로와 다른 우주생물학자들은 이 관계를 알아차렸고, 생명은 지구 초기에 배달된 지구 밖 천체들의 유기물질로부터 시작했을 수 있다는 제안을 이끌어냈다. 결과적으로, 운석과 혜성의 충돌로 태양계의 유기물질이 풍부한 영역으로부터 액체 상태의 물이 있을 수 있는 곳으로 물질을 가져왔을 것이다. 표 1.6은 생명체에서 발견되는 유기 분자의 종류와 운석의 비생물 혼합물에서 발견된 유기 분자를 비교한 것이다.

■ 생명을 구성하는 유기물질과 머치슨 운석의 유기물질의 주요 차이점은 무엇인가?

❑ 운석이 단순한 유기 분자(단량체)를 가지고 있는 반면, 생명은 같은 분자로 이루어져 있지만 좀 더 복잡한 중합체인 고분자를 가지고 있다.

표 1.6 생명체와 운석에서 발견되는 유기 분자(단량체와 고분자)의 생물학적 역할과 유형

	역할	생명	머치슨 운석
물	용매	예	예
지질(탄화수소와 산)	세포막, 에너지 저장	예	예
당(단당류) 다당류(당 중합체)	구성, 에너지 저장	예 예	예 아니요
아미노산 단백질(아미노산 중합체)	다수(구성, 효소, 등)	예 예	예 아니요
인산염 질소성 염기 핵산(당 중합체, 인산 염기와 질소성 염기)	유전 정보	예 예 예	예 예 아니요

질문 1.2

표 1.7은 오늘날 지구로 유입되는 지구 밖 물질의 탄소 함량과 증가율로 추정되는 질량 범위를 나타냈다. 표의 상단에서는 무기질이든 유기물이든 모든 형태의 탄소를, 하단에서는 유기물질에 있는 탄소에 대해서만 다루었다. 이 자료를 이용하여 다음 질문에 답하라.

(a) 목록에 있는 각각에 대해 전체 탄소와 유기 탄소의 증가율을 계산하여 표에 작성하라.

(b) 유성에 의한 전체 물질에 대해 어떤 유형의 물질이 1년간 탄소 누적량이 가장 많은가? 이 탄소는 꾸준히 지구로 유입되는가?

(c) 유기물질의 경우, 어떤 유형의 물질이 1년간 탄소 누적량이 가장 많은가? 이 탄소는 꾸준히 지구로 유입되는가?

(d) 유성에 의한 전체 탄소 누적률은 유기 탄소 누적률과 비교해보라. 유성의 탄소에 대해 무엇을 알아냈는가?

(e) (i) 10년, (ii) 100년, (iii) 수십만 년 동안 유성 물질에 의해 얼마나 많은 양의 탄소가 공급될 것인가?

(f) (i) 10년, (ii) 100년, (iii) 수십만 년 동안 유성 물질에 의해 얼마나 많은 유기 탄소가 공급될 것인가?

표 1.7 오늘날 지구상에서의 누적률('크레이터를 만드는 물체'는 감속하지 않고 대기를 통과할 수 있을 만큼 큰 소행성과 혜성의 파편)

출처	질량 범위(kg)	질량 누적률(추정)(10^6 kg yr^{-1})	탄소(%)	탄소 누적률(10^6 kg yr^{-1})
운석 물질				
유성(혜성에서 유래)	$10^{-17} \sim 10^{-1}$	16.0	10.0	–
운석	$10^{-2} \sim 10^5$	0.058	1.3	–
분화구를 만드는 운석	$10^5 \sim 10^{15}$	62.0	4.2	–
유기물질에 영향 미치며 충돌에도 녹지 않는 물질				
유성(혜성에서 유래)	$10^{-15} \sim 10^{-9}$	3.2	10.0	–
운석, 비탄소질	$10^{-2} \sim 10^5$	2.9×10^{-3}	0.1	–
운석, 탄소질	$10^{-2} \sim 10^5$	1.9×10^{-4}	2.5	–

생물권의 탄소 질량은 6.0×10^{14} kg이다. (a) 운석 물질이 비슷한 양의 탄소를 공급하려면 얼마나 오래 걸리는가? (b) 운석 물질이 비슷한 양의 유기 탄소를 공급하려면 얼마나 오래 걸리는가? 지구 밖 탄소와 유기 탄소가 초기 지구에 공급되었던 양은 오늘날의 것보다 많은가 혹은 적은가?

질문 1.3을 풀어보면서 운석이나 유성에 의해 지구에 도달하는 탄소의 양은 많지만 그중 유기물질은 조금밖에 안 된다는 것을 알게 되었다. 지구의 유기물 목록에 가장 크게 기여하는 물질은 대부분 혜성이 기원인 유성으로 지구에 꾸준히 들어오고 있다. 하지만 현재의 비율만을 고려하면 현재 지구의 생물권과 동일한 양의 탄소 함량이 되기 위해서는 20억 년 정도 걸릴 것이다. 유성이나 운석에 포함된 유기물질뿐만 아니라, 이들이 지구 대기로 진입하며 발생하는 충격파에 의해 기체가 유기물질로 합성되기도 한다. 더욱이, 분화구를 만들 정도의 물체가 지구 표면에 충돌할 때, 충돌하는 암석은 기화하여 일부 기체가 재결합하며 유기 분자를 생성하기도 한다. 지구 나이 40억 년과 38억 년 사이에는 위에서 언급한 모든 과정이 그럴 듯했을 것이다. 왜냐하면, 단순히 유성, 운석, 분화구를 만드는 물체가 지구 표면에 도달하는 비율이 훨씬 더 컸을 거라는 단순한 이유다. 이것에 대한 증거로는 달 표면의 분화구인데, 달 표면에 생채기를 낸 소행성이나 혜성의 충돌은 33억 년 전까지 계속되었다. 지구도 비슷한 벌을 받았을 것이라고 추정할 수 있다. 이 기간을 '후기 대량 폭격(late heavy bombardment)'이라고 부르며, 지구 밖 물질의 유입과 이들로부터 파생된 유기물질은 지구 표면에 훨씬 더 많고 생명의 원료도 더 풍부했을 것이다.

1.6.2 키랄성

동일한 화학식을 가진 분자라도, 원자의 배열 방식이 다를 수 있다. 이러한 구조상 배열이 다른 분자를 **이성질체**(isomer)라고 하고, '왼손잡이'와 '오른손잡이' 형태로 나눌 수 있다. 이러한 특징을 **키랄성**(chirality)이라고 한다(영어로는 '카이랄러티'라고 읽는다). 생명은 키랄 분자를 사용할 때 선호하는 형태가 있다. 지구 밖 유기물질과 지구 생명체의 관계가 입증되지는 않았지만, 운석에서 발견된 아미노산의 키랄성은 놀랍게도 생명에서 발견된 것과 비슷하다.

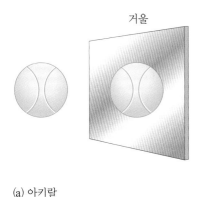

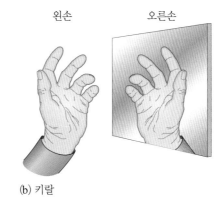

그림 1.22 (a) 공의 거울상은 실제 공과 겹쳐질 수 있어 아키랄하다. (b) 손의 거울상은 실제 손과 겹쳐질 수 없으므로 키랄하다.

(a) 아키랄

(b) 키랄

키랄성이란 무엇인가

주변의 평범한 공을 거울에 비쳐 보면, 공의 거울상은 공과 동일하다. 반사된 공의 이미지와 실제 공을 겹치는 것을 쉽게 상상할 수 있다(그림 1.22a). 거울상이 항상 똑같은 것은 아니다. 예를 들어, 손바닥을 보이게 하여 양손을 나란히 놓아보자. 여러분의 손은 각각 거울상이지만, 똑같지 않다는 것을 알게 될 것이다(그림 1.22b). 손바닥과 손등이 다르기 때문에 오른손 장갑과 왼손 장갑이 필요한 것이다. 한 손을 다른 손 위에 얹어보라. 손바닥을 뒤집어 다시 손바닥을 모두 위로 오게 해보자. 양손의 엄지손가락이 같은 위치에 놓여 있지 않다. 즉, 겹칠 수가 없다. 손과 같이 거울상을 겹칠 수 없는 것을 '키랄'하다고 한다. 실제로 '키랄'이란 단어는 그리스어로 '손과 같다'를 뜻한다. 공과 같이 거울상이 겹쳐지는 물체는 모두 '아키랄'하다고 한다.

■ 신체의 일부 중 겹쳐질 수 없거나 키랄한 것은 무엇인가?

□ 발은 키랄하다. 이 점에 대해 확인하고자 한다면, 왼발을 오른발에 올려보라. 귀 또한 키랄하다.

분자들은 키랄성과 아키랄성 모두 똑같이 존재할 수 있다. 분자의 모든 탄소 원자들이 서로 연결된 구조가 네 종류 미만이라면 이 분자는 거울상에서 겹쳐질 수 있으며 아키랄할 것이다. 예를 들어, 그림 1.23a의 분자는 거울상과 겹쳐질 수 있다. 하지만 분자 내의 탄소 원자가 4개의 다른 구조로 결합되어 있다면, 거울상과 겹쳐질 수 없고 키랄하다.

키랄 분자를 다룰 때 보통 왼손잡이형과 오른손잡이형으로 나누어 이야기한다. 오른손잡이형은 D(덱스트로)로, 왼손잡이형은 L(레보)로 줄여 쓴다.

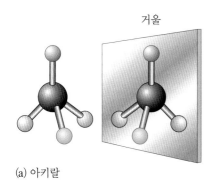

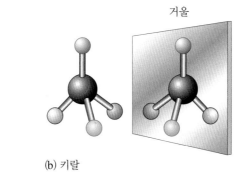

(a) 아키랄

(b) 키랄

그림 1.23 (a) 아키랄 분자. 거울상은 실제의 것과 겹쳐질 수 있다. (b) 키랄 분자. 거울상과 실제의 것은 겹쳐질 수 없다.

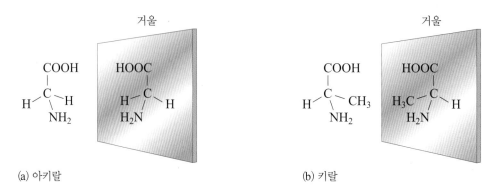

(a) 아키랄   (b) 키랄

그림 1.24 (a) 아키랄 아미노산인 글리신. 거울상은 실제 분자에 겹쳐질 수 있다. (b) 키랄 아미노산 알라닌. 실제 분자에 거울상이 겹쳐질 수 없다.

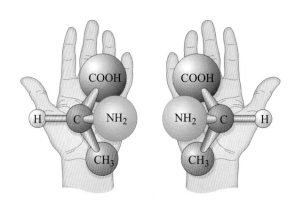

그림 1.25 키랄성 아미노산 알라닌은 왼손잡이형과 오른손잡이형으로 존재할 수 있다.

키랄 아미노산과 아키랄 아미노산을 구분할 수 있다. 가장 단순한 아미노산인 글리신(그림 1.24a)은 겹쳐지는 거울상을 가지고 있어 아키랄이다. 알라닌처럼 좀 더 복잡한 아미노산(그림 1.24b)은 겹쳐지지 않는 거울상을 가지고 있으며 키랄하다. 즉, 알라닌 분자는 왼손잡이형과 오른손잡이형이 있을 수 있다(그림 1.25).

키랄성과 생명

생명이 아닌 상태에서는, 일반적으로 같은 수의 왼손잡이형과 오른손잡이형 아미노산을 만드는 화학반응을 하며, 이러한 혼합물을 **라세믹**(racemic) 혼합물이라고 한다. 지구 생명이 단백질을 만들 때 왼손잡이형 아미노산만 사용한다는 것은 놀랄만하다. 단백질은 모든 살아 있는 것에서 발견되며 단백질이 없는 생명은 없다. 단백질은 수많은 아미노산으로 구성되어 있으며, 20개의 아미노산이 단백질을 만드는 데 사용된다. 19개의 아미노산은 왼손잡이형과 오른손잡이형으로 존재할 수 있다. 단순한 분자인 글리신(그림 1.24a)은 중심에 있는 탄소가 네 종류 미만의 구조를 가지기 때문에 아키랄하여 예외이다.

왼손잡이형과 오른손잡이형 아미노산의 혼합물로 이루어진 단백질은 생물학적 기능을 수행하기 어려운 구조를 만든다. 지구 역사의 어떤 시점에서, 생명은 오른손잡이형 아미노산보다 왼손잡이형 아미노산을 이용하여 자리잡았을 것이다. 한번 진행되면, 생물은 선호하는 쪽으로 고착됐다.

키랄성의 기원

생명체가 왼손잡이형 분자를 사용한 것은 단순히 초기 지구의 우연한 선택의 결과라고 수년간 알려졌었다. 그러나 머치슨과 같은 유기 분자가 풍부한 운석을 연구하면서 이 운석들에도 왼손잡이형 아미노산이 풍부하다는 것이 알려졌다. 지구에 생명이 탄생하기 전에 태양계 물질이 왼손잡이형 아미노산을 많이 포함하고 있다는 것은 생명의 시작 물질이 지구 밖에서 왔다면 그 선호도를 이어받았다는 것을 암시한다.

　자외선 원형 편광(ultraviolet circularly polarized light, UVCPL)이라 불리는 별빛의 형태가 지구 밖 유기 분자 중 왼손잡이형을 많이 생성시켰을 것이다. UVCPL은 빔을 따라 전기장의 방향이 회전한다. 회전은 왼손 방향 혹은 오른손 방향으로 발생할 수 있어 UVCPL은 키랄 현상이다. 키랄 물질은 왼손 혹은 오른손 UVCPL을 다른 정도의 세기로 흡수한다. 광자가 흡수될 때 광분해(빛에 의해서 분자의 결합이 깨지는 것)가 일어나며, UVCPL은 어떤 분자보다 더 수월하게 다른 형태의 분자를 분해시킨다.

　별 탄생 지역인 오리온 성운(그림 1.26)에서 많은 양의 UVCPL이 방출되며, 이 성운에 있는 비생물학적 분자들은 키랄 선호도를 가지게 될 것이 틀림없다. 오리온 성운의 일부는 별 탄생 영역이므로, 곧 탄생할 별과 행성계에서 키랄 아미노산이 이용 가능해질 것이다. 운석으로 알게 된 다량의 왼손잡이형 아미노산의 존재로 원형 편광된 이런 영역에서 우리 태양계가 생성되었으리라 상상하게 된다.

　생명이 왼손잡이형 분자를 더 선호하게 된 다른 이론들도 있다. 분자가 마그네타이트 같은 광물 표면에서 생성될 때 키랄성이 발생할 수 있다는 것이다. 마그네타이트의 결정은 일부 운석에서 나선 모양으로 나타난다. 어떤 방식으로 생성되었든 간에, 혜성, 운석과 먼지 티끌의 충돌로 초기 지구에 유입되는 유기물질의 일부는 왼손잡이형 선호도가 있었던 것으로 보인다. 이 분자들은 생명의 발생에 필요했던 **생명 이전**(prebiotic)의 물질이고, 왼손잡이형 아미노산으

편광은 한 방향으로 전자기 진동을 나타내는 파장이다. 보통 빛의 진행 방향과 수직한 모든 방향으로 진동한다.

그림 1.26 UVCPL이 관측되는 오리온 반사 성운. 사진의 윗부분에는 밝은 별의 무리가 보인다. 이 별들 아래의 고사리 잎사귀 모양이 반사성운이다. (Copyright © Anglo-Australian Observatory, David Malin의 사진)

1908년 스웨덴 화학자, 스반테 아레니우스(Svante Arrhenius, 1859~1927)는 우주에서 생존할 수 있는 포자 형태의 생명이 태양계에서 다른 태양계로 퍼질 수 있다는 제안이 담긴 책을 출판했다. 생명이 풍부한 행성의 상층 대기에서 부유하던 포자가 항성풍에 의해 별과 별 사이 공간으로 방출되었을 것이다. 포자의 일부는 어떤 행성에 떨어져 다시 생성하고 번창하게 될 것이다. 이 이론은 곧 우주 공간에서 긴 여행 동안 치명적인 전자기파를 받게 될 것이라는 비판을 불러 일으켰다.

윌리엄 톰슨(William Thomson, 1824~1907)은 포자가 운석에 의해 운반된다는 수정된 판스페르미아를 제안했다. 충돌에 의해 암석이 태양계 사이로 발사될 수 있는지 알 수 없지만, 우리 태양계 내 한 천체에서 다른 천체로의 물질의 이동은 여러 번 일어났을 것이다. 일례로, 지구에 떨어진 몇몇 운석은 화성과 달에서 왔다. 초기 태양계에서 생명이 탄생했을 가장 그럴싸한 곳은 화성과 금성이다. 두 행성 모두 지금은 어려운 표면 환경을 가졌지만, 30억 년 전에는 지금과는 매우 달라 이 두 행성의 표면은 좀 더 생명에 호의적이었을 수 있다.

1996년 NASA의 과학자들은 화성의 운석이 외계 미생물 화석의 증거가 있다는 것을 발표해 논란을 불러 일으켰다. 알란 힐 84001(ALH 84001) 운석은 복잡하고도 흥미진진한 역사를 가지고 있다.

45억 년 전	화성 마그마로부터 결정화
40억 년 전	소행성 충돌이 많았지만 탈출되지 않음
36억 년~18억 년	물에 의하여 탄산염 광물을 만듦
1600만 년 전	소행성 충돌로 우주로 탈출
1984년	남극에서 발견
1996년	NASA 기자회견

현재 (ALH) 84001에 있는 생명 화석에 대한 주장은 무시되고 있지만, 미생물이 행성 사이에 이동될 수 있다는 개념은 심상치 않게 과학적 관심을 불러 일으킨다. 이것은 지구의 미생물이 근처의 달, 화성이나 금성으로의 이동도 포함한다.

로 생명이 발전하는 데 비중을 실었을 것이다.

어떤 과학자들은 초기 지구의 유기물질이 지구 밖에서 유입되었을 뿐만 아니라 살아 있는 **미생물(microbes)** 자체가 유입되었다는 **판스페르미아(panspermia)** 이론을 제안한다(글상자 1.3).

미생물은 육안으로 볼 수 없는 아주 작은 유기체로 대략 정의된다. 미생물 대부분은 단세포 유기체이다.

1.6.3 결집-유기물질의 축적

생명이 탄생한 것으로 여겨지는 수억 년 전, 그동안 지구 표면에 축적된 유기물질의 양은 $10^{16}-10^{18}$ kg이다. 이 물질들이 지구 표면 전체에 골고루 퍼졌다면, 그 두께는 1.6 cm와 1.6 m 사이일 것이다. 다량의 유기물질이 살아남아 축적되어 생물 이전 환경에서 중요한 유기 탄소의 물질로 여겨질지라도, 대부분은 바다로 유입되거나 퇴적층에 묻혔을 것이다.

문제

표 1.7에 제시된 현재의 비율을 사용하여 1억 년당 얼마나 많은 유기 탄소가 유입되었는지 계산하라. 계산한 값과 초기 지구에 대해 주어진 값에 차이가 있다면 그 이유를 설명하라.

해답

현재 유기물 축적의 비율

$$= [(3.2\times10^{-1})+(2.9\times10^{-3}\times10^{-3})+(1.9\times10^{-4}\times2.5\times10^{-2})]\times10^6\,\text{kg yr}^{-1}$$
$$= [0.32+(2.9\times10^{-6})+(4.8\times10^{-6})]\times10^6\,\text{kg yr}^{-1}$$
$$= 0.32\times10^6\,\text{kg yr}^{-1}\,(\text{유효숫자 두 자리 표현})$$

1억 년 동안 지구에 공급되는 유기물질의 양 = 3.2×10^{13} kg.

현재의 비율은 초기 지구보다 열 배 정도 적은데, 후기 대량 폭격으로 알려진 충돌이 그때가 훨씬 자주 일어났기 때문이다.

앞서 언급했듯이, 반응물의 농도에 따라 화학반응률은 증가한다. 분자 2개가 반응할 때, 이들
은 가까이 만나야 한다. 농축되는 방식에 따라 유기물질이 운석으로 지구에 수월하게 도달할
것이며, 유성과 혜성이 생명체 생성을 이끄는 화학반응에 기여할 것이다. 몇 가지 알려진 농축
방식을 알아보자.

1. 석호나 조수 웅덩이 같은 해양 환경의 가장자리는 묽은 용액을 모으는 수단이 될 수 있다.
   해양으로부터 일시적으로 차단된 용액은 증발에 의해 좀 더 높은 비율의 유기 분자를 함유
   하게 된다.
2. 액체 용액이 얼 때도 물이 먼저 얼기 때문에 용해된 유기 화합물의 농도가 증가한다.
3. 점토나 다른 광물의 표면 또한 유기물을 포획하는 장소로 활용된다. 점토는 유기분자가 부
   착되거나 그 구조 안에 유기분자를 둘 수 있는 특히 유용한 광물이다.

원시 생명체에 원료를 충분히 제공하는 데는 농축 과정이 중요하다. 비슷한 예로, 벽돌과 시
멘트 반죽이 넓은 영역으로 계속 흩어진다면 집을 짓는 일은 어려울 것이다. 일단 생명의 기원
에 필요한 원료가 모이게 되면, 드디어 일을 하기 시작할 것이다.

1.7 복잡성을 이룸

유기 분자가 복잡한 유기체로 결합될 수 있는 방법은 잘 알려져 있지 않지만, 기본적인 단계들
이 어떻게 발생했는지 알아보는 것은 흥미로운 일이다. 이 절에서는 생명의 직접적 전조가 되
는 복잡한 유기체로 점점 발전되는 데 도움이 되는 과정 몇 가지를 알아볼 것이다.

1.7.1 결합하는 고리 : 고분자와 고분자 생성

거대분자가 생명에 중요한 것임이 표 1.2의 데이터에 나타나 있다. 생명체가 제 기능을 수행하
기 위해 필요한 복잡도(거대분자로 표현)는 생명의 기원을 이해하는 데 어려운 문제로 다가온
다. 간단한 유기 분자에서 거대분자로 생성되는 것이 얼마나 어려운가를 고려하는 것만으로도
여기에서는 적절하다.

- ■ 그림 1.5와 1.6을 주의 깊게 살펴보고 간단한 단량체가 중합체로 어떻게 생성되는지 설
  명하라.
- ☐ 단량체의 중합은 탈수 반응이다.

예를 들어, 당 단량체 2개가 각 $-OH$ 기에서 물 분자가 빠져나가며 결합하여 $-O-$로 연결
될 수 있다(그림 1.5). 아미노산 2개의 $-NH_2$ 기와 $-COOH$ 기가 결합할 때와 마찬가지로 탈
수하며 결합을 형성한다(그림 1.6). 핵산이 중합할 때도 비슷한 반응이 일어난다.

- ■ 그림 1.5에서 당 단량체들이 결합하려면, 반응 가능한 모든 $-OH$ 기가 사용되는가?
- ☐ 아니다. 새로운 큰 분자의 끝은 여전히 반응 가능한 OH 기를 가지고 있다.

비슷한 방식으로 아미노산 2개를 결합한 후, 새로운 큰 분자의 끝은 반응 가능한 $-NH_2$와

−COOH 기를 여전히 가지고 있다. 이러한 모양으로 중합반응이 점점 더 큰 유기 분자 구조를 끝없이 만들 수 있다는 것을 보장한다.

중합체를 형성할 때 물이 있었다는 것은 생명의 기원에서 가장 풀기 어려운 과정 중의 하나다. 물은 중합체를 분해하는 화합물이지 만드는 화합물이 아니다.

위에서 언급했듯이, 큰 분자는 탈수를 동반한 중합 반응에 의해서 생성될 수 있다. 가장 원시적인 중합 반응도 이런 방식으로 일어났을 가능성이 높다. 생명체가 사용하는 거대분자가 지니는 높은 수준의 질서와 복잡성은 좀 더 정교한 방법을 필요로 하며, 생명은 단백질 효소의 촉매 특성을 잘 이용한다. 생명화학은 효소에 의해 효율이 좀 더 좋아지지만, 탈수를 동반한 중합 반응으로 유기 분자가 복잡해지기 시작했다.

1.7.2 경계층의 형성

1.2.6절에서 논의했듯이, 현재의 생명체는 모두 막으로 경계를 이루는 세포를 이용한다. 세포로 이루어진 생명은 어떻게 발생했을까라는 의문이 생긴다. 특징적인 생명의 과정을 조합하는 핵산이나 단백질 같은 큰 분자들은 생명이 탄생하기 이전의 지구에는 없었다. 그렇다면 자연적으로 조합하는 과정을 거쳐 생명의 첫 형태가 만들어졌을 것이다.

이 프로세스가 어떻게 일어나는지 알아보자. 친수성과 소수성 화합물에 대해 알아보았지만, 하나의 화합물 양 끝에 이런 특징이 있는 유기 화합물들도 있다. 극성의 친수성 '머리'와 소수성 '꼬리'를 가진 것들이다. 이런 화합물들을 **양친매성**(amphiphiles)이라 하고, 두 가지 모두를 좋아한다는 의미이다. 극성을 가진 머리 부분은 약간의 전하가 있어 물과 같은 극성 용매에 용해된다. 전하가 없는 꼬리 부분은 물에 잘 용해되지 않는다.

양친매성 분자가 물에 들어가면, 친수성 머리는 물의 표면에 놓여지고 소수성 꼬리는 공기 중으로 뻗게 된다. 이 방식으로 그림 1.27에서 보이는 **단일층**(monolayer), 즉 단일 분자층이 만들어진다. 단일층은 분자 하나의 두께를 가지며 2차원 표면 또는 막이라고 생각된다.

■ 양친매성 분자를 물에 넣은 후 이 혼합물을 흔들게 되면 이 분자들은 어떤 형태가 될까?

□ 분자들은 서로 모여 친수성 머리는 물쪽을 향하고 소수성 꼬리는 서로 안쪽으로 향하게 되어 물로부터 보호되어 갇힌 작은 구형 구조를 가진다(그림 1.28). 이 구형 구조를 '**마이셀**(micelles)'이라고 한다.

양친매성 분자의 대부분은 층이 2개인 구조를 만든다. 이 조합을 **이중층**(bilayer)이라고 부

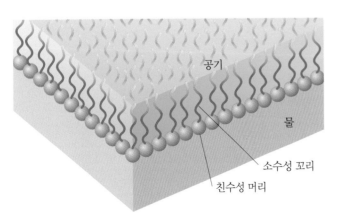

그림 1.27 지방질 단일층-친수성 말단(머리, 명확하게 하려고 크게 그림)을 가진 지방질 분자의 단일층과 소수성 말단(꼬리)이 공기 중으로 놓임

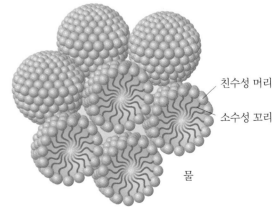

그림 1.28 지방질 마이셀-바깥쪽으로는 친수성의 머리, 안쪽으로는 소수성 꼬리를 가진 구형의 지방질 덩어리

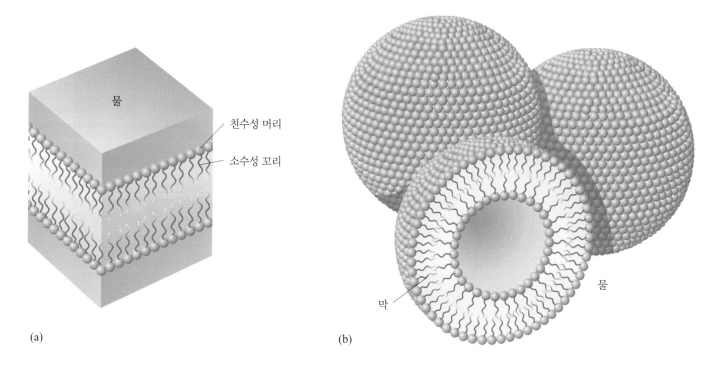

그림 1.29 (a) 지방질 이중층, (b) 이중층 막

친수성 머리

소수성 꼬리

(a)

막

물

(b)

른다(그림 1.29a). 분자로 이루어진 판 2개가 서로 샌드위치처럼 겹쳐진 것을 상상해본다면 친수성 머리는 물과 맞닿아 있는 바깥쪽을 향하게 되고 소수성 꼬리는 물과 멀어지는 안쪽으로 모인다. 단일층처럼 이중층도 막의 형태이지만, 분자들이 단일층으로 이루어진 구형을 마이셀이라고 한다면 이중층으로 이루어진 것은 '이중층 막(bilayer vesicle)'이라고 한다(그림 1.29b). 대부분의 유기체가 그들의 세포를 온전히 유지하기 위한 막의 형태로 이중층 형태를 사용한다는 것은 특히 흥미롭다. 단일층, 마이셀, 이중층과 이중층 막 구조는 자연스럽게 만들어져 세포 생명이 시작되기 위해 막으로 둘러싸여진 원시 환경이 만들어졌을 것이다.

원시 생명체에게 세포막의 중요성은 생명이 있기 이전의 조건에서 어떻게 막이 형성될 수 있었는지 알아내기 위한 수많은 실험 연구를 이끌었다. 1924년, 러시아 생화학자인 알렉산드라 오파린(Alexandra Opain, 1894~1980)은 단백질을 물에 넣으면 작은 방울로 서로 모인다는 것을 증명했다(그림 1.30a). 이 작은 방울을 **코아세르베이트**(coacervates)라고 부르며, 라틴어로 무리를 이루는 혹은 수북이 쌓여 있다는 의미다. 코아세르베이트는 지방질, 단백질, 핵산과 다당류로 이루어진 수많은 종류의 중합체 용액에서 만들어진다. 코아세르베이션은 분자의 극성과 물에서 수소 결합을 형성하는 능력과 관련된 물리화학적 특징이다. 코아세르베이트를 준비하기 위해 넣은 많은 물질들은 우선 작은 물방울을 만들며, 생명 이전의 화학 공장을 구성할 수 있는 수단을 마련한다.

1958년, 미국 생화학자 시드니 폭스(Sidney Fox, 1912~1998)는 건조 아미노산을 가열하여 탈수를 동반한 중합 반응을 유도했다. 아미노산 중합체는 단백질과 비슷하며 폭스는 새로운 분자를 '프로테노이드(protenoids)'라고 불렀다. 이 프로테노이드들이 온도가 높은 물에 용해된 후 이 용액이 식으면, 프로테노이드들은 2 μm 정도의 직경을 이루는 작은 구를 만들었다. 폭스는 이것을 '**마이크로스피어**(microsphere)'라고 이름 붙였다. 이 마이크로스피어는 생물학적 세포막과 비슷하게 이중벽을 가지며, 소금물의 농도에 따라 수축되거나 팽창될 수 있다. 수 주일 방치하면, 마이크로스피어는 용액의 프로테노이드 물질을 좀 더 흡수하여 2세대 마이크로스피어를 형성하며 분리되어 새로운 것이 만들어진다(그림 1.30b).

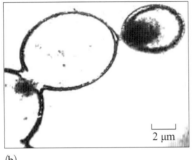

(a)

(b)

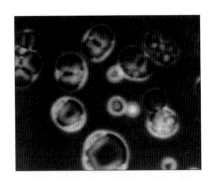

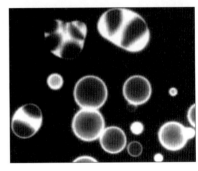

그림 1.30 (a) 쿠아세르베이트, (b) 프로테노이드 마이크로스피어 [(a) www.angelfire.com, (b) University of Hamburg]

그림 1.31 머치슨 운석 유기물질에서 생성된 이중층 (David Deamer)

1985년 미국인 데이비드 디머(David Deamer, 1939~)는 지구 밖에서 유입하여 초기 지구에 도달하는 양친매성 분자의 영향을 연구했다. 그는 머치슨 운석으로부터 유기물을 추출해내고, 이 유기물질이 경계층을 형성할 수 있는지 연구하기 위해 물을 첨가했다. 머치슨 분자는 막으로 이루어진 방울을 만들었고(그림 1.31) 비생물적 유기물질로 이루어진 혼합물이 초기 지구에서 원시적 세포 생명체를 형성할 수 있게 도울 수 있다는 확실한 증거를 제시한다.

이러한 막이 초기 지구에서 탈수되는 경우를 생각해볼 수 있다. 다시 수화되면서 이 작은 화학 공장은 원시 세포로 발전할지도 모른다(그림 1.32).

1.7.3 광물의 역할

사용 가능한 초기 물질보다는 훨씬 높은 수준의 구조와 복잡성을 가지는 일련의 화학적 변화가 수반되어 첫 생명체로 발전했을 것이다. 이 과정에서 광물이 중요한 기능을 많이 제공했을 것이라 사람들은 생각하고 있다. 생명체의 기원에 영향을 줄 수 있는 광물의 중요한 역할을 네 가지로 구분해볼 수 있다: 보호, 지지, 선택과 촉매. 차례대로 각각 알아보자.

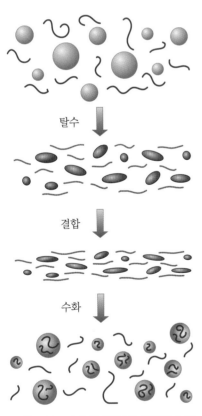

탈수

결합

수화

그림 1.32 거대 유기분자와 물방울로 이루어진 세포막 혼합물의 탈수 현상을 가정한 후 원시 세포를 형성하는 재수화 반응

- 광물은 화학 시스템을 모아주는 주요 역할을 할 수 있기 때문에 이들이 분산되거나 분리되는 것으로부터 보호한다. 일례로, 화산암은 용융되어 있는 동안에 분출하는 기체에 의해 만들어진 수많은 작은 공기주머니를 가지고 있고(그림 1.33), 일반적인 광물 중 어떤 것은 풍화에 의해 아주 작은 구멍으로 발전된다. 이러한 미세한 부분들이 구조화된 생명으로 첫발을 내딛을 수 있는 작은 화학 혼합물들의 은신처가 될 수 있다.
- 광물 표면의 분자가 축적되어 서로 상호작용할 수 있는 구조를 지지하는 역할을 할 수 있다. 묽은 용액에서 분자들을 결합시키는 효율적인 방법은 편평한 표면에 농축시키는 것이다.

그림 1.33 작은 공기주머니를 가지고 있는 화산암. 암석이 용융될 때 기체가 팽창하며 만들어진다.

그림 1.34 철 황화물. 생물학적으로 유용한 분자를 생성하기 위한 에너지원이자 촉매의 기반 역할을 했을 것이다.

점토를 함유한 용기에서 아미노산이 들어 있는 용액을 증발시키는 실험이 수행되었다. 아미노산이 점토 표면에 농축되어 단백질과 같은 짧은 사슬로 중합된다.

- 광물은 생물학적으로 유용한 분자를 선택하는 것을 도왔을 수 있다. 광물들은 대부분 거울상인 결정면을 가지고 있다. 방해석과 같은 광물은 아미노산과 강하게 결합하여, 방해석 결정이 라세믹 아미노산 용액에 잠기면, 왼손형과 오른손형의 아미노산이 서로 다른 결정면에서 결합된다. 적당한 조건 아래 선택과 농축 과정은 오른손형이나 왼손형의 단백질 중의 하나와 비슷한 분자들을 형성하게 될 것이다. 어떤 시점에서 자연선택은 왼손형 분자를 선택했고, 모든 생명체는 이 특성을 물려받았다.
- 광물은 촉매 역할을 할 수 있다. 질소는 생물학적으로 유용한 물질을 만들어내는 데 필요한 원소 중의 하나다. 지구 대기에 질소가 풍부하지만 비활성 질소 기체 형태로 존재한다. 원시 유기체는 질소 기체를 생명에 사용될 수 있는 형태로 변환시키는 방법을 발견했을 것이다. 산업 과정에서는 금속 표면을 이용하여 질소와 수소를 암모니아로 만들어낸다. 초기 지구에서 비슷한 반응이 일어난다면, 암모니아는 생물학적 반응을 위한 질소의 주요한 공급원이었을 것이다. 이러한 반응은 질소와 수소가 산화철 표면을 거치게 되는 **해저 열수구** (hydrothermal vents)에서 일어날지도 모른다.

동일한 광물에서 이러한 모든 기능이 동시에 일어났을 것이다. 일례로, 독일의 화학자이자 변리사인 귄터 바흐터스하우저(Gunter Wächtershäuser, 1938~)는 1988년에 황화철과 황화니켈이 생물학적으로 유용한 분자를 생성하기 위한 에너지원이자 촉매의 기반일 수 있다고 제안했다(그림 1.34). 최초의 생명체는 이러한 결정의 표면에 들러붙은 막이었을 수 있다고도 제안했다. 광물이 촉매 역할을 한다면, 원시 대사과정은 효소 없이도 진행되었을 수 있다.

1.8 화학에서 생물 시스템으로

1.8.1 RNA 세계

1.2절에서 보았듯이, 우리가 알고 있는 생명은 유전 정보를 저장하는 데 DNA를 사용하고 세

그림 1.35 '닭과 달걀'의 역설. 핵산 생산을 촉매하는 단백질이 먼저일까, 단백질을 만들기 위한 유전 정보를 가지고 있는 핵산이 먼저일까?

포로부터 정보를 꺼내는 운반자로는 RNA를 사용한다. 중요한 것은, 핵산은 자신을 복제하는 데 필요한 유전 정보를 가지고 있지만, 반응을 촉매하려면 단백질이 필요하다는 것이다. 반대로, 단백질은 반응을 촉매할 수 있지만, 핵산이 제공하는 정보 없이 복제될 수 없다. 생명의 기원에 대한 상향식 연구 방식은 딜레마에 빠지게 된다—주요 분자 세 가지(DNA, RNA, 단백질 효소) 중 하나가 다른 2개 없이 존재할 수 없다? "닭이 먼저냐 달걀이 먼저냐"라는 역설로 불린다(그림 1.35).

1980년대 중반에 RNA는 DNA와 달리 복제에 필요한 효소 기능을 일부 수행할 수 있다는 것이 발견되었다. 미국의 생화학자 시드니 올트먼(Sidney Altman, 1939~)과 토마스 체크(Thomas Cech, 1947~)가 서로 독자적으로 발견한 것에 따라, 1989년에 노벨화학상을 공동 수상했다. 효소와 비슷하게도 촉매의 특징을 가지고 있는 RNA 분자를 '리보자임'이라고 부른다. 이론적으로 RNA 분자가 유전 정보를 저장하고 촉매 작용을 할 수 있으므로, 단순한 생명체는 단백질을 필요로 하지 않을 것이다. 좀 더 단순한 'RNA 세계'는 오늘날의 'DNA와 단백질 세계'보다 좀 더 이전에 존재했을 것이다. RNA는 특별한 단백질 없이 복제하고 진화할 수 있었을 것이다. 이 문제를 지지하는 관측이 몇 가지 있다.

- RNA의 뉴클레오티드는 DNA의 뉴클레오티드보다 더 쉽게 합성된다.
- DNA의 안정성이 높다는 점을 고려해볼 때, DNA가 RNA에서 신화된 후 DNA가 RNA의 역할을 대체했다는 것을 쉽게 상상할 수 있다.
- RNA 없이 단백질이 복제될 수 있다는 예측을 그럴싸하게 할 수 없으므로, RNA는 단백질보다 먼저 진화했을 것이다.

진화하는 RNA 조직은 훨씬 효율적으로 자기 복제할 수 있는 DNA를 전사하기 시작했다. DNA를 만들어내는 RNA 능력은 레트로바이러스에 의해 생생하게 설명된다(글상자 1.4). 좀 더 능숙한 DNA-단백질 세계가 이들의 이전 세대 경쟁자인 RNA보다 더 우세해지게 자연선택 되었다.

DNA를 전사하는 RNA의 능력은 과거 RNA 세계에 대한 제안을 뒷받침하는 증거의 중요한 부분이다. 현대의 복잡한 생물권을 파괴할 수 있는 레트로바이러스를 우리의 가장 오래된 조상의 유산으로 여기고 싶어진다.

글상자 1.4 │ RNA와 레트로바이러스

바이러스는 세포질이 없는 기생물이다. 바이러스는 단백질 피막으로 둘러싸인 핵산으로 크기가 작다(10~200 nm). 숙주가 없으면 바이러스는 살아 있는 세포의 기능인 **호흡**(respiration)과 성장 같은 것을 하지 않는다. 일단 숙주 세포 안에 있게 되면, 세포의 화학 에너지를 훔쳐서 단백질과 핵산을 합성하는 능력을 빼앗아 자신을 복제한다.

바이러스 중에는 숙주 세포를 죽이지 않지만, 한 형태로 혹은 다른 형태로 세포 내에 존속하는 경우도 있다. 암을 유발하는 바이러스와 인체 면역 결핍 바이러스(human immunodeficiency virus, HIV)가 그러한데, 핵의 DNA보다 100만 배 빠르게 진화한다. 이들을 '레트로바이러스'라고 한다. 이들은 DNA를 RNA로 전사하는 일반적인 세포 과정을 바꾸어 놓는다. RNA를 DNA로 전사하며 바이러스성 RNA를 만들도록 세포 기관을 차지하며 번식한다.

1.8.2 원시 생화학

생명을 위한 에너지원 중 가능한 것에 대해 1.5.1절에서 논의했다. 생명은 신진대사 과정을 유도하기 위해 에너지에 의존하며, 이들 에너지원들이 사용된다. 오늘날 지구상에 가장 중요한 에너지원은 태양빛이고, **광합성**(photosynthesis)이라 불리는 과정을 통해 이 에너지는 고정된다. 광합성은 물과 이산화탄소로부터 탄수화물을 만들어낸다. 황을 기본으로 하는 광합성 반응은 에너지 장벽이 낮다.

$$nCO_2 + 2nH_2S \rightarrow (CH_2O)_n + nH_2O + 2nS \qquad (1.1)$$

하지만 오늘날 식물 대부분이 이용하는 광합성 반응은 물을 기본으로 한다.

$$nCO_2 + nH_2O + 에너지 \rightarrow (CH_2O)_n + nO_2 \qquad (1.2)$$

유기체가 태양광을 얻을 수 없는 환경에서는 유기화합물을 생성하기 위해 다른 메커니즘을 사용해야 한다. 예를 들어, 1977년 과학자들은 잠수정 ALVIN에서 태평양의 갈라파고스 군도 근처의 중앙해령을 연구하고 있었다. 이들은 깊은 바다의 뜨거운 물이 나오는 구멍('열수구')에서 다양한 유기체가 살고 있는 것을 발견했다(그림 1.36). 해수는 중앙해령의 온도가 높고 새로 생성되는 해양지각을 순환하며 열을 얻게 되고, 이 뜨거운 해수는 암석을 용해시켜 화학물질을 교환한다. 해령을 따라가다 보면, 광물이 풍부한 뜨거운 물이 400 °C까지 높은 온도의 바다로 다시 순환하며 들어가는 곳이 있다. 그 영역 위에 놓인 해수의 거대한 압력으로 물이 끓지 않는다. 광물이 풍부한 뜨거운 해수를 공급하는 지역은 빛에너지에 의존하지 않고 화학에너지에 의존하는 생명 유기체가 공동체를 이루어 서식할 수 있도록 한다. 이러한 유기물 합성 방식을 **화학합성**(chemosynthesis)이라고 한다. 오늘날은 열수 시스템이 중앙해령에만 있는 게 아니라는 사실을 알게 되었다. 이는 물과 열이 있는 지구의 지각 깊은 곳에서도 일어난다. 단순한 화학합성 생명체들이 이러한 열수 영역에서도 존재한다는 것이 최근에 발견되었다. 이러한 생태계는 '깊고 뜨거운 생물권'이라 부르며, 지구의 깊은 곳에 있는 유기물질의 양은 아마도 표면에 있는 양에 필적할런지도 모른다. 평범하지 않은 지하 거주자 중 일부는 2.5절에서 다룰 것이다. 에너지와 간단한 무기물로부터 유기물을 만들어내기 위해 광합성 또는 화학합성을 하는 유기체를 **독립영양생물**(autotrophs, 그리스어로 auto는 'self'를 의미하고 troph는 'feed'를 의미한다)이라고 한다.

광합성과 화학합성으로 에너지를 얻는 과정으로 생성된 탄수화물은 에너지가 풍부한 인산염 결합을 만드는 데 사용된다. 이렇게 저장된 화학 에너지는 유기체가 필요로 할 때 이용될 수 있다. 오늘날 지구상에서 가장 흔한 두 가지 기초대사 과정은 **발효**(fermentation)와 호흡이다. 발효로 탄수화물 포도당($C_6H_{12}O_6$)을 이산화탄소(CO_2)와 에탄올(CH_3CH_2OH)로 변환하거나 에너지가 풍부한 인산염 결합 2개에 저장된 것과 동일한 에너지로 젖산($C_3H_6O_3$)으로 변환된다. 지구 대기의 산소 기체를 이용한 호흡으로 포도당 분자에서 얻을 수 있는 에너지는 발효에 의해 얻은 에너지보다 많다. 포도당은 에너지가 풍부한 인산염 결합 36개에 해당하는 순이익을 가지면서 이산화탄소(CO_2)와 물로 바뀐다. 이것은 상당한 개선이다.

그림 1.36 심해 열수구 (D. Thomson/ GeoScience)

$$(CH_2O)_n + nO_2 \rightarrow nCO_2 + nH_2O + 에너지 \tag{1.3}$$

생명체를 유지하기 위한 유기체가 복잡한 반응에 사용하기 위해 에너지를 포착하여 저장하는 대사 메커니즘을 위에서 정리하였다. 그러나 생명을 유지하기 위해 독립영양생물을 섭취하여 이들이 수행한 노력의 결과를 이용하는 생명체는 무엇일까? 이들을 **종속영양생물**(heterotrophs)이라 한다(그리스어로 hetero는 'different'를 의미한다).

1.9 하향식 접근 : 계통 발생론

우리는 지금까지 생명의 기원을 이해하기 위해 상향식 방법을 다루었다. 생명이 처음부터 어떻게 만들어질 수 있는지에 대해 알아보고자 한 것이다. 지구의 현존하는 생물학에서 다루는 정보를 사용하여 생명의 기원에 대해 갈 수 있는 한 멀리 추론하고자 노력할 것이다. 지구 생명은 40억 년의 역사를 가지고 있으며, 하나의 단순한 공통 조상으로부터 시작되어 진화된 역사를 가질 것이라고 오래도록 여겨지고 있다. 달리 말하자면, 지구상 모든 생명은 연관되어 있다. 다윈은 1857년에 이 아이디어를 가지고, '자연에서 각자 위대한 왕국의 매우 정확한 계통 나무를 갖게 될' 시대가 올 것이라는 관점을 발표했다.

다윈의 비전은 유전학에 근거한 **계통 나무**(phylogenetic trees)의 출현으로 현실화되고 있다. 생명은 진화에 의해 창조해낸 것을 버리지 않는다. 즉 이전에 일어난 것으로부터 생명을 만들어낸다. 유전물질에 이런 연속적인 추가와 수정에 대한 생물학적 기록이 있으며, 구체적으로 따지자면 RNA와 DNA 뉴클레오티드 시퀀스에 해당 기록이 있다. 계통 나무를 구성하는 데 활용한 기본적인 방법은 다른 개체 간에 DNA와 RNA 가닥을 조사하는 것이다. 비슷한 부분이 발견되면, 이 부분은 거의 확실하게 공통 조상으로부터 물려받은 것이다.

리보솜 RNA의 작은 하위 단위로부터 얻은 유전 정보로 만들어진 좀 더 유용한 나무 그림도 있다(그림 1.37). 다른 개체 사이의 비교는 진화상 혁신의 계층을 나타낸다. 가지가 길어질수록 시작과 끝에 있는 개체 간 리보솜 RNA 서열의 차이가 커진다. 세 영역으로 명확히 구분할 수 있어, 생명의 세 '도메인'으로 나타낸다: 박테리아, 고세균, 진핵생물. 그림 1.37의 각 도메인에 있는 가지들은 나무에서 다른 그룹보다 서로 좀 더 가까운 종과 종의 그룹과 관련된 이름을 가지고 있다. 이 가지가 다른 가지와 만나는 점으로 따라가다 보면 이 가지의 조상 종으로 이어진다. 동일한 큰 가지로 이끌어진 가지들은 공통 조상을 가진 종을 나타낸다. 생명의 기원을 연구할 때, 가장 관심 있는 것은 계통 나무의 **뿌리**이다.

나무의 중심에 가장 가깝고, 가장 깊고, 짧은 가지의 개체는 **호열성**(thermophiles)과 **극호열성**(hyperthermophiles) 생물이다. 열을 좋아하는 미생물로 유독 온천이나 심해열수구 근처에서 발견된다. 이들에 대해서는 2.5절에서 자세히 다룬다.

> ■ 계통 나무의 뿌리에 있는 호열성과 극호열성 생물의 발생은 지구에서 생명의 진화 과정에 대해 무엇을 암시하는가?
>
> ☐ 진화의 과정이 일반적으로 높은 온도에서 낮은 온도로 옮겨졌다고 해석해 볼 수도 있다.

리보솜 RNA 나무의 중요한 특징 중의 하나는 가지의 깊은 곳에 위치한 개체의 대부분이 빛을 에너지원으로 사용하지 않는다는 점이다. 광합성이 지구화학적인 에너지원을 사용하는 과

박테리아와 고세균, 진핵생물 대부분은 육안으로 볼 수 없을 정도로 작아서 통틀어 미생물이라고 한다.

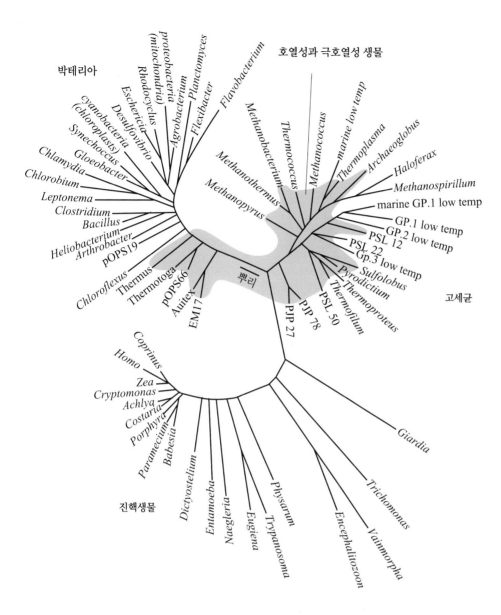

박테리아

호열성과 극호열성 생물

고세균

진핵생물

그림 1.37 리보솜 RNA 데이터(즉, 리보솜에 있는 RNA)를 기반으로 한 생명에 대한 보편적인 나무. 개체 쌍을 구분하는 선의 길이는 그들 사이의 유전적 차이를 나타낸다. 생명은 이 나무가 구현된 결과에 따라 세 영역으로 나뉜다(박테리아, 고세균, 진핵생물). 나무의 중심에 있는 깊고 짧은 가지들에는 호열성과 극호열성 생명체로 채워져 있다.

정보다 나중에 발전되었을 것으로 여겨진다. 지구에서 초기 생명의 성질에 대한 결론을 이 나무로 이끌어낼 수 있을까?

계통 나무는 우리의 **최초 공통 조상**(last common ancestor)이 오늘날 열수구에 살고 있고 열을 좋아하는 화학합성 유기체와 비슷할 것이라고 이야기하는 듯하다.

'최초 공통 조상'이라는 용어는 이것이 지구에서 최초 생명체일 필요는 없다는 사실을 강조한다.

온도가 낮은 환경에서 생명이 시작되었다는 것을 배제할 수 없으나, 생명은 해저 열수 시스템에서 다양하게 시작되어 적응했을 것이다. 열수 환경에서 서식하기 시작한 후, 해양-살균 영향이 열을 좋아하는 열수구 생명을 제외하고 모두 파괴했을 수 있다. 이후 온도가 낮은 비어 있는 환경에서 생명은 자유롭게 진화하고 서식한다.

1.10 생명의 기원에서 합성

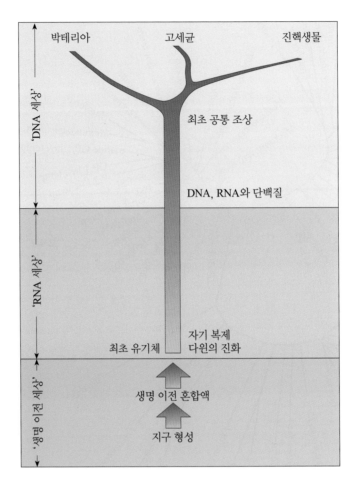

그림 1.38 생명의 기원에 이르는 상향식 및 하향식으로 접근한 지식의 종합 (Lahav, 1999)

이 장에서 우리는 생명이 무엇이고 존재하기 위해 필요한 것이 무엇인지 알아보았다. 지구에서 생명의 기원에 대한 그럴듯한 시나리오를 만들어보기도 했다. 하지만 지구에서 생명이 실제 어떻게 시작하였는지 얼마나 이해하고 있는 것일까? 그림 1.38은 신중히 배치한 다양한 증거들을 종합한 것이다. 상향식과 하향식 접근법으로부터 얻은 지식은 이 체계와도 통합된다. 정리하자면, 지구의 형성과 생명 이전 혼합액이 발생된 초기에는 지구 밖 천체로부터 유기물이 유입되어 도움을 받았을 수 있다. 생명 이전 세상은 어떤 시점에서 광물을 촉매와 판형으로 사용하여 최초의 생명체를 만들어낸다. 지금 우리는 자기 복제와 다윈 진화를 하는 생명 세상에 있다. RNA는 원시 유기체에 유전 정보를 저장하고 복제를 위한 중요한 촉매 역할을 했을 것이다. DNA가 RNA를 대체하여, 유전 정보의 주요 저장소가 되며 RNA 세상이 끝났다. 지금 DNA 세상에서 생명의 업무는 분자 3개, 즉 DNA, RNA, 단백질로 나눈다. 최초의 생명체나 최초의 DNA를 사용하는 유기체의 기록이 남아 있지 않아, 분자 계통학이 제공하는 하향식 기록과 만나기 위해 도약해야 한다. 지구 생명의 최초 공통 조상은 오늘날 해저 열수구에서 발견되는 것과 비슷한 열을 좋아하는 유기체였을 것이다.

1.11 요약

- 생명은 자기 복제와 진화를 수행하는 능력을 가진 시스템으로 설명될 수 있다. 하지만 어떠한 생명의 정의도 특정 상황에서는 충분하지 않을 수 있다.

- 알려진 모든 생명은 물과 탄소를 기반으로 한다. 생명을 구성하는 요소, 즉 생물적 요소는 우주에 풍부하다.

- 생명은 탄소가 다른 원소들과 많이 결합하는 능력을 활용하여 생물학적인 기능을 가지는 다양한 유기화합물을 만들어낸다. 생명의 주요 분자는 거대분자이며 지질, 탄수화물, 단백질, 핵산을 포함한다.

- 지구 밖 환경에서 생물학적 과정의 도움 없이 유기물이 생성될 수 있다. 이러한 환경에는 탄소별의 껍질, 분자운과 태양성운이 있다.

- 지구에서 생성된 유기물질에 추가로, 지구 밖의 유기물들이 생명의 기원과 비슷한 시기에 지구로 쏟아져 들어왔을 것이다. 왼손잡이형을 선택한 아미노산 구조의 특징은 지구 생명 유기물질과 지구 밖 비생물 유기물질의 연결이라고 제안할 수 있다.

- 초기에는 단순한 화학반응으로 분자의 복잡성이 이루어졌겠지만, 이후 효율을 높이기 위해 단백질 효소가 반응을 촉매한다. 화학반응은 특정한 결집 메커니즘과 세포막 경계 안에 분자를 가두면서 촉진되었을 수도 있다.

- 초기 유기체는 현재 지구상에 흔한 DNA, RNA, 단백질-기반 생화학을 사용하지 않았을 것이다. RNA가 유전 정보를 저장하고 촉매하는 기능을 수행하였을 것이다.

- 생명이 얻은 에너지는 독립영양 메커니즘에 의해 탄수화물을 만드는 데 활용된다. 이 탄수화물은 발효와 호흡 같은 대사 과정에 의해 에너지가 풍부한 인산염 결합으로 전환된다.

- 분자 계통학은 지구상 모든 생명의 마지막 공통 조상이 오늘날 해저 열수구에 살고 있는 생물과 비슷한 열을 좋아하는 유기체였음을 보인다. 이것은 어디에서 생명이 발생했는지를 말해주지만, 필연적인 것은 아닐 것이다.

2

생명을 품은 세계

2.1 서론

앞 장에서 여러분은 지구상의 생명체가 어떻게 단순한 유기 전구체에서 기원했는지에 대한 현재의 이론에 관하여 알아보았다. 이 이론은 다음과 같은 명백한 의문을 제기한다. 왜 하필 지구인가? 만약 있다면, 생명체가 이 행성에서 생겨나고 진화할 수 있게 한 초기 지구 환경의 특별한 점은 무엇인가? 지구와 같은 행성이 우주의 다른 곳에서 진화하는 데 필수적인가? 이 장에서는 지구를 생명체가 거주할 수 있는 행성으로 만드는 것이 무엇이고, 초기 지구에서는 어떤 조건이었는지, 그리고 지구상에서 진화한 생명체가 우리 태양계의 다른 곳이나 그 너머에서 생명의 가능성에 관한 정보를 제공할 수 있는지 여부를 살펴보고자 한다.

오늘날의 지구(그림 2.1)는 태양계가 형성된 직후인 약 45억 년 전에 존재했던 지구와는 매우 다른 곳이다. 우주에서 우리의 행성을 조사하면서, 생명체에 유리한 조건의 존재와 심지어 그 표면에 생명체가 존재한다는 것에 대한 몇 가지 힌트를 찾아내었다. 하나의 단서는 액체 상태의 물이 존

그림 2.1 1992년 12월 16일 NASA의 탐사선 갈릴레오호가 목성을 향해 가는 중 지구로부터 643만 km 떨어진 곳에서 찍은 지구와 달의 모습. 태양빛을 받아 밝게 보이는 반달 모양의 지구와 대비되어 상대적으로 달의 모습은 은은한 색으로 보인다. (NASA)

재한다는 것이다. 그러나 이것만으로는 충분치 않다. 행성의 표면 색깔에서도 많은 것을 알 수 있다. 엄밀히 말하면, 지구가 다시 우주로 반사하는 전자기 스펙트럼의 영역을 통하여 많은 것을 알아낼 수 있다. 지구가 발산하는 자외선을 통하여, 지구는 거의 20%의 산소를 포함하고 있는 대기를 가지고 있는 행성임을 알 수 있다. 그림 2.2는 지구의 대기 중 산소 원자가 태양의 자외선 복사를 흡수하면서 어떻게 빛을 발하는지 보여준다. 이와 거의 비슷한 중요도를 가진 사실로는, 주로 탄소를 중심으로 소량의 수소와 질소, 황 및 기타 원소로 구성된 복잡한 유기

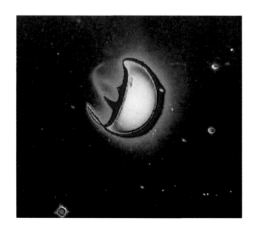

그림 2.2 지구가 방출하는 자외선(UV)의 밝기 분포를 가색상 이미지로 나타내었다. 태양 자외선에 반응하고 흡수하는 산소 원자는 형광을 방출하는데, 그림에서 산소 기체의 양이 가장 많은 지구 표면의 가장 가까운 곳에서 매우 강한 금색의 고리 구조로 나타난다. 산소는 고도가 높아질수록 희박해지므로 녹색, 적색, 황색으로 강도가 점점 약해진다. 이 사진은 아폴로 16호 승무원이 달에 남기고 온 극 UV 카메라/스펙트로그래프로 찍은 사진이다. (ⓒ NASA George Curruthers)

그림 2.3 바다와 생명체. 지구 관측 위성 SeaStar에 탑재된 SeaWiFS(해상 광 시야 센서) 기기로 관측한 지구 해양의 반사 스펙트럼을 가색상 이미지로 나타내었다. (a)는 북극 지역이고, (b)는 남극 지역의 모습이다. 남극의 가색상 이미지에서, 색상은 해양에 부유하는 식물성 플랑크톤-엽록소가 있어서 광합성을 하는 생명체에 의해 태양 반사광의 특성이 달라 색이 다르게 나타난다. 엽록소는 푸른빛과 붉은빛을 흡수하고 녹색을 반사하여 풍부한 플랑크톤을 가진 해양 지역이 초목이 우거진 육지 지역처럼 녹색으로 표시된다. (NASA)

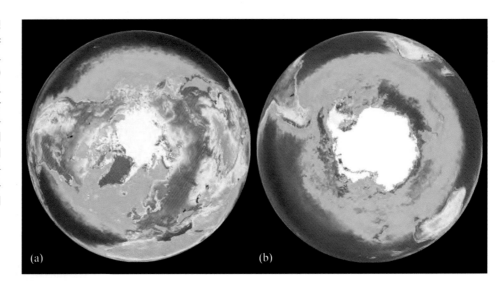

분자와 관련된 녹색 빛이 육지와 바다의 넓은 지역(그림 2.3)에서 반사되고 있다는 것이다.

대기는 화학 물질의 안정적인 혼합물이 아니다. 탄소가 풍부한 화합물들이 지속적으로 재생되지 않았다면, 거의 모든 유기물질들이 수백 년 안에 산소가 풍부한 대기에서 분해되었을 것이다. 이렇게 하면 대기 중 산소의 일부가 제거되고 나머지는 지구 표면의 암석과 관련된 화학적 풍화 반응(산화)에 소모될 것이다. 그러므로 지구 표면에서 작동하는 일부 과정은 계속해서 탄소가 풍부한 복잡한 화합물을 재생시키고 대기의 산소 함량을 유지하는 것으로 보인다.

물론, 우리는 지구에 생명체가 있다는 것을 알고 있다. 탄소가 풍부한 화합물이 식물과 동물을 구성하고, 차례로 이것들은 호흡을 위해 산소를 사용한다. 그렇다면 우리는 태양계의 다른 곳과 그 너머에 있는 생명체를 찾기 위한 적절한 모델로 지구를 사용할 수 있을까?

2.2 생명 잉태 천체의 정의

지구에 살고 있는 생명체는 대규모 빙하기 등과 같은 혹독한 기후 환경 변화를 여러 차례 견뎌냈다. 그러나 경우에 따라 지구의 급격한 환경 변화는 무수히 많은 생명체들이 동시에 사라지는 대량 멸종 현상을 일으키기도 하였다.

물론 우리는 우리가 가진 유일한 예인 지구를 거주할 수 있는 지구형 행성의 참고자료로 채택할 것이다. 적어도 우리 자신의 태양계 내에서, 지구의 거주 가능성은 특히 복잡한 생명체의 경우에, 거의 최적인 것으로 보인다. 우리는 또한 우리가 거주할 수 있다는 것의 의미를 분명히 할 필요가 있다. 산소를 사용하는 지구와 같은 동물의 생명을 유지하기 위해 필요한 조건은 미생물을 지원할 수 있는 훨씬 넓은 범위의 조건과는 상당히 다르다. 전자의 경우, 거주할 수 있는 지구형 행성은 바다와 약간의 건조한 땅, 적당히 높은 O_2(그리고 낮은 CO_2)의 풍부함, 그리고 상당히 안정적인 기후를 필요로 할 것이다. 적당히 높은 O_2와 낮은 CO_2는 생리적 근거에서의 대량의 지상 생명체들을 유해한 자외선 복사의 영향으로부터 보호막을 제공하기 위한 오존층 생산을 위한 요건이다. 지구의 바다는 판운동과 육지의 화학적 풍화작용과 상호작용을 하는 물의 순환을 통해 지구의 온도를 지구 규모로 효과적으로 조절한다. 지구의 장기적인 기후 안정성은 별 진화, 혜성 및 소행성 충돌률, 대형 자연 위성(달), 판운동을 구동하기 위한 장기 행성 열원 등 많은 천체물리학 및 지구물리학적 제약에 의해 조절된다. 그러나 더 큰 식물과 동물들은 지구상에 단지 지난 500 Ma(Ma는 '100만 년'을 의미한다 – 역자 주) 동안 존재해 왔다. 3 Ga가 넘는 동안 지구는 훨씬 더 극한 조건하에서 생존하고 진화할 수 있는 미생물의 터전이었다. 이 주제는 2.5절에서 더 자세히 검토할 것이다. 이러한 단순한 형태의 생명조차도 몇 가지 공통된 요구 조건을 가지고 있다: 액체 상태의 물의 존재와 장기적인 환경 안정성(즉, 모든 생명을 소멸시킬 정도로 극단적이지 않은 환경 조건)이다.

2.3 생명 가능 지대

2.3.1 물과 빛

우리는 태양계의 다른 행성들과 지구를 뚜렷하게 구별하고 지구 표면에 있는 풍부한 생명체를 지탱할 수 있게 해주는 두 가지 특성을 알아내었다. 이들은 표면의 많은 부분을 덮고 있는 액체 상태의 물과 그것을 유지하는 행성 환경이다. 그러나 태양계에서는 액체 상태의 물의 표면적 징후는 드물다. 제3장에서 살펴보겠지만, 여기 그림 2.4에서 볼 수 있듯이, 화성에 액체 상태의 물이 한때 널리 퍼져 있었다는 증거가 있다. 제4장에서 당신은 목성의 위성인 유로파와 같은 얼음 위성의 표면 아래에 액체 상태의 물이 존재한다는 증거를 탐구할 것이다. 그러나 현재로서는 무엇이 지구를 그렇게 살기 좋은 행성으로 만든 것인가에 대해 고민하게 될 것이다.

정상적인 대기압에서는 273~373 K 사이에서 액체 상태의 순수한 물이 존재하지만, 압력이 너무 낮으면 물은 증발하여 수증기가 발생한다. 따라서 행성 표면에 액체 상태의 물이 존재한다는 것은 우리가 그 행성을 거주 가능하다고 간주하는 간단한 요구 조건으로 사용될 수 있다. 보다시피, 이 단일 요인은 필요하거나 충분할 것 같지 않다. 그러나 그것은 별 주위 궤도에 있는 지구형 행성들(혹은 아주 큰 달들)에서 지구형 생명체를 지탱하는 데 필요한 조건에 대한 유용한 지침을 제공한다.

> **항성 거주 가능 지역**(circumstellar habitable zone)은 액체 상태의 물이 행성 표면에 존재할 수 있는 항성으로부터의 거리 범위를 포괄하는 것으로 정의된다.

따라서 행성의 거주 가능성을 결정할 때 가장 중요한 고려사항은 온도다.

■ 지구형 행성의 대기와 표면의 평균 온도를 결정하는 것은?

☐ 들어오는 태양복사와 지구로부터의 열 방출의 균형

행성이 받는 햇빛의 양은 그것이 선회하는 별의 거리와 그 별에서 방출되는 에너지의 양, 즉 **광도**(luminosity)에 의해 결정된다. 별의 광도는 초당 복사에너지의 총방출량을 나타낸다. 그러므로 태양과 비교했을 때, 100배 더 많은 빛이 초당 100배 더 많은 에너지를 방출할 것이다.

■ 들어오는 에너지에 비해서, 행성은 주변과 평형을 유지하기 위해 우주로 다시 얼마나 많은 에너지를 방출해야 하는가?

☐ 행성이 더 뜨겁거나 차가워지지 않기 위해서는 흡수하는 에너지와 동일한 양의 에너지를 방출해야 한다.

따라서 만약 우리가 행성이 단기적으로 순수한 가열이나 냉각을 겪지 않는다고 가정한다면, 행성이 대기와 표면에 흡수되는 모든 에너지를 재방사하는 데 필요한 온도를 추정하는 것이 가능하다(글상자 2.1).

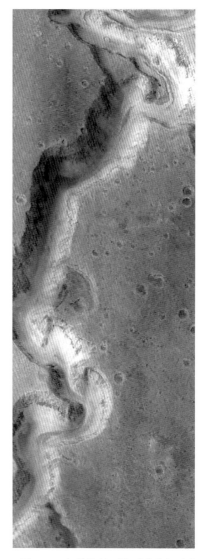

그림 2.4 이 화성 글로벌 서베이어 탐사선이 보내온 사진 자료는 화성에 있는 나네디 계곡 지역의 발레스 협곡의 일부를 보여준다. 이 계곡의 넓이는 약 2.5 km이다. 이미지 오른쪽 상단 모서리에 있는 계곡의 바닥은 폭이 200 m인 작은 수로를 보여주고 있는데, 이 수로는 계곡의 다른 곳에서도 모래언덕과 잔해들로 덮여 있는 상태로 이어진다. 이 수로의 존재는 이곳을 통해 흐르는 물에 의해 오랜 시간 동안 침식되어 만들어졌을 가능성도 있음을 나타내는 것으로 해석된다. (NASA)

글상자 2.1 │ 행성의 유효 온도 결정

행성의 표면과 대기의 온도는 흡수되는 에너지와 방출되는 에너지의 균형에 의해 결정된다.

행성에 내부 열원이 없다면 대기와 표면에 도달하는 대부분의 에너지의 원천은 태양이다. 지구 대기 상단의 태양복사 플럭스는 약 1.38×10^3 $\mathrm{Wm^{-2}}$이다. 이 에너지 중 일부는 우주로 다시 보내지고, 대기는 일부분을 흡수하며, 나머지는 표면에 도달하는데, 그곳에서 에너지는 반사되거나 흡수된다. 흡수된 복사는 표면을 가열시키고, 지구는 주로 적외선에서 이 에너지를 재방사한다.

행성이 단기적으로 순가열이나 냉각을 받지 않는다고 가정하면, 행성이 대기와 표면에 흡수되는 모든 에너지를 재방사하는 데 필요한 온도를 추정하는 것이 가능하다. 유효 온도, T_e라고 불리는 이 온도는 다음과 같이 정의된다.

$$T_e^4 = \frac{L}{4\pi R^2 \times 5.67 \times 10^{-8}}$$ (2.1)

여기서 L은 와트 단위로 행성에 의해 복사되는 총에너지이고, R은 행성의 반경이다(표면 면적은 $4\pi R^2$이며, 전체 표면에서 복사가 방출된다). 그리고 5.67×10^{-8}은 $\mathrm{Wm^{-2}\,K^{-4}}$ 단위를 가지는 상수다.

이 방정식은 원래 열원이나 흑체에 대해 적용되었지만, 현재는 복사 스펙트럼의 형태에 관계없이 유효 온도를 정의하는 역할을 하고 있다.

- ■ 식 (2.1)로부터 행성의 유효 온도는 별에서 방출하는 복사 플럭스와 어떤 함수 관계가 있는지 설명해보라.
- ☐ 복사 플럭스는 유효 온도의 4승에 비례하므로, 행성의 유효 온도는 행성이 받는 복사 플럭스의 4승근에 비례하게 될 것이다.

이러한 관계는 그림 2.5에 다른 광도의 별 주위를 1 AU 궤도로 돌 때 지구 크기의 흑체의 유효 온도(T_e)가 어떻게 변화하는지 보여준다.

행성이 흡수하고 방출하는 복사에너지 사이의 균형은 그 표면과 대기의 온도를 결정한다. 그러므로 T_e를 추정하기 위해서, 복사에 의해 상실된 에너지는 태양복사로부터 흡수된 에너지와 동일해야 한다. 별의 복사에너지가 한 방향에서 도달하기 때문에, 행성은 언제나 표면의 절반만 덥혀진다. 그러므로 이 행성은 원반 모양의 그림자를 드리우게 된다. 여기서 R은 행성의 반지름이다. 흡수되는 복사량은 이 단면적과 태양으로부터 행성의 거리에 있는 태양복사 플럭스 양에 의존한다.

- ■ 행성에 도달하는 태양복사는 모두 흡수되는가?
- ☐ 아니다. 태양복사량의 일부도 반사된다.

행성이 반사하는 태양복사의 총비율은 **알베도**(albedo), A라고 한다. 흡수되는 총비율은 단순 $(1-A)$이다. 쉽게 독립적으로 추정할 수 있는 태양에너지와 지구에 의해 방출되는 총복사에너지 L을 등분함으로써, 식 (2.1)에서 255 K의 유효 온도를 추정할 수 있다.

별의 광도가 행성의 유효 온도에 미치는 영향을 보는 또 다른 방법은 행성과 행성의 거리를 고려하는 것이다. 예를 들어, 만약 우리가 태양을 더 큰 광도의 별로 대체한다면, 지구는 현재의 유효 온도를 유지하기 위해 얼마나 멀리 떨어져 있어야 할까? 에너지가 보존되기 때문에, 전자기 복사는 우주를 통과할 때 줄어들지 않는다. 특정 양의 에너지로 구성된 섬광을 방출하는 공간에 매달려 있는 광원을 고려한다. 그 광원에서 방출된 빛은 빠르게 팽창하는 구처럼 광원으로부터 모든 방향으로 퍼져나간다. 어떤 특정한 순간에 팽창하는 구의 총에너지는 광원이 처음 방출하는 에너지와 정확히 같다.

- ■ 구의 반경이 커지면 구의 표면적은 어떻게 될까?
- ☐ 구가 팽창함에 따라 표면적이 증가한다.

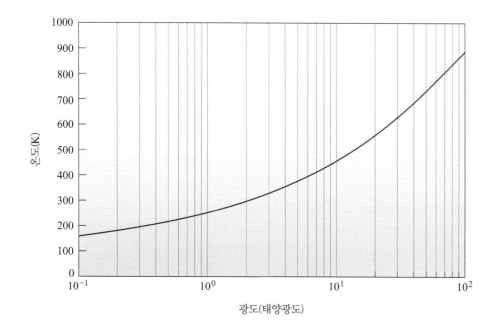

그림 2.5 다양한 광도의 항성에 대하여 1 AU 위치에 있는 행성의 유효 온도 변화를 보여주는 그래프. 항성의 광도는 태양광도 단위로 나타내었다.

따라서 초기 에너지는 구체 표면의 평방미터에 있는 에너지의 양이 감소하도록 더 큰 공간에 분산된다. 구의 표면적은 광원으로부터의 거리와 관련이 있기 때문에 행성이 항성에서 더 멀리 있을수록 에너지를 덜 받고 유효 온도는 더 낮아질 것이라는 것을 따른다. 따라서 행성이 평방미터당 받는 에너지(E_{in})의 양은, 태양복사 플러스로 정의된다.

$$E_{in} = \frac{광도}{4\pi a^2} \tag{2.2}$$

여기서 a는 별에서 행성까지의 거리이다. 거리는 별의 광도 제곱근으로 줄어들며, 유효 온도는 그대로 유지된다고 가정하고, 그림 2.6과 같다. 그래서 만약 우리가 태양을 현재보다 열배 정도 더 빛나도록 교체한다면 지구는 궤도의 반경을 3.16배, 즉 10의 제곱근만큼 증가시켜야 할 것이다. 그것의 현재 유효 온도는 255 K이다. 이것은 화성과 목성 사이의 소행성대의 중

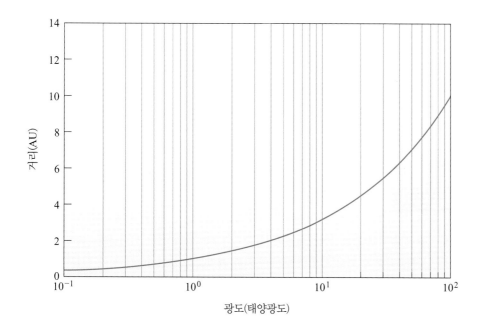

그림 2.6 지구와 비슷한 크기의 행성이 255 K의 온도를 가지기 위한 궤도 반경을 중심별 광도의 함수로 나타내었다.

앙에 있는 궤도와 일치할 것이다.

■ 오늘날 지구의 평균 표면 온도는 288 K로 유효 온도보다 33 K 정도 높다. 왜 그러한가?

□ 식 (2.1)의 유효 온도 계산은, 지구 내부의 열이 지구 대기에 의한 열에너지의 흡수, 즉 표면 온도를 높이는 이른바 온실효과를 고려하지 않고 있다.

우리는 알베도의 결과와 2.3.2절의 항성 거주 가능 지역의 범위에 대한 온실효과를 살펴볼 것이다.

만약 우리가 태양을 열 배 더 밝은 별로 대체한다면, 지구의 유효 온도는 10의 네제곱근인 1.78로 증가할 것이다. 그래서 지구의 유효 온도는 약 (255×1.78) = 453 K, 즉 180 °C가 될 것이다.

질문 2.1

만약 태양보다 1만 배의 광도를 가진 별로 대체한다면 지구의 유효 온도는 얼마나 될 것인가?

질문 2.2

만약 태양보다 1만 배의 광도를 가진 별로 대체한다면 지구의 유효 온도가 동일하게 유지되려면 지구의 궤도는 어떻게 될 것인가?

2.3.2 태양의 거주 가능 지역

실제로 태양계의 역사를 통틀어 태양의 광도는 일정하게 유지되지 않았다. 모든 **주계열 항성**(main sequence stars)들과 마찬가지로, 태양의 광도는, 현재 값의 약 70% 정도인 것으로 추정되는 40억 년 전후의 광도에서 서서히 증가했다.

■ 서서히 증가하는 광도는 별의 거주 가능 지역에 어떤 영향을 미칠까?

□ 거주 가능 지역은 별에서 멀어질 것이다.

태양 광도 증가의 한 가지 결과는 태양계의 역사 내내 거주할 수 있는 지역이 있었다는 것이다(그림 2.7).

행성이 대부분의 별의 일생 동안 액체 상태의 물을 유지하고 거주할 수 있는 이 지역을 **지속 거주 가능 지역**(continuous habitable zone, CHZ)이라고 한다.

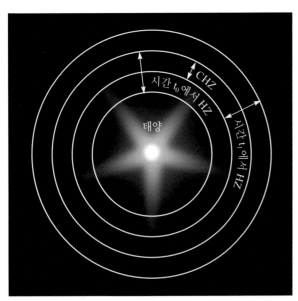

그림 2.7 중심별의 광도가 커질수록 **거주 가능 지역**(habitable zone)의 위치는 바깥쪽으로 이동하게 될 것이다. 광도의 변화에도 불구하고 지속적으로 거주 가능 지역으로 머물고 있는 곳을 지속 거주 가능 지역(CHZ)이라 한다.

우리는 태양복사 플럭스(식 2.2와 같이, 별의 광도/a^2에 비례하는)와 행성에 의해 방출되는 총복사에너지양(L, 식 2.1과 같이 유효 온도 네제곱에 비례, 즉 T_e^4)을 같다고 두면, 태양의 거주 가능 지역의 내측과 외측 반지름을 결정하는데 식 (2.1)과 (2.2)에 주어진 관계를 사용할 수 있다. 식 (2.2)에서 물의 응결점과 비등점에 대해 273 K와 373 K의 하한 및 상한 온도를 사용함으로써 거주 가능 지역의 내측 및 외측 반지름을 결정할 수 있을 것이다. 본질적으로, 이것은 1950년대 말에 제안된 거주 가능 지역에 대한 개념이 처음으로 도입되었을 때 행해졌던 것이다.

그러나 우리는 이미 물의 빙점보다 훨씬 낮은 255 K라는 지구의 유효 온도를 얻었기 때문에 이러한 생각은 단순한 접근이라고 보아야 할 것이다. 지구가 이상적인 흑체가 아니라는 것에 주목하는 것이 중요하다. 태양으로부터 오는 대부분의 에너지는 지구상에서 가시광 파장에서 일어나는 현상인데, 이 파장에 대하여 지구의 대기는 투명하다. 하지만 지구는 적외선 파장으로 이 열을 방출한다. 이 파장에서 우리의 대기는 완전히 투명하지 않으며, 소위 온실 가스(이산화탄소, 메테인, 수증기, 질소산화물)와 클로로플루오르카본은 적외선을 흡수하기 때문에, 지구는 평형을 유지하기 위해서는 따뜻해질 수밖에 없다.

■ 행성 알베도의 변화와 온실효과는 별 주위의 거주 가능 지역의 범위에 미치는 영향은 어떻게 될 것인가?

▢ 별에서 방출되는 광도의 일부를 다시 우주로 반사시킴으로써, 더 높은 행성 알베도는 거주 가능 지역의 안쪽 가장자리를 별 쪽으로 이동시킬 것이다. 반면에 온실효과는 행성의 온도를 높임으로써, 생명 거주 가능 지역의 바깥쪽 가장자리를 별에서 더 멀리 떨어진 곳으로 확장시킬 것이다.

1990년대 초 제임스 카스팅(James Kasting, 1953~)과 그의 동료들은 알베도와 온실가스의 영향을 고려한 태양의 거주 가능 지역을 결정하는 방법을 제안했다. 그들은 우리 태양을 비롯하여 다른 주계열 항성 주위의 거주 가능 지역의 폭을 추정하기 위해 기후 모형을 사용했다. 그들은 지구와 유사하게 $CO_2/H_2O/N_2$ 대기를 가진 행성들을 다루고 있으며, 거주 가능성은 행성 표면에 액체 상태의 물이 존재해야 한다는 기본 전제를 사용했다. 이 모형에 대한 거주 가능 지역의 내부 가장자리는 UV 광분해로 산소와 수소로 분해되어 물 손실이 발생하는 지점(그리고 이후 해리된 수소가 우주로 손실되는 지점)으로 결정되었다. 물이 없어지면, 우리가 이해하는 삶은 불가능할 것이다. 카스팅의 기후 모델은 0.95 AU를 태양계에서 거주 가능 지역과 지속 거주 가능 지역의 내부 가장자리에 대한 추정치로 제시했다.

CO_2와 다른 온실가스가 더 이상 낮은 태양 플럭스를 보상할 수 없는 거리가 거주 가능 지역의 바깥쪽 가장자리를 결정한다. 카스팅의 모델은 지구와 유사한 행성의 온도를 조절하는 경향이 있는 **천연 이산화탄소 서모스탯**의 존재에 의해 거주 가능 지역의 폭이 크게 확장되어 액체 상태의 물이 존재하기엔 너무 뜨겁거나 너무 차가워지는 것을 방지한다. 그는 행성의 표면이 차가워짐에 따라 대기 중 이산화탄소의 농도가 상승하는 경향이 있다고 제안했다. 그 이유는 규산염 풍화에 의한 CO_2의 제거, 탄산염 퇴적(글상자 2.2)이 기후가 냉각됨에 따라 감소해야 하고, 행성이 전반적으로 얼어붙게 된다면 거의 완전히 중단될 것이기 때문이다. 풍부한 탄소(탄산염 암석 내)와 이 탄소를 재활용하는 일부 메커니즘(예 : 판구조론)을 가진 지구와 같은 행성에서는 화산 활동을 통해서 대기 중으로 어느 정도 양의 차이는 있지만 CO_2가 지속적으로 공급되고 있다.

글상자 2.2 │ 이산화탄소의 생성과 소멸

CO_2의 주요 생성원

지구와 같이 탄소를 재활용할 수 있는 수단을 가지고 있는 행성에서는, 탈탄소와 화산 분출이 이산화탄소의 주요 공급원이다. 해양성 플리레는 지속적으로 대양 중턱 능선에서 생성되고 해저 지역에서 파괴되는데, 그곳에서 해양성 판들이 지구의 아성층 맨틀로 밀려든다. 여기에서 탄산칼슘($CaCO_3$)과 규산염 미네랄을 고온 및 압력으로 가열하고 화학적으로 반응하여 CO_2를 생성한다.

$$\text{규산염 광물} + CaCO_3 \rightarrow \text{'새로운' 규산염 광물} + CO_2 \qquad (2.3)$$

탈탄소 과정에 의해 생성된 CO_2와 다른 **휘발성**(volatile) 기체는 화산, 온천 등에 의해 최종적으로 대기로 방출된다.

■ 지구상의 또 다른 주요 탄소 저장소를 생각할 수 있는가?

☐ 유기체 속의 탄소

지구상에서 깊이 매장된 유기 퇴적물은 수백만 년 이상 동안 조산 운동의 과정을 통해 표면으로 솟아오르고 드러나게 된다. 일단 노출되면, 이러한 퇴적물의 유기탄소는 산화되어 이산화탄소로 변환되어 대기 중으로 되돌아 가게 된다. 이 과정은 주요한 추가적인 CO_2 공급원이 된다. 지구상의 유기탄소는 생물학적 과정의 압도적 결과물이다. 그것의 재활용은 생명의 존재 자체가 행성 환경을 변화시키는 데 어떤 역할을 하는지 보여주는 한 예이다.

CO_2의 주요 소멸원

대기 중의 이산화탄소는 빗물에 녹아 탄산(H_2CO_3)이라 불리는 약한 산을 만든다. 표면에 있는 암석과 접촉하면, 탄산가스는 칼슘과 나트륨과 같은 이온을 모 광물에서 제거할 수 있다. 이 과정은 화학적 풍화라고 불리며 그것은 중탄산염 이온의 생산을 초래한다. 만약 바위가 규산염이라면, 반응은 다음과 같이 단순화할 수 있다.

$$CaSiO_3 + 2H_2CO_3 + H_2O \rightarrow Ca^{2+} + 2HCO_3^- + H_4SiO_4 \qquad (2.4)$$
$$\text{(탄산)} \qquad\qquad\qquad \text{(실리산)}$$

물에서 풍화작용에 의해 방출되는 칼슘 이온은 중탄산염 이온과 재결합하여 탄산칼슘을 고체 침전물로 형성할 수 있다.

$$Ca^{2+} + 2HCO_3^- \rightarrow CaCO_3 + CO_2 + H_2O \qquad (2.5)$$

CO_2가 빗물에 용해됨에 따라 대기에서 제거된 탄소 원자의 경우 한 원자는 탄산칼슘으로, 다른 원자는 CO_2 가스로 대기 중으로 환원된다는 점에 유의한다.

■ 지구상의 또 다른 주요 이산화탄소 소멸원을 생각할 수 있는가?

☐ 광합성(식 1.2)은 대기 중 CO_2를 제거해 유기물질로 변환해 화석 유기물질을 형성할 수 있다.

카스팅의 기후 모델은 태양의 현재 거주 가능 지역의 바깥쪽 가장자리에 대해 두 가지 추정치를 제시했다. 첫째, CO_2가 대기 중으로부터 응축되기 시작하는 지점(CO_2 얼음 입자의 높은 고도 구름을 형성하기 위해)을 기초로, 태양의 거주 가능 지역인 1.37 AU의 바깥쪽 가장자리에 한계를 부여했다. 두 번째 추정치는 최대 온실효과가 작용할 수 있는 한계, 즉 273 K까지 온도를 올릴 수 있는 정도로 지구의 대기 중 CO_2와 H_2O가 충분한 지점 등을 고려했으며, 1.67 AU의 거주 가능 지역 외측 가장자리에 한계를 부여했다.

■ 금성과 화성의 궤도는 현재의 거주 가능 지역과 관련하여 어디로 떨어지는가?

☐ 태양으로부터 0.72 AU의 평균 거리를 가진 금성은 우리 태양계의 거주 가능 지역의 내부 경계선 안쪽에 있다. 그러나 그 행성에서 치솟는 온실효과는 표면 온도를 유효 온도보다 약 500 K 더 높게 만들었다. 1.52 AU의 태양으로부터 평균 거리를 두고 있는 화성은 거주 가능 지역의 '최대 온실' 한계 내에 속하지만, 첫 번째 CO_2 응결 제한치 밖에 있다.

거주 가능한 지역, 심지어 태양계의 거주 가능 지역의 범위에 대해 확고한 한계를 설정하려면 기후 모델이 정확하다는 가정하에 해당 행성의 프로세스에 대한 상당한 이해가 필요하다는 사실을 앞선 논의로부터 명백하게 알게 되었다. 카스팅의 모델은 46억 년의 지속 거주 가능 지역의 폭을 0.95 AU에서 1.15 AU로 추정했다.

초기 화성은 진짜 수수께끼로 남아 있다. 비록 그것이 카스팅의 모델에서 계속 거주할 수 있는 지역 너머에 있지만, 화성 표면은 한때 일부 유동성 액체의 흐름에 의해 조각되었다. 이것이 초기 화성 기후가 따뜻했다는 것을 암시하는지, 아니면 지열로 따뜻하게 유지되었는지를 시사하는 것인지는 여전히 논의되고 있다. 만약 기후가 정말 따뜻했다면, 모델들은 기후 시스템의 핵심 요소를 간과하고 있다. 추가적인 두 가지 온난화 메커니즘이 제안되었다.

1. 추가적인 온실가스의 존재, 특히 CH_4. 0.1~1%의 메테인이 추가적인 온실가스를 공급하기에 충분했을 것으로 추정된다.
2. 지구상의 권운과 유사한 CO_2 얼음 구름의 성질은 상당한 온실효과를 일으킬 수 있다. 그러한 구름은 주로 나가는 적외선을 흩뜨리고, 태양 파장보다 적외선에 더 효과적으로 산란하기 때문에 그들의 순효과는 따뜻해지는 것이다. 우리는 다음 장에서 초기 화성의 환경으로 돌아갈 것이다.

> 이러한 과정이 작동되기 위해서는 구름이 표면을 거의 덮어야 할 것이다.

질문 2.3

왜 화성은 현재 생명을 유지하기엔 너무 추운가? (힌트 : 지구의 기후를 조절하는 데 탄소 발생원과 흡수원이 담당하는 역할을 고려한다.)

질문 2.3에 대한 여러분의 대답은 행성이 계속 거주할 수 있는 가능한 추가 요건, 즉 그것이 일생 활동적인 판운동이나 적어도 어떤 형태의 화산 작용을 유지할 수 있을 만큼 충분히 크다는 것을 암시해야 한다. 이러한 판단의 기준은 불확실하지만 화성이 지구 질량의 약 10분의 1이기 때문에 지구 질량의 1~0.1배 사이에 놓여 있을 수도 있다. 우리는 2.4.2절에서 지구의 거주 가능성을 보다 상세하게 유지하는 데 있어 판운동의 역할을 살펴볼 것이다.

> 판운동과 화산활동이 탄소의 재순환을 위해 필요하다.

별 주변의 엄격한 거주 가능 지역을 넘어 액체 상태의 물이 존재할 수 있는 상황이 존재할 수 있을까? 지금까지, 우리는 태양 복사열과 관련된 온도와 그 이후의 액체 상태의 물의 존재 가능성에 대해 거의 전적으로 고려해 왔다. 그러나 목성의 달인 유로파와 같은 거대한 행성 주변의 위성들의 조력 가열은 이 얼음으로 덮인 위성의 표면 아래 100 km 이하, 가니메데와 타이탄과 같은 비슷한 크기의 다른 위성들 내부와 작지만 냉화산 활동이 왕성하게 일어나고 있는 엔켈라두스 내부에 존재하는 액체 상태의 물이 존재할 수 있다는 가능성을 높였다. 우리는 제4장에서 몇몇 증거들과 그들이 암시하는 바를 알아볼 것이다.

2.3.3 태양계 밖 우주에서의 거주 가능 지역

우리는 제7장과 제8장에서 다른 별 주변의 행성들의 잠재적 서식지를 더 자세히 조사할 것이다. 여기서 우리는 그 별의 거주 가능 지역의 범위를 결정하게 될 별의 특징들 중 일부를 미리 살펴보고자 한다. 여러분은 태양의 역사 전반에 걸친 광도 변화가 어떻게 지속적인 거주 가능 지역의 개념으로 이어지는지를 이미 보았을 것이다. 그러나 별의 질량 또한 별의 거주 가능 지역의 크기와 지속 시간을 결정할 것이다. 행성에서 지구형 생명체를 지탱할 수 있는 별의 종류는 질량이 작은 별로 제한될 가능성이 있다. 왜냐하면 오직 이처럼 질량이 작은 별들만이 행성들이 형성되고 복잡한 지구형 생명체가 진화할 수 있을 정도로 안정적으로 빛나는 별로 오랫동안 존재할 수 있기 때문이다. 모든 주계열 항성들이 열핵융합을 통해 수소를 헬륨으로 변환해 복사에너지를 발생시키지만, 태양 질량의 약 1.5배를 넘는 항성의 경우 너무 빨리 진화하여 복잡한 지구형 생명체로의 발전을 기대하기에는 너무 빨리 종말을 맞이한다. 태양 질량의 절반도 안 되는 별들은 물이 액체 상태로 존재하기 위한 매우 가까운 거리에 지구와 같은 행성이 존재할 수 있는데, 이 경우 강한 기조력 때문에 행성의 한쪽 면은 빛을 받지 못하여 영원히 어

> 조석 고정은 행성의 자전 주기와 공전 주기가 일치하는 동주기 자전으로 귀결된다.

그림 2.8 주계열성 주위에 지속 거주 가능 지역의 범위는 액체 상태의 물이 존재할 항성으로부터의 거리 범위와 별의 질량에 의해 결정된다. 태양 질량의 약 1.5배보다 더 큰 별들은 너무 빨리 진화해서 행성들이 복잡한 생명체를 형성할 충분한 시간을 갖지 못할 것이다. 태양 질량의 약 0.5배 미만이 되는 별의 경우, 액체 상태의 물을 가질 수 있을 만큼 충분히 가까운 행성들은 조석고정이 일어나게 될 것이며, 중심별의 플레어에 노출될 것이다. (Kasting et al., 1993에서 수정)

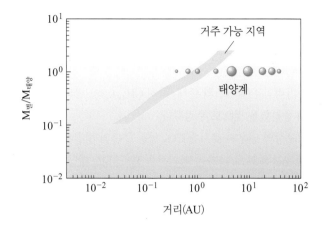

둡고 추워 생명 발생의 기대를 힘들게 할 것이다. 그러나 대기풍은 생명체를 품고 있는 대기가 어둡고 차가운 행성면에서 응결되어 파괴되는 것을 막아줄 수 있다. 다른 질량을 가진 별 주위의 거주 가능 지역의 범위는 그림 2.8에 요약되어 있다.

우리 은하계 별의 절반가량은 **쌍성계**(binary system)를 형성하고 있다. 이러한 쌍성계에서는 두 종류의 안정적인 행성 궤도가 존재한다. 즉, 쌍성을 이루고 있는 2개의 별이 매우 가까이 돌고 있는 근접 쌍성인 경우에는 행성은 두 별 주변을 공전하게 된다. 반면에 쌍성의 두 별이 서로 멀리 떨어진 쌍성계를 이루는 경우 행성의 궤도는 이들 별 중 어느 한 별 주변에서 공전하게 된다. 각각의 경우에 오직 특정한 안정적인 궤도가 존재한다. 행성은 한 별에서 너무 멀리 떨어져 있거나 두 별에 너무 가까이 위치해서는 안 된다. 그렇지 않으면 그 궤도가 불안정해질 것이다. 만약 행성의 공전 거리가 쌍성을 이루는 다른 한 별이 가장 근접했을 때 거리의 5분의 1 정도 이내가 되면, 그 두 번째 별의 중력은 행성의 궤도를 방해할 수 있다. 이러한 경우에 거주 가능 지역은 개별적인 별과 같은 방식으로 계산되어야 할 것이다.

과학자들은 우리 은하의 특정 지역이 다른 지역보다 복잡한 생명체의 발달에 더 유리한 조건을 갖추고 있을 수 있다고 주장하는 이론도 내놓았다. 사실상, 그들은 **은하계 거주 가능 지역**(galactic habitable zone)이 있다는 제안을 하고 있다. 우리 은하는 국부 은하군에서 가장 거대한 은하 중 하나라는 점에서 특이하며, 우리 은하계의 태양은 헬륨보다 무거운 원소의 농도가 상대적으로 높다고 주장한다. 천문학자들은 외계행성에 대한 연구를 바탕으로, 자신보다 무거운 원소들의 농도가 높은 별들이 행성 주위를 공전하고 있을 가능성이 더 높다고 지적했다. 우리 태양은 또한 은하 중심 근처에 있는 많은 수의 별들로부터 오는 강한 복사와 중력으로부터 보호받을 수 있을 만큼 은하 중심부로부터 충분한 거리를 두고 위치하고 있다.

2.4 초기 지구의 환경

2.4.1 거주 가능한 행성?

지구의 지각에 대한 암석 기록은 지구 역사의 89% 정도 거슬러 올라간 40억 년 정도까지 거슬러 올라간다. 지구에서 연구할 수 있는 가장 오래된 암석들은 서부 그린란드 이수아 근처에서 발견되었다. 이들은 과거 퇴적 작용과 화산 활동 등의 지각 활동의 결과로 신선한 화성암이 매우 복합적인 관입을 받아온 화산암과 퇴적암들이다(그림 2.9).

방사선 측정 기술을 사용하여 나이를 추정해보면, 이 암석들은 38억 년의 나이를 가진 것으로 밝혀졌다. 호주의 암석으로부터 적출된 희귀한 디트리탈 지르콘 알갱이로부터 얻을 수 있

방사능 연대측정법은 암석이나 광물이 형성되는 시점까지의 방사능 동위원소의 붕괴 정도를 이용한 것이다.

그림 2.9 그린란드 이수아 근처의 오래된 암석. 가장 오래된 암석은 오른쪽에 습곡 작용에 의해 구부러지고 겹쳐진 편마암(등산객이 서 있는 곳)으로, 거의 3.8 Ga의 연령이다. 그 왼쪽에 부정합으로 검은색으로 보이는 현무암 바위는 3.4 Ga이다. 두 암상을 이들보다 젊은 약 2.6 Ga의 밝은색의 페그마타이트가 관입하고 있다. (ⓒ The Royal Society)

는 정보를 포함하면 가장 오래된 암석의 기록은 지구 나이의 96% 정도에 해당되는 44억 년까지 거슬러 올라갈 수 있다. 그러나 지금까지 이수아 바위는 우리에게 초기 지구의 어떤 상태였는지에 대해 우리가 가진 최고의 정보를 제공한다.

이수아의 암석들은 최근의 지질학적 활동을 통해 형성된 많은 암석들과 아주 크게 다르지 않다. 그들은 화산 활동에 의한 용암과 함께 석회암이나 사암과 같은 퇴적암을 포함하고 있다.

■ 초기 지구의 환경과 관련하여 석회암의 존재로부터 어떤 추론을 이끌어낼 수 있는가?

□ 석회암은 탄산칼슘의 화학적 침전물이거나, 보다 최근의 지질학적 활동에서, 탄산염 생성 유기체의 껍질의 퇴적을 통해 형성된다. 따라서 퇴적물이 쌓였다면 액체 상태의 물이 존재했음을 시사한다.

이수아에서 채취한 대리석에는 화석이 전혀 들어 있지 않고 무기물로만 구성되어 있다. 이수아에서 발견된 사암에는 물속에서 퇴적된 흔적이 있고 라바에는 **베개 구조**라고 불리는 것이 있는데, 이것은 그들이 물속에서 식었다는 것을 나타낸다. 이 암석에는 초기 생명체의 증거로 해석된 특정 동위원소 표식이 있는 탄소의 흔적도 들어 있다(2.4.4절 참조).

이수아 바위는 우리가 초기 지구의 환경에 대해 몇 가지 추론을 할 수 있게 해준다. 퇴적물(대리석과 사암을 포함)과 용암이 물속에서 분출되어 퇴적되었다는 관찰은 지구 표면, 어쩌면 해양 분지에도 액체 상태의 물이 다량 있었을 것이라는 것을 나타낸다. 이러한 퇴적물을 형성하기 위해서는 육지가 풍화작용과 침식에 노출되었을 것이고, 이러한 과정들을 거쳐 생성된 물질들은 (우리가 추정하기로는) 해양분지로 운반되었을 것이다. 사암은 주로 석영 결정체로 구성되어 있는데, 이것은 풍화되는 육지 지역이 오늘날의 대륙 지역 상층부와 대체로 비슷했을 것임을 암시한다. 예를 들어, 화강암은 대륙 지역에서 발생하며 많은 석영을 포함하고 있는 흔한 암석이다. 풍화작용에 의해 침식되면 석영이 풍부한 모래가 나온다. 그러므로 오늘날 우리가 인지하고 있는 지질학적 과정과 주기는 최소한 4 Ga 전에 지구에서 작동되고 있었던 것 같다. 비록 구체적인 부분에서는 엄청난 차이가 있긴 하지만 말이다.

이러한 추론은 1995년 호주 서부에서 발견된, 지금까지 알려진 것 중 가장 오래된 지형으로 뒷받침된다. 이 지역은 침강하여 얕은 물속에서 퇴적지형을 형성하고 용암의 분출이 일어나기 이전인 약 3.5 Ga 전 풍화하여 침식되었던 대륙 지각으로 된 지역이다. 퇴적암은 바닷물의 증발에 의해 생성된 탄산염과 황산염 광물을 포함한다. 이러한 고대의 침식 표면은 지구 지질 역사의 아주 초기 단계에서 대륙 지각의 지역이 해수면 위에 있었다는 증거를 제공한다.

이수아에 있는 고대 퇴적물은 우리에게 지구의 초기 대기의 구성에 대한 직접적인 증거를 제공하지는 않지만, 이들은 지구 표면의 온도가 오늘날 지배적인 대기권 온도의 수십 도 내의 범위에 있었을 것이라는 것을 꽤 확실하게 말해준다.

■ 이수아에서 퇴적암의 발견은 3.8 Ga 전 지구의 표면 온도에 대해 우리에게 말해주는 것은?

☐ 퇴적물의 풍화, 침식, 퇴적물이 발생하기 위해서는 약 273~373 K의 표면 온도를 암시하는 비와 액상의 물이 모두 존재했을 것이다.

태양계 생성 초기에 지구의 표면 온도가 273 K 이상인 상태를 유지해야 한다는 문제점을 종종 어둡고 젊은 태양 패러독스라 일컫는다.

그러나 2.3.2절에서 보았듯이, 항성 진화 모델들은 태양 광도가 오늘날보다 태양계의 초기 역사 동안 25~30% 더 낮음을 시사하는데, 왜 초기 지구의 표면이 얼어붙지 않았는가?

우리는 이미 이수아의 암석으로부터 이 모순적인 상황에 대한 설명을 도와줄 만한 중요한 추론을 하나 만들었는데, 그것은 지질학적인 순환이 4 Ga 전에 작동했다는 증거였다. 이것은 지구의 내부의 층상 구조가 오늘날 우리가 믿는 것과 매우 유사하다는 것을 암시한다. 지구는 4 Ga 전에 그림 2.10에 요약된 것과 같은 층상 구조를 이미 가지고 있었을 것이다.

2.4.2 초기 지구에서의 판구조운동

판구조학적 활동은 지구가 거주 가능 상태를 유지하기 위해 필수적인 것으로 보인다. 왜냐하면 그것은 해저에서 용암으로 분출되는 새로 생성된 마그마의 고체화 작용에 의해 해양지각이 생성되고, 다시 오래된 해양지각이 섭입대(그림 2.11)를 통해 맨틀로 가라앉아 새로운 마그

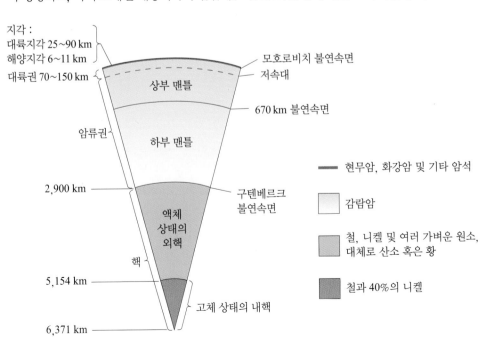

그림 2.10 지구 내부의 기본적인 구조를 보여주는 쐐기형 단면도. 지각과 맨틀은 구성 성분의 차이로 구분되며, 대륙권과 맨틀 하단부의 암류권은 운동역학적으로 대비를 이룬다.

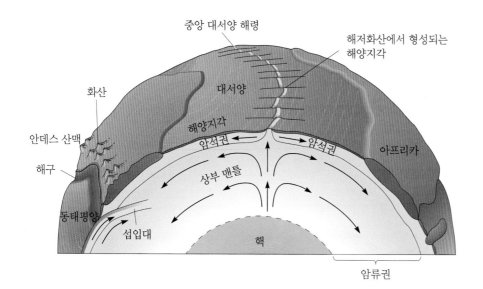

그림 2.11　현재 진행되고 있는 판구조운동 순환을 보여주는 지구 내부 단면도

마로 재생되기 때문이다. 해양지각의 상층에서 그러한 과정이 없다면, 이산화탄소와 다른 대기 구성 요소들은 대기 중으로 다시 재활용되지 않을 것이다. 풍부한 탄소(탄산염 암석 등)와 판운동과 같은 몇몇 지질학적 기작이 일어나는 지구와 같은 행성에서 탄소를 재활용하기 위한 기작으로, 화산 활동은 이산화탄소를 어느 정도 연속적으로 대기로 공급하는 역할을 한다.

■　CO_2는 왜 이렇게 중요한 가스인가?

☐　2.3절에서 보았듯이, CO_2는 태양으로부터 받은 에너지의 일부를 유지함으로써 지구의 표면과 대기의 온도를 높이는 온실 가스다.

　　내부 열을 지구 표면으로 이동시키고, 판구조운동을 일으키는 열에너지의 이동은 전도, 대류, 이류의 세 가지 과정에 의해 일어난다. 우리는 현재의 지구 내부에서 일어나는 열적 과정의 근원이 서로 비슷한 크기로 기여하는 다음 두 가지 과정에 의해 일어난다는 것을 알고 있다.

열의 이류는 뜨거운 마그마가 상승할 때 일어난다.

1.　불안정한 동위원소, 특히 칼륨, 우라늄, 토륨의 방사능 붕괴로 인한 열에너지
2.　남아 있는 초기의 내부 열에너지

　　이 내부의 열은 표면에서 나오는 열 복사에 의해 어떻게든 외부로 방출되어 소멸된다. 이것은 열이 전도, 대류 또는 이류에 의해 표면 쪽으로 전달될 때에만 일어날 수 있다. 그러나 규산염 암석은 열 전도성이 좋지 않기 때문에 대류와 이류는 지구가 내부로부터 표면으로 열을 전달하는 주요 과정이다.
　　따라서 행성의 내부 열이 손실되는 속도는 지각 활동이 지속되는 데 매우 중요하다.

■　행성이 내부 열을 잃는 비율은 어떻게 결정될 것인가?

☐　행성의 크기(행성이 클수록 열이 더 천천히 떨어져 활동 시간이 더 길어질 것)와 구성 성분 등이 핵심 요인이다. 이러한 요인들은 사용 가능한 열의 총량과 행성의 대류 능력을 결정한다.

열 손실은 행성의 표면적(R^2에 비례)에 의존하는 반면에 주어진 구성 물질에서 방사성 물질의 붕괴에 의한 열 생산량은 행성의 체적(R^3에 비례)에 의존한다.

화산활동은 화성, 달, 수성의 초기 역사에 큰 역할을 했지만, 지구와 비교했을 때, 그들의 작은 크기는 훨씬 빠른 속도로 내부 열을 잃는 결과를 낳았다.

구성 성분이 다른 암석들은 서로 다른 물리적 특성을 가지고 있기 때문에 행성의 판구조운동 역시 그 구성에 의해 결정될 것이며, 성분에 따라 열이 가해질 때 대류 능력의 증가 정도가 다르게 나타날 것이다. 높은 압력과 온도에서 대부분의 고형물은 충분한 시간이 주어지면 매우 점성이 높은 유체처럼 행동하게 된다. 암석이 가열되면 팽창하고 밀도가 낮아져 온도가 낮고 밀도가 높은 암석에 비해 부력이 커진다. 따라서 어떤 지역에서는 뜨거운 암석이 서서히 상승하는 반면, 그림 2.12와 유사한 대류 세포 체계에서 덜 뜨거운 암석은 다른 지역에서 서서히 하강한다. 그러나 암석은 여전히 고체(녹기 시작하지 않음)이며, 이 느린 고체 상태 대류의 과정은 암석이 녹을 만큼 높은 온도로 부분적으로 온도가 상승되는 것을 방지한다.

행성의 화학적 구성은 열을 발생시키는 방사성 물질의 양을 결정하며 내부 대류의 가능성에 영향을 줄 것이다.

그림 2.12 매우 단순화된 대류 세포 모형에서 대류의 방향을 화살표로 나타내었다. 상대적으로 더 뜨거운 물질은 아래에서 위쪽으로 이동하고 덜 뜨거운 물질은 위에서 아래로 이동된다.

■ 초기 지구가 현재와 같은 대류율을 가졌을 것으로 예상하는가?

☐ 아니다. 열원 중 하나가 방사능 붕괴에서 나오기 때문에, 불안정한 동위원소의 총량은 시간이 지남에 따라 감소할 것이다. 초창기 지구의 열을 생산하기 위해 지금보다 더 많은 방사성 동위원소가 붕괴되었을 것이기 때문에 더 많은 열을 잃을 것이고 대류 속도가 더 컸을 것이다.

4 Ga 전에 지구 내부의 열은 지금보다 다섯 배 정도 많이 방출되었을 것으로 추정한다. 그러나 이 모든 열이 방사능 원소의 붕괴에 의한 요인으로 발생한 것은 아니다. 미행성 응집에 의한 열 이외에도 상당한 부분은 중력 수축에 의한 중력에너지에서 기원하였을 것으로, 주로 엄청난 양의 철과 니켈이 지구의 중심부로 가라앉았을 때, 상당한 양의 중력에너지가 열로 방출되었으며 대략 그 시기는 4.5 Ga 전쯤이었을 것이다.

지구 내부의 가열은 초기 태양계의 태양 광도 감소에 대응하여 지구의 표면 온도를 273 K 이상으로 유지하기 위한 하나의 가능한 해결책이다. 판운동은 2.3.2절에서 보았듯이 탄소의 재활용을 통해 지구가 살 수 있도록 하는 역할을 확실히 해왔다. 그러나 일부 과학자들은 얼음이 지구 전체를 뒤덮는 동안 극적인 기후 변화 기간과 함께 지구의 거주 가능성을 유지하는 메커니즘이 흔들렸던 때가 있었다고 믿는다(글상자 2.3).

우리는 지구의 표면 온도의 중요성과 탄소 순환이 어떻게 지구 표면에 액체 상태의 물을 유지하는 데 도움을 주었는지를 강조해왔다. 하지만 만약 그 순환이 중단된다면 어떻게 될까? 과학자들은 이 지질학적 기록이 지구가 750 Ma에서 580 Ma 사이에 무려 네 번이나 극적인 기후 변화를 겪었음을 시사한다는 사실을 한동안 알고 있었는데, 이는 지구의 빙하기를 초래한 결과였다. 바로 **눈덩어리 지구**(Snowball Earth)라는 이름이 붙여진 가설이다.

얼음집과 온실

기후 변화의 증거는 750~580 Ma 이전에 퇴적된 퇴적암의 두꺼운 층에서 찾은 것이다. 그러나 이 퇴적암들은 얼핏 보기에는 모순으로 가득 차 있었다. 예를 들어 당시 지구 적도 부근 해상에 깔렸던 빙하 퇴적물을 예로 들어 보자. 오늘날, 빙하는 열대지방에서 살아남기 위해 5,000미터 이상의 고도에 있어야 한다. 이 빙하 퇴적물에는 지구의 대기와 해양에 산소가 거의 포함되어 있지 않았을 경우 형성될 수 있는 철분이 풍부한 암석의 층이 있다. 하지만 당시의 대기는 오늘날과 그리 다르지 않은 구성을 가지고 있었을 것이다. 마찬가지로 당황스러운 사실은 빙하 침전물 위를 바로 덮고 있는 탄산염층은 오늘날의 열대 환경에서 흔히 발견되는 층이라는 것이다. 만약 빙하가 지구의 적도까지 확장되어 실제로 지구를 얼음으로 덮었다면, 어떻게 지구의 적도는 그렇게 빨리 다시 따뜻해질 수 있었을까?

이러한 모순은 과학자들이 지구가 심각한 기후 변화를 경험했을지도 모른다는 생각을 하기 시작하면서 이해되기 시작했다. 눈덩어리 지구 가설은 전 세계적으로 10 Ma 이상 얼어 있던 지구를 염두에 두고 하는 것이다. 지구 내부로부터 빠져나온 열은 바다가 바닥까지 얼지 못하게 한다. 그러나 표면 온도는 약 223 K까지 떨어지고 얼음은 1킬로미터 이상의 두께로 형성된다. 그러한 조건하에서, 극히 일부만을 제외하고 모든 원시 지구 생물들이 멸종하게 된다.

- 얼음으로 덮인 지구는 지구 대기의 이산화탄소 제거에 어떤 영향을 미칠까?

- 글상자 2.2에서 설명한 것을 상기한다면, 탄산염 증착에 이어 규산염 풍화를 통해 대기 중 CO$_2$가 제거된다고 하였다. 얼음으로 덮인 지구에서는 이 과정이 멈출 것이다.

그러나 화산활동은 얼음으로 덮인 지구에서 멈추지 않을 것이고, 그래서 화산에서 이산화탄소의 배출은 계속될 것이다. 눈덩어리 지구 가설은 이 과정을 통해 현재의 350배 수준의 이산화탄소가 축적될 것이라고 제안한다.

그것은 지구를 따뜻하게 하고 아마도 몇백 년 안에 얼음을 녹일 심각한 온실효과와 같은 상황을 만들어낸다. 얼음집에서 살아남은 유기체들은 이제 한증막을 견뎌야 한다.

눈덩어리 지구 가설은 또한 빙하 퇴적물들 사이에 일반적으로 매우 희귀한, 철분이 풍부한 층이 발생하는 것을 설명한다. 이 층들은 해양과 대기에 산소가 거의 들어 있지 않고 철이 쉽게 녹을 수 있었던 초기 지구 환경에서 철의 퇴적층을 형성하는 과정[띠 형태의 철의 층 형성(Banded iron formations, BIFS), 2.4.4절 참조]과 유사하다. 그러나 얼음으로 덮힌 기간을 수 Ma라고 한다면, 바다는 산소를 빼앗길 것이고, 그래서 해저 온천에서 방출된 용해된 철이 물속에 축적될 수 있을 것이다. 일단 이산화탄소에 의한 온실효과가 얼음을 녹이기 시작하면, 산소는 다시 바닷물과 섞여서 철을 밀어내게 한다.

생명의 폭발

750~580 Ma 전 이 엄청난 빙하기에 이은 지구의 기후 회복이 바로 그 이후에 일어난 복잡한 다세포 동물들의 폭발적인 발생을 위한 길을 열어주었을까? 세포 안에 독립적으로 핵을 가지고 있는 진핵생물로부터 모든 동물과 식물이 발생되어 내려오고 있으며 이 진핵생물은 약 2.7 Ga 전에 출현했다. 그러나 이처럼 엄청난 빙하기가 처음 발생했을 때까지 진화해 온 가장 복잡한 유기체는 필라멘트 구조의 조류와 단순한 단세포 원생동물이었다. 과학자들을 항상 어리둥절하게 하는 것은 왜 이러한 원시 생명체가 670 Ma의 화석 기록에 갑자기 등장하는 복잡한 유기 생명체로 다양화되어 진화하는 데 그렇게 오랜 시간이 걸렸을까 하는 것이다(그림 2.22).

일련의 지구 동결 사건 이후에 이어진, 여전히 지구 환경 입장에서는 편하지 않은 온실효과 상황은 지구 생명의 진화에 극적으로 영향을 미쳐, 사실상 다양한 초기 형태의 진핵생물들을 걸러내는 작용을 했을 것이다. 그러므로 오늘날에 존재하고 있는 모든 진핵생물들은 눈덩어리 지구의 생존자들로부터 파생된 것이다. 이러한 조건들이 진핵생물의 진화에 미칠 영향에 대한 정도는 식물유전학 계통수에서 분명히 드러날 수 있다(그림 1.37). 이러한 것은 진핵생물의 계통발생학적 위치를 길고, 다른 가지가 없는 긴 줄기 끝에 둔 것으로도 알 수 있다. 이전의 갈라져 나간 어떠한 가지도 없다는 것은 현존하는 어떤 진핵의 조상도 사실상 눈덩어리 지구 환경에서 살아남은 진핵세포 생물의 후손이고 나머지 진핵세포 생물들은 모두 이 시기에 이미 제거되었다는 것으로 간주할 수 있다. 이러한 지구 빙하기를 겪고 살아남은 생명들은 광합성이 유지될 수 있는 얼음 표면이나 에너지가 풍부한 열수분출구 근처의 해저에서 피신함으로써 멸종을 모면하게 되었을지도 모른다.

2.4.3 초기 지구에서의 수권

지금까지 우리는 액체 상태의 물의 중요성을 지구 생명의 기원과 지구와 같은 행성의 거주 가능성에서 모두 강조했다. 하지만 지구는 어디에서 물을 얻었을까? 내부 태양계의 물의 분포는 잘 파악되지 않지만, 천체의 크기와 대략적으로 일치할 수 있다. 우리가 토양 샘플들을 가지고 있는 행성이나 위성의 경우, 지구는 가장 많은 물을 포함하고 있고, 화성이 그 뒤를 잇고 있으며, 달과 소행성 등 운석 샘플이 있는 개체의 경우 상대적으로 건조하다. 우리는 금성이나 수성의 것으로 알려진 토양이나 암석 표본을 가지고 있지 않지만, 금성 대기에서 물을 직접 발견한 사실은 금성이 처음 형성되었을 때 물을 함유하고 있었다는 것을 시사한다.

최근까지, 지구의 물의 기원에 대해 대립적인 견해가 있었다. 하나는 지구가 건조한 조건에서 미행성이 응집되어 건조한 상태로 성장을 한 후, 물은 혜성의 충돌 등을 통해 차후에 획득한 것이라는 견해이다. 이와 대립적인 관점으로는 지구가 원시 행성 단계일 때 내부에 물을 함유한 광물질을 포집한 채 성장하여 초기 단계로부터 물을 가지고 있었다는 관점이 있다. 그러나 수소 동위원소(글상자 2.4)의 증거는 혜성이 지구 물의 지배적인 근원이 될 가능성이 낮다는 것을 시사한다.

대부분의 혜성에 있는 수소의 안정된 두 동위원소의 조성 비율은 지상 해양에 존재하는 물의 동위원소 비율과 같지 않아, 지구가 미행성 응집으로 성장이 끝난 후의 혜성 충돌에 의해 대부분의 물을 포획하지 않았음을 암시한다.

글상자 2.4 | 지구상에 존재하는 물의 다른 기원

지구의 물은 혜성에서 왔을까?

혜성이 상당한 양의 물을 포함하고 있다는 것을 고려하면, 혜성이 지구의 물을 제공했다는 생각은 실현 가능한 것처럼 보일 수 있다. 그러나 수소 동위원소로부터 이러한 관점에 반하는 주장으로 이용될 수 있는 증거가 있다. 표 2.1에는 4개의 혜성과 지구 해양(지구에 존재하는 물의 압도적인 양이 바다에 존재한다)에서 수소[^{1}H, 수소, ^{2}H, 중수소(D로 줄여 씀)]의 두 안정 동위원소의 비율이 나열되어 있다. 동위원소 ^{2}H와 ^{1}H의 비율을 보통 중수소/수소비(D/H로 약칭)라고 한다.

표 2.1 전 지구와 혜성에서 채취한 물의 D/H 비율(^{2}H/^{1}H)

천체	D/H 동위원소 비
지구 전체	1.5×10^{-4}
핼리 혜성	3.16×10^{-4}
하쿠다케 혜성	2.82×10^{-4}
67P/추류모프-게라시멘코 혜성	5.3×10^{-4}
103P/하틀리 혜성	1.6×10^{-4}

이 자료는 103P/하틀리를 제외하고 혜성은 지구의 바다보다 ^{1}H에 비해 두 배 또는 세 배나 많은 중수소 함량을 포함하고 있음을 나타낸다. 그러므로 표 2.1에 열거된 혜성이 모든 혜성을 대체로 대표한다고 볼 때, 물론 단정적으로 주장하기는 어려울 지라도, 대부분의 지구상의 물의 기원을 혜성이라고 보기는 어렵다고 할 수 있다.

그림 2.13 지구, 금성의 대기에 존재하는 비활성 기체의 태양에 대한 상대값. 각각의 성분비를 실리콘 함량에 대한 비율로 표준화한 후, 태양에 대한 상대적인 값으로 나타내었다.

지구의 물은 태양 성운에서 왔을까?

또한 초기 지구가 태양 성운에서 직접 H_2O, CO_2, N_2와 같은 휘발성 물질을 포획하여 보유했을 가능성은 거의 없어 보인다. 이것은 다른 화산성들, 특히 희귀한 가스인 Ne, Ar, Kr, Xe의 상대적인 농도가 현재 지구 행성의 대기보다 태양 성운에서 훨씬 더 높기 때문이다. 이에 대한 증거는 그림 2.13에 나와 있으며, 이는 태양 구성비(원시 태양 성운의 성분)에 비례하는 지구 행성의 대기 중 비활성 기체의 이탈을 보여준다. 지구 행성이 희귀 가스를 선택적으로 손실하면서 다른 희발성 기체들을 유지하기는 어렵다고 봐야 할 것이다.

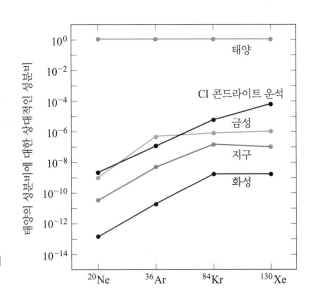

현재 초기 지구에서 휘발성 물질들의 기원에 대한 가장 그럴듯한 모델은, 결국 미행성과 원시 행성으로 성장하게 되는 수분이 함유된 고체 입자로부터 나온 것이라는 생각이다. 이 모델에 문제가 없는 것은 아니다. 한 가지 불확실한 것은 물을 동반하는 미행성이 1 AU에서 형성될 수 있었는지, 예를 들어 소행성대에서처럼 태양 성운의 먼 부분에서만 형성될 수 있었는지 하는 것이다.

■ 1 AU 정도에서 태양 성운으로부터 응축된 물질에 물이 어떻게 통합될 수 있었는지를 제안할 수 있는가?

□ 얼음이 응결되는 온도보다 높은 온도에서 응축되는 수화된 광물에 물이 포획될 수 있었다.

수화된 광물의 역할에 대한 증거는 예를 들어 1.5.3절에서 만났던 머치슨 운석과 같은 탄질 운석에서 이들의 존재를 확인할 수 있다는 것에서 나온다. 지구 수권의 기원에 대한 현재의 생각은 그림 2.14에 요약되어 있다.

많은 양의 휘발성 물질들이 형성되면서 지구에 포함되었다. 그러나 지구의 핵과 달의 형성이 진행되는 동안뿐만 아니라 미행성 부착에 의한 성장에 의해 발생하는 열은 이러한 많은 원래의 휘발성 물질들을 몰아냈을 가능성이 있는 반면, 일부 휘발성 물질은 지구의 핵에 포획되었을 수도 있다. 지구 내부에 남아 있던 휘발성 물질들은 그 이후 줄곧 그 내부로부터 방출되어 왔다. 내부 대류가 더 활발했던 초기 지구에서는 지금보다 훨씬 더 많은 휘발성 기체의 배

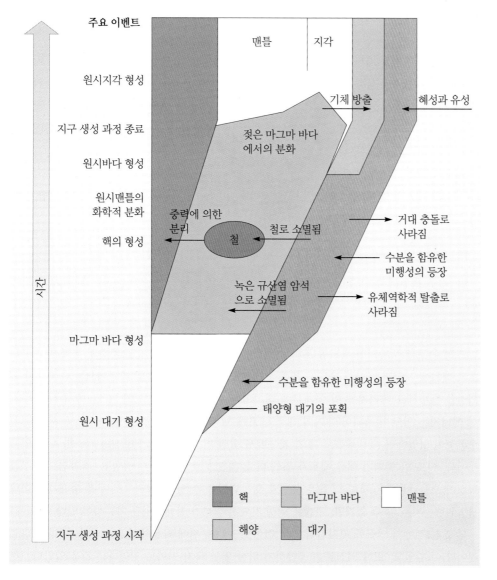

그림 2.14 지구의 초기 진화 동안 물의 행동에 대한 개략도. 그림에 표시된 기간의 불확실 정도는 약 2억 년이다. (Abe et al., 2000에서 수정)

출이 있었을 것이다. 지구 대기와 수권의 대부분은 아마도 핵의 형성과 달을 형성하였던 거대한 충돌 후 약 4 Ga 전 지구 내에서 형성되었을 것으로 본다.

2.4.4 지구의 원시 대기

지구의 초기 대기의 산화 상태에 대해 상당한 논쟁이 있다. 우리가 어떤 증거를 가지고 있는지는 지질학적 기록으로부터 비롯된 것이다. 예를 들어, 호주에서 온 3.5 Ga의 나이를 가지는 오래된 암석에 황산염(SO_4^{2-}) 침전물로 산화된 황 화합물이 나타난다는 것은 지구상에서 가장 오래된 암석들 중 더 심하게 환원된 황 화합물인 파이라이트(FeS)를 다량 포함하고 있음에도 불구하고, 일부 지역에 비환원 조건이 존재했음을 암시한다. 오늘날 화산에서 방출되는 기체의 구성, 대기의 현재 구성에 대한 우리의 지식, 그리고 다른 행성에 대한 조건의 관측과 같은 다른 일련의 증거들을 통해, 지구의 초기 대기는 핵의 형성 이후 질소(N_2), 이산화탄소(CO_2), 그리고 아마도 황산화물(특히 SO_2)과 수증기(대양이 존재했던 것처럼)가 지배하게 되었다는 결론을 내리게 되었다.

지구 역사상 처음 약 10억 년 동안, UV 복사에 의한 수증기의 파괴로 생성된, 자유 산소(O_2)는 미량으로만 존재했다.

그러나 이 무기질 메커니즘은 대기 중으로 아주 적은 양의 활성 산소만을 배출한다. 지구의 현재 대기는 산소가 풍부하고 모든 고등 생명체는 자유 산소를 필요로 하기 때문에, 다른 어떤, 훨씬 더 강력한 산소 공급원이 필요하다. 가장 그럴듯한 근원은 산소가 생성되는 광합성(산소 광합성이라고 함)으로, 처음 아르케아 시대(3.8 Ga 전~2.5 Ga 전) 동안 시아노박테리아(또는 그 직계 전구체)로부터 진화해온 과정이다.

지구의 초기 대기에서 O_2의 양은 매우 낮은 수준이라서 태양으로부터 들어오는 자외선을 (오늘날의 대기와 같이) 흡수하고 그것이 지구 표면에 도달하는 것을 막을 수 있을 만큼 충분한 오존층을 생성하지 못하였을 것이다.

■ 오존층의 부족이 초기 생명의 발달에 어떤 영향을 미칠 수 있을까?

□ 지구 표면에서 더 높은 수준의 자외선 복사는 생명체가 물속이나 침전물 내부와 같이 더 보호받는 환경에서 생존할 가능성이 더 높다는 것을 암시한다.

그러나 구름은 자외선 복사를 포함한 햇빛을 반사시키기도 하며, 오존층의 부족은 지구의 초기 대기에 지금과는 다른 온도 구조를 초래했을 수도 있다. 오늘날 지구에서는 오존층이 자외선을 흡수하고 에너지를 얻기 때문에 대기의 온도가 대류권 상층 약 20 km에서 상승한다. 이 에너지는 열로 방출되어 대기의 대류 세포에 보이지 않는 '뚜껑'을 효과적으로 제공한다. 오존층이 없었다면 대기 온도는 초기 지구에서 훨씬 더 높은 고도까지 계속 감소할 수 있었을 것이다. 이로 인해 대기 대류 세포가 훨씬 더 높은 고도로 확장될 수 있었고, 결과적으로 구름 형성이 오늘날보다 상당히 더 높은 높이로 확장되었을 수 있다. 그러므로 구름 덮개가 얼마나 광범위했는지는 알 수 없지만, 구름에 의해 자외선 일부가 차폐되었을 가능성이 있다.

앞 2.4.1절에서 언급한 것처럼 우리는 적어도 3.8 Ga 전에 확실히 많은 양의 물(아마 바다일 것이다)이 있었고, 또한 퇴적물을 공급하기 위한 몇몇 육지 지역도 있었다는 것을 알았다. (현대 대륙 지각처럼) 화강암 물질로 형성된 땅은 그 범위가 더 제한되어 있었음에 틀림없다. 그렇지 않았다면 우리는 지구상에서 고대 화강암류 암석의 더 많은 예를 발견할 것으로 기대했을 것이다. 또한 해저지각에서 화산에 의해 생성된 작은 섬들이 있을 수 있는데, 이 섬들은 지금까지 남아 있지는 않고 다시 맨틀로 유입되어 사라졌을 것이다.

화산 활동은 다량의 지표수가 있는 곳이라면 어디든지 한 가지 형태의 특별한 환경을 초래했을 것이다. 그것은 바로 열수 순환인데, 이는 용암이 분출되어 새로운 해양 지각이 형성되거나 해저에 화산을 형성하고 있는 뜨거운 해저 지각의 균열과 갈라진 틈을 통해 바닷물이 순환하는 데서 비롯된다. 1.7.3절에서 보았듯이 열수 환경은 지구상의 생명체의 기원에 중요한 역할을 했을지도 모른다.

지질학적 기록은 또한 생명 출현의 결과로 지구 초기 대기의 성격 변화에 대해 믿을 만한 증거를 제공한다. 우리는 다음 절에서 산소 광합성이 언제 시작되었는지에 대한 탄소 동위원소의 증거에 대하여 알아볼 것이다. 그러나 시생대 동안 활성 산소가 출현했다는 증거가 될 만한 실마리는 **대상 철 형성**(banded iron formations, BIFs)에서 나왔다. BIF는 지구상에서 가장 오래된 바위들 사이에 널리 퍼져 있다. 이들은 전 지구 규모로 형성되었으며 그 규모가 매우 크다. 그림 2.15에 나타난 서호주의 해머즐리 산맥에는 직경 300 km 이상의 분지에 BIF가 발견된다.

대상 철광석은 정확히 그 이름이 암시하는 것과 같다. 즉, 이들의 특징은 밝은색을 띠고 있는 철이 부족한 층과 가늘게 띠 형태로 이어진 짙은 갈색의 철이 풍부한 층이 번갈아 가며 나타난다는 것이다. 그 층들은 두께가 1밀리미터 미만에서 몇 센티미터까지 다양하다. 철이 풍부한 띠에는 용해되지 않는 적철광(Haematite, Fe_2O_3), 갈철광($Fe_2O_3.3H_2O$), 마그네타이트(Fe_3O_4)가 포함되어 있다. 침전된 실리카로 구성된 처트류의 암석은 철이 결핍된 밝은색 띠를 구성하고 있다. 종종 두께가 몇 밀리미터에 불과한 개별 띠 구조는 수십 킬로미터까지 확장되어 분포하는 경우도 있다.

어떻게 BIF가 형성되었는지는 완전히 밝혀지지 않았다. 이들의 형성을 밝혀낼 만한 유사한 작용이나 과정이 현재에는 일어나고 있지 않기 때문이다. 그러나 철산화물의 관여는 BIF 형성

그림 2.15 (a) 서부 호주의 해머즐리 산맥에 있는 톰 프라이스 산의 철광산 (Hamersley Iron Pty Ltd), (b) 해머즐리 산맥에 4 m 높이의 절개지에 줄무늬 철광맥 형성 지역 (Graeme Churchill, Creative commons)

(a)

(b)

을 이끈 과정이 철의 산화 상태에 영향을 미쳤을 것임을 시사한다. 따라서 BIF는 형성 당시 지구 해양과 대기의 산화 상태에 대한 정보가 내재되어 있다고 할 수 있다.

2.5 Ga보다 오래된 BIF 침전물의 총질량은 3.3×10^{16} kg으로 추정된다. 일반적인 BIF가 30% 적철광(Fe_2O_3)으로 구성되어 있다면 2.5 Ga 이전에 얼마나 많은 산소가 BIF에 포획되었을까?

질문 2.4에 대한 답으로, BIF의 형성에 어떤 화학 작용이 일어나든, 지구의 역사에서 아주 초기에 대량의 산소가 BIF에 통합되었다는 것을 보여준다. 대량의 산소가 BIF에 통합될 정도로 충분한 산소가 바닷물 내에 존재하는 순간 불용성 산화물 형태로 바닷물에 침전되어 있던 철 성분이 용액 상태로 유지되었을 것이라고 해석해볼 수 있다.

BIF의 기원에 대한 대부분의 이론에서 초기 지구에서의 열수 활동은 중요한 역할을 한다. 이러한 열수계통을 통해 흐르는 바닷물은 철분이 함유된 광물을 용해시켜 환원된 형태로 철이 열수분출구를 통해 심해로부터 분출되었을 것이다. 일반적으로 초기 지구의 깊은 바다는 산소가 극히 부족했고, 그래서 철은 열수공 주변에서 산화되거나 퇴적되는 것을 피했지만 이보다 더 얕고 더 산화된 해수에 퇴적되었을 것이라고 받아들여진다.

이와 같은 과정 속에서 어떻게 철은 깊은 바다로부터 얕은 물까지 대양의 넓은 영역을 횡단하게 되었을까? 한 가지 생각은 그 철이 심해열수구 근처에서 번성하는 박테리아에 의해 실제로 소비되었고 이 박테리아들은 광대한 지역으로 퍼져나가고, 죽은 후 얕은 물에 침전되어 유기물이 풍부한 물질의 얇은 막을 이루며 쌓였다는 것이다. 시간이 지난 후 이 유기물은 재활용되면서 철을 강한 불용성인 산화 형태로 그 막에 가두어두었을 것이다.

■ 열수분출구는 BIF 형성과 관련된 다량의 철분을 만족스럽게 공급하지만, 그 많은 양의 산소는 어디에서 나올 수 있을까?

☐ 산소의 광합성은 강력한 활성산소의 발생원이었을 것이므로, 산소 광합성이 발생되는 곳마다 국부적으로 강한 산화 환경이 나타나게 되었을 것이다.

2.4.5 원시 지구 생명에 관한 고생물학 및 지질학적 증거

우리가 초기 지구에서 생명체가 존재했었다는 가설에 대해 우리가 가지고 있는 유일한 직접적인 증거는 보존된 지질 암석 기록에서 얻은 고생물학적 기록 및 탄소 동위원소 데이터에서 나온 것이다. 이 자료들은 생명이 이미 3.8 Ga, 아마도 4.3 Ga 전에 이미 확립되었을지도 모른다는 사실을 암시하고 있으며, 이는 생명이 실제로 태양계 형성 후 500 Ma 안에 이미 발생하였을지도 모른다는 것을 암시한다. 그러나 보시다시피 이 자료들은 여지없이 격렬한 과학적 논쟁의 대상이 되고 있다.

만약 3.8 Ga 전 지구에 생명체가 존재했다면, 일반적으로 지각과 바다가 형성된 후에 생겨났을 것이며, 약 4 Ga 전 초기 태양계 형성 당시의 강력한 운석 충돌 시기 동안 생존 위기에 직면했을 것으로 추정된다.

스트로마톨라이트

얕은 해안 해역에서는 **스트로마톨라이트**(stromatolites)(그림 2.16)라고 하는 특징적인 봉긋한 언덕 모양의 구조물이 탄산칼슘의 얇은 층과 젤라틴처럼 끈적한 얇은 층으로 번갈아 가며 구성된 퇴적물의 침전에 의해 형성된다. 이러한 끈적하고 엷은 막과 같은 층을 형성하고 탄산칼

그림 2.16 서부 호주의 샤크만 지역에서 볼 수 있는 요즘의 스트로마톨라이트(약 1 m 크기) (Andrew A. Knoll)

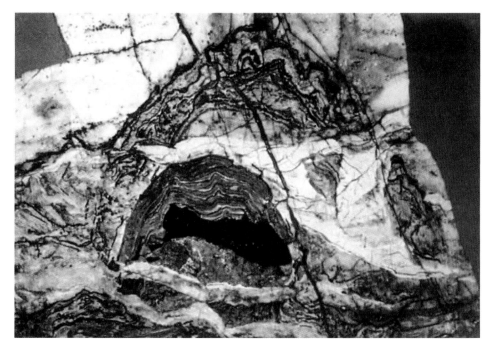

그림 2.17 서부 호주 와라우나 그룹의 3.46 Ga라는 나이를 가진 스트로마톨라이트의 층상 구조를 보여주는 단면 (Professor J. W. Schopf)

숲의 퇴적을 도와주는 유기체는 질소를 고정시키는 간단한 광합성을 하는 시아노박테리아나 청녹조류와 같은 것들이다. 단면을 보면, 스트로마톨라이트는 팬케이크가 쌓인 것처럼 층층이 쌓인 구조를 보인다. 동일한 화석 구조는 지구 역사상 처음 2 Ga에 생성된 다양한 암석들에서 발견된다. 지금까지 보고된 가장 오래된 스트로마톨라이트로 추정되는 암석은 서호주에 있는 와라우나 그룹의 3.46 Ga 나이를 가진 오래된 에이펙스 처트에서 발견되었다(그림 2.17). 이러한 스트로마톨라이트를 형성한 유기체들도 시아노박테리아였을지 모르지만, 일부 현대의 광합성이기는 하지만 산소를 생산하지는 않는 박테리아가 오히려 유사한 구조를 형성하기 때문에 이것은 절대적으로 확실한 것은 아니다. 이것은 초기 지구의 환경에 광범위한 영향을 미치는 중요한 관점이다. 시아노박테리아는 산소 광합성을 수행하고 산소를 외부에 방출한다. 이 3.46 Ga의 오래된 암석들이 지구상에서 가장 오래된 화석을 보유하고 있다는 증거는 1980년

비생물학적 과정에 의해서도 스트로마톨라이트와 유사한 구조가 생성될 수 있으므로 스트로마톨라이트 화석의 생성은 논란이 될 수 있다.

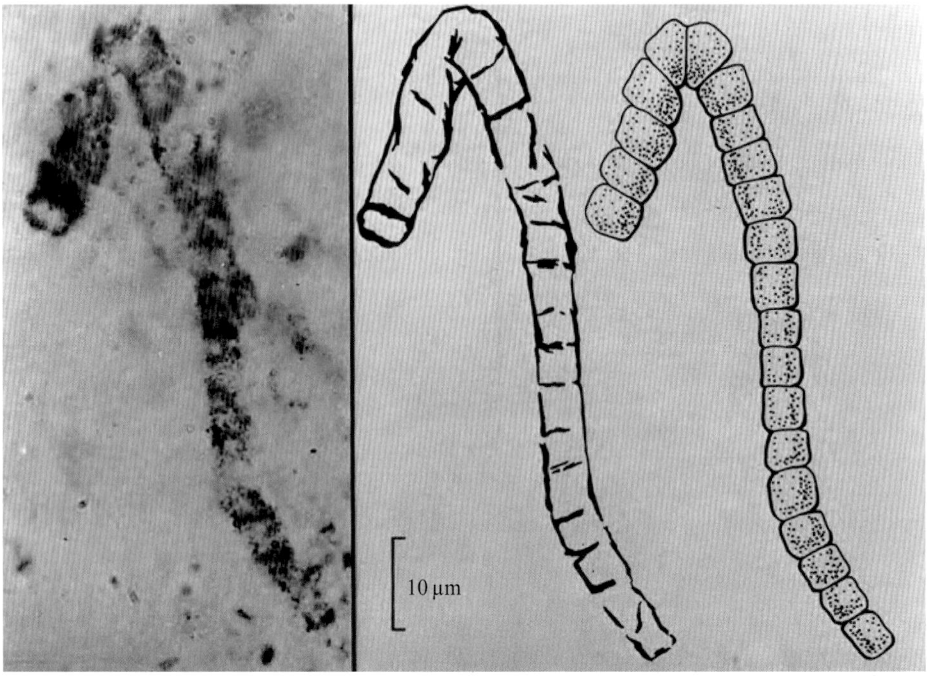

그림 2.18 3.46 Ga의 나이를 가진 스트로마톨라이드 화석에서 발견된 격막을 가진 필라멘트 형태의 탄질 구조로서 오늘날 시아노박테리아와 유사한 형태이다. (a) 현미경 사진, (b) 스케치, (c) 복원 후의 상상도. (Commonwealth Palaeontological Collections of the Australian Geological Survey)

(a)　　　　　　　　(b)　　　　　　　　(c)

글상자 2.5 | 화석인가 자국인가?

서호주 와라우나 그룹의 3.46 Ga의 나이를 가진 오래된 에이펙스 처트에 보존된 구조가 시아노박테리아의 미세 화석을 나타낸다는 해석은 2002년 옥스퍼드대학교의 마틴 브레이저(Martin Brasier, 1947~2014)가 이끄는 연구진에 의해 비판을 받았다. 브레이저와 그의 동료들은 이 구조물이 바위를 통과하는 열수액에 의해 퇴적된 탄소로 형성된 일종의 자국이라고 결론지었다. 그들은 탄소성, 필라멘트 구조물이 시아노박테리아로부터 기대되는 것과 일치하지 않으며, 훨씬 더 크고 시아노박테리아에서 발견되지 않는 가지를 포함하고 있다고 주장한다. 그들은 또한 에이펙스 처트에서 발견된 탄소가 생물학적 원인인지에 대하여도 의문을 제기하였다. 생물학적 발생 원인 경우 250~350 °C 사이로 예상되는 열수의 온도에서는 극도의 내열성 생물이 필요하며, 이들은 이 암석의 탄소가 유기물질의 비생물학적 촉매 합성에 의해 생성될 수 있음을 제시하였다.

대 초 로스앤젤레스대학교의 지질학자 빌 쇼프(Bill Schopf, 1941~)가 최초로 보고한 현저하게 잘 보존된 박테리아와 시아노박테리아 미세 화석과 거의 유사한 구조를 가지고 있다는 것으로부터 추정할 수 있다. 쇼프 박사는 그가 관찰한 구조는 세포라는 증거를 포함하고 있는 미세 화석이며, 많은 부분에서 현대의 시아노박테리아와 현저하게 닮은 필라멘트와 구형 구조물들이 있다고 믿었다(그림 2.18). 그러나 이러한 해석은 하지만 그의 해석은 논란이 되어 왔다(글상자 2.5).

아주 최근에, 유니버시티칼리지런던 연구팀이 주도한 연구에서 최소한 3.77 Ga 전의 미생물을 발견했다고 보고했으며, 이들은 지구상에서 가장 오래된 생물 형태 중 하나를 보여주는 증거를 제공했다(그림 2.19). 또한 연구팀은 캐나다 퀘벡에 있는 NSB(Nuvvuagittuq Supracrustal Belt)의 퇴적암에서 철을 좋아하는 박테리아에 의해 형성된 것으로 해석되는 작은 필라멘트와 관을 발견했다. NSB는 지구상에 알려진 가장 오래된 퇴적암 중 일부를 포함하고 있는데, 이 암석은 철분이 풍부한 심해 열수공 분출 시스템에서 형성된 것으로 생각되며, 3.77~4.3 Ga 사이(NSB 암석의 최대 연령 추정치)의 지구에서 첫 생명 형태에게 서식지를 제공할 수 있었다. 연구진은 체계적인 연구를 통해 이들 적철광 성분의 튜브 구조와 필라멘트 구

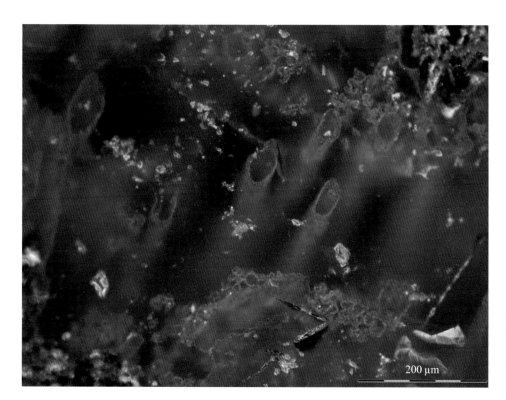

그림 2.19 적철광 튜브 형태의 구조를 가진 가장 오래된(최소한 3.77 Ga의 나이) 미화석의 모습. 이들은 캐나다의 퇴적암에서 발견되는 가장 오래된 생명체의 증거 중 하나이다. (Matthew Dodd)

조의 비생물학적 형성의 가능성을 배제했다. 그들은 대신 적철광 구조물이 오늘날 다른 열수 분출구 근처에서 발견되는 철산화 박테리아와 같은 특징적인 분류 가지를 가지고 있으며, 뼈와 이빨을 포함한 생물학적 물질에서 발견되고 화석과 자주 연관되는 흑연, 미네랄과 함께 발견되었다. 태양계 형성의 약 200 Ma 이내의 초기 지구에 생명체가 이미 존재했을 수도 있다는 가능성은 생명의 관여를 보다 직접적으로 나타내는 원소 및 화합물의 다른 지질학적, 동위원소 측정을 통한 추가적인 확인이 필요할 것이다.

생화학적 흔적은 초기 지구로부터 보존된 암석에서는 드물지만, 그들이 한때 품고 있던 유기물 중 일부는 왁스를 의미하는 그리스 등에서 파생되어 퇴적물에 존재하는 유기물을 묘사하는 데 사용되는 케로겐(kerogen)이라는 거대분자 물질로 보존되는 경우가 많다. 대부분의 고대 퇴적물은 퇴적된 이후 깊이 매장되어 가열되어 왔고 그 속에 있는 케로겐은 흔히 심하게 변형된다. 이것은 한때 그 물질이 가지고 있던 구조적인 화학 정보의 많은 부분을 이해할 수 없게 만든다. 그러나 고대 케로겐의 탄소 동위원소의 풍부함을 고대 지구 환경에서의 생화학을 푸는 도구로 활용할 수는 있다. 글상자 2.6은 생물학적 과정이 살아 있는 유기체에서 ^{13}C~^{12}C의 상대적 비율을 결정하는 방법을 요약하고 있다. 이 유기체들로부터 나온 탄소는 그들이 죽을 때 보존되고, 그 후 암석의 케로겐으로 통합될 수 있기 때문에, 우리는 케로겐의 $\delta^{13}C$ 값을 사용하여 지구의 고대 생물학적 과정에 대한 추론을 도출할 수 있고, 다른 행성에서 측정을 이용할 수 있어야 한다. 글상자 2.6에서 중요한 점은 유기물 샘플이 ^{12}C가 풍부하고 무기 탄산염 표준에 비해 ^{13}C가 결핍될 경우 $\delta^{13}C$의 값이 음이 된다는 것이다.

생물학적 과정은 커다란 동위원소분율을 초래한다. 즉 이러한 과정에서 특별한 동위원소를 주로 사용하기 때문이다. 실제로 생물학적 과정은 지구에서 탄소 동위원소의 구성비 변동에 가장 중요한 원인이다. 대부분 탄소 동위원소의 가장 큰 분율은 자가영양에 의한 유기물질의 초기 생성 동안에 발생한다. 일반적으로 자생생물들은 유기물질을 생산하기 위해 대기 CO_2로부터 탄소를 추출할 때 ^{13}C보다 ^{12}C 동위원소를 우선적으로 사용한다.

글상자 2.6 | 생물학적 과정의 지시자로서 탄소 동위원소

탄소 동위원소

탄소는 자연 발생 동위원소 3개를 가지고 있는데, 이 중 ^{12}C, ^{13}C가 안정적이다. ^{12}C는 6개의 중성자와 6개의 양성자를 포함한다. ^{13}C는 7개의 중성자와 6개의 양성자를 포함한다. 탄소의 방사성 동위원소인 ^{14}C를 이용하여 고고학적 유적의 연대를 알아내는 탄소 연대 측정 기법을 우연히 발견했을지도 모른다(^{14}C는 불안정한 동위원소). 안정적인 동위원소는 방사성 붕괴를 겪지 않기 때문에 암석이나 다른 물질의 연대를 추정하는 데 사용할 수 없다. 그러나 물리적 프로세스는 원소의 안정적인 동위원소 비율에 영향을 미친다. 예를 들어 화학적 반응에서 결합을 $^{12}C-^{13}C$보다 $^{12}C-^{12}C$를 깨는 데 더 적은 에너지가 필요하고, 마찬가지로 ^{12}C 원자와 ^{13}C 원자 사이의 결합을 만드는 데도 ^{12}C 원자와 ^{13}C 원자 사이의 결합보다 적은 에너지가 필요하다.

- ■ 단순한 화학반응이 탄소 결합을 만드는 것과 관련이 있다면, 반응의 생산물은 시작 물질보다 ^{12}C를 더 많이 함유하고 있는가?

- ☐ $^{12}C-^{12}C$ 결합을 만드는 데는 $^{12}C-^{13}C$ 결합보다 에너지가 덜 필요하므로, 그 반응은 우선적으로 ^{12}C를 생성물에 포함할 것이다. 그 생성물은 ^{12}C를 더 함유할 것이고 우리는 그것들을 ^{12}C 농축이라고 언급할 것이다.

어떤 화학반응에서도, 가벼운 동위원소를 가진 분자인 ^{12}C는 무거운 동위원소를 가진 분자들인 ^{13}C보다 일반적으로 조금 더 쉽게 반응한다.

더 가벼운 동위원소를 포함하는 원소들 사이의 결합이 무거운 동위원소보다 더 쉽게 반응하는 이유는, 동위원소의 화학적 성질에도 불구하고, 더 가벼운 동위원소의 진동 에너지가 크기 때문에 물리적 특성(밀도, 증기 압력, 비등점, 용해점)에 차이가 있기 때문이다.

같은 원소의 생물학은 광범위한 물리적 · 화학적 과정을 수반하므로 생물학적 과정이 탄소의 동위원소에 선택적이라는 것은 놀랄 일이 아니다. 우리는 핵들 사이의 질량 차이로 인해 자연적으로 유발되는 과정에 의한 동위원소가 나눠지는 것을 **동위원소 분별**(isotope fractionation)이라고 한다. 그러나 대부분의 자연적 과정은 원소의 동위원소를 완전히 분리하여 동등하게 진행되지 않고, 오히려 다른 동위원소보다 한 동위원소를 집중시키는 경향이 있다는 점을 알아야만 할 것이다.

지구상에서 ^{13}C의 자연에서의 조성비는 대략 ^{12}C의 10분의 1이며, 즉 ^{12}C가 훨씬 더 풍부하다. 우리의 관심 대상은 이 두 동위원소 사이의 비율이며, 관례에 따라 우리는 함량비가 더 많은 주 동위원소에 대한 함량비가 적은 부 동위원소 비율, 즉 $^{13}C/^{12}C$로 표현한다. 따라서 지구의 전형적인 탄산염 암석은 0.01123722의 $^{13}C/^{12}C$ 비율을 가질 수 있고, 생물학적 과정의 영향을 받은 ^{13}C와 ^{12}C의 비율을 가진 생물체의 탄소는 0.0109563의 $^{13}C/^{12}C$ 비율을 가질 수 있다. 탄소 안정 동위원소의 자연적인 성분비의 차이는 소수점 아래 세 자리, 즉 천 분의 몇 부분에서 변하는 정도에 불과하다. 이렇게 적은 숫자를 사용하여 ^{13}C와 ^{12}C 사이의 비율을 참조해야 하는 것은 분명히 매우 실용적이지 않다. 또한 두 동위원소의 절대 비율을 결정하는 것은 분석적으로 매우 다르기 때문에 과학자들은 표준값을 채택하고 그 표준에 대한 $^{13}C/^{12}C$의 비율을 측정한다. ^{13}C의 과다 또는 결핍은 $\delta^{13}C$ 값으로 나타낸다(δ는 그리스 문자 '델타'의 소문자). 즉, 조사하는 표본에 대한 $^{13}C/^{12}C$의 비율은 탄산염 광물의 표준 비율과 다음과 같이 비교한다.

$$\frac{\text{표본}^{13}C/^{12}C\text{비}}{\text{표준}^{13}C/^{12}C\text{비}}$$

$\delta^{13}C$ 값은 위의 식으로부터 계산한 값에서 1을 뺀 수치에 1,000을 곱하여 퍼밀리(‰) 단위로 표시한다. 즉,

$$\delta^{13}C = \left[\frac{\text{표본}^{13}C/^{12}C\text{비}}{\text{표준}^{13}C/^{12}C\text{비}} - 1\right] \times 1000 \tag{2.6}$$

탄소의 경우, 암석이 형성되어 처음 발견된 지명의 이름을 따서 Pee Dee Belemnite(줄여서 PDB)라고 부르는 백악기의 화석 벨렘나이트를 표준으로 사용한다. 그리고 표준 $^{13}C/^{12}C$ 비율은 0.1123722를 사용한다.

- ■ 식 (2.6)을 사용하여 $^{13}C/^{12}C$ 비율이 0.0109563인 유기물 성분의 $\delta^{13}C$ 값을 계산하라.

- ☐ 식 (2.6)의 각 항에 해당되는 수치를 넣으면

$$\left[\frac{0.0109563}{0.01123722} - 1\right] \times 1000 = -25.0\%$$

를 얻는다. 따라서 $\delta^{13}C$는 -25.0‰가 된다.

생물학적 과정에서 발생하는 주요한 탄소 안정적 동위원소의 분별은 사가 광합성에 의한 것이다. 이것은 복잡한 과정이지만, 다음과 같이 두 단계로 생각할 수 있다. 첫 번째 단계에서는 대기 중의 이산화탄소를 세포로 '수입'하고, 두 번째 단계에서는 리불로스 2인산 탈탄산효소[ribulose bisphosphate carboxylase, **루비스코**(Rubisco)로 약칭]로 알려진 효소가 수입된 CO_2로부터 탄수화물을 형성하는 데 관여한다. 두 단계 모두 탄수화물이 CO_2보다 더 큰 음의 $\delta^{13}C$ 값을 가지도록 ^{13}C에 ^{12}C를 통합하는 과정이 우세하게 일어난다.

- ■ $^{13}C/^{12}C$가 다음 각 조건에서, $\delta^{13}C$ 값이 양의 값, 음의 값, 또는 0 중 어떤 값을 가지게 될 것인지 식 (2.6)을 사용하여 판단하시오. (a) $^{13}C/^{12}C$가 시료와 표준이 같을 때, (b) 시료에서 더 큰 값을 가질 때, (c) 시료에서 더 낮은 값을 가질 때.

- ☐ 비율들의 비에서 1을 빼기 때문에 (a)의 경우 0, (b)의 경우는 양의 값, 그리고 (c)의 경우는 음의 값을 가진다.

광합성에 의해 생성된 탄소 안정 동위원소의 분율은 생물체가 생산한 유기물질이 유기탄소(C_{org})로 암석에 통합될 수 있기 때문에 과거의 생물학적 과정을 위한 바이오마커로 사용될 수 있다. 그러나 광합성에 사용되는 원천 탄소, 즉 대기의 이산화탄소나 해양수에 용해된 이산화탄소에도 동위원소 값이 필요하다는 것을 깨닫는 것이 중요하다. 과거 대기 중 CO_2 또는 해양 용해된 CO_2의 ^{13}C 값을 직접 측정할 수 있는 경우는 거의 없다. 대신 과학자들은 산화된 탄소를 나타내는 탄산염 암석(약칭 C_{carb})에서 탄소의 $\delta^{13}C$값을 사용하는데, 이는 탄산염 암석 형성 당시 대기의 $\delta^{13}C$ 값을 반영하고 있기 때문이다. C_{carb} $\delta^{13}C$ 값은 지구 역사 전체에서 거의 0‰로 유지되었다(그림 2.21). 과학자들은 여기에서 대기 중 CO_2의 $\delta^{13}C$ 값이 지난 3.8 Ga에 걸쳐 대략 일정하게 유지되었다고 추론한다.

■ 풀잎의 탄소 동위원소 성분을 분석한다면 대기 중 발생하는 이산화탄소보다 ^{12}C 함량이 높을까 아니면 낮을까?

☐ 풀은 모든 식물과 공통적으로 ^{13}C보다 ^{12}C를 우선 사용하므로 대기 CO_2보다 ^{12}C가 더 많이 함유되어 있을 것이다. 따라서 풀은 대기 중 CO_2보다 $\delta^{13}C$ 값이 더 높을 것이다.

그림 2.20은 살아있는 자가영양생명체, 오늘날의 해양 중탄산염(용액 내) 및 대기 중 CO_2에 대한 $\delta^{13}C$의 범위를 보여준다. 자가영양체들 사이에는 다양한 탄소 고정 반응 형태를 반영해 주듯이, 상당한 값의 범위를 보이고 있지만 $\delta^{13}C$ 값은 대부분 -10‰에서 -40‰ 사이에 있다.

그림 2.21에는 모든 연령의 침전물의 탄소 동위원소 구성에 대한 1만 개 이상의 측정이 요약되어 있다. 이 그림에는 탄소 기반 암석에서 얻은 값을 나타내는 C_{carb}와 퇴적물에서 유리된 케로겐에 대해 측정한 값을 나타내는 C_{org}라는 두 가지 값 그룹이 있다. 둘 사이의 차이는 지구의 역사를 통틀어 거의 일정하게 유지되어 왔으며, 광합성을 위한 탄소의 주요 공급원(대기 CO_2와 해양 중탄산염)의 차이를 반영한다.

3.81 Ga의 이수아 암석은 탄소 동위원소 데이터를 얻은 가장 오래된 암석이다. 일부 과학자들은 이수아의 데이터가 그 당시에 지구상에 생물학적인 과정이 있었다는 것을 나타낸다고 믿는다. 그림 2.21은 이수아 암석이 후기 퇴적물보다 음의 탄산염(C_{carb}) $\delta^{13}C$ 값과 뚜렷하게 음의 유기물(C_{org}) $\delta^{13}C$ 값을 가지고 있음을 보여준다. 즉, 탄소 동위원소 비율에 영향을 미치는 것으로 알려진 고온과 압력에 의해 암석이 변형되었기 때문일 수 있다. 변성 이전의 원래 $\delta^{13}C$ 값은 젊은 암석의 값과 같을 수 있으므로 약 3.8 Ga 전에 자생물이 번성했을 가능성이 있다.

최근의 분석은 오염의 가능성 때문에 논란이 되었지만, 3.85 Ga의 오래된 이수아 지역에서 형성된 암석에서 광물 아파타이트의 단일 알갱이에서의 미세한 탄소 포획량의 탄소 동위원소 성분을 측정하여 더 큰 음의 $\delta^{13}C$ 값을 부여하였다(이 값의 범위는 그림 2.21에 A1과 A2로 표시됨). 그 결과 $\delta^{13}C$ 값은 $-21 \sim -41\text{‰}$에 이르며, 이 값은 그림 2.20에 나타난 생물학적 범위

대기 CO_2와 해양 중 탄산염은 광합성에 사용되는 주된 탄소 제공원이다.

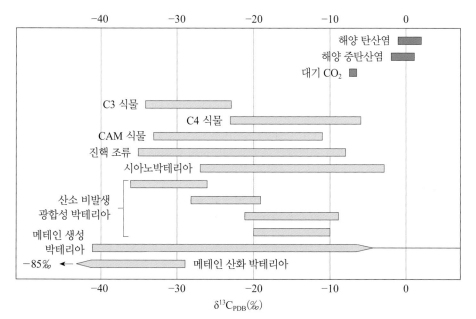

C3, C4 그리고 CAM 식물은 서로 상이한 수준으로 탄소 동위원소의 분별 수준이 서로 상이한 식물 집단을 구분하기 위해 사용된다. 메테인생성 박테리아는 대사 과정에서 (산소 결핍 상태에서) 메테인을 생성한다. 반면에 메테인 산화 박테리아는 메테인을 탄소를 얻기 위한 목적과 에너지를 얻기 위한 목적으로 사용한다. 산소 비발생 광합성 박테리아는 광합성 과정에서 산소를 생성하지 않는다.

그림 2.20 주요 고등 생명체와 미생물 집단의 탄소 동위원소 비율의 범위를 일반 자연 환경에서 주된 무기 물질의 탄소종의 예상 범위와 비교하였다. (Schidlowski et al., 1983)

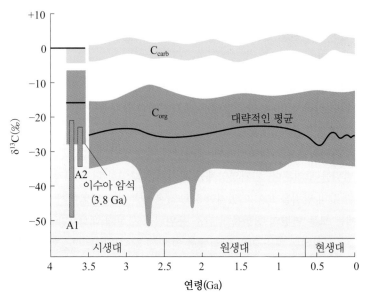

그림 2.21 지구의 역사 3.8 Ga 동안 퇴적암 속의 탄산염(C_{carb})과 유류 속의 탄산염(C_{org})의 탄소 동위원소의 변화를 $\delta^{13}C$ 값으로 나타내었다. 그래프의 왼쪽 부분에 3.85 Ga의 연령을 가진 이수아 암석 2개의 철을 많이 함유한 암석에서 조사한 $\delta^{13}C$ 값의 범위를 함께 제시하였다. (Schidlowski et al., 1983)

메타노트로프는 메테인을 영양분으로 사용하는 생물체이다.

안에 잘 들어 있으며, 예를 들어 메타노트로프와 같은 고고박테리아와 일치한다. 그러한 유기체들은 지구상에서 가장 오래된 미생물 생태계에서 눈에 띄게 번식했다. 예를 들어, 그림 2.21은 호주 포르테스큐 포메이션의 암석에서 $\delta^{13}C$ 값이 −60‰까지 낮은 값으로 2.7 Ga 전 C_{org}의 $\delta^{13}C$ 수치에 뚜렷한 음의 방향으로의 이탈을 보여준다. 이러한 잔여물은 종종 매우 음의 $\delta^{13}C$ 값을 갖는 메테인 사용(메타노트로픽) 박테리아에 대한 증거로 해석되어 왔다.

많은 과학자들은 그림 2.21에 보인 것처럼 퇴적 기반 암석의 탄소 동위원소 기록이 자가영양 생물에 의한 생물학적 탄소 고정이 3.8 Ga 전에 이미 일어났음을 보여주는 전형적인 증거로 해석하고 있는데, 이 탄소 고정 작용은 가장 오래된 퇴적층이 형성된 시기에 이미 완벽하게 작동하고 있었다. 그러나 2002년 지질학 자료에서 그린란드 암석 중 일부가 이전에 생각했던 것처럼 BIFs(따라서 생물학적으로 생성된 탄소를 보존할 가능성이 있음)가 아니라 기원이 화성이고, 암석을 통해 유체의 흐름이 진행되면서 BIF 암석의 표면적 외관을 갖게 되었다는 주장이 제기되면서 이 생각은 반박을 받았다. 유체와 무기철 탄산염과 관련된 비생물학적 과정에 의해 이 암석들에서 탄소가 생성되었다는 주장이다. 그러나 지구의 초기 $\delta^{13}C$ 기록에 대한 생물학적 해석을 완전히 무효화하기 위해서는 방향과 크기 모두에서 자가 영양 생물에 의한 생물학적 탄소 고정과 관련된 동위원소 분율을 비슷하게 맞춰줄 수 있는 전지구적 규모로 작동하는 무기화학적 과정의 증거가 필요할 것이다. 이 조사와 병행하여, 초기 지구 생명체의 증거를 포함하는 것으로 보이는 캐나다의 NSB 암석과 같은 지구상의 다른 위치에 존재하는 샘플에 대한 추가적인 탄소 동위원소 측정은 생물 발생 활동 맥락에서 탄소 동위원소 데이터의 중요성을 더 높게 평가하는 데 도움이 될 것이다. 지구 최초의 생물권에 대한 증거는 과학자들 사이에서 아직 논쟁거리로 남아 있다.

지금까지 제1장과 제2장에서 이해한 내용을 바탕으로 다음과 같은 일련의 증거에 기초하여 생명의 출현에 대한 시나리오를 개략적으로 정리한다.

- 친숙한 지리학적, 지질학적 과정이 초기 지구에서 작동하고 있었다는 지질학적 증거
- 종속 영양 생명체의 출현을 초래한 최초의 자가영양성 대사 반응의 에너지원으로서 지구의 내부 열을 지지하는 증거(감소된 대기로의 외부 입력에 반대됨)
- 열수계가 초기 지구의 주요 환경임을 시사하는 지질학적 및 계통학적 증거

2.4.1절부터 2.4.5절까지의 논의로부터, 열수계에서 생명의 출현 가능성에 영향을 미쳤을 수 있는 초기 지구의 조건 목록을 작성한다. 이 조건들이 현재의 조건들과 비교하면 어떠한 차이가 있는가?

2.4.6 진화하는 복잡성

우주의 다른 곳에 생명체가 존재할 가능성을 고려할 때 흔히 제기되는 질문은 지구상에서 진화한 생명체들과 같은 생명체의 존재에 관한 것이다. 지구상의 생명체의 진화적 경향은 다른 곳의 생명체의 본질에 대한 가설에 대해 우리가 가지고 있는 주요한 기초를 형성한다. 그러한 가설들은 화석 기록을 풍부하게 만든 종의 다양성을 만들어낸 유기체의 크기, 형태, 복잡성의 일련의 주요한 변화들과 다양성의 확장을 특징으로 한다(그림 2.22). 이 기록은 계통수(그림 1.37)와 결합하여 진화의 순서와 방향에 대한 추론의 기초를 이룬다.

- 그림 2.22와 관련하여, 지구의 역사 전반에 걸쳐 유기체의 크기는 어떻게 변화되어 왔는가?
- 지구상의 생명체의 처음 2.5~3 Ga의 경우, 대부분의 종은 크기가 몇 밀리미터를 초과하지 않았으며, 대부분은 일반적으로 상당히 더 작았다. 그러나 최근의 600 Ma에서는 더 크고 복잡한 유기체의 진화가 일어났다.

유기체의 크기는 (몇 가지 혈통을 따라 독립적으로 출현한) 다세포 개체의 진화와 함께 크게 증가하였다. 녹조와 박테리아에서 다세포 유기체를 형성하는 가장 간단한 방법 중 하나는 세포 분열의 산물(1.2.6절 참조)이 함께 남아 긴 필라멘트를 생성하는 것이었다. 화석 기록에서 나온 증거는 많은 초기의 다세포 진핵생물들이 실제로 밀리미터 크기, 선형 또는 엉켜진 필라멘트 형태였다는 것을 보여준다. 모래 속에 벌레가 남긴 흔적은 1.2 Ga 전으로 거슬러 올라갔지만, 가장 오래된 다세포 동물체 화석은 스트로마톨라이트에서 볼 수 있는 비대칭 스펀지 같은 성장 형태로 약 650 Ma에 불과하다. 약 630 Ma에 이르러, 에디아카란 동물체로 알려진 부드러운 육체의 방사형 대칭과 프론드(frond) 같은 유기체가 발견되었는데, 그 유기체는 호주의 에디아카라 언덕에서 발견되었기에 그 이름을 가지게 되었다. 이들은 대부분 몇 cm 크기였지만(그림 2.23), 일부는 1m 크기였다.

관형동물(bilaterians)은 몸의 중심축에 대하여 대칭인 동물을 말한다.

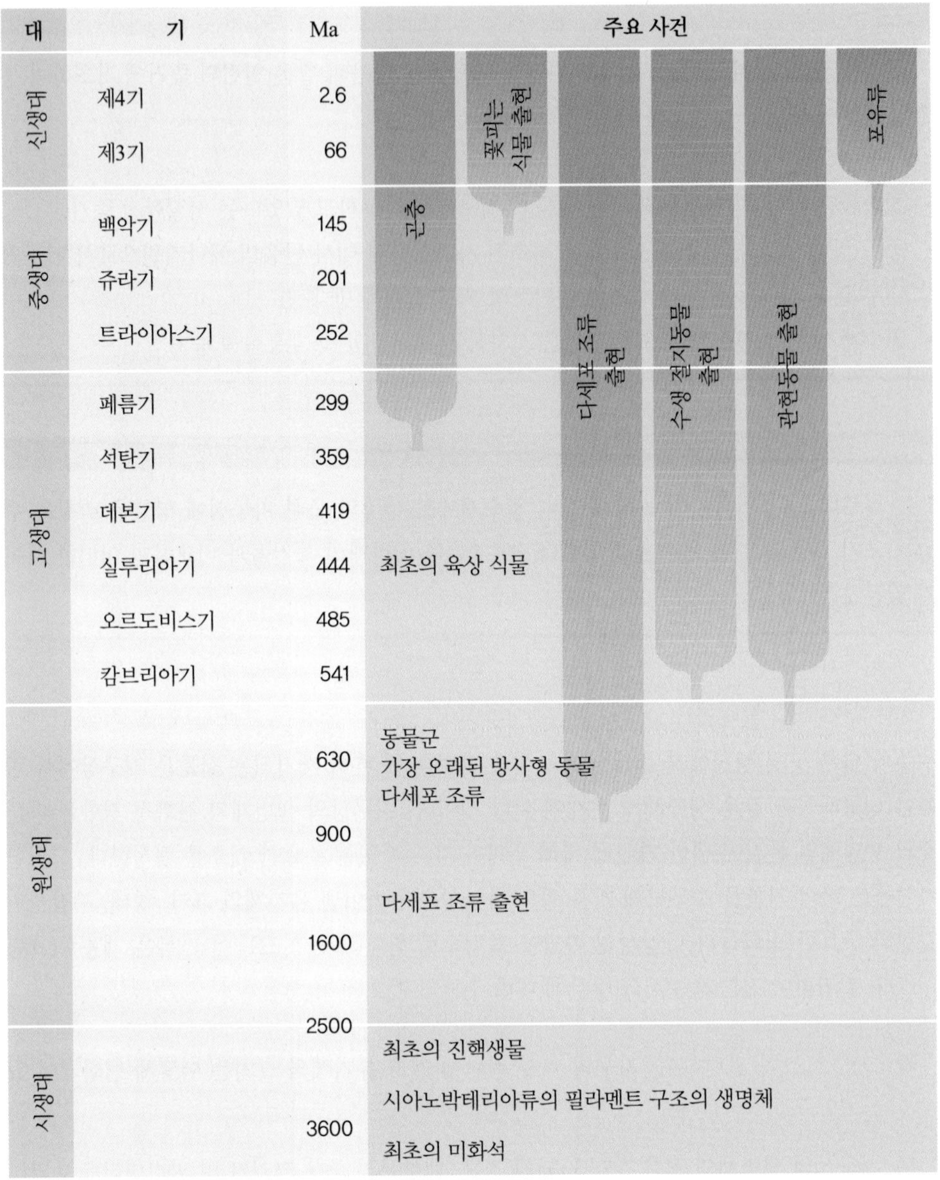

대	기	Ma	주요 사건
신생대	제4기	2.6	꽃피는 식물 출현 · 포유류
	제3기	66	
중생대	백악기	145	곤충 · 다세포 조류 출현 · 수생 척지동물 출현 · 관현동물 출현
	쥬라기	201	
	트라이아스기	252	
고생대	페름기	299	
	석탄기	359	
	데본기	419	
	실루리아기	444	최초의 육상 식물
	오르도비스기	485	
	캄브리아기	541	
원생대		630	동물군 가장 오래된 방사형 동물 다세포 조류
		900	
		1600	다세포 조류 출현
		2500	
시생대			최초의 진핵생물
			시아노박테리아류의 필라멘트 구조의 생명체
		3600	최초의 미화석

그림 2.22 지구의 지질학적 기록에서 주요한 지구 진화와 관련된 사건들을 보여준다. (Carroll, 2001에서 수정)

많은 집단의 동물들이 쉽게 화석으로 보존될 수 있는 단단한 껍질을 가지게 된 약 540 Ma(초기 캄브리아기) 이후부터 생명체에 대한 기록이 크게 향상되었다.

생명체의 크기는 약 500 Ma 전 이후 급속히 팽창했는데, 녹조와 해면체의 크기는 최대 50 cm에 달했다. 그 후, 동물의 크기는 100배 정도 급속히 증가하여 공룡을 비롯해 매우 큰 포유류와 같은 거대 동물들을 탄생시킨다. 크기가 증가함에 따라, 지구상의 생명체들도 그 기원 이후 다양성이 증가하였다. 그러나 이것은 꾸준하고 지속적인 증가가 아니었다. 주요 멸종으로 인해 지구 역사상 몇 번의 시기에 걸쳐 생명체의 다양성이 현저하게 감소되었다. 가장 최근의 주요 또는 대량 멸종은 66 Ma 전 일어났으며, 큰 혜성이나 소행성의 충돌로 인해 일어난 것으로 생각되는데, 이는 초기 지구에서 생명체의 진화를 좌절시켰을지도 모르는 사건들을 상기시켜준다.

질문 2.7

사고실험으로서, 지구 생명체에서 관찰된 진화적 추세가 우리가 외계생명체의 가능한 본질에 대한 질문에 어떻게 대답하는 데 도움을 줄 수 있는지를 제시하라. 그런 외삽을 할 때 어떤 가정을 할 필요가 있다고 생각하는가?

그림 2.23 에디아카란 동물체 화석의 몇 가지 사례(각각 수 cm 직경의 크기) (a) 디킨소니아(Dickinsonia, 길쭉한 팬케이크 모양의 벌레), (b) 사이클로메두사(Cyclomedusa, 해파리), (c) 트리브라키디움(Tribrachidium, 상부 껍질에 3중 나선 구조의 돌기를 가진 빵 모양의 생물), (d) 킴베렐라(Kimberella, 중심축에 대한 대칭 구조의 몸통을 가진 민달팽이류). [(a), (b) Simon Conway Morris, (c) Peter Crimes, (d) Aleksey Nagovitsyn, Arkhangelsk Regional Museum]

2.5 가장자리 환경에서 사는 생물

2.5.1 서론

앞선 논의로부터, 초창기 지구의 생명은 오늘날 우리 행성의 대부분에 존재하는 생물과 비교했을 때 우리가 극단으로 간주할 수 있는 환경에서 일어난 것 같다. 지질학 기록과 계통학에서 나온 증거는 지구상의 첫 번째 유기체가 열경화성 열성 동물이나 고열성 동물이었을 수도 있다는 것을 암시한다. 이러한 **극한 생명체**(extremophile)는 지구 환경에서 나타날 수 있는 여러 극한 환경의 범주에 해당되는 생활 조건에 대해 일반 생명체들과 다른 수준으로 적응할 수 있는 많은 미생물을 기술하는 데 사용되는 용어다. 그러한 환경과 유기체들은 지구상에 생명을 불어넣은 후보일 가능성이 높다. 이러한 일반적인 고려사항들은 유사한 생태계가 다른 곳에서도 나타났을 수도 있다는 생각을 어느 정도 뒷받침해준다.

극한 생명체들은 실제로 그들의 환경을 '사랑'해서인가 아니면 어쩔 수 없이 참아가며 그런 환경에서 생활을 하는가? 유기체가 단순히 극단적인 조건을 견뎌내고 있는 것인지 여부를 실

그림 2.24 범세계적인 완족동물인 밀레스룸 타디그라둠(Milneslum tardigrdum)의 전자현미경(SEM) 사진. 사진 크기는 폭이 0.5 mm이다. 출처 : Schokraie et al., (2012). PLoS ONE 7(9): CC-BY 2.5.

험실에서 결정하는 것은 확실히 더 쉬우며, 유기체는 극한 환경을 좋아한다기보다는 그냥 견디고 있다는 것이 일반적이다. 그러나 다양한 환경에서 생활하고 있는 실제로 그 환경을 '좋아하는' 생명체의 수는 증가하고 있고, 그러한 조건하에서 생명체가 존재할 수 있고, 실제로 번성할 수 있다는 것을 확인시켜주고 있다.

국제우주정거장(ISS)의 유럽기술노출시설(EuTEF)은 일부 미생물이 지구로 돌아오면 다시 살아갈 수 있는 환경과 같은 우주에서 최소 18개월 이상 생존할 수 있다는 것을 입증했다. 완보류(tardigrade)로 알려진 불명확한 문(phylum)으로 분류된 0.5 mm 크기의 동물도 이러한 환경에서 살아남을 수 있다(그림 2.24).

그러나 우주정거장에서 모든 실험 생명체들이 살아남은 것은 아니고, 일부는 심한 탈수 작용이나 포낭 등으로 몸을 감쌈으로써 활동을 멈춘 채 생존만 하는 것들도 있었다. 범종설과 행성의 보호(제3장에서 고려하게 될)에 대한 고려와 관련이 있지만, 이러한 유기체는 우주에서 생명체로서의 모든 기능을 하지 않고 단지 생존할 뿐이라는 사실을 아는 것이 중요하다. 진정한 극한 생명체들에 대한 중요한 관찰 내용은 그들이 단순히 생존을 위해 버티며 참고 있는 것이 아니라는 것이다. 그들은 '극단'적 상황에서 최선을 다하고 있고, 많은 경우 이러한 극도로 힘든 생녕체들은 번식하기 위해 하나 이상의 극단적 환경을 필요로 한다.

극한 생명체에 대한 연구는 우리가 1.9절에서 설명한 계통수를 만들어낸 진화 이론의 현저한 변화를 가져왔다. 살아있는 생명체는 세포핵이 결여된 세균령(박테리아)과 매우 복잡한 다세포 생물인 진핵생물령(eukarya)의 두 가지 기본 영역으로 분류될 수 있다고 생각되었다. 우리는 이제 제3의 집단인 고세균령(archaea)이 존재한다는 사실을 알고 있다. 해부학적으로, 고세균령은 핵이 결여되어 있고 박테리아와 거의 유사하다. 그들의 유전자 중 일부는 박테리아

표 2.2 지구 생명에 대한 극한 환경과 각 조건에 속하는 몇 가지 생명체의 예시

환경	한계 조건	형태	예
온도	<15 ℃ 15~50 ℃ 50~80 ℃ 80~115 ℃	호저온성 생물 중온성 생물 호열성 생물 극호열성 생물	관절포자균, 사이코박터 인류, 오이 테르모플라즈마(>45 ℃에서 복제) 피로로부스 푸마리(113 ℃)
방사선	–	방사선저항성 생물	데이노쿠스 라디오듀란스
염분	15~37.5% NaCl	호염성 생물	염생세균
pH	0.7~4 8~12.5	호산성 생물 호알칼리성 생물	테르모플라즈마탈레스 지오알칼리박터
건조	건조환경	혐수성 생물	선충류, 미생물, 곰팡이류, 지의류
압력	친고압력(<130 MPa)	호압성 생물	할로모나스 살라리아(bacterium reauiring >100 MPa)
진공	내진공	–	미생물, 완보류, 씨앗
산소	무산소 저산소 산소 요구	혐기성 생물 미호기성 생물 호기성 생물	클로스트리듐 디피실리균 캄필로박터 인류
화학적 극단	기체 고농축 금속	– –	키아니디움 칼다리움(순수한 CO₂) 쿠푸리아비두스 메탈리두란스

와 비슷한 유전자를 가지고 있는데, 이것은 두 집단이 어떤 면에서 유사하게 기능하고 있다는 징후다. 그러나 고세균령에 속한 생명체는 다른 한편으로는 진핵생물령에서만 발견되는 유전자를 가지고 있으며, 그들 유전자의 많은 부분이 독특한 것으로 보인다. 이 공유되지 않은 유전자들은 고세균령에 속한 생명체가 별도의 령(domain)으로 분류해야 함을 보여준다.

그렇다면 지구상의 생명체에 대한 물리적 한계는 무엇이며 어떤 종류의 생명체가 어떤 극단적인 조건에서 살아가고 있는가? 표 2.2는 생명체들에 대한 물리적 한계에 대하여 현재까지 우리가 알고 있는 것을 요약한 것이다. 다음 절에서 이러한 환경에 사는 생명체들에 관하여 조사할 것이다.

2.5.2 온도

온도는 살아 있는 유기체에 다양한 도전과제를 제공한다. 민감한 식물의 얼음 결정 형성에 의한 세포의 구조적인 파괴는 추운 겨울을 경험하는 세계 각지 혹은 가끔씩 서리가 내리는 밤에도 쉽게 목격할 수 있다. 다른 극한의 온도에서 고온은 변성이라고 알려진 과정인 단백질 및 핵산과 같은 생물학적 분자의 구조적 파괴를 초래한다. 고온은 세포막, 즉 세포막을 통해 물질이 확산되는 속도를 증가시킨다. 100 °C의 온도는 세포막의 구조 건전성이 중요한 세포 성분을 누출시킬 정도로 파괴될 수 있다.

지구상의 생명체는 놀라운 범위의 온도에 적응해 왔다(그림 2.25). 대부분의 유기체는 20~45 °C 사이의 적당한 온도에서 가장 잘 자란다지만[표 2.2의 **중온성 생물**(mesophiles)], 다른 유기체의 온도 선호도는 호열성 생물(80 °C에서 번식할 수 있음)에서 온도 15 °C에서 최대 성장이 발생하는 호저온성 생물까지 다양하다.

호열성 생명체는 가장 많이 연구된 극한 생명체들 중 하나이다. 예를 들어 화산 온천에서 발견되는 고세균류인 **테르모플라즈마**(그림 1.37)는 45 °C를 초과하는 온도에서 번식할 수 있다. 100 °C를 초과하는 온도에 노출된 환경에서 고세균류 **술포로부스**(그림 1.37)와 같은 극호열성 생명체가 검출되었다. 이에 비해 대부분의 일반 박테리아는 25~40 °C 사이의 온도에서 번성한다. 50 °C 이상의 온도를 견딜 수 있는 다세포 동물이나 식물은 알려져 있지 않으며 60 °C 이상의 온도에 장기간 노출되는 것을 견딜 수 있는 미생물 진핵생물은 알려져 있지 않다.

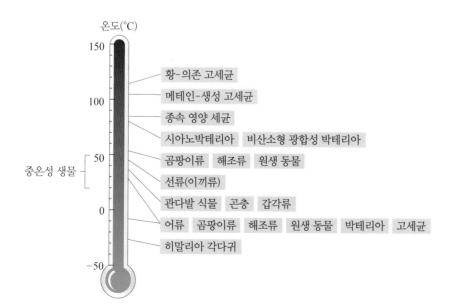

그림 2.25 주요 생명체의 생존 한계 온도
(Rothschild와 Mancinelli, 2001에서 수정)

60 °C 이상의 온도에서 살고 있는 호열성 생물은 오랫동안 알려져 왔지만, 더 높은 온도에서 번성할 수 있는 진정한 극호열성 생물은 1960년대 미국 옐로스톤 국립공원 내에 존재하는 온천을 비롯한 여러 다른 수역에서 서식하는 미생물을 연구하는 과정에서 처음 발견되었다. 70 °C 이상의 온도에서 성장이 가능하다고 보고된 첫 번째 극호열성 생물은 테르무스 박테리아였다 (그림 1.37).

가장 열을 사랑하는 극호열성 생물 중 하나는 캘리포니아만의 검은 연기 기둥(Black Smoker)으로 알려진, 온도가 84~110 °C인 해저 열수공에 사는 메테인오피루스 칸들리(그림 1.37)이다. 실험실 환경에서 이들은 122 °C까지의 온도에서 번식할 수 있는 것으로 밝혀졌다. 많은 다른 종들은 비슷한 환경에서 생존하는 것으로 알려져 있다.

질문 2.8

그림 1.37에 제시한 진화 계통수에서 메테인오피루스, 테르모플라즈마, 술포로부스와 같은 종들이 속할 수 있는 가지는 어디인가? 그리고 1.9절에서 설명한 마지막 공통 조상의 개념에서 그들이 속한 계통수의 가지를 어떻게 '적합'한 선택이라고 말할 수 있는가?

생명체가 존재할 수 있는 온도의 상한은 얼마인가? 200 °C 또는 300 °C에서 성장할 수 있는 '초-극호열성 생명체'가 존재하는가? 현재 우리는 온도의 상한이 약 140~150 °C일 것으로 보고 있지만, 이것은 극호열성 효소에 대한 활동이 가능한 것으로 관찰된 최대 온도다. 이보다 더 높은 온도에서는 단백질과 핵산이 변성하여 DNA와 다른 필수 분자의 완전무결한 결합성이 상실되어 아마도 생장과 번식을 막을 수 있을 것이다.

변성에는 DNA의 이중나선 구조의 중첩 풀림을 포함한다.

그렇다면 생명체는 어떻게 이런 고온에 적응했을까? 고온은 막의 유동성을 증가시키므로, 한 가지 적응법은 막의 구성을 변화시켜 그 유동성을 감소시키는 것이다. 예를 들어, 박테리아는 세포막이 자라는 온도에 대응하여 세포막에서 서로 다른 지질 간의 비율을 변화시키게 된다.

호열성 생물과 극호열성 생물은 또한 더 높은 온도에 더 잘 대처할 수 있는 단백질을 진화시켰다. 그렇지 않으면 70 °C 이상의 온도에서 변질될 수 있는 극호열성 생물의 DNA는 중온성 생물의 DNA보다 '생체 내'에서 더 안정적이다. 상승된 G+C 대 A+T 또는 A+U의 비율은 DNA와 리보솜에서 발견되며 호열성 생물 RNA를 전달한다. 이는 G-C쌍의 핵산이 추가 수소 결합 때문에 A-T 또는 A-U 쌍보다 열적으로 안정적이라는 사실을 반영한다.

지구에서는 추운 환경이 더운 환경보다 더 일반적이다. 지구의 깊은 바다는 평균 1~3 °C의 온도를 유지한다. 그러나 지구 표면의 넓은 지역은 여름에 불과 몇 주 동안 영구적으로 얼거나 언 상태로 있다. 이러한 얼어붙은 환경들 중 일부는 호저온성 생물의 삶에 적합한 환경을 제공한다. 모든 주요 생명체 그룹을 대표하는 생명체들은 온도가 0 °C 미만인 환경에서 우리에게 알려진 것들이다. -196 °C의 온도에서 액체 질소에 얼리면 많은 미생물을 성공적으로 보존할 수 있다. 그러나 살아있는 미생물 집단에 대해 기록된 최저 온도는 -39 °C로, 이보다 상당히 높다. 또한 식물의 경우 -24 °C까지 광합성을 할 수 있는 지의류 종류도 알려져 있다.

'눈 녹조'는 개체가 충분히 번식하여 눈이나 얼음을 25 cm 깊이까지 빨갛게 만들 수 있는, 여름철에 눈과 얼음 위에서 자라는 광합성 해조류(eukaryotes)와 시아노박테리아(박테리아)이다. 해양에서 살아가는 호저온성 생물의 대표적인 예로 폴라로모나스 베크올라타(Polaromonas vacuolata) 박테리아가 있다. 생식을 위해 최적의 온도는 4 °C이고 12 °C 이상의 온도는 너무 따뜻하여 살아갈 수 없다. 액체 상태의 물은 생명을 위한 용매일 뿐만 아니라 대부분의 대사 과정에서 중요한 반응제이다. 물이 얼면 그 결과로 생긴 얼음 결정체가 세포막을 찢을 수 있고, 액체 상태의 물이 없을 때 용액 화학 작용이 중단된다.

　호열성 생명체들과 마찬가지로, 호저온성 생물들은 그들에게 적절하지 않은 온도 문제에 적응하는 방향으로 진화해왔다. 높은 기온은 세포막의 유동성을 증가시키는 반면, 온도가 낮아지면 세포막의 유동성이 감소한다. 이에 반응하여, 호저온성 생물들은 세포막의 유동성을 개선하기 위해 세포막의 지질 비율을 조절한다. 물의 동결점 이하의 온도에 대처하기 위해 두 가지 주요한 부분에 대한 적응을 진화를 통해 얻게 되었다. 즉, 얼음이 형성되는 것을 방지함으로써 세포를 얼음 형성으로부터 보호하거나, 얼음이 형성될 경우엔 해동하는 동안 세포를 보호한다. 유기체가 얼음 형성을 막는 한 가지 방법은 물의 정상적인 결빙점을 억제할 수 있는 가용성 화합물을 축적하는 것이다. 염분과 당분의 농도가 증가하면 이를 달성할 수 있지만, 유기체는 특히 글리세롤을 위해 상대적으로 불활성 분자를 생성하기도 한다. 예를 들어, 고농도의 글리세롤은 일부 무척추동물의 생존을 −60 ℃의 낮은 온도로 가능하게 할 수 있다. 극지방에 서식하는 경골 어류는 얼음 결정 격자의 가장자리에 결합하여 추가적인 물 분자의 결합을 방지함으로써 부동액 역할을 효과적으로 할 수 있는 특정 단백질을 제조한다. **열 이력**(thermal hysteresis)으로 알려진 이 현상은 물의 동결점을 용해점보다 훨씬 낮게 억제하므로 이러한 단백질은 열 이력 단백질로 알려져 있다.

2.5.3 방사선

방사선은 전자기 방사선(감마선, X선, 자외선 방사선, 가시광선 또는 적외선 복사)과 입자(뉴트론, 양성자, 전자 또는 알파 입자)의 형태로 이루어진 에너지다. 매우 높은 수준의 방사선이 일반적으로 지구에서 자연적으로 발생하는 것은 아니지만, 살아있는 유기체에 대한 방사선의 영향은 의학에서의 방사선 사용과 전쟁에서부터 우주 여행에 이르는 인간 활동의 결과에 대한 연구 결과로서 잘 연구되어 왔다. 자외선과 원자를 이온화시킬 수 있을 정도의 높은 에너지를 가진 복사는 뉴클레오티드 베이스를 변형시키거나 DNA에서 단일 또는 이중 가닥의 손상을 일으켜 DNA에 심각한 손상을 일으킬 수 있다.

　원자를 이온화시킬 수 있을 정도의 높은 에너지를 가진 전자기파 복사의 극단적으로 높은 수준을 견디며 방사선 극한 생명체로 분류되는 유기체는 박테리아 데이노코쿠스 라디오듀란스이다(그림 2.26). UV와 감마선의 유별나게 많은 선량을 견딜 수 있다. 이러한 극한 환경에서 살아남을 수 있는 능력은 온전한 템플릿이 없는 상태에서 방사선에 손상된 수백 개의 파편으로부터 DNA를 정확하게 재구축하는 데이노코쿠스 라디오듀란스 핵종의 능력에 기인한다. 데이노코쿠스 라디오듀란스 핵종 또한 내건조성이기 때문에 이 특별한 저항은 극단적인 건조에 대처하기 위한 진화 적응의 결과일 수 있다(표 2.2 참조). 써모코쿠스 감마톨러런스(thermoccus gammatolerans)는 더 많은 양의 방사선을 견딜 수 있는 흥미로운 극호열성 고세균류이다.

2.5.4 pH

pH는 대수(logarithmic) 척도로 0부터 14까지의 숫자로, 용액 중의 수소 이온(H^+) 농도를 나타내주는 값이다. 생물학적 과정은 pH 척도의 중간 범위를 향해 일어나는 경향이 있어 일반적인 주변 환경의 pH 값도 이 범위에 속한다(예 : 바닷물의 pH는 ~8.2). 일부 극한 생명체는 산성

유전물질들이 자유 DNA 조각을 서로 가까이 있도록 지켜주는 이러한 능력은 데이노코쿠스 라디오듀란스 핵종의 고리 같은 구조에서 온 것으로 보인다.

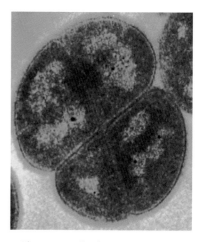

그림 2.26 4개 세포의 군집상 데이노코쿠스 라디오듀란스 핵종의 투과전자현미경(TEM) 사진. 시야의 크기는 가로가 약 5 μm이다. (Uniformed Services University of the Health Sciences)

또는 알칼리성 조건을 선호하는 것으로 알려져 있다. **호산성 생명체**(acidophiles)와 **호알칼리성 생명체**(alkaliphiles)가 그것이다. 호산성 생명체는 pH가 0.7~4 사이인 희귀한 서식지에서 번성하고, 호알칼리성 생명체는 pH가 9~12.5 사이인 서식지를 선호한다.

고산성 환경은 지질 활동에서 자연적으로 발생할 수 있다. 예를 들어 심해 열수분출구와 일부 온천에서 황이 풍부한 가스를 생산하는 것이다. 그러나 호산성 생명체들은 DNA와 같은 중요한 분자가 파괴될 수 있기 때문에 세포 내에서 산성이 크게 증가하는 것을 견딜 수 없다. 그래서 그들은 세포 내로 산이 침투되는 것을 막아 살아남는다. 그러나 이러한 보호를 제공하는 방어 분자는 물론 환경과 접촉하는 다른 분자들은 극단적인 산성 상태에서 작동할 수 있어야 한다. 실제로 효소는 1 미만의 pH에서 활동할 수 있는 호산성 세포로부터 분리되어 왔다.

호알칼리성 생명체는 탄산염으로 가득 찬 토양과 이집트, 아프리카의 리프트 밸리, 그리고 미국 서부에서 발견되는 것과 같은 소위 소다수 호수에 산다. pH 8 이상에서는 특정 분자들, 특히 RNA로 만들어진 분자들이 분해된다. 결과적으로, 호알칼리성 생명체는 호산성 생명체와 마찬가지로 세포 내에서는 중성을 유지한다.

2.5.5 염분

유기체는 본질적으로 증류수에서 포화 소금 용액에 이르기까지 염분 범위 내에서 살 수 있다. **호염성 생물**(halophiles)은 살기 위해 고농도의 소금을 필요로 하는 유기체다. 성장을 위한 최적의 NaCl 농도는 바닷물의 염분 농도의 두 배에서 거의 다섯 배이다. 그들은 그레이트 솔트 레이크(그림 2.27)와 같은 서식지에서 발견된다. 일부 고염도 환경에서는 탄산나트륨과 특정 다른 염류의 풍화작용에 의한 알칼리성 이온을 방출할 수 있기 때문에 극히 높은 알칼리성이다. 놀랄 것도 없이, 그러한 환경의 미생물들은 높은 알칼리성과 높은 염도에 적응한다.

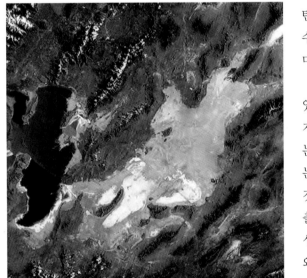

호염성 생물은 높은 염분 환경을 견딜 수 있는 특별한 적응성을 가지고 있다. 정상 상태에서는 염분 농도가 낮은 지역으로부터 염분 농도가 높은 지역으로 세포벽과 같은 반투과성 막을 통과하여 물이 흘러가는 경향이 있는데, 이를 **삼투 현상**(osmosis)이라고 한다. 따라서 매우 짠 용액에 놓여 있는 세포는 주변 환경보다 염분의 농도가 높지 않으면 수분을 잃고 탈수될 것이다. 호염성 생물들은 대량의 내부 용질을 생산하거나 세포 밖에서 추출한 용질을 유지함으로써 이 문제와 싸운다. 예를 들어, 고세균류인 호염성 박테리아 살리나룸은 염화칼륨을 체내에 축적시킨다. 극호열성 생명체와 마찬가지로, 이러한 적응 활동은 오히려 정상적인 염분에서는 작동하지 않을 것이다.

그림 2.27 우주왕복선 아틀란티스호에서 본 사해의 모습. 이 영상에 나타난 지역의 크기는 가로 세로 각각 200 km 정도이다. (NASA)

2.5.6 건조 환경

1.1.3절과 2.1절에서 높은 용해 및 비등점과 액체 상태로 존재할 수 있는 넓은 온도 범위가 물을 생명에 필수적인 용매로 만든다는 것을 설명하였다. 따라서 물을 제한하는 것은 생명체에게 특히 극단적인 환경을 부여한다는 것을 의미한다고 할 수 있다. 일부 생명체들은 **탈수가사 상태**(anhydrobiosis)라고 알려진 생명 현상이 정지된 가사 상태로 들어가 극도의 건조 환경을 견딜 수 있는데, 이는 세포 내 수분이 적고 대사 활동이 없는 것이 특징이다. 그것은 박테리아, 효모, 곰팡이와 같은 생명체뿐만 아니라 완보류(tardigrades)와 같은 동물이나 식물에서도 종종

활동적인 생명에 필수적인 수막이 환경에 따라 일시적이고 간헐적으로 된다는 것과 관련한 사례들이 많이 있다. 수막이 마르면 이 유기체들은 수분이 돌아올 때까지 며칠, 몇 주 또는 심지어 몇 년 동안 죽은 것처럼 보이며, 수분 공급이 일어나면 그때 그들은 '다시 살아나' 정상적인 활동을 재개한다.

2.5.7 압력

지표면의 지상 식물과 동물들은 정상적인 대기압(101 kPa=1기압)에서 진화해왔다. 하지만 해양의 깊이에 따라 정지 수압은 증가하기 때문에 해양 생명체들은 훨씬 더 높은 압력에 대처해야 한다. 대기압도 고도에 따라 낮아져 해수면 위 10 km 지점이 되면 해수면에서는 대기압의 4분의 1 정도가 된다.

- 대기압 감소는 물의 비등점에 어떤 영향을 미칠까?
- □ 물의 비등점은 압력이 감소함에 따라 감소한다.

반대로, 물의 비등점은 압력이 증가함에 따라 증가하여 지구의 가장 깊은 해양 분지에 있는 물은 400 °C의 온도에서도 끓지 않고 액체로 남아 있게 된다.

압력은 체적 변화를 강요하기 때문에 생명체의 삶에 문제를 일으킨다. 예를 들어, 압력이 증가하면 세포막의 분자가 더욱 단단하게 싸여 막 유동성이 감소한다. 높은 압력을 견딜 수 있는 유기체는 종종 유동성을 증가시키기 위해 세포막의 구성 물질을 적용시켰다. 마찬가지로, 많은 경우 그러하듯이 부피 증가를 초래하는 생화학적 반응은 압력 증가에 의해 억제될 것이다. 고압에 잘 적응한 호압성 생명체(표 2.2 참조)는 70~80 MPa의 수압을 유지하는, 지구의 가장 깊은 해구인 마리아나 해구에서는 크게 번성하지만 50 MPa 이하의 압력에서는 자라지 않는다.

중력은 생명체가 경험하는 힘에도 영향을 미친다. 최근까지 지구상의 모든 생명체는 1 g에서 살아왔다. 우주탐사의 출현은 발사 중 경험했던 큰 g 값의 중력부터 국제우주정거장(ISS)에 탑승한 우주비행사가 겪는 미시 중력 환경에 이르기까지 인간이 다양한 중력 체제에 대처해야 했다는 것을 의미한다. 비록 미시 중력에 관련된 대부분의 연구가 인간의 건강을 염려했지만, ISS의 연구는 중력이 다양한 생물학적 과정에 중요한 역할을 한다는 것을 보여주었다. 식물의 뿌리 끝과 같이 중력을 지각하는 데 능숙한 생명체에서는 미시 중력의 영향이 어느 정도 예상되었다. 알 수 없는 것은 분자 상호작용을 지배하는 힘과 비교하면 중력을 거의 무시할 수 있는 세포 이하의 수준에서도 중력이 역할을 했는가 하는 점이었다. 과학자들은 이제 무중력 환경이 세포 기계에 근본적인 영향을 미쳐 세포막과 미생물의 생식의 특별한 변화를 초래하는 조건들이 있다고 믿는다.

2.5.8 산소

초기의 지구 역사에서 지구는 혐기성 환경이었다. 오늘날 산소는 지구의 생명체에서 중요한 역할을 하고 생명체는 완벽한 혐기성에서부터 호기성에 이르는 다양한 환경에서 서식한다. 산소는 식물과 동물의 생명, 광합성, 호흡을 지탱하는 메커니즘의 핵심 역할을 하며, 그것은 호흡을 위한 산소 소비와 지구 대기 중 산소 수준의 안정성에 중요한 광합성을 통한 산소의 생산 사이에서 미묘하게 균형을 이룬다. 호기성 생물의 신진대사는 혐기성 생물의 대사보다 훨씬 효율적이지만 대가가 따른다. 분자 산소는 살아 있는 유기체에 상당한 산화적 손상을 줄 수 있으며 암에서 노화까지 다양한 인간의 건강 문제와 관련되어 있다. 자외선은 과산화수소(H_2O_2)와 같은 반응성 산소 성분을 생성시킬 수 있으며, 이들 성분은 유산소 대사에서도 생성될 수 있다. 그 결과, 일부 유기체는 산화 방지제를 생산함으로써 산화에 의한 손상의 영향을 피하거나 복구할 수 있는 메커니즘을 진화시켰다.

2.6 극한 환경

지구상에 살고 있는 생명체들의 엄청난 다양성으로 인해 그들이 처한 극한 생존환경에 대한 충분한 조사를 한다 해도 몇 장의 분량으로 기술하는 것이 불가능하다.

새로운 극한의 환경과 그 환경에 서식하는 생명체들이 계속해서 발견됨에 따라 화성, 유로파, 엔셀라두스와 같은 태양계의 다른 천체에서 생명체를 찾는 일은 더욱 그럴듯하게 되었다.

지구상에서 극단적으로 보이는 이러한 환경들 중 다수가 다른 행성의 정상적인 환경과 유사할 수 있다는 점을 감안할 때, 우리는 생명의 기원이나 다른 적대적인 환경에서 적절한 서식지를 제공하는 역할을 할 수 있는 몇몇 환경에 대하여 알아보고자 한다.

온천

뉴질랜드 화산지대의 온천과 간헐천(그림 2.28)은 온수, 증기, 때로는 낮은 pH와 수은 등 유독성 금속을 포함하고 있는 것으로 특징지을 수 있다. 그럼에도 불구하고, 그들은 놀라울 정도로 다양한 생명체를 보유하고 있는 환경이다. 그림 2.28에서 볼 수 있는 뉴질랜드의 와이오타푸 온천수의 다양한 색깔은 온천 주변에서 자라는 다양한 조류 집단 때문이라고 한다.

그림 2.28 뉴질랜드 북섬의 로터루아에 있는 와이오타푸 온천. 호수 가장자리로 다양한 색깔이 나타나는 것은 서로 다른 온도와 pH에서 번성하는 생명체에 의해 만들어진 미생물 매트 때문이다. (Courtesy L. Thomas)

심해

심해 환경은 높은 압력뿐 아니라 고온과 저온이 모두 존재하는 환경이다. 열수분출구 부근에서는 수온이 400 ℃까지 상승할 수 있다.

■ 열수분출구에서 물이 끓지 않는 이유는?

□ 높은 수압 때문에 물의 끓는점이 높아져 고온임에도 액체 상태를 유지한다.

열수분출구는 약 3~8 pH 범위를 가지며, 1.7.3절에서 보았듯이, 호열성 생명체가 마지막 공통 조상임을 암시하는 계통학적 증거에 의해 뒷받침되는 결론으로 보아, 지구상 초기 생물의 진화에 중요한 요소일 가능성이 있다(1.9절).

생물이 광합성의 필요 없이 지구의 해양 깊숙한 곳에서 존재할 수 있고, 실제로 번성할 수 있다는 사실은 태양계의 다른 곳에서 생명에 대한 환경의 신뢰성에도 중요한 영향을 미친다. 제4장에서 설명하고 있는 것처럼 목성의 위성인 유로파와 토성의 위성인 엔셀라두스는 각각 광합성을 허락하기엔 너무 두꺼운 얼음층 아래에 액체 상태의 바다가 존재하고 있는 것으로 보인다.

고염(분)성 환경

고염분성 환경에는 염분평원(salt-flat), 증발 연못, 자연호수(예 : 미국 유타주의 그레이트 솔트 레이크) 및 심해저 고염분성 분지 등이 있다. 호염성 생명체는 종종 30% 이상의 염분을 견딜 수 있는 이러한 환경을 지배하고 있는 생명체들이다.

캘리포니아의 모노 호수의 경우 극한의 환경에 대한 근본적 적응의 정수를 보여주는데, 이 호수는 매우 높은 용해된 비소 농도를 가진 저탄소 알칼리성 호수다. 여기에서 2010년 DNA에서 인산염($PO_4{}^{3-}$) 대신 비소($AsO_4{}^{3-}$)를 사용하는 것으로 보이는 박테리아 변종이 발견되었다 (그림 1.7과 1.9 참조). 이 박테리아는 인을 이용할 수 있을 때 더 잘 자라기 때문에 진정한 '호비소성(arsenophile)'이 될 수 없다. 그러나 비소를 대안으로 사용할 수 있다는 사실은 대체 생화학이 적절한 상황에서 작동할 수 있다는 것을 보여준다.

■ 3쪽 표 1.1에서 '생명을 구성하는 요소'로 열거된 여섯 가지 요소는 무엇이며, 이 발견이 그 목록에 미치는 영향은 무엇인가?

□ 여섯 가지 원소의 목록은 수소, 산소, 탄소, 질소, 황, 인이다. 모노 호수 박테리아는 어떤 상황에서는 인 대신 비소로 목록을 고쳐 쓸 수 있음을 암시한다.

증발 가스

광물 암염(NaCl), 석고($CaSO_4.2H_2O$) 또는 무수석고($CaSO_4$)로 구성된 증발염 퇴적물은 지질학적 기록에서 잘 알려져 있다. 이 퇴적물들은 종종 조류나 박테리아 군집을 포함하고 있으며, 미생물은 결정체 내부의 통합물에 갇힌 채 발견되었다. 여러 종의 '호염성고세균'이 250 Ma년 된 소금 퇴적물에서 추출된 후 성공적으로 배양되었다. 이는 그들이 소금 안에서 신진대사를 하고 있었다는 것을 의미하는 것이 아니라 단지 그들이 그곳에서 아주 긴 시간 동안 활동이 일시 중단된 상태로 살아남을 수 있었다는 것을 의미한다.

그림 2.29 남극대륙 드라이 밸리에서 채취한 사암의 절단면을 확대한 사진. 암석 표면으로부터 약 1 mm 깊이에 보이는 녹색의 얇은 층은 암호성류 시아노박테리아이다. 그 아래쪽에 옅은 오렌지색의 층은 다른 종류의 시아노박테리아 종(집단)이다. (Courtesy Prof. Don A. Cowan, Centre for Microbial Ecology and Genomics, University of Pretoria)

사막

사막은 매우 건조하고 덥거나 추울 수 있다. 물은 항상 그러한 생태계의 제한 요인이다. 칠레의 아타카마 사막은 가장 덥고 건조한 지역 중 하나이며, 지구상에서 가장 춥고 건조한 곳은 이른바 남극의 건조한 계곡이다. 두 종류의 사막 생태계의 주된 거주자는 바위 표면 아래 몇 밀리미터의 깊이에 사는 박테리아, 해조류, 곰팡이다. 암석의 표면 위나 아래에 적응한 생명체를 **지의류**(endoliths)라고 하는데, 이 말을 문자 그대로 해석하면 '암석 내부'를 의미하는 말이다(그림 2.29). 암석 표면 아래 몇 밀리미터 깊이에 존재하는 것들은 **암호성 지의류**(cryptoendoliths)라고도 한다.

■ 바위 안에서 사는 것이 유리하다고 생각할 수 있는가?

□ 단순한 유기체의 경우, 지의류적 생활 방식을 채택하면 사막 온도의 극단에 대한 보호를 제공할 수 있다. 자외선 차단도 장점이다.

대기

공기로 운반되는 미생물은 존재하는 것으로 알려져 있다. 그들은 살아남기 위해 건조와 자외선에 노출되는 것을 견뎌야 한다. 그러나 이러한 유기체가 생존 가능한 공중 생태계를 구성하는 것인지 아니면 단지 지표 생물군의 휴면 포자일 것인지는 명확하지 않다.

얼음, 영구 동토층 및 눈

세균 등 미생물은 차가운 물을 서식지로 자주 사용하며, 눈과 얼음 위의 분홍색 조류는 흔히 볼 수 있는 특징이다. 그러나 얼음 환경과 같은 저온 환경은 본질적으로 생존자를 내포하고 있다. 이러한 환경 속에 살고 있는 생명체들이 실제로 그것을 선호할 가능성은 거의 없어 보이지만, 얼음 속에 갇혀 죽은 다른 생명체들보다 더 저항력이 강하다는 것을 알게 되었다.

지표면 아래 환경

제3장에서 보겠지만 화성에서의 생명체의 가능성을 조사할 때, 오늘날 화성 표면에서 존재하는 가혹한 조건에서 생명체가 살아남기란 어려울 것이다. 우리가 이 절에서 조사한 생명체 중 한두 개는 비록 약간의 보호가 필요하겠지만 화성 극단의 하나 또는 그 이상의 극단을 극적으로 견딜 수 있을 것이다. 그러나 화성은 대부분의 지역이 차갑다. 지구 태양복사의 43%를 받지만 얇은 CO_2가 풍부한 대기는 해로운 UV 복사를 거의 흡수하지 못하고 대기압도 너무 낮아 지표면에서 물이 안정될 수 없다.

■ 이 절에서 다루는 여러 가지 극한 생명체 중에서 화성 표면의 건조하고 노출된 조건에 대해 가장 저항성이 강한 것은 무엇이라고 생각하는가?

□ 우리가 언급한 가장 강인한 생명체 중 하나는 높은 방사선 조건과 건조에 대처하기 위해 진화해 온 데이노코쿠스 라디오듀란스이다.

따라서 화성에서 현존하는 생명체를 찾는 작업은 제3장에서 배우게 될 것처럼 지표 아래 생물군의 가능성에 초점을 맞추고 있다. 광합성에 의존하지 않는 지표면 아래 미생물 생태계가 지구상에서 발견되면서 다른 행성의 지표면 아래 생명체의 신뢰성이 높아졌다. 대신 이 미생물들은 지구, 화성, 그리고 다른 지상 행성에서 흔히 볼 수 있는 바위인 현무암의 화학 에너지로 번성하는 것처럼 보이지만, 이 바위는 미생물을 정상적으로 먹이는 유기 영양분을 거의 포함하고 있지 않다. 이 미생물들은 미국 서부 컬럼비아 분지 현무암 흐름의 표면에서 1,000 m 이상 아래를 채취한 지하수 표본에서 발견되었다. 지표면 아래에서 광물로부터 추출한 에너지를 취하는 미생물(subsurface lithoautotrophic microbial ecosystem), 즉 **SLiME**이라는 약자로 알려진 이 미생물 집단은 대부분 수소가 많은 조건에 존재하는데, 이 수소를 메테인으로 변환된다. 수소 이용 메테인성 박테리아는 이전에 확인되었지만, SLiME은 특이한 방법으로 수소를 얻는 것으로 보인다. 다른 미생물들은 원래 광합성으로 인해 생성된 부패하는 식물 물질에서 나오는 유기 탄소나 수소에 의존하지만, SLiME은 현무암과 지하수 사이의 **사문석화 작용**(serpentinization)이라고 알려진 반응에 의해 방출되는 수소를 소비하는 것이 분명하다. 현무암-물-미생물 관계는 현무암-물 혼합물에서 미생물이 자라는 실험을 통해 실험실에서 확인되었다.

현무암 연관성은 화성 지표면에 미생물이 존재할 수 있다는 것을 암시한다. 최근까지 화성 표면 아래 모든 물이 얼어 있다고 여겨졌으나, 여러 탐사선에서 나온 지질학적 자료에 따르면 오늘날 화성 표면 아래로 액체 상태의 물이 흐를 수 있다고 한다(3.4절 참조). 만약 이것이 확인된다면, 화성의 지표면 아래 조건은 컬럼비아 분지 지역의 물과 현무암 표면 아래 환경과 유사하다. 이것은 화성에 생명체가 있다는 것을 의미하는 것은 아니지만, 만약 SLiME이 여기에 존재할 수 있다면, 이론상 화성에도 존재할 수 있을 것이다.

2.7 요약

- 항성 거주 가능 지역은 행성 표면에 액체 물이 존재할 수 있는 항성으로부터의 거리를 포함한다. 지속 가능 거주 지역은 행성이 존재하는 기간 동안 표면에 액체 상태의 물을 유지하고 있을 수 있는 별 주위의 지역으로 정의한다.

- 판운동은 탈탄화에 의한 탄소의 재활용과 이산화탄소의 배출을 통해 지구의 역사상 지구의 거주 가능성을 유지하는 데 중요한 역할을 했다.

- 지구는 아마도 수화된 미네랄로부터 물(결국 바다)을 얻었을 것이고, 그것은 결국 원시 행성의 내부에 포획되었다.

- 지구의 초기 대기는 N_2, CO_2, 아마도 SO_2와 같은 황 산화물과 수증기에 의해 지배되었으며, O_2는 미량만 존재하였다. 하지만 그 원시 대기는 생명의 등장과 함께 변하기 시작했다. 지질학적 기록은 지구 역사의 초기 10억 년 동안 산소 광합성의 출현을 대상 산화철 지층으로 알 수 있다.

- 지질학적 증거는, 스트로마톨라이트의 형태로, 대략 3.5 Ga 전에 생명의 출현에 대한 증거를 제공한다. 탄소 동위원소는 3.8 Ga의 오래된 암석에서의 생물학적 탄소 배출의 작동에 대한 증거를 제공하지만, 두 가지 증거 모두 논쟁의 여지가 있다.

- 지구상의 생명체는 점점 더 복잡해지고 진화해왔다. 그러나 큰 생명체들은 과거 630 Ga보다 비교적 최근에 진화해왔다.

- 극저온 생물들은 지구상에서 높은 온도와 낮은 온도, 극단적인 pH와 염도, 높은 방사선 환경과 같은 몇몇 극단적인 환경 조건하에서 사는 것에 적응한 생명체들이다. 적응, 특히 세

포막의 적응을 통해 이러한 유기체들이 다른 적대적인 환경에서 번성할 수 있다.

- 지구의 많은 극한 환경과 그 환경에 사는 유기체들은 우리의 태양계와 그 너머의 다른 행성에서 생명체가 어떻게 존재할 수 있는지 이해하는 데 유용한 유사점을 제공한다.

3

화성

3.1 서론

지구를 제외한 태양계 천체 중 화성만이 역사적으로 존재 가능한 생명체에 대한 열띤 논의가 있었다. 생명체가 과거에 살았든(멸종되었든) 현재에 살고 있든(잔존하든) 말이다. 망원경을 이용하여 계절에 따라 변하는 극관의 발견은 (제5장에서 자세하게 설명할 크리스티안 호이겐 스가 1672년 처음으로 보고했다) 지구와 유사한 하루의 길이 및 자전축 경사와 더불어 화성에 생명체가 살지 모른다는 추측을 낳았다. 우주 시대가 도래하면서 고도로 진화한 생명체가 살 가능성은 사라졌다. 그러나 첫 번째 화성 탐사가 시도되던 1960년대까지도 어떤 사람들은 지구에서 볼 수 있던 화성 색의 계절 변화가 화성이 경작된다는 것을 가리킨다고 생각했다.

논쟁에 여지가 있기는 하지만 가장 유명한 화성 관측자는 19세기 이탈리아 천문학자 조반니 비르지니오 스키아파렐리(Giovanni Virginio Schiaparelli, 1835~1910, 그림 3.1)였다. 천문학 관측이 민감한 시력과 자세한 주의력에 의존하던 시절 그는 사진 건판이 기록할 수 없었던 지형들을 그렸다. 1878년 그는 화성 표면에서 넓은 직선과 줄무늬들을 관측했다고 발표했다(그림 3.2). 스키아파렐리는 주의 깊게 그의 발견을 다뤘으나 후속 관측은 이들이 정확하다고 확신시키지 못했다. 이 선들을 설명할 때 그는 '홈' 혹은 '바퀴 자국'을 의미하는 이탈리아어 '카날리'를 사용했다. 엄청난 관심이 일어났고 많은 과학자들과 영어권의 저술가들은 이 단어를 지적 존재에 의해 만들어진 인공적인 물길을 의미하는 '운하'로 번역했다(우주 탐사선이 촬영한 화성의 협곡과 계곡은 이런 것들과 아무런 관계가 없다). 거의 한 세기 동안 화성에 사는 생명체에 관한 생각은 통속적 상상력에 깊게 새겨져서 연재물[H. G. 웰스의 1898년 작품 우주 전쟁(*War of the Worlds*)]과 통속 소설물의 풍성한 근원이 되었다(그림 3.3). 박학다식

그림 3.1 조반니 비르지니오 스키아파렐리. 이탈리아 천문학자이자 밀라노 천문대 대장. 1866년 혜성과 유성류와의 관계를 발견했다. '운하'(그림 3.2)로 알려진 지형들을 포함한 세심한 화성 관측으로 가장 유명하다(1877~1890). 1892년 시력을 잃을 때까지 화성을 계속해서 관측했다. (Courtesy Yerkes Observatory, University of Chicago)

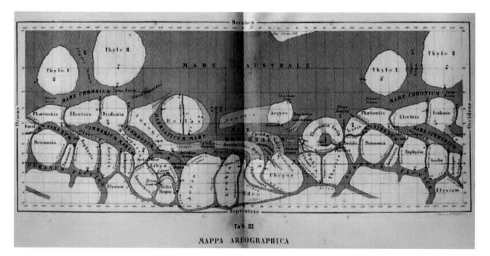

그림 3.2 스키아파렐리가 망원경으로 관측하고 작성한 화성 지도 가운데 하나(이 지도는 1881년에 완성되었다). 이 지도들은 아마추어와 프로 천문학자들로 하여금 지적 생명체의 증거를 찾으려는 광기를 유발했고 터무니없는 주장들을 하게도 하였다. 운하들은 자연적인 것일 수도 있고 인공적인 것일 수도 있다고 제안하면서 스키아파렐리 본인은 '운하'에 관해 심하게 주장한 편이 아니었다.

그림 3.3 출판물에서 화성의 생명체를 다룬 삽화의 예. (a) *화성 전쟁*의 표지 그림 (작자 미상), (b) *행성에서 온 편지*(1890)에 나오는 떠 다니는 화성 도시의 삽화 (Paul Handy), (c) 윌스 담배의 그림 카드 (Mary Evans Picture Library).

(a)

(b)

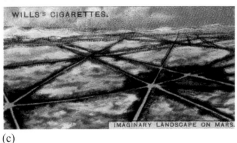
(c)

그림 3.4 사업, 여행, 문학과 천문학에 일생을 바친 보스턴에서 태어난 미국인 퍼시벌 로웰. 화성 '운하'는 바싹 말라가는 행성을 위해 극관의 얼음을 녹여 물을 대기 위한 화성인들의 노력의 결과라는 그의 이론으로 널리 알려졌다. 화성에 사는 고도로 진화한 생명체의 존재를 확인할 목적으로 그의 이름을 딴 천문대를 애리조나주 플래그스태프에 세웠다. 그의 이론은 반대가 심했지만 살아 생전에 수많은 상을 수상했다. 로웰이 죽은 지 거의 14년 후에 클라이드 톰보가 로웰 천문대에서 명왕성(수십 년 동안 아홉 번째 행성으로 여겨졌던)을 발견했다. 로웰은 해왕성의 움직임에 관한 중력 섭동 계산으로 이 발견을 준비했다. (Copyright ⓒ Smithsonian, National Air and Space Museum)

한 미국인 퍼시벌 로웰(Percival Lowell, 1855~1916)은 스키아파렐리의 관측에 고무되어 그의 힘과 재산을 화성 연구에 바쳤다(그림 3.4). 강연과 저술을 통해 그는 '운하'가 기술적으로 숙련된 화성인이 만든 것이라는 이론을 옹호했다.

최근 지구에 사는 생명체, 태양계 성분, 유기 화학의 기초에 대한 우리의 지식의 발전과 화성 환경의 이해가 높아짐에 힘입어 과거에 화성에 어떤 형체로든 생명체가 존재했었다는 확신이 많은 (전부는 아니지만) 행성 과학자들 사이에서 강해지고 있다. 그러나 이것은 논란거리이고 명확한 증거가 필요하다.

화성에 관한 자세한 지식과 관계없이 화성이 생명체에 대해 생존 가능한 서식지를 제공했을 것이라고 믿을만한 기본적인 이유가 있다.

■ 태양의 생명 가능 지대(2.3.2절)의 바깥 경계가 화성의 위치와 어떻게 관련되는가?

☐ 현재 생명 가능 지대의 바깥 경계에 대한 이론은 (CO_2가 응축하기 시작하는) 생명 가능 지대의 바깥 경계의 위치가 1.37 AU와 (온실효과가 작동하는 최대 한계인) 1.67 AU 사이라고 한다. 화성은 태양의 생명 가능 지대의 가장 먼 예측치보다 안쪽인 1.52 AU에 위치한다.

■ 생명체가 화성에 존재할 수 있는지 논쟁을 지배할 수 있는 생명체에 관한 필수 조건이
있다. 이 필수 조건이 무엇이라고 생각하는가?

□ 물이 필요하다. 아마도 액체 상태인 물 말이다(1.2.1절 참조).

물에 대한 탐사는 생명 탐사와 매우 밀접하게 연관되어 가고 있다. 화성에 액체 상태의 물이
존재했었던 것이 확실한 반면, 언제 사라졌는가 혹은 심지어 완전히 사라졌는가라는 질문은
중요한 쟁점이 되었다. 화성 연구의 선도 과학자인 짐 가빈(Jim Garvin)이 2002년도에 다음과
같이 말했다.

짐 가빈은 2005년에 NASA 고다드 우주 비행
센터의 책임 연구원이 되었다.

생명 작용을 시험적으로 파보는 것이라면 물을 찾는 것은 당연하다. 우리가 만약 화성에서
보존된 액체 물의 증거를 발견할 수 있다면 그것은 성배가 될 것이다.

생명체가 살 수 있는 조건이 되려면 단순히 물 외에 다른 요소가 필요한 것이 확실하지만 말
이다. 다른 중요한 요소는 질소 및 탄소와 같은 영양소의 존재이고, 높은 우주 수치의 방사선
같은 물리적 공격도 없어야 한다. 특히 화성의 초기 역사 동안 물의 활동에 대한 충분한 증거
가 있기 때문에 가장 최근 우주 비행들과 미래 우주 비행들은 '물을 찾는' 초기 초점보다 더 넓
은 요소들을 조사하기 위해 노력할 것이다.

3.1.1 화성의 기본 지형

제3장 나머지 부분을 이해하기 위해 화성의 지형에 대해 조금 언급하는 것이 유용하다. 그림
3.5는 극을 제외한 화성 전체 지도이다. 표면 고도를 색으로 나타냈다. 지구에서처럼 고도 0을
정의할 해수면이 없기 때문에 화성의 고도는 임의의 화성 자료에 대해 상대적으로 측정했다.
첫 번째로 남반구는 일반적으로 북반구에 비해서 상당히 높다는 것에 주목하자. 이것은 '지각
이분'으로 불리는 지각 두께의 현저한 차이를 반영한다. 남쪽 고지대의 두꺼운 지각은 오래되

그림 3.5 화성의 지형도. 마스 글로벌 서
베이어에 탑재된 마스 오비터 레이저 고
도계(Mars Orbiter Laser Altimeter,
MOLA)가 측정한 고도를 색으로 나타내었
다. 남위 70°부터 북위 70° 사이의 범위를
나타내었다. 임의적이지만 국제적으로 합
의된 자오선을 기준으로 동쪽 방향으로 경
도가 측정되었다. 본문에 언급된 지형의 이
름이 적혀 있다. (NASA)

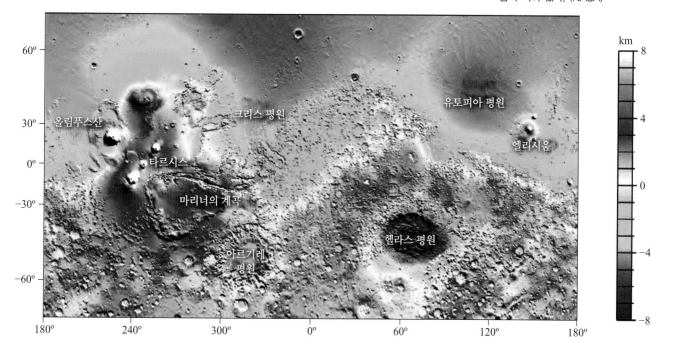

고 결과적으로 충돌구가 많은 표면을 갖는다. 북쪽의 저지대 표면은 젊고 주로 남쪽에서 유입된 퇴적물로 이루어져 있다. 이 퇴적물 때문에 오래된 충돌구 상당수는 덮여 있다.

두 요소가 이 간단한 남쪽-고지대, 북쪽-저지대 이야기를 겹쳐지게 한다. 첫째, 남쪽 고지대에 매우 큰 충돌구 2개가 있다. 이 충돌구의 바닥은 행성의 평균보다 한참 낮다. 이것은 헬라스 평원(경도 70° 부근)과 아르기레 평원(경도 310° 부근)이다. 두 번째, 타르시스라고 불리는 큰 팽창부는 240° 부근 적도를 가로지르고 행성에서 큰 화산들이 대부분 분포하는 지역이다. 물이 흘러 나중에 넓어진 단층은 타르시스 팽창부의 동쪽 부위를 나눴고, 그다음에 북쪽을 향해 평야로 나왔다. 이 지형은 이것을 발견한 우주탐사선 마리너 9호의 이름을 딴 발레스 마리네리스('마리너의 계곡')이다. 더 작은 화산 지역인 엘리시움이 130° 근처 이분 경계를 비틀었다.

3.2 배경

2017년까지 약 50회의 우주 비행이 화성을 탐사하기 위해 시도되었다(표 3.1). 1960년 발사에 실패하면서 임무에 성공하지 못한 소련의 '마스 1960A'를 시작으로 화성 우주 탐사 임무가 셀 수 없이 실패하면서 초기에는 난항을 겪었다. 그러나 일련의 우주 비행들이 완벽하게 임무를 수행함과 더불어 지상 망원경 관측이 가능해지면서 화성이 상당히 자세하게 드러나게 되었다. 첫 번째 성공적인 우주 비행은 1964년 마리너 4의 근접 비행이었고, 그 후 11년에 걸쳐 바이킹 1호와 2호의 궤도선과 착륙선들이 임무에 성공하면서 다양한 우주 비행들은 정점에 이르렀다. 초기 우주 비행의 결과들은 화성을 생명의 서식지로 생각하는 옹호자들에게 힘을 실어주지 못했다. 화성은 차갑고 희박한 대기를 가진 건조한 황무지였다. 치명적인 자외선이 내리쬐고 있었고 우주선을 피할 수 있을 정도의 충분한 세기의 자기장이 없었기 때문에 우주 방사선에 노출되어 있었다. 반대로, 화성 탐사 로버 스피릿, 오퍼튜니티, 화성 과학 실험실 로버 큐리오시티 등이 이후에 이어진 우주 비행들은 화성의 바위 기록에서 물의 활동의 확실한 증거를 찾기 위해 분광기와 엑스선 회절기 같은 지질학적 연구방법을 사용했다. 특히 큐리오시티의 착륙지와 같은 지표 영상은 표면에 물이 흘렀다는 오래된 증거를 보여줬다.

화성의 기본적인 물리량은 다음과 같다. 반경은 지구의 반 정도인 3,397 km이기 때문에 표면은 지구의 육지 면적과 유사하다. 질량은 지구의 약 10분의 1인 6.419×10^{23} kg이다.

질문 3.1

이 기본적인 숫자를 이용해서 화성의 표면 중력을 지구의 표면 중력으로 나타내보자. (힌트 : 표면 중력은 GM/R^2으로 주어진다. 여기에서 M과 R은 각각 행성의 질량과 반경이고, G는 중력 상수이다.)

화성의 표면은 상당히 춥다. 저위도에서는 낮의 온도가 약 $-100 \sim 17\,°C$ 정도이며 평균 온도는 약 $-60\,°C$이다. 겨울에는 극의 온도가 $-130\,°C$까지 떨어진다.

■ 화성의 표면 온도가 낮은 단순한 이유를 생각할 수 있는가?

□ 가장 명백한 이유는 태양으로부터 화성까지의 거리가 1.5 AU이기 때문에(부록 A) 태양 플럭스가 지구에서의 태양 플럭스의 $1/(1.5)^2$이다. 계산해보면 지구보다 2.25배 약하다.

표 3.1 발사 순서대로 정렬된 화성 탐사 우주선 목록 일부. ESA는 유럽 항공 우주국이다.

미션	발사 날짜	비고
마스 1960A와 B(USSR)	1960년 10월 10, 14일	근접 비행 시도, 발사 실패
마스 1962A(USSR)	1962년 10월 24일	근접 비행 시도, 지구 궤도 이탈 실패
마스 1(USSR)	1962년 11월 1일	근접 비행, 궤도 천이 중 통신 두절
마스 1962B(USSR)	1962년 11월 4일	착륙 시도, 지구 궤도 이탈 실패
마리너 3(USA)	1964년 11월 5일	근접 비행 시도, 화성 도착 실패
마리너 4(USA)	1964년 11월 28일	근접 비행, 영상 촬영
존드 2(USSR)	1964년 11월 30일	근접 비행, 궤도 천이 중 통신 두절
마리너 6과 7(USA)	1969년 2월 24일과 3월 27일	근접 비행, 영상 촬영과 대기 측정
마스 1969A과 B(USSR)	1969년 3월 27일과 4월 2일	궤도선 시도, 발사 실패
마리너 8(USA)	1971년 5월 8일	궤도선 시도, 발사 실패
코스모스 419(USSR)	1971년 5월 10일	궤도선 시도, 발사 실패
마스 2(USSR)	1971년 5월 19일	궤도선, 착륙선 표면에 추락
마스 3(USSR)	1971년 5월 28일	궤도선, 착륙선 20초 후 통신 두절
마리너 9(USA)	1971년 5월 30일	궤도선, 화성, 포보스, 데이모스 촬영
마스 4(USSR)	1973년 7월 21일	근접 비행 촬영, 궤도선 시도
마스 5(USSR)	1973년 7월 25일	궤도선, 촬영, 9일 후 실패
마스 6(USSR)	1973년 8월 5일	착륙선, 하강 중 신호를 보냈으나 착륙 실패
마스 7(USSR)	1973년 8월 9일	착륙선, 근접 비행만 성공
바이킹 1(USA)	1975년 8월 20일	궤도선과 착륙선(크리세 평원)
바이킹 2(USA)	1975년 9월 9일	궤도선과 착륙선(유토피아 평원)
포보스 1과 2(USSR)	1988년 7월 7일과 12일	화성 궤도선과 포보스 착륙선, 포보스 2 궤도선이 촬영한 것을 제외하고 성공적이지 않음
마스 옵저버(USA)	1992년 9월 25일	궤도선, 화성 궤도 진입 동안 통신 두절
마스 글로벌 서베이어(USA)	1996년 11월 7일	궤도선, 1997년 9월 12일부터 2006년 11월 5일까지 작동
마스 96(러시아)	1996년 11월 16일	궤도선/착륙선 시도, 발사 실패
마스 패스파인더(USA)	1996년 12월 4일	착륙선/로버, 아레스 계곡에서 1997년 7월 4일부터 9월 27까지 작동
플라넷-B, 노조미(일본)	1998년 7월 4일	궤도선 계획, 근접 비행 동안 기술적 어려움 겪음
마스 클라이밋 옵저버(USA)	1998년 12월 11일	궤도선, 1999년 9월 23일 화성에 도착 후 통신 두절
화성 극지 착륙선/딥 스페이스 2(USA)	1999년 1월 3일	착륙선/탐사선, 1999년 12월 3일 도착 후 통신 두절
마스 오디세이(USA)	2001년 4월 7일	궤도선, 2001년 10월 24일 이후 작동 중
마스 익스프레스/비글 2(ESA)	2003년 6월 2일	궤도선/착륙선, 궤도선은 2003년 12월에 도착했으나 착륙선과는 통신이 안 됨
화성 탐사 로버(USA) 스피릿과 오퍼튜니티	2003년 6월 10일 2003년 7월 7일	서로 다른 착륙 지점에서 동일한 로버가 임무 수행. 스피릿은 2004년 1월 3일부터 2011년 5월 25일까지 작동. 오퍼튜니티는 2004년 1월 24일부터 2017년 현재까지 작동 중

표 3.1 발사 순서대로 정렬된 화성 탐사 우주선 목록 일부. ESA는 유럽 항공 우주국이다. (계속)

미션	발사 날짜	비고
화성 정찰 위성(USA)	2005년 8월 12일	2006년 11월에 화성 궤도에서 가장 자세하게 촬영 시작
피닉스(USA)	2007년 8월 4일	극지 착륙선, 2008년 5월 25일부터 11월 10일까지 작동
화성 과학 실험실(USA)	2011년 11월 25일	큐리오시티 로버는 2012년 8월 12일 이후 작동 중
포보스 그룬트(러시아와 중국)	2011년 11월 8일	포보스 표본 귀환 임무, 화성 궤도선, 우주 탐사선 실패
잉후어-1(중국)	2011년 11월 8일	포보스-그룬트에 의해 배치된 궤도선, 포보스-그룬트와 함께 실종
메이븐(USA)	2012년 11~12월	화성 대기 연구를 위한 궤도선, 2014년 9월 22일 이후 작동 중
마스 오비터 미션(인도)	2013년 11월 5일	2014년 9월 24일 궤도 진입, 작동 중
엑소마스 가스 추적 궤도선(ESA)	2016년 3월 14일	궤도선, 2018년에 장기 궤도 진입 작동, 과학 기대
스키아파렐리 EDM 착륙선	2016년 3월 14일	기술 시험, 엑소마스 TGO에 의해 배치, 성공적인 대기 진입, 추락

화성의 대기는 극도로 희박해서 표면 기압이 약 6 mbar이다(글상자 3.1 참조). 대기가 주로 이산화탄소로 구성되어 있음에도 불구하고 지구보다 온실효과가 훨씬 약하게 작동한다는 것을 의미한다. 실제 표면 대기압은 표면의 높이에 따라 많이 다르다. 헬라스 평원의 가장 깊은 곳에서는 11.6 mbar까지 높아지고, 가장 높은 화산(올림푸스산)의 정상에서는 0.3 mbar밖에 안 된다. 더욱이 전형적인 고도에서 계절적 온도 변화 때문에 표면 대기압이 2.4 mbar 정도 변할 수 있다.

글상자 3.1 | 압력의 단위

압력의 SI 단위는 파스칼이고 약자로는 Pa이다.

$1\ Pa = 1\ N\ m^{-2} = 1\ kg\ ms^{-2}\ m^{-2} = 1\ kg\ m^{-1}\ s^{-2}$

기상학에서 일반적으로 사용되는 단위인 bar나, mbar(1 mbar = 10^{-3} bar)로 측정된 기압에 더 익숙할 수 있다. 1 bar는 지구의 해면에서 평균 대기압이고 파스칼로 환산하면 다음과 같이 주어진다. 1 bar = 10^5 Pa.

- 화성의 표면 기압은 지구의 표면 기압과 어떻게 비교되는가?
- 지구의 표면 기압은 약 1,000 mbar이므로 6 mbar인 화성의 표면 기압은 지구의 1%도 되지 않는다.

- 화성의 평균 표면 기압을 SI 단위로 표현하라.
- 표면 기압 = $(6 \times 10^{-3} \times 10^5)$ Pa = $6 \times 10^{-3+5}$ Pa = 6×10^2 Pa.

화성의 대기는 주로 이산화탄소이고 몇 퍼센트의 질소 분자와 수증기를 포함한 소량의 다른 기체들로 구성되어 있다(표 3.2). 주로 이산화탄소로 구성되어 있기 때문에 특히 고도가 높은 곳에서 화성의 대기는 금성의 대기와 유사하다. **기둥 질량**(column mass)(글상자 3.2)은 매우 다르지만 말이다(부록 A의 표 A1 참조).

표 3.2 성분들의 소스와 싱크가 알려진 화성 **대류권**(troposphere)의 성분(다른 언급이 없다면 표면에서의 값이다). 메테인은 2003년 처음으로 보고되었고 장소에 따라 계절 변동이 있다.

기체	부피 비[a]	주요 소스[b]	주요 싱크
CO_2	9.53×10^{-1}	증발, 기체 제거	응결[c]
N_2	2.7×10^{-2}	기체 제거	탈출[질소원자(N)로서 N]
^{40}Ar	1.6×10^{-2}	기체 제거	–
O_2	1.3×10^{-3}	CO_2 광분해(3.2~3.4)	광환원
CO	7×10^{-4}	CO_2 광분해(3.2)	광환원
H_2O	3×10^{-4}	증발, 탈착	응결[c], 흡착
^{36}Ar	5×10^{-6}	기체 제거	–
Ne	2.5×10^{-6}	기체 제거	–
Kr	3×10^{-7}	기체 제거	응결, 흡착
Xe	8×10^{-8}	기체 제거	응결, 흡착
O_3	$(0.1~20) \times 10^{-8}$	광화학(3.6)	광화학
NO	7×10^{-5}(120 km에서)	광화학	광화학
CH_4	1×10^{-8}	논란	논란

[a] **부피 비**(The volume ratio)는 존재하는 종의 원자나 분자의 수의 분수이다. 화학자들은 종종 이것을 몰분율이라고 한다. 대기과학자들은 부피혼합비라고 부른다. 대기압을 곱하면 **분압**(partial pressure)이라고 부르는 양이 된다. 이것은 전체 압력에 대해 특정 성분의 기여도를 설명한다.

[b] 괄호 안의 숫자는 본문에서 반응 수를 의미한다.

[c] 기체에서 고체로 직접 응결하는 것은 기술적으로 침전으로 부른다.

글상자 3.2 | 기둥 질량

이 변수는 행성의 표면에서 대기의 꼭대기까지 수직 위로 연장된 단위 면적(즉, 1 m²)의 기둥에 있는 기체의 질량을 나타낸다. 만약 대기의 기압 P와 표면 중력 가속도 g를 안다면 기둥 질량 M_c를 다음과 같이 계산할 수 있다.

압력=힘/면적, 힘=질량×가속도

그러므로 압력=(질량×가속도)/면적.
(질량/면적)을 단위 질량 M_c로 생각할 수 있다.
그러므로, 압력=기둥 질량×가속도, 즉 $P = M_c g$이다. 따라서,

$$M_c = P/g \tag{3.1}$$

■ 기둥 질량을 명시하기 위해서는 무슨 단위를 사용해야 하는가?

□ 기둥 질량은 질량을 면적으로 나눈 값이므로 단위는 kg m^{-2}이다. 압력을 가속도로 나눈 값 역시 같은 결론이 도출된다 : (kg m s^{-2} m^{-2})/(m s^{-2}) = kg m^{-2}.

이런 대기 성분과 더불어 수증기와 이산화탄소의 저장소는 극의 얼음 극관과 영구 동토층에 포함되어 있다(그림 3.6 참조). 상대적으로 많은 수증기 양이 북극 극관과 가까운 대기에서 나타난다. 특히 북극 극관이 증발하는 여름 동안 말이다. 여름 동안 남극 극관 근처에서는 수증기 양이 덜 많아진다. 북극 극관은 여름에 노출되는 600 km 크기의 잔류 물 얼음 극관을 덮고 있는 이산화탄소로 구성되어 있다. 반대로 남극 극관은 현저하게 이산화탄소로 구성되어 있고 표면 근처 아래에는 이산화탄소 얼음이 훨씬 더 많이 존재한다. 극관 표면 온도는 겨울에 약 −130 °C이고 여름의 한낮 근처에는 −20 °C를 넘는다.

그러나 온도가 올라가면 서리나 얼음이 왜 액체로 녹지 않고 기체 상태(증기 상태)로 직접

영구 동토층은 토양, 심토 혹은 영구히 얼어 있는 퇴적물을 설명할 때 사용되는 용어이다.

그림 3.6 지구 궤도에서 촬영된 최고 영상 중 하나인 이 영상은 1997년 허블 우주 망원경이 촬영하였다. 북극 지역에 이산화탄소 얼음 극관이 선명하게 보인다. 이 영상은 북반구 기준으로 늦봄에 촬영된 것이다. 이 계절에는 훨씬 작은 영구 극관(물과 얼음으로 구성된)이 드러나도록 극관이 급속히 작아진다. 극관을 에워싸고 있는 검은 띠는 올림피아 운대라고 불리는 사구 바다이다. 또 다른 주요 지형은 중심부 바로 아래 보이는 커다랗고 검은 지역(대시르티스)이다. 남쪽 끝 부근에 물과 얼음으로 구성된 구름이 헬라스 충돌 분지를 가리고 있다. 남극 극관은 남쪽 가장자리 뒤쪽에 있기 때문에 보이지 않는다. (NASA)

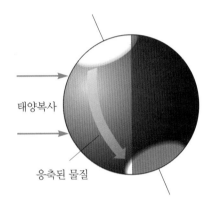

그림 3.8 화성의 북반구 여름 동안 응축된 물질(대부분 이산화탄소이고 약간의 물)은 증발하여 남극 방향으로 이동하여 거기서 다시 얼음으로 퇴적된다.

이동할까? 이것을 이해하기 위해서는 **상평형 도표**(phase diagram)를 이용할 필요가 있다(글상자 3.3).

대기를 통해 극관 사이에 이산화탄소와 물이 계절에 따라 끊임없이 교환되고 있다(그림 3.8). 마찬가지로 계절에 따라 토양은 대기와 함께 이산화탄소와 물을 교환한다. 표면에 흡수된 이산화탄소와 수증기의 양은 대기에 포함된 양에 몇 배가 될 것이다. 흡수된 기체가 기여한

글상자 3.3 | 상평형 도표

주어진 물질의 고체, 액체, 기체 상태 사이의 관계는 그 물질의 상평형 도표(위상 평형 도표)로 알려진 것에 개략적으로 설명될 수 있다. 그림 3.7은 전형적인 예이다. 여기에서 압력은 물에 대한 온도의 함수로 그려져 있다. **삼중점**(triple point)인 점 O는 유일한 점으로서 모든 3상이 서로에 대해 평형 상태인 유일한 조건을 나타낸다. 선 OA, OB, OC는 특정한 상 2개 사이의 평형 상태가 압력과 온도에 따라 어떻게 변하는지 보여준다.

그림 3.7의 상황에서 화성의 북극 극관에서의 주변 환경을 고려하자. 겨울 동안 조건은 '얼음'으로 표시된 영역 안에 도표상 한 점에 해당한다. 봄 동안 온도가 올라감에 따라 도표상 점은 OB선을 통과해서 오른쪽으로 이동해 '수증기'라고 표시된 영역으로 이동한다. 따라서 물은 고체(얼음)로부터 기

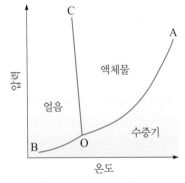

그림 3.7 물의 상평형 도표

체(수증기) 상태로 직선을 통과한다[**승화**(sublime)라고 말한다]. 물은 그렇게 낮은 압력에서 안정적인 형태인 액체로 존재할 수 없다. 하지만 물은 불안정한 형태의 액체로서 (일시적으로) 존재할 수 있음에 주목하자. 예를 들어, 격렬하게 분출된다든지 (끓어 증발할 수 있는 것보다 빠른 정도로), 자체적으로 만들어진 얼음 표면에 의해 보호된다든지 하는 경우 말이다.

질문 3.2

물의 삼중점이 온도 0.01 ℃와 압력 6.12 mbar임을 감안할 때, 물의 상평형 도표를 이용해서 화성의 표면의 평균 조건 아래에서 안정적인 액체 물이 평형 상태로 존재할 수 없는 이유를 설명하라. 물이 액체로서 안정적인 형태로 존재할 수 있는 화성의 조건을 제시할 수 있는가?

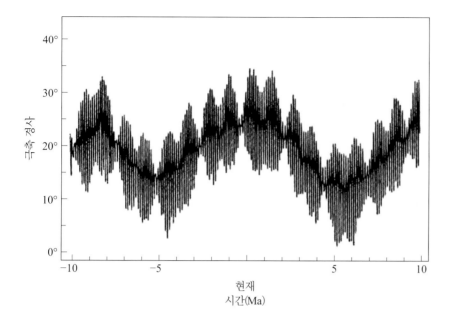

그림 3.9 이론 연구에 의하면 화성의 극 축 경사(황도 경사)는 약 10만 년 주기로 진동하고 진폭은 약 100만 년 주기로 변한다. 게다가 그것보다 더 긴 1,000만 년 주기로 변동이 나타난다. 이런 진동은 북극과 남극에서의 에너지 균형을 변화시켜 이산화탄소와 물이 극 지역 안과 밖으로 이동하게 한다.

결과로서 평균 표면 대기압이 약 10^{-3} bar에서 2×10^{-2} bar까지 변할 수 있다고 자전축 경사와 화성 궤도의 장기간에 걸친 주기 변화는 제안한다.

현재 화성의 자전축 기울기('자전축 경사'라고 알려진)는 궤도면의 수직 방향에 대해서 25° 이다. 지구의 자전축 경사(23.5°)와 매우 유사하기 때문에 두 행성은 비슷한 계절을 갖는다. 그러나 지구와 달리 화성의 자전축 경사는 크고 가까운 달의 존재에 의해 안정화되어 있지 않고 변화하는 목성의 만유인력의 영향을 받아 적어도 지난 1,000만 년 동안 혼돈된 방식으로 변했을 것이라고 믿어지고 있다. 계산에 의하면 화성의 궤도 경사는 약 5°~35°의 범위로 변하고 있으면서 대기에 잠재적으로 매우 중요한 효과를 내고 있다(그림 3.9 참조).

■ 자전축의 변동은 대기의 밀도와 성분에 어떻게 영향을 미치는가?

❑ 경사각은 극관에 비치는 태양빛의 양에 영향을 미친다. 온도의 변화를 일으켜 결과적으로 고체와 기체 상태 사이(즉, 극관과 대기 사이)의 이산화탄소와 물의 교환을 바꾸게 한다.

이 요소는 화성에 생명이 생존하는 문제와 관련해 중요할 수 있다. 자전축 경사가 최소일 때 태양은 여름이라 하더라도 극 지방의 지평선 위로 높게 떠오르지 못한다. 이에 따라 극은 영구적인 이산화탄소 얼음을 유지할 수 있게 된다.

반대로 자전축 경사가 큰 시기 동안에는 이산화탄소와 물이 기화할 수 있도록 태양이 여름 극위에 충분히 높이 떠오른다. 아마 액체 물이 안정화되기에 충분할 정도의 대기압으로 높아질 것이다. 이런 기간 동안 지표 밑에 사는 미생물들이 표면으로 이주할 수 있을 것이다. 따라서 최근까지도 호수나 샘 등 표면에서 생명체가 살 수 있는 환경이었을 것이다.

물이 여름에 극관에서 승화하면 바람에 의해 전체 행성으로 재분배되고 남극 극관과 북극 극관 사이에 연간 교환이 일어난다. 현재 수십 분의 1 mm의 얼음이 여름에 북극 극관에서 승화할 수 있다. 그러나 자전축 경사가 큰 시기 동안 수십 cm만큼 매년 사라질 수 있다. 준주기 기후 변화의 증거가 화성 극에서 관측되는 먼지와 얼음의 퇴적물 층에서 나타난다(그림 3.10). 각 층은 1년 만에 형성되기에 너무 두껍다. 이들은 만 년이나 더 긴 기간에 걸쳐 일어난 두 극관 사이의 물의 순교환의 결과일 것이다. 그림 3.10b는 제4장과 제5장에서 다양한 형태의 사

(a)

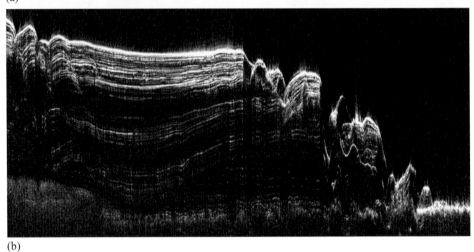

(b)

그림 3.10 화성의 북극 극관의 층 구조를 나타내는 두 사진. (a) 가시광선을 이용해 북반구 여름 동안 82.5° N에서 마스 글로벌 서베이어가 2006년에 촬영한 영상. 이 지역은 2.5 km×8 km이다. 태양빛은 왼쪽 위에서 비치고 있다. 왼쪽에 고지대가 있고 오른쪽에 저지대가 있어서 경사가 비스듬하게 가로지르고 있다. 지형도에서 먼지가 덮인 층은 계단처럼 보이고 바람이 표면에 있던 먼지를 없애 얼음이 보이는 곳에서 밝은 줄무늬 몇 개가 나타난다. (NASA/JPL/Malin Space Science Systems) (b) 마스 정찰 위성에 탑재된 SHARAD가 2009년에 기록한 지형 단면도. 이 영상은 길이가 500 km이지만 위부터 아래까지 고작 2 km이다. 다시 말해서 수직 방향의 스케일은 과장되어 있다. 가장 밝게 빈사된 곳은 지면의 (얼음) 표면이다. 아마 토양일 것이라고 생각되는 최저부가 단면도의 맨 밑에 닿을 때까지 얼음 안에 여러 층이 보인다(위의 영상에서 보다 더 열악한 스케일로). (NASA/JPL-Caltech/ASI/UT)

글상자 3.4 | 레이더

레이더는 능동 원격탐사의 형태이다. 레이더가 장착된 궤도선은 마이크로파(전형적으로 파장은 mm 혹은 cm이다)의 연속된 파동을 아래쪽으로 비추고 뒤로 되돌아오는 '메아리'를 기록한다. 마이크로파는 안개나 구름을 통과하지만 고체나 액체 표면에 의해 강하게 반사된다. 레이더 고도계가 작동하는 원리이다. 마이크로파는 건조한 대지나 차가운 얼음을 투과할 수 있지만 그림 3.10b에서처럼 내부 층에서 반사될 수 있다. 이것은 지하-투과 혹은 얼음-투과 레이더의 예이다. 이것들은 모두 '에코 탐사'의 변종이고 수직 거리로 송출되고 수신되는 사이 발생하는 시간 지연을 환산한 결과에 근거한다.

레이더 영상은 더 복잡한 신호 처리 과정에 의존한다. 여기에서는 마이크로파 파동이 궤도선의 궤적의 한쪽 방향으로 비스듬하게 아래쪽을 향해서 광선을 보낸다. 지표의 한 부분이 움직이는 궤도선 뒤의 앞쪽으로부터 움직임에 따라 시간 지연과 도플러 진동수 편이의 변화를 통합해서 대지의 영상을 만드는 것이 가능하다. 제5장에서 안개가 덮인 타이탄의 표면의 레이더 영상 예를 볼 수 있다.

용을 소개한 **레이더**(radar)의 예이다. 레이더는 글상자 3.4에 간단히 설명되어 있다.

기둥 질량이 매우 낮기 때문에 화성의 표면까지 대기는 태양 자외선에 대해서 투명하다. 이산화탄소 분자는 **광분해**(photodissoication)에 의해 분리된다.

$$CO_2 + 광자 \longrightarrow CO + O \tag{3.2}$$

그러나 시간이 문제이다. 다른 반응이 없기 때문에 대기 중 모든 이산화탄소는 약 3,000년이면 모두 파괴된다.

화성 대기에 이산화탄소가 유지되기 위한 화학의 열쇠는 물이다. 일산화탄소와 산소 원자의 재결합은 H, OH, HO_2(과수산기)의 조정을 통해 저층 대기에서 주로 일어난다. 이런 종은 물이 광분해될 때 나타난다. 지구의 대류권에서처럼 OH는 일산화탄소를 **산화**(oxidize)하는 작용을 한다. 즉, 이것은 화합물의 산소의 비율을 증가시키는 작용을 한다(글상자 3.5 참조).

수소 원자에서 시작해서 이산화탄소로 이어지는 연쇄 반응은 식 (3.3)부터 (3.5)에 따라 실험실 연구로부터 추론될 수 있다.

$$H + O_2 + M \longrightarrow HO_2 + M \tag{3.3}$$

$$O + HO_2 \longrightarrow O_2 + OH \tag{3.4}$$

$$CO + OH \longrightarrow CO_2 + H \tag{3.5}$$

식 (3.3)에서 기호 M은 수소 원자와 산소 분자와의 충돌에 동시에 관련한 어떠한 원자나 분자를 나타낸다. M은 새로운 화학적 결합의 형성에 의해 방출되는 에너지를 빼앗아 이동하지만 화학적으로 변하지 않고 빠져나오는 반응의 촉매로 작용한다. 이 세 반응의 순 효과는 일산화탄소와 산소 원자를 이산화탄소로 변환시키는 것이다. 화성 대기에서 이산화탄소를 재생산하는 데 효과적이라고 생각되는 OH와 HO_2의 알려진 화학적 반응을 사용하여 고안될 수 있는 수많은 반응 중 하나이다. 이 연쇄 반응은 이산화탄소의 광분해를 통해 사용이 가능해진 산소 원자를 포함하고 있음에 주목하자. 산소 분자와 산소 원자의 반응은 식 (3.6)을 통해 적은 양의 오존의 존재를 설명한다. 식 (3.6)은 채프먼 반응식으로 알려진 4개의 반응 중 하나이다[영국의 지구물리학자 시드니 채프먼(Sydney Chapman, 1888~1970)의 이름을 땄다].

$$O + O_2 + M \longrightarrow O_3 + M \tag{3.6}$$

O_3와 HO_2는 유력한 산화 분자이다. 이것들과 다른 산화 분자는 대기 성분과의 상호작용을 넘는 효과를 갖는다. 이것은 바이킹 우주 임무의 상황에서 간단하게 고려하겠다.

대기의 또 다른 특징은 크기가 100~1,000 km까지인 먼지 폭풍이다. 먼지 폭풍은 상대적으로 흔하고 종종 먼지 장막으로 행성 전체를 싸기에도 충분할 만큼 커지기도 한다. 화성 바람에 의해 올려진 먼지 입자는 크기가 전형적으로 1 μm이고 표면으로 다시 가라앉기 전에 몇 주 정도 떠 있기도 한다. 폭풍이 일어나는 동안 먼지의 재분배는 cm와 m 크기의 표면 지질학에서 중요한 역할을 한다.

유기물이 복제될 수 있는 지구에서 가장 극한의 환경은 화성의 노출된 표면에서 나타나는 환경보다 훨씬 덜 극단적일 것 같다(2.5절에서 설명한 극한성 생물에 의해 설명되는 것처럼). 지구의 유기물은 화성의 표면에서 자랄 수 있을 것 같지 않다는 것이 논리적 결론이다.

글상자 3.5 | 산화와 환원

산소는 화성 대기에서 H_2O나 CO_2처럼 주로 다른 원소들과 결합되어 나타난다. 산소 : 탄소의 비(O : C)는 두 원소의 가능한 복합물 중 이산화탄소에서 가장 높다. 그래서 CO_2에서 탄소는 산화된 것으로 설명된다.

지구의 대기는 또한 산소가 없는 탄소의 복합물을 포함한다. 한 가지 예인 메테인, 즉, CH_4에서 수소 대 탄소의 비(H : C)가 두 원소의 복합물에서 가능한 가장 높은 값이다. 탄소는 여기서 **환원된**(reduced) 물질이다. 최대 양의 수소와 합쳐졌을 때 원소는 환원되었다고 말해진다.

탄소를 포함한 물질을 CO_2로 변환시키는 산소는 물질을 **산화**(oxidizing)시킨다. 탄소를 포함한 물질을 CH_4로 변환시키는 수소는 물질을 환원시킨다. 변환 과정은 각각 **산화**와 **환원**이라고 불린다. 산화(혹은 환원)의 중간 수준은 일산화탄소, CO와 같은 물질에 의해 대표된다.

산화된 것과 환원된 것은 상대적인 용어이다. 예를 들어 CO는 CH_4에 대해 상대적으로 산화된 것이지만 CO_2에 대해서는 환원된 것이다.

■ 화성의 환경에 대해 지금까지 배운 것의 관점에서 미생물이 살아 있다는 증거를 찾기에 더 합리적인 장소는 어디겠는가?

❏ 바위의 안쪽(예 : 그림 2.29)이나 심지어 SLiME 생태계(2.6절) 같은 깊은 땅속에 적절한 서식처가 있을 것 같다.

3.3 바이킹 : 생명의 첫 탐사

1970년대 미 항공우주국 NASA는 특별히 생명체 문제를 다루기 위해 화성에 대한 중요한 우주 비행을 결정했다. 이것은 동일한 두 대의 우주탐사선인 바이킹 1호와 바이킹 2호로 구성된 바이킹 프로젝트가 되었다. 각각은 궤도선과 착륙선으로 구성되어 있었다. 착륙선은 당시 알고 있던 지식에 기반하여 화성에서 과거 혹은 현재 생명을 분명하게 연구할 목적으로 고안된 실험 기구를 싣고 갔다. 궤도선의 주요 목적은 화성 표면의 지도 작성과 적당한 착륙 지점을 확인하는 것이었다. 두 우주 탐사선은 1975년에 발사되었다. 바이킹 1호는 1976년 6월에 화성에 도착했고 바이킹 2호는 몇 주 후에 도착했다(그림 3.11).

각각의 착륙선은 질량이 15.5 kg인 생명 탐지 기구 패키지를 갖고 있었다. 이것의 설계는 화성 생명체가 지구의 생명체와 유사한 화학 복합물이고 신진 대사가 가능한 간단한 유기물 복합체인 탄소 기반일 것이라고 가정하였다. 로봇 팔이 채취한 화성의 토양에서 토양 미생물 군집의 신진 대사 활동을 탐지하기 위해 세 가지 실험을 수행했다.

- 탄소 고착을 시험하기 위한 열분해 방출 실험(Pyrolytic Release, PR)
- 물과 영양분의 존재에서 기체 부산물(호흡 동안 생성되는 것 같은)의 신진대사 생산물에 대한 시험하기 위한 기체 교환 실험(Gas Exchange, GEX)
- 신진 대사 활동을 시험하기 위한 라벨 방출 실험(Labelled Release, LR)

기체 착색판 질량 분석계(chromatograph-mass spectrometer, GCMS)와 엑스선 형광 실험 같은 다른 실험들이 이 생물학 실험들에 도움을 주었다. 전자는 화성 토양의 복합물에 대해서 수십억 분의 몇까지 유기 잔해를 검출할 수 있었고, 후자는 마그네슘(Mg)보다 무거운 원소에 대해 화성 표토의 기본 성분을 분석할 수 있었다.

3개의 바이킹 생물 실험 중에서 오직 PR 실험만이 실제 화성 표면 조건을 모의 실험했고 물

그림 3.11 바이킹 착륙선에서 본 전경. (a) 태양이 지기 15분 전 바이킹 1호의 착륙 지점인 크리스 평원, (b) 바이킹 2호의 착륙 지점인 유토피아 평원. 사진 위로 지구와의 통신을 위한 착륙선의 고성능 안테나가 살짝 보인다. (NASA/JPL)

(a)　　　　　　　　　(b)

을 더하지 않았다. 이 실험에서는 방사성 ^{14}C로 표를 붙인 이산화탄소와 일산화탄소(지구에서 가져간)의 모의 실험된 대기에서 0.25 cm^{3}의 토양이 배양되었다. 제논 아크 등(xenon arc lamp)은 모의 실험된 태양빛을 제공했다. 5일 후 대기는 제거되었고 토양 표본은 어떤 유기물이 방사성 이산화탄소를 빨아들였는지 보기 위해 결과물로 나온 기체가 ^{14}C 검출기를 통과하기 전 유기물질이 분해되도록 625 °C까지 가열되었다.

GEX 실험은 생물학적 활동의 결과로 시험관에 기체 성분의 변화를 감지하려고 노력을 기울였다. 실험에는 '치킨 스프'라고 연구자들이 별명을 붙인 영양소 혼합물에 토양 표본 1 cm^{3}을 부분적으로 담그는 과정이 포함되었다. 물 이외에 다양한 아미노산 탄소 소스와 핵산과 무기 이온을 포함한 다른 유기체들이 포함되어 있다. 토양은 헬륨과 크립톤이 더해진 이산화탄소의 모의 화성 대기에서 적어도 12일 동안 다양한 함량의 영양소 혼합물에서 배양되었다. 영양분을 소비한 유기체에서 배출된 기체는 이산화탄소, 산소, 메테인, 수소, 질소를 검출할 수 있는 기체 착색판을 이용해서 찾게 되었다.

LR 실험에서는 방사성 ^{14}C로 표를 붙인 유기 복합물을 포함한 증류수로 구성된 영양분 1 cm^{3}과 토양 표본 0.5 cm^{3}을 적셨다(일곱 가지 유기 복합물이 사용되었고 각각은 밀러–유레이 실험의 알려진 결과이다). 적신 후에 표본은 어떠한 미생물이든 영양분을 소비하고 ^{14}C가 포함된 기체를 낼 수 있는 시간을 주기 위해 적어도 10일 동안 배양되게 했다. 그런 과정(호흡)의 예는 식 (3.7)에 나타냈다(지구상의 유기체는 이산화탄소, 일산화탄소, 혹은 메테인을 방출한다).

$$(^{14}CH_2O)_n + nO_2 \longrightarrow n^{14}CO_2 + nH_2O \tag{3.7}$$

아이러니하게도 어느 생물학 실험보다 GCMS가 30여 년 동안 생명이 존재하는지 여부를 알려주는 가장 중요한 결과로 여겨지는 무엇을 만들었다. 이것은 화성의 토양에서 어떠한 유기 복합물의 징조도 발견하지 못했다. 이것은 완전히 놀라운 결과였다. 유기 복합물이 우주에 존재한다고 알려져 있었고 운석에 의해 유기 복합물이 화성에 필연적으로 전해졌을 것이기 때문이다. GCMS가 확실히 작동한다는 증거는 클로로메테인과 다이클로로메테인의 흔적의 발견에서 얻었다. 이 화학품은 발사 전에 살균하기 위해 사용된 청소 용액에 의한 오염으로 해석되었다(표 3.7 참조).

생명체 검출 실험 뒤에 있는 논리는 다음과 같다. 잘못된 양성 결과의 확률을 낮추기 위해 토양 표본에서 생명체를 검출해야 할 뿐 아니라 열로 소독된 또 다른 토양 표본(소위 통제 표본)에서는 생명체 검출에 실패해야만 했다. 바이킹 생물학 실험에서 지구상의 생명체로 시험했다면 표 3.3의 결과가 기대되었을 것이다.

표 3.3 바이킹 생물학 실험에서 지구 생명체의 시험 결과

	표본 반응	열 소독 통제 반응
GEX	산소나 이산화탄소 방출	반응 없음
LR	분류된 기체 방출됨	반응 없음
PR	탄소 검출	반응 없음

GCMS 결과가 제안하는 것처럼 만약 화성에 생명체가 완전히 없다면 바이킹 생물 실험의 결과는 표 3.4에서처럼 기대되었을 것이다.

표 3.4 화성에 생명체가 완전히 없다고 가정할 때 바이킹 생물학 실험의 시험 결과

	표본 반응	열 소독 통제 반응
GEX	반응 없음	반응 없음
LR	반응 없음	반응 없음
PR	반응 없음	반응 없음

표 3.5에 화성의 실제 결과를 매우 단순화된 형태로 나타냈다.

표 3.5 바이킹 생물학 실험의 화성에서 시험의 실제 결과

	표본 반응	열 소독 통제 반응
GEX	산소 방출	산소 방출
LR	분류된 기체 방출됨	반응 없음
PR	탄소 검출	탄소 검출

과산화물은 2가 이온 $O^- - O^-$를 포함하는 복합물이다.

GEX와 PR 실험 모두 통제 표본에서조차 '양성' 결과를 냈다는 사실은 비생물학적 과정이 진행되었다는 것을 의미하고, 생명체 탐사를 위한 이 실험의 효용성을 약화시킨다. 화성 형태의 대기의 존재에서 화성 토양과 유사한 것으로 생각되는 물질의 자외선 복사에 노출이 수반된 지구에서의 후속 실험실 실험은 토양에 흡수되거나 토양 속에 있는 과산화물을 생성해냈고 바이킹 착륙선 실험의 결과를 다시 재생산할 수 있었다. 산화된 철은 PR 실험에 의해 나타난 결과를 생산해내는 촉매로서 작동할 수 있었다. 일반적인 녹슨 붉은색 표면 먼지가 입증하는 것처럼 화성의 표면은 실제로 매우 산화되어 있다(그림 3.11).

오로지 LR 실험만이 생명체 검출의 기준을 만족한 것으로 보인다. 그러나 이것은 다소 모호해 보이기도 한다. 영양분 용액이 처음 주입되었을 때 표가 붙은 기체의 방출량이 급하게 증가했다. 이어진 영양분의 주입은 초기에는 기체의 양을 감소시켰고 (만약 생물학적인 과정이 작동하고 있었다면 이것은 놀라운 일이다) 천천히 증가했다. 높은 온도(160 ℃)에서 살균된 통제 표본에서는 아무런 반응을 보이지 않았다. 논란이 있기는 하지만 LR 결과 역시 비생물학적으

그림 3.12 2008년 피닉스 착륙선에서 본 68° N, 234° E의 화성. 이 전경은 100개 이상의 개별 영상을 모아 만든 360° 파노라마의 약 4분의 1이다. 우주 탐사선 일부가 왼쪽 아래 끝에 보인다. 긁힌 자국에 있는 하얀 물체는 착륙선의 조정 팔을 사용해서 파내어 노출된 얼음이다. (NASA/ JPL-Caltech/University of Arizona/ Texas A&M University)

로 설명할 수 있다는 것이 공통된 의견이다.

2008년 NASA의 피닉스 우주 비행의 착륙 전까지 이해했던 상황은 다음과 같았다. 먼지 밑의 얼음층(그림 3.12)뿐 아니라 피닉스가 $Mg(ClO_4)_2$에서 기인했다고 믿어지는 과염소산염 이온(ClO_4^-)을 발견했다. 만약 과염소산염이 바이킹 착륙 지점에 있었다면 이것은 바이킹 GCMS 표본에 유기물 분자가 없는 것처럼 보인 것을 설명할 수 있다. 가열된 과염소산염은 (GCMS 분석 전에 필요한 것처럼) 유기물 분자를 파괴할 수 있는 강한 산화제로서 역할을 할 수 있고, 우리가 본 것처럼 GCMS에 의해 발견된 클로로메테인(CH_3Cl)과 다이클로로메테인(CH_2Cl_2)을 만들 수 있다. 화성 과학 실험실 로버(2012년 착륙, 표 3.1)의 SAM(Sample Analyzer at Mars) 기구 역시 과염소산염을 발견했다. 산화 물질이 극 지역에만 한정된 것이 아니고 실제로 화성에 넓게 퍼져 있다는 것을 확인했다.

요약하면, 화성 토양의 표본을 이들이 노출된 조건에서 배양했을 때 3회의 바이킹 생물학 실험 모두 활발한 화학 과정을 의미하는 결과를 나타냈다. 그러나 표면이나 표면 아래 수 cm 밑에서 얻은 표본에서도 실험을 통해 화성 토양에서 어떠한 유기물질도 검출하지 못했다. 표면에서 강력한 산화 과정이 작동하는 징후는 있다. 후속 연구는 수소 과산화물이나 과염소산염 같은 산화제의 효과와 더불어 **광화학적**(photochemical) 과정이 표면 지역의 모든 그런 물질을 파괴하는 원인이 되는 것 같다는 사실을 보여준다.

바이킹 실험의 결과로서 과학자들은 화성에 생명의 존재를 부정하는 (적어도 강하게 의심하는) 사람들과 화성 생명에 관한 '오아시스'의 존재를 제외하지 않는 사람들로 나누어졌다. 화성의 생명에 관한 의견은 바이킹 생물학 실험에서 얻은 결과에 의해 거의 30년 동안 지배받고 있었다. 성공적인 후속 화성 착륙선들인 패스파인더(1996), 화성 탐사 로버(2003~), 피닉스 (2008년 5~11월)와 화성 과학 실험실 로버(2012~)는 생물학 실험을 수행하지 않았다. 마스 익스프레스가 운송한 실패한 착륙선 비글 2(2003)가 탄소 동위원소 분할을 찾는 것으로 생명 존재 여부를 시험하려고 했지만 말이다. 마스 과학 실험실 로버(큐리오시티라고 불린)는 다양한 범위의 탄소 화합물과 위에서 언급한 과염소산염에서 확실한 생명 탐지에 대한 문제를 발견했다. 이 사실은 화성의 토양은 물이 있으면 생명체가 살 수 있다는 것을 의미하지만 강한 산화 복합물에 의한 생명체가 직면한 도전을 강조하였다.

질문 3.3

(a) 바이킹 생물 실험 후 대부분 과학자들의 관점은 생명체의 긍정적 암시를 검출하는 것에는 실패했다는 것이다. 그러나 어떤 주장이 이 실험들이 생명체의 모든 가능성을 제외했다는 의견에 이의를 제기하는 데 사용될 수 있는가?

(b) 이 실험들은 화성 토양 표본의 결과와 비교될 통제 표본을 사용했다. 만약 이 통제 표본이 사용되지 않았다면 화성 표본의 결과가 어떻게 해석될 수 있는가?

3.4 물, 어디에나 있는 물?

초기 우주 비행에서 얻은 화성 표면의 영상(그림 3.13)은 과거에 물이 액체 상태로 흘렀다는 것을 암시하는 다양한 협곡, 골짜기, 수로를 나타낸다. 이런 지형을 포함하고 있는 그 지역과 계곡 바닥에 분화구 연대법이 언제 이런 계곡들이 형성되었는지 추산하는 데 사용되었다. 다르

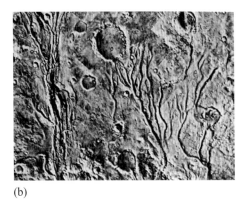

(a)

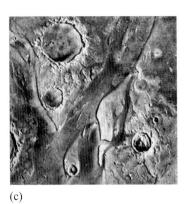

(b)

(c)

그림 3.13 초기 우주 탐사 시절에 촬영한 화성 표면 영상. 물이 흘렀을 것으로 암시하는 다양한 지형이 나타난다. (a) 1972년 마리너 9호가 발견한 700 km 길이의 수로의 일부. 충돌구가 많은 남부 고지대 지역(20° S, 176° E)에 위치한다. 이렇게 생긴 수로는 빈번한 충돌이 완전히 멈추기 전인 아주 초기 화성에 물이 흘러 만들었을 침식의 가장 확실한 증거이다. (b) 강이 만든 계곡과 충돌구. (c) 재앙적 홍수의 결과로 나타난 거대한 '유출 수로' 아레스 계곡(20° N, 327° E). 직경 62 km인 가장 큰 충돌구가 보인다. 유선형 모양의 '섬'이 하류쪽으로 점점 가늘어진 꼬리를 갖고 있음에 주목하자. 1996년에 마스 패스파인더가 여기서 보인 이 지역에서 남쪽(상류)으로 150 km 떨어진 곳에 착륙했다. (NASA)

적철광(hematite)은 종종 haematite로 쓰인다.

아마조니안 시대라는 용어를 큰 강이 있었던 시대로 생각하면 안 된다. 이 이름은 (여전사) '아마존의 땅'이라는 뜻의 아마조니스 테라에서 유래되었다.

게 해석될 수 있지만 계곡들은 초기에 한 사건에 의해 만들어진 것이 아닌 것으로 보인다. 많은 수로들이 40억 년에서 38억 년 전 사이에 있었던 집중적인 운석 충돌기 후반 동안 잘려나갔지만(1.6.1절 참조), 후에 약 30억 년 전에도 물이 흘렀고 훨씬 더 작은 소협곡에서 매우 최근에도 물이 흘렀다는 증거가 있다.

3.4.1 과거 물과 화성의 연표

현재, 화성이 과거 한때 상당한 양의 물을 보유했었다는 의견을 강화하는 증거가 엄청나게 많다. 어떤 증거들은 매우 최근까지 액체 상태의 물이 존재했었고, 심지어 산발적으로 여전히 존재한다는 것을 주장하기까지 한다. 물 얼음이 있는 것이 확실한 극관은 잠시 접어두고, 다양한 시기에 여러 곳에 액체 물이 있었다는 증거에 집중하겠다.

표면 물의 과거 존재에 대한 첫 번째 직접적 증거는 1972년 마리너 9호에서 얻은 영상에서 얻었다. 화성 물에 대한 우리의 지식은 스피릿과 오퍼튜니티라고 불리는 매우 성공적인 화성 탐사 로버 같은 더 최근 궤도선(표 3.1)과 착륙선의 결과로 진보했다. 각각은 계획에 있던 임무인 90솔(sol, 화성일)보다 훨씬 더 오래 살았다. 그림 3.14는 이들이 어디에 착륙했는지 보여준다. 스피릿의 착륙 지점은 지각 분류법 경계 근처인 160 km 크기의 분화구(구세프) 바닥이었다. 이 지역은 남쪽 고지대에 짧은 지류에 의해 형성된 계곡인 마아딤 계곡을 따라 북쪽으로 물이 범람한 것으로 보인다. 오퍼튜니티는 메리디아니 평원으로 보내졌다. 이 지역은 마스 글로벌 서베이어의 열적 복사 분광기(Thermal Emission Spectrometer)의 자료가 적철광이 풍부하게 있다고 제안한 지역이다. 적철광은 물이 있는 곳에서만 만들어질 수 있는 산화철이다. 2012년 8월, 화성 과학 실험실 로버 큐리오시티는 피스 계곡 선상지 퇴적층의 내리막 확장지(그림 3.15b)에 있는 155 km 크기의 게일 분화구(그림 3.15a)에 착륙했다. 이 지역은 분화구 안에서 강과 호수에서 만들어진 퇴적층 부분을 형성한다.

마리너와 바이킹 궤도선이 한 픽셀당 100 m 정도까지 높은 **해상도**(resolution)(글상자 3.6 참조)로 촬영한 영상은 화성 지질학자들이 화성 역사에서 겹쳐진 충돌구의 밀도와 표면의 성격으로 정의할 수 있는 세 시대가 있었다는 것을 인식하게 했다. 이 시대들은 노아키안 시대, 헤스페리안 시대와 아마조니안 시대로 불린다. 제안된 시간은 그림 3.16에 나타냈다. 절대 연령의 잠재적인 오차(특별히 헤스페리안-아마조니안 경계)는 보정된 달의 충돌구 연대를 화성으로 전환할 때 발생한 불확실성 때문에 크다. 그러나 충돌구 밀도는 이름 지어진 시기를 하부, 중부, 상부(혹은 초기, 중기, 후기)로 세분할 수 있도록 하여 타당한 정밀도로 상대 연령을 결정할 수 있게 한다. 화성의 남부 고지대는 노아키안 시대이다. 그림 3.13a와 b같이 지류에 의

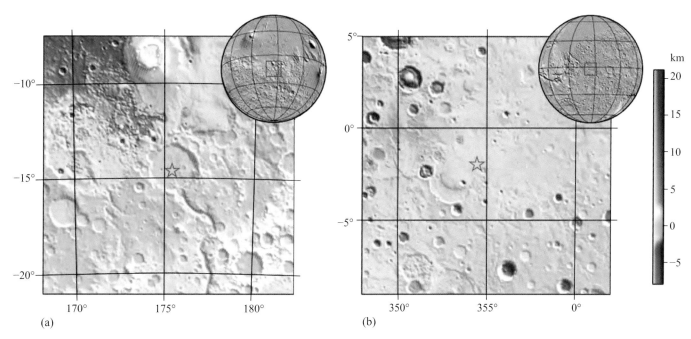

(a)

(b)

그림 3.14 지형도 백지도에 나타낸 NASA 화성 탐사 로버의 착륙 지점 환경. (a) 구세프 분화구 바닥에 있는 스피릿, (b) 메리디아니 평원에 있는 오퍼튜니티. 스피릿은 2010년 3월 고장난 후 신호가 끊기기 전까지 남동쪽을 향해 7.73 km를 진행했다. 오퍼튜니티는 남쪽으로 44.2 km를 이동해 인데버 분화구에 도달했으며 2017년까지 계속 작동 중이었다. 목표는 분화구 가장자리, 특히 분화구 가장자리에서 물-암석의 상호작용을 조사하는 것이었다. 이런 인상적인 업적은 화성의 크기에 의해 작아졌다. 스케일상 위도 5°는 약 300 km이다. 각 로버들은 착륙 지점을 가리키는 별표에 의해 가려진 곳에 머물러 있다. 하지만 오퍼튜니티는 별표의 오른쪽 아래 꼭지점의 분화구에 도착했다. 색 스케일이 잘 맞지는 않지만 그림 3.5의 맨 오른쪽에 스피릿 지도의 위치를 정할 수 있을 것이다.

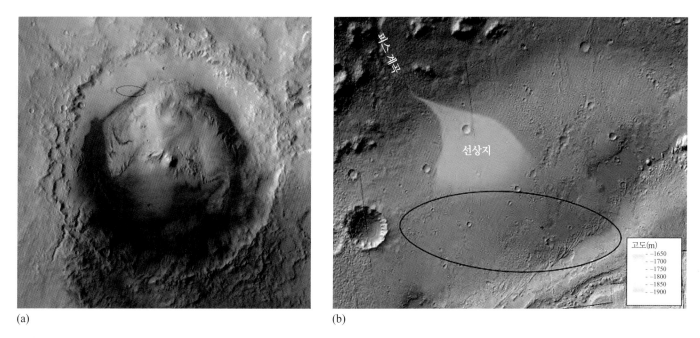

(a)

(b)

그림 3.15 데일 분화구는 중심에 산이 있는 지름 155 km의 충돌구이다. (a) 큐리오시티는 검은색으로 표시된 타원 안에 착륙했다. (b) 자세히 보면 분화구 가장자리로 침식해 들어간 피스 계곡을 통해 물이 들어간 물 흐름에 의해 만들어진 선상지 퇴적층의 하구 팽창부에 착륙 지점이 있다. (NASA/JPL)

해 만들어지는 계곡들은 연령상 주로 후기 노아키안 시대이다. 해안선이나 강의 삼각주로 해석되는 어떤 지형들은 북쪽 평야 지대가 이 시기의 부분 동안 얕은 바다('오세아누스 보리알리스')에 의해 점유되었다고 제안한다.

그림 3.16 화성의 역사 연표와 그에 따른 광물학. (a) 시대는 분화구의 시간 척도를 이용해 정의되었다. (b) 화성의 역사에서 다른 기간에서 광물 풍화 부산물이 압도적으로 만들어졌지만 독점적인 것은 아니다 (나중에 논의하겠다).

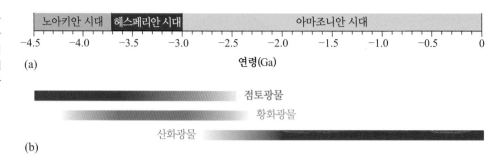

(a)

연령(Ga)

점토광물

황화광물

산화광물

(b)

글상자 3.6 | 우주선 영상의 해상도

과학적으로 '해상도'는 떨어져 있는 것으로 보일 수 있는 가장 가까운 두 물체를 가리키는 광학적 용어이다. 저해상도(열등한 해상도)는 가깝게 떨어져 있는 물체가 구별될 수 없음을 의미한다. 반면 고해상도 영상은 미세한 부분까지 볼 수 있는 영상을 나타낸다. 관습적으로 천문학 영상의 경우 해상도는 각도로 표현되지만, 행성 표면의 해상도는 땅의 실제 거리로 더 유용하게 표현된다.

디지털 영상에서, 볼 수 있는 세밀함은 보통 그림의 요소 크기, 즉 영상을 구성하는 픽셀에 의존한다. 이들이 광학적 관점에서 엄밀하게 동일한 것은 아니지만 해상도와 픽셀 크기라는 용어는 종종 호환되어 사용된다. 바이킹 궤도선의 카메라는 230 m가 한 픽셀에 해당하는 정도로 화성을 촬영했다. 반면 화성 정찰 위성에 탑재된 고해상도 영상 과학 실험(High Resolution Imaging Science Experiment), HiRISE는 한 픽셀에 25 cm 크기를 기록했다. 픽셀 크기는 영상계의 광학계, 영상계의 감지기 배열의 크기, 우주선의 대지로부터의 고도에 의존한다.

이 의미에서 해상도는 종종 크기를 표시하는 '공간 해상도'로 명기된다. 관련된 용어는 '거리' 혹은 '수직' 해상도(아래쪽을 가리키는 레이더나 레이저 고도계에서 구별할 수 있는 수직 간격을 의미하는)와 '분광 해상도'(분광기에 의해 세분할 수 있는 스펙트럼의 세밀함과 관련 있는)가 있다.

질문 3.4

행성의 영상은 한쪽 끝에서 한쪽 끝까지 1,024픽셀이 사용되는 궤도선 카메라에 의해 만들어진다. 영상은 행성 표면의 한쪽에서 다른 쪽까지가 12.7 km인 크기에 해당한다.

(a) 언급한 상황에서 영상계의 해상도(픽셀 크기로 표시되는)는 얼마인가?

(b) 이 상황에서 (i) 500 m 크기의 충돌구와 (ii) 1 m 크기의 바위를 구별(구분)할 수 있는가?

(c) 동일한 영상계가 높은 궤도에서 사용된다면 해상도에 무슨 일이 (정성적으로) 일어나겠는가?

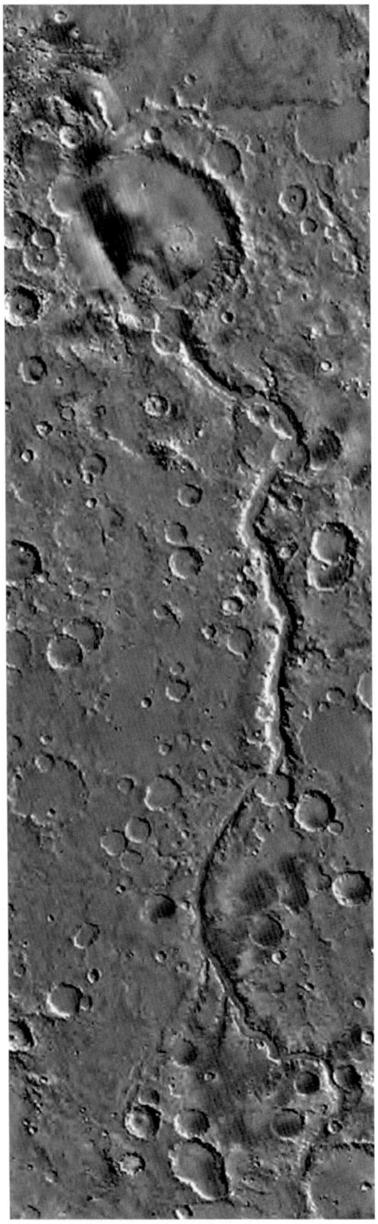

헤스페리안 시대 동안에는 타르시스 팽창부의 성장과 마리너리스 계곡을 만들기 시작하는 균열을 포함해서 화산 활동이 많았다. 바이킹 1호와 패스 파인더가 착륙한 크리스 평원으로 분출된 것 같은 상부 헤스페리안 시대의 협곡은 지류가 없고 새어나온 지하수에 의해 공급된 대재앙적 홍수 수로를 나타내는 것 같다. 북쪽에는 수명이 짧은 호수나 바다들이 있는 것 같다.

아마조니안 시대(어쩌면 태양계 수명의 가장 최근 3분의 2만큼 긴)는 타르시스와 엘리시움에서 계속되지만 점차 사그라지는 화산 활동과 북쪽 평야로의 부드러운 퇴적물(용암, 빙하 혹은 어쩌면 물이 놓인)을 형성하였다. 이 시대의 계곡들과 해협은 훨씬 작고 어떤 것은 빙하에 의해 형상이 만들어진 것 같은 모양을 나타낸다(다음 절 참조).

화성의 지세는 시간에 따라 진화했다. 그래서 특정한 풍경 지형에 대해 한 시대를 언급하는 것이 일반적으로 합리적이지 않다. 예를 들어, 구세프(스피릿호가 착륙한, 그림 3.14)는 노아키안 시대 충돌구이고 그것으로 잘려 들어간 마아딤 계곡(그림 3.17)은 초기 헤스페리안 시대 동안 새겨들어갔다. 그리고 아마조니안 시대 동안까지 구세프 충돌구로 (연못이 되기도 한) 간헐적인 흐름이 이어졌다.

그림 3.17 마이딤 계곡 전체 모습. 남쪽 지류에서 시작하여 둑이 터져 홍수가 난 북쪽 구세프 분화구까지 모습이다. 이 영상의 길이는 1,200 km이다. (USGS)

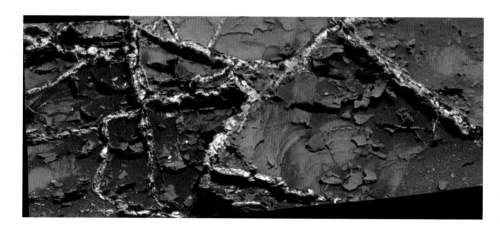

그림 3.18 MSL 큐리오시티 로버가 촬영한 '가든 시티'에 위치한 황산염 광맥. 영상의 넓이는 대략 약 60 cm이다. (JPL/NASA)

2006년, 마스 익스프레스에 탑재된 오메가 가시광선과 적외선 지도 분광기의 자료 분석을 통해 화성의 풍화 작용에 의해 표면 물질을 변화시킨 조건이 시간에 따라 변했다는 것을 인식하게 되었다. 북쪽 평야와 바람에 불려 날아간 먼지가 덮은 다른 장소는 적철광으로 알려진 산화 제2철(Fe_2O_3)에 의해 특색지어진다. 이것은 오늘날 만연한 것 같은 산화 환경에서 규산염 암석의 건식 풍화 산물이다. 산화철의 풍화는 대부분 적어도 중기 헤스페리안 시대 이후 만들어진 젊은 지대에서 관측된다. 화성의 고지대의 노출된 지역에서 특색지어진 광물학은 휘석과 감람석이다. 이것은 일반적으로 현무암 성분의 지각으로 구성된다. 그러나 주요 광물이 변경된 외딴 부분은 오래된 표면 조건에 대한 실마리를 제공한다. 가장 오래된 지대의 많은 부분은 점토 광물(필로규산염광물)이 발견되는 장소이다. 점토는 습하고 약한 알칼리성 조건에서 만들어지는 것으로 해석할 수 있는 수화 광물이다. 마그네슘과 칼슘의 황화물이 대부분인 황화 광물이 주로 관측되는 지대는 헤스페리안 시대에 만들어진 것으로 판단된다. 대부분 시간이 측정된다. 이것들은 산성 물을 필요로 한다. 후기 노아키안 시대와 초기 헤스페리안 시대 화산으로부터 나온 물과 이산화황 같은 휘발성 물질의 방출에 의해 야기된 화성 환경으로 변화된 것을 반영한 것으로 생각된다. 궤도선의 원격탐사는 황화물이 관측되는 표면에서 적철광 역시 검출했다. 후에 큐리오시티 로버는 형성 시기 동안 산성 조건을 요구하지 않는 것으로 보이는 일종의 암맥에서 황화물을 발견했다.

적철광이 있을 것으로 의심되기 때문에 오퍼튜니티가 선택된 착륙 지점 탐사를 시작했을 때 황화물이 풍부한 모래의 용액에서 자라난 작은 적철광 단괴를 즉시로 발견했다(그림 3.19). 마아딤 계곡에서 간헐적으로 홍수가 일어난 분화구에 착륙했음에도 불구하고 오래된 호수 바닥이 용암류에 의해 덮여 있었기 때문에 스피릿 로버는 즉각적으로 과거 물의 징후를 발견하지

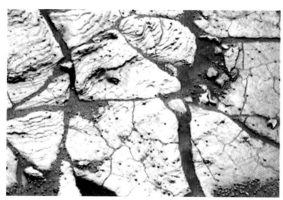

(a)　　　　　　　　　　　　　　　　(b)

그림 3.19 (a) 오퍼튜니티 착륙 지점 근처의 퇴적암에서 부식되어 나온 적철광이 풍부한 '블루베리'. 영상은 폭이 약 2 m이다. (b) 퇴적물에 여전히 묻혀 있는 개별 '블루베리'. 폭이 약 1.3 cm가 되도록 확대한 모습이다.

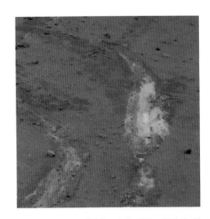

그림 3.20 스피릿호 바퀴 자국. 바퀴가 세게 돌아 노출된 무수규산 퇴적물이 보인다. 실제 거리를 보기 위해 말하자면 바퀴 자국의 간격은 약 1.4 m 떨어져 있다. (NASA/JPL/Cornell)

못했다. 그러나 결국 스피릿호가 희끄무레한 퇴적물에 노출된 1,150번째 솔에 흙먼지에 빠진 바퀴를 끄는 동안 증거는 누적되기 시작했다(그림 3.20). 이 우연한 발견은 로버의 열복사 분광기에 의해 원격으로 분석되어 결정질이 아니라는 사실이 발견되었다. 그 후 바짝 접근하여 알파 입자 엑스선 분광기를 이용해 90% 무수규산염으로 구성되었다는 것을 발견했다. 이것의 가장 그럴듯한 해석은 화산 활동이나 인접한 온천에서 나온 산성 증기와의 접촉에 의한 화성 토양의 변형이다.

> ■ 화성에서 (과거) 생명체의 가능성에 대해 되도록이면 오래된 온천의 발견이 왜 중요한가?
>
> □ 온천은 지구의 극한성 생물이 살 수 있는 생태계를 제공한다(2.6절). 화성의 온천은 따뜻함과 영양분을 제공할 수 있다.

수화 규산염이 풍부하고 화산에 의해 가동되는 열수계에 의해 그럴 듯하게 형성된 작은 (200 m) 노출면이 궤도에서 검출되었다(Si-OH 결합에 의해 만들어진 2.2 μm 흡수선에 의해 확인되었다). 예를 들어, 닐리 파테라 화산 칼데라 지형의 바닥에 있는 초기 헤스페리안 후반부 시대의 화산 돔 기슭 근처에서 말이다.

> ■ 화성에서 아직 언급되지 않은 형성될 때 물이 필요한 광물(지구에서 흔한)은 어떤 유형인가?
>
> □ 예를 들어 글상자 2.2, 글상자 2.3, 50쪽에 언급된 탄산염

철백반석은 칼륨과 제2철질 철(Fe^{3+})의 수화 황산염이다.

질량으로 따지면 5%보다 적지만 탄산 마그네슘은 화성 먼지 도처에 있다. 탄산염 광물이 1996년 화성에서 온 운석의 (중요하지 않은) 성분으로 확인되었음에도 불구하고(글상자 1.3과 3.5절) 화성 기반암 전형이 검출될 때까지는 오랜 시간이 걸렸다. 2008년 화성 정찰 위성에 탑재된 가시광선과 근적외선 분광기는 노아키안 시대의 수로에서 층구조규산염과 가깝게 연관된 탄산 마그네슘을 발견했다. 이것은 중성에서 알칼리성 물이 있을 때 감람석이 풍부한 바위가 포화된 풍화물일 확률이 높다. 2010년, 스피릿 로버는 화산에 의해 생성된 Mg-탄산염과 Fe-마그네슘을 34%까지 포함한 퇴적물을 발견했다. 노아키안 시대 동안 화산 활동과 연관된 거의 중성 pH의 열수 조건에서 탄산염을 포함한 용액이 촉발시킨 것으로 해석된다.

같은 광물의 상당수는 MSL 큐리오시티 로버가 화성의 처음 1,600솔 동안에 발견하였다. 착륙하자마자, 점토 광물이 CheMin(chemistry and mineralogy) 기구에 의해 검출되었다. CheMin은 엑스선 회절 분광기이며, 채굴된 표토로부터 고운 분말을 받아 표본의 특이한 결정구조의 피크로 구성된 회절 양식의 형태로 광물 정보를 알려준다. 변성되지 않은 현무암질 바위(감람석, 휘석, 장석)에서 예측되는 광물과 더불어 CheMin은 Ca-황화물, 적철광, 철백반석과 같은 변성된 환경의 전형적인 광물도 발견했다. 높은 무수규산염 함량은 변성 염들에서 발견되었고 SiO$_2$ 다형체인 규석이 높은 온도의 산에 의한 변성의 생성물로서 해석되었다. SAM 기구에 의해 검출된 탄산염은 추적 성분으로서 발견되었다. 이런 발견은 물 활동의 증거일 뿐 아니라 다양한 광물이 침전될 때 물이 다른 화학적 특징(염도, pH)을 갖는다는 것을 확인하기도 한다.

광물학적 징후와 더불어 MSL 큐리오시티 로버는 퇴적물 구조에 보존된 물의 활동에 대한 풍성한 증거를 발견하였다. 이 우주 비행에서 가장 먼저 발견된 것들 중 하나는 둥근 자갈들로

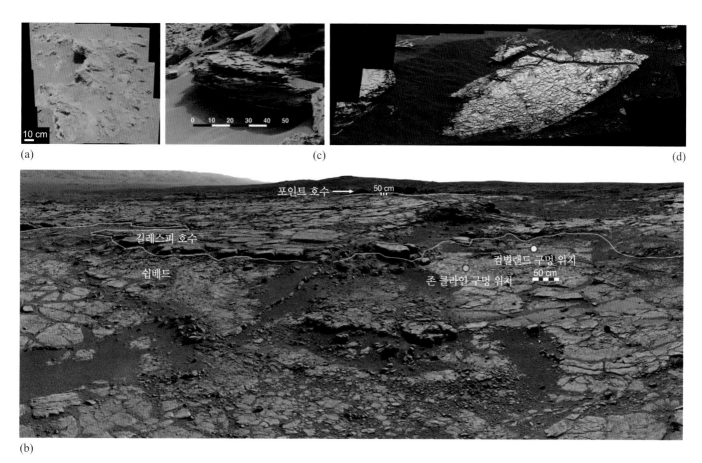

그림 3.21 MSL 큐리오시티 로버는 게일 분화구에서의 물 활동을 암시하는 다양한 퇴적 구조를 발견했다. (a) 호타라고 불리는 노두는 자갈과 조약돌 층, 역암질이 특징이다. 이 노두는 바위를 옮기기도 하고 바위의 모양을 바꾸기도 하는 작은 개천으로 물이 흘렀다는 것을 나타낸다. (b) 쉽베드라는 이암층으로 2개의 구멍을 내었다(드릴 구멍의 이름은 컴벌랜드와 존 클라인이다). 전경은 마스트카메라 모자이크에서 드릴 구멍과 다양한 지형적 특징을 보여준다. 이암은 물이 매우 느리게 흘렀거나 정체되었던 상황을 암시한다. (c) 조건이 변할 때 흐르는 물에 의해 만들어지는 사층리는 표면에 액체 물이 흘렀다는 것을 암시한다. 이 영상은 큐리오시티의 796솔 때 조사된 '고래 바위'가 대상이다. (d) 부서진 표면으로 주목을 받은 '올드 소우커'이다. 지구의 건열과 유사한 패턴이며 건조한 상태와 습한 상태가 반복되었음을 암시한다. (모든 이미지 : JPL/NASA)

만들어진 역암이다. 둥근 자갈은 이렇게 되기 전에 모양을 갖추기 위해 물에 의한 이동이 필요하다(그림 3.21a). 역암의 둥근 정도와 크기 분포의 세심한 분석은 무릎이나 엉덩이 깊이 정도의 작은 개천이 이런 퇴적물을 퇴적했을 것이라는 결론을 이끌었다. 더 느리게 흐르는 물줄기는 위에서 언급한 필로규산염광물의 대부분을 포함한 고운 모래가 있는 이암을 퇴적시킨다(그림 3.21b). 이런 퇴적물은 호수 바닥 침전물로 고려된다. 게일 분화구에서 발견된 또 다른 눈에 띄는 특징은 사층리가 있는 사암이다(그림 3.21c). 모래의 크기 분포와 다른 성질의 분석으로 지원되는 사층리 침전의 연구는 어떤 것들은 물에서 침전된 것이지만 다른 것들은 바람에 의해 침전된 것임을 나타낸다(그림 3.21c). 게일 분화구 호수 지역에서 물 활동의 역사에 흥미로운 통찰력을 제공한다. 건조한 것의 증거는 균열이 있는 표면에 대한 관심을 끄는 '올드 소우커'와 같은 지역에서 얻는다(그림 3.21d). 후속 연구는 이런 균열들이 지구의 지질학자들에게 익숙한 건열과 비슷하다는 것을 보여주고 따라서 표면이 습하고 건조한 조건이 반복된 결과라는 것을 보여준다.

3.4.2 오늘날의 물

지금까지 이 장에서 나온 이야기는 화성의 먼 과거에 물이 풍부했지만(3.4.3절에서 대기의 진화를 들여다 볼 것이다), 시간이 지남에 따라 화성에서는 (극 바깥에서) 영향력이 훨씬 덜하게 되었다는 것이다. 그러나 오늘날 미생물이 살 수 있는 화성의 특정한 지역에 대해서 가장 중요한 질문은 얼마나 많이 있는가라기보다는 과연 사용할 수 있는 물이 있는가이다.

극 지역 외에 물의 존재에 관한 증거의 여섯 가지 중요한 줄기가 있다. 이것들은 다음과 같이 요약될 수 있다: 지하 투과 레이더, 감마선과 중성자 분광기, 새로운 충돌구, 지형, 활동적인 소협곡, 반복경사선.

지하 투과 레이더

이 기술(글상자 3.4)에서는 표면 아래에 있는 물의 표면이나 얼음층에서 오는 반사파를 검출하기 위해 아래를 향하는 레이더를 사용한다. 극관 안에 층들을 매우 성공적으로 나타낸 것을 보았을 것이다. 마스 익스프레스(MARSIS)와 마스 정찰 위성(SHARAD, 그림 3.10b에 있는 것 같은)에 탑재된 궤도 레이더는 극관 외 여러 군데서 표면 밑에 있는 여러 층들을 검출했다. 이들의 수직 해상도는 각각 약 50~100 m와 10~20 m이다. 한 가지 논쟁의 대상인 예는 북반구 중위도 경사지의 표면 아래 수백 미터에서 반사된 층이다. 이 층은 먼지나 부스러기로 덮인 빙하를 발견한 것일 수 있다. 그러나 다른 해석도 가능할 뿐 아니라 이 자료 자체만으로는 얼음이나 물의 엄청난 저장소가 극 외에 존재한다는 것을 증명하지 않는다.

감마선과 중성자 분광기

이것은 화성 토양의 가장 위 약 1 m에 있는 수소의 양을 측량한다(글상자 3.7 참조). 수소를 포함할 수 있는 가장 그럴듯한 화합물이 물이기 때문에 이들은 물을 측량하는 방법이기도 하다. 토양 상부 1 m에 포함된 물의 양은 평균 14 cm 깊이로 화성 전체를 덮을 수 있는 물의 양과 동일하다는 것이 주요 발견이라고 그림 3.22는 요약한다. 이것은 엄청난 양의 물이다. 이 기술이 약 1 m보다 더 깊은 곳에 있는 물을 검출할 수 없기 때문에 훨씬 더 많은 물이 화성에 있을 수도 있다. 그리고 위도 의존도가 상당하다는 것도 주목하자. 북반구와 남반구에서 약 48°에서부터 극으로 갈수록 지하수 양이 빠르게 증가하지만 적도에 매우 가까운 곳에서도 3~10% 범위의 지하수가 존재한다.

GRS 기구 각각은 화성 표면에서 폭이 500 km인 보폭을 갖고 있어서 광학적 영상이 성취할 수 있는 것보다 공간 해상도가 몇 차수만큼이나 나쁘다. 세 기구의 자료를 모두 고려하면 결과들을 만족하는 모델을 얻는 것이 가능하다. 극관 이외의 지역에서는 물이 풍성한 층 위에 물이

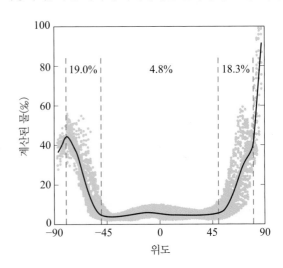

그림 3.22 초열 중성자 자료에서 얻은 수소로 계산한 1 m 깊이의 토양 질량에 대한 수분 함량비. 화성의 위도에 따라 나타냈다. 실선은 평균이고 점들은 100 km 크기 면적에서의 실제 값을 나타낸다. 파선은 극관을 제외한 지역을 세 구역으로 나눈다. 남극 극관에서 물의 양이 감소하는 것은 이산화탄소 얼음 판에 의해 부분적으로 가려졌기 때문이다. (Feldman et al., 2004에서 수정)

글상자 3.7 | 감마선과 중성자 분광학

마스 오디세이가 싣고 간 감마선 분광계(Gamma-Ray Spectrometer, GRS)는 전자 장치 상자를 공통으로 사용하면서 서로 보완하는 과학적 목표를 갖는 감지기 3개가 한 벌이다. 기구는 GRS 본체, 중성자 분광기(Neutron Spectrometer, NS), 고에너지 중성자 감지기(High-Energy Neutron Detector, HEND)이다.

우주선(태양을 포함한 별에서 오는 우주의 대전 입자)에 노출되면 토양이나 암석의 표면 근처에 있는 화학 원소들은 유일하게 독특한 징후를 감마선과 중성자의 형태로 방출한다. GRS는 어떤 원소가 존재하는지, 얼마나 있는지 그리고 행성 표면에 어떻게 분포하는지 결정하는 것이 가능하도록 이 신호를 분석한다.

입사되는 우주선은 표면 근처 원자의 일부의 핵과 충돌한다. 어떤 경우 이들은 결과적으로 중성자를 방출한다. 이 중성자들은 고에너지('빠른' 중성자로 언급된다)를 갖고 산란되어 다른 원자와 충돌한다. 이것들의 일부는 보통보다 높은 에너지 상태로 여기된다. 이 추가 에너지는 감마선의 형태로 방출될 수 있다. 그래서 원자는 정상적인 안정된 에너지 상태로 되돌아 올 수 있다. 감마선(γ)의 에너지 E는 이것을 방출하는 원자의 특성이다. 다른 말로 하면, 이것은 모 원소의 특징이다. 칼륨, 토륨과 우라늄은 자연적으로 방사

성이라서 이들은 이것을 여기시킬 외부 요인이 필요하지 않다.

초기 상호작용에서 생성된 중성자는 추가로 반응할 수 있다. 이들이 다른 원자의 핵과 충돌하면 이들은 에너지를 잃고 느려져 결국 '열적'이 된다. 이것은 이들이 표면의 원자가 움직이는 속도와 비슷한 속도로 움직인다는 뜻이다. 이 과정은 **감속**(moderation)으로 알려진 과정이다. 수소 원자는 중성자 감속에 있어서 특히 중요하다. 왜냐하면 이 둘은 질량이 거의 같기 때문이다. 여기서 논의된 다양한 과정이 그림 3.23에 설명되어 있다.

감마선은 GRS 본체에 의해 기록된 스펙트럼에서 날카로운 발광선으로 나타난다. 특별한 선의 세기는 원소의 집중도를 나타내는 반면 이 발광선의 에너지는 어떤 원소들이 존재하는지 의미한다. 이것은 그림 3.24에 설명되어 있다. 여기에서 감마선 분광기는 에너지를 결정하도록 입사되는 각각의 감마선 광자를 분석한다. 충분한 수가 이런 방식으로 분석된 후에 이들은 검출된 감마선 광자의 수('세어진' 숫자)가 스펙트럼을 만들어낸 에너지의 함수로 그려진 도표에 보여질 수 있다. 이 예에서, 3개의 독특한 피크, 즉 '선들'이 스펙트럼에서 3개의 다른 감마선 에너지 E_1, E_2, E_3에서 분명하게 보인다. 일반적으로 이것은 3개의 다른 원소에 해당한다. 방출되어 검출된 감마선 광자의 수와 관련이 있는 각각 선의 높이, 즉 세기는 해당 원소의 양에 비례한다.

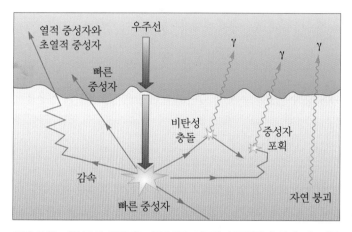

그림 3.23 행성으로 입사되는 우주선과 지표의 상호작용에 의해 지표에서 생성되는 방사선. 본문에서 설명한 상호작용의 생성물은 중성자와 감마선(γ)이다. 상호작용을 거의 하지 않거나 하지 않는 중성자는 '빠른' 중성자로 묘사되고, 매우 느려지는 중성자는 '초열적'으로, 그리고 가장 느린 중성자는 '열적'이라고 묘사된다. 그림은 축척이 없으며 투과 깊이는 약 1 m이다.

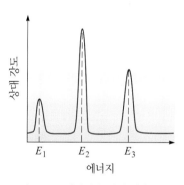

그림 3.24 가상적인 감마선(γ) 스펙트럼. 검출되는 감마선 광자의 수가 파장이나 진동수가 아니고 에너지(전형적으로 MeV 단위로)의 함수로 그려졌다. 에너지의 함수로 표시하는 것은 감마선이 고려될 때 관례이다.

부족한 맨 윗층이 있다. 물이 풍성한 지역은 얼음 안정성이 예상되는 지역과 상관관계가 있다. 그래서 물은 액체로 있기보다는 얼어 있을 확률이 매우 높다. 가능한 분포 지도는 공간 해상도를 높이기 위해 열적 측정과 모형을 이용해서 그림 3.25에 나타냈다.

■ 지하 투과 레이더 SHARAD와 MARSIS가 그림 3.25에 지도로 제시된 얼음 매장 층의 상층부 깊이를 확증할 수 있다고 생각하는가?

☐ 불행하게도 이들의 수직 해상도(앞서 인용된)는 이런 얇은 경계면의 꼭대기 층을 구분하기에 너무나 조악하다. 이들은 이미 언급한 논란의 대상인 빙하의 바닥처럼 얼음 지형의 예리한 맨 아래 부분을 찾는 것이 더 적절하다.

그림 3.25 열 영상과 모델 결과를 GRS 자료와 합성해 얻은 화성 북반구 일부 지역에 묻혀 있는 얼음층 깊이. VL 2는 바이킹 2호의 착륙 지점이다. 위치 1~5는 새로운 분화구가 얼음을 노출한 것으로 보이는 장소이다(본문 참조). (NASA/JPL/University of Arizona)

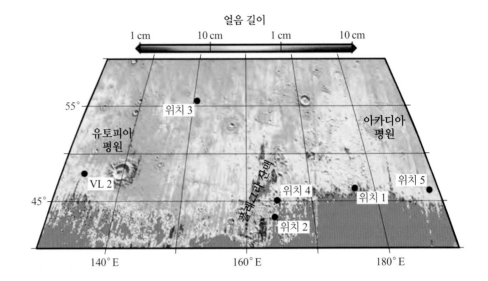

- 그림 3.22는 낮은 위도에서조차 약 5%의 물이 지표 아래 토양에 있음을 제시한다. 얼음층의 꼭대기가 GRS를 이용해서 검출하기에 너무 깊다 하더라도 이것은 어떻게 설명될 수 있는가?

□ 토양의 맨 꼭대기 1 m 정도에 물은 토양에서 화학적으로 광물과 결합한 H_2O 혹은 OH로 존재할 것이다.

이것이 옳다면 당연히 GRS 방법이 닿을 수 있는 깊이보다 더 깊은 깊이에서의 얼음을 제외하지 못한다.

새로운 충돌구

해상도가 매우 높은 영상은 실제로 표면 밑 얼음층을 노출시킨 새롭게 형성된 충돌구를 m 급으로 보여준다. 예를 들어, 그림 3.25에 지도가 작성된 영역 안에 이것이 관측된 지역이 있다. 수십 cm의 깊이에서 비롯되지만 충돌구 바닥에 새롭게 노출되거나(그림 3.26) 분출물 속에 분

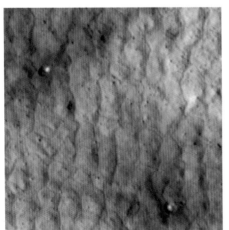 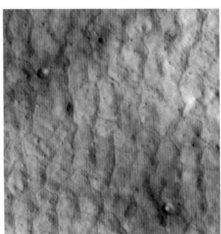 

그림 3.26 왼쪽부터 2008년 9월 12일, 10월 14일, 12월 25일에 촬영한 75 m 넓이의 동일한 지역. 한 픽셀당 25 cm인 HiRISE 영상의 서브프레임이다. 그림 3.25의 '위치 1'에 해당한다. 빛은 왼쪽 아래에서 비추고 있다. 바닥에 밝은 물질이 있는 (반사도가 높은) 폭이 4 m인 충돌구 2개가 시간이 지남에 따라 흐려져 간다. 충돌구는 첫 번째 영상에서 잘 나타난다. 낮은 해상도의 주변 영상은 이 충돌구가 2008년 6월 4일과 8월 8일 사이에 만들어졌음을 보여준다. (NASA/JPL-Caltech/University of Arizona)

포함한 높은 반사율 물질을 이런 새로운 충돌구는 드러낸다. 근적외선 분광기 자료는 이 고해상도 물질이 물 얼음이라는 것을 확인한다. 각각의 경우에서 몇 달이 경과하는 동안 얼음은 풍경에서 점차 사라진다.

■ 시야에서 얼음이 점점 사라지는 이유에 관한 두 가지 가능한 설명을 제안할 수 있겠는가?

□ 대기에서 가라앉는 먼지에 의해 점차 덮이기 때문일 수 있고, 혹은 얼음이 승화되어 점점 사라지기 때문이다(글상자 3.3).

먼지가 역할을 할 수 있음에도 불구하고 사실 얼음이 승화하는 것과 같은 비율로 사라진다.

지형

지구에서는 심토에 얼음이 있는 것은 '주빙하'라고 묘사한다. 주빙하 풍경은 다양한 특징적인 지형을 발달시킬 수 있다. 일반적으로 얼음이 형성될 때 팽창하고 얼음이 녹을 때 수축하는 동안(동결-해빙 주기) 지면이 교란되는 탓이다. 현재 화성에서 우리는 해빙(녹음)보다는 승화를 기대한다. 그러나 이것에도 불구하고 표면의 가는 조직은 여러 장소에서 동토의 존재와 일치한다. 그림 3.26에서 볼 수 있는 교차된 골짜기의 10 m 미만 다각형 모양이 좋은 예이다. 이 같은 지형의 땅은 새로운 충돌구가 아직 발견되지 않은 많은 장소에서 나타나며, 토양 얼음에 대한 강력한 정황적 증거로 여겨질 수 있다.

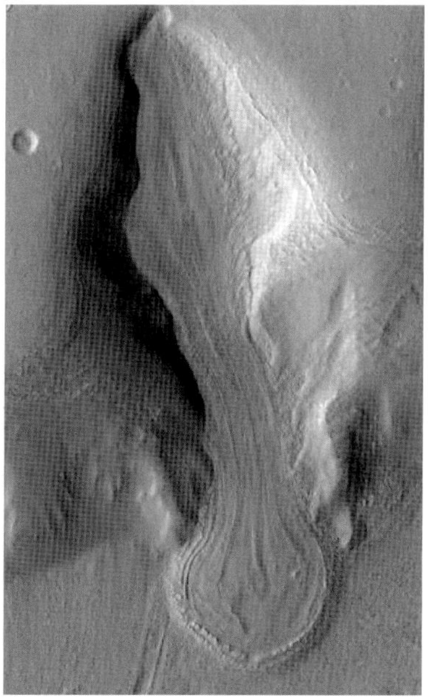

큰 규모의 풍경 지형도 얼음과 일치한다. 예를 들어, 이분 경계를 따라 있는 여러 장소와 여러 곳에서 로브 모양의 암설 호안을 만드는 넓은 계곡이 빙하 흐름과 일치하는 큰 규모의 형태와 고운 조직을 갖는다. 가장 최근의 사례는 아마조니안 시대의 것으로, 자전축 경사가 큰 경우 동안 빙하 형성의 증거로 가장 쉽게 설명된다(그림 3.9). 어떤 모델에 의하면 저위도에서 엄청난 양의 얼음이 축적되는 것이 가능할 때 말이다. 그림 3.27의 예는 지하 투과 레이더가 얼음이 바위 잔해물의 딱지 아래 여전히 전재할 수 있다고 제안하는 것 중 하나이다.

그림 3.27 픽셀당 25 cm, 폭이 500 m인 HiRISE 영상. 암석이 뿌려진 빙하를 보여준다. 이 예는 42.2° N, 50.5° E의 지각 이분의 바로 북쪽에 위치한 고립된 고지대에서 남쪽으로 흘렀다. 이 예에서 표면에 얼음이 보이지 않는다는 점을 제외하고는 줄무늬가 있는 표면과 귓불 모양은 지구의 빙하와 매우 유사하다. (NASA/JPL/University of Arizona)

활동적인 소협곡

화성 경사지의 소협곡은 2000년 마스 글로벌 서베이어가 촬영한 영상에서 처음으로 발견되었다. 이것은 전에 알려진 수로보다 훨씬 작은 것들이다. 폭이 10 m이고 길이가 겨우 약 1 km 정도이다. 이것들이 젊은 지형이라는 것이 즉각적으로 분명했다. 내리막 끝에 방출된 부스러기들이 모래 사구 같은 다른 젊은 지형을 묻어버린 것처럼 보였기 때문이다. 재촬영된 영상은 그 후 어떤 소협곡이 현재 활동적이라는 것을 증명하였다(그림 3.28).

지류에 의해 흘러들어오기보다 대부분 소협곡들은 만이나 '방벽의 오목한 곳'에서 만들어진다. 이들의 생김새는 얼음 마개가 갑자기 터져서 물이 경사로 쏟아져 흘러나오기 전까지 수영장 크기의 액체 물이 지하에 묻혀 있다는 것을 암시한다. 그림 3.29에서 말해주는 것처럼 말이

그림 3.28 (a) 2001년 12월 22일과 (b) 2005년 8월 26일에 동일한 지역을 촬영한 화성 분화구. 영상은 폭이 1.5 km이다. 각 영상에서 오른쪽 아래가 분화구의 바닥이다. 젊은 소협곡 여러 개가 분화구 벽 안쪽으로 침식해 들어갔다. (b)의 바닥에서 볼 수 있는 고반사도 퇴적물과 왼쪽 아래 근처에 소협곡의 방류되는 지역이 2001년과 2005년 사이에 활동적인 것으로 보인다. (NASA/JPL/Malin SSS)

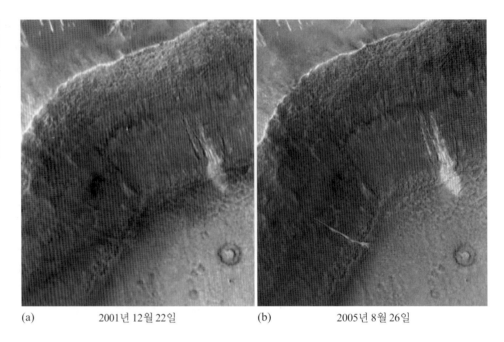

(a) 　　　　 2001년 12월 22일 　　　　　 (b) 　　　　 2005년 8월 26일

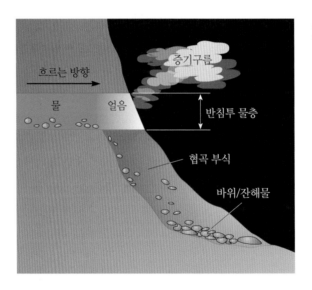

그림 3.29 화성 소협곡의 특징적인 해협과 호안 생성에 관한 가능한 모형

다. 오늘날 화성 대기에 노출되면 액체 물은 빠르게 끓어 없어질 것이지만 충분한 양의 유수는 그걸 막아주는 얼음 표면 밑에서 소협곡을 파낼 수 있기에 충분히 오래 생존할 수 있다.

마개 아래 물에 녹아 있는 소금물이 액체로 남아 있을 수 있게 돕는다. 소금은 물의 어는점을 상당히 낮출 수 있는 가능성을 갖고 있기 때문이다. 다른 소협곡은 토석류 같은 '건조한' 과정으로 형성되었을 것이다.

반복경사선

반복경사선(recurring slope lineae, RSL)은 침식이 없는 또 다른 종류의 내리막 경사 지형이다 (그림 3.30). 이들은 오래 지속되지 못하며 어두운 가는 띠 모양이다. 수십 개에서 심지어 수백 개의 집단으로 나타난다. 이들은 화성에서 따뜻한 계절 동안 보이기 시작하고 특히 적도를 바라보는 경사지에서 보인다. 온도가 떨어지면 사라진다. 하지만 화성의 햇수로 몇 년 동안 반복적으로 관측된다. 이 증거는 건조한 황무지에서 이산화탄소의 승화와 물 활동까지 다양한 가

그림 3.30 뉴턴 분화구 안에서 보이는 반복경사선(RSL). 분화구의 벽 안쪽을 헬리콥터에서 바라본 듯 합성한 풍경 사진이다(하늘의 색은 실제로 보이는 모습이다). RSL 각각의 폭은 0.5 m와 5 m 사이이고 가장 두드러진 것의 길이는 50 m이다. 이 풍경 사진은 디지털 지형도 모형으로 투영된 HiRISE 영상으로 만들었다. (NASA/JPL/University of Arizona)

설들을 만들게 한다(축축한 토양이나 먼지는 건조한 토양이나 먼지보다 어둡다). 화성 정찰 위성에 탑재된 화성 컴팩트 정찰 영상 분광기(compact reconnaissance imaging spectrometer for Mars, CRISM)는 RSL에서 수화된 소금을 밝혀냄으로써 물과 관련된 형성 기작을 타당한 원인으로 만들었다.

3.4.3 화성 대기의 진화 : 물의 역할

먼 과거에, 최근 그리고 심지어 오늘날 (액체로서 확실하지 않다면 적어도 얼음으로서) 화성에 물이 있었다는 매우 강한 증거를 확립했기 때문에 화성 대기의 진화를 이제 조금 더 깊게 고려해보겠다. 이것이 물과 생명에 대한 전망에 영향을 주기 때문이다. 지구형 행성이 유사한 물질로 만들어지고 비슷한 내부 과정을 경험했다는 사실을 고려하면 우리는 금성, 지구 그리고 화성의 원래 대기가 비슷한 기체로 구성되어 있을 것이라고 기대할 수 있다. 유사성이 있지만 실제로는 비율과 함량은 매우 다르다. 지구와 금성의 대기에서 이산화탄소를 예를 들어 고려해보자. 부피로 비율을 따지면 각각 0.03%와 96%이다. 분명히 매우 다르다. 그러나 우리가 땅 속에 묻힌 이산화탄소의 양을 함께 고려한다면 이 둘 사이의 차이는 훨씬 덜 중요하다. 예를 들

표 3.6 각각 행성의 전체 질량에 대한 비로 나타낸 금성, 지구, 화성의 휘발성 물질량. 석회암과 다른 탄산염에 포함된 이산화탄소를 포함하였다.

	CO_2	H_2O	N_2
금성	9.6×10^{-5}	$> 2 \times 10^{-9}$	2×10^{-6}
지구	16×10^{-5}	2.8×10^{-4}	2.4×10^{-6}
화성	$> 6 \times 10^{-8}$	$> 5 \times 10^{-6}$	4×10^{-8}

어, 지구에서 이산화탄소는 해양에 의해 매우 효율적으로 대기로부터 제거되었고 바다 바닥으로 침전되어 결국 석회석으로 고정된다. 지구 퇴적물인 석회석에 포함된 이산화탄소를 포함하면 금성과 지구에 있는 전체 양은 유사하다. 질소에 대해서도 마찬가지로 사실이다. 표 3.6은 금성, 지구 그리고 화성의 휘발성 물질 목록을 각각 행성의 전체 질량의 비율로 보여준다.

■ 일상 용어로 금성과 지구의 휘발성 물질의 상대적 양은 어떻게 비교되는가? 화성의 그것과는 어떻게 비교되는가?

□ 지구와 금성에 대한 휘발성 물질의 상대적 양은 (근사적으로) 비슷하다. 고층 대기에서 광분해의 결과로 금성이 잃어버렸기 때문에 물은 예외이다. 화성의 이것들은 상당히 낮다.

금성이나 지구보다 태양에서 멀고, 결과적으로 낮은 온도에서 응축된 물질로 만들어졌기 때문에 화성은 안쪽에 있는 이웃보다 휘발성 물질이 더 많을 것으로 기대할 수 있다. 화성에서 덜 완벽하게 기체가 없어진 것으로 외관상 차이를 설명할 수 있다. 이 경우 화성의 대기는 금성이나 지구의 대기만큼 대규모일 수 없다. 그러나 화성이 현재보다 훨씬 많은 대기를 가졌던 기간이 있다는 증거가 있다. 우리가 본 것처럼, 대기압은 현재 너무 낮아서 액체 물이 표면에서 안정적으로 유지될 수 없다. 관측된 물 생성 지형을 만든 물을 유지하기 위해서 더 높은 대기압은 거의 확실히 필요하다.

가장 그럴듯한 설명은 화성의 대기 온도가 현재보다 과거 한 시점에 더 높았다는 것이다. 더 높은 온도는 물이나 특별히 이산화탄소 같은 축적된 휘발성 물질의 증발로 끝난다. 화성은 더 풍부한 대기를 소유했을 것이다. 이 대기의 손실이 이어지면서 행성을 냉각시켰을 것이다. 표면 온도는 대기 중 온실 기체의 전체 양에 의해 확실히 결정되기 때문이다. 물과 다른 대기 성분의 손실은 대부분 열적 탈출로 나타난다(다양한 다른 과정에 의해서도 나타난다). 이 과정은 짧은 설명을 위해 잠시 주제에서 벗어날 만큼 가치가 있는 충분히 중요한 과정이다.

행성체의 중력장의 세기는 행성이 대기를 유지할 수 있는지 없는지 결정하는 가장 중요한 요소이다. 중력장이 강할수록 대기의 분자에 미치는 중력적 인력이 강해진다. 이것은 **탈출 속도**(escape velocity)의 개념으로 이어진다. 탈출 속도는 물체가 (우주선이나 분자가) 탈출하기 위해 필요한 최소한의 속도이다. 질량이 M이고 반지름이 R인 천체의 탈출 속도 v_{esc}은 다음과 같다.

$$v_{esc} = \sqrt{\frac{2GM}{R}} \tag{3.8}$$

여기에서 G는 중력 상수이다. 대기 분자가 충분한 속도를 가지는지 여부는 온도에 의존한다. 기체의 온도가 증가함에 따라 분자는 더 빠르게 움직이고 분자의 평균 속도는 증가한다. 분자의 일정 부분은 언제나 중력을 극복하기에 충분히 빠르게 움직여서 우주로 탈출할 수 있도록 한다. 낮은 온도에서는 이 비율이 무시할 정도이지만 높은 온도에서는 행성에 대해 대부분의 분자가 탈출 속도를 초과할 때까지 점진적으로 더 중요해진다. 관련된 온도는 상층 대기(기술적으로 열권이라고 알려진)에서의 온도임에 주목하자. 여기에서는 대기가 너무 희박하기 때문에 밖으로 움직이는 어떠한 분자도 다른 것과 충돌할 확률이 거의 없다. 충분한 속력만 가졌다면 탈출할 것이다.

다른 기체는 다른 분자 질량을 갖기 때문에 주어진 온도에서 이들의 평균 속도는 다르다(이해가 되지 않았다면 질문 3.5에서 분명해질 것이다).

태양계 나이와 같은 차수만큼의 시간 동안 **행성체**(planetary body)가 대기에 특정 기체를 보유하기 위해서는 기체 분자의 평균 속도가 탈출 속도의 약 6분의 1보다 작아야 한다. 만약 평균 속도가 탈출 속도의 약 6분의 1을 초과하면 분자의 상당 부분이 더 빠르게 움직일 것이고 손실될 것이다. 이 조건은 소수 행성체에서만 만족되었다. 수성은 태양과 아주 가깝고 매우 뜨거워 일반적인 모든 기체에 대해서 분자의 평균 속도가 너무 크다. 수성과 크기가 비슷한 타이탄은 훨씬 밀도가 낮아서($\approx 1.9 \times 10^3$ kg m^{-3}) 질량이 수성의 절반에도 못미친다. 그래서 표면 중력과 탈출 속도가 낮다. 그러나 그럼에도 불구하고 태양에서 충분히 멀다. 이런 이유 때문에 표면 온도가 100 K 정도밖에 안 되어 타이탄은 짙은 대기를 가질 수 있다.

'행성체'는 행성, 왜소행성, 위성, 소행성 등을 아우르기 위해 사용할 수 있는 편리한 용어이다.

질문 3.5

(a) 기체 분자의 평균 속도(더 정확하게 말하면 평균 제곱근)는

$$v = \sqrt{\frac{3kT}{m}}$$

으로 주어진다. 여기에서 m은 분자의 질량이다. 이 공식에 근거해서 행성의 대기로부터 다른 기체의 열적 탈출의 가능성에 대해 무엇을 이야기할 수 있는가?

(b) 화성 대기의 가장 흔한 두 가지 성분의 상대적 평균 속력을 수소에 대해서 그리고 각각에 대해서 계산하라.

다시 화성으로 돌아와서, 남아 있는 대기는 더 무거운 동위원소의 농축의 형태로 손실의 특징을 나타내야 한다. 즉, 가벼운 동위원소가 선택적으로 사라져야 한다. 이것의 가장 좋은 증거는 화성에서 온 것이라는 부인할 수 없는 증거가 있는 운석에 갇힌 화성 대기 표본으로부터 얻을 수 있다. 다음 절에서 우리는 이 운석들이 화성에서 온 것이라는 증거를 고려하고 과거 기후 조건의 동위원소 기록을 조사한다.

3.4.4 화성에서 온 운석과 화성 대기

EET 79001(그림 3.31)은 남극에서 수집된 운석이다. 'EET'는 수집 장소를 말하고 있고(이 경우, 엘리펀트 모레인이라고 불리는 장소이다), '79'는 수집 연도이다(1979년). 인식 번호, 001,은 표본이 감독 시설로 반환되기로 분류된 첫 번째 운석이라는 것을 의미한다. 수집가가 남극에서 희귀하거나 이상한 표본을 발견하면 이들은 예비 분류를 빨리 하기 위해 메모를 남긴다. EET 79001은 그런 표본이었다. 이 특별한 경우에 조사를 우선한 결정은 더 정당화될 수 없었다. 현재 이 운석은 화성에서 온 것으로 믿어지기 때문이다.

EET 79001는 셔고타이트라고 불리는 운석군에 속한다. 이것은 나크라이트와 샤시나이트로 알려진 다른 두 운석군과 관련이 있다. 120개 이상 확인된 이 표본들은 SNC 운석이라고 집

그림 3.31 운석 EET 79001. (NASA)

합적으로 불린다(S, N, C는 셔고타이트, 나크라이트와 샤시나이트를 의미한다). 이 이름들은 발견 장소인 셔고티(인도), 나클라(이집트), 샤시니(프랑스)에서 기인한다. 예외가 거의 없이 SNC 운석들은 마그마에서 정출된 화성암이고 셔고타이트는 현무암 성분의 중간질 암석이다. 북서아프리카에서 발견된 것으로 수집된 현무암질 각력암의 표본은 예외이다. 대부분 SNC 운석들을 구별하는 중요한 특징은 상대적으로 젊은 형성 연령이다. EET 79001의 경우는 약 2억 년 전이다.

■ 대부분 SNC 운석의 정출 연령은 2~13억 년 구간이다. 이것의 의미는 무엇인가?

□ 이 운석들은 태양계 역사의 후반부에 형성되었다. 어디서 만들어졌든지 간에 적어도 모체의 일부분은 최근 2억 년 전에 용해 사건을 경험했어야 한다(혹은 그럴 리는 없겠지만, 그 전까지 녹아 있어야 한다).

반대로 대부분 다른 운석들의 연령은 45억 년 근처에 모여 있고 소행성 크기(지름이 수백 km)의 모체에서 온 표본임을 나타낸다. 소행성은 태양계 역사에서 상대적으로 이른 시기에 가열되었다가 냉각되었다. 소행성 운석 일부는 45억 년보다 나이가 젊지만 이것들은 후반부에 충돌에 의한 용융의 결과로 방사성 연령계를 수정한다. 대부분 SNC 운석의 광물 조직으로부터 이것이 충돌에 의해 야기된 용융이 아니라는 것이 보인다. 2억 년 전 용융시키기에 충분한 열을 가진 유일한 합리적인 환경은 행성 크기의 모체이다. SNC 운석의 근원이 될 수 있는 몇 개의 암석 후보만 있다. 즉, 수성, 금성, 지구, 달, 화성 혹은 이오이다.

■ 운석이 어떻게 행성의 표면에서 나올 수 있는가?

□ 격렬한 화산 폭발이나 충돌에 의해 던져져 나올 수 있다.

다양한 근거에서 발사 과정으로서 화산 활동은 제외될 수 있다. 가장 그럴 듯한 기작은 유성체나 혜성이 행성체에 떨어진 충돌에 따른 분출물로서 나오는 것이다. 그림 3.32는 큰 충돌구가 형성될 때의 과정을 도식적으로 나타내고 있다. 목표물 바위의 분쇄와 충돌구의 형성, 충돌의 충격은 충돌 장소에서 분출물 조각을 멀리 날려버릴 수 있다. 조각들 몇 개는 탈출 속도를 초과할 수 있다.

■ 만약 다른 천체에서 튀어져 나온 조각이 지구에 닿으려면 가장 그럴 듯한 근원은 무엇인가? 왜 그런가?

□ 달이다. 단순히 다른 어떤 고체 천체보다 훨씬 가깝기 때문이다.

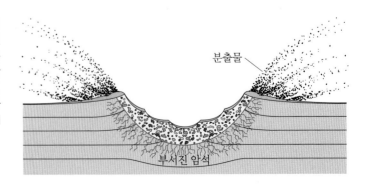

그림 3.32 행성 크기 천체에서 충돌구가 만들어지는 사건의 개요도. 이 경우는 크기가 약 1 km인 충돌체와 지름 수십 km인 충돌구에 적용될 수 있는 일반화된 경우이다. (충돌 속도가 약 20 km s^{-1}인) 충돌은 국부적인 용해와 목표물 바위의 강렬한 파쇄를 만든다. 충돌 지역에서 멀어질수록 조각의 크기는 증가한다. 게다가 충격파 영향을 받지 않고 녹지 않은 물질들이 얇은 표면에서 분출될 수 있다. 충돌 지역 가까이에서는 탈출 속도보다 빠르게 분출될 수 있어서 행성으로부터 탈출할 가능성이 있다. (Melosh에서 수정, 1989)

현재 달에서 기원한 300개 이상의 운석이 지구에서 발견되었다. 이들의 유래는 의심할 여지가 없다. 화학 성분, 동위원소 비율, 광물학과 조직들이 모두 아폴로 우주 비행 당시 달에서 수집된 표본들과 유사하기 때문이다. 여러 가지를 고려하면 이들의 특성은 다른 어떤 운석이나 지구의 암석과도 다르다.

지구에서 발견된 운석 일부가 또 다른 중요한 천체에서 유래했다는 것이 확실히 정립되었기 때문에 우리는 이제 다시 EET 79001로 되돌아 갈 수 있다. 처음 조사되었을 때 이것의 독특한 특징은 달에서 가져온 어떤 표본과도 유사점이 거의 없어 보였다. 그래서 달이 이 운석의 근원일 리가 없었다. 게다가 대부분 달의 화산은 30억 년 전에 활동을 멈췄기 때문에 2억 년 전에 만들어진 EET 79001은 너무나도 젊었다. 지구에서 이오까지의 거리와 목성과 가까이 있는 점은 이오에서 분출된 분출물이 지구에 닿는 것이 역학적으로 불가능하게 했다. 수성은 태양과 너무나도 가깝기 때문에 수성의 표면에서 분출된 물질은 달에서 분출된 물질이 지구에 닿을 확률보다 100배나 작았다. 금성은 짙은 대기(표 A1)와 매우 큰 중력장(지구와 거의 비슷한)을 갖고 있어서 물체를 밖으로 분출하려면 아주 높은 속도를 필요로 했다. 그런데 이런 속도에서는 대기의 마찰열이 분출물을 심각하게 녹일 것이다(작은 바위의 경우 완전히 증발시켜버릴 것이다).

■ 위의 논증에 의하면 SNC 운석의 가능한 모체는 무엇이라고 생각하는가?

□ 지구와의 근접성, 약한 중력과 금성보다 덜 짙은 대기에 근거하면 화성이 가장 가능한 후보이다. 곧 나오겠지만 EET 79001은 화성이 수성보다 훨씬 더 가능하다는 단서를 갖고 있다.

화성은 희박한 대기(현재 표면 기압은 6 mbar이다)를 갖고 있고 표면 중력은 지구의 절반보다도 작다(질문 3.1). 그렇기 때문에 고체 물질이 증발되지 않고 분출될 수 있다. 추가 증거는 EET 79001의 모체가 화성이라고 강력하게 주장한다. 간단한 설명은 하나를 제외하고 모든 SNC 운석이 충돌 용융이 아니고 지구의 표면이나 근처에서 암석이 형성되는 여러 방식과 유사한 화성 작용의 결과라고 보여준다.

그러나 SNC 운석은 화성의 탈출 속도(5 km s^{-1})보다 빠르게 이들을 가속시키기에 충분할 만큼 격렬한 충돌 사건에 영향을 받았다. 나크라이트는 약하게만 충격을 받았지만 셔고타이트(EET 79001을 포함한)와 샤시나이트는 격렬한 충격 효과를 기록한다. EET 79001을 화성에서 내보냈을 것으로 생각되는 충돌 사건이 발생하는 동안 충격에 의한 용융이 수 mm 크기의 격리된 조각에서 발생했다. 이 용융은 용액에 대기 기체를 가둔 유리를 생성할 만큼 극도로 빠르게 냉각되었다. 이렇게 갇힌 기체의 분석은 이들이 화학적으로 그리고 동위원소적으로 독특하다는 것을 보여준다. 바이킹과 패스파인더에 의해 결정된 화성 대기의 기체 성분과 비교할 수 있도록 EET 79001이 생성될 때 충격이 만든 유리에 갇힌 기체 성분이 그림 3.33에 그려져 있다.

■ EET 79001과 화성 대기에 있는 기체 성분에 대해 그림 3.33으로부터 어떤 결론을 내릴 수 있는가?

□ 두 성분비 사이에 거의 완벽한 상관관계를 나타낸다. 이는 EET 79001에 갇힌 기체는 화성 대기를 나타낸다고 제안한다.

그림 3.33 EET 79001의 유리에 있는 성분에 따른 화성 대기(착륙선에서 측정한)의 기체(불활성 기체 4개를 포함한) 성분 비교. 수직축과 수평축 모두 로그 스케일이다. SNC 운석에 대한 화성 기원을 지지하는 증거의 일부가 되는 아주 좋은 상관관계에 주목하자. 성분비는 표 3.2와 일치하지만 여기에서는 부피비보다는 m³당 입자의 수로 나타냈다. 다른 SNC 운석 자료도 비슷하게 그려진다.

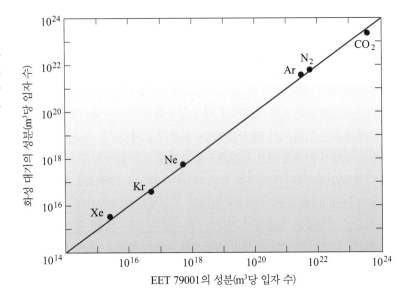

증거는 주목하지 않을 수 없다. 그러므로 이 증거의 결론은 EET 79001과 실제로 모든 SNC 운석은 화성에서 온 것이다.

질문 3.6

(a) 화성, 금성, 달의 탈출 속도를 올림차순으로 정렬하라.

(b) 표면 충돌에 의해 분출되어 지구에 도달함에 있어서 탈출 속도 외에 어떤 요소가 이 천체에서 나온 물질의 가능성을 결정하는가?

EET 79001 같은 셔고타이트에서 얻은 대기 기체의 동위원소의 상대적 성분의 분석은 지금까지의 화성 착륙선에서 수행된 것보다 실험실에서 더 정밀하게 수행될 수 있다. 제논(Xe)과 아르곤(Ar) 동위원소 비는 특히 흥미롭다. 해석은 복잡한데 여기서는 간단하게만 요약하겠다.

^{132}Xe, ^{36}Ar과 달리 ^{129}Xe과 ^{40}Ar은 방사성 붕괴의 결과물이다(이들은 '방사능에 의해 생긴' 원소이다). 그러므로 ^{129}Xe과 ^{40}Ar의 대부분은 방사성 붕괴에서 온 것이지만 화성의 ^{132}Xe과 ^{36}Ar은 '원초적'이다. 비방사성 동위원소에 대한 방사성 원소 비는 행성에서 얼마나 소멸했는지 말해준다. 이 비가 클수록 비방사성 (원시) 동위원소가 덜 남게 되고 그러므로 기체의 손실이 (추측하건대 우주로) 더 많은 것이다. EET 79001에서 비방사성에 대한 방사성 제논의 비(^{129}Xe/^{132}Xe)는 지구 대기의 값보다 2.5배 더 높고, ^{40}Ar/^{36}Ar 비는 지구 대기보다 여섯 배 더 높다.

■ 지구와 화성에서 우주로 잃어버린 대기의 상대적 양에 대해 이 비에서 무엇을 추론할 수 있는가?

☐ 화성 대기에서 더 높은 방사성/비방사성 비는 화성이 지구보다 더 많은 대기를 잃어버렸다고 보인다.

화성 표면은 특별히 노아키안 시대와 후기 헤스페리안 시대에 액체 물이 흘렀다는 상당한 증거를 보여주고 있음을 보았다. 이 시대 이후에 각각 우주로 대기의 손실이 있었다. 오늘날,

물 수증기의 광분해는 수소와 산소의 손실을 야기한다. 이 기작은 화성의 탄생 이후 화성에서 작동한다. 이 기작은 태양으로부터 자외선 플럭스가 더 높았을 초기에는 더 효과적이어서 광분해가 높은 수준이었다. 그렇다 하더라도 비율은 너무 느려서 모든 물이 사라졌다고 가정하는 것을 설명할 수 없다. 다른 과정이 필요하다.

헤스페리안 시대에 대기의 손실을 설명할 수 있는 두 가지 방법이 있다. 이것들은 동위원소 자료와 일치한다. 첫 번째, 충돌구 기록은 맹렬한 충돌의 시기가 있었음을 보여준다. 큰 충돌로부터 탈출 속도보다 빠르게 팽창한 뜨거운 기체 기둥은 35억 년 전에 원래 대기의 99%까지 모두 사라지게 할 수 있었을 것이다. 이 과정을 **충돌 침식**(impact erosion)이라고 부른다. 이것은 원시 제논과 아르곤의 부족을 설명할 수 있다. 그리고 동시에 이산화탄소와 질소와 같은 풍부한 기체도 피할 수 없이 제거되었을 것이다. 또 다른 과정은 약 42~45억 년 전쯤 화성 내부에서 새어나온 수소가 풍부한 초기 대기와 관련된다. 화성 내부에서는 예를 들어, 철-니켈 금속 등과 반응으로 인해 물이 수소로 변환했을 것이다. 질문 3.5로부터 어떤 온도에서든지 수소 분자는 무거운 분자보다 훨씬 빠르게 움직인다는 것을 기억하자. 이런 방식으로 형성된 방대한 양의 수소는 빠르게 움직이는 기체의 흐름으로서 열적 탈출에 의해 행성에서 사라졌을 것이다. 수소보다 무거운 분자는 이 흐름에 의해 휩쓸렸을 것이고 행성으로부터 함께 사라졌을 것이다. **유체역학적 탈출**(hydrodynamic escape)로 알려진 과정이다. 이것 역시 원시 제논과 아르곤의 부족을 설명할 수 있다.

- 수소가 가벼운 수소(^{1}H)와 무거운 동위원소 수소(즉 ^{2}H, 중수소 D), 즉 2개의 동위원소를 갖는다고 하면 수소 동위원소 성분이 시간에 따라 어떻게 진화할 것으로 기대하는가?

- 무거운 동위원소 ^{2}H와 비교할 때 ^{1}H가 대기에서 우선적으로 없어질 것으로 기대된다. 따라서 보통 D/H라고 쓰기도 하는 ^{2}H/^{1}H 비가 시간에 따라 증가할 것이다.

셔고타이트와 화성 대기의 물 수증기 측정을 통해 D/H비가 지구의 대기에서보다 다섯 배나 높은 것으로 나타났다. 이 측정은 수소가 우주로 소실되었다는 주장을 볼 만하게 지지하고 물 수증기가 유체역학적인 탈출에 의해 사라졌다는 것을 의미한다.

이것은 화성이 대기를 잃는 유일한 방법이 아니다. 화성은 자기장이 없어서 태양풍이 상층 대기에 부딪칠 수 있게 한다. 상층 대기에서는 '튀기기' 혹은 '태양풍 벗기기'로 불리는 이 과정에 의해 분자가 없어진다. 약 40억 년 전까지 화성은 아마도 태양풍으로부터 상층 대기를 지켜주는 자기장을 갖고 있었을 것이다. 그러나 그때 이후로 튀기기는 느린 누적 효과를 가졌을 것이다. 어떤 추산에 의하면 충돌 침식과 유체역학적 탈출은 약 40억 년 전까지 초기 대기의 99%를 없앴을 것이고 튀기기(모든 기체)와 광분해(수소의 우선적 손실)가 뭐가 남았든지 남은 것의 약 90%를 추가로 계속해서 사라지게 했을 것이다.

요약하면 화성 대기 진화의 증거는 기체 제거가 금성과 지구보다 덜 완벽한 (낮은 휘발성 물질 성분) 행성임을 가리킨다. 대기는 부분적으로 우주로 사라졌을 것이고 (비방사성 동위원소와 가벼운 동위원소의 부족) 그다음 온도가 낮아짐에 따라 극관으로 사라졌을 것이다.

우주 탐사선의 초기 화성 탐사 결론은 화성을 과거나 현재 생명체가 살 수 있는 곳으로 볼 희망을 가진 사람들에게 특별히 용기를 주지 않는다는 것을 보았다. 이 결론은 바이킹 생물 실험의 해석에 의해 확인되었다. 그러나 후속 관측은 표면 밑에 얼어 있는 물이 방대하다는 증거와 과거에 물이 흘렀다는 증거, 그리고 논쟁이 있지만 현재조차 간헐적으로 물이 흐른다는 생각에 대한 증거를 제공했다. 간단한 생명체가 화성에 존재할 수 있게 도와준 과거 조건을 높이 평가하는 의미 있는 의견들이 현재 존재한다. 이것 역시 논쟁의 대상이기는 하지만, 어떤 보호된 상황에서 오늘날도 생명체가 생존했을 수 있다는 의견이 있다. 이 논쟁들은 과거 혹은 현재 생명의 증거를 찾기 위해 계획된 실험의 근간을 형성한다.

■ 생명이 화성(혹은 다른 곳에서)에서 나타나려면 어떤 필수 조건이 필요하다. 무엇인가?

□ 물, 유기물질, 에너지 근원과 이런 것들이 집중되어 있는 장소이다.

헤스페리안 말기 근처까지 화성 표면 전체에 광범위하게 흐른 가상의 물을 고려해보자. 이 시기의 화성과 지구는 화성 대기의 진화에 대한 우리 지식으로부터 위에서 언급한 필수 조건을 만족시켰을 것 같다. 지구에서 생명은 38.5억 년과 35억 년 전에 그리고 40억 년과 38억 년 전 집중적인 충돌 기간 끝 사이에 시작되었다는 것을 알고 있다. 같은 시기에 화성에 생명체가 나타나지 않을 이유가 없다. 충돌에 의해 날아간 운석의 안쪽에 우연한 탑승객으로서 간단한 생명체가 두 행성 사이를 여행할 수 없었을 이유도 없다.

3.4.5 화성 대기의 메테인

화성의 현재 생명체를 직접적으로 확인할 수 없지만 생명체가 살았었다는 징후가 대기 안에 있다. 2003년부터 하와이에 설치된 적외선 망원경과 화성 궤도선의 분광기를 이용해서 행성 과학자들은 부피로 볼 때 평균적으로 10억 분의 10(ppbv)쯤 되는 메테인의 미세한 자취를 발견했다고 주장했다. 값은 장소에 따라 0(발견되지 않음)에서 30 ppbv 사이로 달랐다(그림 3.34). 지면에서는 MSL 로버가 0.7 ppbv와 7 ppbv 사이의 메테인 함량 변화를 검출했다. 메테인의 시간과 공간에서의 변화는 국부적인 기원을 암시한다. 더욱이 메테인은 환원된 물질이고 (글상자 3.5) 화성 조건에서는 수년 안에 빠르게 산화되어야 한다(예 : 광화학 반응에 의해). 그러므로 단지 메테인의 존재는 오늘날 메테인이 대기로 방출되고 있음을 의미한다.

화성이 오늘날 지질학적으로 충분히 활발하다면 이것은 놀라운 일이겠지만 깊은 내부로부터 화산에 의한 방출이나 열수 활동 같은 메테인의 지질학적 근원이 가능하다. 그러나 메테인은 **포접 화합물**(clathrate)에 비축되었다가 이것이 녹을 때 방출될 수 있고 또한 생물학적으로 생성될 수도 있다.

■ 메테인 생성의 생물학적 방법을 기억해낼 수 있는가?

□ 메테인은 메테인을 생성하는 미생물의 신진대사의 생성물이다(그림 2.20).

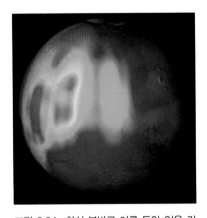

그림 3.34 화성 북반구 여름 동안 있을 것으로 추정한 메테인 구름. 보라색에서 붉은색 범위는 메테인 농도가 < 5 ppbv에서 30 ppbv이다. (Trent Schindler/NASA)

생물학적 과정은 탄소 동위원소를 세분하는 것으로 알려졌다. 그래서 화성 과학 실험실의 큐리오시티 로버(표 3.1)는 화성 메테인 동위원소 징후를 결정할 질량 분석기를 탑재했다. 활동을 시작한 지 두 번째 화성년에 큐리오시티의 SAM 실험(3.4.1절)은 대기에서 다양한 정도의 메테인을 검출했고 토양에서 유기물도 검출했다. 모든 관측은 비생물학적 과정으로 설명될 수 있다. 따라서 화성 메테인의 기원에 대한 심사위원단 판정은 아직 미정이다. 엑소마스 가스 추적 궤도선(표 3.1)이 달성할 임무를 이 일에 연관된 과학자 중 한 명이 글상자 3.8에 설명하였다.

엑소마스(ExoMas) 가스 추적 궤도선(trace gas orbiter, TGO)은 화성 대기의 기체를 추적하는 지도 작성을 위한 유럽 항공 우주국(ESA)과 러시아 우주국(ROSCOSMOS)의 연합 임무이다. 그 가운데서 오픈대학교가 선도 역할을 수행하고 있다. TGO는 2016년 3월 발사되었고 2016년 10월 화성 궤도에 도착했다. 주요 과학 궤도에 도착하기 위해 '대기 감속'(대기의 마찰을 통해 우주선을 감속시키는) 기간을 거친 후 2018년 초에 과학 임무를 시작할 예정이다. TGO는 화성 대기의 흔적 기체를 검출하고 특성을 짓기 위해 특별히 설계된 첫 번째 과학 탑재체를 장착했다. 400 km 고도의 과학 궤도에서 TGO에 탑재된 기구들은 지하 얼음을 측량하고 표면의 컬러 입체 영상을 촬영할 뿐 아니라 넓은 범위의 대기의 흔적 기체(메테인, 물 수증기, 질소 산화물, 아세틸렌과 오존 같은)의 존재를 결정할 것이다.

TGO의 과학 목표는 메테인과 여러 관련 분자와 중요 동위원소와 같은 잠재적으로 생명에 중요한 대기 추적 기체의 넓은 조합을 검출하고 측량하는 것이다. TGO는 궁극적으로 화성에서 이 추적 기체의 근원을 결정하기 위해 이들 종류의 화성 기후를 만드는 이들의 지리학적·계절적·수직적 분포를 특징지을 것이다.

이것을 성취하기 위해 TGO의 과학 탑재체는 기구 4개를 포함한다.

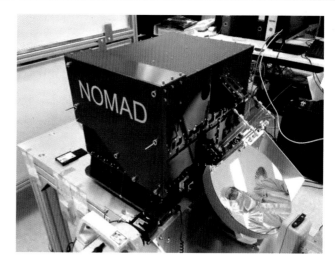

그림 3.36 실험대에서 시험 중인 NOMAD 분광기. (M. Patel/Open University)

를 측정하기 위해 2.2~4.3 μm의 적외선에서 작동한다.

UVIS 채널은 수직 구조를 측정하고 종류를 측량할 수 있는 자외선/가시광선 분광기이다. 오픈대학교의 과학자 팀이 UVIS 채널을 이끌고 있다. UVIS는 200~650 nm의 스펙트럼 범위를 담당하고, 전적으로 화성 대기에서 오존과 먼지/얼음 구름 에어로졸을 측량한다.

ACS

ACS(atmospheric chemistry suite, 대기 화학 세트)는 넓은 범위(근적외선, 중적외선, 열적외선)의 파장에 걸쳐 측정하는 3개의 분광기 세트이다. 대기의 구조와 광화학을 연구할 뿐 아니라 물, 메테인, 다양한 소수 대기 성분을 검출할 수 있다.

CaSSIS

CaSSIS(colour and stereo surface imaging system, 색과 입체 표면 영상계)는 추적 기체의 잠재적 근원으로서 확인된 장소를 특정짓고 대기 기체 목록에 기여할 수 있는 승화, 부식 과정과 화산 활동과 같은 역학적 표면 과정을 조사하는 고해상도(픽셀당 4.5 m) 컬러 입체 카메라이다. 기구는 지역적 비탈, 암석, 위험 가능성 등을 파악함으로써 잠재적 착륙지를 평가하는 데도 사용될 것이다.

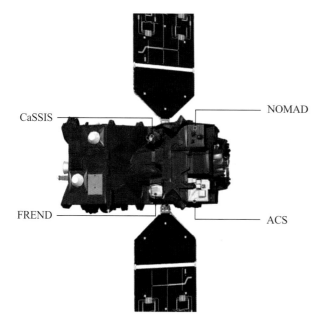

그림 3.35 엑소마스 가스 추적 궤도선(ESA)

NOMAD

NOMAD(nadir and occultation for mars discovery, 화성 발견을 위한 천저 엄폐) 기구(그림 3.36)는 3개의 독립된 분광기로 구성되어 있다: SO(Solar Occultation, 태양 엄폐), LNO(Limb Nadir and Occultation, 가장자리 천저 엄폐), UVIS(Ultraviolet and Visible Spectrometer, 자외선과 가시광선 분광기). SO와 LNO 채널은 화성 대기의 수직 구조를 측정하고, 적외선 영역에 나타난 분자 흡수를 측정하므로 메테인 같은 추적 기체 종류

FREND

FREND(fine resolution epithermal, 고분해능 초열 중성자 검출기)는 화성 표면에서 나오는 중성자의 플럭스와 속도 분포를 측정해서 지하 수소 함량을 추정하는 중성자 검출기이다(글상자 3.7).

이 기구의 발견들을 합쳐서 TGO 미션 과학자들은 화성의 메테인 수수께끼에 답할 수 있기를 바라고 있다.

매니시 파텔, 오픈대학교, 2017년 6월

3.5 ALH 84001 이야기 : 화성 운석의 생명 증거

이제 우리는 모든 화성 운석 가운데 가장 유명한 운석과 화성 생명의 질문과 관련한 이 운석의 중요성으로 관심을 돌리겠다. 1996년 8월 7일 유명한 기자 회견이 열리기 전까지 ALH 84001 이란 이름은 행성 과학자들 가운데서도 상대적으로 적은 수에게만 알려져 있었다. '84'는 운석을 수집한 연도인 1984년을 의미하고 '001'은 분류된 단위의 첫 번째였음을 의미한다. ALH는 회수한 지역을 나타내는데 이 경우는 남극의 앨런 언덕이다.

문제의 기자 회견에서 NASA의 존슨 우주센터의 데이비드 맥케이(David Mckay, 1936~2013), 에버렛 깁슨(Everett Gibson, 1940~)과 캐시 토마스-켑타(Kathie Thomas-Keprta)가 이끄는 과학자들은 화성에서 온 것으로 알려진 이 운석의 특정한 특징이 화성의 고대 미생물의 잔해로 해석해야 가장 잘 해석된다고 발표했다. 효과는 극적이었다. 전 세계의 뉴스 미디어는 "화성에서 생명체를 발견했다!"고 급하게 선언했다. 우리가 혼자가 아닌 것(적어도 과거 한때 혼자가 아니었기를)으로 발견되기를 바라는 인류의 희망이 마침내 대답을 얻은 것 같았다. 잘 알려진 과학적 의견 대다수는 아직 증명되지 않은 것으로 여겼지만 말이다. 대부분 생명 가설의 부정으로 정리된 수십 년간의 논쟁이 일어났다.

왜 1.9 kg의 감자만한 돌덩어리 하나가 그런 흥분을 일으켰을까? 이것이 화성에서 온 것이라는 사실은 SNC 운석이 거의 확실히 화성에서 왔다고 알려진 1993년(수집된 후 9년이 지나서야)이 돼서야 알려졌다. 그러나 이것이 얼음 속에서 발견되기 전에 ALH 84001의 역사는 어떠했는가? 원래 연구를 수행한 연구팀 과학자가 작성한 1997년 논문을 여기 인용하겠다.

> 운석의 연대표는 행성 역사의 처음 1% 동안 화성 표면에서 암석의 정출로 시작했다. 그후 10억 년 조금 못되어 바위는 운석의 충돌로 충격을 받고 부서졌다. 이 충돌 후 조금 지나서 물이 풍부한 유체가 갈라진 틈을 타고 흘렀다. 탄산염 광물의 작은 소구체가 그들 안에서 형성되었다. 동시에 탄화수소와 같은 살아 있는 유기체의 부패 분자 부산물들이 그 유체의 소구체 안이나 주변에 퇴적되었다. 우주로 암석을 날려버릴 강력한 충격 전에 화성 표면에 충돌이 암석에 계속해서 충격을 가하고 소구체를 부수었다. 발견되어 자신의 중요한 역사를 나타내기 전까지 운석은 지구에 떨어진 후 천 년 동안 남극에 남겨져 있었다.
>
> Gibson, E. K. et al. (1997). 'The case for relic life on Mars',
> *Scientific American*, pp. 58-65.

■ ALH 84001 운석은 얼마나 오래되었나?

□ 위에서 인용된 것에 의하면 ALH 84001은 '행성 역사의 처음 1% 동안' 형성되었다. 모든 행성처럼 화성은 45억 년 전에 형성되었기 때문에 ALH 84001은 약 4.5×10^7년 후에 형성되었다. 이것은 운석의 나이가 거의 45억 년이라는 것을 의미한다. 이것은 2억 년 전에서 13억 년 전 범위의 나이를 갖는 대부분의 SNC 운석과 모순된다.

ALH 84001의 '중요한 역사'에 대한 주장은 다섯 가지 증거 요소에 근거한다. 특별히 이것이 살아 있는 유기체의 존재에 대한 증거를 갖고 있다는 주장 말이다. 이것 자체로는 아무것도 강력하지 않다. 저자들에 의하면 이 증거들을 모두 취하면 증거들은 매우 확실하다. 유체가 흘렀고 이 소구체가 퇴적된 갈라진 틈의 표면에서 발견된 탄산염 소구체로부터 거의 모든 증거

그림 3.37 (a) ALH 84001 전체 모습, (b) 단면이 보이도록 자른 모습. 중심부의 바로 오른쪽에 수직 균열이 보인다. 이곳을 통해 유체가 흐르고 탄산염 광물의 소구체를 침전시켰다. (c)와 (d)는 크기가 200 μm인 소구체 몇 개가 포함된 길이가 2 mm인 파편, (e) 소구체의 고해상도 영상. [(a) Copyright © Proszynski I S-ka SA 1999~2001; (b, d, e) Douglas A. Kurtze, North Dakota State University of Physics; (c) Monica Grady, Open University]

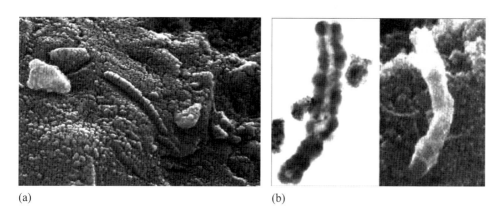

그림 3.38 화성 운석 ALH 84001에서 발견된 물체(길이 380 nm)의 절단부의 전자 현미경 영상. 일부 과학자들은 미생물 화석이라고 해석한다. 지구의 화석화된 박테리아와 유사하다고 주장된다. 예를 들어 (a)에 있는 것과 같은 크기의 (b)에 있는 물체는 지구 표면 아래 400 m 밑에서 발견되었다. [Everett Gibson (NASA/JSC)]

가 유래한다(그림 3.37).

다섯 가지 증거는 다음과 같이 요약될 수 있다.

(i) 탄산염은 지구의 박테리아에 의해 만들어지는 것으로 알려진 결정 집합과 비슷한 '소구체' 형태이다(1997년 탄산염이 화성의 기반암에서 아직 발견되지 않았다. 3.4.1절 참조).

(ii) 겉보기에 가장 확실한 증거는 미생물의 화석화된 유해를 닮은 물체이다. 소구체에 있는 나노미터 크기의 탄산염 구조(그림 3.38a)는 회전 타원체, 막대 모양 그리고 380 nm 길이의 섬유 모양의 박테리아 화석을 닮았고, 지구 박테리아 화석의 크기와 형태가 유사하다고 주장되었다.

(iii) 탄산염 소구체 안에 10~100 nm 범위의 자철광(Fe_3O_4)과 황화철의 고운 입자가 있었다.

복잡한 현미경과 분광기 기술을 이용해서 저자들은 자철광의 크기, 순도, 모양과 결정 구조가 지구 박테리아에 의해 만들어진 자철광의 전형이라는 사실을 알아냈다. 지구의 그런 입자들은 '마그네토 화석'이라고 알려져 있다. ALH 84001 안에 있는 자철광은 크기가 전형적으로 40~60 nm이고, 어떤 것들은 목걸이의 진주처럼 사슬로 배열되어 있었다. 지구의 박테리아는 종종 이런 양식의 자철광을 만든다. 왜냐하면 이들이 생물학적으로 물에 있는 철과 산소를 처리함에 따라 이들이 지구의 자기장과 나란한 결정 구조를 만들기 때문이다.

(iv) 탄산염, 황화철과 산화철 광물은 함께 나타나지만 물리적 조건이 일정할 때 이 광물들이 모두 안정적일 수는 없다. 이것은 생명의 특징상 '비평형' 조건에서 만들어졌다는 것을 의미한다.

(v) 살아있는 유기체에 의해 만들어질 수 있는 복잡한 탄화수소를 포함한 유기물질이 나타난다. 유기 분자는 소행성에서 온 것으로 알려진 많은 운석에서 발견되지만 맥케이 팀은 ALH 84001에 있는 특정 유기 분자의 형태와 상대적 함량이 생명 과정을 시사한다고 주장했다. 지구에서 죽은 유기체의 부패는 석탄, 토탄, 석유와 연관된 탄화수소를 만든다. 이런 것들의 상당수는 고분자 방향족 탄화수소(polycyclic aromatic hydrocarbons, PAHs)로 알려진 유기 분자 부류에 속한다. 수천 개의 PAH들이 있고 이들의 존재가 필연적으로 생물학적 과정을 증명하지 않는다. 그러나 ALH 84001에서 PAHs는 언제나 소구체를 포함하여 탄산염이 풍부한 지역에서 발견된다. 이들은 상대적으로 적은 수의 PAH 형태를 포함한다. 이것들 전부는 미생물의 부패 생성물에서 확인된다. 중요하게도 이 PAH는 지구의 오염이 일어나지 않았을 운석 내부에서 발견된다.

이 모든 특징은 탄산염 광맥에서 함께 나타난다. 연구 팀은 이 특징들이 운석에 고유한 성질이고 39억 년 되었다고 주장했다. 이들은 그렇게 그 당시에 화성에 생명체가 있었다고 주장했다. 그러나 이 결론들에 심각한 반대 의견이 있었다.

(a) 그림 3.38에서 볼 수 있는 것 같은 단순한 구조는 그럴듯하게 비생물학적, 화학적 혹은 광물학적 과정으로 얻을 수 있다. 혹은 이들은 심지어 분석을 위한 표본 준비의 산물일 수도 있다(특히, 사용된 영상 기술로 운석을 연구하기 위해 필요한 탄소 코팅은 이런 구조를 만들 수 있다).

(b) 원래 연구에서는 탄산염 미시 구조[증거 (ii)]를 화석 미생물과 비교했지만, 화석 미생물로 오해할 수 있는 비생물학적 구조와 비교를 시도하지 않았다. 또한 관측된 구조는 현재 고세균 혹은 박테리아로 알려진 것보다 약 한 차수 정도 작다.

(c) 이 시대의 확실한 화석은 지구에서도 극도로 드물고 특별히 선택된 암석을 통해 체계적인 탐색에서조차 찾기가 매우 어렵다. 화성에서 온 작은 임의의 암석 표본에서 그런 화석이 포함되어 있다는 것은 매우 놀랍다.

(d) 후속 연구는 광맥의 탄산염과 다른 광물이 우주로 ALH 84001을 분출시킨 충돌 순간에 녹은 광물로부터 200~500 °C 사이에서 정출되었다고 제안했다. 실험적으로 생성된 이런 종류의 용융물은 운석에서 발견된 것과 같은 탄산염 소구체를 생성한다. 만약 균열과 그것을 채우고 있는 탄산염이 화성에서의 고속 충돌 때 형성되었다면 그것 내부의 구조와 성분은 화석의 그것과 엄청나게 다를 것이다.

(e) 탄산염 소구체의 동심원을 그리는 층상 구조의 성질은 탄산염, 산화철과 황화철이 동시

에 안정적이지 않다는 주장을 덜 강력하게 만든다. 왜냐하면 모든 층은 이전 광물의 부분적 파손과 다른 조건에서 새로운 광물 세트의 침전으로 만들어질 수 있기 때문이다. 반응이 일어난 속도는 종종 광물들이 함께 만들어지게 한다. 열화학적으로 안정한 집합을 형성하지 않지만 말이다. 간단히 설명하자면 반응은 너무나 느려서 이들 사이의 변화의 속도를 따라 잡을 수가 없고, 같은 반응에 의해 형성되지 않는 광물이 함께 나타날 수 있다.

위에 제시한 증거의 다섯 가지 중 네 가지는 생물학적 원인 없이도 설명될 수 있다. 특히 (iii)은 더 논쟁적이다. 이것은 탄산염 소구체 안에 풍부하게 존재하는 자철광 결정의 근원과 관련된다. 1996년 기자회견 몇 달 후에, 서로 다른 두 과학자 그룹은 이 특징의 분석과 해석을 정반대되는 결론으로 발표하였다. 한 그룹은 특정한 지구 박테리아의 변형에 의해 만들어진 자철광과 화성의 자철광이 물리적으로도 화학적으로도 동일하다고 주장했다. 정반대로 새로운 현미경 측정을 이용한 두 번째 그룹은 "결정학적이고 형태학적인 증거는 과거 화성에 생명체가 살았다는 추정을 지지하기에 부적합하다"고 주장했다.

반대하는 팀이 그 주장을 반박할 더 많은 증거를 모은 한편 기존의 팀은 위에서 설명한 반대 의견을 반격할 주장을 내놓았다. 그때 이후 토론은 나크라이트 운석의 표면에서 감람석 조직 안으로 수 μm 확장된 작은 관 모양의 구조로 이어졌다. 이것들은 생물학적으로 유도된 부식에 의해 만들어진 것으로 해석되었다. 그러나 지질학적 맥락이 부족한 운석의 드물고 확정적이지 않은 증거로는 논쟁이 그칠 수 없다. 결론적으로 대부분 연구자들은 우리는 화성 생명체에 대한 증거를 아직 찾지 못한 것으로 결론지었다. 우리는 화성에 생명체가 여전히 있는지 혹은 심지어 예전에 있었는지 알지 못한다.

논쟁은 화성 물질을 지구의 실험실로 직접 가져올 미래의 우주 비행에 의해서만 최종적으로 해결될 것이다.

3.6 행성 보호

본래의 환경에서 다른 행성체의 생명을 찾는 것에 대한 중요한 문제를 고려하겠다. 생명체의 징후를 검출하도록 설계된 기구를 탑재해 착륙선을 보냈고 이 목적을 달성했다고 가정하자. 우주선이 지구로부터 미생물을 싣고 가서 착륙 장소를 결과적으로 '오염시킬' 확률을 엄밀하게 제거하지 않는 이상 여러분이 검출한 것이 지구에서 우주선에 부주의하게 싣고 간 것이 아니라 목표 천체에 속한 것인지 확신할 수 없다. 우주에서 진행된 노출 실험 동안(68쪽) 미생물과 심지어 완보류의 생존은 다른 천체를 오염시킬 가능성을 증명했다.

그런 오염의 예방과 그 오염과 관련된 모든 문제는 일반적으로 **행성 보호**(planetary protection)로 언급된다. 대부분 우주 활동을 하는 국가가 조약 가맹국인 UN 조약이 있다. 이 조약은 "조약 당사국들은 달과 다른 천체의 해로운 오염과 지구 환경의 불운한 변화를 방지하도록 연구를 수행해야 한다"라고 선언하고 있다.

대부분 위험처럼, 지구로부터의 오염은 어쩌면 100% 제거될 수 없기 때문에 그것이 일어날 확률을 최소화할 수밖에 없다. 본래의 환경에서 외계생명체를 검출하도록 설계된 실험의 결과는 매우 조심스럽게 다뤄져야 한다는 것을 의미한다. 다행스럽게도 다른 환경으로 가서 다른 과제들을 수행하는 우주 비행은 동일한 수준의 행성 보호를 요구하지 않는다.

달과 기타 천체를 포함한 외기권의 탐색과 이용에 있어서의 국가 활동을 규율하는 원칙에 관한 UN 조약(1967)

■ 행성 보호에 대해 마음에 두어야 할 요소를 제안할 수 있는가?

□ 고려해야 할 요소들은 다음과 같다: 목표 천체, 우주선이 목표에 착륙할 의사가 있는지, 혹은 그 위에 우연히 불시착할 확률은 있는지, 우주선이 지구에 돌아올 것인지.

행성 보호 절차와 규약은 주로 지구의 유기물에 의한 오염으로부터 다른 행성의 환경을 막는 데 초점이 맞춰져 있다. 만약 이들이 목적지에서 생존하고 번식한다면 이것은 지구 외 다른 장소에서 생명의 기원과 진화를 이해하려는 노력들을 좌절시킬 것이다. 우리가 여기에서 주로 걱정하는 것은 '뒤로 오염'(잠재적으로 해로운 유기체가 지구로 돌아와 생태계로 방출되는 것)이라기보다 행성 보호의 이 '앞으로 오염' 측면이다.

과학자의 국제기구인 코스파르(Committee on Space Research, COSPAR)를 통해 우주여행 국가와 기타 국가들은 통일된 행성 보호 방식에 동의했다. 태양계 천체를 여행하는 모든 우주 비행은 앞으로 오염과 뒤로 오염의 위험에 따라 5개의 범주로 배치된다. 각 범주는 다음과 같은 행성 보호에 관한 요구 사항을 갖는다. 위험이 증가하는 순서에 따라 I부터 V까지이다.

- 범주 I : 생명 기원이나 화학적 진화과정을 이해하기 위한 직접적 관심이 없는 목표 천체로의 우주 비행. 그런 천체의 보호가 없는 것은 정당화되며 행성 보호 요구가 부과되지 않는다.
- 범주 II : 생명의 기원이나 화학적 진화 과정에 중대한 관심이 있지만 우주선에 탑재된 오염물이 미래 탐사에 위험을 줄 수 있는 확률이 희박한 목표 천체로의 모든 형태의 우주 비행. 이런 우주 비행들은 착륙을 설계하지 않았으므로 관심은 주로 의도하지 않은 충돌에 있다.
- 범주 III : 생명의 기원 그리고/혹은 화학적 진화 연구의 관심 대상인 목표 천체로의 우주 비행(대부분 근접 비행과 궤도선), 혹은 미래 생물학적 실험에 위험을 줄 수 있는 오염의 확률이 높다는 과학적 의견이 있는 우주 비행.
- 범주 IV : 생명의 기원 그리고/혹은 화학적 진화 연구의 관심 대상인 목표 천체로의 우주 비행(대부분 탐사나 착륙선), 혹은 미래 생물학적 실험에 위험을 줄 수 있는 오염의 확률이 높다는 과학적 의견이 있는 우주 비행.
- 범주 V : 지구로 돌아오는 모든 우주 비행. 지구와 달로 구성된 지구계의 보호가 관심이다. '제한된 지구 귀환'으로 정의된 소범주에서는 귀환할 때 파괴적 충돌이 절대 금지되어 있다. 그리고 귀환 단계 동안 목표 천체나 그 천체의 소독되지 않은 물질에 직접 접촉했던 모든 하드웨어를 보관해야 하는 요구사항이 있다. 채취되어 지구로 돌아오는 소독되지 않은 표본을 보관해야 하는 요구사항도 역시 부과된다. 과학적 의견에 의해 고유한 생명체가 없는 것으로 정해진 태양계 천체에 대해서는 '제한되지 않은 지구 귀환' 소범주가 정의된다. 여기에서는 행성 보호 요구 사항이 지구 밖으로 나가는 단계에 대해서만 적용된다.

2005년에 개정된 것처럼, 범주 III, IV 혹은 V(제한된 귀환)는 화성, 유로파(다음 장의 주제)와 '결정될 다른 천체'에 적용되는 것(우주 비행 형태에 따라)으로 간주되었다. 범주 I(근접 비행이든, 궤도선이든, 착륙선이든)로 확인된 유일한 천체는 달, 금성과 '비분화, 변형 소행성'이다.

위험이 완전히 제거될 수 없기 때문에 코스파르 규약은 탐사 기간 동안(50년 이상일 것으로 간주된) 오염이 발생할 확률을 1×10^{-3} 이하로 유지하는 것이 목적이다. 이 의미는 우주 비행이 특정한 천체에 1,000번 보내지면 이들 중 단 한 번만 오염이 발생한다는 것이다. 이를 달성하기 위한 접근법은 우주선의 **바이오버든**(bioburden)을 줄이는 것이다. 이것은 우주선 안에 살아 있는 미생물의 수나 우주선 표면의 제곱미터당 살아 있는 미생물의 수로 표현될 수 있다.

사람이 한 번 재채기하면 100만 개 정도의 미생물을 뿌린다. 반면, 이런 규정이 화성으로의 미션 범주 IV에 적용된다면 발사 때 최대 30만 미생물 바이오버든이 허용된다. 화성까지 여행의 영향이 고려된다면, 우주선이 도착할 때까지 실질적으로는 '생물학적으로 비활성' 상태를 만드는 것이 의도이다. 그래서 운좋은 생존 미생물에 의한 오염 확률이 받아들일 수 있는 위험 한계보다 낮아지는 것이다. 화성과 유로파의 특별 지역(지구 유기물이 전파될 수 있는 조건이 만족하는 장소)으로의 우주 비행에 대해서는 용인되는 바이오버든이 10^4배 더 작다.

우주선은 공기에 떠다니는 미생물을 포함해서 원하지 않는 입자들을 제거하도록 공기가 여과되는 특별한 '청정실'에서 조립된다. 청정실 조건에서 우주선이 조립되는 동안 미생물학적 오염을 일으키는 세 가지 광범위한 근원이 있다. 우주선이 조립되는 환경(5%), 우주선이 만들어진 물질(15%)과 우주선을 조립하는 사람(80%)이다. 이런 근원 각각으로부터 만들어지는 바이오버든을 줄이는 데 사용될 수 있는 다양한 기술들이 있다. 예를 들어, 사람과 우주선의 접촉을 최소화해야 한다. 작업복을 입어야 하고 적절한 절차가 부과되어야 한다. 우주선이 제작되는 환경은 청정실 기술을 사용해서 매우 엄격하게 통제된다. 범주 V 미션에 대해서 전형적인 환경은 ISO 5로서 분류될 것이다. 이것은 통제된 환경 안의 공기 중 매 m³마다 0.5 μm보다 큰 입자가 (미생물을 포함해서) 3,000개보다 적어야 한다는 것을 의미한다. 복잡한 순서대로 행성 보호 적용에 사용되는 주요 유효 소독 기술들이 표 3.7에 수록되어 있다.

청정실은 실험실 공기가 포함하는 입자의 양과 크기에 따라 분류된다. ISO(국제 표준화 기구, International Standardization Organization) 표기법에서 숫자는 m³ 공기 안에 허락된 입자(0.1 μm이나 이것보다 큰) 수의 상용 로그값을 표시한다. 즉, ISO 등급 5 청정실은 m³당 10^5 = 100,000개나 이것보다 적은 입자를 담고 있다. 비교를 위해 예를 들자면, 여과되지 않은 방은 ISO 9쯤 되며 이 방에는 입자가 m³당 10억 개 있다.

표 3.7 행성의 보호를 위한 살균 기술

기술	내용
개개의 성분 세척	세척의 수준과 형태는 미션 동안 수행될 특정 측정에 달려있다. 전형적인 세척 기술은 세제 세척, 용매 세척, 뜨거운 헬륨 제거를 포함한다.
표면 소독	개개의 성분 세척과 동일한 기술이 적용된다.
착륙선 소독	주로 산화에 의해 미생물을 죽이는 습도나 건조한 열. 착륙선 전체에 걸쳐 충분한 열이 가해져야 한다. 더욱이 착륙선 내부의 모든 성분들은 높은 온도를 견딜 수 있어야 한다(예 : 8시간 동안 135 °C나 50시간 동안 125 °C). 착륙선이 수소 과산화물 플라즈마에 포장되는 기체 플라즈마 소독. 이 기술은 열을 가하는 기술보다 전자 부품에 손상을 덜 가한다고 믿어진다. 감마-복사. 어떤 전자 부품과 광학 유리는 이 과정에 의해 손상을 입을 수 있다.

습식 가열 소독 효과의 예가 그림 3.39에 나타나 있다.

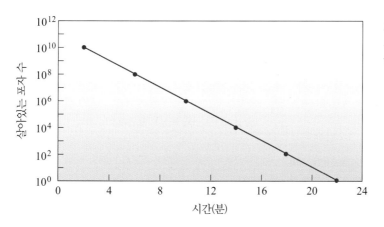

그림 3.39 시료에 있는 포자의 생존율을 시간의 함수로 나타낸 그래프. 120 °C에서 습식 가열로 소독한 결과이다.

각 경우에 이유와 함께 적절한 행성 보호 범주(I에서 V)를 다음 우주 미션에 배정하라.

(i) 혜성 핵 착륙선, (ii) 수성 궤도 우주 비행, (iii) 화성 근접 비행을 통한 목성 궤도선, (iv) 화성 궤도선과 착륙선, (v) 혜성 먼지를 지구로 가져오는 우주 비행

3.7 생명의 서식지

생명이 있을 만한 화성 서식지를 고려하면서 제3장을 마치겠다.

■ 화성에서 멸종되거나 잔존하는 생명의 징후를 찾기 원한다면, 생명에 대한 필수 조건이 무엇인지 알고 있기 때문에 어디를 찾아봐야 하는가?

☐ 어디든 물이 있었던 곳이나 물이 있는 곳.

파장이 짧은 자외선 복사(글상자 3.9 참조)와 표면의 과산화물과 과염소산염으로 인한 산화는 화성의 건조한 먼지 토양이 살 수 있는 곳이 아닐 것 같다는 것을 의미한다. 그러나 지구에서 경험한 바에 의하면(제2장) 미생물은 극도의 극한 환경을 식민지로 삼을 능력이 있다고 제안한다. 더욱이, 대기가 더 짙고 표면이 더 따뜻했던 시기를 화성은 확실히 경험했다. 아마도 그런 기간 동안 화성 표면은 생명이 거기서 번성하기 위해 충분히 보호되었다. 만약 그렇다면, 물의 존재를 암시하는 어느 환경도 한 번은 생명에 적당한 환경이었을 것이다. 호수, 온천, 빙

자외선 스펙트럼은 전통적으로 세 구간으로 나누어진다: UV-A(315~400 nm), UV-B(280~315 nm), UV-C(200~280 nm). 유기물질과 자외선 복사의 상호작용은 다양한 범위에서 일어나지만, 심각성은 파장의 함수로서 변한다. UV-A는 피부를 그을리는 원인이 되며 가장 피해가 적다. UV-B(280~315 nm)는 지구에서 부분적으로 가려진다. 증가하는 생물학적 피해에 원인이 되며 인간에게 햇볕에 의한 화상 같은 효과를 낸다. UV-C는 극단적 경우이다. 유전자 수준에서 생물학적 유기체의 변형과 돌연변이를 설명할 수 있다. 심각한 돌연변이와 몇 가지 경우에서는 완전히 파괴시킬 수 있다. 얇은 대기와 오존과 산소의 낮은 농축은 화성 표면이 전체 자외선 스펙트럼에 걸쳐 태양 자외선 복사의 높은 수준에 노출된다는 것을 의미한다(그림 3.40).

■ 그림 3.40에 보인 두 스펙트럼 사이에 가장 분명한 차이는 무엇인가?

☐ 지구의 자외선 스펙트럼은 290 nm에서 '잘려 나가는데', 화성 표면에서는 스펙트럼이 200 nm 아래까지 계속 확장된다.

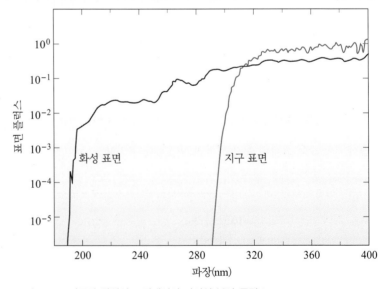

그림 3.40 지구와 화성의 표면에서의 자외선 복사 플럭스

이것은 극적인 효과이다. 화성에서 현재 대기가 보호막을 거의 제공하지 않는 반면 지구는 가장 해로운 짧은 파장의 자외선 복사(특별히 UV-C)가 차단된다.

하를 포함해서 말이다. 이 모든 것은 화성 풍경에 흔적을 남겼다.

이 환경들은 모두 화성의 멸종된 생명을 찾을 목표지에 포함된다. 다른 유망한 목표지는 증발에 의해 호수가 줄어들거나 사라질 때 만들어지는 증발 퇴적층을 포함한다. 왜냐하면 퇴적층은 생물 기원의 구성물을 파묻을 수 있기 때문이다.

현재 (잔존하는) 생명에 대해 가장 그럴 듯한 환경은 매우 다를 수 있다. 바위 아래나 내부 (그림 2.29) 심지어 지표 아래와 같이 파장이 짧은 자외선 복사와 표면의 산화 성질로부터 보호받은 환경만이 생명체의 서식지로서 유효하다. 데이노코쿠스 라디오두란스처럼 복사에 적응한 화성 미생물을 예외로 두고 말이다(2.5.3절).

질문 3.8

화성 조건에 대한 지식과 지구의 경우를 고려해서 화성 극관의 얼음이 유사한 보호와 실용적인 서식지를 생명에게 제공할 수 있는지 논의하라.

유망한 표면 주변 서식지와 더불어 극한성 생물은 번성하기 위해 태양빛을 요구하지 않는다는 것을 기억하자. 어떤 것들은 화학반응(화학합성)으로부터 에너지를 얻는다. 실제로 지구에서 어떤 종자들은 수백만 년 동안 표면에서 완전히 고립된 채로 존재했다고 알려졌다. 유로파나 엔셀라두스 같은 다른 세계의 지하 생태계로 문을 여는 것 같다(제4장 참조). 화성에서도 마찬가지로 물을 품고 있는 어느 지하 환경도 잠재적인 서식지로 여겨져야 한다.

위의 논의는 만약 생명이 화성에 존재한다면 거기서 자발적으로 시작했다는 (그리고 그 조건은 그것이 일어나기에 한 번은 적당했었다는) 암묵적인 가정을 만든다. 그러나 만약 화성에 생명이 있다면 이것은 필연적으로 거기서 기원했어야 하는 것은 아니라는 것을 SNC 운석은 우리에게 보여준다.

■ 왜 그런지 아는가?

❑ SNC 운석은 증명한다. 원칙적으로 화성의 미생물은 운석 충돌 때 분출물 조각 안에 붙어 지구로 올 수 있다. 이들이 우주를 통해 여행 기간 동안 살아남을 수 있다면 말이다 (추측하건대 동면 상태로 말이다). 반대 역시 타당하다. 충돌 분출물이 지구에서 화성으로 운석의 형태로 떨어지는 것 말이다.

만약 이 일이 일어난다면 화성에서의 서식지 군체 형성은 최적화라기보다는 지구의 운석이 특정 장소에 우연히 떨어져서 시작되었을 것이다.

이 논의는 생명의 탐색을 위해 착륙 장소를 고르는 것과 관련된 몇 가지 요소를 다룬다. 더 특별한 고려 대상은 다음과 같다.

1. 집중 : 로버의 탐사 범위와 수명에 한계가 있다는 점과 지구 실험실에 있는 기구들과 비교해서 로버가 해상도와 민감도 측면에서 취약하다는 점을 생각할 때 만약 생물군의 존재를 나타내는 물질이 집중되어 있다면 도움이 될 것이다.
2. 보존 : 만약 잔존하는 (현재) 생명체보다 과거 생명체를 찾는다면 증거의 보존이 가장 중요하다. 미생물 물질이 빠르게 화석화될 수 있는 (열수천과 같은) 장소는 전망이 가장 밝다. 유기체 분자와 다른 화학적 증거는 표면에서 변형되지 않도록 빠르게 매장되어야 한다.

3. 얇은 먼지층 : 화성 표면은 먼지의 퇴적에 심각하게 영향을 받는다. 바람에 불려온 암설이 행성 표면의 넓은 지역을 덮을 수 있다. 착륙 지점은 가능한 먼지층이 얇은 지역으로 선택되어야 한다.

4. 목표 지역의 넓이 : 화성에서 목표지에 완벽하게 정확하게 착륙하는 것은 불가능하다. 탐험의 목표지에서 너무 멀리 착륙하는 위험을 없애기 위해 탐사 목표 지역은 가능한 한 넓어야 한다.

이 요소들은 단순히 학문적 관심이 아니다. 화성 과학 실험실(표 3.1)의 후속으로 몇 회의 우주 비행이 준비 중이거나 계획 중이다. 미 항공 우주국 NASA가 마스 2020 로버를 발사하려고 계획한 것과 같은 해인 2020년 유럽 항공 우주국 ESA가 이끄는 엑소마스 프로젝트는 엑소마스 로버를 발사할 계획이다. 하지만 처음으로 화성 표본을 지구로 가져오려는 우주 비행은 적어도 2025년까지 지구로 수집된 첫 번째 화성의 조각을 가지고 오지 못할 것 같다.

3.8 요약

- 화성에 식물이 경작되고 사람이 살고 있다는 오래된 생각은 초기 우주 탐사의 관측과는 모순이 있었다. 초기 우주 탐사에 의하면 화성은 춥고 생물학적으로 해로운 자외선 복사를 막는 보호막을 제공할 수 없을 정도로 대기가 열고 무미건조하다. 겉보기에 생명에 적당하지 않은 것 같다.

- 현재 화성 표면의 평균 조건에서는 액체 물이 평형 상태에서 존재할 수 없다. 그러나 대기압이 상승하면 액체 물이 안정되는 것이 더 흔해질 수 있다.

- 바이킹의 생물학 실험은 화성 토양에서 유기물질을 검출하는 데 실패했다. 표면에서도 실패했고 표면 아래 수cm에서 수집된 표본에서도 실패했다. 강력한 산화 과정이 표면에서 진행 중이라는 의미로 결과가 해석되었다.

- 후속 우주 비행으로부터 얻은 증거는 엄청난 양의 액체 물이 (소금물에서 상대적으로 담수의 그리고 알칼리성부터 산성까지의 다양한 성질을 가진) 과거에 존재했다는 예전 생각과 심지어 최근에도 적은 양이지만 액체 물이 존재한다는 생각을 확인했다. 우주 비행은 표면 밑에 물-얼음이 엄청나게 퇴적되어 현재 존재한다는 강한 증거를 제공했다.

- 액체 물과 지금보다 더 짙은 대기가 존재했던 예전 기간에 대한 증거를 EET 79001 같은 화성 운석의 분석으로부터 얻었다.

- 지구의 다양한 극한성 생명체의 발견과 더불어 이 증거는 화성의 잔존 생명과 멸종 생명의 가능성을 재평가하게 했다.

- 운석 ALH 84001에서 발견한 화성 화석의 직접적인 증거에 대한 주장은 과학자 사이에서 논란의 대상으로 남아 있다. 대부분 과학자들은 관측된 특징을 비생물학적인 과정으로 설명할 수 있다고 생각한다.

- 화성으로의 미래 우주 비행은 멸종한 혹은 잔존하는 생명체의 증거를 계속해서 찾을 것이다.

4

얼음천체 : 유로파, 엔셀라두스, 그 외 천체들

4.1 서론

1980년대까지만 해도 외행성의 얼음위성들이 생명이 살 만한 장소로 여겨진 적은 거의 없었다. 그러나 이제 유로파와 엔셀라두스는 우주생물학 연구의 우선순위에 있어 화성과 각축을 벌일 정도가 되었다. 이 장에서는 얼음위성에 대한 우리의 관점이 어떻게 변해왔는지 상세히 설명하고, 위성 내부 구조에 대한 관측 자료를 확인하여, 생명의 기원과 유지에 필요한 조건을 검토할 것이다. 이런 맥락에서 보면, '거주 가능 지역'은 태양광 또는 대기 그 어느 것도 없는 환경까지 포함될 수 있다. 두꺼운 얼음층 아래에 바다가 있고 그 해저 열수분출구로부터 다양한 화학물질이 풍부하게 함유된 고온의 액체가 방출된다면 이에 의한 화학반응 에너지에 의존해서 생명이 생존 가능한 지역이 존재할 수 있기 때문이다.

'얼음'은 그저 물 얼음만을 의미하지는 않는다. 외부 태양계에서는 H_2O가 일반적으로 가장 흔하지만 얼음에는 NH_3, CO_2, CO, CH_4, N_2와 같은 휘발성 물질의 얼음도 혼합되어 있을 수 있다.

Galileo Galilei.

그림 4.1 갈릴레오 갈릴레이. 피사에서 태어나서 실험과학의 방법을 확립한 선구자로서 그의 운동 분석 연구는 나중에 아이작 뉴턴이 이룩한 업적의 토대가 되었다. 갈릴레오는 최초의 망원경 중의 하나를 사용해서 목성의 가장 큰 4개 위성 및 금성의 위상 변화를 발견했다. 그 결과 지구가 태양 주위를 돈다는 이론을 지지했고 이로 인해 이단으로 몰려 1633년 투옥되었다. (nicku/123RF.com)

4.1.1 위성들의 발견

모든 거대행성들은 위성을 가지고 있다. 목성의 위성 중 가장 큰 4개는 1610년 가장 초기의 천체 관측용 망원경으로 갈릴레오 갈릴레이(Galileo Galilei, 1564~1642)가 발견했다(그림 4.1). 오늘날 이 위성들은 **갈릴레이위성**(Galilean satellites)들로 불린다. 이들이 목성의 다른 위성들보다 월등히 크다 보니 나머지 다른 위성들은 1892년이 되어서야 발견되었다. 토성의 가장 큰 위성인 타이탄은 1655년에 발견되었고 1700년까지 4개가 더 발견되었다.

윌리엄 허셜(William Herschel, 1738~1822) 경(그림 4.2)은 그 자신이 천왕성을 발견한 지 6년이 채 지나지 않은 1787년에 천왕성의 위성 2개를 처음 발견했다. 해왕성의 가장 큰 위성인 트리톤은 1846년 해왕성의 발견이 발표되고 불과 3주 만에 윌리엄 라셀(William Lassell, 1799~1880, 그림 4.3)에 의해 발견되었다. 그 이후로 더 작고 어두운 위성들이 계

그림 4.2 윌리엄 허셜 경. 하노버에서 태어난 허셜은 음악가로 일하기 위해 청년 시절에 영국으로 이주했다. 천문학자가 된 그는 달의 관측과 천왕성 발견의 업적으로 1781년에 왕립학회의 특별회원으로 선출되었다. 자신이 소유한 구경 122 cm의 반사 망원경을 사용하여 1787년에 티타니아와 오베론(천왕성의 위성들)을, 그리고 1789년에 엔셀라두스와 미마스(토성의 위성들)를 발견했다. (Georgios Kollidas/123RF.com)

그림 4.3 윌리엄 라셀. 영국 리버풀에서 양조업으로 부를 축적한 사업가. 그는 자신의 망원경을 직접 설계하고 제작했는데, 그 중에서 61 cm 반사 망원경으로 1846년에 트리톤을, 1851년에 천왕성의 두 위성(아리엘과 움브리엘)을 발견했다.

속해서 발견되었다. 1950년대까지 발견된 외행성의 위성의 개수는 모두 합해서 목성이 11개, 토성이 9개, 천왕성이 5개, 해왕성이 2개였다.

직경이 수 km 정도에 불과한 작은 위성들은 현재도 계속 발견되고 있다. 가장 많은 위성을 보유한 행성을 가리는 경쟁에서 목성, 토성, 천왕성 간에 선두 자리가 여러 번 바뀌기도 했다. 하지만 거대행성의 위성 중에서 크기가 충분히 커서 자체 중력에 의해 구형에 가까운 형태를 갖는 위성들은 모두 발견되었다. 이에 해당하려면 얼음천체의 경우에 반경이 대략 200 km 이상이어야 한다. 이처럼 큰 위성들은 우주생물학적 연구 대상이 될 가능성이 매우 크므로 기본 특성이 표 4.1에 정리되어 있다. 이들 위성 중에서 2개는 크기에 있어서 행성인 수성을 능가하지만 밀도가 작아서 질량은 수성에 못 미친다. 크기와 질량에 있어서 4개 위성들이 지구의 달을 능가하며, 총 6개의 위성들이 명왕성을 능가한다. 명왕성(1930년에 발견)과 명왕성의 가장 큰 위성, 카론(1978년에 발견)은 거대 얼음위성들과 많은 특성을 공유하므로 그들의 특성도 표에 포함되어 있다.

4.1.2 위성계와 그 기원

거대행성의 위성계들은 몇 가지 공통적인 특징을 가지고 있다. 대부분의 위성들은 항상 같은 면이 모행성을 향하고 있는 동주기 자전을 한다. 각 거대행성마다 가장 가까이에는 고리계와 연관된 아주 작고 형태가 불규칙한 '내소위성(inner moonlets)'들이 있다. 이런 위성들은 행성의 적도면상에서 원 궤도에 가까운 순행궤도(여기에서 '순행'은 행성의 자전과 같은 방향으로 궤도운동을 한다는 의미임)를 따라 운동한다. 이 소위성들은 (고리와 마찬가지로) 충돌 또는 조석력으로 인해 부서진 더 큰 위성들의 잔재라고 생각된다 (그림 4.4). 이들 대부분이 높은 반사도를 가지므로 주로 얼음으로 이루어져 있을 것으로 추측된다.

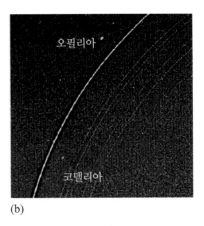

(a)   (b)

그림 4.4 (a) 토성에 가장 가까이 위치한 위성들 중에서 카시니 탐사선이 촬영한 5개 위성들이 정확한 상대적 크기로 나열되어 있다. 왼쪽에서 오른쪽으로 아틀라스, 판도라(위), 프로메테우스(아래), 야누스(위), 에피메테우스(아래). 판도라의 직경은 110 km이다. 판도라와 에피메테우스는 천연색으로 촬영된 반면 나머지 위성들은 단색으로 촬영되었다. (NASA/JPL/Space Science Institute) (b) 천왕성에서 가장 멀리 위치하지만 가장 형태가 뚜렷한 고리를 보여주는 보이저 2호의 자료. 이 고리는 (각각의 직경이 대략 30 km 미만인) 소위성 오필리아와 코델리아에 의해 형태가 유지되는데, 한 위성은 고리 안쪽으로 2,000 km 떨어져서, 그리고 다른 한 위성은 고리 바깥쪽으로 2,000 km 떨어져서 돌고 있다. 고리는 먼지로 뒤덮인 거무스레한 수백만 개의 바위들로 이루어져 있는데, 크기는 대부분 10 cm부터 10 m까지이다. 코델리아의 궤도 안쪽으로 4개의 좀 더 희미한 고리들이 간신히 보이고 있다. (NASA)

표 4.1 외행성 및 명왕성의 위성 기본 정보. 궤도 주기 열에서 R은 역행궤도를 나타낸다. 반경 열에 2개 이상의 값이 주어진 경우는 비구형(non-spherical) 천체로서 위성의 실제 모양과 가장 비슷한 타원체의 크기(장반경)들을 나타낸다. 소위성의 개수는 2017년 기준으로 정확히 집계되었지만 새로운 위성들이 발견되면 바뀔 수 있다.

행성	위성	행성에서의 평균 거리(10^3 km)	궤도주기(지구일)	반경(km)	질량(10^{20} kg)	밀도(10^3 kg m^{-3})
목성	내위성 4개	<221.9	<0.675	<125	<0.02	−
	이오	421.6	1.77	1821	893	3.53
	유로파	670.9	3.55	1565	480	2.99
	가니메데	1070	7.15	2634	1482	1.94
	칼리스토	1883	16.7	2403	1076	1.83
	외위성 61개	>7393	>130	<85	−	−
토성	내위성 11개	<211	<1.14	<99	<0.02	−
	동궤도 쌍 2개	294.7, 377.4	1.89, 2.74	<22	<0.0003	<1.3
	미마스	185.5	0.942	199	0.375	1.15
	엔셀라두스	238.0	1.37	252	0.649	1.61
	테티스	294.7	1.89	533	6.28	0.96
	디오네	377.4	2.74	562	10.5	1.47
	레아	527.0	4.52	764	23.1	1.23
	타이탄	1221.9	16.0	2575	1346	1.88
	하이페리온	1481.1	21.3	180×140×112	0.11	0.57
	이아페투스	3561.3	79.3	736	16	1.09
	푀베	12952	551R	115×110×105	0.007	1.63
	외위성 39개	>11300	>449	<16	−	−
천왕성	내위성 13개	<97.7	<0.762	<77	−	−
	미란다	129.8	1.42	236	0.659	1.20
	아리엘	191.2	2.52	579	13.5	1.67
	움브리엘	266.0	4.14	585	11.7	1.40
	티타니아	435.8	8.71	789	35.3	1.71
	오베론	582.6	13.5	761	30.1	1.63
	외위성 9개	>4276	>267	<190	−	−
해왕성	내위성 6개	<73.5	<0.55	<104	−	−
	프로테우스	117.6	1.12	218×208×201	0.49	1.3
	트리톤	354.7	5.88R	1353	215	2.05
	니리이드	5513	360	170	0.3	1.5
	외위성 5개	>15686	>1874	<40	−	−
명왕성	−	−	−	1187	130	1.86
	카론	19.6	6.39	606	15.9	1.7
	외위성 4개	>42.4	>20.16	>32	<0.02	−

이 책에서 사용하는 용어인 '카이퍼대'는 '에지워스-카이퍼대'로도 불린다. 아일랜드의 천문학자 케네스 에지워스(Kenneth Edgeworth, 1880~1972)는 카이퍼보다 몇 년 앞서 비슷한 개념을 발표했었지만, 이 같은 사실은 '카이퍼대' 용어가 널리 확산되고 난 이후에야 밝혀졌다.

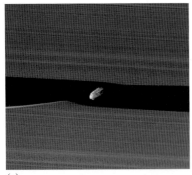

(a)

(b)

그림 4.5 (a) 토성의 위성인 길이 8 km의 다프니스가 고리계의 '킬러 간극(keeler gap)' 안에서 돌고 있다. (b) 토성에 가장 가까이 있는 위성인 판은 고리계에서 간극이 좀 더 큰 '엔케 간극(Encke gap)'에서 궤도 운동한다. 위성의 적도 주위를 둘러싼 기묘한 '테두리'는 아마 이 위성에 의해 휩쓸려나간 고리입자들이 들러붙어서 만들어졌을 것이다. (NASA)

그림 4.6 해왕성을 향하면서 햇빛을 받아 빛나는 트리톤의 반구를 보이저 2호가 촬영한 사진. 밝은색의 질소 얼음으로 뒤덮인 남극의 극관에는 간헐천에서 분출된 거무스름한(탄소 함량이 높은) 물질이 만들어낸 줄무늬들이 여기저기 보인다. 극관 너머에 보이는 울퉁불퉁한 표면은 주성분인 메테인 외에 소량의 질소, 이산화탄소, 일산화탄소, 물이 소량 섞인 얼음으로 이루어져 있다. (NASA)

토성에 가장 가까이 위치한 두 위성, 판과 다프니스는 고리 사이의 빈틈인 간극을 따라 도는데 중력 상호작용뿐만 아니라 부스러기들을 물리적으로 휩쓸어 버림으로써 간극을 유지시킨다(그림 4.5).

행성에서 좀 더 멀리 떨어져 있는 위성들은 크기가 모두 충분히 크기 때문에 구(또는 거의 구에 가까운) 모양을 가지며 대개가 행성의 적도면 가까이에서 거의 원에 가까운 순행 궤도를 돈다. 이들 (때로 '규칙위성'이라고도 부르는) 위성은 마치 태양계 성운에서 지구형 행성들이 태어나던 과정의 축소판처럼 아마 행성 성장기의 후반부에 행성을 둘러싼 기체와 먼지 티끌의 원반에서 형성되었을 것이다. 그러나 해왕성의 가장 큰 위성인 트리톤은 이에 대한 예외이다(그림 4.6). 트리톤의 역행 궤도로 미루어 볼 때 수십억 년 전 명왕성과 유사한 카이퍼대 천체가 해왕성 주변 궤도로 포획된 것일 수 있다.

각 거대행성마다 규칙위성들 너머에 수많은 작은 '불규칙위성'들이 긴 타원형의 기울어진, 그리고 많은 경우에 역행인 궤도를 따라 운동하고 있다.

그림 4.7 카시니 궤도선이 촬영한 토성의 일부 소위성들이 정확한 상대적 크기로 나열되어 있다. 왼쪽의 3개는 텔레스토(위), 칼립소(아래), 헬레네이며 규칙위성 2개와 궤도를 공유한다. 이들보다 큰 하이페리온(중앙)과 푀베(오른쪽)는 토성의 불규칙위성 중에서 크기가 가장 크다. 하이페리온의 길이는 370 km이다. 하이페리온은 천연색으로, 그 외 위성들은 단색으로 촬영되었다. (NASA/JPL/Space Science Institute)

이들 대부분은 반사도가 낮으며 성분이 주로 규산염이거나 탄소 화합물, 또는 이 둘이 섞여 있다. 이 위성들은 혜성이나 소행성이 포획된 경우일 가능성이 크다(그림 4.7).

이러한 일반적 양상은 토성계에서도 반복되지만 그 경계가 다소 명확치 않다. 가장 멀리 있는 내소위성 3개의 궤도는 가장 가까이 있는 규칙위성 2개(미마스와 엔셀라두스)의 궤도 사이에 있으며, 그 너머에 있는 규칙위성 2개(테티스와 디오네)는 각자의 궤도를 매우 작은 2개의 공궤도위성과 공유하고 있다. 토성의 불규칙위성 중에서 가장 크면서 토성에 가장 가까이 위치한 하이페리온의 궤도는 가장 멀리 있는 규칙위성인 이아페투스의 궤도보다 토성에 더 가까이 있다.

4.1.3 거대위성들의 특성 탐사

우주 시대가 도래하기 전에는 거대행성들의 가장 큰 규칙위성들에 대해서조차 알려진 사실이 거의 없었다. 위성의 궤도는 예전부터 잘 알려져 있었으므로 이웃 위성들로 인한 미세한 궤도 섭동으로부터 위성의 질량이 추정될 수 있었다. 밀도는, 위성의 크기를 측정하면 갈릴레이위성들에 대해서는 현재 공인된 값에서 약 20% 이내의 정확도로, 다른 거대행성의 규칙위성들에 대해서는 그보다 낮은 정확도로 추산될 수 있었다. 그러나 이오와 유로파를 제외한 나머지 위성들은 밀도가 그다지 높지 않아서 지구형 행성과는 달리 주성분이 암석이 아니라는 사실은 분명했다.

그림 4.8 제라드 카이퍼. 네덜란드에서 출생한 미국의 행성과학자로서 1944년에 타이탄의 대기를 발견했고, 이어서 분광학을 이용해서 화성 대기에서 이산화탄소를 그리고 유로파와 가니메데의 표면에서 얼음을 발견했다. 또한 1948년에 미란다(천왕성의 위성) 그리고 1949년에 니리이드(해왕성의 위성)를 발견했다. 1951년에는 해왕성의 궤도 너머에 원시 잔재물질의 영역이 존재하리라고 예측했다. 이 영역에서 (명왕성을 제외한) 최초의 천체가 발견된 것은 그의 사후 거의 20년이 지나서이지만 이 영역을 일반적으로 카이퍼대로 부른다. (Copyright ⓒ Science Photo Library)

타이탄의 대기(5.2절)의 발견자인 제라드 카이퍼(Gerard Kuiper, 1905~1973, 그림 4.8)는 1950년대에 분광학적 연구를 통해 유로파의 표면 대부분이 밝게 빛나는 깨끗한 물 얼음인 반면에, (그보다 낮은 반사도의) 가니메데의 표면은 먼지 티끌로 오염되어 색이 어둡게 변한 물 얼음이라는 사실을 발견했다. 그 후 분광학적 후속연구에 의해 모든 거대위성들의 표면이 거의 **얼음**(ice)으로 뒤덮여 있다는 사실이 밝혀졌는데, 유일한 예외인 이오는 실질적 의미에서 목성 주위를 도는 지구형 행성으로 간주되어야 할 것이다. 목성계에서 얼음의 대부분은 물 얼음이지만, 태양에서 멀어질수록 좀 더 휘발성이 강한 다양한 얼음들이 섞이게 된다. 천왕성의 위성들에서는 일산화탄소와 함께 아마도 암모니아 얼음이 존재할 가능성이 있는 반면에 해왕성의 거대위성인 트리톤에서는 물 얼음이 질소, 이산화탄소, 일산화탄소, 메테인의 얼음 아래에 묻혀 있다. 명왕성에서도 이와 비슷하게 많은 양의 메테인, 일산화탄소, 질소의 얼음이 뒤섞여 있지만 카론에서는 물 얼음과 암모니아 얼음이 섞여 있다.

이 모든 결과가, 태양으로부터 거리가 멀어질수록 온도가 계속 감소되는 조건하에서 태양계를 형성했던 물질의 특성에 대한 지금까지의 추론과 잘 일치하고 있다.

다른 종류의 얼음이 아닌 물이 언 얼음이라는 점을 분명히 하기 위해 필요할 때마다, '물 얼음'이라는 용어가 사용될 것이다.

질문 4.1

만약 평균 밀도 $\rho_{평균}$의 천체가 밀도가 $\rho_{고}$인 무거운 성분과 밀도가 $\rho_{저}$인 가벼운 성분의 오직 두 종류의 물질로만 이루어져 있다면, 천체의 부피에 대한 각 성분의 비율은 다음과 같이 추산할 수 있다. 무거운 성분의 비율을 x라고 하자. 그렇다면 가벼운 성분의 비율은 $(1 - x)$여야 한다.

이 값들 간의 간단한 관계식은 다음과 같다.

$$\rho_{평균} = x\rho_{고} + (1 - x)\rho_{저} \tag{4.1}$$

(a) 칼리스토의 평균 밀도가 $1.83 \times 10^3 \, \mathrm{kg \, m^{-3}}$이라면, 식 4.1을 사용해서 칼리스토의 부피에서 암석이 차지하는 비율을 계산하라. 암석의 밀도는 대략 $3.10 \times 10^3 \, \mathrm{kg \, m^{-3}}$인 콘드라이트운석의 밀도와 비슷하고, 얼음의 밀도는 대략 $0.95 \times 10^3 \, \mathrm{kg \, m^{-3}}$이라고 가정하라.

(b) 이 방법으로 계산한 값이 실제 값과 다를 수 있는 몇 가지 요인을 생각해보라.

결국, 얼음위성들은 암석이 일부 섞인 얼음으로 이루어져 있다고 결론 지어졌는데, 위성의 밀도가 어떤 얼음 혼합물의 밀도보다 더 높았기 때문이었다. 암석이 추가 성분으로서 가장 유력했던 이유는 암석을 구성하는 규산염 광물이 태양계에 존재하는 고밀도 물질 중에서 가장 흔하기 때문이다. 이들 위성이 고밀도의 암석 핵 주위를 저밀도의 얼음 맨틀이 둘러싸고 있는 분화 천체인지, 또는 암석과 얼음이 균일하게 혼합된 미분화 천체인지는 위성들의 강착 역사에 따라 다를 것으로 생각되었다. 미분화 구조는 균질 강착(암석과 얼음이 동시에 강착)과 더불어 분화를 일으키기에 충분한 열의 공급이 없었기 때문으로 생각된다. 분화 구조는 비균질 강착(암석이 강착된 후에 얼음이 강착)에 의거나 또는 균질 강착으로 시작했더라도 강착 과정 중의 높은 에너지 방출율로 인해 얼음이 녹거나 또는 최소한 얼음이 이동할 수 있을 정도로 충분한 열이 공급됨으로써 형성되었을 것이다.

일반적인 통념에 따르자면, 암석이 산재되어 있든 혹은 밀집되어 있든 관계없이 이들 얼음 천체의 암석 성분 내 방사성원소 붕괴에 의한 방사능 열이 너무 미약하기 때문에 지표면에 가까운 위성 내부에서 얼음을 이동시키거나 또는 지표면을 재포장하기에 충분한 양의 열을 공급할 수 없었다. 1960년대에 적외선 망원경을 사용해서 관측된 갈릴레이위성들의 평균 표면 온도는 $-150\,°C$ 이하로 판명되었다. 이렇게 낮은 온도에서는 지표면 근방의 얼음은 역학적 특성에 있어서 지구형 행성의 지표면 근방에 있는 암석과 비슷해진다. 이런 얼음은 너무 차갑기 때문에 지구의 빙하와는 달리 스스로의 무게로 아래쪽으로 흐를 수가 없다. 따라서 내부 구조나 생성 기원에 상관없이 목성 및 그 너머(표면 온도가 더 낮은) 행성들의 모든 얼음위성에서는 지질학적 활동이 오래 전에 중단되었을 것으로 추정되었고, 그렇다면 이들 위성의 표면은 지난 40억 년에 걸쳐 누적된 충돌구들로 빽빽이 뒤덮여 있어야 했다.

이러한 가정들 중 일부가 얼마나 잘못되었는지를, 탐사선이 거대행성의 위성들에 대한 근접 사진들을 보내주기 전까지는 전혀 짐작조차 할 수 없었다. 이에 대한 어렴풋한 암시가 1973년과 1974년에 각각 목성을 방문한 최초의 탐사선인 파이오니아 10호와 11호가 보낸 흐릿한 사진들로부터 감지되기는 했다. 이 상황이 더욱 분명해진 것은, 미항공우주국(NASA)이 보낸 일련의 보이저 탐사선 중에서 외부 태양계를 순회 방문한 두 탐사선이 달성한, 즉 1979년 3월에 보이저 1호가 목성과 조우하면서 시작되어 1989년 8월에 보이저 2호가 해왕성을 근접 비행(글상자 4.1)함으로써 종료된 놀라운 성과 덕분이었다. 이로 인해 얼음위성들의 놀랄 정도로 다양한 표면 특성이 드러나게 되었다. 일부 위성은 실제로 수많은 충돌구들로 뒤덮여 있어서

1977년, 미항공우주국은 외부 태양계를 탐사하기 위해 보이저로 명명된 두 대의 탐사선을 발사했다(그림 4.9). 보이저 1호는 1979년 3월에 목성계를 통과한 후에 목성의 중력을 이용해서 경로를 토성을 향하도록 재설정해서 1980년 11월에 토성을 스쳐 지나갔다. 보이저 2호도 동일한 '중력조력항법'을 이용해서 4개의 거대행성을 모두 차례로 방문했는데 1979년 7월 목성을 시작으로 1989년 8월 해왕성에서 끝을 맺었다.

각 보이저 탐사선의 무게는 825 kg이고 그중 105 kg이 과학 장비들이었다. 장비에는 카메라, 분광측광기, (반사광의 편광을 측정하기 위한) 편광계 및 자기장계가 포함되었다. 이들 탐사선은 태양으로부터 아주 먼 거리를 여행해야 했기 때문에 에너지원은 태양전지판이 아니라 고농도 플루토늄 열전기 발전기의 방사능 붕괴열로부터 공급되었다.

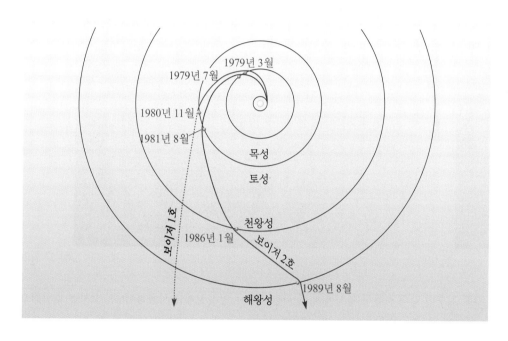

그림 4.9 두 보이저 탐사선의 경로. 보이저 1호는 토성을 지난 후에 태양계 면 위쪽으로 튕겨져 나아가고 있다. 해왕성을 방문한 후에 보이저 2호의 경로는 태양계 면 아래를 향하게 되었다.

대부분의 사람들이 기대했던 광경과 상당히 비슷해 보였다(그림 4.10). 그 밖의 다른 위성들은 지형적 특성이 복잡하고 다양했는데, 상대적으로 충돌구들은 별로 없는 반면, 단층작용이나 범람, 또는 그 밖의 다른 표면 재포장 과정들에 의해 예전에 충돌구들로 빽빽이 뒤덮여 있었을지 모르는 오래된 지형들이 뭉개어지거나 함몰된 것으로 보이는 흔적들이 많이 발견되었다(그림 4.11).

보이저 이후로 다른 탐사선들(부록의 표 A7)을 통해 거대 얼음천체들에 대해 더 많이 알게 되었는데, 특히 갈릴레오(1995~2003년 목성 주위의 궤도 비행. 4.1.5절 참조), 카시니(2004~2017년 토성 주위의 궤도 비행), 뉴호라이즌스(2015년 명왕성-카론의 근접 비행)를 손꼽을 수 있다.

타이탄을 제외한 그 어떤 위성도 온갖 종류의 운석 충돌로부터 표면을 보호할 수 있을 만큼 충분히 두꺼운 대기를 갖고 있지 않다. 얼음위성의 표면은 태양빛을 모든 방향으로 상당히 균일하게 산란시키는데, 이는 가장 최근에 형성된 표면조차 연속되는 매끄러운 얼음판으로 이루어져 있지 않다는 사실을 시사한다. 즉, 원래는 연속되는 판 형태였을지라도, 지구의 달 표면이 암석 부스러기의 **표토**(regolith)로 이루어진 과정처럼 (아마 운석이나 미세운석 충돌에 의해) 어떤 종류의 얼음이든지 간에 결국 다양한 크기의 수많은 알갱이로 부서지게 된다. 최근에 형성된 얼음 표면일수록 얼음 표토가 (최소 두께가 입자 서너 개에 불과할 정도로) 얇고, 오래된 표면일수록 (수 미터 혹은 그 이상으로) 표토가 두꺼울 것이다.

유감스럽게도, 그림 4.11의 위성들에서 보이는 표면 재포장 현상은 연대 추정이 불가능하

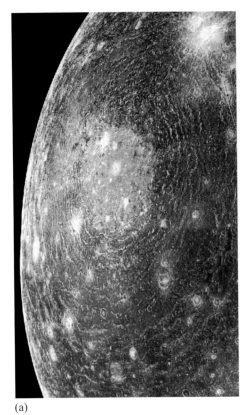

(a)

(b)

그림 4.10 충돌구들로 뒤덮인 두 얼음위성의 표면은 지질활동이 거의 혹은 전혀 없는 비활성 천체를 암시한다. (a) 칼리스토(사진의 위아래 간 거리는 3,000 km), (b) 레아의 일부(사진의 위아래 간 거리는 600 km) [(a) NASA; (b) NASA/JPL-Caltech/Space Science Institute)]

'크기-빈도 분포'는 특정 범위의 크기에 대한 물체(이 경우에는 구덩이)의 상대적 개수를 표현하기 위해 사용되는 용어이다.

다. 지구의 달의 충돌구 형성에 대한 시간 척도는 방사선계를 사용하여(즉, 방사능 동위원소의 붕괴에 근거한 연대 측정방법을 사용하여) 눈금 조정이 이루어졌는데 이 결과를 외부 태양계에는 적용할 수 없다. 왜냐하면 (태양에서 1 AU 거리에 있는) 지구의 달이 (태양에서 5 AU 거리에 있는) 목성의 위성이나 거의 10 AU 거리에 있는 토성의 위성과 동일한 충돌 비율을 겪었으리라고 기대할 수 없기 때문이다. 사실, 얼음위성 충돌구들의 크기-빈도 분포를 조사했을 때 크기별 충돌구 분포의 양상이 각 거대행성마다 달랐을 뿐 아니라 지구의 달의 분포 양상과도 달랐다. 이 결과를 태양계의 각 영역마다 각기 다른 집단의 충돌체로부터 영향을 받았다는 증거로 볼 수 있으므로 아마 충돌구 형성 비율도 각 영역마다 다르게 진화했을 것이다. 시간이 지나면서 구덩이 형성은 전반적으로 감소했겠지만, 예를 들어 충돌이나 또는 무작위로 일어난 거대 충격으로 산산조각 난 이웃 위성에서 떨어져 나온 부스러기들과 충돌하면서 국지적으로 충돌구 형성이 급작스럽게 증가했었을 수 있다. 따라서 동일한 거대행성의 위성들 간 비교에서는 충돌구 밀도가 낮은 표면이 충돌구 밀도가 높은 표면보다 더 최근에 형성되었다고 어느 정도 확신을 가지고 말할 수 있지만, 예를 들어 목성계 위성의 충돌구 밀도가 낮은 표면과 토성계 위성의 충돌구 밀도가 높은 표면 간에는 그 같은 비교가 불가능하다.

그러나 많은 경우에, 각 개별 위성에서 가장 오래된 (표면 나이가 어쩌면 40억 년인) 지역과 최근에 표면이 재포장된 가장 젊은 지역 간의 충돌구 밀도의 차이를 보면, 후자가 예상보다 훨씬 더 젊다는 결론이 나온다. 이들 표면이 내부 작용에 의해 새로 형성되었다면 이들 위성은 내부 가열을 겪었을 것임에 분명하다.

최근 또는 현재에 얼음위성의 주요 내부 열원으로 간주되는 방사능 열이 예전에는 주목받지

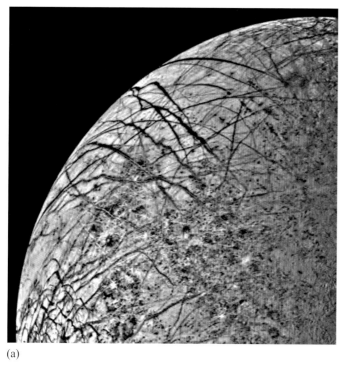

(a)

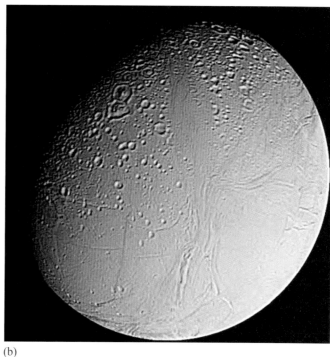

(b)

(c)

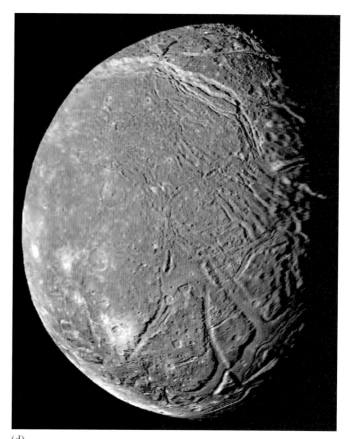

(d)

그림 4.11 선입관을 깨뜨린 얼음위성들. (a) 유로파는 이 정도 척도에서 실질적으로 충돌구가 전혀 보이지 않으므로 표면 나이가 매우 젊을(<1억 년) 것임이 분명하다. (b) 엔셀라두스에서는 충돌구들이 밀집된 지역을 충돌구들이 별로 없는, 즉 더 젊은 구역이 가로지른 모습이 보인다. (c) 미란다의 표면은 서로 대조되는 다양한 지형들이 뒤섞여 있다. (d) 아리엘에는 단층을 따라 형성된 계곡들이 충돌구들이 밀집된 오래된 지형에 균열을 일으키면서, 일부 계곡의 밑바닥에는 얼음(얼음화산의) '용암'의 흐름으로 범람이 일어났다. (NASA)

첫 번째 가정에 대해서는 2015년 명왕성과 세레스에 대한 근접 관측이 있고 나서 의문이 제기되었는데, 특정 조건하에서 거대 얼음위성은 표면 재포장을 어느 정도 일으키기에 충분한 방사능 열을 내부에 품을 수 있는 것으로 보인다. 그렇다고 해서 조석열의 중요성이 경감되지는 않으며, 이에 대해서는 곧이어 설명한다.

못했던 이유는 다음과 같은 몇 가지 가정 때문이었다.

- 콘드라이트 운석보다 방사성 원소의 함량이 훨씬 높은 극도로 특이한 방식으로 암석이 조성되어 있지 않는 한, 이들 위성은 암석 함량이 너무 적어서 방사능 열을 충분히 생성할 수 없다.
- 외부 충돌에 의해 수동적으로 생성된 충돌구들로 빽빽이 뒤덮인 표면을 가진 이웃 위성 레아(그림 4.10b)와 대조적으로 지질학적으로 복잡한 표면을 보이는 엔셀라두스(그림 4.11b)를 설명하려면 암석의 조성이 아무리 특이하다 해도 단일 위성계 내에서조차 엄청난 변화가 있어야 할 것이다. 25배나 질량이 큰 레아가 왜소한 엔셀라두스보다 방사능 열을 더 많이 생성하는 것이 당연하기 때문이다.
- 방사능 열은 시간이 흐르면서 점차 감소해야 하는데, 이는 훨씬 활동적인 일부 위성의 표면 재포장 역사와 전혀 일치하지 않는다.

4.1.4 조석열의 발견

보이저의 목성계 근접 탐사는 행성과학자들로 하여금 '죽은' 천체들이라고 생각했던 위성에 대한 과거 선입관이 잘못 되었음을 깨닫게 했다. 이에 따라 보이저 1호가 토성에 도착하기도 전에 위성 내부의 새로운 가열 방식이 전폭적으로 받아들여질 수 있었다. 이렇게 쉽사리 생각의 전환이 일어날 수 있었던 것은 목성에 가장 가까운 갈릴레이위성인 이오의 보이저 자료 덕분이었는데, 이오는 지구의 달보다 아주 약간만 크고 조밀했으므로 당연히 지난 수십억 년 동안 지질학적으로 조용했어야만 했다. 이오에는 심지어 쉽게 녹을 수 있는 얼음조차 없다. 이오의 지각과 맨틀은 모두 암석으로만 이루어져 있다. 하지만 이오의 표면은 너무나 젊어서 (그 후에 얻어진 좀 더 상세한 사진에서도) 어떤 충돌구도 발견되지 않았을 뿐 아니라 항상 서너 개의 화산이 동시다발로 분출하고 있다(그림 4.12). 일부 분출은 지구상 적외선 망원경으로 탐지할 수 있을 정도로 규모가 크다.

이오에서 발견된 활화산이 대부분의 행성과학자들을 놀라게 했지만 보이저 1호가 목성에 도착하기 불과 며칠 전 학술지 사이언스에 발표된 어느 한 논문의 저자들에게는 전혀 놀랍지 않았다. 이 논문에서 스탠튼 필(Stanton Peale, 1937~2015, 그림 4.13)과 그의 동료들은 이오가 목성 주위를 돌면서 겪는 조석응력에서 발생한 열로 인해 이오의 내부가 대부분 용해

그림 4.12 이오의 분출 플룸. 이 사진은 1997년 6월 28일에 갈릴레오 궤도선에 의해 촬영되었지만 그보다 18년 앞선 보이저 1호의 발견과 비슷한 현상을 보여준다. 이오의 표면은 황산화물에 의해 노란색과 빨간색으로 물든 용암류가 대부분 뒤덮고 있다. (필란 파테라로 명명된 화산으로부터) 한 분출 플룸이 이오의 가장자리에서 140 km 상공까지 치솟은 모습이 보인다. 그리고 프로메테우스 화산에서 분출된 두 번째 플룸이 구면의 중심 근방 바로 위에서 보인다. 이 분출 플룸의 확대된 사진이 왼쪽 상단에 삽입되어 있다. 푸른색을 띤 고리는 플룸의 윤곽으로서 지표면에 오른쪽으로 불그스름한 그림자를 드리우고 있다. 플룸의 오른쪽 부분 아래에 보이는 검은색의 표면 특징은 1979년 이래로 계속 분출 중인 용암류이다. (NASA)

그림 4.13 조석가열이론의 확립에 있어서 주도적 역할을 한 스탠튼 필의 2014년에 촬영된 사진

되어 있다는 가설을 내놓았다. 이오 내부가 어느 정도로 용해되어 있는지에 대해서는 아직 결론이 나지 않았지만, 조석가열(글상자 4.2)은 이오의 화산 및 여러 얼음위성들의 표면 재포장 과정의 에너지원으로 빠르게 받아들여졌다.

글상자 4.2 | 위성의 조석가열

어느 큰 위성이 거대행성 주위를 돌 때, 행성의 조석인력은 위성의 모양을 뒤틀리게 한다. 이로 인해 행성을 향하는 구면 중심에 생기는 조석팽대부와 더불어 이와 똑같은 팽대부가 반대쪽 구면 중심에 생긴다. 이들 팽대부의 크기는 행성의 질량 및 상호 거리(조석력은 위성의 궤도반경의 세제곱에 반비례한다) 그리고 위성을 구성하는 물질의 강도에 따라 달라진다. 이오와 같은 극단적 경우는 팽대부의 높이가 수 km에 이르기도 한다. 조석팽대부의 위치나 크기의 변화에 따른 위성의 뒤틀림이 바로 조석가열을 일으키는 원인이다. 일종의 내부 마찰로 인해 생성되는 열인 것이다. 이는 별로 단단하지 않은 금속 막대기를 어느 한 지점에서 앞뒤로 반복해서 구부렸을 때 일어나는 현상이기도 하다. 얼마 지나지 않아 막대기의 구부러진 부분을 만져보면 열기가 느껴진다. 여러분도 과학을 위해 철사 옷걸이 하나쯤 기꺼이 희생할 의향이 있다면 손쉽게 직접 확인할 수 있다. 앞뒤로 옷걸이를 구부린 다음에 방금 구부린 부분에 입술을 대어보라.

위성이 자신의 공전 주기보다 더 빠르게 자전한다면 조석팽대부는 행성과의 정렬을 유지하기 위해 위성에서의 위치를 이동하게 된다. 이에 따른 지속적 뒤틀림은 위성 내부에 막대한 양의 열을 발생시킨다. 그 같은 상황이 위성 형성의 아주 초기에 (혹은 트리톤의 경우에는 포획된 직후에) 일어났겠지만 대부분 불과 수백만 년 내에 조석력이 위성의 자전 주기를 감소시켜서 공전 주기와 정확히 일치하도록 만든다. 실질적으로 모든 거대위성들이 현재 동주기 자전을 하는 이유가 바로 이 때문이다.

조석견인은 또한 위성의 공전궤도를 완벽한 원 궤도로 변화시키는 경향이 있다. 만약 어느 위성이 상당히 거대한 질량을 가진 행성 주위를 홀로 돌고 있다면 그 같은 결과는 불가피하다. 일단 위성이 원 궤도에 안착하면 조석응력이 일정해지므로 더 이상 조석가열이 일어나지 않는다. 그러나 위성의 공전궤도가 아직 타원이라면 동주기자전을 한다 해도 아래 두 가지 이유로 인해 조석응력이 계속 변하게 되어 조석가열이 계속 일어나게 된다.

1. 타원궤도에서는 행성과 위성 사이의 거리가 계속 변하므로 조석팽대부를 생성하는 조석력의 세기도 그에 따라 변한다. 팽대부는 위성이 행성에 접근할 때는 약간 높아졌다가 멀어질 때는 낮아진다.
2. 타원궤도에서는 (케플러 제2법칙에 따라) 위성의 공전 속력이 행성으로부터의 거리에 따라 변한다. 반면에 위성의 자전 속력은 일정하다(자전은 무작정 빨라지거나 느려질 수 없다). 따라서 한 공전 주기 동안 위성이 정확히 한 번 자전하더라도, 행성에 가장 가까운 근지점에서는 자전운동이 공전 운동보다 약간 뒤처지게 되고 행성에서 가장 먼 원지점에서는 약간 앞서게 된다. 그 결과, 모행성에서 볼 때 한 공전 주기 동안 위성이 항상 동일한 면만 보여주는 것이 아니라 좌우로 약간씩 흔들리게 된다[이 현상을 **칭동**(libration)이라고 부른다]. 조석팽대부는 두 천체의 중심을 통과하는 선에 직접적으로 작용하는 힘에 의해 생성되므로 팽대부의 위치는 위성 표면을 가로질러 동쪽과 서쪽 사이를 왕복하는 진동을 하게 된다.

따라서 타원궤도의 위성은 팽대부 높이의 계속적 변화와 팽대부 위치의 진동을 겪으면서 내부가 뒤틀리게 되어 열이 발생한다. 거대행성의 어느 위성도 공전궤도가 아직 완벽하게 원 궤도가 아닌 이유는 모든 위성에게 이웃 위성이 있기 때문이다. 내위성이 (좀 더 느린) 외위성을 추월할 때마다 행성의 조석력에도 불구하고 상호 섭동으로 인해 위성의 궤도가 약간 타원인 상태로 유지된다.

이 효과는 위성들이 **궤도공명**(orbital resonance) 관계에 있을 때 증폭되는데, 공명 관계는 이웃한 위성들의 공전주기 간에 단순한 비율이 성립할 때 나타난다. 이 관계는 특히 목성에 가까운 3개의 갈릴레이위성들 간에 잘 나타난다. 유로파는 이오가 두 번 공전을 완료할 때마다 정확히 한 번의 공전을 완료하며, 차례로 가니메데는 유로파가 두 번 공전을 완료할 때마다 정확히 한 번의 공전을 완료한다. 이로 인해 궤도이심률이 증가하게 된 결과인 **강제이심률**(forced eccentricity)은 그 값이 그다지 크진 않지만(이오는 0.04, 유로파는 0.01), 이오의 화산활동과 유로파의 (아마도 현재 진행형인) 최근 활동의 에너지를 공급하기에는 충분하다. 이는 또한 가니메데에는 과거 지질 활동의 흔적이 많은 반면에 칼리스토에는 그런 흔적이 거의 없는 이유를 설명해준다(비록 칼리스토의 공전 주기의 세 배가 가니메데의 공전 주기의 일곱 배와 거의 일치하지만, 특히 칼리스토가 상대적으로 목성에서 멀리 떨어져 있기 때문에 이 같은 7 : 3 궤도공명이 조석가열을 일으킬 수 있을 정도로 칼리스토 공전궤도의 강제이심률을 증가시키지는 못한다).

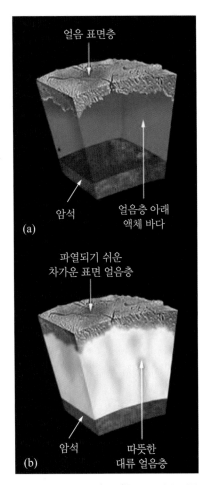

얼음 표면층

암석

얼음층 아래
액체 바다

(a)

파열되기 쉬운
차가운 표면 얼음층

암석

따뜻한
대류 얼음층

(b)

그림 4.14 유로파 '얼음'층의 특성에 대한 두 가지 이론 : (a) 고체 얼음층과 내부 암석층 사이에 액체물의 바다가 끼어 있다. (b) 암석층 바로 위에 고체 얼음층이 있으며 얼음층 하부는 아마 온도가 충분히 높아서 유동성을 가질 수 있다. (여기에 포함 안 된) 중도 이론에 따르면, 파열되기 쉬운 차가운 얼음층 아래에 액체물을 함유한 고립된 영역들이 있지만 위성 전역에 걸친 대양은 존재하지 않는다. (NASA)

얼음위성 중에서는 유로파(그림 4.11a)가 목성계에서 가장 젊은 표면을 갖고 있다. 이론적 밀도 모형에 따르면 유로파는 암석으로 이루어진 내부를 약 100 km 두께의 얼음이 둘러싸고 있다. 유로파는 이오보다 목성에서 더 멀리 있고 궤도가 좀 더 원 궤도에 가까우므로 유로파 내부의 조석가열률은 이오보다 작을 것이다. 보이저 탐사 후에 유로파는 얼음으로 덮인 덜 활동적인 이오처럼 여겨지게 되었다. 이런 관점이 유로파 표면에 명백하게 보이는 균열이나 재포장 현상을 분명하게 설명할 수 있었으므로 얼음층과 암석층 사이에 얼지 않은 바다가 존재할 수 있을 만큼 암석층에서 얼음층 하부로의 열 전달이 충분할지에 대해서 여러 추측이 난무했다. 그 결론에 따라 그림 4.14에 제시된 두 이론 중에서 어느 쪽이 옳은지가 결정될 것이다. 이번 장의 나머지는 유로파 및 유로파에 바다가 존재할 가능성에 주로 초점이 맞추어질 것이다.

과학 소설가 아서 클라크(Arthur C. Clarke, 1917~2008)는 지구 대양 해저의 '블랙 스모커' 열수분출구 주변의 생물 군집으로부터 유추하여, 유로파의 조석가열과 관련한 우주생물학적 의미를 처음 깨달은 사람들 중의 하나였다. 2010 스페이스 오디세이 II(더 유명한 2001 스페이스 오디세이의 속편으로 1982년에 출판)에서 그는 유로파의 대양 해저에서 이루어진 한 탐험가의 발견에 대해 상상의 나래를 펼쳤다.

> … 첫 번째 오아시스는 그에게 기쁨에 찬 놀라움을 안겨주었다. 오아시스는 해저로부터 분출되는 광물염수가 침전되어 형성된 도관과 분연구가 뒤엉킨 덩어리 주변으로 거의 1 km 가까이 뻗어 있었다. 마치 고딕 양식의 성곽을 자연이 흉내 낸 듯한 이 구조물로부터 뜨겁고 시커먼 액체가 마치 거대한 심장의 박동에 맞추기라도 한 듯 느린 리듬으로 고동쳤다. 그리고 혈액처럼 이 액체도 생명의 진정한 징표였다.

> 끓어오르는 유체는 대양의 상부로부터 스며드는 치명적인 냉기를 몰아내고 해저에 온기의 섬을 형성했다. 이에 못지않게 중요한 점은 이 유체는 유로파의 내부로부터 생명에 필요한 온갖 화학물질을 퍼올렸다는 것이다. 여기, 누구도 예상치 못한 환경에 에너지와 양분이 풍부하게 존재했다 …

> '성곽'의 구부러진 벽 가까이 있는 열대지역에는 섬세하고 가냘픈 구조물들이 있는데 식물과 유사해 보이지만 이들 거의 모두가 이동할 수 있다. 이들 사이를 기어 다니는 기괴한 모양의 달팽이나 벌레 일부는 식물을 섭취하거나 또는 광물이 많이 함유된 주위 바다 물에서 양분을 직접 얻는다. 주위 모든 생명체를 데워주는 열원인 해저의 불길에서 거리가 멀어질수록 게나 거미와 많이 다르지 않은 좀 더 강인하고 생존력이 좋은 생물들이 자리를 잡고 있었다.

> 한 무리의 생물학자들이 몰려와 오로지 이 작은 오아시스만 연구한다 해도 평생이 걸릴 것이다.

> (Clarke, 1982)

몇 년이 흐른 뒤에야 비로소 클라크가 상상했던 가설이 주류 과학자들 간에 받아들여질 수 있었다. 그 이유 중 하나는 해저 열수분출구가 지구상 생명체의 기원 가능성이 가장 높은 환경 중의 하나(1.10절 참조)로 아직 인정받지 못해서였다. 또 다른 이유로는 유로파의 얼음층 아래에 바다가 존재할 가능성을 보여준 보이저의 결과가 갈릴레오 궤도선이 훗날에 밝힌 증거만큼 설득력이 강하지 못했기 때문이었다. 그러나 1990년대 말에 이르러 미항공우주국은 미의회 상원에 유로파 전용 탐사선 계획에 대한 예산 지원을 요청하면서 유로파의 우주생물학적 잠재성을 주요 근거로 들었다. 주로 예산 삭감과 관련된 우여곡절이 있었지만 미항공우주국과 유럽 우주국은 2020년경에 각자 따로 탐사선을 발사할 계획이다(4.2.5절).

질문 4.2

글상자 4.2에 주어진 정보와 표 4.1에 주어진 궤도반경을 이용하여, 유로파에 대한 목성 조석력을 이오에 대한 목성 조석력의 비율로 계산하라.

4.1.5 갈릴레오 탐사선

보이저 탐사 이후로 상당히 오랜 시간이 지나고 나서야 외행성의 위성들에 대한 좀 더 상세한 후속 조사가 이루어졌다. 천왕성이나 해왕성 탐사선은 현재로서는 계획에 없지만 카시니-호이겐스라는 이름의 토성 탐사선이 1997년에 발사되어 2004년 토성에 도달했다. 다음 장에서 호이겐스 착륙선에 대해 설명할 것이다. 그렇지만 1989년에 발사된 갈릴레오 탐사선이 목성계를 먼저 방문했다. 갈릴레오는 1995년 12월에 목성 주위를 도는 최초의 우주선이 되었다. 주 안테나의 작동 실패로 지구로 전송되는 자료의 양이 제한되기는 했지만 탐사계획 자체는 전반적으로 성공이었다. 2003년 9월까지 계속해서 임무를 수행한 갈릴레오는 목성의 대기 속으로 일부러 추락함으로써 종말을 맞았다. 이는 행성보호법령(제3장)에 의거한 것으로서, 수명이 다한 우주선이 행여 유로파와 충돌하기라도 하면 우연히 우주선에 실려 온 지구 미생물이 유로파를 오염시킬 가능성을 피하기 위한 조처였다.

갈릴레오는 각 갈릴레이위성 주위로 여러 번 근접 비행을 하면서 반도체영상촬영(SSI) 카메라 장비를 사용해서 보이저 시절에 비해 훨씬 더 완전하고 상세한 사진들을 얻었다. 아울러 우주선에는 지표면 성분의 결정에 (그리고 이오의 활성 용암류의 온도 결정에도) 유용한 근적외선영상촬영분광측정기(NIMS), 자외선분광측정기, 그리고 위성들이 목성의 자기권 안에서 움직일 때 위성의 반응 결과를 보여주는 자기측정기들이 실려 있었다. 갈릴레오가 각 위성에 접근할 때마다 겪게 되는 운동 경로에 대한 섭동으로부터 위성의 내부 밀도 분포에 대한 좀 더 정확한 정보가 얻어짐에 따라, 이오, 유로파, 가니메데의 중심에는 고밀도의, 아마도 금속 성분의 핵이 존재할 것으로 추정되었다. 반면에 칼리스토는 분화가 약하게 일어나서 암석과 얼음이 완전히 분리되어 있지는 않다고 판명되었다(그림 4.15). 글상자 4.3은 얼음위성 내부의

근적외선은 가시광에 가장 가까운 적외선 스펙트럼 영역을 의미한다. NIMS에 사용된 실제 파장 범위는 0.7~5.21 mm였다.

그림 4.15 갈릴레오 탐사선 방문 이후에 갈릴레이위성들의 내부 구조에 대한 이론적 모형(왼쪽부터 오른쪽으로 이오, 유로파, 가니메데, 칼리스토). (이 크기 척도에서는 유로파 모형에서 얼음과 액체 상태 물이 구분되지 않는다.) (NASA)

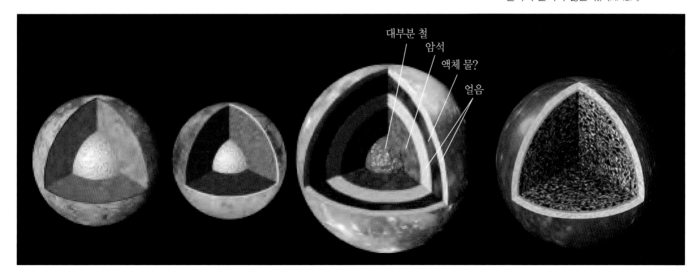

대부분 철
암석
액체 물?
얼음

글상자 4.3 | 분화된 얼음천체들의 층상구조에 관련된 용어

분화된 지구형 행성에서는 확실하게 구분되는 고밀도의 성분으로 이루어진 내부 구역을 핵이라고 부르는데 핵에는 철이 풍부하다. 핵은 (규산염) 암석으로 이루어진 맨틀로 둘러싸여 있다. 만약 암석층의 최외곽 부분이 화산활동이나 그 밖의 다른 재순환 과정으로 인해 성분이 변화되었다면 지각이라고 부른다.

이와 유사하게, 분화된 얼음천체에서 내부 암석층을 핵이라고 부른다 해도 (그리고 핵 중심에 철이 집중되어 추가적 분화가 일어난 경우에, 그 중심을 내핵이라고 부른다 해도) 논리적으로 무리는 없다. 그렇다면 이러한 천체의 가장 바깥 부분인 얼음층은 맨틀이 되고, 아울러 얼음층 내에서 외부 성분이 내부 성분과 다소 다르다면 이 외부 영역을 지각이라고 부를 수 있다. 태양계 내 얼음은 규산염 암석과 많은 중요한 성질을 공유하므로 이 같은 비유가 특히 적절하다고 할 수 있다. 공유하는 성질에는 아래 사항들이 포함되어 있다.

1. 지표면 근방의 통상적 온도에서 얼음은 지구 표면의 암석처럼 역학적으로 강하고 단단하다.
2. 염류 또는 다른 휘발성 물질과 혼합된 물 얼음은 (열 또는 일부 경우에는 압력 감소에 의해) 용해될 때, 마치 규산염 광물들이 혼합된 암석처럼 부분용해가 일어난다. 용해된 결정체와 용해되지 않고 남은 결정체는 서로 다른 성분으로 이루어져 있으므로, 이러한 얼음은 순수한 물 얼음보다 낮은 온도에서 용해되기 시작한다.
3. 온도와 압력이 충분히 높다면, 얼음은 용해되지 않고도 흐를 수 있으므로, 마치 지구 맨틀의 심층부에 위치한 암석처럼 고체 상태 대류가 일어날 수 있다.

위의 2번 성질에 의해 분화된 얼음천체의 최외곽 부분이 실제로 맨틀과 최소한 약간이라도 성분이 다를 가능성이 크므로 이 분화된 얼음층을 실제 지각으로 간주할 수 있다. 3번 성질은 단단한 외부 얼음층(상부 맨틀 및 지각)과 그보다 더 깊이 자리한 (고체임에도 불구하고) 좀 더 유동적인 내부 얼음층을 각각 암석권과 연약권의 용어를 사용해서 구분할 수 있게 해준다. 이 두 용어는 원래 지구에 적용하기 위해 만들어졌는데, (성분이 아닌) 물리적 성질에 따른 용어이다.

그러나 얼음천체 안에 위치한 내부 바다(액체 물)에 대해서는, 지구형 행성 내부에 이에 상응하는 구조가 발견된 적이 없기 때문에 이 같은 비유를 적용할 수 없다.

성분 및 물리적 성질에 따라 구분된 층들을 기술하기 위해, 어떻게 지구형 행성 관련 용어들을 빌려오게 되었는지에 대해 설명한다.

이제 주로 갈릴레오의 관측 결과를 바탕으로 해서, 유로파를 좀 더 상세히 탐구함으로써 최근 역사와 더불어 얼음층 아래에 어쩌면 생명을 품고 있을지 모르는 바다의 존재 가능성에 대해 알아보려고 한다.

4.2 유로파

유로파의 표면은 연구 대상으로서는 종종 갈피를 잡을 수 없게 만들지만 또 한편으로는 아주 흥미진진하다. 그러한 특성 중 하나로 높은 반사도를 들 수 있다. 반사도가 0.7인데 이보다 높은 반사도는 얼음천체 중에서 오로지 엔셀라두스와 트리톤에서만 발견된다. 반사도는 얼음 표면의 나이를 보여주는 지표 중의 하나로서 얼음 표면이 밝을수록 나이가 젊다. 가니메데(반사도 0.45)와 칼리스토(반사도 0.2)는 표면이 훨씬 어둡다. 위성 표면의 사진을 서로 비교할 때 (예 : 칼리스토와 유로파 각각에 대한 그림 4.10a와 4.11a) 이런 차이가 겉보기에 보통 잘 느껴지지 않는데, 이는 각 위성의 표면 특징을 최대한 부각시키기 위해 통상적으로 사진의 밝기를 조정하기 때문이다.

유로파는 적도에서 정오에 온도가 약 $130\,K$(약 $-140\,°C$)이고 극에서는 약 $80\,K$(약 $-190\,°C$)이다. 유로파의 자전축은 공전궤도면에 대해 수직을 이루며 목성의 적도면에 대한 공전궤도면의 기울기는 $0.5°$ 이하이다. 유로파는 목성 주위를 도는 동안 또는 목성이 12년 주기로 태양 주

어느 천체의 '반사도'는 그저 반사된 입사광의 일부이다. 반사도가 높을수록 더 많은 빛이 반사되므로 천체가 더 밝게 보인다.

위를 도는 동안 입사하는 태양에너지에 있어서 '계절' 변화를 사실상 전혀 겪지 않는데, 이는 목성의 축경사가 3°에 불과하기 때문이다(따라서 목성에도 사실상 계절이 존재하지 않는다).

갈릴레오의 자기측정기에 의해 유로파 주변에서 탐지된 자기장은 목성 자기장과의 상호작용으로부터 유도된 것이다. 이는 지표면 아래에 전기전도층, 즉 유로파 얼음층 아래에 염수(따라서 전기 전도가 가능한) 바다의 존재를 가리킨다. 갈릴레오가 전송한 유로파의 최고해상도 자료에서 각 화소는 폭이 약 6 m의 영역을 나타낸다. 그 정도로 상세한 자료는 전체 표면의 극히 일부에서만 얻어졌다. 유로파의 9%는 화소당 200 m보다 높은 해상도로 그리고 전체 표면적의 대략 절반은 화소당 1 km보다 높은 해상도로 관측되었다. 이는 유로파의 최고해상도가 화소당 1.9 km에 불과했던 보이저 탐사와 비교해서 대단한 진전이었다. 곧 이어서 많은 유로파의 자료들을 검토하게 되겠지만 그보다 앞서 얼음 성분에 대해 확실히 알아둘 필요가 있다.

4.2.1 얼음과 염류

앞서 언급했듯이, 이미 1950년대에 근적외선 반사 스펙트럼을 사용해서 유로파의 표면이 주로 물 얼음이라는 사실이 밝혀졌다. 좀 더 최근에는 허블 우주 망원경과 갈릴레오의 분광관측에 의해 일부 지역에서 염류를 함유한 듯한(아래 참조) 얼음이 발견되었고 산소 분자(O_2)의 흔적 역시 탐지되었다. 산소의 존재는 얼음 속 물 분자가, 목성 자기장을 따라 유로파로 흘러들어온 하전 입자들에 의해 분해되거나[**방사선 분해**(radiolysis)] 또는 태양 자외선에 의해 분해된 [광해리 또는 **광분해**(photolysis), 1.6.2절 참조] 결과임이 거의 확실하다. 일부 산소는 얼음 결정에 포획되어 고립된 채 얼음 속에 머무르기도 하지만, 또 다른 일부는 표면 압력이 지구 대기의 10^{-12}에 불과한 극도로 희박한 대기의 일원이 되기도 한다.

■ 물 분자가 빛에 의해 분해될 때 산소 외에 어떤 다른 분자가 생성될 것으로 예상하는가?

□ 물의 분자식이 H_2O이므로 수소도 생성되어야 한다.

글상자 4.4는 유로파의 얼음으로부터 산소와 수소가 생성되는 일련의 반응을 보여준다.

글상자 4.4 │ **방사선 분해와 광분해에 의한 얼음 속 물 분자의 분해**

얼음위성의 표면 얼음층 안에서 일어나는 산소와 수소의 생성 반응을 다음과 같이 간단하게 요약할 수 있다.

$$H_2O \rightarrow H + OH$$
$$H + H \rightarrow H_2$$
$$OH + OH \rightarrow H_2O_2$$
$$2H_2O_2 \rightarrow 2H_2O + O_2$$

수소는 유로파에서 아직 탐지되지 않았지만, 표면 얼음에서 비슷하게 '우주 풍화'가 비슷하게 일어나고 있는 가니메데에서 우주 공간으로 새어나가는 수소가 발견되었다.

■ 유로파의 표면이나 주변에 자유 수소가 산소보다 훨씬 적은 이유를 설명할 수 있는 아이디어를 간략하게 제시하라.

□ 수소는 산소보다 훨씬 작고 가벼우므로 얼음 내부로부터 쉽게 탈출한다. 일단 밖으로 빠져나오면 유로파의 약한 중력으로는 강하게 속박할 수 없기 때문에 결국 산소보다 훨씬 빠르게 우주 공간으로 달아나게 된다.

글상자 4.4에 주어진 반응 계열의 중간 생성물인 과산화수소(H_2O_2)는 갈릴레오의 근적외선영상촬영분광측정기에 의해 얻어진 반사 스펙트럼에서 얼음의 흔적 성분으로서 발견되었다. 또한 동일한 장비로 물과 연관된 흡수띠(absorption bands)들의 왜곡이 발견되었다. 이는 물 분자가 얼음 결정을 이루는 외에 일부는 수화(hydrated) 염 결정 속에 속박되어 있음을 시사한다. 스펙트럼과 가장 잘 일치하는 조합으로는 마그네슘황산염육수합물($MgSO_4 . 6H_2O$), 엡소마이트($MgSO_4 . 7H_2O$), 블뢰다이트($MgSO_4 . Na_2SO_4 . 4H_2O$), 소다석($Na_2CO_3 . 10H_2O$)과 같은 마그네슘과 나트륨 염 혼합물을 들 수 있다. 황산염의 존재는 황-산소 결합을 포함하는 화합물의 존재를 알려주는 갈릴레오 자외선 분광자료에 의해서도 뒷받침된다.

■　탄산염과 황산염은 지구상에서 상당히 흔한 염이지만 그렇다고 가장 풍부한 염은 아니다. 지구와 비교해서 유로파에는 어떤 종류의 염이 결핍되어 있다고 생각되는가?

☐　위 목록에는 염화물이 없다. 지구의 바다에 용해되어 있는 가장 흔한 염인 염화나트륨, 즉 소금(NaCl)이 결핍되어 있음에 주목하라.

안타깝게도, 염화물은 관측된 해당 스펙트럼 영역에서는 아무런 분광 특성을 보여주지 않기 때문에 직접적인 관측 자료로는 염소염이 유로파 표면에 존재하는지 알 수가 없다. 하지만 갈릴레오 탐사선이 작성한 분광지도로부터, 유로파 전 표면에 걸쳐 염류가 굉장히 불균일하게 분포되어 있다는 사실이 밝혀졌다. 넓은 평원 지역은 비교적 염류가 거의 없는 편이지만 가장 최근에 그리고 가장 많이 내부로부터 영향받은 지역에서는 표면 염류의 농도가 99%에 이르기도 한다. 곧이어 이런 지역이 어떻게 생겼는지 보게 될 것이다.

유로파 표면에서 발견되는 염류가 유로파 얼음층 아래 바다에 용해되어 있을지 모를 염류를 고스란히 대표한다고 보기는 어렵다. 계산 결과에서는 결빙 과정에서 마그네슘과 나트륨의 황산염이 얼음 속에 농축되는 경향을 보여준다. 이는 표면에서 이들 염류가 압도적으로 많이 발견되는 관측 결과와 일치한다. 그러나 유로파 바다에 용해되어 있는 원소들의 농도는 사실상 추정에 불과하다. 그 값을 알려면 두 항목, 즉 유로파 암석 성분의 구성 및 각 성분이 암석에서 바다로 용해되는 과정의 효율을 알아야 한다. 그러나 이들 두 항목 모두 알려져 있지 않다. 비록 유로파의 암석이 대체로 탄소질콘드라이트와 비슷할 가능성이 높기는 하지만, 지구화학적 분화에 의해 얼음-암석 경계면에 가장 가까이 있는 암석들이 (예 : 이오의 지각처럼) 전적으로 다를 가능성도 무시할 수 없다. 원소의 용해 (또는 어떤 경우에는 재침전) 효율은 (예 : 열수 반응에서처럼) 반응 온도 및 용액에서 일어나는 전반적 화학 반응에 따라 다르다. 이 같은 불확

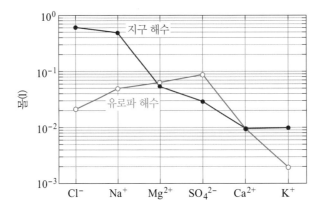

그림 4.16 유로파의 해수에 존재하는 주요 원소들의 농도 추정치 및 지구 해수와의 비교

실성에도 불구하고 유로파 바다에 용해되어 있는 원소들의 농도를 가능한 유추해보려는 시도들이 있어 왔다. 그런 시도의 한 예가 그림 4.16에 주어져 있다.

질문 4.3

그림 4.16에 따르면, 지구 해수에서 염화물(Cl^-)의 농도는 유로파 해수에서보다 몇 배나 더 높을까?

4.2.2 유로파의 표면 탐사

유로파의 얼음층 아래 바다 환경에 대해 상상해보는 것도 물론 흥미롭지만 과연 바다가 정말 존재한다는 증거가 있는 것일까? 결국, 조석가열만으로는 전 위성적 규모의 얼음 용해가 발생하지 않을 수도 있고, 유로파의 내부 구조에 대한 현재의 지구물리학적 이론 모형(예 : 그림 4.15)에서는 얼음과 액체 상태 물을 분간하지도 못한다. 다행히, 보이저와 더불어 특히 갈릴레오가 전송한 유로파의 상세한 자료들이, 마치 지질학자가 항공사진이나 인공위성의 사진을 사용해서 지구 표면 특정 지형의 형성 과정을 연구하는 것처럼, 활용될 수 있다.

글상자 4.5 | 위성의 위도와 경도

외행성의 위성 표면에서 지형적 특징들이 처음 발견되자, 이 특징들의 위치를 표시하기 위해 좌표를 정의할 필요성이 제기되었다. 위도는 간단하게 정의된다. 위성의 두 회전극(poles of rotation) 사이 중간에 놓인 적도의 북쪽과 남쪽에서 각각 도의 단위로 측정하면 된다. (국제천문연맹, 즉 IAU에 의해 수립된) 관례에 따르면, 동주기 자전을 하는 위성에서 경도 0°는 행성을 마주하는 반구의 중심을 가로지르도록 정의된다. 경도는 여기에서부터 동쪽이나 서쪽으로 도의 단위로 측정되며, 천체를 바라볼 때 천체의 북쪽이 위쪽이면 서쪽은 항상 왼쪽에 있게 된다.

일반적 관점

그림 4.17은 유로파의 한 광대한 영역을 보여주는 보이저 2호의 자료이다. 질문 4.4에 답하기 전에 이 자료를 주의 깊게 검토하라.

질문 4.4

(a) 그림 4.17을 검토한 후, 예를 들어 상대적 밝기 그리고 특징적 형태나 바탕에 주목해서 유로파 표면에 보이는 특징들의 종류에 대해 짧게 기술하라. 외양을 단순하게 묘사하는 데만 집중하라. 이들의 기원이나 정확한 본질에 대해 설명하려 들지 말라.

(b) 이들 특징의 상대적 나이를 추론하라.

질문 4.4에 답하면서, (화면의 크기 척도에서) 원래 지형은 비교적 아무 특색이 없어 보이지만 나중에 형성된 검은 띠들이 가로지르는 한 영역을 주목했어야 한다. 다른 지역에서도 이처럼 나중에 형성된 띠들이 가로지르는 지형이 원래 지형 위에 겹쳐지면서 얼룩덜룩한 평원과 굽어진 능선들이 만들어졌다. 유로파 대부분에 걸쳐 나타나는 이 검은 띠들은 금이 간 달걀 껍데기를 연상시키지만 넓은 폭의 이 띠들은 지표면이 갈라진 틈이 아니다. 사실, 유로파의 표면은 지형적 기복이 거의 없다. 그림 4.17의 오른쪽 아래 귀퉁이에 있는 굽은 능선들도 높이가 약 200 m에 불과하다.

다음 페이지들에서 보게 되겠지만, 더 높은 해상도의 갈릴레오 자료들은 보이저 자료에 근거한 해석보다 훨씬 심도 있는 결론을 제공한다.

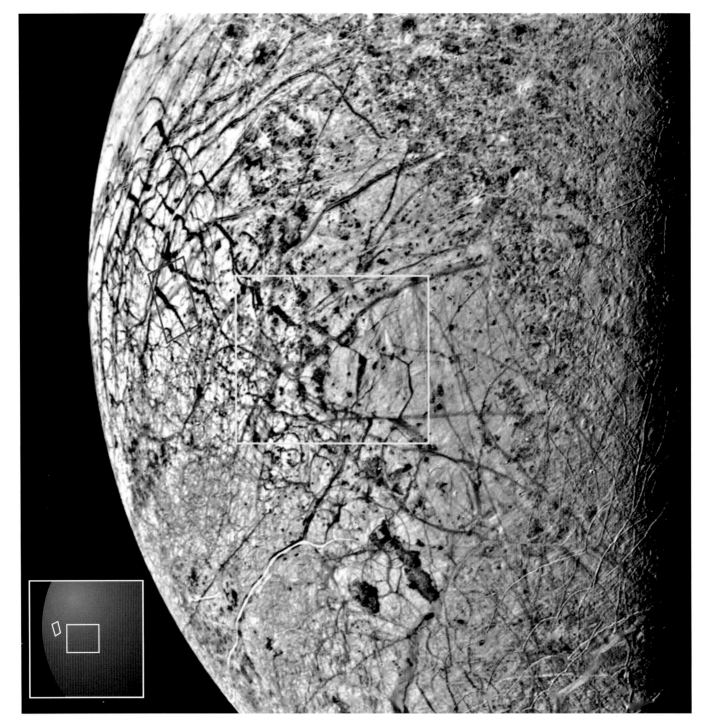

그림 4.17 폭이 약 3,000 km이고, 중심이 10° S, 160° W에 있는 (위성의 위도와 경도에 대한 설명은 글상자 4.5 참조) 유로파의 한 영역을 화소당 약 2 km의 해상도로 보여주는 보이저 2호의 자료. 노란색의 큰 윤곽선은 그림 4.19a의 범위를, 빨간색의 작은 윤곽선은 그림 4.20a의 범위를 나타낸다. 삽입된 그림은 두 윤곽선의 위치를 좀 더 명확하게 알려준다. (NASA)

푸일 충돌구

또한 그림 4.17에 충돌구들이 거의 보이지 않는다는 점에 주목하라. 실상, 몇 개가 있기는 하다. 그중 하나가 그림의 위쪽 가장자리에서 10 mm, 왼쪽 가장자리에서 65 mm 떨어진 위치에 있는, 검은색 분출물의 헤일로에 둘러싸인 직경 15 km의 밝은 점이다. 또 다른 하나는 위쪽 가장자리에서 20 mm, 오른쪽 가장자리에서 45 mm 떨어진 위치에 있는, 크기가 좀 더 크면

(a)

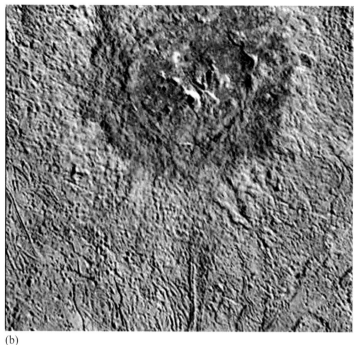

(b)

서 중심 봉우리가 또렷하게 보이는 흐릿한 반점이다. 유로파의 큰 충돌구들 중에서 가장 나이가 젊은 충돌구는 26° S, 271° W에 위치해 있어서 그림 4.17의 범위를 벗어나 있다. 대신에 그림 4.18에 보이는 이 충돌구는 (글상자 4.6 참조. 웨일스 설화에 등장하는 인물의 이름을 따서, '푸을' 또는 '푸일'로 발음되는) 푸일(Pwyll)로 명명되었다. 직경이 26 km인 푸일은 바닥이 어두운 색일 뿐 아니라 테두리 너머로 약 8 km까지 펼쳐진 동일하게 어두운 색 분출물의 헤일로를 보여주는데, 이는 지표면 아래 물질이 파헤쳐진 탓으로 생각된다. 위성 전역을 보여주는 그림 4.18a에서, 이 충돌구를 둘러싼 밝은 영역은 잘게 부스러진 훨씬 밝은색의 분출물이 불연속적 방사 형태로 1,000 km 이상 펴져나가 형성되었다. 분출물의 방사 형태가 선명하게 잘 보인다는 사실은 푸일이 유로파의 큰 충돌구들 중에서 가장 젊다는 표시이기도 하다. 유로파에 대한 혜성 충돌의 예상 빈도에 근거한 통계적 계산에 따르면 푸일의 나이가 2,000만 년보다 많을 가능성은 극히 낮고 아마 300만 년 정도일 것으로 보인다.

그림 4.18 (a) 푸일 충돌구의 위치가 표시된 유로파 전체를 보여주는 사진, (b)는 이 충돌구의 확대된 사진으로서, 화소당 250 m의 해상도로 얻어진 갈릴레오 SSI 자료. (a)에 추가된 윤곽선은 그림 4.22의 범위를 나타낸다. (NASA)

글상자 4.6 | 유로파와 그 외 위성들의 이름

천체 간에 특징들의 이름이 중복되지 않게 하면서 명명의 일관성을 유지하기 위해, 국제천문연맹은 태양계의 각 천체에 대한 명명 규정을 수립했다. 이에 따라, 유로파와 관련된 명칭들은 켈트족의 신들, 영웅들, 신화들과 더불어 유로파 신화와 연관된 사람들이나 장소들에서 유래되었다. 유로파의 충돌구 이름으로 사용된 푸일은 웨일스 설화 속 인물로서 '마비노기온(*The Mabinogion*)'으로 알려진 중세 설화집에 등장한다.

반면에 이오는 불이나 태양, 천둥, 화산과 연관된 신이나 영웅들, 그리고 이오 신화나 단테의 '지옥편 (*Inferno*)'에 등장하는 사람들이나 장소로부터 이름들을 가져왔다.

갈릴레이위성들 자체나 목성의 많은 소위성의 이름으로는 (다양한 성별과 동물종을 망라하는) 신화 속 등장인물 중에서, 에둘러 표현하자면, 주피터 신과 '연애 관계로 얽힌' 이름들이 사용되었다.

엔셀라두스에 관해서는 '아라비안 나이트'의 이야기에서 이름들이 유래되었다.

질문 4.5

그림 4.18b에 보이는 푸일의 상세한 모습을 검토하라. 푸일이 젊은 충돌구에서 예상되는 3차원적 형태를 가지고 있는가?

전문 분석 결과에 따르면, 푸일의 테두리 대부분은 높이가 200 m 미만인데다 (충돌구로서는 흔치 않게) 바닥이 바깥 지형보다 별로 낮지 않다. 푸일을 만들어낸 충돌체가 얼음층을 실제로 관통했는지에 대해서는 의견이 엇갈리지만, 비교적 (두께 < 20 km) 얄팍하면서 강도가 약한 얼음과 충돌이 일어났다는 결정적 증거들을 이 충돌구가 보여준다는 점에 있어서는 의견이 일치한다.

따라서 유로파에 큰 충돌구들이 흔치 않다는 사실은 지표면이 젊다는 것을 시사하며,
대부분 이들 충돌구의 단면 모습이 나지막하다는 사실은 충돌구들이 형성되던 당시에
얼음의 두께가 비교적 얇았음을 알려준다.

얼음 표면층의 균열과 이동

유로파의 단단한 얼음 표면층이, 푸일과 같은 큰 충돌구가 보여준 것처럼, 두께가 얇고 (또는 최소한 일정 기간 동안 얇았던 적이 있고), 물 또는 어떤 연약하고 무른 얼음 위를 덮고 있다면, 그로 인해 단단한 얼음 표면층에 일어난 균열이나 이동에 대한 증거가 있어야 한다. 그림 4.17에 보이는 검은 띠 무늬들이 암시하는 바가 바로 그 증거들일 뿐 아니라 갈릴레오의 고해상도 자료들까지 포함하면 그 사실이 훨씬 더 분명해진다. 그림 4.17의 한 영역이 그림 4.19에 확대되어 있는데, 단단한 얼음 표면층이 균열되면서 생성된 판들이 서로 상대적으로 이동한 결과로 해석된다.

그림 4.19b의 화살표들은 A~D로 표시한 판들이 모두 지도의 오른쪽(동쪽) 가장자리에 있는 얼음에 대해 상대적으로 서쪽으로 이동했음을 나타낸다. 아울러 판 B는 판 A에 대해 상대적으로 반시계 방향으로 약 5°(y에서 남쪽으로 뻗은, 중간에 끼어 있는 쐐기 형태의 띠를 더 벌어지게 하면서) 회전했다. 판 C는 판 B에 대해 상대적으로 서쪽으로 이동했고 판 D는 판 C에 대해 상대적으로 서쪽으로 이동했다.

판 C의 북쪽과 남쪽 경계에 형성된 계단 모양의 검은 띠들을 지구상 판구조에 빗대어 변환단층에 의해 단절된 확장축(또는 중앙해령)으로 간주하고 싶은 생각이 들지도 모른다. 그러나

그림 4.19 (a) 그림 4.17에서 노란색 윤곽선으로 둘러싸인 영역이 확대된 모습. 가장 최근에 생긴 (대다수가 쐐기 모양인) 검은 띠들이 일부 오래된 띠들을 가로지르거나 상쇄한다. (b) (a)에서 검은 띠처럼 보이는 벌어진 틈이 어떻게 주변의 얼음 토막이나 판이 뒤섞이거나 회전하면서 생겨난 결과인지를 보여주는 약도. 설명은 본문을 참조하라. 이 약도는 (a)의 영역에 포함된 비교적 최근에 형성된 다양한 반점 형태의 특징들을 제거함으로써 단순화한 결과이다. (Copyright ⓒ 2000 David A. Rothery)

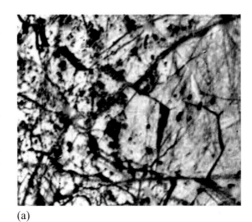

(a)

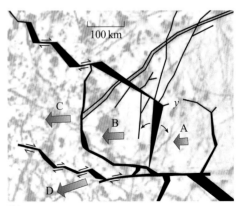

(b)

그림 4.19b에 대한 그 같은 해석이 설사 옳을지라도 유로파와 지구의 판구조 간에는 여러 중요한 차이점이 존재한다. 우선, 유로파에서 서로 뒤죽박죽 겹쳐 있는 검은 띠들이(그림 4.17) 의미하는 바는 오래된 확장축조차도 겨우 수십 km 정도 확장하면 폐기되고 새로운 축으로 교체된다는 것이다. 그러나 지구에서는 대부분의 확장축이 수천만 년에서 수억 년까지 지속되며 그 기간 동안 수백 km에서 심지어 수천 km에 이르는 새로운 암석권을 인접한 판의 경계에 덧붙여준다. 또한 지구에서는 확장축에서의 새로운 암석권의 생성과 섭입대에서의 암석권의 소멸이 지구 전체에 걸쳐 균형을 이룬다.

만약 유로파에서 검은 띠로부터 새로운 얼음 표면층이 생성된다면, 당연히 같은 비율로 다른 지역의 얼음 표면층이 소멸되어야 한다. 서너 종류의 후보가 제안되었지만 유로파에는 지구의 섭입대에 상응할 만한 지역이 확실하게 존재하지 않았으므로, 유로파에서 그 같은 균형을 이루기 위해 작동하는 과정은 갈릴레오에 의한 좀 더 상세한 자료가 얻어지기 전까지는 수수께끼로 남아 있었다. 그 증거에 대해서는 곧 설명하겠지만, 먼저 검은 띠 그 자체에 대해 갈릴레오가 추가적으로 얻은 정보를 조사할 필요가 있다. 그림 4.20a가 바로 그런 자료 중의 하나이다. 검은 띠들 사이의 회색 영역은 보이저 자료에서 상대적으로 별 특징이 없어 보였지만, 더 높은 해상도에서는 나지막한 능선들이 종횡으로 교차하는 모습을 보여준다. 이 정도 해상도에서 유로파의 표면은 마치 실꾸리처럼 보인다는 표현이 딱 들어맞는다. 더구나 이 '실꾸리' 능선들은 검은 띠 안에서도 (띠의 경계선과 나란하게 줄지어) 발견된다. 그림 4.20b에서처럼 해상도를 훨씬 더 높이면, '실꾸리 능선'들은 훨씬 더 명확해지는 (아울러 대부분이 능선과 나란하게 줄지어 있는 중심 홈을 가진) 반면에 검은 띠와 회색 지형 간의 차이는 구분하기가 더 어려워진다.

보이저가 발견한 '검은 띠'들은 갈릴레오가 밝혀낸 '실꾸리' 능선들 중에서 단지 나이가 가장 젊은 집단들만 돋보인 결과였을 뿐이고, '실꾸리' 지형의 오래된 지역과 젊은 지역 간의 반

지구의 섭입대에서는 한 암석권 판이 다른 판 밑으로 비스듬히 하강하게 된다.

그림 4.20 유로파의 16° S, 195° W 근방 일부 지역에 대한 갈릴레오 SSI 자료. (a) 폭 150 km인, 화소당 420 m의 해상도로 관측된 이 영역은 그림 4.17에서 빨간색 윤곽선으로 표시된 (그림 4.17에서는 원근법 때문에 모양이 왜곡된) 지역이다. 뚜렷한 쐐기 형태의 검은 띠가 화면의 왼쪽 아래를 가로질러 대각선으로 뻗어 있다. 이 띠는 2개의 가느다란 밝은 띠에 의해 잘려 있다. 오른쪽의 검은 막대는 관측 자료가 누락된 영역을 나타낸다. 노란색 윤곽선은 (b)에서 더 높은 해상도로 보여주는 영역을 표시한다. (b) 폭 20 km인, 화소당 26 m의 해상도로 관측된 이 영역에서는, 가장 젊은 지형으로서 다른 모든 지형들의 맨 위에 위치해 있는 밝은 띠를 제외하고 전체 표면이 (검은 띠와 회색 지형 모두) 서로 교차하는 연속적인 '실꾸리' 능선들로 이루어져 있다. (NASA)

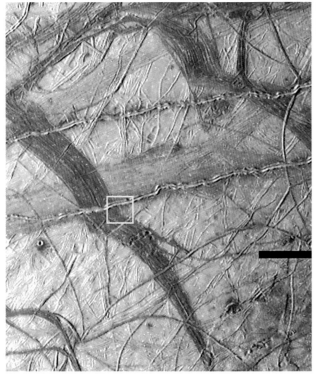

(a)

(b)

사도 차이로 인해 그림 4.17이나 4.19와 같은 자료에서 표면의 역사를 알아낼 수 있었던 것은 행운이 가져다준 우연의 일치였다. (시간이 흐름에 따라, 방사선에 의해 얼음 결정 구조의 손상이 일어나거나 결정이 성장하거나 부서지면서 얼음의 표면 밝기가 증가할 수 있다.)

그림 4.20에서 다음과 같은 핵심적 관측 결과를 이끌어낼 수 있다.

- 각 '실꾸리' 능선은 지표면의 소규모 확장(extension)을 암시한다.
- 많게는 약 10여 개의 평행한 능선들이 한 집단을 이루어 나타나는데, 각 집단은 일반적으로 더 젊은 집단에 의해 교차되고 있다. 그림 4.20b에 보이는 검은 띠의 영역 안에 적어도 4개의 그런 집단이 보인다. 서로 반드시 평행하지는 않더라도 각 집단이 검은 띠의 길이 방향을 따라 줄지어 늘어서기 때문에, 전체적으로 그림 4.19b에 보이는 것처럼 검은 띠를 가로질러 일종의 확산이 일어나게 된다.
- 검은 띠 밖의 오래된 회색 지역에 있는 능선 집단들의 방향은 일정치 않은데 이는 긴 세월에 걸쳐 복잡한 과정을 통해 표면이 생성되었다는 사실을 보여준다.

현재 널리 받아들여지는 가설에 따르면, '실꾸리' 지형에서 중심에 홈을 가진 각 능선은 (그림 4.20b에서 드러나듯이) 얼음 표면이 갈라진 지점으로서 유로파가 85시간 주기로 공전하는 동안 조석응력의 변화에 따라 (유로파는 공전 주기와 하루의 길이가 같기 때문에 이를 일주조석이라고 부른다) 균열이 벌어졌다가 메워지는 과정이 반복된다는 것이다.

이런 균열은 한 번에 서너 개만 활성화되며 각 균열이 수천 년에 걸쳐 계속 벌어지고 메워지기를 반복하다가 멈추게 되면, 조석력의 영향을 더 크게 받는 방향을 따라 생긴 새로운 균열이 활성화된다. 그림 4.21은 균열이 벌어지는 시기에 외부에 노출되었던 액체 물이 균열이 메워지는 시기가 되면 물과 얼음이 섞인 진창의 형태로 밖으로 삐져나와 균열의 양쪽에 능선을 점차 쌓아 올리는 과정을 보여준다.

이 같은 조석균열 가설은 '실꾸리' 지형이 형성되는 일련의 과정을 대체로 만족스럽게 설명하지만, 유로파 표면에 보이는 직선 혹은 곡선 형태의 특징 모두에 대해 설명하지는 못한다. 예를 들어, 그림 4.20b의 상단을 가로지르는 복잡한 형태의 밝은 띠는 서로 갈아 뭉개면서 수렴하는 지역일 (깃털 형태의 가장자리는 중앙의 고지에서 흘러내린 부스러기들일 수 있는) 가능성을 시사한다. 그러나 양쪽 지형을 비교해보면 지형의 단축(shortening)이 사실상 거의 일어나지 않았다. 측면(주향이동) 전이의 예들은 서너 개의 지형에서 발견되는데 그 중 하나가 그림 4.20a의 아래 3분의 1에 해당하는 영역에서 보이고 있다.

표면의 다양한 변형

이제 그림 4.18에서 보았던 유로파의 북반구 지역에 대한 상세한 자료 몇 개를 검토해보기로 하자. 그림 4.22는 중간 해상도 자료이고 그림 4.23~4.25는 이 지역 일부에 대한 고해상도 자료이다.

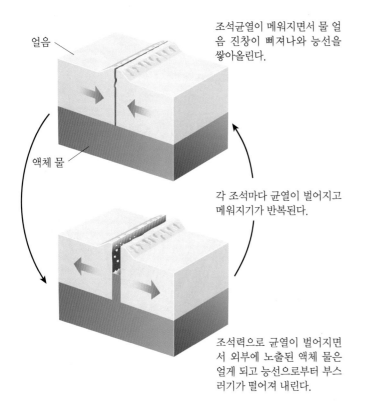

그림 4.21 유로파의 '실꾸리' 지형에서 중심 홈을 가진 능선이 어떻게 형성되는지에 대한 설명. 공전 주기 동안 조석력의 변화에 따라 균열이 벌어졌다가 메워진다. 균열이 메워질 때마다 물과 얼음이 섞인 진창이 삐져나와 균열의 양쪽에 능선을 점차 쌓아 올린다. (Greenberg, 2008에서 수정)

얼음

액체 물

조석균열이 메워지면서 물 얼음 진창이 삐져나와 능선을 쌓아올린다.

각 조석마다 균열이 벌어지고 메워지기가 반복된다.

조석력으로 균열이 벌어지면서 외부에 노출된 액체 물은 얼게 되고 능선으로부터 부스러기가 떨어져 내린다.

그림 4.22를 검토하라. 그림 4.23에서 좀 더 세부적으로 나타난 영역을 포함해서, 이 지역의
표면을 대체적으로 어떻게 분류하겠는가?

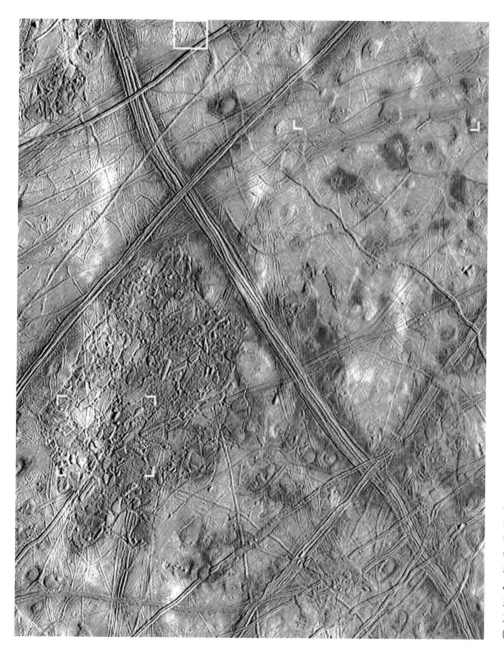

그림 4.22   유로파의 10° N, 270° W를 중심으로 폭 200 km의 지역을 화소당 180 m의 해상도로 관측한 갈릴레오 SSI 자료. 이 결과는 붉은색, 초록색, 푸른색 각각의 영역에서 촬영한 근적외선, 초록색, 보라색 사진을 합쳐서 나온 색들을 다시 증강한 것이다. 그 결과, 일반적인 얼음 표면은 푸른색으로 나타나고, 얼음이 결핍된 (아마 염도가 높은) 지역은 붉은색으로 나타난다. 흰색 반점들은 남쪽으로 1,000 km 떨어진 푸일 충돌구의 분출물이 드문드문 흩뿌려진 결과이다. 노란색 윤곽선은 그림 4.23의 범위를 표시한다. 그 밖의 노란색 표지들은 그림 4.24 하단의 두 모서리와 그림 4.25의 네 모서리 모두를 가리킨다. (NASA)

그림 4.23에서 A와 B로 표시된 두 지형을 보라. A는 양쪽에 약간 솟아오른 테두리가 있는 홈
으로서 화면의 맨 위에서 오른쪽으로 비스듬하게 뻗어 내려온다. B는 중앙에 홈이 있는 능선
으로서 맨 위에서 거의 똑바로 뻗어 내려온다. 이 두 지형이 교차하는 지점에서 이들의 관계를
설명하고 둘 중에서 어느 쪽이 나이가 더 젊은지 추론하라.

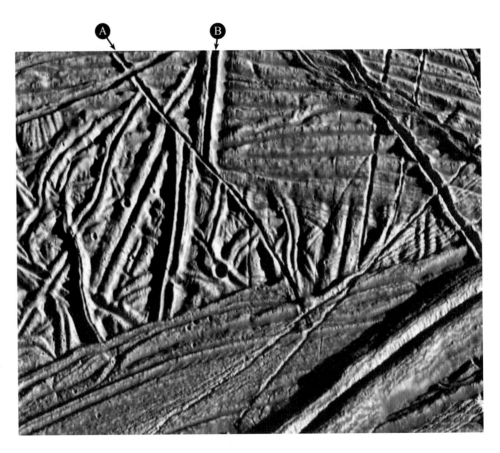

그림 4.23 폭 15 km의 지역을 화소당 20 m의 해상도로 관측한 갈릴레오 SSI 자료. 태양은 오른쪽에서 비추고 있다. 이 지역의 위치는 그림 4.22에 표시되어 있다. A와 B의 표시에 대한 설명은 질문 4.7에 주어져 있다. (NASA)

이 자료들은 유로파의 지각 변동에 지표면의 단순한 발산과 더불어 상대적 측면 이동이 관여하고 있다는 명백한 증거를 제시한다.

지구상 판구조 활동에 대해 잘 안다면 이런 결과가 별로 놀랍지 않을 것이다. 이제 그림 4.22의 다른 지역들, 특히 그림 4.24와 4.25에 선정된 지역에 주목해보자.

질문 4.8

(a) 그림 4.24와 (b) 그림 4.25의 '실꾸리' 지형에서는 어떤 사건이 일어났었을까?

그림 4.24에 보이는 반구형 지형에 대한 일반적 설명은, 부력을 받아 아래에서 떠오른 따뜻한 물질(아마도 따뜻한 얼음, 진창 또는 액체 물)이 솟아오른 지점이라는 것이다. 얕은 깊이에서 관입 방식으로 주입되어 어렴풋한 반구형이 되어버린(예 : 그림 4.24의 D4에 위치한) 경우에는 표면이 터질 정도로 심하게 잡아당겨졌을 수 있다. 좀 더 극단적인 경우에는 '실꾸리' 표면이 아예 녹아버려서 그 아래로부터 솟아오른 물질이 드러나기도 하는데(예 : 그림 4.24의 D/E−5/6의 경우처럼) 이러한 지형은 새로 드러난 표면까지 급격히 뻗어 내리는 절벽으로 둘러싸여 있다. 또 다른 영역에서는 솟아오른 물질이 오래된 '실꾸리' 표면의 최상단 부분을 가로질러 확산된 것처럼(예 : 그림 4.24의 D/E−1/2의 경우처럼) 보인다. 그림 4.25는 본질적으로 D/E−5/6의 영역이 더 큰 범위에 걸쳐 일어난 경우로서 지역적 규모의 가열 효과를 보여준다. 유로파의 여러 지역에서 발견되는 이런 종류의 지형을 공식적으로 **카오스**(chaos)라고 부른다. 통상적으로, 카오스 영역 내의 '실꾸리' 표면에서 떨어져 나온 개별 토막을 '래프트(raft)'라고

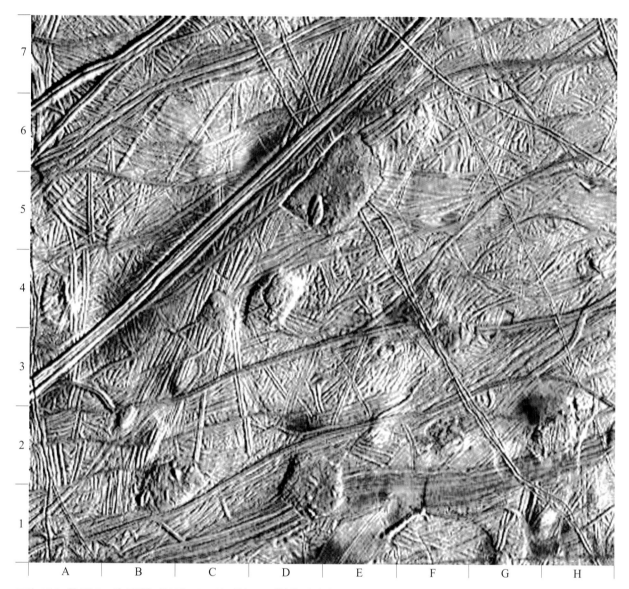

그림 4.24 폭 80 km의 지역을 화소당 54 m의 해상도로 관측한 갈릴레오 SSI 자료. 태양은 오른쪽에서 비추고 있다. 이 영역의 위치는 그림 4.22에 표시되어 있다. 가장자리를 따라 표시된 문자와 숫자는 질문 4.8의 답에서 사용되는 10 km×10 km의 사각형 구역을 정의한다. (NASA)

부르며 그 사이에 놓인 나지막한 작은 언덕(빙구, 氷丘)과 같은 물질을 '매트릭스'라고 부른다.

매트릭스에 대한 가장 단순한 해석은, 아마 한때 아래로부터의 가열로 표면을 덮은 얼음이 녹으면서 밖으로 드러났던 바다의 (현재 다시 얼어붙은) 표면이라는 것이다. 카오스의 가장자리 근방에서는 연속된 빙상(氷床)에서 떨어져 나온 래프트들이 카오스 중심 쪽으로는 비교적 짧은 거리만 이동하므로 래프트들이 원래 서로 어떻게 배열되어 있었는지에 대해 대부분 파악할 수 있다. 그러나 카오스의 중심 부근에는 래프트가 많지 않으므로 예전 배열 관계를 알아내기가 사실상 불가능하다. 래프트는 지구 바다에 떠다니는 부빙군이 봄철에 부서지면서 형성되는 부빙(浮氷)과 유사하다. 대부분 래프트의 가장자리를 둘러싼 절벽의 높이가 일정하다는 사실은 이들 래프트가 수평으로 놓여 있음을 알려준다. 그런데 크기가 5 km×2 km이면서 그림 4.25의 중심에서 북동쪽으로 있는 어느 한 래프트는 (절벽의 그림자로 판단하건대) 북서쪽에 이례적으로 높은 절벽이 있는 반면에 남동쪽에는 절벽이 전혀 없다. 이 래프트의 확대된 모습

그림 4.25 폭 45 km의 지역을 화소당 54 m의 해상도로 관측한 갈릴레오 SSI 자료. 색상은 그림 4.22와 동일한 방식으로 처리되었다. 태양은 오른쪽에서 비추고 있다. 이 지역의 위치는 그림 4.22에서 확인할 수 있다. 윤곽선은 그림 4.27에서 초고해상도로 관측된 지역을 나타낸다. (NASA)

그림 4.26 그림 4.25의 중심에서 바로 근처 북동쪽에 있는 폭 8 km의 영역을 확대하여, 완만하게 기울어진 래프트와 더불어 좀 더 가파르게 기울어진 래프트의 모서리를 보여준다. (NASA)

코나마라 카오스는 아일랜드의 골웨이 서부에 있는 한 지역의 이름(영어로는 일반적으로 철자를 Connemara로 쓰는)을 따서 명명되었다. 이 이름은 *Conmaicne mara*에서 유래되었는데 콘맥(Conmac) 후손들의 해변지대라는 의미를 갖는다. 아일랜드 전설에 따르면, 콘맥은 얼스터의 왕인 퍼거스 모르와 코노트의 여왕인 미브의 아들이었다고 한다.

이 그림 4.26에 주어져 있다. 이는 마치 래프트가 남동쪽을 향해 아래로 기울어진 것처럼 보인다. 매트릭스에서 발견되는 마치 튀어나온 혹처럼 보이는 언덕들 일부는 크기가 작거나 또는 가파르게 기울어진 래프트의 모서리일 가능성이 있는데, 가장 확실한 예시가 그림 4.26의 기울어진 래프트의 바로 아래 남쪽에 이례적으로 긴 그림자를 드리우고 있는 삼각형 언덕이다.

카오스는 지형적 특성을 확정하기에 적절한 (화소당 약 200 m보다 높은 해상도로 관측된) 유로파 표면 9%의 약 3분의 1을 차지한다. 저해상도 자료에서는 그림 4.24의 카오스와 반구 지형이 모두 그림 4.17의 북동쪽 지역처럼 반점들로 얼룩져 보인다. 그림 4.25의 지역을 코나마라 카오스로 부르는데, 그림 4.22에서 보듯이 남북으로 약 100 km, 동서로 약 80 km에 걸쳐 뻗어있다. 유로파에서 가장 큰 카오스는 폭이 천 km 이상이지만, 크기 분포에서 가장 작은 카오스의 예로는 그림 4.24에서 표면 재포장이 일어난 D/E−5/6 영역을 들 수 있다.

■ 만약 광대한 카오스 영역이 '실꾸리' 표면이 소멸된 지역이라면, 유로파의 전체적 지각 변동에서 카오스 영역은 어떤 중요성을 가질 수 있는가?

□ 카오스 영역에서 일어난 표면의 소멸이 '실꾸리' 지형의 생성이 암시하는 발산과 균형을 이룰 수 있다. 앞서 설명했듯이, 그 같은 발산은 유로파 천체에 걸쳐 같은 비율로 표면의 소멸이 대응되지 않는 한 일어날 수 없다. 지구에서는 지각 판이 맨틀 안으로 깊숙이 섭입하는 지대에서 그런 소멸이 일어난다.

유로파의 어느 한 지역에서 카오스가 형성될 때, 동시에 다른 지역의 '실꾸리' 지형에 새로운 능선과 홈이 추가되는지 증명할 방법은 없다. 하지만 카오스 지형의 존재를 통해 표면의 소멸과 생성 간에 최소한 어떻게 균형이 유지될 수 있는지 보여줄 수는 있다. 해상도가 극히 좋지 않은 일부 갈릴레오 자료에 따르면, 유로파의 몇몇 지역에서 지구에서의 섭입과 유사한 과정이 일어나는 듯 보이지만, 카오스의 존재는 지표면의 균형을 이루기 위해 섭입이 반드시 필요하지는 않다는 사실을 보여준다.

그렇다면, 코나마라 카오스의 나이는 얼마나 되었을까?

■ 그림 4.25를 자세히 살펴보라. 푸일 충돌구의 흰색 분출물이 매트릭스나 래프트의 표면 보다 더 위에 놓여 있는가? 만약 그렇다면, 이 결과가 카오스와 푸일 충돌구의 상대적 나이에 대해 어떤 사실을 암시하는가?

☐ 그림 4.25의 서쪽에 있는 래프트와 매트릭스는 전부 (특히 사진의 남쪽 가장자리 근방에서) 흰색으로 동쪽의 붉은색과 대조를 이룬다. 이는 푸일의 방사상 분출물이 래프트나 매트릭스 표면 위로 똑같이 흩뿌려졌기 때문이다. 그림 4.22에서도 상황은 마찬가지이다. 분출물이 매트릭스 위를 덮고 있다는 사실은 푸일이 형성되기 전에 카오스가 존재했다는 것을 의미한다. 푸일의 나이가 아마 대략 300만 년이므로 이를 코나마라 카오스의 최소 나이로 추정할 수 있다.

흰색의 방사상 분출물 외에 이 지역에는 직경이 1 km보다 작은 충돌구들이 서너 개 있다. 이 충돌구들이 방사상 분출물이 분포된 지역 안에 더 흔하다는 점으로 미루어 볼 때, 푸일에서 배출된 가장 큰 분출물 덩어리가 표면과 충돌하면서 이차 충돌구들이 형성되었음이 거의 확실하다. 그림 4.25에서는 이러한 충돌구들이 매트릭스보다 래프트 위에 더 많이 분포하고 있는 것처럼 보인다. 이런 차이는 실제가 아니라 겉보기 효과일 수 있는데, 매트릭스의 복잡한 표면에서 충돌구를 찾아내기가 어렵기 때문이다. 그러나 그림 4.27과 같은 최고해상도 자료에서조차 매트릭스 위에서는 충돌구들이 드물어 보인다. 래프트 위에 놓인 작은 충돌구들 일부는 래프트가 떨어져 나와 카오스에 합류하기 전에 생성되었음이 분명하지만, 만약 현재 발견되는 작은 충돌구들 대부분이 푸일의 이차 충돌구라면 매트릭스 위에 생성되었던 충돌구들 일부는 나중에 지워져버린 듯하다. 한 가지 가능성은 표면이 동결된 후에도 상당한 기간 동안 매트릭스는 유동적이어서 계속 변형이 일어난 (따라서 이전에 생성된 충돌구들이 지워진) 반면에, 이 기간 동안 래프트의 표면은 단단한 상태로 남아 있는 것이다.

현재까지의 증거로 추정할 때, 코나마라 카오스는 (아마 최소 300만 년 전에) 수십 km 크기의 얼음 평원이 녹으면서 생성되었으며, 인접한 부빙에서 떨어져 나온 래프트들 일부가 표면 얼음층이 일시적으로 녹아 없어진 상태의 액체 물바다를 가로질러 중심부 쪽으로 흘러 들어간

그림 4.27 폭 7 km의 지역을 화소당 9 m 의 해상도로 관측한 갈릴레오 SSI 자료. 태양은 오른쪽 아래에서 비추고 있다. 이 지역의 위치는 그림 4.25에서 확인할 수 있다. (NASA)

것으로 보인다. 외부로 노출된 바닷물은 곧바로 얇은 얼음이나 진창의 막으로 표면이 덮어버렸겠지만, 아래로부터의 가열 정도에 따라서 아마 수십만 년간 래프트들이 헤치고 나아갈 수 있을 만큼 표면 막이 유연한 상태를 유지했었을 것이고, 그동안 일부 래프트는 좌초되거나 심지어는 가라앉았을 것이다. 매트릭스가 완전히 동결되기 전에 푸일 충돌로 인한 분출물이 이 지역 전체에 걸쳐 흩뿌려지면서 이차 충돌구들이 함께 생성되었다. 이후 매트릭스는 계속해서 변형 작용이나 국지적인 표면 재포장을 겪으면서 매트릭스 위에 생성되었던 푸일 이차 충돌구들의 상당수가 지워졌다.

그러나 이것으로 이야기가 끝난 것은 아니다.

질문 4.9

그림 4.25를 다시 검토해서, 북서쪽(왼쪽 위) 모서리 바로 아래로부터 대각선으로 화면을 가로지르는 홈의 위치를 찾아내라. 이 홈이 절단하는 부분들을 자세히 살펴보라. 이 홈의 나이와 이 홈이 절단한 물질의 특성에 대해 추론하라.

일단 매트릭스가 충분히 단단해지면, 카오스가 취성균열(brittle fracturing)을 겪게 되면서 통상적인 '실꾸리' 지형에 위치한 일부 홈들과 비슷한 모양의 홈들이 새로 생성된다. 아마도 오랜 시간이 흐른 뒤에는, 카오스 영역에 있는 래프트나 매트릭스 모두가 계속 생성되는 능선과 홈으로 완전히 뒤덮이게 되고, 래프트들은 연속적인 수많은 발산에 의해 절단되면서 원래의 모습을 잃게 될 것이다. 전체 영역은 점차 실꾸리의 형태로 변해가다가 결국은 실제로 '실꾸리' 지형이 될 것이다. 어쩌면 그림 4.20과 4.23의 지역들도 예전에 카오스이었지만 현재는 과거의 흔적이 전혀 남아있지 않은 상태인지도 모른다.

카오스 지역, 특히 떠돌아다닌 래프트들은 최소한 카오스가 형성되던 시기에 '실꾸리' 형상의 얼음 표층이 액체 위를 떠다녔다는 확실한 증거이다. 또한 '실꾸리' 능선이 얼음층 아래로부터 삐져 올라온 진창에 의해 형성되었다면, 이 역시 조석균열이 일어난 얼음 표층 아래에 액체층의 존재를 필요로 한다. 가장 논란거리가 되는 미해결 사항은 카오스를 형성시킨 얼음의 붕괴가 (그림 4.14a에서처럼) 해저 암석층을 갖는 내부 대양 위에서 일어난 것인지, 아니면 내부 암석층과 동떨어진 따뜻한 대류 얼음 내의 고립된 (카오스 지역에 비해 그다지 크지 않은) 액체 물 덩어리 위에서 일어난 것인지이다.

4.2.4절에서, 이 바다가 대양인지 연해인지 또는 영구적인지 일시적인지가 생명체의 풍부성에 영향을 미칠 가능성은 크지만 생명의 존재 여부에는 크게 중요치 않을 수 있다고 주장하려고 한다. 그러나 우선, 카오스가 형성될 당시의 얼음 표층의 두께를 추산해보도록 하자.

4.2.3 유로파 얼음의 두께는 어느 정도일까?

4.1.4절에서 지구물리학적 자료에 근거하여 유로파의 '얼음' 표면층의 두께가 약 100 km라고 설명했지만, 이 정보만으로는 기반암에 이르기까지 내부 전체가 고체 얼음으로 이루어진 극단적 경우와 액체 바다 위에 떠 있는 빙상을 구분하기에는 역부족이다(그림 4.14). 푸일과 같은 완만한 충돌구 지형이나 카오스 지역에 대한 현재의 해석 모두 후자일 가능성에 더 무게를 실어준다. 만약 현재의 매트릭스 표면이 외부로 노출되었던 당시의 바다 표면과 대략적으로 (래프트 표면에 대해 상대적으로) 같은 높이라고 간주할 수 있다면, 카오스 형성 당시의 얼음 두께를 추정할 수 있다. 그림 4.27과 같은 초고해상도 자료에서조차 큰 얼음덩어리 근방의 매트

릭스에 교란이 일어난 흔적이 뚜렷하게 나타나지 않는다는 사실은 이 같은 가정이 합리적임을 시사한다. 이 결론이 옳다면 매트릭스를 기준으로 하는 래프트 표면의 높이에 중요한 정보가 담겨 있다고 할 수 있다.

■ 그림 4.25의 래프트를 살펴보라. 각각의 래프트의 표면이 매트릭스로부터 각기 다른 높이에 있다는 생각이 드는가?

□ 기울어진 래프트만 제외하고 모든 래프트들이 대략 같은 높이로 보인다.

이 답은 대략적인 시각적 느낌에 불과하다. 그러나 탐사선 영상 자료에서의 상대적 높이를 결정하는 다양한 방법들이 있다. 가장 좋은 방법은 동일한 영역을 서로 다른 방향에서 촬영한 두 장의 사진에 포함된 입체정보를 활용하는 것이다. 유감스럽게도 갈릴레오는 유로파의 고해상도 입체사진을 얻지 못했다. 그 대신, 매트릭스에 투영된 래프트 그림자의 폭을 측정해서, 국지적 지평선에 대한 태양의 고도 정보와 결합하면 절벽의 높이를 추산할 수 있다. 이로부터 그림 4.25의 래프트의 가장자리를 이루는 절벽 대부분이 높이가 약 100 m라는 사실이 밝혀졌다.

■ 래프트의 표면(또는 유체에 떠 있는 물체의 윗부분)이 매트릭스의 표면(또는 그 물체가 떠있는 유체)보다 왜 높은가?

□ 가장 단순하게 설명하자면, 래프트가 자신이 떠 있는 유체보다 밀도가 낮기 때문이다.

지구의 바다에 떠 있는 얼음의 경우에 이 답은 분명한 사실이기 때문에 '빙산의 일각'이라는 비유가 생기기도 했는데, 어떤 실체의 작은 일부만 겉으로 드러나 있고 나머지 대부분은 숨겨져 있는 상황을 가리킨다. 유로파에서 래프트와 바다의 밀도를 안다면 이 같은 높이 차이로부

글상자 4.7 | 떠 있는 래프트의 두께

그림 4.28은 액체에 떠 있는 평형 상태의(즉, 부력의 중립적 위치에 있는) 평판 모양의 래프트를 보여준다. 이 상황에서, 래프트 바닥에서의 압력은 래프트 바닥 바로 옆에 있는 액체의 압력과 같아야 한다. 밀도 ρ인 물질 내 깊이 d에서의 압력 P에 대한 식은 아래와 같이 주어진다.

$$P = \rho g d \tag{4.2}$$

위 식에서 g는 중력에 의한 가속도이다. 그림 4.28에 묘사된 상황에 따르면, 래프트의 바닥에서, 즉 래프트의 총두께, $(h + w)$만큼 아래인 위치와 액체 깊이 w에서 압력은 동일하다. 래프트 표면과 액체 표면 간의 대기압 차이는 무시해도 될 정도로 작으므로 다음과 같이 쓸 수 있다.

$$P = \rho_1 g(h + w) = \rho_2 g w$$

래프트의 두께, $(h + w)$를 구하기 위해 양변을 g로 나누면 아래 식이 얻어진다.

$$\rho_1(h + w) = \rho_2 w \tag{4.3}$$

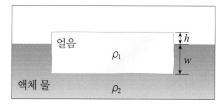

그림 4.28 액체(밀도 ρ_2)에 떠 있는 래프트(밀도 ρ_1)의 단면. 액체 밖으로 나와 있는 래프트의 높이는 h이고, 액체 표면에서 래프트 바닥까지의 깊이는 w이다.

지각의 평형은 실상 부력의 또 다른 이름에 불과하다.

터 래프트의 총두께를 가늠할 수 있다. 이의 근거가 되는 원리를 지질학자들과 지구물리학자들은 '지각의 평형'(글상자 4.7 참조)이라고 부른다.

그런데 래프트(불순물이 섞인 얼음)나 (순수한 물이기보다는 염 용액일 가능성이 높은) 액체의 밀도를 우리는 알지 못한다. 하지만 래프트가 주로 H_2O 얼음이고 액체는 일종의 염류 물임을 어느 정도 확신할 수 있으므로, 밀도의 합리적인 범위를 추정할 수는 있다. (예 : 그림 4.16과 비슷한 성분인) 마그네슘과 나트륨의 황산염이 다량으로 용해된 물의 밀도는 대략 $1,180\,kg\,m^{-3}$이 될 것이다. 그 같은 용액이 얼어서 된 얼음의 밀도는 염의 농도가 높다면 최댓값인 $1,126\,kg\,m^{-3}$이 될 것이고 염이 전혀 포함되지 않았다면 최솟값인 $927\,kg\,m^{-3}$이 될 것이다.

질문 4.10

(a) 식 (4.3)을 정리해서 w에 대한 식을 구하라.

(b) 정리된 위의 식을 사용해서, 래프트 바닥까지의 최대 깊이와 최소 깊이를 구하고 이로부터 코나마라 카오스의 래프트 두께를 결정하라. h는 100 m, ρ_1이 최소 $927\,kg\,m^{-3}$, 최대 $1,126\,kg\,m^{-3}$이며, ρ_2는 $1,180\,kg\,m^{-3}$이라고 가정하라.

만약 순수한 액체 물에 떠 있는 순수한 얼음을 가정한다면, 이 방법에 의한 래프트 두께는 질문 4.10에서 계산한 두 극한 값의 중간이 될 것이다. 따라서 래프트의 가장자리를 이루는 절벽의 높이를 근거로, 빙상이 붕괴하여 래프트가 생성될 당시의 얼음 두께가 최소 수백 미터에서 최대 수 킬로미터였을 것으로 상당히 확신할 수 있다.

그렇지만 유로파에서 얼음 두께가 장기적으로 반드시 위의 값이었다는 의미는 아니다. 물론, 거대한 빙상이 최종적으로 붕괴하기 전에, 카오스 형성의 원인이었던 국지적 가열로 인해 빙상 하부에서 상당히 많은 양의 얼음이 녹아 없어졌을 가능성도 분명히 있다. 반면에, 래프트 두께를 계산하기 위해 우리가 사용한 방법은, 냉각에 의해 얼음 두께가 증가하고 능선과 홈이 발달함에 따라 최소한 매트릭스가 '실꾸리' 지형으로 바뀔 때까지 만이라도, 재결빙된 매트릭스의 얼음이 래프트 얼음보다 두께가 얇으면서 강도가 약해야 한다는 조건을 필요로 한다. 따라서 유로파에는 질문 4.10에서 계산된 두께보다 더 얇거나 더 두꺼운 얼음 지역들이 있을 수 있다.

4.2.4 열과 생명

유로파의 경우에, 현재는 아닐지 모르지만 최소한 지난 수백만 년의 기간 중에 얼음 아래에 염류 물이 존재한 적이 있다는 강력한 증거들이 있다. 즉, 국지적인 가열 현상에 의해 얼음이 녹거나 균열이 일어난 흔적들이 있다. 조석가열의 세기는 아마도 유로파 궤도의 강제이심률의 변동에 따라 증가하거나 감소했을 터이지만, 유로파의 환경 조건도 태양계 역사의 대부분 기간 동안 대체적으로 비슷한 범위에서 변화했으리라고 예상할 수 있다. 그렇다면 유로파에 생명이 존재할 가능성은 어느 정도일까?

우선 표면 얼음층을 고려해보자. 제2장에서 추위에 강한(호냉) 미생물에 대해 설명했었다. 지구에서는 최저 온도가 −18 ℃까지 내려가는 남극 해빙 속에서 활동적인 미생물 군집이 발견되었다. 그런 환경에서 조류(藻類, algae)와 기타 미생물은 여름에는 광합성으로 살아가고 햇빛이 부족해지면 바닷물에 용해된 유기물을 물질대사에 추가로 활용할 가능성이 있지만, 이들은 아마 수명의 일부 기간에 액체 상태 물을 필요로 하는 잔존 종(survivor species)일 수 있다.

■ 유로파의 표면 얼음층은 남극 해빙과는 달리 생명체가 살기에 적합하지 않을 가능성이 높은 이유에 대해 설명할 수 있는가?

□ 첫째, 유로파의 표면 온도는 적도에서도 $-140\ ^\circ$C로서 남극 해빙의 온도보다 훨씬 낮으며, 그런 저온 조건에서는 수계(water-based) 물질대사의 진행이 불가능하다고 알려져 있다. 둘째, 목성은 태양에서 5.2 AU 떨어져 있으므로, (역제곱법칙에 따라) 유로파에서 광합성에 투입되는 태양빛은 지구에서보다 27배 정도 약하다.

그러나 약한 태양빛은 사실상 문제가 되지는 않는다. 지구의 전형적인 흐린 날은 (구름이 원래 전혀 없는) 유로파의 맑은 날보다 최소 두 배 어둡다.

유로파의 표면이 생명체가 살기에 적합하지 않은 또 다른 요인으로는, 유로파의 공전궤도가 목성의 자기장 내에 위치하고 있어서, 표면의 하전입자 플럭스가 D. 라디오듀란스와 같은 항방사성(radioresistant) 미생물의 유전 정보도 몇 년 내에 훼손시킬 수 있을 정도로 강력하다는 것이다. 그러나 물(얼음 또는 액체)은 방사선의 매우 좋은 차폐물질이기 때문에 10 cm 이상 깊이의 물이라면 미생물이 특별한 방사선 저항성 없이도 생존할 수 있다. 따라서 유로파에서 생명이 존재 가능한 영역을 찾으려면 최소한 지표면 아래로 좀 더 깊이 들여다 볼 필요가 있다. 또한 땅속 깊이 들어갈수록 따뜻해지므로 온도 문제 해결에도 도움이 된다.

지표면 아래 수 미터의 깊이까지는 광합성에 필요한 태양빛이 충분히 도달할 것으로 예상되지만, 그 깊이에서 얼음의 온도가 생명이 존재하기에는 너무 낮기 때문에, 비교적 최근에 형성된 카오스 영역에 있는 매우 얇은 두께의 매트릭스 얼음 속에서만 아마 생명이 예외적으로 존재할 수 있을 것이다. 그런데 매일 조석균열로 인해 틈이 벌어질 때마다 그 아래의 액체 물이 뿜어져 나와 태양빛에 노출되므로 광합성 미생물이 활동할 수 있지만, 자칫 틈 밖으로 물과 함께 방출될 위험 부담이 있는데다, 틈이 다시 메워져 광합성 활동이 중단되는 기간 동안 다른 생존 방법이 있어야 한다. 또한 카오스의 형성 시기에는 훨씬 광대한 범위의 (진창으로 덮인) 물이 표면에 노출되므로 활동이 반드시 정기적으로 중단되지 않는 생태계가 존재할 수 있지만 이 역시 일시적일 것이다.

아마도 아서 클라크가 상상했던 것과 같은 (4.1.4절) 안정적이고 지속적인 생태환경의 기반을 찾으려면 열수분출구가 제공하는 에너지와 영양분에 주목하는 수밖에 없을지 모른다.

유로파에 열수분출구가 존재하는지, 만약 존재한다면 얼마나 많이 있고 얼마나 강력한지는 조석가열이 유로파 내부의 어느 깊이에서 일어나는지에 달려 있다. 이에 대해서는 아직 결론이 나지 않았는데, 유로파의 얼음층과 내부 암석층의 강도와 같은 미지의 요인에 따라 답이 달라지기 때문이다. 한 극단적 경우로서, 실질적으로 모든 조석에너지가 표면 얼음층 내에서 소멸된다면(이 경우에는 얼음층이 직접 가열되어 카오스가 형성될 것이다), 바다는 (만약 대양이라면) 주로 상층부에서의 열로 인해 높은 온도를 유지할 수 있다. 해저의 열수분출구는 거의 드물고 세기도 미약할 것이며 유로파의 내부 암석층에서 조금씩 스며 나오는 방사능 열에 의해서만 에너지가 공급될 것이다. 반면에, 조석가열이 유로파의 암석층에 집중된다면 암석층에서 그 위 바다로의 열의 흐름은 훨씬 더 강력할 것이다. 지구에서처럼, 바닷물은 해저의 뜨거운 암석으로 스며들어 가열되면서 화학반응이 일어나게 되고 결국에는 열수분출구를 통해 바다로 다시 돌아가게 될 것이다. 비활동적인 기반 암석층은 생명 유지에 그다지 적합하지 않은데, 그 이유는 바다가 생명 유지에 사용될 수 있는 화학물질을 대략 100만 년 정도에 걸쳐 고갈시켜버리기 때문이다. 그러나 조석가열이 유로파의 암석층을 부분적으로 녹이기에 충분하다면, 얇은 깊이에 있는 화성암이 관입되는 지역에서 열수 순환이 특히 강하게 일어나겠지만, 가장 강하게 일어나는 곳은 해저 화산 분출이 있는 지역일 것이다. 더구나 해저 또는 그보다 좀 더 아래쪽에서 화성암이 거듭해서 생성되면, 해저에서 화학반응이 계속해서 일어나게 되고 순환하는 물과 일부분 반응할 물질도 항상 존재하게 된다.

■ 생명체와 열수분출구 간의 관계에 대해 제1장과 제2장에서 배운 내용을 토대로, 열수분출구의 존재가 유로파에서 생명의 기원과 관련하여 특히 중요한 이유를 설명하라.

□ 계통발생학적 증거, 특히 리보솜 RNA 분류도(그림 1.37)에 따르면, 화학합성에 의존하는 호열성 독립영양 미생물이 지구 생명의 공통 조상이었을 것이다. 따라서 지구상 생명이 뜨거운 열수분출구에서 시작했다고 해도 당연할 것이다. 만약 그랬다면 유로파의 열수분출구에서도 생명이 마찬가지로 쉽게 시작되었을 수 있다.

대양은 생명의 기원에 반드시 필요치는 않았을 것이다. 얼음과 뜨거운 암석 사이에 끼워져 있는 상대적으로 작은 물 덩어리만으로도 충분했을 것이다. 하지만 바다 또는 최소한 광대한 수역이라도 있었다면 생명이 살아남기가 훨씬 용이했으리라는 점은 확실하다. 고립된 물 덩어리에 갇힌 생명체는 양분을 제공하던 열수분출구가 냉각되어 분출이 멈춘다면 다른 곳으로 떠날 방법이 없다. 이 경우에 생명체는 동결된 상태로 생존하면서 근처에서 언젠가 새 열수분출구가 시작되는, 가능성이 별로 없는 상황을 기다리고 있어야 한다. 그러나 바다나 또는 최소한 광대한 해로라도 있다면, 비록 미생물(다세포 생명체의 자유로이 떠다니는 유생 단계를 포함해서)의 특정 군체는 자신들의 열수분출구가 소멸하면 같이 소멸할 수밖에 없을지라도, 개체들은 한 열수분출구에서 다른 열수분출구로 이동함으로써 종의 생존을 보장할 수 있다.

지구에서 고온의 열수분출구 생태계의 주요 생산자는 화학합성으로서 산화 환원 반응에서 에너지를 획득한다. 일반적으로 이 과정은 반응 평형 위치가 온도에 의존하는 반응을 이용한다. 예를 들어, 반응이 (열수순환에서 고온의 유체가 암석과 반응하는 경우처럼) 고온에서 어느 한 방향으로만 진행된다면, (열수분출구에서 나온 물이 바닷물과 다시 섞이는) 저온에서는 그 반대 방향으로 진행되는 경향이 있으므로 미생물은 이러한 '역'반응을 통해 에너지를 추출할 수 있다. 그러나 이는 저온('역')반응이 동역학적으로(kinetically) 억제되어 있어서 생물학적 촉매가 관여할 수 있을 때만 유효하다.

반응이 진행되기 위해서 상당한 에너지 장벽을 넘어야 할 때 그 화학반응은 "동역학적으로 억제되어 있다"고 말한다.

이와 관련하여 지구 해저 열수계의 한 예로서 메테인의 생물학적 생성('메테인 생성')을 들 수 있다. 새로 형성된 해양지각의 열수변질이 일어나는 동안에 철은 물과 반응한다. 철은 산화되고 물은 수소로 환원된다. 탄소는 이산화탄소의 형태로 열수에 포함되어 방출되는데, 이산화탄소 일부는 지각과 맨틀에 함유된 탄소의 산화에 의해, 또 다른 일부는 섭입대에서 맨틀로 끌려 들어온 탄산염 암석의 파쇄로부터 기원한다. 따라서 고온의 열수 용액에는 이산화탄소와 수소가 풍부하다. 용액에서 이들 기체는 아래의 평형 반응 관계를 갖는다.

화학반응이 이런 방식으로 표현되었을 때, (aq)는 수용액에 포함된 물질을 뜻하고, (l)는 액체, (s)는 고체, (g)는 기체를 뜻한다.

$$CO_2(aq) + 4H_2(aq) \rightleftharpoons CH_4(aq) + 2H_2O(l) \tag{4.4}$$

고온에서 평형은 왼쪽에 치우쳐 위치하므로 고온의 용액에서 이산화탄소와 수소는 안정적이다. 바닷물과 같은 저온에서는 평형의 위치가 오른쪽에 치우쳐 있지만 생명체가 존재하지 않는 바다에서는 에너지 장벽 때문에 오른쪽 방향으로의 반응의 진행이 억제될 것이다. 그러나 생물학적 중재가 있게 되면 낮은 온도에서도 이산화탄소와 수소의 대부분은 상호 반응해서 메테인과 물을 생성할 수 있다. 이 반응을 메테인 생성 박테리아는 에너지원으로 이용한다.

$$2CO_2(aq) + 6H_2(aq) \rightarrow (CH_2O)_n + CH_4(aq) + 3H_2O(l) \tag{4.5}$$

이론적으로는 고온의 열수분출구에 서식하는 메테인 생성 박테리아에 상응하는 유로파 미생물이 존재한다면 이 반응이 사용될 수도 있을 것이다. 그러나 이 특정 반응이 유로파에서 생물학적 에너지원으로서 실효성이 없는 이유들이 있다. 그중 하나는, 내부 암석층 속으로 산화된 물질의 섭입이 일어나지 않는다면 유로파의 열수 용액은 지구에서보다 훨씬 더 많이 환원되어 있을 가능성이 크다. 이렇게 되면 열수 용액에는 자연적으로 이산화탄소보다 오히려 메테인이 더 많아지므로 메테인 생성을 에너지원으로 사용할 수 없다. 또 다른 이유로는 고압에서 식 (4.4)의 반응이 오른쪽으로 진행된다는 것이다. 이제 지구의 해저와 유로파의 해저에서의 압력을 비교하는 질문 4.11을 답하라.

(CH₂O)ₙ은 생물세포물질의 탄수화물을 가리키며, 아래첨자 n은 단순히 CH_2O보다 실제 분자식은 더 복잡하다는 사실을 나타낸다.

질문 4.11

해저에서의 압력은 $P = \rho g d$ 식으로 주어지는데, 이는 약간 다른 맥락에서 글상자 4.7의 식 (4.2)로 이미 소개된 바 있다.

여기에서, ρ는 전체 바다의 평균밀도, g는 대상 천체에서의 중력가속도, d는 바다의 깊이이다. 지구에서 ρ는 $1,030\,kg\,m^{-3}$, g는 $9.8\,m\,s^{-2}$, d는 $3.0\,km$(중앙해령의 대략적 깊이)의 값을 적용할 수 있다. 유로파에서는 바다의 두께에 비해 얼음의 두께는 상대적으로 무시할 수 있다고 간주하고, ρ는 $1,180\,kg\,m^{-3}$, g는 $1.3\,m\,s^{-2}$, d는 $100\,km$이다. 이 값들을 사용해서 아래 각 경우에 대한 열수분출구 출구에서의 압력을 계산하라.

(a) 지구의 해저

(b) 유로파의 해저

따라서 유로파의 해저에서의 압력은 지구의 중앙해령에 위치한 열수분출구에서의 압력의 약 다섯 배이다. 이 차이가 별로 크게 느껴지지 않을지 모르지만, 특히 잘 적응되어 있지 않은 미생물 세포막의 유동성(2.5.7절)은 심하게 손상될 수 있다. 더구나 식 (4.4)의 평형에 영향을 줌으로써 탄소는 이산화탄소가 아닌 메테인의 형태로 주로 방출될 것이다. 만약 섭입이 일어나지 않는 유로파의 맨틀이 지구의 맨틀보다 더 환원되어 있다면 메테인 생성 생명체에게는 훨씬 불리한 상황이 되는데, 애초에 이산화탄소에 대한 메테인의 비율이 매우 높을 것이기 때문이다. 또한, 2.6절에서 다룬 지구상의 SLiME(지하 무기독립영양 미생물 생태계)과 유사한 미생물에게 유로파가 적합한 서식지일 가능성이 거의 없다는 의미이기도 하다.

어쩌면, 생물학적 메테인 생성은 유로파에서는 실효성이 없을지도 모른다. 극단적 경우로서, 유로파의 열수 용액의 환원성이 너무 강하다면 생명체의 에너지원이 될 수 있는 유일하게 타당한 산화제는 3가철(Fe^{3+})과 같은 산화금속일 것이다. 관련 반응을 다음과 같이 적절하게 표현할 수 있다.

유로파에 대한 자료는 없지만, 엔셀라두스(4.3.1절)의 플룸(plume)에서 발견된 H_2로 미루어 볼 때, 암석의 산화에 의한 H_2의 유리가 아직 일어나고 있으므로 미생물에 의한 메테인 생성도 일어날 수 있음을 시사한다.

$$2Fe(OH)_3(aq) + H_2(aq) \rightleftharpoons 2FeO(s) + 4H_2O(l) \tag{4.6}$$

위 식에서 열수 용액 속의 철은 수소와 반응해서 환원된다. 황화수소나 심지어 메테인도 대안적으로 환원제가 될 수 있다. 이 모든 경우에 있어서, Fe^{3+}가 Fe^{2+}로 환원되는 동안에 방출된 에너지로 미생물이 생존할 수 있을 것이다.

반면에 유로파의 바다가 사실상 적당히 산화성을 띠고 있을 가능성도 있다.

■ 이 장의 초반에 소개된, 유로파에서 산소 분자가 생성되는 과정을 기억하는가?

□ 4.2.1절에서, 지표면 근방의 얼음이 하전입자나 태양 자외선 복사에 노출되면 물 분자가 방사선 분해나 광 분해에 의해 분해되어 산소와 수소가 생성된다는 사실이 설명되었다.

수소는 상대적으로 쉽게 우주로 탈출하지만 산소의 대부분은 얼음 결정 안에 붙잡힌다. 이러한 과정은 얼음 상부의 수 마이크로미터(μm) 내에서만 유효하지만, 미세운석이나 그보다 약간 더 큰 충돌에 의한 '땅 고르기(gardening)'로 인해 이들 생성물이 표토의 약 1 m 깊이까지 혼합될 수도 있다. 혹시 가능하다면, 최종적으로 산소가 바닷물에 얼마나 효율적으로 섞이게 되는지는 아직 알려져 있지 않지만, 특히 카오스가 형성되는 동안 표면까지 얼음이 녹을 때 가끔 그런 혼합이 일어날 수 있다는 것만은 확실하다.

덧붙여, 방사선 분해에 의해 산소가 표면 아래 어느 깊이든 상관없이 얼음 또는 액체 물로부터 생성될 수 있는 또 다른 방법이 있다. 이는 유로파 바다에 용해되어 있다고 여겨지는 주요 원소 중 하나가 방사성 동위원소를 갖기 때문이다.

■ 그림 4.16으로 되돌아가서 이들 원소 중에서 어느 것이 방사성 농위원소를 갖는지 찾아보라.

□ 방사성 동위원소를 갖는 원소는 칼륨이다.

문제의 방사성 동위원소는 ^{40}K인데, 지구에서 그리고 아마도 유로파에서도 현재 총칼륨의 약 0.012%를 차지하고 있지만, 유로파가 형성된 직후에는 열 배쯤 더 많았을 것이다. ^{40}K가 붕괴하면서 방출되는 β-입자와 γ-선 모두가 글상자 4.4에 주어진 반응 단계에 따라 방사선 분해에 의해 물을 수소와 산소로 분해할 수 있다.

이 과정을 통해 유로파의 바다에서 매년 약 10^{10} 몰의 산소가 만들어질 수 있다. 이는 충분한 양의 탄소와 적절한 반응 경로가 존재한다는 가정하에 $10^7{\sim}10^9 \, kg \, yr^{-1}$ 정도의 생물자원 생산을 뒷받침하기에 충분할 것이다. 그러나 적절한 지역에서 적절한 형태로 사용 가능한 탄소의 양에는 한계가 있으므로 유로파의 바다에서 생물자원의 실제 생산율은 (만약 생산된다면) 아마 이보다는 적을 것임이 거의 확실하다. 적당한 양의 열수 에너지를 가정했을 때, 합리적인 값은 대략 $10^5{\sim}10^6 \, kg \, yr^{-1}$이다.

혜성 충돌과 탄소질 미세운석에 의해 유로파 생물권의 탄소가 지속적으로 보충될 수 있다.

질문 4.12

현재 지구에서 생물자원 생산율은, 육지에서는 광합성에 의해 약 $5 \times 10^{13} \, kg \, yr^{-1}$, 바다에서는 (주로 극히 작은 플랑크톤의) 광합성에 의해 육지와 비슷한 값, 그리고 해저 열수분출구에서는 화학합성에 의해 약 $10^{10} \, kg \, yr^{-1}$이다.

이 같은 생물자원 생산율을 유로파에 대한 추정치와 (자릿수로) 비교하면 어떤가?

유로파에 대한 추정치는 매우 불확실해서, 두 자릿수나 세 자릿수만큼 낮은 어림값이 거나 또는 유로파에 생명이 전혀 존재하지 않는 경우에는 황당할 정도로 높은 어림값 일 수 있음을 명심해야 한다. 그러나 초기 지구처럼 생명 발생에 유리하면서, 현재에도 소위 극한미생물이 번성하는 데 똑같이 적합한 지역들이, 비록 지구보다는 양적으로 적을지라도 유로파에 있을 수 있다. 유로파의 작은 (대기를 붙들어 두기에는 너무 작 은) 크기와 태양으로부터 '거주 가능 지역' 너머의 먼 거리 때문에 광합성이 우세한 생 물권이 발전할 수 없었을지 모르지만, 화학합성에 의해 유지되는 생물권의 존재 가능 성은 이와는 상관이 없다. 따라서 합리적으로 보이는 가정들에 따르자면, 유로파에서 생명이 존재할 가능성은 상당히 고무적이다.

그 같은 생명이 단순한 단세포 독립영양생물 수준에 머무른 채로 있을지 또는 다세포생물로 다양화했을지, 그리고 종속영양 미생물이 (아서 C. 클라크의 상상에서처럼) 앞서의 생물들을 잡아먹기 위해 진화했을지는 앞으로 두고 볼 일이다.

이 흥미진진한 세계에 대한 자료를 추가적으로 얻기 위한 계획들을 잠깐 들여다 본 뒤에 유로파에 대한 논의를 마치려고 한다.

4.2.5 유로파에 대해 어떻게 좀 더 알 수 있을까?

유로파는 탐사선이 위성 주위를 도는 궤도로 진입하기 어려울 뿐 아니라 (목성 자기장의) 강한 방사선으로 인해 탐사선의 수명이 단축되는 문제점이 있어서, 현재로서는 목성 주위의 타원궤 도를 탐사선이 돌면서 반복적으로 유로파 가까이로 근접 비행을 하는 방식의 탐사가 주로 계 획되고 있다. 그렇게 하면 아마 조석력에 의해 벌어진 균열로부터 간헐적으로 방출되는 것처 럼 보이는 (얼음입자로 결빙된) 수증기의 플룸 시료의 채집도 가능할지 모른다. 갈릴레오 탐사 선은 그 같은 플룸을 발견하지 못했지만 허블 우주 망원경은 관측에 성공했다(그림 4.29).

유로파에 40~45번의 근접 비행을 계획 중인 미항공우주국(NASA)의 유로파 클리퍼 탐사선 은 현재로서는 2020년대에 발사될 것으로 예상되는데, 유럽우주국(ESA)의 JUICE(목성의 얼 음위성 탐사선)는 (2022년 발사) 가니메데 주위 궤도로 진입하기 전에 서너 번의 유로파 근접 비행을 실시할 예정이다. 유로파 근접 비행을 통해 실현 가능한 탐사 목표로는 다음과 같은 것 들이 있다.

1. 지하 바다의 존재 여부 결정
2. 지하의 액체 상태 물과 표면 얼음층의 3차원적 분포의 결정
3. 최근 또는 현재의 활동 지역을 포함하는 표면 특성의 형성에 대한 이해 및 미래의 탐사 선 착륙 후보지의 판정
4. 우주로 방출되는 플룸의 성분 결정

질문 4.13

이러한 목표를 이루기 위해 근접 비행 탐사선은 어떤 방법을 사용할 수 있다고 생각하는가?

질문 4.13에 대한 답에는 일반적으로 예상되는 모든 사항이 망라되어 있지만 그 외에도 유

2014년 3월 17일

2014년 4월 4일

그림 4.29 지구의 관점에서 유로파가 목 성 앞에 위치하고 있을 때, 허블 우주 망 원경으로 자외선 파장대역에서 촬영된 유 로파의 플룸으로 의심되는 현상. 유로파의 왼쪽 아래 가장자리 근방의 진한색은 플룸 때문으로 추정되는 흡수를 나타낸다. 유로 파의 모습은 갈릴레오 매핑(mapping)의 결과로서 따로 덧붙여졌다. 이 연구에서, 2014년에 플룸으로 의심되는 특징이 10일 중에서 3일 동안 보였다. (NASA/ESA/W. Spaeks/STScl)

용하리라 예상되는 다른 방법들이 있다. 그런 장비로는 분광 기능을 갖춘 영상촬영계, 레이저 고도계, 얼음 투과 레이더를 들 수 있다. 레이저 고도계는 유로파의 지형도를 작성하면서 특히 유로파의 조석팽대부의 높이를 측정할 수 있을 것이다. 만약 얼음이 전체적으로 고체 상태라면 팽대부의 높이는 1 m 정도에 불과하겠지만, 10 km 두께의 얼음이 물 위에 떠 있는 상황이라면 그 높이가 30 m에 이를 수 있으므로, 고도측정법은 지하 대양의 존재를 단번에 증명하거나 반박할 수 있는 방법이다. 레이더는 얼음-물 경계면에서의 반사파를 관측하기 위해 직하(直下) 방향으로 발신하게 된다. 얼음의 염도가 유난히 높아서 신호가 감쇠되지 않는 이상, 얼음-물 경계면이 대략 10 km보다 깊게 있지 않다면 레이더로 탐지할 수 있는데, 젊은 카오스 영역(4.2.3절)이 바로 그런 경우일 것이다. 이와 더불어, 얼음이 얇거나 또는 최근 활동한 흔적에 대한 시각적 단서를 영상촬영계로 확보하는 것이 향후 탐사선의 착륙지 선정에 있어 주요 수단이 될 것이다.

최초의 유로파 표면 탐사(그림 4.30)는 미항공우주국과 유럽우주국의 유로파 근접 비행 탐사 후 최소 몇 년은 지나야 이루어질 전망이다. 탐사 방법으로는, 다수의 소형 경착륙선이나 굴착선이 여러 곳에서 얼음에 몸체를 고정하고 관측을 수행하거나, 또는 단독의 연착륙선에서 분리된 탐사체가 모선에 연결된 케이블로 에너지를 공급받는 레이저로 얼음을 녹이며 뚫고 들어가는 방법이 포함된다. 심지어는 '해양로봇' 잠수함을 싣고 가서 바다 탐사에 투하할 수도 있을 것이다.

유로파의 표면 착륙과 관련하여 감당해야 할 기술적 장벽과 비용도 만만치 않겠지만 또 다른 문제점이 있다. 바로 (제3장의) 행성보호 문제로, 유로파의 생물권이 지구에서 우연히 실려 온 미생물에 의해 오염되지 않도록 하는 것이다. 혹시 유로파에서 생명활동의 징후가 탐지된다 해도 당시 또는 그 이전의 탐사선들에 의해 유로파로 실려 온 미생물에서 유래되지 않았는지 최대한 확신할 수 없다면 온갖 정교한 장비들을 유로파에 보내봤자 하등 소용이 없을 것이다. 유로파 생물권의 오염(또는 이전에는 전혀 존재하지 않았던 생물권의 우발적 수립)은 유로파 생명체의 발견과 관련 연구에서 파생될 생명의 독립적인 기원과 진화에 대한 결론을 무의미하게 만들게 된다. 대부분의 연구자들은 유로파 생물권에 대한 미래 연구의 신뢰성을 보장하면서, 유로파 미생물을 그 어떤 잠재적인 위해로부터 보호해야 하는 윤리적 책무를 인정할 것이다. 이 책무는 1967년 국제연합의 '달 및 기타 다른 천체들을 포함하는 외계 우주의 탐사와 활용에 있어서 국가들의 활동을 관장하는 원칙에 대한 협정(조약)'으로 법문서화되었다.

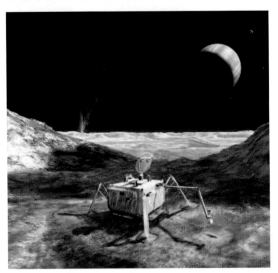

그림 4.30 유로파 착륙선의 개념 디자인. 이 계획은 비교적 간소해서, 시료채집 팔은 있지만 얼음을 녹이거나 구멍을 뚫는 장비가 없다. (NASA/JPL-Caltech)

지구 미생물 중에서 유로파까지의 여행에서 살아남을 수 있는 경우는 아마 극히 드물고, 유로파의 표면이나 바다에서 양분을 얻고 번식할 수 있는 경우는 그중에서도 극히 일부에 불과할 것이다. 하지만 어쩌다가 생존력 강한 단 하나의 미생물이 운 좋게(아니면 운 나쁘게!) 정착해서 살아남아 증식을 한다면 그 피해는 가늠할 수 없게 된다. 이런 상황을 염두에 둔 우주연구위원회(COSPAR) 행성보호규약에 따르면, 어떤 유로파행 탐사선이든지 조립 및 그 이후의 소독 과정에서 청결 수준을 최소한 화성 탐사에 대해 현재 합의된 정도로까지 엄격하게 적용함으로써 생물적재량을 최소화시켜야 한다.

두꺼운 표면 얼음층을 뚫고 수역(水域)으로 진입하기 전에 반드시 참고해야 할 교훈으로서 보스토크 호수의 예를 들 수 있을 것이다. 이 거대한 호수는 어쩌면 수백만 년 동안 남극의 얼음 아래에 갇혀 있으면서 일종의 봉인된 생태계를 품고 있었을 것으로 생각된다. 글상자 4.8에 이에 대한 설명이 주어져 있다.

1974년 러시아 과학자들은 남극대륙의 지자기 남극점에 위치한 보스토크 연구기지에서 얼음 깊숙이 구멍을 뚫기 시작했다. 그 안에 갇힌 얼음이나 기체 그리고 다른 흔적 물질의 시료들은 지난 40만 년 동안의 기후변화와 대규모 화산폭발에 대해 유용한 연속적 기록이 될 수 있다. 1994년에 이르러 시추공이 약 3 km의 깊이에 도달하면서, 지진 및 기타 다른 연구들을 통해 얼음 아래에 온타리오 호수의 면적에 상응하는 약 2×10^5 km² 넓이의 세계에서 가장 큰 빙하 밑 호수가 있다는 사실이 알려졌다. 이것이 바로 보스토크 호수이다(그림 4.31). 이보다 작은 남극 빙하 밑 호수들이 현재까지 300개 넘게 발견되었다.

보스토크 호수의 수심은 약 1 km이다. 호수 위를 덮고 있는 가장 오래된 얼음은 100만 년이 채 되지 않았지만 빙상 전체가 호수를 가로질러 천천히 이동하고 있으므로 호수 자체는 최소한 1,500만 년 동안 지표면으로부터 밀봉되어 외부와 단절되었을 수 있다. 이 호수는 상부 얼음이 녹으면서 아래로 가라앉는 소량의 유기물이나 또는 미확인된 온천들의 화학에너지로 연명하는 고유의 생태계를 유지하고 있다고 짐작된다.

이에 따라, 많은 국가의 과학자들이 합동으로 얼음 하부까지 구멍을 뚫어서 호수 물 시료를 채취하고 호수 속으로 탐사체를 내려 보내는 계획을 세웠다. 2012년 2월에 이제는 길이가 3.8 km에 달하게 된 러시아의 시추공이 호수의 덮개 얼음을 관통했고, 갓 얼은 호수물의 채취 시료가 2013년 1월에 추출되었다. 유감스럽게도 이 과정에서 호수 물이 시추공의 하부로 쏟아져 들어오면서 초기의 낮은 기술 수준의 시추 작업에서 부동액으로 사용되었

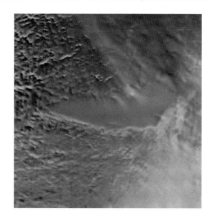

그림 4.31 얼음으로 덮인 남극대륙 일부를 보여주는 인공위성 레이더 영상. 보스토크 호수는 중심 부근에 위치한 길쭉하고 평평한 지역 아래에 있다. 이 화면의 폭은 약 300 km이다. (NASA)

던 프레온 및 등유와 섞이게 되었다. 2015년 1월에 '깨끗한' 새 시추공으로 신선하다고 추정되는 물 시료가 추출되었다. 이 시료에서 발견된 미생물의 DNA와 RNA의 염기순서 분석만으로는 이 모든 발견에 대한 설명의 일환으로 오염의 가능성을 배제하지 못했다. 러시아 과학자들은 궁극적으로 시추공을 통해 탐사체를 내려 보내 호수를 탐험하고 호수 바닥의 퇴적물 시료를 수집할 수 있기를 바라고 있다.

많은 환경단체들은 보스토크 호수에 대한 추가적인 시추 계획에 반대하면서, 작은 크기의 고립된 빙하 밑 호수들을 먼저 탐사해야 한다고 주장한다.

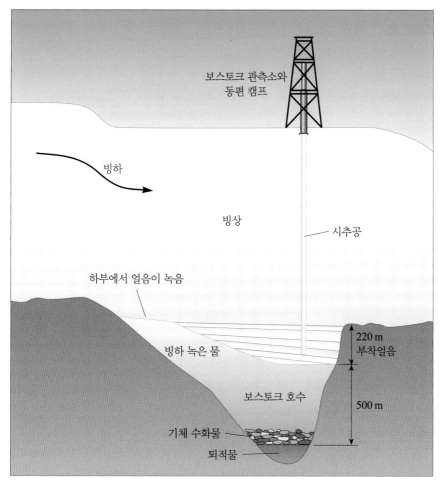

그림 4.32 보스토크 호수와 상부 얼음에 대한 (실제 비율이 아닌) 단면 약도. 오래된 빙관(氷冠, ice cap)을 완전히 통과한 다음, 호수 위쪽에 자리한 좀 더 최근에 결빙한 얼음층까지 뚫고 들어간 첫 시추공이 보인다.

4.3 생명의 거처로서 그 밖의 다른 얼음천체들은?

지금까지의 여러 주장들을 종합해 볼 때 유로파는 현재 태양계에서 외계생명의 거주지로서 가장 가능성이 높다. 이는 고온의 암석층 위에 있는 얼음이나 물이 열수 순환을 일으켜 온천을 형성함으로써 생명이 처음 시작되게 할 뿐 아니라 현재에 이르기까지 화학에너지로 생존할 수 있게 하기 때문이다. 표면 얼음층 아래에 대양이 반드시 있을 필요는 없지만, 그런 대양이 열수분출구들 간에 미생물들을 확산시키는 데 도움이 될 수는 있을 것이다.

■ 현재 혹은 과거에 유로파와 조건이 충분히 비슷해서 생명이 존재할지 모르는 태양계 내 천체들을 선정할 수 있는가?

□ 조석가열을 겪은 얼음위성들, 특히 대양이 얼음층 아래에 형성될 수 있을 정도로 충분히 가열된 적이 있는 위성들이 유망해 보인다. 이 장에서 앞서 소개된 예 중에서 칼리스토와 레아(그림 4.10)는 별로 기대가 되지 않는 반면에, 엔셀라두스와 아리엘(그림 4.11b와 d)은 가능성이 가장 높아 보인다.

마지막으로 위에서 언급된 가장 유망한 후보 서너 개를 검토하면서 이 장을 마무리하겠다.

4.3.1 엔셀라두스

엔셀라두스는 보이저 탐사 결과(그림 4.11b)에서도 유달리 호기심을 불러 일으켰는데, 일부 지역은 수많은 충돌구들로 뒤덮여 있는 반면에 또 다른 지역은 화소당 2 km의 최고 해상도의 사진에서도 평탄해보였기 때문이다. (2004년 토성 주위 궤도에 진입한) 카시니에 의해 얻어진 훨씬 고해상도의 사진에서 밝혀진 바로는 '평탄한' 지역은 실제로는 심하게 균열이 일어난 지역으로서 극히 복잡한 구조적 변천사를 암시하고 있다. 세부적으로 보면, 엔셀라두스의 균열된 표면(그림 4.33)은 유로파의 '실꾸리' 지형과 전혀 다를 뿐 아니라 카오스 지형에 상응하는 지형도 존재하지 않는다. 그러나 얼음층 아래 액체 상태 물의 존재에 대한 명백한 증거로서, 엔셀라두스의 남극 근방에 있는 서너 개의 거대한 틈으로부터 미세한 얼음입자(결빙된 수증기)의 분사(jets)가 우주로 분출되는 현상(그림 4.34)을 카시니가 발견했다. 비록 활성 얼음용암류는 엔셀라두스에서도 아직 발견되지 않았지만, 이들 분사(또는 플룸)는 태양계 전체를 통틀어 현재로서 얼음화산에 관한 최상의 증거이다(그림 4.29에서 보듯이, 허블 우주 망원경에 의해 나중에 유로파에서 탐지된, 플룸으로 의심되는 현상보다 이 분사들이 훨씬 더 명확하고 지속적이다). 이들 분사가 발견된 후에, 분사 속을 통과해서 지나가도록 카시니의 경로가 조정되면서, (원래 토성과 타이탄에서 우주 공간으로 빠져나가는 이온과 중성입자를 연구하기 위한 목적이었던 질량분석계를 사용해서) 분사의 성분이 대부분 물이며 NH_3, CO, CO_2, CH_4, C_2H_6, C_2H_2, C_3H_8의 흔적 물질과 함께 소량의 실리카(SiO_2) 미세입자들과 (2015년 카시니가 마지막이자 가장 깊숙이 돌진해서 분사를 통과하는 중에 탐지된) H_2를 포함한다는 사실이 확인되었다. 엔셀라두스의 분사에 의해 유지되는 토성의 E-고리에서 채취된 입자들에는 나트륨염($NaCl$, Na_2CO_3, $NaHCO_3$)이 포함되어 있다.

처음에는 분사의 공급원이 그저 얼음층 아래의 액체 물 덩어리일 것으로 생각되었지만, 몇 년에 걸친 카시니의 반복적인 영상촬영 결과를 분석한 결과, 카시니의 궤도운동 중에 카시니 표면에서 미세하지만 측정 가능한 흔들림(칭동)이 발견되었다. 비록 이 효과는 아주 작지만 고체 위성에서 일어나기에는 너무 큰 값이라서, 얼음 표피층이 대양 위에서 자유롭게 떠다녀야 한다는 결론이 내려졌다. 얼음 표피층의 두께는 아마 30~40 km 정도이고 바다의 깊이는 대략 10 km일 것이다.

엔셀라두스의 플룸에서 발견된 미세 실리카 입자들과 수소분자는 암석핵과 반응하는 바닷물이 알칼리성(pH 8.5~10.5)으로서, 약 90 °C 이상에서 반응하여 감람석($MgSiO_3$)과 같은 광물을 사문석[$Mg_3Si_2O_5(OH)_4$]으로 변환시킨다는 주장을 뒷받침하는 증거로 사용되었다. 이 사문석화(serpentinization) 반응은 수소를 H_2의 형태로 방출함으로써 식 (4.5)와 (4.6)에서와 같은 대사 경로에 필요한 에너지를 공급해줄 수 있다.

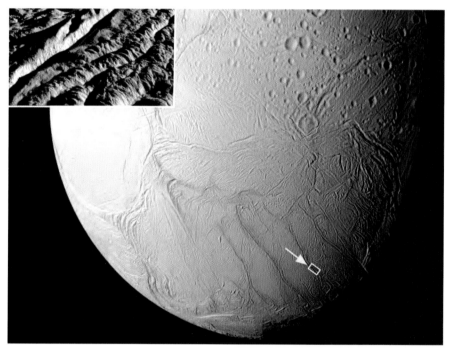

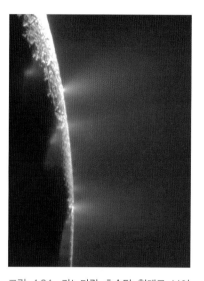

그림 4.34 가느다란 초승달 형태로 보이는 엔셀라두스 남극지역에, '호랑이 줄무늬'로부터 우주로 분출되는 뚜렷한 3개의 수증기와 얼음 결정의 분사가 보인다. 카이로 설커스(그림 4.33의 삽입 그림)는 중간에 있는 분사이다. (NASA/JPL/SSI)

그림 4.33 엔셀라두스의 토성-반대쪽 구면의 남반구를 보여주는 카시니 사진 모자이크. 푸른색 지역은 알갱이가 굵은 얼음으로서 다른 지역의 가루 얼음과 대비된다. 이 청색선의 균열들을 통칭 '호랑이 줄무늬'로 부르기도 하는데, 다른 지역(약 70 K)보다 온도가 높으며(>180 K), 분출 분사의 원천이다(그림 4.34). 삽입 그림 : '호랑이 줄무늬' 중의 하나인 카이로 설커스를 따라, 메인 사진에서 화살표가 가리키는 영역을 화소당 30 m 해상도로 촬영한 사진들로부터 얻어진 광경. (NASA/JPL/SSI/USRA/LPI)

그림 4.35 엔셀라두스 내부에 있을 법한 대양과 남극지역의 활동성 분사들을 보여주는 절단-모형도 (NASA/JPL-Caltech)

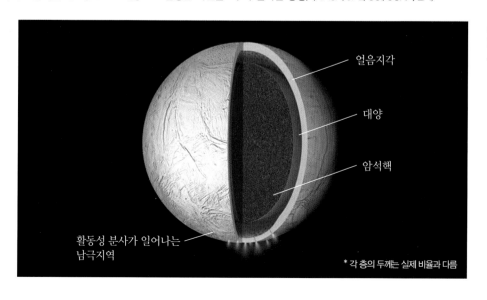

얼음지각

대양

암석핵

활동성 분사가 일어나는 남극지역

* 각 층의 두께는 실제 비율과 다름

따라서 엔셀라두스가 유로파보다도 오히려 더 확실하게, 단순한 유기분자들이 용해되어 있으면서 해저에서는 열수 활동이 일어나는 염류 바다를 보유하고 있는 듯하다. 엔셀라두스 자체가 유로파보다 훨씬 작으므로 바다의 부피도 유로파의 (만약 이 역시 대양이라면) 바다보다 훨씬 작을 것이다. 이렇게 크기가 작다보니 엔셀라두스의 내부 온도를 유지시켜주는 주 요인은 단연 조석가열일 수밖에 없다.

적절한 장비를 갖춘 탐사선이 분사 속을 통과해서 비행한다면 비교적 쉽게 생물 지표나 심지어 미생물을 통째로 채집할 수 있을지도 모른다. 이야말로 향후 토성 탐사선의 핵심 목표라고 할 수 있다. 분사나 플룸의 세기가 약하고 지속적이지 못한 유로파와는 달리 엔셀라두스는 표면에 반드시 착륙할 필요는 없을 것이다.

4.3.2 트리톤

트리톤의 표면(그림 4.6)은 아주 다양하기 이를 데 없는데 얼음화산 활동에 의한 표면 재포장의 흔적도 많이 보인다. 분광 자료에 따르면 표면의 얼음은 질소, 메테인, 이산화탄소, 일산화탄소, 물이 혼합되어 있으며 암모니아도 일부 포함되어 있을 것으로 예상된다. 트리톤은 아마도 지구화학적 관점에서 실제로 분화된 지각을 가지고 있으면서 그 아래에 물 얼음 함량이 더 높은 맨틀이 있을 것이다. 트리톤의 평균 밀도가 암시하는 바로는 암석 핵은 대략 350 km 깊이에서 시작한다. 어느 지형을 막론하고 충돌구들이 상당히 겹쳐 있다는 사실로 볼 때, 대대적인 얼음화산 활동은 아마 최소 수억 년 전에 중지된 듯하다. 질소 얼음으로 이루어진 극관 크기의 계절에 따른 변화와, 아마 태양에너지를 원천으로 해서 남극 극관에서 분출되는 간헐천 말고는 현재 또는 최근 활동에 대해서는 확인된 바 없다. 이는 현재로서 발견된 조석가열원이 없다는 사실과도 일치한다. 그러나 트리톤이 해왕성에 의해 포획된 직후 대략 10억 년에 걸쳐 조석력이 트리톤의 궤도를 원형으로 변화시킨 시기가 있었을 것이다. 바로 이때 대부분의 얼음화산 활동이 일어났을 것으로 짐작된다. 이 시기에는 유로파처럼 얼음층 아래에 바다가 존재하면서 생명이 자리 잡을 시간이 충분했었을 수 있다. 만약 그렇다면, 생명체가 현재까지 미약한 방사능 열에 기대어 간신히 부지하고 있거나, 아니면 미래 탐사선들이 사멸한 생물계의 화석화된 유해만 발견하게 될지도 모른다.

4.3.3 명왕성

가장 트리톤과 비슷한 천체는, 비록 표면이 세부적으로는 크게 다르지만, 현재로서는 명왕성이다. 명왕성의 지각은 대부분 물 얼음으로 이루어져 있지만 좀 더 휘발성이 높은 다양한 얼음도 상당히 많이 함유하고 있다. 여기 주제와 관련해서, 2015년 7월 명왕성을 스쳐지나간 뉴호라이즌스(그림 4.36)가 전송한 사진들에 근거한 이론에 따르면, 지각에 형성된 분열 지형 다수가 지하의 내부 바다가 동결하면서 부피가 변화함에 따라 (얼음은 액체 물보다 부피를 더 많이 차지하므로) 전체적으로 팽창한 결과라는 것이다. 이 이론이 옳다면, 이 과정은 지금도 진행 중일 가능성이 크므로 바다가 아직 완전히 얼지 않았을 수도 있다.

이 같은 결론은 뜻밖일 수 있는데 이에 필요한 내부 열원 문제의 해결이 어렵기 때문이다. 일부 이론에 따르면, 카론(명왕성의 거대 위성)과 명왕성 간에는 서로에 의한 조석가열이 거의 일어나지 않지만, 만약 카론이 일반적으로 가정하는 40억 년보다 더 오래 전이 아니라 지난 10억 년 내에 명왕성에 의해 포획되었다면 이야기가 달라질 수 있다. 반면에 열원이 방사능 가열이라면, 뉴호라이즌스의 관측 결과를 설명하기 위한 이론 모형이 시사하는 바는, 기존 모형에

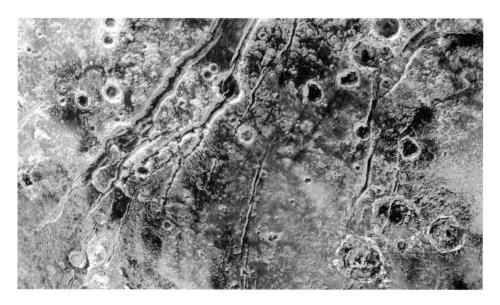

그림 4.36 명왕성의 폭 400 km 영역이, 내부 바다가 부분적으로 동결하면서 팽창한 결과로 여겨지는 분열 지형을 보여준다. (NASA/Johns Hopkins University Applied Physics Laboratory/ Southwest Research Institute)

서 적당한 고농도의 칼륨을 핵에 더하고 얼음 암석권의 단열 특성의 효율성을 높인다면 위와 같은 결론을 충분히 이끌어낼 수 있다고 한다.

- ■ 칼륨이 왜 중요한가?
- ❏ 칼륨의 방사성 동위원소 ^{40}K는 오늘날 열 생성에 있어서 가장 중요한 원소이다.

4.3.4 가니메데와 칼리스토

목성의 갈릴레이위성들 중에서 가장 바깥에 있는 두 위성은 어떨까?

- ■ 그림 4.10a를 근거로 칼리스토에 유로파 형태의 바다가 존재할 가능성이 크다고 볼 수 있는가?
- ❏ 전체적으로 고르게 수많은 충돌구들로 뒤덮여 있는 칼리스토의 표면은 나이가 아주 오래되었다. 따라서 아주 먼 과거라면 모르지만 지금 현재 내부 바다가 존재할 가능성은 거의 없다.

가니메데는 단층과 표면 재포장의 징후를 훨씬 더 확실하게 보여준다. 충돌구로 빽빽이 뒤덮인 오래된 표면을 좀 더 최근에 형성된 지형의 띠들이 가로지르기 때문이다(그림 4.37). 그러나 이렇게 가로지르는 띠 중에서 가장 젊은 띠조차 수많은 충돌구들이 그 위에 겹쳐 있으므로 나이가 10억 년은 족히 넘었을 것이다. 이런 사진 자료는 우리에게 명백한 결론을 들려주는 듯싶다. 하지만 갈릴레오의 자기측정기로 가니메데 및 칼리스토와 연관된 자기효과를 측정한 결과에서 둘 다 내부 바다를 보유하고 있다는 결론이 얻어졌다.

목성의 자기장은 칼리스토의 궤도 위치에서 뒤틀려 있는데, 이는 칼리스토 내부에 전기 전도성을 갖는 10 km 두께의 층이 존재하며, 이로부터 유도된 자기장이 존재함을 암시한다. 이 결과는 수백 킬로미터의 깊이에 존재하는 내부 염류 바다에 대한 타당한 증거로 간주된다.

가니메데는 독자적으로 자기장을 생성한다는(즉, 가니메데의 철 핵 일부가 유체 상태인) 사실이 밝혀졌지만 칼리스토처럼 유도자기장도 있는 것으로 알려졌다. 칼리스토에서는 유도자

그림 4.37 폭 600 km의 가니메데 일부 지역에 대한 갈릴레오 SSI 자료. 서너 세대에 걸쳐 형성된 능선과 홈을 포함하는 회색 지형이 더 오래되고 더 많은 충돌구로 뒤덮인 지형을 가로지르고 있다. (NASA)

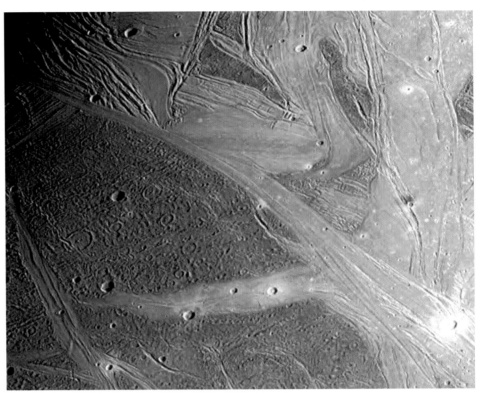

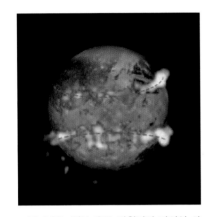

그림 4.38 허블 우주 망원경의 자외선 사진으로 얻어진 가니메데의 오로라 띠와 갈릴레오가 촬영한 가니메데 사진을 같이 겹쳐 놓았다. (NASA/ESA)

기장이 내부 바다(또는 아마도 얼음 안에서 서로 다른 깊이에 있는 서너 개 바다)의 존재를 암시하지만, 가니메데의 경우에는 추가적인 증거가 있다. 허블 우주 망원경의 자외선 영상촬영(그림 4.38) 덕분에, 가니메데 주변 오로라 띠의 분포를 관측하고 오로라의 위치가 목성의 변동하는 자기장의 영향하에서 어떻게 변화하는지 측정할 수 있었다. 가니메데에 바다가 전혀 없다면 이들 띠는 남북으로 대략 6°씩 진동해야 하지만 실제로는 제자리에 거의 고정되어(겨우 2° 정도만 진동) 있다. 바다에 유도된 자기장은, 목성 자기장에 의해 생성된 오로라 띠에 작용하는 저항을 상쇄한다고 생각된다. 따라서 가니메데는 후속 연구 대상으로서 흥미진진할 뿐만 아니라 유로파보다 궤도 진입이 쉬워 유럽우주국의 JUICE 탐사계획의 목적지로 선정되었다.

4.3.5 타이탄

토성의 가장 큰 위성인 타이탄에도 내부 바다의 증거가 있다. 다음 장에서 이에 대해 설명할 것이다.

4.3.6 거주 가능성

엔셀라두스를 제외하고, 이 절에서 소개한 내부 바다들 아래에 암석층이 위치한다는 증거는 없다. 이 바다들은 또한 내부에 더 깊이 위치하면서, 현재 활동적이거나 또는 최근에라도 활동적이었던 균열을 통해서 지표면과 연결되어 있지도 않다. 이러한 특성은 이들 위성의 잠재적 거주 가능성을 감소시키는 동시에, 생명의 흔적을 찾고자 하는 탐사 목표에 대한 심각한 난관이 될 것이다.

가니메데와 칼리스토의 표면 아래에 비교적 얇은 깊이의 바다가 존재한다는 주장은 매우 오래돼 보이는 그들의 표면 모습과 완전히 배치되어 보이므로 주의를 환기시키면서 이 장을 마치려고 한다.

바다가 있다면 생명이 존재할 가능성은 있지만, 어느 얼음위성에 대해서도 우리가 아는 것이 너무 적다. 그 위성들 일부에 왜 생명이 존재할 수 있는지 그리고 위성들 대부분에 과거 한때 생명이 존재했을 수 있는지에 대해 많은 이유를 들 수는 있겠지만 우리 스스로 확신할 수 있기까지는 긴 시간이 필요할지도 모른다.

이제 아래 질문에 답함으로써 그동안 이 장에서 갈고 닦은 지식과 기량을 시험해보도록 하자.

질문 4.14

얼음위성의 내부 바다에 생명이 존재할 가능성이, 바다가 암석층 위에 놓여 있는지와 어떤 상관 관계가 있는가?

질문 4.15

질문 4.9에서 검토했던 그림 4.25의 홈(그림 4.27의 오른쪽 가장자리 근방에 있는 동일한 홈)을 다시 검토하라. 그림 4.25에서, 이 홈의 선이, 그림 4.27의 범위를 표시하는 윤곽선 가장자리에서 북서쪽으로 약 5 km 떨어진 인접한 두 래프트 사이를 통과하는 위치를 찾아라(편리하게도, 이 윤곽선의 짧은 쪽 길이가 대략 5 km이다).

(a) 이 위치에, 래프트들 사이의 매트릭스와 이 홈의 상대적 나이에 대해 말해주는 어떤 증거가 있는가?

(b) 매트릭스가 이동할 수 있었던 기간 동안 전체적으로 코나마라 카오스에서 어떤 사건들이 일어났을 것인가?

(c) 푸일 충돌로 인한 분출물이 이 위치에 있는 매트릭스 위를 덮고 있다고 어떻게 추정할 수 있는가? 그리고 그로부터 무엇을 알 수 있는가?

질문 4.16

질문 4.10b에서, 래프트 가장자리의 절벽 높이는 래프트가 상당히 높은 염도의 바닷물에 떠 있었던 결과라고 가정하여 코나마라 카오스의 래프트 두께를 계산했었다. 그러나 지형이 '동결될' 당시에, 어쩌면 래프트들은 실제로는 바닷물보다 농도가 낮은 일종의 진창(slush)에 떠 있었을지 모른다. 래프트 밀도가 $1,126 \, kg \, m^{-3}$이고 진창의 밀도가 $1,140 \, kg \, m^{-3}$이면 래프트 두께는 어느 정도가 되는가?

질문 4.17

지금이 2100년이고, 유로파 대양탐사계획에 따른 다섯 번째 탐사선이 마침내 미생물 형태의 생명을 탐지했는데, 이들이 지구와 동일한 종류의 DNA를 기반으로 하는 것처럼 보인다고 가정하자. 유로파에서의 생명의 기원과 관련하여, 이 발견에 대한 대안적 설명들 및 그중에서 어떤 설명이 옳은지 (최종적으로) 결정할 수 있는 방법들을 열거하라.

표 4.1의 자료를 근거로, 엔셀라두스에 대해 가장 가능성 높은 가열방식을 제시하기 위해서 어떤 증거들을 들 수 있는가?

4.4 요약

- 외부 태양계에 위치하는 큰 얼음천체들 중 다수가 내부적으로 분화되어 있다. 주로 조석가열 덕분에 특히 유로파와 엔셀라두스와 같은 일부 천체는 얼음 표면층과 암석 핵 사이에 바다를 보유하고 있을 가능성이 높다. 일부 천체는 얼음층 내에 바다가 존재할 수도 있고 또 다른 일부 천체들은 과거에 그런 바다를 보유했었을 수 있다.

- 물은 뜨거운 암석을 만나면 그 안으로 스며들어 가열된다. 이로 인해 열수 대류가 일어난다. 화학물질이 풍부하게 함유된 고온의 물이 분출구를 통해 방출되면, 이로 인한 국지적 화학 불균형에 대해 생명체가 산화-환원 반응의 매개자(생물학적 촉매)로 작용하여 에너지를 추출할 수 있는 기회가 제공된다.

- 엔셀라두스에서 분출된 분사의 분석을 통해, 물-암석 계면(interface)에서 현재 진행되고 있는 열수 반응의 증거가 얻어졌다.

- 만약 지구상 생명이 실제로 열수분출구에서 기원했다면, 얼음천체의 '얼음'-암석 계면에 있는 비슷한 분출구 주변에서도 마찬가지로 생명이 기원할 수 있을 것이다.

- 유로파의 조석균열로 인해 광합성 기반 생명체가 단기간이나마 존재할 수 있을 가능성이 있다.

5
타이탄

5.1 서론

토성에는 적어도 62개 이상의 위성이 있는데, 그중 타이탄은 태양계 내에서 유일하게 두터운 대기가 있는 위성이며 표면 또한 매우 이국적인 환경이다. 표면에 대해서는 5.4절에서 다루겠다. 타이탄에 한 번이라도 정착한 생명체가 있었다는 증거는 없지만, 타이탄에 대해 알아보는 것은 생명체의 발달에 대한 우리의 이해를 넓히는 데 도움이 된다. 왜냐하면 대기에서 일어나는 광화학적 과정이 결과적으로 다양한 종류의 유기분자를 형성했기 때문이다. 이 장에서는, 타이탄에 대한 우리 지식의 역사를 훑어보고, 관측 자료를 일부 설명하는 이론 모델을 알아본다. 마지막으로, NASA/ESA 카시니-하위헌스라는 획기적인 탐사 임무의 결과 드러난 발견에 대해 다룬다.

5.2 관측

타이탄은 독일의 수학자이자 물리학자이며 천문학자였던 크리스티안 하위헌스(Christian Huygens, 1629~1695)에 의해 발견되었다(그림 5.1). 갈릴레오가 목성의 갈릴레이 위성들을 발견한 지 45년가량 뒤의 일이다. 타이탄의 이름이 붙여진 것은 1847년, 영국의 천문학자 존 허셜[John Herschel, 1792~1871, 토성의 다른 위성 둘을 발견한 윌리엄 허셜(William Herschel, 1738~1822)의 아들]이 토성의 위성들에 신화 속 티탄 남매들의 이름을 붙이자고 제안했을 때였다. 하위헌스가 발견한 위성은 나머지 위성들에 비해 유난히 컸기 때문에, 티탄들 중 하나의 이름이 아니라 '티탄(Titan)'이라는 이름을 그대로 붙였다.

　타이탄에 대해 알려진 것이 거의 없었던 20세기 초반, 카탈루냐의 천문학자 주제프 코메스 이 술라(Josep Comas i Solà, 1868~1937)가 타이탄 관측 기록을 출판했는데, **주연감광**(limb darkening) 현상을 포착했다는 내용을 가볍게 언급했다. 그 원인이 정확히 무엇인지 논하기 전에, 이 현상이 대기의 존재를 시사하는 것이었음에 주목하기 바란다. 타이탄 연구에 있어 중요했던 두 번째 사건은 1940년대 초반, 제라드 카이퍼(Gerard Kuiper, 그림 4.8)가 텍사스주 맥도날드 천문대에 새로 설치된 82인치(2.08 m) 망원경과 분광기를 이용해 타이탄에서 반사되어 오는 근적외선 빛에서 전형적인 메테인 기체의 분광 특성을 관측한 것이다. 이로부터 타이탄을 감싸고 있는 대기의 존재가 확인되었고, 오늘날 우리는 타이탄의 대기로 인해 표면에서의 기압은 지구 해수면에서의 기압을 1바(bar)라고 할 때 약 1.5바에 달한다는 것을 알고 있다. 이는 행성의 위성들 가운데 유일한 것이다. 타이탄 다음으로 대기를 가진 위성으로는 앞 장에서 다뤘던 트리톤을 들 수 있는데, 대기가 매우 희박해 표면 기압이 약 14마이크로바(microbar)에

그림 5.1 크리스티안 하위헌스. 독일의 수학자이자 물리학자, 천문학자였으며, 1655년 그의 형 콘스탄테인과 함께 직접 만든 망원경으로 타이탄을 발견했다. 그들의 망원경은 갈릴레오가 사용했던 것보다 훨씬 성능이 좋았다. 타이탄을 발견한 지 1년도 지나지 않아, 그는 토성 고리의 특성을 알아내는 데에도 성공했다. 그 외에도 그는 빛의 성질을 이해하는 데 크게 이바지하고, 괘종시계를 발명하는 등 여러 업적을 남겼다. ESA는 타이탄의 표면에 착륙시킨 탐사정(probe)에 그의 이름을 붙여 그의 영예를 기렸다. (Copyright ⓒ Royal Astronomical Society Library)

'주연(limb)'은 천문학에서 원반의 형태를 특정할 수 있는 천체의 명확한 경계를 이르는 말이다. '주연감광'이란 천체의 가장자리가 원반상의 다른 부분보다 어둡게 보이는 현상을 말한다.

불과하다.

타이탄을 최초로 근접 비행한 탐사선은 1979년 9월의 파이오니어 11호(Pioneer 11)인데, 다소 조악한 관측장비를 가지고 타이탄으로부터 36만 3,000 km나 되는 먼 거리에서 지나갔기 때문에 타이탄에 대해 주목할 만한 관측 결과를 얻지는 못했다. 1970년 11월 보이저 1호 탐사선이 타이탄에 4,394 km 거리까지 접근했을 때, 타이탄에 대한 우리의 지식은 폭발적으로 증대되었다.

■ 행성이나 위성을 지상 망원경으로 관측하는 것보다 탐사선으로 근접 비행하면서 관측할 때 좋은 점은 무엇인가?

□ 탐사선 관측은 지구의 대기에 의한 한계에 구애받지 않는다. 전자기 스펙트럼의 적외선과 자외선 영역에는 대기의 수직 구조와 구성성분에 대한 정보가 많이 들어 있는데, 이를 직접 관측할 수 있는 것이다. 공간 분해능(구별 가능한 가장 작은 구조) 또한 지상 관측에서보다 크게 향상되며, 관측 지점에 가까이 있으므로 복사를 비롯한 모든 현상의 세기가 전반적으로 매우 강하다.

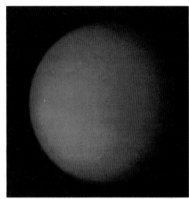

(a)

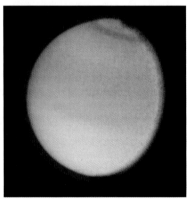

(b)

그림 5.2 (a) 보이저 1호와 (b) 보이저 2호가 1980년과 1981년 타이탄에 근접 통과하며 관측한 모습. (b)에서만 극지방의 어두운 '덮개' 형태와 남·북반구 사이에 나타나는 약간의 대비가 관측된다. (NASA)

보이저 1호의 관측장비는 타이탄을 바라보면서 수백 장의 사진을 찍었는데, 그중 하나가 그림 5.2a이다. 보이저 1호가 찍은 모든 영상에서 타이탄은 아주 고른 주황색 연무(haze)로 덮여 있었다. 반면, 보이저 2호가 찍은 것에서는 북극 근처에서 다소 어두운 띠가 나타났고, 북반구와 남반구 사이의 밝기가 조금 다르게 관측되었다. 광범위한 영상 처리 결과에도 불구하고, 표면을 일시적으로라도 볼 수 있게 할 만한 연무의 틈은 없어 보였다. 연무 위쪽에서 풍속을 가늠할 수 있게 해 주는 구름도 발견되지 않았다.

보이저 탐사선은 전자기 스펙트럼의 적외선부터 자외선까지 관측하는 분광기를 싣고 있었다. 이를 통해 타이탄에서 방출되는 복사량을 분석하자 대기에서 다양한 분광 특성이 관찰되었고, 특히 몇몇 기체의 존재가 드러났다. 타이탄 대기의 주요 성분은 질소(N_2)이고, 그 외에 메테인(CH_4), 에테인(C_2H_6), 프로페인(C_3H_8) 등 다양한 유기분자가 존재하는 것을 알게 되었다.

타이탄의 대기에 대한 보이저 관측은 행성 과학자들에게 큰 흥미를 유발했다. 주요 성분은 지구와 같은 질소 분자인데다, 다양한 탄화수소 기체를 갖고 있다는 점이 특히 주목받았다. 실로 타이탄의 대기는 모든 종류의 복잡한 화학반응이 이루어지고 있는 커다란 화학 실험실이라고 할 수 있다. 특히 흥미로운 점은 타이탄 대기의 화학이 지구를 포함한 다른 행성들의 원시 화학 과정과 어떤 관계에 있는가 하는 것이다.

대기의 양상에 대해 자세히 다루기 전에, 보이저가 관측할 수 있었던 다른 자료에 대해서도 알아볼 필요가 있다. 전파과학계(Radio Science System, RSS)는 지구로 전파를 보내기 위해 전파송신기를 사용했다. 지구를 향하는 시선 방향에 타이탄의 대기가 걸쳐 있도록 위치를 잡은 뒤 신호를 보내면(그림 5.3), 온도, 압력 등 다양한 대기 특성을 측정할 수 있었다. 가시광선에서는 연무층 때문에 표면을 볼 수 없지만, 전파 영역에서는 타이탄의 표면까지 관측하는 것이 가능했다. 보이저에 의해, 타이탄의 표면 온도는 94 K이고, 대류권계면인 약 45 km 고도로 가면 71 K까지 떨어진다는 것이 알려졌다.

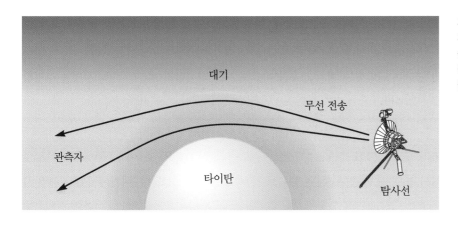

그림 5.3 보이저 RSS를 이용한 대기 특성 추정 방법 개략도(비례는 실제와 다름). 탐사선이 지구로 보내는 신호가 대기를 통과하면, 보이는 것과 같이 신호가 굴절된다. 또한 신호의 세기도 줄어들고, 편광 특성도 바뀐다.

■ 타이탄의 표면 온도가 낮은 것은 놀라운 일인가?

□ 그렇지 않다. 타이탄은 태양으로부터 약 9.6 AU 거리에 있으므로, 타이탄에 도달하는 태양빛은 지구보다 100배가량 약하다(정확히는 $9.6 \times 9.6 \approx 92$배). 따라서 내부에서 오는 다른 열원이 없다면 온도는 매우 낮을 것으로 예측된다.

이제 타이탄의 기본적인 몇 가지 특성을 알아볼 차례다. 표 5.1에 정리된 것을 잘 살펴보고 그중 몇 가지에 주목해 보자. 우선, 타이탄은 지구형 행성인 수성보다 크다. 행성의 위성들 가운데 가니메데보다 약간 작아 두 번째로 크다. 타이탄은 다른 행성의 여러 위성들처럼 자전 주기가 궤도 주기에 '고정'되어 있다. 이를 **동주기 자전**(synchronous rotation)이라고 하는데, 위성과 행성 사이의 조석력에 의한 것이다(글상자 4.2 참조).

가시광선 영상에서 본 크기는 단단한 표면 위의 연무층도 포함돼 있다는 사실이 알려지기 전까지 오랫동안, 타이탄은 태양계에서 가장 큰 위성으로 알려져 있었다.

■ 이러한 효과를 보이는 우리의 가장 가까운 이웃을 알고 있는가?

□ 달. 항상 같은 면이 지구를 향하고 있는 것이 이 때문이다.

표 5.1 타이탄의 주요 통계

적도 반지름	2,575 km
평균 밀도	$1.88 \times 10^3 \, \mathrm{kg \, m^{-3}}$
토성으로부터의 거리	$1.23 \times 10^6 \, \mathrm{km}$
질량	$1.346 \times 10^{23} \, \mathrm{kg}$
표면 중력	$1.352 \, \mathrm{m \, s^{-2}}$
공전 주기	15.95일
자전 주기 *	15.95일
궤도 이심률	0.0292
표면 온도	$(93.65 \pm 0.50) \, \mathrm{K}$
표면 압력	$(1.467 \pm 0.001) \, \mathrm{bar}$
주요 대기 성분	N_2, CH_4, H_2, CO

* 타이탄의 표면 자전 주기는 전체적인 자전 주기와는 아주 조금 다른데, 이에 대해서는 5.5절에서 자세히 설명하겠다.

그림 5.4 장-도미니크 카시니(Jean-Dominique Cassini, 1625~1712)는 [출생 당시의 이름은 지오반니 도메니코(Giovanni Domenico)이다] 파리 천문대장을 역임한 네 명의 이탈리아 천문학자 중 첫 번째 사람이다. 그는 이아페투스, 레아, 디오네, 테티스와 같은 토성의 네 위성을 발견했고, 1675년에는 토성의 고리에 뚜렷한 틈이 있음을 발견했다. 이 틈에는 그의 이름이 붙여졌다. 토성계 주위를 도는 탐사선 역시 영예를 기리는 뜻에서 그의 이름이 붙여졌다. (Painting by Duragel, courtesy of Observatoire de Paris)

중력 도움은 행성 그네(planetary swing-by), 혹은 중력 새총(gravitational sling-shot)으로도 불린다.

질문 5.1

표 5.1을 보고, 타이탄의 질량과 반지름으로부터 평균 밀도가 계산되는지 확인해보라. 그 값을 태양계에 있는 다른 단단한 천체의 경우와 비교해보고, 타이탄의 성분에 대해 무엇을 추정할 수 있는지 생각해보라.

질문 5.2

단단한 천체의 경우, 표면 중력 g는 수식 $g = GM/R^2$으로부터 계산된다. 여기에서 G는 중력 상수이고, M과 R은 각각 천체의 질량과 반지름이다. 표 5.1의 질량과 반지름을 사용해 타이탄의 표면 중력을 유효숫자 세 자리까지 계산해 보고, 표에 나온 값과 비교해보라.

5.3 타이탄의 대기

보이저 관측으로부터 타이탄에 대해 알게 되자 과학자들은 이 흥미로운 위성에 전보다 더 매달렸다. 보이저가 이 감추어진 세계에 대해 많은 단서를 제공함과 동시에 훨씬 더 많은 질문을 제시한 것이나. 타이탄을 감싸고 있는 언무의 베일 속에는 무엇이 있을까? 유기분자들의 복잡한 혼합물은 어떻게 생겨났을까?

NASA와 ESA는 그러한 질문들에 답을 구하기 위해 이 신비로운 세계만을 위한 탐사가 필요하다는 데 동의하고, 그 탐사 임무를 카시니-하위헌스(Cassini-Huygens)라고 이름 지었다(글상자 5.1 참조).

글상자 5.1 | 카시니-하위헌스 임무

카시니-하위헌스 계획은 유럽우주국(European Space Agency, ESA)과 NASA, 이탈리아우주국(Italian Space Agency, ASI)의 합작이었다. 토성 주위를 도는 궤도에 탐사선(NASA에서 맡은 카시니 궤도선)을 올려놓고, 타이탄의 표면에 탐사정(ESA에서 맡은 하위헌스 탐사정)을 내려보내는 계획이었다. ASI는 탐사선에 달린 4 m짜리 고이득(high-gain) 라디오 안테나와 통신체계 일부를 맡았다. 궤도선의 이름은 이탈리아의 천문학자 장-도미니크 카시니를 따랐다(그림 5.4).

카시니-하위헌스는 1997년 10월 15일 발사체 타이탄 IVB/센타우르(Titan IVB/Centaur)에 실려 발사되었는데, 이는 태양계 바깥쪽으로 발사된 탐사선 중 가장 무거운 것이다(발사 당시 약 5,630 kg). 카시니 탐사선은 7년간의 항해 끝에 2004년 토성 궤도에 안착했고, 이듬해인 2005년에 하위헌스 탐사정을 성공적으로 타이탄의 표면에 내려보냈다.

이 거대한 탐사선은 여러 차례의 중력 도움(gravity assist)을 받아 토성 주위를 도는 궤도에 도달했다. 이 기술은 1973년 탐사선 마리너 10호(Mariner 10)가 수성으로 가는 도중에 금성을 둘러가면서 처음 사용된 것으로, 탐사선의 속도를 바꾸기 위해 어떤 행성에 근접해 비행하는 것을 골자로 한다. 그러기 위해서는 탐사선이 그 천체를 정확한 거리와 각도로 지나가야 한다. 성공한다면, 이 기술은 특정 임무에 필요한 발사 에너지를 감축함으로써 다른 기술로는 실현할 수 없는 임무를 가능케 하고, 훨씬 더 큰 탑재체를 실을 수 있는 길을 열어준다. 카시니-하위헌스의 경우, 금성(두 차례)과 지구, 목성으로부터 네 차례의 중력 도움을 받아 탐사선이 태양의 영향력을 이길 수 있도록 속도를 20 km s^{-1}까지 올렸다(그림 5.5).

카시니-하위헌스는 토성과 그 위성들을 탐사하는 두 번째 단계를 열었다. 첫 단계에서는 파이오니어 11호와 보이저 1호, 2호가 토성 가까이 비행하며 그곳의 스냅사진을 보내왔다. 그러나 파이오니어 11호와 보이저 2호의 타이탄 근접 비행은 꽤 먼 거리에서 이뤄졌기 때문에 관측 자료의 분해능에 제약이 있었다. 또한 이러한 관측 방식으로는 시간에 따라 변하는 현상은 부정확하게 측정하거나 통째로 놓칠 수도 있다. 카시니-하위헌스는 토성 주위를 도는 타원 궤도를 유지하면서 이전의 관측 자료를 길잡이로 삼아 보완 관측하고, 개별 위성을 반복적으로 근접 비행할 수 있었다.

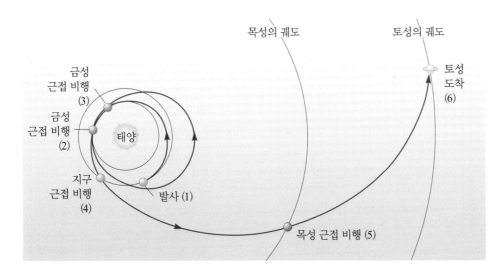

목성의 궤도

토성의 궤도

금성
근접 비행
(3)

금성
근접 비행
(2)

태양

지구
근접 비행
(4)

발사 (1)

토성
도착
(6)

목성 근접 비행 (5)

그림 5.5 네 차례의 중력 도움을 활용한 카시니-하위헌스의 궤도

카시니-하위헌스 임무의 다섯 가지 주요 관측 대상은 다음과 같다.

- 토성
- 토성의 강력한 자기장
- 토성의 고리 체계
- 타이탄
- 그 외의 얼음형 위성들

카시니 궤도선에 실린 12개의 과학 장비와 타이탄 탐사용으로 하위헌스 탐사정에 실린 6개의 장비들로부터 이들 질문에 대한 답을 찾게 되었다.

하위헌스 탐사정을 이용한 타이탄 조사의 목표는 NASA와 ESA가 임무의 계획 단계에서부터 협의한 다음의 다섯 가지였다.

1 불활성 기체를 포함하는 대기 구성 성분비를 측정하고, 주요 요소들의 동위 원소비를 추정하며, 타이탄과 대기의 생성과 진화에 대한 시나리

오의 폭을 좁힌다.

2 미량 기체의 수직 및 수평 구조를 관측하고, 더 많은 복합 유기분자를 찾고, 대기 화학의 에너지원을 조사한다. 성층권의 광화학 모델을 만들고, 에어로졸의 형성과 구성에 대해 연구한다.

3 바람과 전구(全球) 온도를 측정하고, 구름의 물리 및 대기 대순환, 계절 변화를 알아보고, 번개 방전 현상을 찾는다.

4 표면의 물리적 상태, 지형 및 구성을 알아보고, 위성의 내부 구조를 유추한다.

5 상층 대기의 이온화 과정과 토성 중성 및 이온화 물질의 원천으로서의 이온화 과정의 역할 및 토성 자기장과의 관계를 조사한다.

그림 5.6은 318 kg의 하위헌스 탐사정을 보여준다. 앞면은 타이탄의 대기에 빠른 속도로 진입하는 동안 발생하는 열로부터 탐사정을 보호하기 위해 방열 타일로 덮인 보호막으로 되어 있다. 뒷면의 덮개는 역시 방열 장치와 낙하산 구획으로 되어 있다.

그림 5.6 최종 조립 중인 하위헌스 탐사정. 2.7 m 크기의 앞면 보호막이 잘 보인다. (ESA)

표 5.2 하위헌스 탐사정의 과학 장치

장치	약어	목적
에어로졸 집적 및 열분해기 (Aerosol Collector and Pyrolyser)	ACP	연장 가능한 장치를 2개의 서로 다른 고도에서 탐사정 주위의 기류에 전개해 에어로졸 입자를 포집한다. 포집된 입자를 가열하여 생성된 부산물을 분석을 위해 GCMS(아래 참조)로 보낸다.
하강 영상 및 분광복사계 (Descent Imager and Spectral Radiometer)	DISR	타이탄의 대기와 표면에 대한 영상과 스펙트럼을 얻는 장치들의 조합이다.
도플러 풍실험기 (Doppler Wind Experiment)	DWE	바람과 난기류에 의한 탐사정의 움직임 정보를 제공하는 실험 장치로, 하위헌스 탐사정과 카시니 궤도선에 모두 쓰였다.
기체 크로마토그래프 질량 분광계 (Gas Chromatograph/Mass Spectrometer)	GCMS	고도 170 km에서부터 표면에 이르는 화학 조성을 측정하고 주요 구성 기체의 동위원소비를 측정한다.
하위헌스 대기 구조 관측기 (Huygens Atmospheric Structure Instrument)	HASI	온도와 압력 구조, 바람과 난기류, 대기 전도율, 표면 유전율과 레이더 반사율 등 표면의 다양한 물리적 특성을 측정한다.
표면과학꾸러미 (Surface Science Package)	SSP	탐사정 착륙 지역의 표면을 조사하기 위해 고안된 장치이다. 온도, 열전도율, 역학적 저항력, 소리의 속도 등을 조사한다. 액체 위로 착륙하게 된다면, 액체의 깊이, 밀도, 표면파의 특성 등도 측정할 수 있다.

앞쪽의 보호막과 뒤쪽의 덮개는 모두 하강 과정의 초반에 버려지고, 실험 시스템(질량 48 kg의 실험 탑재체 포함)을 담고 있는 안쪽의 커널이 표면에 내려앉게 된다.

임무를 마칠 때까지, 카시니 궤도선은 타이탄을 127회 근접 비행하며 최대 880 km 고도 상공까지 접근했다. 그러는 동안, 타시니의 관측기기들은 더 많은 정보를 얻기 위해 타이탄을 향했다. 특히 레이더(글상자 3.4 참조) 기기는 가려져 있던 표면을 뚜렷하게 보여주었다. 여러 차례의 근접 비행 동안 측정한 고도 정보를 조합해 150 m의 정밀도와 25 km의 공간 해상도를 갖는 지형 지도를 제작했고, 합성 개구 레이더(synthetic aperture radar) 관측을 통해 350 m에서 1.7 km의 공간 해상도를 갖는 표면의 레이더 지도를 제작했다.

카시니 궤도선은 애초에 계획되었던 수명을 한참 초과해 사용되었으며, 2010년 두 번째로 임무를 연장한 끝에 2017년 9월, 행성과 위성들을 보호하기 위해 토성의 대기 속으로 뛰어들어 소멸되는 것으로 그 임무를 마쳤다.

카시니-하위헌스 임무에서 얻은 자료는 타이탄과 토성계에 대한 우리의 지식을 통째로 뒤바꿔놓았다. 이 헌신적인 임무는 타이탄의 대기에서 일어나는 과정에 대한 우리의 이해를 넓히고, 최초로 타이탄 표면을 들여다볼 수 있게 했다. 여기서 얻은 결과를 지금부터 살펴보겠다.

5.3.1 구성

카시니-하위헌스의 사진기들은 보이저 1호, 2호에 실렸던 것들보다 훨씬 더 정교해서 더 높은 공간 및 분광 분해능을 이룰 수 있었으며, 이로부터 타이탄의 대기를 탐사할 수 있도록 더 많은 정보를 제공했다. 카시니 궤도선의 장치들은 전자기 스펙트럼상의 넓은 영역에 걸쳐 작동

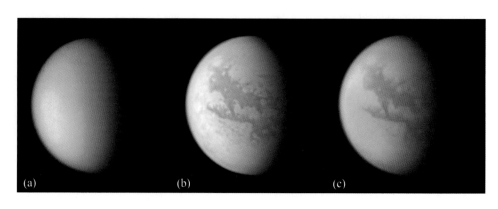

그림 5.7 궤도에서 본 타이탄의 세 영상. (a) 육안으로 볼 때와 같은 타이탄의 영상, (b) 중심 파장이 938 nm(근적외선)인 협역필터로 본 타이탄의 단파장 영상, (c) 서로 다른 파장에서 보이는 다양한 형태를 나타내기 위해 420, 889, 938 nm에서 찍은 영상을 조합한 가색상 합성 사진. 녹색 지역은 카시니가 표면을 볼 수 있는 곳이고, 붉은색은 높은 고도에서 태양빛의 흡수가 높은 영역, 파란색은 대기의 위쪽 가장자리를 나타낸다. (NASA/JPL/Space Science Institute)

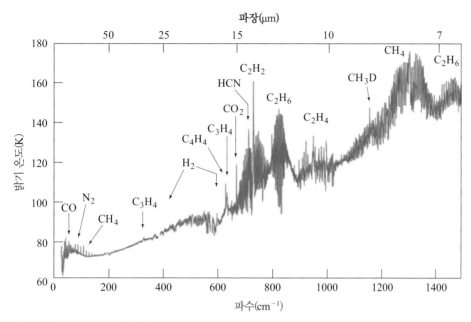

그림 5.8 카시니 적외선분광계(Cassini InfraRed Spectrometer, CIRS)의 타이탄 대기 관측자료. 그림 아래쪽의 가로축은 **파수**(wavenumber)로 표현되어 있는데, 이는 적외선 영역의 분광 자료에서 파장(wavelength)을 대신해 자주 쓰이는 개념이다. 인접한 흡수선들의 위치를 표시하기에 좀 더 편리하다. 참고를 위해 일반적인 파장 단위(μm)가 상단의 가로축에 표시되어 있다.

복사 파장을 λ라고 할 때, 파수$=1/\lambda$

한 것으로, 그 덕분에 가시광 영역에서는 뿌옇게 보이던 대기를 특정 파장에서는 투과해 볼 수 있었다. 이와 같은 다파장 영상의 장점을 그림 5.7에서 확인할 수 있는데, 서로 다른 빛의 파장에서 보았을 때 동일한 지역이 얼마나 다른지 보여주고 있다.

그림 5.7에서 보이는 바와 같이, 육안으로는 볼 수 없는 파장에서 타이탄을 관측하면 때로는 대기의 '창'(빛이 대기 중 분자에 흡수되지 않는 영역)을 통해 대기의 아래쪽까지, 때로는 표면까지 들여다 볼 수 있다. 그림 5.7b에서 뚜렷하게 보이는 형태는 표면 물질의 반사율 변화에서 기인하는 것으로, 5.4절에서 더 자세히 다룬다.

카시니-하위헌스에 실린 자외선과 적외선 분광계를 통해 타이탄의 대기 조성을 자세히 측정할 수 있었다. 그림 5.8은 카시니 근적외선 분광계(Cassini InfraRed Spectrometer, CIRS)로 관측한 타이탄의 전형적인 분광선을 보여준다. 대기 중의 기체는 각 파장에서 밝게 관측되므로 주요 개별 형태가 확인되었고 각각 표시되어 있다. 각 형태의 높이 혹은 세기로부터 타이탄 대기 중에 존재하는 특정 기체의 상대 농도를 계산할 수 있다. 표 5.3에 검출된 몇몇 기체와 각각의 대기 중 상대량을 보인다.

■ 타이탄 대기와 지구 대기의 구성성분상 주요 유사점과 주요 차이점은 무엇인가?

☐ 주요 유사점은 두 곳 대기의 주요 구성성분이 질소 분자라는 것이다. 놀라운 차이점은 타이탄의 대기에는 탄화수소가 풍부하다는 것이다. 또 하나는, 자유 산소(O_2)가 없어 탄화수소가 연소하지 않는다는 점이다.

5.3.2 대기 화학

태양계 바깥쪽 천체의 대기는 늘 격렬히 움직이고 있다. 기록된 풍속이 매우 높고, 큰 폭풍이 있을 수도 있다. 그러나 화학적으로는, 다양한 원자와 분자가 연무층 아래에서 화학적 평형 상

표 5.3 타이탄 대기의 조성. 각 분자의 상대량은 전체 분자수에 대한 비율이다.

분자	상대량
N_2	0.95
CH_4(methane, 메테인)	4.9×10^{-2}
H_2	1.1×10^{-3}
CO(carbon monoxide, 일산화탄소)	6×10^{-5}
Ar(argon, 아르곤)	4.32×10^{-5}
C_2H_6(ethane, 에테인)	1.1×10^{-5}
C_2H_4(ethene, 에텐)	5×10^{-7}
C_2H_2(ethyne, 에타인)	3×10^{-6}
C_3H_8(propane, 프로페인)	6×10^{-7}
HCN(hydrogen cyanide, 사이안화 수소)	7×10^{-7}
CH_3CCH(propyne, 프로파인)	2×10^{-8}
CHCCCH(butadiyne, 부타다인)	2×10^{-8}
C_6H_6(benzene, 벤젠)	3.8×10^{-9}
C_2N_2(cyanogen, 사이아노젠)	9×10^{-10}
HCCCN(cyanoethyne, 사이아노에타인)	4.4×10^{-8}
H_2O	8×10^{-9}
CO_2	1.3×10^{-8}

태를 이루고 있는 것으로 보아도 크게 틀리지 않는다. 사실은 오히려 강력한 난기류가 대기를 잘 섞어줌으로써 기체가 평형 상태에 이르도록 돕는다.

■ 대기 화학에서 우리가 잊지 말고 고려해야 할 요소가 있다. 연무 위에 있고 아래로 내려 갈수록 줄어드는 이것은 무엇인가?

□ 태양빛

태양계의 바깥쪽은 어둡고 평방미터당 가 닿는 태양빛이 지구보다 훨씬 적지만, 타이탄의 대기에서는 연무층과 그 상단에서 빛을 흡수하는 것이 대단히 중요한 역할을 한다. 이러한 화학 과정은 다양하고 복잡하므로, 여기에서는 중요한 화학반응을 모두 다루기보다는 타이탄 대기상 존재가 관측된 여러 분자의 집합에 대해 중요한 두 가지만 다루기로 한다.

(1) 탄소를 포함하는 분자들이 존재하는데, 이들은 화학적으로 평형 상태인 대기에서는 생겨나기 어려운 것으로(글상자 5.2 참조), 특히 우주생물학(astrobiology)의 관점에서 중요하다.

(2) 질소 원소가 타이탄에서는 주로 이원자분자 질소(N_2)로 존재하는데, 거대행성들의 대기에서는 대부분 암모니아(NH_3) 화합물로 존재한다.

5.3.2.1 탄화수소 화합물

표 5.3에서 본 바와 같이, 타이탄의 대기에는 광범위한 유기분자, 특히 탄화수소 화합물들이 존재한다. 타이탄의 대기가 **화학적 평형**(chemical equilibrium) 상태에 있다면, 대기 중 탄화수소 대부분은 메테인(CH_4)이어야 하고, 다른 탄화수소는 무시해도 될 만큼 희박해야 한다(글상자 5.2 참조). 그런데 왜 에텐, 에테인 등의 탄화수소가 관측되는 것일까? 이러한 분자들은 대기 상층부에서 일어나는 광화학적 반응의 결과물이다. 태양 복사(특히 자외선)가 뚫고 들어올 수 있는 곳에서는 화학적 평형뿐 아니라 분자와 빛 사이의 상호작용도 화학 조성에 한몫한다. 초기 지구의 원생 화학반응에서 중요했을 것으로 생각되는 여러 핵심 화합물들이 타이탄에서도 발견됐기 때문에, 활발한 유기화학이 존재한다는 점은 우주생물학의 관점에서 볼 때 흥미가 넘친다. 타이탄이 생명 탄생 전의 원시 지구를 보여주는 (조금 더 차가운) 스냅사진이라고 할 수 있을까?

예를 들어, 화학적 평형 상태라면, 타이탄 대기의 화학 조성 모델에서 에테인(C_2H_6)과 에타인(C_2H_2)의 상대량은 무시할 만한 것으로 계산된다. 그러나 자외선 복사 효과를 고려하면 이들의 상대량은 각각 10^{-5}, $10^{-8}{\sim}10^{-6}$ 사이로 예측된다. 표 5.3에 나오는 상대량 관측치와 잘 맞아떨어지는 숫자다.

그렇다면 대체 어떻게 해서, 메테인에 작용하는 태양복사가 관측에서 발견된 여러 탄화수소 화합물을 만들어 낼 수 있을까? 메테인 분자는 중심부의 탄소 원자가 수소 원자 4개에 연결

탄화수소(hydrocarbon)란 탄소와 수소만으로 구성된 분자를 통틀어 일컫는 말이다.

글상자 5.2 | 화학적 평형

어떤 상자에 화학물질, 예를 들어 질소와 수소, 암모니아 등의 혼합물을 넣고 아주 오랫동안 온도와 압력이 일정하고 어떤 물질이나 복사의 출입이 없는 상태로 둔다면, 이 혼합물은 평형 상태에 도달할 것이다. 평형 상태에서도 화학반응은 일어나겠지만, 각 혼합물의 총생성률과 총소멸률이 같아서 여러 화합물의 양은 그대로 유지될 것이다. 어떤 화학반응이 일어나더라도 평형 상태에서는 그에 관여된 화합물의 상대량은 각 화학반응의 **평형 상수**(equilibrium constant) K에 의해 결정된다. K의 값은 온도에 따라 다르며, 존재하는 화학물질의 총량에는 무관하다.

화학적 평형의 한 예로 탄소 C와 수소 H_2가 반응해 메테인 CH_4를 형성하는 화학반응을 살펴보자.

$$C + 2H_2 = CH_4 \tag{5.1}$$

탄소, 수소, 메테인을 얼마든지 넣을 수 있다. 탄소와 수소, 메테인을 모두 섞은 상태로 시작할 수도 있고, 각각의 양이 충분하기만 하다면 수소와 메테인의 혼합물에서 시작할 수도 있다. 아주 오랜 시간이 지나면, 탄소와 수소, 메테인은 조화로운 평형 상태를 이루고 있을 것이다. 평형 상태의 세 화합물의 농도를 측정하면 평형 상수 K를 얻을 수 있다.

식 (5.1)의 화학반응에 대한 평형 상수는 다음과 같다.

$$K = \frac{[CH_4]}{[C] \times [H_2]^2} \tag{5.2}$$

여기에서 대괄호 []는 농도를 뜻한다. 이 반응에서 K값이 의미하는 바는 만약 수소의 농도가 탄소보다 매우 높다면 탄소 대부분은 메테인으로 바뀐다는 것이다. 그런데 타이탄의 대기에서는 탄소와 수소 외에도 다른 분자들이 여럿 발견된다. 따라서 탄소(C)와 수소(H_2)가 메테인(CH_4)과 에테인(C_2H_6), 에텐(C_2H_4), 에타인(C_2H_2)을 만드는 화학반응에 대한 각각의 평형 상수를 모두 고려해야 한다. 평형상수를 알면 수소, 메테인, 에테인, 에텐, 에타인의 상대량을 계산할 수 있다. 여기에다가 탄소와 수소가 질소와 산소 등의 다른 원소들과 반응해 일산화탄소나 암모니아, 물 등의 화합물을 만들 때의 각 평형 상태도 고려해야 한다. 이러한 모든 평형 상태는 서로 얽혀 있으므로, 각각의 양을 계산하기 위해서는 수많은 방정식을 풀어야 한다. 다행히도 이러한 것은 정교한 컴퓨터 모델로 풀어낼 수 있다.

화학물질이 어떻게 반응하는지에 대한 지식을 이용해, 우리는 어떤 행성의 대기에서든 주요 원소들이 분자를 만들어내는 여러 화학반응에 대해 알아낼 수 있다.

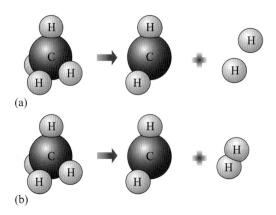

그림 5.9 메테인의 광분해 과정을 나타내는 개념도. (a)는 식 (5.3), (b)는 식 (5.4)에 해당한다.

되어 사면체와 같은 형태를 이룬다(그림 5.9a). 메테인은 자외선 복사를 흡수하면 여러 과정을 거쳐 더 작은 부분으로 쪼개지는데, 이 과정을 '광분해(photodissociation)' 또는 '광화학적 해리'라고 한다(3.2절 참조). 예를 들어, 어떤 결합이 진동에너지를 아주 많이 받으면 결합이 깨지면서 수소 원자가 빠져나온다. 그러나 여러 탄소-수소 결합이 각각 따로 진동하는 것이 아니라, 2개, 3개, 4개의 결합이 함께 진동하게 된다. 여러 종류의 광분해 중에서 타이탄이나 거대행성의 대기에서 메테인이 가장 많이 겪는 종류는 수소 2개를 잃는 것이다. 이와 같은 내용이 그림 5.9와 식 (5.3), (5.4)에 표현되어 있다.

광자(光子, photon)는 가시광선을 포함하는 전자기복사 에너지의 기본 단위에 해당하는 입자이다.

$$CH_4 + 광자 \longrightarrow CH_2 + H + H \tag{5.3}$$
$$CH_4 + 광자 \longrightarrow CH_2 + H_2 \tag{5.4}$$

거대행성의 대기에 가장 많은 분자는 H_2이다. 이것이 식 (5.3), (5.4)의 결과로 생성된 탄소 함유 물질과 반응한다. 그 결과, 주로 메테인과 CH_3(메틸)이 생성된다. 메틸 분자는 4개의 수소 원자 전부와 결합하지 않으므로 외각에 홀전자 하나가 남는다(이 분자는 여전히 양성자와 전자의 수가 같으므로 전하를 띠지 않음). 화학 결합이 되려면 이 전자는 다른 원자의 전하와 짝을 이루어야 한다. 아직 쌍을 이루지 않은 상태이기 때문에, 메틸 분자의 반응성은 높다.

전하를 띠지는 않으나 쌍을 이루지 않은 홀전자를 갖고 있어 화학적 결합을 생성할 수 있는 분자를 유리기(遊離基) 혹은 **라디칼**(radical)이라 한다. 이들은 결합이 끊어진 광화학적 반응의 일반적인 산물이다.

메테인이 형성되는 경우는 당연히 처음의 물질로 되돌아가는 셈이 된다. 그러나 메틸 라디칼은 다시 2개가 결합해 식 (5.5)와 같이 에테인(C_2H_6)을 만들어낸다.

$$CH_3 + CH_3 + M \longrightarrow C_2H_6 + M \tag{5.5}$$

여기에서 M은 이 반응에 화학적으로 참여하지는 않으면서, 반응하는 분자들의 에너지를 일부 뺏는 제3의 분자를 뜻한다.

광분해에 있어 특별히 흥미로운 과정은 메테인이 수소 원자 3개를 잃고 반응성이 높은 라디칼 CH를 만드는 것이다(그림 5.10 참조). 이러한 일은 메테인이 자외선 복사를 흡수할 때 약 8%의 확률로 생기는데, 궁극적으로는 긴 탄소 원자 사슬을 갖는 탄화수소들의 형성을 주도하는 아주 중요한 작용이다.

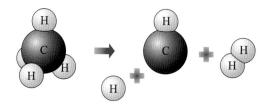

그림 5.10 메테인의 광분해 결과 CH가 만들어 지는 과정의 개념도

수소 원자 3개를 잃음으로써 만들어진 CH 라디칼은 다시 메테인과 반응한다. 탄소 원자 2개의 공유 결합을 통해 에텐(C_2H_4)이 만들어진다.

$$CH + CH_4 \rightarrow H_2C=CH_2 + H \tag{5.6}$$

에텐은 생성되자마자 거의 곧장 자외선 복사를 흡수하고 수소를 잃어 짧은 순간에 에타인($HC\equiv CH$, ethyne)으로 바뀌어버린다. 타이탄과 목성에서 관측된 에텐의 양은 에테인($H_3C - CH_3$)이나 에타인보다 적다.

목성의 대기에서는 에타인이 꽤 많은 양을 차지하는 분자이다. 복사로 인해 쪼개졌다가도, 그 결과물이 수소와 빠르게 결합해 다시 에타인을 만들기 때문이다.

$$HC\equiv CH + 광자 \longrightarrow HC\equiv C + H \tag{5.7}$$
$$HC\equiv C + H_2 \longrightarrow HC\equiv C + H \tag{5.8}$$

■ 식 (5.7)과 (5.8)에 나타낸 반응 과정은 타이탄에서 지배적으로 일어나는가?

□ 그렇지 않다. 타이탄 대기의 주요 성분은 수소가 아니라 그보다 반응성이 낮은 질소 기체이다.

따라서 타이탄에서는, $HC\equiv C$ 결합이 보통은 다시 에타인을 만들지 않고, 그 대신 더 큰 분자를 만드는 데 기여한다. 그중 가장 간단한 과정을 식 (5.9)와 (5.10)에 나타내었다.

$$HC\equiv C + HC\equiv CH \longrightarrow HC\equiv C - C\equiv CH + H \tag{5.9}$$
$$HC\equiv C + HC\equiv C - C\equiv CH \longrightarrow HC\equiv C - C\equiv C - C\equiv CH + H \tag{5.10}$$

이런 종류의 연쇄 반응으로 수백 개의 탄소 원자가 연결된 아주 긴 분자들이 만들어진다. 아래의 분자 다음에는 어떤 분자가 생겨날지 그 과정을 화학식으로 써보자.

■ $HC\equiv C - C\equiv C - C\equiv CH$(다음으로 8개의 탄소 원자를 갖는 분자가 생겨날 것이다.)

□ $HC\equiv C + HC\equiv C - C\equiv C - C\equiv CH \longrightarrow HC\equiv C - C\equiv C - C\equiv C - C\equiv CH + H \tag{5.11}$

타이탄에서 얼마나 긴 탄소 사슬까지 생겨나는지는 아직 알려지지 않았지만, 하위헌스 탐사정에 의하면 대기 중의 연무에는 매우 다양한 종류의, 긴 사슬을 갖는 유기분자들이 관측되었다(5.3.3절 참조). 그래서 연무를 광화학적 연무 혹은 스모그(smog)라 부르기도 한다.

어떤 반응이 중요한가에 대한 지식을 쌓아나감으로써, 실제 일어나는 주요 과정의 모델을 만들 수 있다. 그러기 위해서 각각의 화학반응을 실험실에서 연구해 반응률을 결정하고, 모델로 만들고자 하는 특정 대기의 지배적인 조건이 무엇인지 밝혀낸다. 어떤 경우에는 불과 몇 가지의 반응만이 지배적으로 일어나고, 이들만으로 어떤 특정 대기를 꽤 잘 설명할 수 있다. 그

C-C, C=C, C≡C는 탄소 원자가 단일결합, 이중결합, 삼중결합한 것을 나타낸다.

러나 어떤 경우에는 대단히 많은 수의 반응들이 서로 관련된 것까지 고려해야 한다.

타이탄에서는 많은 양의 질소가 있어(표 5.3 참조) 메테인의 광화학이 달라진다. 질소는 상대적으로 반응성이 낮아서 타이탄 대기의 화학에 직접 관여하지는 않는다. N_2 분자도 태양 광자, 은하우주선(galactic cosmic ray), 토성 자기장에서 오는 전자 등의 영향을 받으면 해리되어 질소 원자 N을 만든다. 타이탄 대기의 약 700 km 이상 고도에서는 태양빛이 N_2의 광분해에 가장 큰 영향을 미치는 것으로 생각된다. 더 낮은 고도에서는 은하우주선에 의한 해리가 더 중요한 것으로 보이고, 고도 500~750 km 구간에서는 토성의 자기장도 영향을 미치는 것으로 생각된다. 어떻게 생성되었든, 질소 원자는 앞에서 논했듯이 메테인의 광화학에 영향을 미치고, CN기(사이아노기, cyano group)를 포함하는 유기 화합물의 한 종류인 **니트릴**(nitril)의 생성에도 관여한다.

은하우주선(galactic cosmic ray)이란 태양계 외부에서 들어오는 고에너지의 하전 입자(주로 중성자와 전자)이다.

■ 광분해는 왜 700 km 아래에서보다 그 위에서 더 중요한 과정인가?

☐ 광화학적 반응을 유도하는 태양 복사가 대기의 깊은 곳으로 갈수록 흡수되어 그 세기가 줄어들기 때문이다.

그림 5.11은 고도에 따른 대기 중 태양빛의 투과량(파장 500 nm 기준)을 보여주는 것으로, 하위헌스 탐사정에 실린 장비 DISR이 관측한 것이다. 표면 부근에 도달하는 태양빛의 양은 대기 상단에서의 0.01%도 되지 않는다.

카시니-하위헌스를 통해 타이탄 대기의 성분비에 대한 자세한 정보를 얻게 되자, 앞에서 다룬 과정들을 기반으로 하는 대단히 정교한 화학 모델이 연달아 개발되었다. 얼마나 복합적인 모델인가 하면, 현재의 광화학 모델에는 100개 이상의 반응과 30개 이상의 해리 과정이 얽혀 있다. 게다가 이런 모델들은 대기에서의 높이에 따른 변화도 고려해야 한다. 온도에 따라 달라지는 요소로는 온도와 밀도, 화학량과 태양빛의 세기 등이 있다. 이러한 광화학 모델을 통해 우리가 측정한 대기 조성을 더 잘 이해할 수 있고, 타이탄과 같은 대기 안에서 일어나는 여러 과정에 대한 통찰의 폭을 넓힐 수 있다.

카시니-하위헌스 이전에도 다양한 화학적 경로에서 파생된 물질들이 어떻게 되는지 일부는 알려진 바가 있다. 당시의 모델은 대기 중에서 생성된 물질 일부가 고체나 액체일 수 있다고

그림 5.11 하위헌스의 DISR이 타이탄에서 측정한 고도에 따른 태양빛 투과량(파장 500 nm 기준). 빛의 양은 대기 상단에서의 입사량에 대한 백분율로 표현되어 있다. 더 높은 고도의 연무와 산란 효과 때문에 성층권 상단에 해당하는 250 km 고도에서도 이 값이 100%에 미치지 못하는 것을 볼 수 있다.

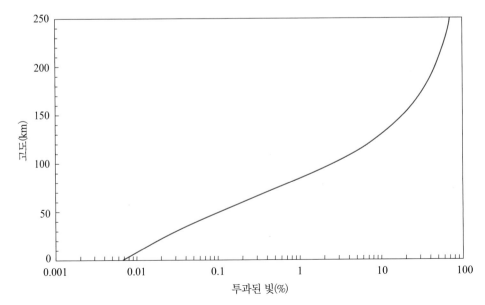

보았다. 그렇다면 타이탄에서는 탄화수소(예 : 에테인, 에텐, 에타인, 프로페인)와 니트릴(사이안화수소 HCN, 사이아노아세틸렌 C_3HN, 사이아노젠 C_2N_2 등)을 포함하는 다양한 유기물질이 눈·비가 되어 끊임없이 표면에 내려앉을 수 있다는 흥미진진한 가능성도 제시되었다. 지금은 이 분자들이 중합(polymerize)하고, 에어로졸로 응결되어(5.3.3절 참조) 표면에 내리는 것으로 알려져 있다. 그중에서도 에테인은 타이탄 표면의 온도와 압력 상태에서 액체로, 에타인은 고체로 존재하므로, 타이탄의 표면에는 액체 상태의 에테인도 존재할 가능성이 있다. 이 흥미로운 가능성에 대해서는 타이탄 표면의 성질에 대해 자세히 알아볼 때 다시 다루기로 하자.

5.3.2.2 질소와 그 기원

우리는 앞에서 타이탄이 지구와 비슷하게 질소 N_2를 대기 주요 성분으로 갖는다는 것을 알았다. 타이탄의 크기와 암석으로 된 내부 구조를 보면 거대행성보다 지구형 행성에 비슷하지만, 대기 중에서 발견되는 (N_2를 제외하고) 분자들의 종류를 보면 지구보다는 목성의 대기 화학에 가깝다.

카시니-하위헌스 전에는, 타이탄 대기에 있는 질소의 기원에 대해 두 가지의 가설이 있었다. 처음부터 질소였다는 설과, 원래는 암모니아였다는 설이다. 질소 가설이 맞으려면, 태양 원반에서 타이탄이 처음 생겨났을 때 그 지역의 온도가 매우 낮아 질소(N_2 형태)가 얼음층에 포접화합물(또는 클래스레이트, clathrate)의 형태로 포획되었어야 한다. 포접화합물은 예를 들어 H_2O처럼 열린 격자 구조를 만드는 물질 속의 빈 곳에 CO_2나 N_2와 같이 작은 기체 분자가 포획되어 만들어진다. 이 작은 분자들은 그 공간 안에 보존되어 있다가 격자 물질이 방사 붕괴나 조석가열로 인해 따뜻해지거나 녹을 때 방출된다. 이 모델에 따르면, 질소가 N_2의 형태로 존재하는 이유는 타이탄이 생성될 때부터 N_2의 형태로 포획되었다가 점차 대기 중으로 방출되었기 때문이다. 원래부터 있던 암모니아는 고체 얼음의 형태로 남아 있고, 대기 중으로 배출된 것은 전혀 없다고 본다.

기체가 약 75 K에서 포접화합물에 포획되는 효율을 측정한 실험 연구에 따르면, 아르곤과 N_2 형태의 질소가 대략 같은 효율로 포획된다. 따라서 타이탄에 있는 질소의 기원을 결정할 수 있는 하나의 방법은 아르곤의 양을 재는 것이다. 타이탄에 있는 아르곤은 대부분 토성과 타이탄을 만들어 낸 바로 그 성운에서 기원했을 것이 틀림없다. 따라서 타이탄의 포접화합물에 있는 아르곤과 질소가 그 성운으로부터 포획되었다면 아르곤 대 질소 비율이 특정 값을 가질 것으로 예측할 수 있고(태양 성운의 값인 $Ar/N_2 \sim 0.06$), 질소가 나중에 포획되었다면 그 비율은 더 낮을 것으로 추정할 수 있다.

하위헌스 탐사정의 관측장비 GCMS가 대기 속에서 표면으로 하강하는 동안 아르곤의 양을 측정한 덕분에 질소의 기원에 대한 이 오랜 수수께끼의 답을 얻을 수 있었다. 관측된 Ar/N_2 비율은 위에서 논한 과정을 통해 N_2가 포획되었을 경우보다 몇 자릿수나 작았다. 그렇다면 질소는 다른 데서 왔을 것이다.

두 번째 가설은 질소가 처음에는 암모니아로 존재했으나 이후 화학반응을 통해 질소로 바뀌었다는 것이다(식 5.12 참조).

$$2NH_3 \longrightarrow N_2 + 3H_2 \tag{5.12}$$

그러나 이 반응은 타이탄의 온도에서는 무척 느리게 일어난다. 게다가 대기가 화학적 평형 상태에 있다면, 무척 많은 양의 암모니아가 있었어야 한다. 태양빛에 의한 암모니아의 광분해 일반적으로 우리가 화학 공식을 적을 때, N_2H_4 와 같이 같은 원자를 한데 묶지만, 공식을 성분에 따라 다른 항으로 적으면 분자의 구조를 보다 명확하게 표시할 수 있다. 예를 들어 N_2H_4 를 H_2NNH_2로 바꾸어 적으면, 하이드라진(N_2H_4, hydrazin)은 2개의 NH_2가 두 질소 원자 사이의 결합을 통해 연결된 형태임을 알 수 있다. 특히 탄소화합물을 이런 식으로 표시한다.

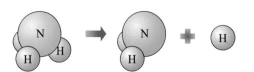

그림 5.12 암모니아 분자의 광분해를 나타내는 개념도

과정을 생각해보면 타이탄의 대기에 암모니아가 적은 이유를 분명히 알 수 있다. 그 과정이 일어나는 한 가지 경우를 그림 5.12에서 보인다. 여기에서, 흡수된 에너지는 N−H 결합을 끊어내는 데 사용된다.

암모니아의 광분해로 만들어지는 첫 번째 물질은 수소 원자로, 타이탄에서 빠져나간다. 다음으로는 라디칼 NH_2가 또다른 NH_2 라디칼과 빠르게 반응해 식 (5.13)과 같이 **하이드라진**(N_2H_4, hydrazine) 분자를 형성한다.

$$H_2N + NH_2 + M \longrightarrow H_2NNH_2 + M \tag{5.13}$$

여기서 M은 충돌 반응에 참여는 하지만 화학적으로 손상되지 않은 채로 남는 분자를 뜻한다.

이러한 암모니아 광화학은 오늘날의 목성 대기에서도 일어난다. 그러나 목성의 광화학과 타이탄의 원시 대기에서 N_2를 만들어냈던 경로 사이에는 두 가지의 중요한 차이점이 있다.

첫째, 목성 대기 중 광분해가 일어나는 층의 온도와 압력에서는, 하이드라진이 응결해 연무를 형성한다. 이 연무는 더 이상의 화학반응을 겪지 않는다. 그러나 타이탄에서는 대기가 생겨날 때 하이드라진이 기체 상태로 남아있었기 때문에 반응 경로를 계속 밟아나갈 수 있는 것으로 생각된다.

둘째, 타이탄의 탈출 속도가 낮기 때문에 수소는 목성에서보다 타이탄에서 더 빠르게 벗어난다. 결과적으로 목성에 수소가 더 많이 존재하고, NH_2가 수소와 재결합해 암모니아를 다시 만들어낼 수 있다. 그러나 타이탄에서는 기체 상태의 하이드라진이 일련의 광분해 반응을 거친 끝에 N_2H_2를 만들어내고, 이 분자는 질소와 수소로 쪼개지게 된다.

$$N_2H_2 \longrightarrow N_2 + H_2 \tag{5.14}$$

2015년에 발표된 한 연구는 혜성 67P 추류모프-게라시멘코(Churyumov-Gerasimenko)에서 측정된 질소가 원시 타이탄에 들어간 질소와 같을 것으로 보고, 타이탄 원시 질소의 10%가 N_2의 형태, 90%가 NH_3의 형태였을 것으로 추정했다.

쪼개진 수소는 우주 공간으로 빠져나가고 질소는 오늘날 우리가 관측하는 대기 속에 남아 있다.

5.3.3 에어로졸과 연무

타이탄의 연무는 5.3.2절에서 정리한 바와 같이 높은 고도에서 일어나는 광화학 반응의 결과로 만들어진다. '연무(haze)'라는 용어를 '구름(cloud)'과 혼동해서는 안 된다. 구름은 대기 중에서 응결 온도에 도달해 생성되는 것으로, 높은 고도의 연무층보다는 한참 아래에서 생긴다.

타이탄의 연무를 구성하는 입자들의 조성은 여러 실험 연구의 주제로 다루어져 왔다. 이런 연구에서는 유리 용기 안에 질소와 메테인 기체를 넣은 뒤 태양빛이나 우주선 또는 전자가 타이탄 대기와 상호작용하는 것을 모사하기 위해 방전시켰다. 여러 달이 지난 뒤 반응 용기 안에 갈색·주황색의 찐득찐득한 얇은 층이 생겨 있었다. 소위 **톨린**(tholin, 질퍽하다는 뜻의 그리스어 'tholos'에서 온 말)이라고 부르는 이 물질을 분석해 보니, 주로 탄화수소와 니트릴로 된 75개 이상의 서로 다른 입자로 이루어져 있었다. 비록 기체 혼합물을 몇 주 동안 방전시킨 것이 타이탄 대기가 수십억 년간 UV 광자를 비롯한 강력한 입자들에 노출된 것과 같다고 할 수는

명왕성의 대기(대부분은 N_2이고, CH_4가 0.25%를 차지한)에서도 비슷한 광화학 반응을 통해 톨린이 생성되며, 이들이 연무층을 형성해 명왕성 표면 일부를 어두워보이게 한다.

없지만, 그 결과가 적어도 피상적으로는 꽤 고무적이었고 타이탄의 가시광선 영역 모습(그림 5.7a 참조)을 정성적으로 설명해 주었다. 더 정량적인 비교를 위해서는 실험실에서 만든 톨린의 광학적 성질을 타이탄의 연무와 비교해 보아야 했다.

하위헌스 탐사정이 타이탄의 대기를 뚫고 내려갔을 때, ACP 계측기를 통해 연무 입자를 직접 실험해볼 수 있었다(글상자 5.1 참조). 2개의 고도구간, 130~135 km와 20~25 km에서 에어로졸을 측정했다. 측정 결과, 에어로졸은 유기물로 된 중심핵이 응결된 휘발성 물질로 뒤덮여 있고, 톨린 생성 과정과 5.3.2.1절에서 정리한 탄화수소 화학에서 제시된 바와 같이 C, H, N으로 구성되어 있음을 알게 되었다. 또 하나의 중요한 발견은 두 고도구간에서 측정 결과가 서로 거의 다르지 않다는 점으로, 이는 연무가 수직적으로 균질하다는 것을 말해준다. 이는 연무 입자의 크기(~1μm)가 고도에 상관없이 상당히 일정하게 유지됨을 발견한 하위헌스의 영상 촬영 결과와도 상응한다.

5.3.4 열적 구조

앞에서 본 것과 같이, 타이탄 대기에서 태양빛은 메테인의 광분해 반응을 가능케 하고, 그로부터 더 복잡한 탄화수소가 대기 중에 형성되게 하는 데 결정적인 역할을 한다. 흥미롭게도, 이 광화학 과정으로부터 타이탄의 열적 구조를 직접 관찰할 수 있다.

광분해는 태양에서 오는 UV 복사를 흡수함으로써 분자 속 특정 원자들 사이의 결합을 쪼개는 데 필요한 에너지를 공급한다. 이 과정의 하나로, 분자가 UV 광자를 흡수할 때 분자의 운동에너지도 함께 높아진다. 이렇게 운동에너지가 증가하면 분자(그리고 대기)의 관측 온도도 높아지게 된다. 따라서 광반응 물질(즉, 이 경우에는 주로 메테인)이 쪼개지는 곳은 기온이 높다. 이 때문에 타이탄에 성층권, 즉 높이에 따라 온도가 증가하는 구간이 생긴다. 타이탄에서 성층권이 만들어지는 과정은 지구에서와 같고, 타이탄의 활성 분자가 오존이 아니라 메테인이라는 점만 다르다. 하위헌스 탐사정의 계측기 HASI는 타이탄 대기의 구조와 특성을 분석하기 위해 특별히 고안되었다. 서로 다른 여러 기법을 조합한(밀도가 높은 대기 하층부에서는 압력과 온

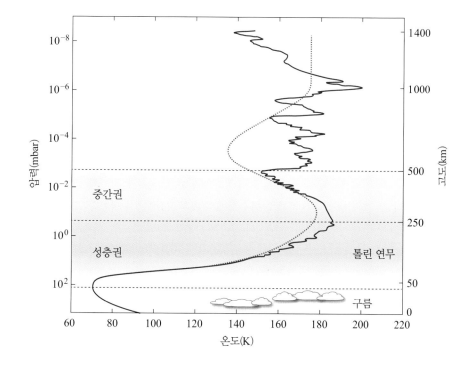

그림 5.13 2005년 하위헌스 탐사정이 측정한 타이탄의 온도 윤곽. 실선은 하위헌스가 측정한 온도, 점선은 모델이 예측한 값이다. 500~1400 km에서의 값은 들쭉날쭉해 이 고도구간의 추정 온도가 불확실함을 알 수 있다. 이 고도구간의 전반적인 그래프 모양이 잘 들어맞는다 해도, 들쭉날쭉한 온도값을 '실제'로 간주해서는 안 된다. 왼쪽의 압력 축과 오른쪽의 고도 축을 이용하면 압력 윤곽을 유추할 수 있다. 지구의 경우와 유사한 방법으로 대기의 구간을 이름 붙이는데, 그중 몇 가지를 적어두었다. 비어 있는 두 영역의 이름은 질문 5.3에서 직접 채워보자.

도를 직접 측정하고, 희박한 상층 대기에서는 탐사정의 감속 정도를 측정) 결과, 우리는 이제 그림 5.13에서 보이는 바와 같은 타이탄 대기의 고도에 따른 온도 변화에 대해 더 잘 알게 되었다.

질문 5.3

(a) 그림 5.13의 온도 윤곽선을 보고 '대류권'과 '열권'을 알맞은 곳에 넣어 보라.

(b) 그림 5.13을 직접 재어서, 대기의 중간권 영역의 기온 감률(온도가 고도에 따라 변하는 비율)을 어림잡아 보라.

그림 5.13으로부터, 타이탄의 표면 압력이 약 1.5 bar임을 알 수 있는데, 이는 지구의 표면 압력보다 50% 큰 것이다. 타이탄의 표면 중력이 지구의 15%에 불과함을 생각해보면, 우리는 상당한 양의 짙은 대기에 대해 논하고 있다.

■ 태양계 내의 천체에서 '대기의 양'을 비교할 때 유용한 인자가 무엇인지 기억해 낼 수 있는가?

❑ 기둥 질량(column mass) M_C(글상자 3.2 참조)는 다음과 같이 정의된다.

$$M_C = P/g \tag{5.15}$$

여기서 P는 기압, g는 표면의 중력가속도이다.

■ 표 5.1과 식 5.15의 자료를 이용해, 타이탄 대기의 기둥 질량을 계산하라.

❑ 표 5.1에서, $P = 1.467\,\text{bar} = 1.467 \times 10^5\,\text{Pa}$이고 $g = 1.35\,\text{m s}^{-2}$이다.
따라서 $M_C = 1.467 \times 10^5\,\text{Pa}/1.35\,\text{m s}^{-2} = 1.09 \times 10^5\,\text{kg m s}^{-2}\,\text{m}^{-2}/\text{m s}^{-1}$
$$= 1.09 \times 10^5\,\text{kg m}^{-2}$$

지구 대기의 기둥 질량은 $1.0 \times 10^4\,\text{kg m}^{-2}$에 불과하므로, 타이탄의 대기는 지구보다 (단위 표면적당) 열 배 더 많다.

5.4 타이탄의 표면

5.4.1 표면에서의 메테인의 운명

메테인은 타이탄 대기에서도 흥미롭지만, 표면에서는 훨씬 더 흥미진진하다. 타이탄 대기의 메테인 광화학과 그 결과 생성되는 다른 탄화수소에 대해서 5.3절에서 배웠다. 한 가지 중요한 사실은 그러한 과정이 비가역적이라는 것이다. 즉, 광분해를 통해 수소는 우주로 날아가 버리고, 남은 탄소 종류는 에어로졸로 중합되고 응결해 마침내는 표면에 내려앉는다. 이 과정이 오랜 시간 동안 일어난 뒤에는, 대기 중의 메테인이 모두 사라질 것이다. 광화학 모델과 타이탄이 받는 복사량의 측정값을 더하면, 광분해로 인한 메테인의 소멸률을 계산할 수 있다. 그 값은 $4.8 \times 10^{13}\,\text{molecules m}^{-2}\,\text{s}^{-1}$로 알려져 있다.

■ 메테인 광분해율의 단위(molecules m^{-2} s^{-1})는 무엇을 뜻하는가?

□ 매초(s^{-1}) 단위 기둥당(m^{-2}) 소멸하는 메테인 분자의 수를 나타내는 단위이다.

이 값을 메테인의 질량 소멸률로 바꾸면 1.3×10^{-12} kg m^{-2} s^{-1}에 해당한다. 이 비율을 타이탄 대기의 메테인 총량에 적용해 보면, 타이탄 대기의 메테인을 모두 제거하는 데 걸리는 시간은 수억 년에 달한다. 이는 천문학의 관점에서 보면 아주 짧은 기간인데, 여기에 한 가지 딜레마가 있다. 우리가 지금 보고 있는 것은 타이탄의 일생에서 다소 '특별한' 시기일 수 있다. 메테인이 다 사라지기 전, 아직 상당량이 대기에 남아 있는 아주 짧은 순간이라는 것이다. 반면 행성 과학자들은 우리가 보고 있는 것이 아주 특별한 시기나 위치라는 설에 대해서 부정적이다. 우리가 타이탄의 인생에 있어 어떤 특별한 순간을 목격하고 있는 것은 아니라는 견해를 수용한다면, 대기 중에서 사라지는 메테인을 대체할 만큼의 양이 어딘가에 축적되어 있어야 한다고 말할 수 있다. 메테인 저장소로는 선택지가 그리 많지 않다. 가장 확실한 것은 표면(또는 표면에 아주 가까운 곳)이다.

타이탄 표면의 환경 조건을 조사해보면, 메테인의 상태에 대해 흥미로운 것을 알게 된다. 하위헌스 탐사정이 착륙했을 때 측정한 표면의 온도는 93.65 ± 0.5 K, 압력은 1.467 ± 0.001 bar이다. 제3장에서 논한 바와 같이, 이들 값을 알면 특정 물질이 어떤 상태(기체, 액체, 고체 중 하나)에 있는지 상평형 도표상에서 알 수 있다(글상자 3.3 참조).

타이탄 표면의 평균적인 환경(90.7 K, 0.117 bar)은 메테인의 삼중점에 매우 가깝다(글상자 3.3 참조). 이 때문에 카시니-하위헌스 이전에는 타이탄 표면에서 메테인이 액체 상태, 아마도 바다, 심지어는 대양의 형태로 저장되어 있을 것으로 예측되었다.

■ 표면에 액체가 있을 것으로 추정할 수 있는 다른 증거는 무엇인가?

□ 5.3.2.1절에서 논한 대기 모델이 추론하는 것 중 하나는 대기 중에서 일어나는 화학 과정의 산물 일부가 액체 상태였다는 것이다.

큰 바다라면 물론 우리가 아주 잘 알지만, 가정의 부엌에서 가스레인지에 불을 붙이는 연료와 똑같은 성분으로 된 것이라면 아주 낯설다! 그래서 베일에 싸인 타이탄의 대기 아래에 액체 상태의 환경이 있을지 결정하는 것이 카시니-하위헌스 임무의 주요 목표였다. 이 임무의 결과, 과학자들이 존재할 수도 있다고 생각했던 그 전구(全球)에 걸친 대양이 실제로는 (누군가에게는 실망스럽게도) 없는 것으로 드러났다. 그러나 좀 더 작은 규모의 액체가 있음은 확인할 수 있었다(다음 장 참조).

5.4.2 하위헌스에서 본 풍경

2005년 1월, 과학자들은 하위헌스 탐사정에 실린 DISR 사진기가 찍은 영상들을 간절히 기다리고 있었다. 하위헌스가 대기를 통과해 하강하면서 수집한 영상들 일부를 그림 5.14에서 보인다.

이 괄목할 만한 일련의 사진들은 그때까지 알려지지 않았던 광경을 보여주었다. 밝고 어두운 영역들이 아주 뚜렷한 지형의 기복을 드러내 주었다. 밝은 지역은 물 얼음으로 된 황량한 고원이지만, 사진 속 어둡고 완만한 저지대는 무엇일까? 이 지역은 액체일까, 아니면 그저 매끄럽고 어둡고 단단한 지형일까? 운 좋게도 하위헌스 탐사정이 이 어두운 지역 중 하나에 내려

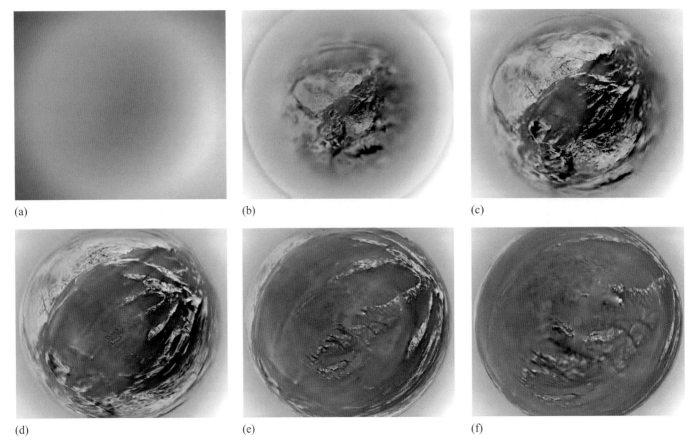

(a)

(b)

(c)

(d)

(e)

(f)

그림 5.14 하위헌스 탐사정이 대기 속으로 하강하면서 '어안(fish-eye)'으로 본 풍경 사진(알파벳순으로, 고도 150, 20, 6, 2, 0.6, 0.2 km). (b)의 바깥쪽 모서리들을 보면, 하위헌스가 20~21 km 구간에 있는 얇은 연무층에 맞닥뜨렸음을 알 수 있다. 각 영상의 중심은 대략 하위헌스의 착륙지 부근으로[(e)와 (f)에 파란점으로 표시된 곳], 탐사정이 하강할수록 점점 가깝게 보인다. (c)의 너비는 대략 60 km, (f)는 약 2 km 너비이다. (ESA/NASA/JPL/University of Arizona)

앉았기 때문에 우리에게 들려줄 만한 이야기가 있다.

5.4.3 표면 물질의 성질

2005년 1월 14일 11시 38분(GMT), 하위헌스 탐사정은 타이탄 대기 속으로의 하강 과정을 마치고 표면에 착륙했다. 탐사정에는 표면 물질의 역학적·화학적 특성을 탐구하기 위해 고안된 정교한 장비들이 실려 있었으므로, 하위헌스 착륙지에 있는 표면 물질의 성질(즉, 고체이거나 액체 혹은 그 중간 어디쯤의 상태인가?)을 알 수 있었다. 이 장비들의 조합은 SSP(Surface Science Package, 표면과학꾸러미, 글상자 5.1 참조)로, 오픈대학교의 한 연구팀에서 만든 것이다. 이 장비가 관측한 자료와 DISR 사진 영상을 조합해, 최초로 표면 특성을 현장에서 직접 관측한 정보를 얻게 되었다.

하위헌스가 착륙했을 때 유럽 '임무 관제 센터'(독일 다름슈타트 소재)의 화면에 나타난 첫 영상은 탐사정 착륙지에서 본 표면 풍경이었다. 인류의 태양계 탐사에 있어 상징적인 장면이었다. 이 신비로운 세계의 베일을 마침내 걷어낸 순간이기도 했다. 그림 5.15에 그 영상과 함께, 비교를 위해 비슷한 시야에서 찍은 달 사진이 나타나 있다.

이 풍경은 예상했던 것과는 확연히 달랐다! 매끈하고 둥글둥글한 조약돌과 자갈이 그보다 더 고운 입자의 물질 위에 놓인 풍경은 언젠가 이 지역에 유체에 의한 수송 같은 일이 있었음을 의미하는 것으로 보였고, 그렇다면 이 착륙지가 말라버린 강이나 호수의 바닥인 것으로 볼 수 있었다. 다만, 타이탄의 자갈과 조약돌은 암석으로 되어 있지 않고, 대신 물 얼음 덩어리 위로 톨린 비슷한 물질이 대기에서 이슬비처럼 내려와(drizzled) 뒤덮여 있는 것으로 생각된다. ~94 K(~ −179 °C)의 표면 온도에서는 물 얼음이 지구에서의 규산염 암석과 역학적으로 비슷하다.

SSP 관측꾸러미에는 탐사정 바닥에 설치된 '경도 측정기'도 있었는데, 표면의 물리적 특성을 알기 위해 충격 강도를 측정하는 장비이다. 경도 측정기에 기록된 강도를 그림 5.16에 나타냈다. 측정기가 처음으로 표면에 닿자마자 뚜렷하게 뾰족한 부분이 나타나고, 이후의 구간에서는 더 낮은 곳으로 갈수록 점차 강도와 저항이 줄어든다. 이를 착륙지에서 찍은 DISR 영상과 비교해보면, 앞부분의 뾰족한 부분은 아마도 측정기가 표면의 자갈돌 크기의 작고 단단한 물체에 충돌한 다음, 차츰 더 무른 물질 속으로 밀려 내려갔을 가능성이 커 보인다.

실험실에서의 탐사정 착륙 실험과 여러 종류의 예상 표면에 대한 충돌 실험으로부터, 하위헌스 탐사정이 착륙한 곳의 물질과 가장 비슷한 것은 모래 크기의 축축한 입자인 것으로 밝혀졌다(그림 5.16). 여기서 '모래'는 입자 크기 분류(0.063~2.0 mm)가 그렇다는 것일 뿐, 우리가 논하고 있는 물질은 지구의 모래와는 달리 대부분 유기물질로 구성돼 있다.

그림 5.15와 5.16은 하위헌스가 땅에 닿기 전에 찍은 영상들을 해석하는 데에도 중요한 정보를 줬다. 그림 5.14의 어두운 지역들은 유체로 된 물질이 아니었고, 말라버린 범람원 퇴적층이나 호수 바닥일 가능성이 크다. 과학자들은 유체가 없다는 사실에 놀랐다. 그렇다면 메테인은 어떻게 순환하는 것일까? DISR이 하강하면서 찍은 영상을 자세히 분석함으로써, 타이탄에서 일어나는 메테인의 작용에 대해 힌트를 얻을 수 있었다. 하강 영상 중 어떤 것은 그림 5.17에서와 같이 분명히 구불구불한 '강'의 형태를 보였지만, 현존하는 호수나 바다는 보이지 않았다.

오픈대학교의 경도 측정기는 하위헌스 탐사정에서 가장 먼저 타이탄의 표면에 닿은 부분이다.

그림 5.15 타이탄 표면에 착륙한 후 하위헌스 탐사정에서 본 풍경. DISR 관측기에서 찍은 여러 사진을 합성한 것이다. 오른쪽의 그림은 달 표면에서 찍은 사진을 왼쪽과 같은 척도로 변형한 것이다. 발자국의 크기를 기준으로 보라. (ESA/NASA/JPL/University Arizona)

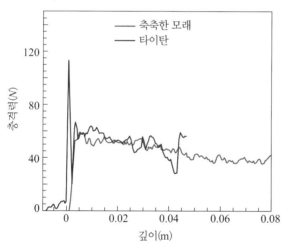

그림 5.16 착륙하는 동안 SSP 경도 측정기가 깊이에 따라 잰 충격력(빨간색). 실험실에서의 모의 시행 결과(파란색)를 보면 하위헌스의 충격 신호가 모래 크기의 축축한 입자의 경우와 얼마나 비슷한지 알 수 있다.

5.4.4 카시니가 호수와 바다를 발견하다

그림 5.17a에서 뚜렷하게 보이는 지류를 여럿 거느린 '수지상(dendritic)'의 수로는 강우로 인한 유체의 흐름 즉, 한때 상당량의 액체가 표면에 흘렀음을 보여주는 명백한 증거이다. 하위헌스의 하강 영상은 타이탄의 아주 국소 지역을 자세히 보여준 것뿐, 타이탄 표면의 나머지 부분에 액체가 있는지 알려준 것은 아니다. 이후 카시니가 오랫동안 표면을 관측하고, 특히 연무로 가득한 대기도 훤히 들여다볼 수 있는 레이더 관측장비를 이용함으로써 하위헌스 착륙지 외의 나머지 표면에 대한 정보도 얻게 되었다(글상자 3.4). 카시니 레이더 영상으로부터, 하위헌스가 좁은 영역에서 본 것처럼 타이탄 전체를 보아도 전구(全球)적 규모의 큰 바다는 분명히 없음이 확인되었으나, 극 근처, 특히 북극 주변에서 극도로 '매끈한' 표면을 갖는 수많은 지역이

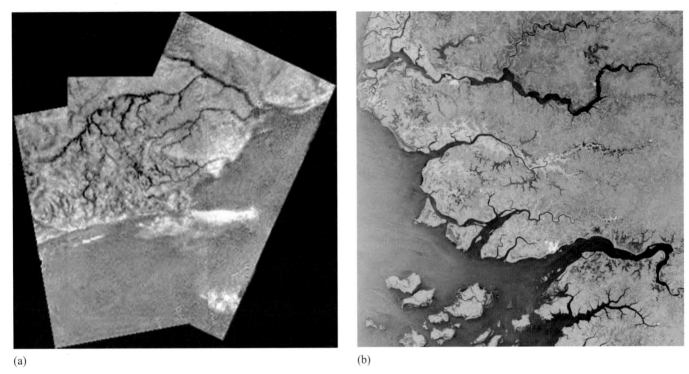

(a)

(b)

그림 5.17 (a) 하위헌스의 하강 동안 특정 지역을 찍은 세 장의 사진 모자이크로(그림 5.14c의 상단 중심부에서 이 지역을 찾을 수 있다), 너비는 대략 10 km이다. 뚜렷한 '해안선' 같은 형태가 영상을 거의 수평으로 가로지르며, 사진의 위쪽에는 높은 산맥이, 아래쪽에는 하위헌스의 착륙지와 비슷한 평탄한 저지대가 보인다. 지류를 거느리는 수로는 아마도 흐르는 액체에 의해 (촬영 시점에는 이미 존재하지 않았을 것이다) 만들어졌을 것으로 보이며, 고지대에서 저지대로 흘러가는 양상이다. 이 지역에 낮게 뜬 구름(아마도 응결한 메테인으로 된)이 작고 흰 형태로 나타나는 것을 보라. (ESA/NASA/JPL/University of Arizona) (b) 지구 궤도에서 찍은 서아프리카 기니비사우의 사진. 강이 지류로 갈라지는 모습을 비교해보라. (ESA)

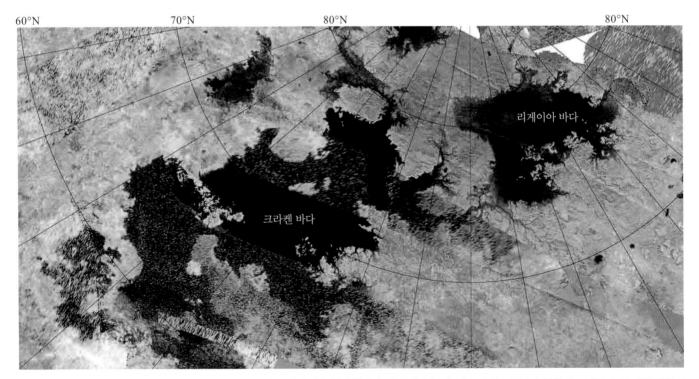

그림 5.18 타이탄 북반구 고위도 표면의 카시니 레이더 사진 여러 장을 합성한(몇몇 빈 공간과 눈에 띄는 해상도 차이가 보인다) 가색상 영상. 밝은색은 표면에서 레이더 쪽으로 강하게 후방산란되는 지역이고, 어두운 영역은 호수와 바다이다. 타이탄에서 발견된 가장 큰 두 바다의 이름이 표시돼 있다. 면적 약 40만 km²의 크라켄 바다와 약 10만 km²의 리게이아 바다이다. 두 바다 모두 구불구불한 해안선과 지류가 모여드는 강변 등 지구에서 물이 만드는 지형과 유사한 여러 형태를 보인다. 그림 5.20의 태양섬광은 주로 크라켄 바다에서 나타난다.

발견됐다. 레이더 영상에서는 예를 들어 호수와 같이 액체로 된 부분은 어둡게 나타난다. 액체 표면은 레이더 신호를 (여러 지형이 있는 표면의 경우에 비교해) 극도로 '매끈하게' 반사하므로, 안테나로 되돌아오는 신호 가운데 간접 반사된 것은 없다. 과학자들은 이러한 지역을 '호수'라고 가정했지만(그림 5.18, 5.19), 하위헌스 착륙지 주변처럼 매끈하고 평평하면서 이제는 액체가 실존하지 않는 평원도 비슷하게 관측될 가능성이 있었다. 근본적으로, 레이더만 가지고 말라버린 호수의 평탄한 바닥과 아직 액체로 채워져 있는 호수를 구별하기는 어려웠다. 그러나 임무의 마지막 무렵에는 카시니 레이더를 정교하게 조정해 표면과 얕은 바다의 바닥에서 반사되는 것을 구별해 낼 수 있게 되었고, 깊이와 액체 조성 모두를 추정할 수 있었다.

타이탄 표면의 액체로 된 지역 중 다소 작은 규모인 곳은 호수(라틴어 *lacus*), 더 넓은 지역은 바다(라틴어 *mare*)라고 부른다. 호수와 바다는 주로 메테인과 에테인으로 되어 있고, 다른 탄화수소와 니트릴, 용해된 질소 등도 소량 들어 있다. 2008년 카시니의 가시광 및 적외선 분광영상기(Visual and Infrared Mapping Spectrometer, VIMS)가 온타리오 호수(Ontario Lacus)에서 처음으로 에테인을 발견했다. 리게이아 바다(Ligeia Mare, 그림 5.18)와 온타리오 호수(그림 5.19)의 메테인:에테인:질소 비율은 각각 72:11:16과 59:28:13으로 추산되었다. 앞에서 언급했듯이, 표면에서의 온도와 압력 환경을 볼 때, 그리고 에테인은 메테인이 대기 상층부에서 광분해될 때 만들어진 산물임을 기억한다면, 표면에서 검출된 에테인은 모두 상층부에서 비가 되어 내린 액체로 볼 수 있다.

타이탄 바다의 액체 표면에 햇빛이 **거울 반사**(specular reflection)되어 나타나는 '태양섬광'이 2009년 VIMS에 의해 최초로 관측(그림 5.20)되면서, 과연 액체가 존재하는 것이 맞는지에 대해 아직 남아 있던 의문은 모두 사라지게 되었다.

타이탄 표면에 액체가 있음을 확인함으로써 타이탄에서의 메테인 순환에 대해 더 잘 알 수 있게 되었다. 카시니가 타이탄 구석구석을 레이더로 꾸준히 관측해 나감에 따라 메테인 순환에 관련된 흥미로운 특성들이 여기저기에서 발견되었다. 저위도 지역에서 거대한 구름이 사라진 뒤 표면이 어두워져 있는 현상이 관측되면서, 메테인의 비가 내리는 것이 땅을 '축축하게' 하고(지구에서 비가 그러듯이), 그림 5.17에서 보이는 바와 같은 '강 수로' 형태를 만드는 작용임이 알려졌다. 그러나 카시니 관측에서도 전구(全球) 규모의 액체는 보이지 않았고, 대기에서 소멸하는 메테인을 다시 채워 넣는 원천이 무엇인지에 대해서는 아직 불확실하다.

■ 5.4.1절에서 대기 중 메테인의 광화학적 소멸에 대해 논한 바에 따르면, 대기에 메테인을 공급할 전구(全球) 규모의 액체 메테인 저장소가 없다는 사실은 어떤 점에서 중요한가?

□ 표면에서 관측되는 호수와 바다 외에 대기에 메테인을 공급하는 다른 원천이 존재함을 시사한다.

계절에 따라 환경이 바뀔 수 있는데도(타이탄에서의 1년은 토성에서와 같이 지구의 30년에 가깝다), 오늘날 타이탄의 호수와 바다는 대부분 고위도 지역에 존재한다. 특이하게도 적도 지역에서는 탄화수소로 거대한 모래 언덕 지대가 발견되었다. 이 지역을 레이더로 관측했더니 그림 5.21과 같이 신기한 '잔물결 표면' 현상이 관찰되었는데, 이들은 바람에 의해 생긴 모래 언덕, 즉, 풍성 사구로 생각된다.

타이탄의 모래 언덕은 높이로는 100 m까지 솟아 있고 길이로는 수백 km에 달하며, 지구의 유명한 사하라와 나미브 사막의 모래 언덕과 비슷한 규모다. 이 모래 언덕 지대는 타이탄 적도

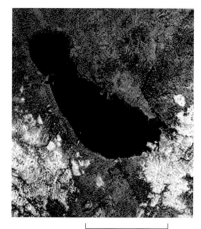

200 km

그림 5.19 타이탄 남반구에 있는 면적 약 ~1만 5,000 km²의 온타리오 호수를 카시니 레이더로 찍은 사진. 이 호수는 예전에 큰 바다였던 흔적으로 보이며, 현재는 메테인과 에테인이 대략 2:1 비율로 섞여 있고, 그에 더해 질소도 용해되어 있다. 반면, 리게이아 바다(그림 5.18)는 에테인의 비율이 훨씬 낮다. (NASA/JPL-Caltech/ASI/Proxemy research)

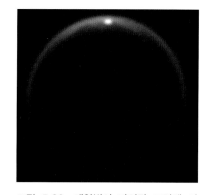

그림 5.20 태양빛이 타이탄 표면에 거울처럼 반사되어 나타나는 섬광. 이 영상은 관측기기 VIMS가 파장 5 μm의 파장에서 찍은 것으로, 자연에서는 어떠한 고체 표면도 이 같은 반사 현상은 일으킬 수 없으므로 타이탄 표면에 액체가 존재한다는 결정적 증거를 제공했다. (NASA/JPL/University of Arizona/DLR)

그림 5.21 타이탄의 적도 부근 약 1,000 km 거리를 찍은 레이더 영상으로, 대략 12° N, 180° W 지역이다. 사진의 오른쪽 윗부분은 모래 언덕이 펼쳐진 지역으로, 카시니 팀원들이 비공식적으로 '고양이 발톱 긁개(cat-scratcher)'라고 이름 붙였다. (NASA/JPL)

지역의 ~40%가량을 차지하며, 지구에서와 같이 표면 위로 바람이 불면서 생성되었다고 생각된다. 지구에서와 다른 점은 이 둔덕들이 고체 탄화수소 입자들로 되어 있다는 것이다. 5.3.2.1절에서 대기 상충부의 메테인으로부터 만들어진 탄화수소의 최후에 대해, 그리고 그러한 작용에서 나온 더 무거운 산물들이 어떻게 대기 중에서 응결해서 부슬비가 되어 내리는가에 대해 논하였다. 얼어붙은 탄화수소 입자들의 거대한 사구 지대에서 '모래' 역할을 하는 알갱이는 표면에 쌓인 탄화수소 입자들이 오랜 세월에 걸쳐 서로 단단하게 병합되어 생겨났을 것이다. 이와 같은 유기물질로 된 사구 성분의 총생산량을 계산해보면 지구보다 상당히 많은 양이다. 지구의 석탄 매장량 전체에 들어 있는 탄소보다 대략 1,000배나 더 많다!

카시니에 의해 관측된 잠정적인 호수와 모래 언덕의 양(그리고 부피)이 꽤 많긴 하지만, 타이탄의 생성부터 오늘날까지 대기 중의 메테인을 유지할 만큼 충분하지는 않다. 현재의 호수만 가지고 그 전체 양을 감당했다고 가정하려면 호수의 깊이가 수십 km는 되어야 한다. 그러나 리게이아 바다와 온타리오 호수에서 측정된 최대 깊이는 각각 200 m와 60 m에 불과하다. 여전히 타이탄의 수수께끼는 풀리지 않았다. 대기 중의 메테인이 어떤 형태의 표면 저장소에서 채워져 온 것이 아니라면, 어떻게 유지되어온 것일까?

질문 5.4

타이탄 표면의 10%가 메테인-에테인 호수로 뒤덮여 있다고 가정하고, 각 호수의 평균 깊이는 400 m, 밀도는 $0.66 \times 10^3 \, \text{kg m}^{-3}$이라고 하자. 호수의 조성은 메테인 70%, 에테인 30%의 질량비를 갖는다고 가정하자. 앞에서 제시된 정보를 활용하여, 이렇게 가정한 호수가 대기 중의 메테인을 얼마나 오래 보충할 수 있는지 계산하라(새로운 가정을 더해도 좋다).

카시니가 측정한 대기 상층부에서의 큰 유기분자 생성률은 연간 ~10^9 kg이다. 큰 유기 분자의 생성이 지난 10억 년간 지속되어왔고, 타이탄 표면의 20%가 밀도 2,000 kg m^{-3}의 사구로 덮여 있다면, 이 기간 동안 생성된 탄화수소 사구의 평균 두께가 얼마인지 알아보라.

5.4.5 메테인의 원천

메테인의 원천에 대한 현재의 최고 이론은 깊은 내부로부터 특정한 분출 사건에 의해, 또는 더 오랜 시간에 걸쳐 천천히 표면으로 옮겨졌다는 것이다. 타이탄이 생겨난 방식을 생각해보면 타이탄 내부의 메테인 존재를 설명할 수 있다. 원시 토성 주위의 위성 생성 원반 안에서, 메테인이 포접화합물의 형태로 얼음 내에 포획되었고, 타이탄이 성장하면서 타이탄 내부에 섞여들어 간 것으로 보인다. 이러한 상황은 타이탄이 생성되는 동안 온도가 메테인이 포접화합물의 형태로 포획될 만큼 적당히 낮았다면 가능하다. 그게 아니라 온도가 너무 따뜻했다면, 두 번째로 가능성 있는 것은 암석이 물과 이루는 사문암화 작용을 통해 타이탄 생성 초기에 내부에서 메테인이 생겨났다가 점차 포접화합물의 형태로 포획되었다는 설이다. 사문암화 작용이 화성의 대기(3.4.5절 참조), 그리고 유로파(4.2.3절 참조)와 엔셀라두스(4.3.1절 참조) 등의 몇몇 얼음 위성들에 메테인을 공급한 원천일 가능성이 있다.

위와 같은 이론들 모두에서 핵심적인 부분은 메테인이 내부에서 표면으로, 그리고 대기로 방출된다는 점이다. 이러한 방출 과정이 가능했는지를 알아보는 한 가지 방법은 타이탄의 내부에서만 생성되었을 것으로 알려진 몇몇 중요 동위원소가 대기 중에 있는지 찾아보는 것이다. 그러한 동위원소 중 하나는 ^{40}Ar로, 규산염 암석 내부에서 ^{40}K의 방사성 붕괴를 통해 생성된다. ^{40}Ar은 하위헌스의 GCMS에 의해 대기 중에서 발견되었는데, 이는 타이탄의 깊은 내부로부터 ^{40}Ar이 방출되었음을 보여주는 직접적인 증거가 되었다. 그러므로 메테인도 이와 비슷한 방식으로 방출되었을 가능성이 있다.

메테인이 내부에서 표면으로 전달되는 기작으로는 얼음화산(cryovolcano)이 제안되었다. 타이탄에서는 얼음과 암모니아, 액체 탄화수소로 이루어진 혼합물이 이러한 방식, 즉 높은 기압 때문에 격정적인 폭발 대신 넘쳐흐르는 방식으로 표면에 전달되는 것으로 생각된다. 타이탄에서 얼음 화산이 가능할 것으로 제안된 것은 카시니-하위헌스의 방문 이전에도 표면에서 관측된 몇몇 지형이 잠재적인 얼음화산(그림 5.22)으로 지목된 바 있기 때문이었다. 타이탄의

그림 5.22 소트라 백반(Sotra Facula) 지역에 있는 약 1 km 높이의 얼음화산 조망도. 지형의 높낮이는 카시니 레이더 자료에서 온 것으로, 실제보다 열 배 과장되어 있다. 색은 카시니 VIMS 자료를 기반으로 가색상을 입힌 것이다. (NASA/JPL-Caltech/USGS/University of Arizona)

그러한 지형들은 타이탄 내부의 메테인을 방출하는 데 필요한 기작을 제시함으로써, 타이탄의 메테인 순환에 있어 중요한 역할을 하는 것으로 생각된다.

5.5 타이탄의 내부

타이탄에서 지진은 측정된 바 없고, 타이탄 내부 깊이 등의 탐측(sounding)도 이루어진 적이 없다. 이러한 것들이 큰 천체의 내부 구조를 측정하는 가장 정교한 방법이다. 우리에게 이러한 정보는 없지만, 타이탄의 내부 조성에 관해 단 하나의 강력한 제약 조건은 알려져 있다.

> ■ 이 제약 조건이 무엇인지 알아낼 수 있는가?(힌트 : 표 5.1 참조)
>
> ☐ 평균 밀도(이 경우에는 $1.88 \times 10^3\,\mathrm{kg\,m^{-3}}$)가 타이탄의 내부를 구성하는 물질의 제약 조건이다.

전체 평균 밀도 $1.88 \times 10^3\,\mathrm{kg\,m^{-3}}$을 얻으려면, 물질 대부분이 암석형이기보다는 얼음형이어야 한다(내부는 주로 '암석형'이므로 밀도가 더 높을 것이다). 카시니는 타이탄 내의 질량 분포에 관한 여러 제한 조건을 제시하는 다른 여러 측정을 할 수 있었다.

> ■ 갈릴레오 탐사선은 어떻게 얼음형의 갈릴레이 위성들에 대해 이와 유사한 측정을 했나?
>
> ☐ 이들을 근접 비행하는 동안 궤도 섭동을 측정함으로써.

이러한 방식의 관측을 반복함으로써, 과학자들은 카시니가 타이탄을 지나간 궤도를 정밀하게 설명하려면 타이탄의 내부가 약간 분화되어(differentiated) 있어야 한다는 사실을 알아냈다. 타이탄 내부에 물질이 성분에 따라 명확히 나누어져 있지 않고, 내부의 열로 인해 밀도에 따라 분화되었을 때(밀도가 높은 물질이 안쪽으로 가라앉아 핵을 형성)와 같은 형태라는 것이다. 만약 그렇다면, 타이탄의 내부는 칼리스토의 내부처럼 얼음과 암석의 혼합물로 이루어져 있다(그림 4.15).

타이탄의 내부에 대한 다른 발견은 내부 성질에 관련된 것으로 보이는 표면 현상을 살펴본 것이다. 이 장의 처음에서 보았듯이, 조석 고정 현상이 타이탄의 자전 주기를 공전 주기에 들어맞게 했을 것으로 예상되었다. 그러나 이는 그렇지 않을 가능성이 큰 것으로 드러났다. 왜냐하면 타이탄 표면의 독특한 기준점 50개를 예전에 레이더로 관측했던 바로 그 위치와 나중에 카시니가 타이탄을 근접 비행하며 관측한 위치를 비교해보니 크게는 30 km까지 차이가 났기 때문이다! 이들 지형이 표면에서 실제로 움직였을 리는 없으므로, 가장 좋은 설명은 타이탄의 표면은 동주기 자전하는 내부보다 연간 0.36° 정도 빠르게 돈다는 것이다.

매우 우세한 서방풍이 표면에 마찰 항력을 가져온다는 것이 유력한 설명이다. 이같이 (상대적으로 낮은 에너지의) 대기 효과가 타이탄의 자전에 그렇게 큰 영향을 미칠 수 있는 유일한 상황은 타이탄의 표면이 내부와는 어느 정도 분리되어 있는 경우다.

카시니가 타이탄을 16일 주기의 타원궤도로 돌면서 조석 왜곡을 관측한 것에서 다른 증거들도 나왔다. 카시니가 타이탄을 근접 비행하는 동안의 궤도를 정밀하게 추적해 타이탄 중력의 작은 변화들을 관찰했는데, 조석 팽창이 강해지고 약해지는 것으로 해석할 수 있었다. 이러한 왜곡은 약 10 m로 계산되며, 타이탄 전체가 고체일 경우에 비교해 열 배의 왜곡이 가능한 것

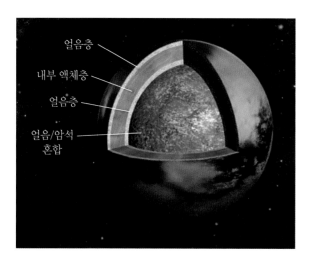

그림 5.23 타이탄의 내부 구조. 지하에 존재할 수도 있는 해양층을 보여준다. 내부로 가면 표면 근처에는 얼음층, 그 아래에 내부의 바다, 다음으로 또 다른 얼음층이 있고, 그 아래부터 중심부까지는 얼음과 암석이 대략적으로만 분리된 혼합물이 있을 것으로 생각된다. (NASA/JPL)

이다.

이러한 관측 결과를 가장 잘 설명하는 것은 표면 아래에 액체층이 있어 내부와 표면이 분리되어 있다는 것으로, 바람에 의한 움직임과 조석의 크기 둘 다를 설명할 수 있다. 관측 자료에 가장 잘 들어맞는 모델은 50 km의 얼음 지각 아래에 최대 250 km 깊이의 바다가 있는 것이다. 그렇다면, 그림 5.23에서 보이는 것과 같은 지하 해양층이 타이탄 내부에 있을 가능성이 매우 크다.

만약 타이탄의 표면 아래에 해양층이 존재한다면 무엇으로 만들어졌을까? 타이탄에는 얼음 형태의 물이 다량 존재한다는 것을 생각해 보면(생성 모델과 카시니-하위헌스 관측으로부터 예상되는 바와 같이), 주요 성분은 물일 것으로 예상할 수 있다.

하위헌스가 타이탄의 전기장을 측정한 결과 표면 수십 킬로미터 아래에 전기 전도성 층이 존재함을 시사하는 것으로 보이며, 구성 물질의 주요 후보는 (어느 정도 전해질을 함유한) 물이다. 정말 물이라면, 어떻게 액체 상태를 유지하는 것일까? 한 가지 가능한 기작은, 예를 들면 지구 안쪽에서의 방사성 가열과 같은 내부 가열을 통해서이다. 그러나 이는 타이탄이 상당한 내부 가열을 경험한 적이 없음을 시사하는 것으로, 위에서 언급한 분화(differentiation)에 관한 발견들과 모순된다.

> ■ 온도가 충분히 높지 않을 때 물을 액체 상태로 유지하는 다른 방법은?
>
> ☐ 소금과 같은 물질을 넣어서(글상자 4.3 참조).

앞에서 다룬 바와 같이, 타이탄 대기의 N_2는 타이탄이 생성되는 동안 포획된 암모니아가 쪼개지면서 생겨난 것으로 생각된다. 그렇다면 암모니아는 지하의 액체층에도 존재한다고 가정하는 것이 타당하다. 암모니아는 물의 어는점을 낮추는 데 소금보다 훨씬 더 효과적이므로, 충분히 높은 비율로 존재한다면 내부 가열이 상당하지 않더라도 지하층의 물을 액체 상태로 유지할 수 있다. 타이탄을 향한 또 다른 임무가 시작되기 전까지는, 타이탄 내부의 구조와 조성은 여전히 수수께끼로 남아 있을 것이다.

전해질이란 (주로 물에) 용해되면 이온을 증가시켜 전기적으로 전도성을 띠게 만드는 물질이다.

질문 5.6

타이탄의 얼음 화산이 어떤 물질 덩어리를 표면으로 내뿜는 속도가 9,500 kg s^{-1}이라고 할 때, 오늘날의 타이탄 대기에 있는 메테인의 양을 유지하기 위해서는 그 물질 질량의 몇 퍼센트가 메테인의 형태여야 하는가?

질문 5.7

지구에서 토성까지 (a) 가장 가까울 때와 (b) 가장 멀 때의 거리를 계산하라. 그리고 카시니 탐사선이 토성에 도달하기까지 지나간 거리가 3.2×10^9 km에 달하는 것을 어떻게 설명하겠는가?

5.6 요약

- 타이탄은 행성 크기의 천체로, 초기 지구와 비슷하게 다양한 물질이 풍부히 존재하는 두터운 대기를 갖고 있으며, 여기에서는 다양한 종류의 화학반응이 일어난다. 대기의 주요 성분은 질소로, 타이탄의 생성 당시 내부에 포획되었던 암모니아가 일련의 작용을 거쳐 질소가 된 것으로 보인다.
- 메테인-에테인으로 된 호수와 바다는 타이탄의 내부에서 끊임없이 방출되는 에테인을 대기에 재공급하는 중요한 역할을 한다.
- 타이탄의 내부 구조를 간접적으로 측정한 자료들에 의하면, 얼음층 아래의 내부는 목성의 위성 칼리스토처럼 상당히 분화되어 있는 것으로 보인다.
- 타이탄의 바깥쪽 구각은 액체층에 의해 내부와 분리되어 있다고 생각되며, 그렇기 때문에 마찰력이 있는 공기 저항에 의해 표면이 내부보다 약간 빨리 자전할 수 있게 된다.

6

외계행성 탐사

6.1 서론

제1장에서 제5장까지 우리는 생명체가 지구에서 어떻게 출현하였으며 외계 태양계 천체에 존재하였거나 존재하고 있을지의 여부를 점검해보았다. 제6장에서 제9장까지에서 우리는 외계행성계들이 몇 개나 존재하고 있으며 그들 외계행성계들이 생명체를 지니고 있을지의 여부를 다루어보려 한다. 또한 과학자들이 그런 외계행성계를 찾아내고 생명체와 지적 문명들의 흔적들 그리고 지적생명체가 있다면 얼마나 있는지 연구하는 데 사용하는 방법들을 살펴보려 한다. 지구에서 생명체의 존재가 아직까지 알려진 유일한 생명체의 예라는 점은 어떤 행성인지는 모르지만 어디엔가에 생명체가 존재할 수 있다는 것을 말해주고 있다. 그래서 어떻게 생명체를 찾는지를 이해하기 위해 우리는 행성들, 생명체, 지적생명체에 대한 과학적 연구들을 모두 포함시켜야 한다.

우선 드레이크 방정식의 틀을 이용하여 외계행성에서 생명체 찾기를 시작해본 다음 외계행성계들을 탐색하는 방법에 대해 다루어보기로 한다. 여기서 **외계행성**(exoplanet)이라 함은 우리 태양계에 속해 있지 않은 행성들을 말한다.

그림 6.1 프랭크 드레이크는 외계 지적생명체를 찾은 연구의 선구자이고, 아마도 외계 지적생명체와 교신하기 위해 실제적인 노력을 했던 최초의 인간이다. (Copyright ⓒ Dr. Seth Shostak/Science Photo Library)

6.1.1 우주에 있는 행성, 생명체 그리고 지적생명체

우주 어느 곳엔가에 생명체가 존재하고 있을까? 이 질문은 과학자들과 탐구가들이 다룰 수 있는 아주 중요한 문제들 중 하나로 여겨지고 있다. 답은 심오한 종교 및 철학적인 함축성을 지닐 수 있다. 불행하게도, 아직까지의 과학적 수준은 이 질문에 답을 할 만한 경지에 이르지못하였지만, 질문들을 제기하고 그중 연관된 몇 개의 질문에 대해서는 답을 해볼 수는 있다: 현재 과학은 우리에게 무엇을 말해줄 수 있는가? 우리는 미래의 과학적 노력을 어떤 방향으로 이끌어가야 하는가?

외계인을 찾고 외계인과 교신하는 분야의 선구자인 프랭크 드레이크(Frank Drake, 1930~, 그림 6.1)는 우리 은하계에서 그들의 존재를 알리는 문명체의 숫자 N에 대해 드레이크 방정식이라 알려진 식 (6.1)을 제안하였다.

$$N = R_b T \tag{6.1}$$

여기서 R_b는 전파로 교신하는 지적생명체가 우리 은하에서 나타나는 비율로 단위는 단위 시간당 나타나는 개수이고 T는 그들이 교신하는 시간이다.

드레이크 방정식은 R_b가 상수일 때만 유효하기 때문에 T에 견줄 만한 시간대에서 R_b가 크게 변하지 않는 한 근사적으로 맞다고 할 수 있다.

■ 외계인과 교신을 시도하는 유일한 지적생명체가 인간이라는 점이 방정식 6.1의 3개의 변수에 대하여 무엇을 말해주고 있는가?

□ 가장 쉽게 식별할 수 있는 변수는 N인데, 적어도 1이 되어야 한다(바로 우리!). 우리가 유일한 생명체라 할지라도 T는 알려져 있지 않다. 우리가 우주 공간에서 우리의 존재를 얼마나 오랫동안 알릴지에 대한 정보가 없다. 우리가 말할 수 있는 것은 단지 T가 강한 전파를 방출했던 시간이 70년보다는 크다는 것이다. 관측 자체로는 R_b에 대한 많은 정보를 얻어낼 수 없기는 하지만 그 값은 N이 0이 아니기 때문에 0이 될 수 없는 것은 확실하다.

R_b는 다음과 같이 몇몇 인자들로 나누어질 수 있다.

$$R_b = R p_p n_E p_1 p_i p_c \qquad (6.2)$$

여기서 R은 적당한 항성들이 형성되는 비율이고, p_p는 그 항성 주변에 행성이 형성될 수 있는 확률, n_E는 행성계당 거주 지역 안에 있는 생명체를 지닐 만한 행성의 평균 개수, p_1은 거주 지역 안에 있는 생명체를 지닐 만한 행성에서 생명체가 나타날 확률, p_i는 생명체 중에서 지적 생명체로 발전할 확률, 그리고 p_c는 지적생명체가 우주 공간에서 교신을 시도할 확률이다.

식 (6.1)과 식 (6.2)가 말하고 있는 것은 교신을 하는 지적 문명이 나타나는 비율은 단위 시간당 형성되는 항성들의 수에 항성당 교신을 시도하는 지적 문명체의 평균 개수를 곱한 값이 된다는 것이다. '적당한 항성'이란 행성들과 생명체를 형성하기에 충분한 무거운 원소를 지니고 있는 별을 말한다. 1세대 항성은 수소, 헬륨 그리고 리튬 같은 가벼운 원소들만 지니고 있지만, 그 별들의 핵에서 일어나는 핵융합 반응은 다음 세대 항성들을 위해 무거운 원소들을 만들어낸다. R에 곱해지는 일련의 확률값들은 어떤 사건들이 이어지면서 교신을 하는 생명체들이 진화를 겪고 있다는 사실을 반영해주고 있다. 확률들을 서로 곱하다 보면 각각의 확률들이 그렇게 작은 값이 아니라 하더라도 그 결과는 1보다 아주 작은 값이 되어버린다. 예를 들어, 주사위를 던져서 한 면이 나올 확률은 6분의 1이다. 그러나 네 번 던져서 한 면이 계속 나올 확률은 0.00077이 된다.

$$\frac{1}{6} \times \frac{1}{6} \times \frac{1}{6} \times \frac{1}{6} = \frac{1}{6^4} = 0.00077$$

확률은 주어진 시간에 기대되는 사건이 일어나는 경우의 수 또는 문제가 되는 사건이 실제로 일어나는 시간이라고 이해될 수 있다. 주사위를 던질 때 여러분들은 6이 연달아 네 번이 나오기까지 수천 번을 던져가며 기다려야 할 수도 있다. 이와 마찬가지로 항성계에서 진화하고 있는 생명체와 교신할 수 있는 기회가 아주 적다면 우리는 이 생명체를 찾기 위해 아주 오랜 시간 동안 엄청나게 많은 항성계들을 탐사해야만 할 수도 있다. 우리 은하 내에는 3,000억 개의 항성이 존재하고 있고 수십 억 년 동안 진화가 진행되고 있다는 사실이 그나마 위안거리가 될 수 있다.

드레이크 방정식으로 숫자 점을 쳐보고 싶은 유혹에 넘어가지 않도록 조심하자. 천문학에 있어 점성술은 숫자들에 있어 계산인 것과 마찬가지이기 때문이다. 예를 들어, 여러분이 원하는 N의 값을 얻어내기 위한 목적으로 드레이크 방정식의 변수들에 어떤 수치들을 대입해보고 싶은 유혹이 생길 수 있다. 그런 작업을 하는 대신 중요한 작업에 집중해보자. 과학적으로 우주 어딘가에 생명체가 있는 전망할 수 있는 수준인지 점검해보자. 과학은 드레이크 방정식의 오른쪽 항에 있는 변수들을 추정해볼 수 있게는 하지만, 왼쪽에서 오른쪽으로 그 변수들을 살펴보면서 확신이 떨어지게 될 것이다.

- ■ 우리 은하가 3,000억 개의 항성들로 구성되어 있고 약 100억 년 전에 형성되었다고 가정하고 현재 별의 평균생성률 R에 대한 어림값을 계산해보자. 즉, 대충 열 배 정도의 오차 범위 내에 있는 어림값을 추정해본다.

- ☐ 우리 은하에 현재 존재하는 항성들 모두가 지난 100억 년 동안 형성된 것이 확실하다면 평균 항성 생성률은 R=3,000억 개 별/100억 년=30개 별/년이 된다.

항성 생성률 R은 시간에 따라 변하는 것으로 알려졌는데, 우주가 40억 년의 나이가 되었을 때 그 값이 최고치에 달했던 것 같다. 이는 매년 30개의 항성이 형성되는 비율은 **평균값** 추정으로는 타당하다는 것을 말해준다. 천문학은 우리 은하에서 항성들의 수뿐만 아니라 은하의 나이에 대한 우리의 추정이 10%의 오차범위 내에서 정확하다고 믿게 하는 아주 좋은 근거를 우리에게 다양하게 제공해주고 있다. 그래서 우리는 위에서 추정한 R값을 우리 은하의 생애에 걸친 항성 생성률의 평균값으로 확신할 수 있다.

이제 드레이크 방정식의 나머지 항들을 간단하게 살펴보자. 이 책을 1990년에 쓰고 있었다면 우리는 아마 과학, 특히 관측천문학의 발전은 R의 값을 추정하는 데서 정지했다고 주장했을 것이다. 이 책을 저술하고 있는 2017년 후반인 현재 과학의 수준은 행성이 적당한 항성 주변에 형성되는 확률인 p_p값에 대해 적어도 0.7 정도라는 실제적인 추정을 할 정도가 되었다. 행성계당 지구형 행성의 평균 개수는 0.01보다 크다고 하는 강력한 증거들이 존재하는데, 그래서 우리는 행성계당 '적당한 행성'의 개수인 n_E를 계산해볼 수 있게 되었다. 아직은 p_l을 추정하기 위한 과학의 수준이 초보 단계여서 실제적으로 신뢰할 만한 값을 얻어내는 데 아직은 부족한 상황이지만, 천체생물학자들은 p_l에 대해 진지하게 연구하고 있다. 그러나 우리 태양계 내에서 생명체를 찾아보는 연구가 기본적인 실마리들을 잘 제공해줄 수 있다. 마지막이지만 중요한 점 하나는 지적생명체에 관한 문제이다. 현재 우리는 지적이라는 것을 과학적으로 어떻게 정의할 것인가에 대해 정확하게 정의하고 있지 못해서 드레이크 방정식에서의 마지막 2개 항(p_l와 p_c)이 어떤 수학적인 과학 이론으로부터 예측될 수 없는 형편이다. 또한 행성 탐사와 지적생명체의 탐사 사이의 중요한 차이점은 지적생명체가 자신의 존재를 나타내지 않기로 결정할 수 있다는 것이다. 이런 점 때문에 p_c를 정의할 때는 심리학과 사회학을 활용한다. 그래서 p_l와 p_c를 추정해보는 유일한 방법은 아마 라디오 방송 같은 지적생명체의 관측적 증거들을 찾아보는 것이다. 외계 지적 생명체 탐사(SETI) 프로젝트는 순수하게 관측에 의존하여 시도한 초기 단계의 과학적 시도이다.

드레이크 방정식은 뉴튼법칙이 지니고 있는 근본적인 중요성, 객관성 또는 단순성을 지니고 있지 못하지만 과학이 발전하는 데 하나의 틀을 제공해주고 있다. 드레이크 스스로도 이렇게 언급한 바 있다. 드레이크 방정식은 설명하기 위해 동원되는 많은 단어들의 정수들을 깔끔하게 요약해준다. 여러분은 앞으로 현대 천문학의 관측적 기술 발달로 R, p_p, n_E 같은 여러 개의 중요한 변수들이 관측되는 것을 목격하게 될 것이다. 그래서 그때는 해당 변수들에 포함된

천문학자들은 현재 우주의 나이를 138억 년 정도라고 추정하고 있다

우리는 외계행성의 개수에 대해서는 상당히 보수적으로 인용하고 있는 중이다. 2013년에 발표된 논문에서 우리 은하의 항성들의 거주 가능한 영역에 있는 지구형 행성의 수를 관측적 측면에서 추정한 수는 약 400억 개인데, 이는 10개 행성당 1개의 지구형 행성보다 더 많은 수치이다. 훨씬 더 긍정적인 측면에서 보면, 가장 많은 항성 부류인 적색 거성에 대한 몇몇 연구들은 5개 항성당 1개의 항성이 거주 가능한 행성을 지니고 있을 것이라고 제안하고 있다.

과학을 다루고, 정보에 입각하여 앞으로 10년 내에 무엇이 실제적으로 발견될 수 있는지를 추정해보는 아주 흥미진진한 시대가 될 것이다. 이것이 바로 과학 전문가들이 향후 수십 년 동안의 값비싼 첨단 연구를 계획하고 연구비를 확보하기 위해 노력해야 하는 성과들이다.

6.1.2 외계행성의 발견

일반적으로 어떤 형태의 물질이든 그 물질이 전자기복사나 그 이웃에 있는 물질을 지나갈 때 영향을 미친다면 탐지될 수 있다.

아주 특별한 경우 어떤 물체는 아래와 같은 경우에 관측될 수 있다.

- 빛을 반사할 때
- 빛을 방출할 때
- 빛을 굴절시킬 때
- **빛을 차단할 때(흡수하거나 가로막을 때)**
- **관측 가능한 이웃 물체의 운동에 영향을 미칠 때**

이런 모든 방법들이 여러 가지 다른 방법들과 함께 외계행성 탐사에 사용되어왔는데, 앞으로 각각의 방법들을 별도로 설명해보려 한다. 여러분이 시간이 부족하거나 수학적인 이해에 어려움이 있다면 지금까지 가장 생산적이었던 두 가지 방법에 집중해도 좋은데, 위의 목록에 볼드체로 표시해두었다. 이 두 가지 방법은 6.4절에서 다루게 될 외계행성이 모행성 앞으로 지나갈 때 생기는 빛의 차단을 관측하는 방법과 6.6.2절에서 다룰 도플러 분광학과 시선속도 방법으로 별의 운동에 영향을 미치는 것을 관측하는 방법이다. 글상자 6.1에 제6장에서 제9장까지 우리가 사용하게 될 수학적 표기를 소개해놓았는데 책을 더 읽어나가기 전에 한번 살펴보기 바란다.

글상자 6.1 | 외계행성에 대한 수학적 표기

항성 또는 행성 같은 특별한 천체에 해당하는 질량이나 반경 같은 물리량들은 대문자를 사용한다. 거리나 궤도 반경 같은 양들에 대해서는 소문자를 사용한다. 아래에 있는 항목들 중 몇몇은 현재 분명하게 이해할 수 없더라도 나중에 더 자세히 정의하게 되니 크게 신경 쓰지 않아도 좋다.

R	항성 또는 행성의 반경	M	항성 또는 행성의 질량
L	항성 또는 행성의 광도(단위 시간당 복사되는 에너지)	A	알베도
S	표면적	b_{AB}	B에서 볼 때 A의 밝기 또는 플럭스
β	각반경 또는 각거리	i_0	시선방에 대한 궤도의 경사각
P	궤도 주기	t	중력렌즈 효과의 시간 크기
$v_r, (v_r)_{MAX}$	시선속도와 시선속도의 최댓값		

일반적으로 어떤 변수의 아래 첨자는 해당 천체를 표시해주는데, 일반적인 법칙을 다루게 될 때는 변수에 아래 첨자를 표기하지 않을 수도 있다. 이 책에서 사용되는 아래 첨자들을 다음과 같다.

$\odot$	태양	J	목성
α	알파 센타우리계	E	지구
$*$	항성	V	금성
p	행성		

6.2 반사된 빛

사람의 눈에는 달, 금성 그리고 목성이 밤하늘에 떠 있는 어떤 별보다 훨씬 더 밝게 보인다. 이는 우리가 이런 행성들에 반사된 태양빛을 보고 있고 또 그들이 가까이 있다는 사실이 다른 어떤 별들보다 훨씬 더 밝게 보이게 하기 때문에 일어나는 현상이다. 실제 별들은 행성들보다 훨씬 밝은 빛을 내고 있다. 행성들이 대기에 산란된 태양빛과 강한 경쟁에 직면하는 낮에도 구름 없는 날에는 달을 쉽게 관측할 수 있거나 소형 망원경을 가지고 밝은 행성들이 관측 가능하기도 하다. 그렇기 때문에 최신 관측장비를 구비한다면 아마 항성들에서 나오는 작열하는 빛에도 불구하고 그 별빛을 반사하는 외계행성의 관측이 가능하게 되는 것이다. 이런 관측을 하기 위한 관측장비는 다음과 같은 기능을 발휘할 수 있어야 한다.

- 한 사진에서 행성을 알아낼 수 있을 만큼 충분한 빛을 모을 수 있는 능력
- 항성과 행성을 사진 안에서 2개의 별개 천체로 분해할 수 있는 능력

이 두 가지 요구조건을 만족하려면 망원경 구경이 커야 한다. 행성을 관측할 만큼 충분한 빛을 모으기 위해서는 긴 노출 시간이 필요한데, 노출 시간은 때때로 적분 시간이라 불리기도 한다. 지상 망원경으로 별과 행성을 2개의 별도 천체로 분해하기 위해서는 좋은 광학적 성능과 적당한 대기 효과가 필요한데, 천문학자들은 좋은 대기 효과를 좋은 **시상**(seeing)이라 부른다.

외계행성의 **밝기**(brightness)를 계산해서 얻어진 반사된 빛으로부터 직접 외계행성을 찾아내는 방법부터 우선 점검해볼 수 있다. **플럭스**(flux) 또는 **플럭스밀도**(flux density)라고도 불리는 밝기는 입사하는 빛에 직각으로 위치한 1 m²의 면적에 전달되는 에너지로 정의된다. 지구 대기 바로 위에서 태양의 밝기는 약 1,360 W m⁻²인데, 태양빛은 태양을 바라보고 있는 1 m²의 면적에 1,360 J의 에너지를 전달한다. 이 값을 가지고 우리는 태양이 단위 시간당 얼만큼의 에너지를 방출하고 있는지의 척도인 광도를 계산해볼 수 있다. 이런 목적을 위해 우리는 광도를 모든 방향으로 방출되는 전체 복사에너지 또는 행성들에 대해서 모든 방향으로 산란되는 에너지로 간주한다. 항성의 복사가 별로부터 어떤 주어진 거리 d에서 등방으로 퍼져나가기 때문에, 과거 어느 시점 d/c에서 방출된 빛은 반경 d의 구표면을 가로질러 퍼져나가게 된다. 여기서 c는 빛의 속도이다. 그림 6.2는 이 상황을 설명해주고 있다. 광도를 L, 거리 d에서의 밝기를 b라고 표현해보면 밝기는 시간에 따라 변하지 않는 값이 된다. 그래서 빛이 언제 방출되었는지는 상관이 없게 된다.

$$b = \frac{L}{4\pi d^2} \tag{6.3}$$

이 방정식에서 밝기는 에너지 방출률인 광도 L을 구의 표면적 $4\pi d^2$으로 나눈 값임을 말해주고 있다. 밝기는 광원에서 거리의 제곱에 비례해서 감소되기 때문에, 이 관계를 역제곱 법칙이라 부른다. 등방으로 빛을 내지 않는 광원에서의 복사의 밝기 b는 식 (6.3)으로 설명할 수 없지만, 그런 광원에 대해 어떤 방향에서의 밝기 감소는 역제곱 법칙을 따른다는 것이 판명되었다. 그래서, $b \propto 1/d^2$이 성립되는 곳에서 식 (6.3)과 같은 방정식이 성립되기는 하지만 식 (6.3)과는 다른 비례상수의 값을 지니게 된다.

그림 6.2 항성으로부터의 빛은 거리 d의 구를 통과하면서 퍼져나간다. 이 그림을 사용하여 거리 d에서 별을 마주하고 있는 표면의 단위 면적당 떨어지는 에너지인 밝기 b가 왜 $b = L/4\pi d^2$의 관계를 보이는지 이해해보자. 역제곱법칙은 다음과 같이 해석될 수 있다. (i) 반경 d에서는 단위 면적당 통과하는 복사에너지의 양, (ii) 반경 $2d$에서는 똑같은 양의 에너지가 2^2의 면적을 통과해 퍼져나가는데 퍼져나가는 면적은 단위 면적의 네 배가 된다. (iii) 반경 $3d$에서는 똑같은 양의 에너지가 단위 면적의 아홉 배가 되는 3^2의 구 표면을 통과해 퍼져나간다.

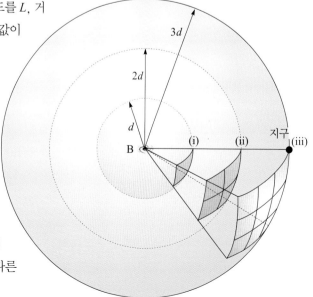

태양광도 $L_\odot$은 3.84×10^{26} W이고, 지구로부터 1 AU의 거리에 위치하고 있다. 1 AU = 1.50×10^{11} m이다. 이 정보를 가지고 지구에서 태양의 밝기를 계산할 수 있다.

a_E와 $b_{\odot E}$는 글상자 6.1에 설명되어 있다.

$L_\odot = 3.84 \times 10^{26}$ W이고, $a_E = 1.50 \times 10^{11}$ m이니

$$b_{\odot E} = \frac{L_\odot}{4\pi(a_E)^2} = \frac{3.84 \times 10^{26} \text{ W}}{4\pi(1.50 \times 10^{11} \text{ m})^2} = 1.36 \times 10^3 \text{ W m}^{-2}$$

광년(light-year)은 ly로 표시된다.

■ 4.3광년 떨어져 있는 알파 센타우리에서의 태양 밝기를 계산해보자(1광년은 빛의 속도 $c = 3.00 \times 10^8$ m s^{-1}로 1년 동안 간 거리를 말한다).

□ 알파 센타우리의 거리($d_{\odot\alpha}$)는 다음과 같이 계산된다.

$$d_{\odot\alpha} = 4.3 \times 3.00 \times 10^8 \text{ m s}^{-1} \times 365 \times 24 \times 3600 \text{ s} = 4.07 \times 10^{16} \text{ m}$$

$b_{\odot E}$에 대한 위의 방정식에 a_E 대신 $d_{\odot\alpha}$를 대입해보면 $b_{\odot\alpha} \times 1.84 \times 10^{-8}$ W m^{-2}를 얻게 된다. 또 다른 방법은 지구에서 태양의 밝기 $b_{\odot E}$에 $(a_E / d_{\odot\alpha})^2$을 곱하는 것이다.

이제 목성의 광도를 계산해보자. 첫 번째 단계는 지구와 알파 센타우리에 대해 막 연습해봤던 작업을 해보는 것이다. 목성에서 태양의 밝기를 계산해보자. 태양에서 목성까지의 거리 a_J는 5.2 AU이다. 목성에서의 태양의 밝기는 지구에서보다 $(5.2 \text{ AU}/1 \text{ AU})^2 = 27$배 어두워서 $b_{\odot J} = 50.4$ W m^{-2}이 된다. 목성의 반경 R_J는 약 7만 km 정도 되는데, 실제로는 극과 극보다 적도반경이 약간 크지만 우리는 여기서는 구형이라고 가정한다. 그러면 그림 6.3에서 제시되는 바와 같이 입사되는 태양빛은 $S_J = \pi(7 \times 10^7 \text{ m})^2 = 1.54 \times 10^{16}$ m^{2}의 면적을 비추게 된다. 이는 단위 시간당 목성에 떨어지는 총태양복사에너지의 양은 $b_{\odot J} S_J$가 된다. 이 복사의 전부가 공간에 다 반사되지는 않고 일부는 흡수된다.

그림 6.3 목성에 의해 가로막히는 태양 복사율은 행성 전면에 위치한 같은 반경의 원반을 지나가는 에너지 흐름률을 상상해보면 계산할 수 있다. 가로막혀지는 복사율은 간단하게 밝기 또는 플럭스에 원반의 면적을 곱해서 얻어진다.

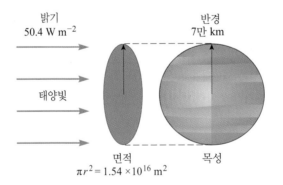

밝기
50.4 W m^{-2}

태양빛

면적
$\pi r^2 = 1.54 \times 10^{16}$ m^2

반경
7만 km

목성

공간에 되반사되는 비율을 알베도(albedo)라 부르는데 우리는 A_J로 표기한다. 목성의 알베도는 0.5로 알려져 있다. 그래서 우리는 목성으로부터 반사된 빛의 광도를 다음과 같이 정리할 수 있다.

$$L_J = A_J b_{\odot J} S_J \tag{6.4}$$

태양과는 달리 목성 표면의 절반에만 빛이 비추어진다 할지라도 우리는 의미에 입각하여 L_J라고 부를 수 있음을 기억해보자. 광도는 반사된 복사에너지가 표면을 떠나는 비율이다.

그러나 목성 표면의 절반에만 빛이 비추어지고, 그래서 반사되는 빛도 절반에서만 나온다는 사실은 밝기를 계산하는 방법에서는 차이를 일으킨다. 이제, 광도는 $4\pi d^2$의 전체 구 표면에 퍼져나가는 대신에 $2\pi d^2$의 반구에서 퍼져나가게 된다. 그래서 항상 반쪽만 빛이 비추어지는 행성에 대해 식 (6.3)과 비슷하게 다음의 식이 성립한다.

$$b = \frac{L}{2\pi d^2} \tag{6.5}$$

질문 6.1

지구에서 볼 때 목성의 최대 가능한 밝기 b_{JE}를 계산해보라. 이때 대기에 의한 어떤 흡수 효과도 무시한다. 최고 밝기에 대한 물리적 조건을 잘 생각해보자. 목성에 대해 얻은 값을 알파 센타우리의 값과 비교해보면서 목성이 밤하늘에서 얼마나 밝게 그 위용을 나타내는지 말해보라. 알파 센타우리는 밤하늘에서 가장 밝은 별들 중 하나로 겉보기 등급이 0등급 정도 된다(글상자 6.2 참조).

글상자 6.2 | 천문학의 등급체계

옛날에는 육안으로 보이는 가장 밝은 별들을 6개의 등급으로 나누어서 구별하였다. 가장 밝은 1등급의 별들 몇 개에서부터 가까스로 보이는 수천 개의 6등급 별까지 구분된다. 현대 천문학에서도 이 등급체계를 유지하고 있으며 이 등급체계를 밝기과 연관지어서 정의하고 있다. SI 단위로는 W m^{-2}인 밝기 b인 한 별의 등급 m은 다음과 같이 계산된다.

$$m = -2.5 \, \log_{10} \frac{b}{b_0}$$

여기서 $b_0 = 2.29 \times 10^{-8}$ W m^{-2}는 0등급에 상응하는 밝기로 정의된다. 등급체계에서 5등급의 *차이*는 100배의 밝기 변화와 같다. 그래서 1등급 별은 6등급 별보다 실제 100배 더 밝다. 현대 천체 망원경으로는 31등급 정도까지 관측할 수 있다.

등급에서 음수는 밝기가 기준 밝기 b_0보다 더 밝다는 것을 의미한다. 실제 음수의 등급은 아주 밝은 별임을 의미하게 된다. 태양, 달 그리고 몇몇 행성과 항성들만이 음수의 등급을 지니고 있다.

상용대수 $\log_{10}$ 함수는 간단하게 10의 거듭제곱의 수가 얼마인지 알려주게 되는데, 예를 들어 $1000 = 10^3$이기 때문에 $\log_{10} 1000 = 3$이다. 10의 거듭제곱의 수가 정수가 아니라면 똑같은 방법이 적용되기는 하지만 계산기의 도움으로 계산해야 한다. 로그함수의 다른 형태인 'ln' 함수를 사용하지 않는다는 것에 유의하자. 예를 들어 $1360 = 10^{3.13}$이기 때문에 $\log_{10} 1360 = 3.13$이다.

글상자 6.2를 참고해서 모든 밝기를 등급으로 환산해볼 수 있다.

지구에서 볼 때 태양	$b_{\odot E} = 1360$ W m^{-2}	$m_{\odot E} = -26.9$
알파센타우리에서 볼 때 태양	$b_{\odot \alpha} = 1.84 \times 10^{-8}$ W m^{-2}	$m_{\odot \alpha} = 0.238$
지구에서 볼 때 목성	$b_{JE} = 1.57 \times 10^{-7}$ W m^{-2}	$m_{JE} = -2.08$

질문 6.2

알파 센타우리에서 볼 때 목성의 최대 밝기와 등급을 계산해보라.

질문 6.2의 답은 고무적으로 보인다. 사실 22.0등급의 천체는 큰 구경의 현대 망원경들의 한계등급 내에 놓여 있다. 그러나 우리는 이제 외계행성 탐사장비에 대한 두 번째 요구사항을 고려해봐야 한다. 망원경은 충분한 공간 분해능을 지니고 있는가? 다시 말해 망원경이 항성과 행성을 구별하여 관측할 수 있는 최소 거리는 어느 정도인가? 항성과 행성을 2개의 천체로 구별하여 관측되면 분해되었다고 한다. 글상자 6.3은 각거리 개념을 소개하면서 공간 분해능의 개념을 설명하고 있다.

글상자 6.3 │ 각거리와 공간 분해능

그림 6.4에 제시된 것처럼 거리 d에서 관측되고 있는 2개의 천체를 생각해보자. 이때 시선 방향과 직각을 이룬 두 천체 사이의 거리 a보다는 d가 아주 크다. 관측자는 아래와 같은 식으로 주어지는 각거리 β만큼 떨어진 2개의 천체를 관측하게 된다.

$$\beta = \frac{a}{d} \tag{6.6}$$

각거리는 기울기의 각도이기 때문에 식 (6.6)에서 항상 *라디안*으로 표시된다는 점을 기억해야 한다. 글상자의 뒷부분에 라디안에 대해 간단하게 설명한다. 예를 들어 각거리는 달이나 태양 같은 하늘에 있는 천체 원반의 각반경을 의미하거나 별과 행성 사이의 각거리를 나타낼 수도 있다.

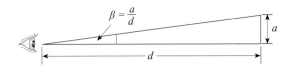

그림 6.4 거리 d에서 a만큼 떨어져 있는 물제를 볼 때 각거리 β는 $\beta = a/d$로 주어진다. 실제로 이 관계는 $d \gg a$가 성립할 때만 적용되는 관계인데, 우리가 다루는 모든 천체들에게 이 조건이 성립된다.

하늘에서 아주 가까이 놓여 있는 2개의 천체를 구별하기 위해서는 관측기기인 망원경이 아주 충분한 **공간 분해능**(spatial resolution)을 지니고 있어야 한다. 광학계에 대한 물리법칙에 의하면 밝기가 *비슷한* 두 천체는 아래와 같이 주어지는 α라디안 값보다 작은 각도로 떨어져 있을 때는 분해되기 힘들다.

$$\alpha = \frac{\lambda}{D} \tag{6.7}$$

여기서 D는 광학계의 구경이고 λ는 관측되는 빛의 파장이다. 구경은 망원경 주경 또는 렌즈의 직경이나 사람의 눈의 동공 직경을 말한다. 실제로 분해능에 더 중요하게 영향을 미치는 요소는 시상이라 불리는 대기의 왜곡 현상이다. 그러나 식 (6.7)에서 언급된 한계는 기본적인 한계를 나타내는데 회절 한계라고 부른다. 특별히 좋은 시력을 지닌 사람은 이 회절 한계를 넘어서 볼 수 있기 때문에 아주 엄격한 한계는 아니지만 그렇다고 크게 벗어나는 한계는 아니라는 것을 기억해둘 필요가 있다. 또한 천문학자들은 하늘을 관측할 때 라디안을 잘 사용하지 않고도, 각분, 각초라는 단위를 사용한다. 이 각들은 다음과 같이 변환된다.

π라디안 = 180°('라디안'이란 단어는 각에 대해 사용할 때는 빼버리고 사용한다)
1° = 60'(60 각분)
1' = 60"(60 각초)

라디안 시스템은 단순히 각을 측정하는 하나의 방법에 불과하고, 각을 나타낼 때 라디안 수는 도와 단순비례 관계에 놓인다. 예를 들어, 90°는 π/2라디안이고 60°는 π/3, 45°는 π/4 그리고 30°는 π/6라디안이다. 기억해야 할 또 다른 중요한 사실은 원은 2π라디안이라는 것이다.

■ 글상자 6.3을 참고하여 1라디안은 몇 각초인지 계산해보라.

☐ 1라디안 $= 180°/\pi = 57.295\ 78° = 57.295\ 78° \times 60' \times 60'' = 206\ 265'' = 2.06 \times 10^5{''}$(유효숫자 세 자리로 정리함)

현재 사용 중인 광학 망원경 중 가장 큰 구경인 8 m 망원경을 살펴보자. 글상자 6.3에 제시

된 정보를 이용하면 이 망원경의 각분해능과 목성과 알파 센타우리 항성계에 있는 별의 최대 각분리거리 β를 비교해볼 수 있다. $d_{\odot a}$의 거리에서 궤도반경에 a_J에 의해 생기는 각은 다음과 같이 계산할 수 있다.

$$\beta_J = \frac{a_J}{d_{\odot a}} = \frac{5.2 \times 1.50 \times 10^{11} \, \text{m}}{4.07 \times 10^{16} \, \text{m}} = 1.92 \times 10^{-5}$$
$$= 1.92 \times 10^{-5} \times 2.06 \times 10^{5} {''} \, \text{m} = 3.96{''}$$

망원경의 직경은 8 m이기에 $D = 8$ m이고 가시광선은 스펙트럼 중 녹색 영역의 파장인 $\lambda = 500$ nm의 파장에 상응하기 때문에 분해능은 다음과 같이 계산된다.

$$\alpha = \frac{\lambda}{D} = \frac{5 \times 10^{-7} \, \text{m}}{8 \, \text{m}} = 6.25 \times 10^{-8}$$
$$= 6.25 \times 10^{-8} \times 2.06 \times 10^{5} {''} = 0.013{''}$$

그래서 항성과 행성의 분리거리 β_J는 망원경의 분해능보다 300배 이상 크다. 액면대로 보자면, 현대식 대형 망원경은 가까이 있는 항성 주위를 돌고 있는 목성을 관측하는 작업을 하는 데 충분한 분해능을 지니고 있다. 시상을 고려해본다 해도 4″의 분해능은 전문 천문관측용 망원경으로 잘 관측될 수 있는 영역 내에 속한다. 그러나 목성처럼 큰 행성들이라 할지라도 그들이 궤도운동을 하는 태양 같은 별보다 여러 배 어두울 것이라는 사실을 또한 인정해야 한다. 이것이 문제이다. 어두운 밤하늘에서는 반딧불이를 보는 것은 아주 쉽지만, 자동차 불빛 옆에 있는 반딧불이를 볼수 있겠는가? 사실, 식 (6.7)의 공간분해능에 대한 공식은 2개의 비슷한 밝기를 지닌 광원이라는 특별한 경우에 성립한다. 항성과 행성은 아주 다른 밝기를 지니고 있어서, 그들이 보통의 망원경에 분해될 수 없음이 판명되었다.

- ■ 목성의 궤도 반경보다는 훨씬 먼 거리에 놓여 있는 한 별에서 태양과 목성을 관측한다고 할 때 그들 밝기의 비를 계산해보자.

- ❑ 그런 거리에서는 목성과 태양 모두 별에서 같은 거리에 놓여 있다고 간주하는 것은 좋은 어림이다. 그래서 그들 밝기의 비는 간단하게 그들 광도의 비와 같다(식 6.3 참조). $L_{\odot} = 3.84 \times 10^{26}$ W이고 질문 6.1의 답으로부터 $L_J = 5.42 \times 10^{17}$ W를 얻어내서 $L_{\odot}/L_J = 7.08 \times 10^{8}$이 되어 밝기비는 10조 대 1 정도가 된다.

이렇게 차이가 큰 밝기비는 불가피하게 생기는 광학 효과들과 어떤 천체영상에서든 별들을 점광원으로 보이기보다는 뿌연 원반으로 보이게 하는 시상 때문에 분해능에 큰 문제를 일으키게 된다. 이 원반의 반경은 천체 영상에서 별의 실제 원반보다 훨씬 크게 나타나게 되는데, 이런 현상은 오늘날 일반적으로 사용되는 어떤 망원경의 분해능의 범주를 넘어서게 된다. 그림 6.5는 더 어두운 별들이 모여 있는 곳에 있는 밝은 별의 영상을 보여주고 있다. 별들 원반의 상대적 크기는 밝기에 따라 달라지는데, 더 밝은 별들일수록 더 큰 원반을 보여준다. 행성 탐사에서 나타나는 문제점은 어두운 행성이 밝은 별의 퍼져진 영상의 바깥쪽에서 사라져버릴 수 있다는 점이다. 이 문제를 해결하는 한 가지 방법은 항성과 행성의 밝기비가 아주 크지 않은 파장 영역에서의 영상을 찍어보는 것이다. 이런 방법은 다음 절에서 다루어질 것이다.

관련된 기술적인 큰 문제점들을 안고 있기는 하지만, 4~10 m급 거울을 지닌 우주 망원경으

(a)

(b)

그림 6.5 남반구 밤하늘의 남극 지역에 떠 있는 많은 밝은 별들과 어두운 별들을 보여주는 천체 영상-십자성이 중심의 오른쪽에 보인다. 이 영상에서 밝은 별은 별의 실제 크기보다 훨씬 큰 겉보기 크기를 지니고 있다. 이 별 가까이에 놓여 있는 더 어두운 별들 또는 행성들은 십자성의 밝기에 묻혀서 관측되지 않는다. (Steve Mandel/Galaxy Images)

그림 6.6 51 에리다누스자리 주위를 돌고 있는 외계행성의 영상(b로 표시됨). 이 영상은 GPI(Gemini Planet Imager)를 이용하여 1.5 μm에서 관측한 결과인데, GPI는 칠레에 있는 8.1 m 망원경에 적응광학기와 코로나 그래프를 사용하였다. [J. Rameau (UdeM) and C. Marois (NRC Herzberg]

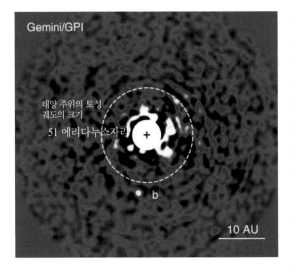

로 광학 영역에서 직접 영상을 찍어 보려는 시도들이 많이 이루어지고 있다. 허블 우주 망원경의 직경은 2.4 m이다. 이런 거울들은 표면 정밀도가 아주 높아야 하고 코로나 그래프로 알려진 기구들이 장착된 망원경에서 작동되어야 하는데, 코로나 그래프는 별에서 오는 빛을 물리적으로 차단하여서 행성에서 오는 빛만을 관측하게 한다.

탐사를 개선하기 위한 다른 방법은 관측된 조건의 시상에서 난류 효과를 보정해주는 **적응광학기**가 장착된 망원경을 사용하고 이웃에 있는 별의 영상을 관측성의 빛에서 수학적인 방법을 이용하여 차감하는 것이다. 관측성이 행성을 지니고 있고 비교성이 행성을 지니고 있지 않다면 이렇게 차감해보면 행성이 나타나게 될 것이다. 이런 시도는 성공을 거두었다(그림 6.6). 2017년 현재 100개 정도의 외계행성이 이런 영상 방법으로 발견되었다.

6.3 방출된 빛

우주에 존재하는 모든 천체들은 어떤 형태로든 빛을 방출한다. 항성들을 포함한 대부분의 천체들에 대해 방출된 빛의 광도와 전체적인 스펙트럼은 전적으로 온도에 의해 결정된다. 예를 들어 태양 표면 온도는 5,770 K인데, 그래서 태양은 스펙트럼의 광학 영역에서 대부분의 복사를 방출한다. 단지 수백 K 정도의 전형적인 온도를 보이고 있는 지구와 같은 행성들은 적외선 영역에서 강한 빛을 방출하고 광학 영역에서는 어떤 빛도 방출하지 않는다. 여러분들은 적외선 복사를 볼 수는 없지만 느낄 수는 있는데, 태양빛에 직접 노출되어 따뜻해진 검정색의 작업대 근처에 있으면 적외선이 여러분의 손을 따뜻하게 해준다. 그림 6.7은 태양의 스펙트럼과 지구 스펙트럼을 비교하는 그림이다. 태양과 지구의 밝기비는 태양 스펙트럼이 피크를 보이는 광학 영역과 비교해볼 때 지구 스펙트럼이 피크를 보이는 적외선 영역의 중간에서는 크게 작아지는 것이 분명하다. 6.2절에서 가까이 있는 별 주위를 궤도운동하는 목성에 대해 계산된 광학 영역의 밝기비가 10조 대 1이었는데 적외선 영역 중심에서는 100만 대 1 정도로 낮아질 수 있다.

■ 광학 영역의 빛을 다룰 때 비해 적외선을 다룰 때 파장과 관계된 문제가 존재한다. 여러분은 어떤 문제가 존재한다고 생각하는가?

☐ 글상자 6.2는 망원경의 분해능은 파장에 의존한다는 것을 말해주고 있다. 분해될 수 있는 최고 분리각 α는 파장에 비례한다. 이는 같은 구경인 망원경의 분해능은 광학에서보다 적외선 영역에서 더 나빠져서 최소 분리각은 더 커진다.

적외선 영역에서 본질적으로 더 나빠지는 분해능 외에 지구 대기는 그림 6.8에서 나타낸 것과 같이 대부분의 적외선 영역의 빛을 심하게 흡수한다. 이런 현상은 특정 가스에 기인해서 생기는 다량의 흡수선 때문에 나타나는데, 뚜렷하게 기여하는 가스들은 이산화탄소(CO_2), 물(H_2O) 그리고 오존(O_3)이다. 이런 상황은 지구형 행성들에 있는 비슷한 가스들의 발견을 불가능하게 하기 때문에 지상 관측에서는 심각한 문제를 일으키게 된다(제8장 참조). 지구형 행성들이 지니고 있는 가스들을 찾아내는 작업은 외계생명체의 존재 여부에 아주 중요한 실마리를 제공해준다.

행성 자체에서 방출하는 적외선을 관측하여 행성을 찾아내는 가장 최선의 방법은 아마 우주

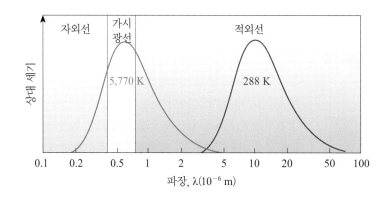

그림 6.7 태양 스펙트럼과 지구 스펙트럼의 그림. 태양과 지구는 서로 다른 온도를 지니고 있기 때문에 피크가 각각 광학 영역과 적외선 영역에서 일어난다. 스펙트럼은 똑같은 피크값을 보이도록 조절되었다. 실제 스펙트럼은 가스의 흡수선을 지니고 있는데 여기에서는 나타내지 않았다.

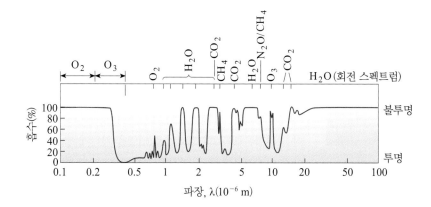

그림 6.8 지구 대기의 흡수

공간에 대형 망원경을 설치하는 것이다. 예산 감축으로 인해 NASA와 ESA는 직경 1 m 이상의 우주 망원경들을 여러 대 배열시켜 관측을 하는 야심찬 계획을 보류하였다. 배열된 각각의 큰 정밀도를 지닌 망원경들의 상대적 위치를 유지하게 되면 그렇게 배열된 망원경들은 **간섭계**(interferometer) 역할을 하게 된다.

간섭계 방법은 적외선 파장보다 더 긴 파장인 전파천문학에서 개발되었는데, 분해능이 낮은 여러 대의 전파 망원경을 조합하여 하나의 크고 효율이 높은 고분해능 망원경으로 묶는 방법이다. 행성 탐사에 간섭계 방법을 이용하는 또 다른 이유는 이 방법을 통해 별에서 나오는 **빛의 상쇄간섭**(null)이 가능하기 때문이다. 간섭계는 별에서 나오는 빛을 여러분이 손으로 눈을 가려서 태양빛을 막는 것처럼 단순하게 별빛을 가로막는 것이 아니기 때문에 '빛의 상쇄간섭'이라는 개념을 사용하였다. 빛은 골과 마루로 구성된 파동으로 간주할 수 있다. 그래서 별이라는 단일 광원에서 나온 빛은 두 대의 우주 망원경에 도달하게 되는데, 다른 망원경에 비해 한 망원경에 도착하는 빛은 시간 지연을 겪게 되어 한 빛의 마루가 다른 빛의 골과 만나게 되어 서로 소멸될 수 있다. 이런 방법으로 별빛이 상쇄간섭될 수 있어서 항성 주위를 돌고 있는 행성에서 나온 빛만 남게 되는 것이다. 이런 소멸이 일어나게 되면 가장 가까이 놓여 있는 수백 개의 항성들 주위를 돌고 있는 지구형 행성들의 스펙트럼을 관측할 수 있게 된다. 가장 큰 관심을 받고 있는 것들은 행성 대기에 있는 이산화탄소, 수증기, 메테인과 오존에 의한 흡수선들인데, 왜냐하면 이들이 존재할지 모르는 외계생명체에 대한 중요한 실마리를 제공하기 때문이다.

그림 6.9 제임스 웹 우주 망원경(JWST)의 예술적 상상도 (NASA)

그림 6.10 EELT의 예술적 상상도 (ESO/L, Calçada)

우주에 망원경들을 배열하는 대신 우주에 실제 설치될 차세대 대형 우주 망원경이 JWST(James Web Space Telescope, 제임스 웹 우주 망원경)이다(그림 6.9). JWST는 NASA가 ESA와 캐나다 우주센터와 협력하여 개발되고 있다. 18개의 6각형 거울로 구성된 6.5 m 직경의 거울과 근적외선과 중적외선 영역을 관측하는 카메라를 지니고 있다. 아마 2019년 3~6월 사이에 발사될 예정이다(2019년 현재까지도 JWST 발사계획은 현실화되지 못한 실정이다-역자 주). 이 망원경은 지구의 반그림자에 놓여지게 될텐데, 지구에서 150만 km 떨어진 L2 라그랑지 점이라 알려진 준안정점에 위치하게 된다. 또한 관측기기에 생기는 열잡음을 최소화하기 위해 광차폐관을 설치하여 약 40 K까지 냉각한다.

외계행성 연구에 크게 기여할 것으로 보이는 또 다른 프로젝트는 EELT(European Extremely Large Telescope)인데 2024년에 칠레의 세로 아마조네스에 설치되어 관측을 시작하기로 예정되어 있다(그림 6.10). 이 망원경은 39 m의 조각거울 배열을 지니게 될 것이고 아주 이례적으로 좋은 영상을 얻기 위해 적응 광학이 도입될 예정이다.

6.4 흡수되거나 엄폐된 빛

천문학에서 흡수라는 개념은 어떤 물질에 의해 흡수된 에너지를 지닌 빛을 말한다. 어떤 파장에서 강한 흡수를 연구해서 천문학자들은 성간 공간 또는 항성과 행성의 대기 안에 존재하는 가스를 찾아낸다. 6.3절에서 언급한 바와 같이, 행성이 발견되면 이 흡수선들은 그 행성에 어떤 가스들이 존재하는지에 대한 중요한 정보를 제공해줄 수 있다. 그러나 이것은 행성 탐사에 있어 효과적인 수단은 될 수 없는데, 왜냐면 항성 대기의 흡수선을 관측하려면 며칠 동안의 노출 시간이 필요하기 때문이다.

천문학에서 사용되는 엄폐는 한 천체가 다른 천체에서 나오는 빛의 일부를 차단하는 상황을 말한다. 일식은 엄폐의 한 예이고 태양 앞에서의 행성 **통과**(transits)도 엄폐 현상들이다(그림 6.11).

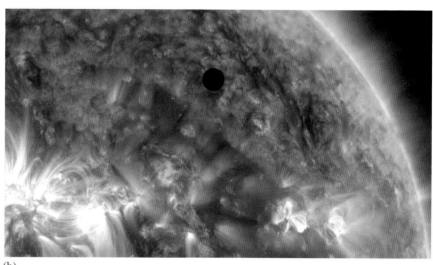

(a) (b)

그림 6.11 (a) 달이 밝은 태양 원반을 다 가리는 일식 (NASA), (b) 171 nm(자외선 영역)에서 관측된 금성의 태양면 통과 (NASA/SDO)

6.4.1 통과 측광 방법

금성이 지구와 태양 사이를 지날 때 지구에 입사하는 태양빛의 감소를 살펴보자. 수학적으로 계산해서 마지막 부분에 가서야 얼마나 감소하는지 제시하게 될 것이다. 이 방법은 다른 항성 주위를 돌고 있는 행성들에도 다시 적용 가능하다. 살펴보는 가장 간단한 방법은 금성이 태양면을 얼만큼 가리는지 알아보는 것인데, 이 양은 밝기 감소가 일어나는 양이 된다. 이때 태양면의 밝기가 균일하다는 가정을 하게 되는데 엄격하게 말하자면 맞지 않지만 현재의 목적을 위해서는 수용할 만한 어림이다. 우선, 금성의 각반경 β_V를 $\beta_V = R_V/d_{EV}$ 공식으로 계산해보자. 여기서 R_V는 금성의 반경이고 d_{EV}는 지구와 금성 간의 거리이다. 이와 비슷하게 태양의 각크기도 $\beta_\odot = R_\odot/a_E$로 구한다. 각반경을 정의했던 것과 똑같이 하늘에서의 각면적을 정의할 수 있는데, 이 면적은 각반경의 제곱에 비례한다. 비례상수에 대해서는 굳이 알 필요가 없다. 금성은 태양면의 일부인 f_V만큼 엄폐하게 된다.

한 천체가 자기보다 큰 겉보기 직경을 지닌 천체를 지나가는 현상을 '통과'라 부른다. 예를 들어 태양 앞을 수성이나 금성이 지나가는 현상이다.

$$f_V = \left(\frac{\beta_V}{\beta_\odot}\right)^2 = \left(\frac{R_V/d_{EV}}{R_\odot/a_E}\right)^2 \tag{6.8}$$

태양면이 균일하게 빛나고 있다고 가정하고 식 (6.8)을 이용하여 금성이 태양면을 지나갈 때 엄폐되는 태양빛의 양을 추정해보자. 금성의 반경과 궤도반경은 각각 $R_V = 6,200$ km, $a_V = 0.72$ AU이고 태양반경은 $R_\odot = 6.96 \times 10^5$ km이다.

금성에 의한 엄폐는 태양의 겉보기 밝기의 0.1%($1.01 \times 10^{-3} \approx 0.1\%$) 정도가 감소된다. 그 정도 적은 양의 감소는 우리 눈으로는 감지할 수 없지만 적당한 장비를 갖추면 쉽게 관측될 수 있다. 이 공식은 태양을 항성으로 금성을 외계행성으로 바꾸어서 외계행성의 경우로 적용해볼 수 있다. 지구에서 외계행성까지의 거리 d_{EP}는 항성과 행성 사이의 거리보다 훨씬 크기 때문에 d_{EP}는 사실상 지구에서 그 별까지의 거리 a_E와 같다.

반경 R_P인 외계행성의 엄폐로 감소되는 항성의 빛 비율은 다음과 같이 계산된다.

$$f_p = \left(\frac{R_p}{R_*} \right)^2 \tag{6.9}$$

태양면이나 또는 실제 항성면이 균일하게 빛나지 않고 가장자리보다 중심에서 더 밝게 빛니기 때문에 이 공식은 실제는 정확하게 성립하지 않는다. 그러나 행성이 항성면의 중심과 가장자리 사이에서 지나갈 때 일어나는 밝기의 감소율을 추정 가능하게는 해준다.

7×10^7 m는 목성의 반경이고 6.96×10^8 m는 태양의 반경이다

태양 크기의 항성 주위를 목성형 행성이 궤도운동을 하고 있다면, 항성의 빛의 (7×10^7 m/ 6.96×10^8 m)² = 0.01만큼 행성에 의한 엄폐로 감소된다. 이 비율은 행성계의 거리와는 무관하다는 점에 주목하자.

외계행성의 통과는 2003년에 처음으로 발견되었고, 2017년까지 3,000회에 달하는 외계행성 통과가 관측되었는데, 여기에는 Super WASP, COROT 그리고 케플러 위성 같은 전천탐사 관측이 큰 기여를 했다. Super WASP(Wide Angle Search for Planets)는 카나리섬과 남아프리카에 설치된 망원경 집합체를 사용하고 있는데(그림 6.12), 2006년 이후 줄곧 영국의 학술단체들이 대형 컨소시엄 형태로 운영하고 있다. COROT은 2006~2012년까지 관측을 수행한 유럽의 궤도 망원경이고 케플러는 2009년에 발사한 NASA 망원경이다. 그림 6.13은 항성 HD209458 주위에서 엄폐로 존재가 입증된 행성의 **광도 곡선**(light-curve)을 보여주고 있다. 광도 곡선은 시간에 따라 밝기가 어떻게 변하는지를 보여주기 위해 천문학자들이 그려보는 그림이고 HD는 현재 널리 사용하고 있는 성표를 제작한 헨리 드레이퍼(Henry Draper)를 뜻한다. 광도 곡선이 아래로 떨어지는 현상을 '딥(dip)'이라 하는데 딥의 크기는 외계행성의 반경을 추정케 해준다. 외계행성의 질량이 다른 방법으로 추정될 수 있다면(6.6절 참조), 엄폐 방법으로 얻어진 반경에 대한 정보를 가지고 평균 밀도도 계산해볼 수 있다.

그러나 겉보기에 통과가 일어난 한 번의 관측으로는 다른 설명도 가능하기 때문에 독립적인 방법으로 외계행성의 통과가 확인되거나 한 번의 관측 후에도 통과 현상이 계속 관측되기 전까지는 외계행성의 발견으로 간주되지 않는다. 후자의 경우, 연속되는 통과가 일어나는 시간을 이용해 바로 외계행성의 궤도주기를 알 수 있고 이 주기에다 항성 질량의 가정을 덧붙여서 항성까지의 거리도 계산해볼 수 있다.

통과가 일어나는 동안, 외계행성의 대기는 항성에서 나오는 빛을 흡수하게 된다. 이런 흡수

그림 6.12 라 팔마의 로크 데 로스 무차조스 천문대에 있는 SuperWASP 북쪽 카메라 집합체 (David Anderson)

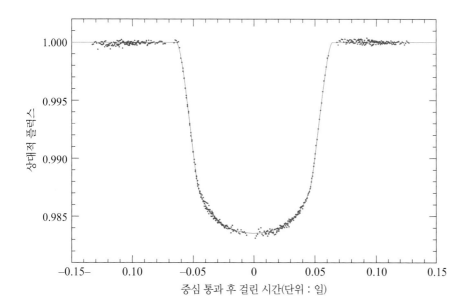

그림 6.13 허블 우주 망원경으로 관측한 HD 209458에서 일어나는 외계행성 통과를 보여주는 광도 곡선. 붉은색 점들이 관측점이고 파란색 선은 관측 자료에 짜맞추기한 이론 곡선이다. (Observatoire de Paris)

는 또한 모든 파장에서 측정된 빛의 관측된 딥에는 거의 무시될 만한 영향을 미치지만, 대기 안에 있는 가스에서 나오는 흡수선은 관측 가능하게 된다.

■ 그림 6.13에서 외계행성의 반경을 항성 반경비로 추정해보라.

□ 딥은 1.6%이어서 $f_p = 0.016$이다. 항성 반경으로 나눈 행성 반경은 식 (6.9)에 의해 다음과 같이 주어진다.

$$\left(\frac{R_p}{R_*} \right) = \sqrt{f_p} = \sqrt{0.016} = 0.13$$

이 예에서 항성 반경은 $1.2\,R_\odot$ 정도 되는 것으로 알려졌기 때문에 행성 반경은 목성 반경의 1.4배 정도 되는 것을 알 수 있다. 통과는 3.5일 만에 한 번씩 일어나는데, 이 사실로 행성궤도의 장반경이 0.047 AU밖에 되지 않음을 추론해볼 수 있다. 이 행성은 목성 크기와 목성 질량의 행성이지만 모행성과 너무 가까이 있기 때문에 **뜨거운 목성들**(hot jupiters) 부류에 속하는 외계행성의 예로 간주된다. 이런 놀라운 상황이 어떻게 일어나는지에 대해서는 제7장에서 다룰 예정이다.

통과 측광 방법은 외계행성의 궤도면이 적당히 기울어져서 항성과 지구 사이에 외계행성이 놓이는 경우에서만 활용될 수 있다. 행성 궤도가 항성에 무작위의 방향을 지니고 있다고 가정한다면 이는 모행성에 가까이 있는 HD 209458의 주기같이 단주기 외계행성을 지닌 항성들의 10분의 1 정도밖에 관측되지 않고, 또 더 큰 궤도를 지닌 장주기 외계행성에 대해서는 관측되기 더 힘들어진다는 것을 말해주고 있다.

물론 한 번 궤도를 지날 때 항성 앞을 지나는 외계행성이 관측될 정도의 궤도면을 지니고 있다면, 외계행성은 또한 매 궤도마다 항성 뒤를 지나가게 된다. 행성의 밝기가 항성의 밝기에 비해 아주 작다 할지라도 뜨거운 목성이 모행성 뒤로 사라지는 현상은 조건을 잘 맞추면 관측할 수 있다. 그림 6.14는 허블 우주 망원경이 근적외선 영역(1.1~1.17 μm)에서 관측한 예이다.

그림 6.14 WASP-43의 측광 자료. 여기에서는 뜨거운 목성이 매 0.81일마다 통과를 한다. 큰 그림은 별을 향하고 있는 목성의 뜨거운 반구가 점점 진행하면서 아주 강한 별의 플럭스에 더해지는 방출되는 빛을 보면서 적외선 플럭스가 점차 증가하고 있다가 행성이 항성 뒤로 숨어버리면서 예리한 딥 현상이 일어나는 것을 보여주고 있다. 삽입 광도 곡선은 항성 앞을 지나가는 행성의 통과를 보여주고 있다. 여기서 각 축의 단위가 다르다는 점에 주목하자. 2개의 광도 곡선은 여러 날 동안 수집된 자료들을 바탕으로 작성되었다. (Stevenson et al., 2014)

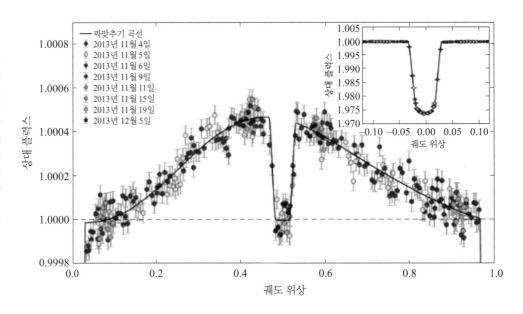

6.5 굴절된 빛

굴절은 간단하게 빛의 휘어짐을 말한다. 어떤 망원경 또는 다른 광학기기에서는 유리나 플라스틱 렌즈를 이용하여 빛을 굴절시킨다. 천문학직 규모에서는 빛이 별이나 행성 같은 질량을 지닌 천체 옆을 지나갈 때 빛의 경로는 크게 바뀔 수 있다. 이런 현상을 **중력렌즈 효과**(gravitational lensing)라고 한다. 여러분들은 어떤 질량을 지닌 천체의 중력이 빛을 굴절시킨다고 생각해볼 수 있지만, 아인슈타인의 일반상대성이론으로 더 정확히 표현하자면, 이 빛은 질량이 큰 물체에 의해 왜곡되어 휘어진 시공간을 지나는 빛이다. 보통 사용하는 렌즈와 똑같이, 중력렌즈는 렌즈 위에 있는 천체의 겉보기 모습을 왜곡시켜서 초점 효과를 통해 밝기를 증폭시킨다. 렌즈효과로 왜곡된 영상이 분해되지 않지만 밝기 증폭에 기인해서 렌즈의 존재가 밝혀진 경우를 천문학자들은 **미시 중력렌즈 효과**(micro-lensing)라고 부른다.

6.5.1 미시 중력렌즈 효과

그림 6.15는 중력렌즈를 일으키는 몇 가지 기하적 모습들을 보여주고 있다. 렌즈가 없는 그림 6.15a에서는 항성에서 나온 빛은 수직선으로 퍼져나간다. 그림 6.15b에서 렌즈 역할을 하는 가까이 있는 항성이 지구와 아주 멀리 떨어져 있는 광원인 항성 사이에 직접 놓여 있다. 이렇게 굴절된 경우에 빛은 우리 쪽으로 직접 도달하지 않고 휘어진 경로를 거쳐서 렌즈 주변으로 왜곡된 경로를 거치게 된다. 빛이 항성의 양쪽 주변에서 택할 수 있는 경로는 두 가지 경우가 있는 것으로 알려졌다. 이는 양쪽에 광원의 영상이 생기는 것을 의미한다. 관측자, 렌즈와 광원이 모두 일직선상에 놓인 경우가 그림 6.15c에 제시되었다. 그러나 이 경우의 대칭성을 잘 느껴보기 위해서는 우리가 그림 6.15d에 제시된 것과 같이 3차원에서 이 현상을 상상해보아야 한다. 광원, 렌즈 그리고 관측자가 완전히 일직선으로 정렬된 경우에 하늘에서 관측되는 영상은 **아인슈타인 고리**(einstein ring)라 부르는 원 모습이 된다.

완전한 정렬이 일어나든 일어나지 않든 중력렌즈 현상은 효과적으로 더 많은 빛이 관측자 쪽에 초점 맺히도록 한다. 영상이 분해되지 않는 미시 중력렌즈 현상의 경우에는 앞에 있는 항성과 뒤에 있는 항성의 빛이 혼합된 분해되지 않은 영상이 일시적으로 밝아지는 현상을 보이게 되는데, 이는 미시 중력렌즈 현상이 일어나는 동안 뒤에 있는 항성으로부터 도달하는 빛이

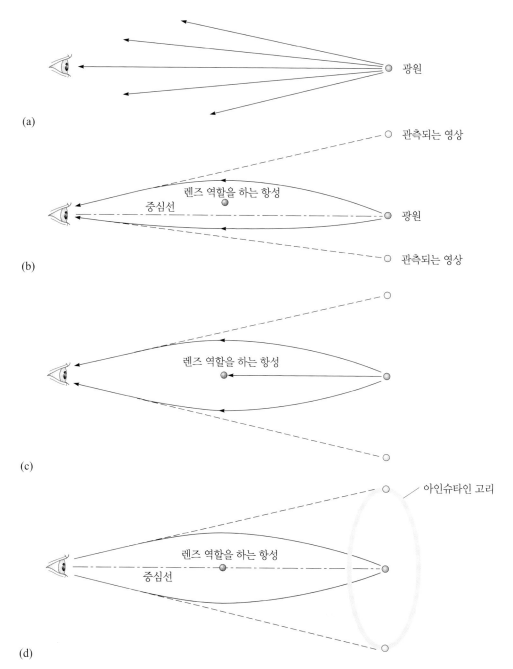

그림 6.15 (a) 렌즈 역할을 하는 항성이 없을 때의 빛의 경로, (b) 2차원으로 기술해볼 때, 렌즈 역할을 하는 항성의 양쪽으로 빛이 휘어질 수 있다. 이 경우에 일반적으로 완전한 정렬이 일어나지 않아 광원의 영상이 2개 관측된다. (c) 이 경우 2차원에서 대칭의 경우가 관측된다. (d), (c) 경우를 3차원으로 볼 때는 아인슈타인 고리를 관측한다.

약간 증폭되기 때문이다. 항성이 포함된 미시 중력렌즈 현상은 몇 주일 지속되지만, 만일 렌즈를 일으키는 항성이 행성을 지니고 있다면, 이 행성이 또한 렌즈 역할을 해서 배경 항성의 겉보기 밝기가 갑자기 밝아지는 스파이크 현상을 일으켜서 약 한 시간 정도 지속되기도 한다(그림 6.16).

그림 6.16b에서 볼 수 있는 바와 같이, 위치 P에 있는 행성의 존재는 t_3에서의 스파이크를 야기한다. 행성이 Q 위치에 있었을 때는 스파이크가 관측되지 않는다. 이런 예는 미시 중력렌즈 효과를 일으키는 항성일 경우의 예를 잘 설명해주는 반면 그 항성이 지니고 있는 행성에 대해

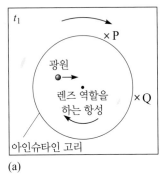
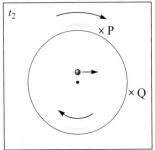
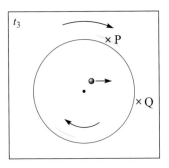
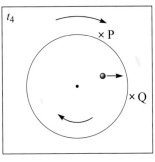

(a)

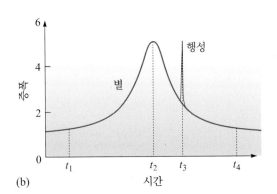

(b)

그림 6.16 (a) 미시 중력렌즈 사건이 현재 우리가 지니고 있는 기술적 한계를 넘어선 공간분해능을 지닌 망원경으로 관측될 수 있게 된다면, 하늘에서 t_1, t_2, t_3, t_4의 서로 다른 시간에 관측될 것으로 예상되는 영상들. 중심의 점은 렌즈를 일으키는 항성이고 원은 아인슈타인 고리이다. 광원이 왼쪽에서 오른쪽으로 움직이면서, 위와 아래에 있는 노란색으로 표시된 영상들은 화살표로 표시된 방향으로 움직인다. 원형 광원의 왜곡된 영상이 중심으로 접근하면서 점점 편평해지는 것처럼 관측된다. (b) (a)에서 설명된 사건의 광도 곡선. 만일 행성이 P에 있다면 검정색의 스파이크가 생성이 된다. 행성이 Q에 놓인다면 스파이크는 관측되지 않는다.

서는 잘 설명해주지 못한다. 실제적으로는 항성의 렌즈 효과는 우리의 주의를 끌게 되고 행성이 또한 렌즈 현상을 겪게 될 가능성까지 기대하게 한다. 그러나 스파이크가 관측되지 않는다고 우리는 행성이 존재하지 않는다는 결론을 내릴 수 없다. 왜냐면 행성이 거기에 존재하지만 스파이크를 생성할 만한 위치에 놓이지 않을 가능성이 풍부하기 때문이다.

2017년까지 약 60개 정도의 외계행성이 미시 중력렌즈 효과를 통해 발견되었다. 스파이크가 일어나는 시간과 기간은 외계행성의 질량과 모행성과의 거리를 결정하는 방정식에 사용될 수 있는데 이런 작업은 이 책에서 다루지는 않는다. 외계행성을 발견하는 다른 방법과는 달리, 미시 중력렌즈 효과는 그들의 모행성과 멀리 떨어져 있는 외계행성들에 대해 특별히 민감하여서 큰 궤도를 돌고 있는 낮은 질량의 외계행성을 처음으로 찾아내는 데 기여하였다. 다른 방법들은 상당히 가까이 있는 항성들이 지니고 있는 외계행성 찾기에 적합한 반면 미시 중력렌즈 효과를 이용한 외계행성 탐사는 어느 거리에 있는 항성에든지 잘 적용이 된다. 그러나 항성과 그의 외계행성이 배경에 있는 별 앞으로 지나가게 되어 미시 중력렌즈 효과를 일으키는 경우는 예측할 수 없을 뿐만 아니라 반복되는 현상도 아니어서 이 방법으로 발견된 외계행성의 추적 관측 연구를 하는 것은 일반적으로 불가능하다.

6.6 항성의 움직임

6.2절에서 6.5절까지 우리는 외계행성이 빛에 어떤 반응을 하는지에 따라 어떻게 관측되는지를 살펴보았다. 이제 외계행성이 주변에 있는 물질과 어떤 반응을 하는지를 연구하여 외계행성을 발견할 가능성에 대해 다루어 보자. 즉 우리가 관측할 수 없는 외계행성이 우리가 관측할 수 있는 항성의 운동에 어떤 영향을 보이는지 살펴보는 것이다.

6.6.1 측성학

같은 질량을 지닌 2개의 항성이 서로의 주위를 공전하고 있다면, 대칭성 때문에 그들이 서로를 연결하는 직선의 중심점 주위를 돌고 있다고 주장할 수 있다. 만일 어느 항성이 다른 항성보다 아주 큰 질량을 지니고 있다면 궤도의 중심은 중심점과 더 질량이 큰 별의 사이에 놓이게 될 것이다. 그림 6.17이 이 예를 설명해주고 있다.

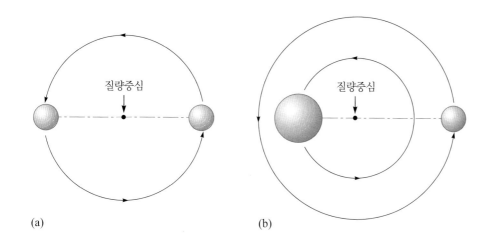

(a)   (b)

그림 6.17 2체 시스템의 궤도와 그 궤도의 질량중심. (a) 질량이 같은 2개 항성, (b) 어느 항성의 질량이 다른 항성보다 아주 큰 질량을 지니고 있을 경우

A와 B로 표시된 2개의 질량을 생각해보자. 궤도의 **질량중심**(center of mass)까지의 거리 또는 반경 a_A과 a_B는 다음과 같이 주어진다.

$$M_A a_A = M_B a_B \qquad\qquad (6.10)$$

여기에서 M_A와 M_B는 질량이다. 질량이 다르더라도 질량중심에 대한 두 물체의 궤도주기는 똑같다. 조금만 생각해보면 이 상황은 대칭성에 의해 정당하다는 것을 알 수 있다.

■ 만일 태양계가 태양과 태양계에서 가장 질량이 큰 목성만으로만 구성되었다면 그 질량중심은 어디일까? 목성의 질량은 1.90×10^{27} kg이다.

☐ 식 6.10을 재배열해보면

$$a_\odot = \frac{M_J}{M_\odot} a_J = \frac{1.90 \times 10^{27} \text{ kg}}{1.99 \times 10^{30} \text{ kg}} \times 5.2 \times 1.5 \times 10^{11} \text{ m} = 7.45 \times 10^8 \text{ m}$$

을 얻는데, 여기서 $a_\odot$는 질량중심에서 태양까지의 거리이고 a_J는 질량중심에서 행성까지의 거리이다.

태양계의 질량중심은 태양의 중심에 놓여 있지는 않지만 태양 표면에서 멀리 떨어져 있지는 않다. 이는 모든 행성들과 태양 자신은 그 점을 중심으로 궤도운동을 한다는 것을 의미한다. 사실, 태양은 태양 표면 근처에 있는 점 주위를 궤도운동하면서 앞뒤로 흔들거리는 것처럼 보인다. 그렇다면, 우리가 다른 행성계를 바라볼 때, 행성을 직접 관측할 수는 없다 할지라도 항성 흔들거림(wobble)을 관측할 수 있을까?

■ 알파 센타우리가 있는 거리에서 태양 정도의 질량을 지닌 항성이 목성 크기의 행성 때문에 겪는 항성 흔들림 현상을 가장 큰 현대 망원경으로 관측할 수 있을까?

☐ 하늘에서 항성 흔들림 각은 다음과 같다(글상자 6.3 참조).

$$\beta_\odot = \frac{a_\odot}{d_{\alpha E}} = \frac{7.45 \times 10^8 \text{ m}}{4.07 \times 10^{16} \text{ m}} = 1.83 \times 10^{-8} \text{ m}$$

$$= 1.83 \times 10^{-8} \, 2.06 \times 10^5'' = 3.77 \times 10^{-3}'' = 3.77 \text{ mas}$$

여기서 mas는 밀리각초(milli-arcseconds)를 뜻한다. 흔들림각 β는 6.2절에서 유도한 8 m 현대 망원경의 분해능인 0.013″(13 mas)보다 작다. 그래서 현존하는 광학 망원경으로는 그런 흔들림을 직접 관측하는 것이 불가능하다.

그래서 지금까지의 최신 망원경의 분해능으로는 아직 흔들림을 직접 관측할 수는 없다. 그러나 다른 항성들이 많이 분포되어 있는 곳에서 어느 항성의 위치를 정확하게 측정해보면, 그런 흔들림을 발견할 수 있다. 항성들의 위치를 정확하게 측정하는 과학은 **측성학**(astrometry)이라 하는데, 이 분야는 관측천문학에서 가장 오래된 분야 중의 하나이다. 유럽남부천문대(ESA)의 가이아 인공위성은 2014년에 L2점에서 관측을 시작하였는데 10 μas인 가이아위성의 관측 정밀도가 결과를 제공할 것으로 기대되었지만 2017년 후반까지도 외계행성의 발견을 확증할 만한 관측을 수행하지 못했다. JWST도 가이아위성의 위치에 발사될 예정이다.

■ 알파센타우리가 놓여 있는 거리에서 태양 주위를 지구가 돌고 있는 현상에 의해 생겨난 흔들림을 가이아위성이 관측해낼 수 있을까?

☐ 지구에 의해 생긴 흔들림은 다음과 같이 계산된다.

$$a_\odot = \frac{M_E}{M_\odot} a_E = \frac{5.98 \times 10^{24} \text{ kg}}{1.99 \times 10^{30} \text{ kg}} \times 1.5 \times 10^{11} \text{ m} = 4.51 \times 10^5 \text{ m}$$

흔들림각은 그래서 다음과 같다.

$$\beta_\odot = \frac{a_\odot}{d_{\alpha E}} = \frac{4.51 \times 10^5 \text{ m}}{4.07 \times 10^{16} \text{ m}} = 1.11 \times 10^{-11} = 2.29 \times 10^{-6}'' = 2.29 \text{ μas}$$

이 값은 가이아 위성의 관측 정밀도보다 작은 값이다.

6.6.2 도플러 분광학—시선속도 방법

분광학은 빛을 여러 파장의 스펙트럼으로 나누어서 분석하는 분야이다. 19세기 후반 천문학에 분광학을 도입한 이후 과학은 천체물리학이란 새로운 수준의 장을 열게 되었다. 분광학이 없었다면 항성들은 아직까지도 밤하늘에서 빛을 내는 하나의 점에 지나지 않았을 것이다.

도플러 분광학(Doppler spectroscopy) 또는 **시선속도 방법**(radial velocity method)이라 불리는 분광학은 최초의 외계행성을 발견하게 한 기술이었다. 케플러 우주 망원경이 외계행성 통과방법을 이용해 외계행성으로 확증된 행성의 수를 급증시켰던 2012년까지는 시선속도 방법이 가장 효율적인 방법이었다. 2017년까지 도플러 분광학으로 발견된 외계행성의 수는 700개가 넘었다. 여러분이 보게 될 것이지만, 과학자들이 존재할 것이라고 전혀 생각하지 않았던 외계행성을 이 방법을 통해 발견했다는 것은 초기에는 엄청나게 놀라운 일이었다.

도플러 분광학의 외계행성 발견 실적의 관점에서 보면, 6.6.2절은 이전 절보다 더 철저하게 내용을 정리하였다. 내용이 어렵다고 느끼는 독자들도 한번 끝까지 잘 읽어보기만 해도 어떻게 인간이 살고 있는 태양계 밖에 있는 행성을 인간이 처음으로 발견했는지에 대한 확실하고 정량적인 이해를 할 수 있게 된다는 점에 유념하며 읽어보기 바란다.

움직이는 물체는 겉보기에 편이되는 주파수에서 빛을 방출한다는 사실은 **도플러 효과**(Doppler effect)라고 알려져 있는데 천문학자들에게 움직이는 천체의 속도에 관한 값진 정보를 추론할 수 있게 해주었다.

- 천체가 우리쪽으로 운동하고 있다면 더 짧은 파장 쪽으로 편이가 일어난다(청색 편이).
- 천체가 우리로부터 멀어지고 있다면, 긴 파장 쪽으로 편이가 일어난다(적색 편이).

편이가 일어나는 정도는 천체가 우리 쪽으로 가까워지거나 우리 쪽에서 멀어지고 있는 속도에 비례한다.

정량적으로 살펴보자면, v_r의 속도로 여러분 쪽으로 **똑바로** 다가오든지 또는 멀어지면서 움직이고 있는 천체에 의해 야기된 파장의 변화 $\Delta\lambda$는 다음과 같이 주어진다.

$$\frac{\Delta\lambda}{\lambda} = \frac{v_r}{c} \tag{6.11}$$

여기서 c는 빛의 속력이고, v_r은 음수가 될 수도 있고 양수가 될 수도 있기 때문에 속력(speed)이 아니다. 천체가 여러분에서 멀어져가고 있을 때 v_r은 양수가 되어서 $\Delta\lambda$ 또한 양수가 된다. 이와 마찬가지로 천체가 여러분 쪽으로 다가오고 있을 때는 v_r과 $\Delta\lambda$가 음수가 된다. 도플러 편이는 관측되고 있는 천체의 거리에는 무관하다는 사실에 유의해보자. 일반적으로 천체에서 나오는 수소, 헬륨, 산소 같은 특정한 원소의 분광선 파장과 지구에서 정지해 있는 해당 원소들의 스펙트럼 파장과 비교함으로써 측정이 된다. 이 2개의 파장의 차이는 그래서 파장의 편이 $\Delta\lambda$가 되는데 여기서 λ는 실험실에서 정지되어 있는 광원에서 측정한 분광선의 파장이다.

v_r은 단순히 천체의 속력이 아니라 천체의 시선방향 성분의 속도로 **시선속도**(radial velocity)라고 부른다. 그림 6.18은 시선속도가 실제 천체의 속도와 어떻게 관계되는지를 보여주고 있다. 속도는 천체가 움직이고 있는 속도와 방향을 의미하고 있어서, 속도를 이야기할 때는 천체가 어떤 방향으로 움직이고 있는지뿐만 아니라 그 방향에서 속도가 얼마인지도 표시를 해야 한다는 점을 기억해놓자. 시선방향과 천체의 속도 사이의 각도 θ가 알려진다면 시선속도는 천체의 실제 속도 v와 다음과 같은 관계를 갖는다.

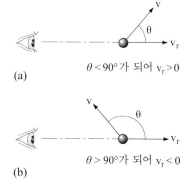

(a)
$\theta < 90°$ 가 되어 $v_r > 0$

(b)
$\theta > 90°$ 가 되어 $v_r < 0$

그림 6.18 천체의 시선속도와 실제 속도와의 관계. (a) 관측자는 멀리 도망가는 천체를 관측하고 있다. 천체의 속도와 관측자의 시선과의 각도 θ는 90도보다 작아서 시선속도는 양수이다. (b) 관측자가 다가오고 있는 천체를 관측하고 있다면, θ는 90도보다 커서 시선속도는 음수가 된다.

$$v_r = v \cos\theta \tag{6.12}$$

$\cos\theta$의 값은 계산기를 이용하여 계산해볼 수 있다. 그림 6.19는 시선속도가 각도 θ에 따라 어떻게 변하는지 보여주고 있다.

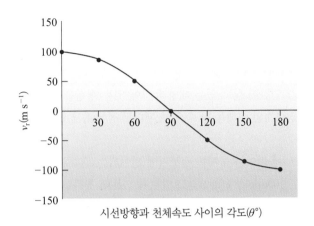

그림 6.19 100 m s^{-1}의 속력으로 움직이는 천체의 시선속도가 θ에 따라 변하는 모습.

질문 6.4

100 m s^{-1}의 속력으로 움직이고 있는 천체가 있다 하자. 속도와 시선방향이 아래와 같을 때 시선속도를 구해보자. (a) 0도, (b) 30도, (c) 60도, (d) 90도, (e) 120도, (f) 150도, (g) 180도. 시선속도를 θ에 대한 그래프로 그려보자. 속도의 음수는 어떤 의미가 있는가?

　　질량중심에 대한 항성의 궤도가 작은 경우를 6.6.1절에서 측성학과 함께 다루어 본 바 있는데, 이런 궤도도 항성에서 방출된 분광선의 도플러 편이를 야기한다. 항성이 우리로부터 멀어지고 있을 때 분광선은 약간 파장이 긴 쪽으로 편이를 하고 우리 쪽으로 다가올 때 분광선은 약간 짧은 파장 쪽으로 편이된다. 더구나 항성이 주기적인 궤도운동을 하고 있기 때문에 이 현상은 주기적이 되는데, 다시 말하면 주어진 주기를 가지고 정확하게 반복되어 일어난다. 여기서부터 우리는 한 항성의 궤도운동만 고려하고 태양에 상대적인 성간공간을 가로지르는 항성의 고유운동은 고려하지 않을텐데, 고유운동은 실제 관측에서 차감될 수 있다. 우리는 또한 지구가 태양 주위를 궤도운동하면서 생기는 항성 쪽으로 멀어지고 가까워지는 지구의 속도 변화도 보정한다. 그래서 우리가 별의 시선속도를 이야기할 때는 항성의 궤도 시선속도를 뜻하는 것으로 이해해야 한다.

- 페가수스자리 51 항성은 주기적인 파장의 편이를 지니는 것으로 관측되었다. 그림 6.20에 제시된 이 실제 관측자료로부터 항성의 궤도운동에 기인한 항성의 최고 시선속도와 존재하는 것으로 여겨지는 행성의 주기를 추정해보자.

- 최고 시선속도는 50 m s^{-1}과 60 m s^{-1} 사이에 놓여 있는 것으로 보인다. 존재하는 것으로 여겨지는 행성의 주기는 항성의 시선속도의 완전한 한 주기와 똑같다. 이는 극대점이나 극소점 시각 사이의 시간으로 쉽게 측정이 될 수 있는데, 이 경우는 약 4일이다.

　　항성운동의 시선속도와 궤도주기를 이용하면 추정되는 행성계의 또 다른 성질을 알아낼 수 있다. 이 일을 하기 전에, 우리는 지금 속력의 시선방향 성분만을 측정했다는 사실을 고려해야 한다. 이런 사실은 궤도평면이 우리의 시선방향에 놓여 있는 원형궤도에서는 큰 문제가 되지 않는다(그림 6.21a). 이 경우에 최고와 최소 시선속도는 항성이 우리로부터 각각 멀어질 때와 가까워지고 있을 때의 시간이다. 이런 이유 때문에 최고 시선속도는 항성의 궤도속도와 같게 될 것이다. 이제 그림 6.21b에 나타난 경우를 다루어 보자. 이 경우 항성의 궤도면이 약간 기울

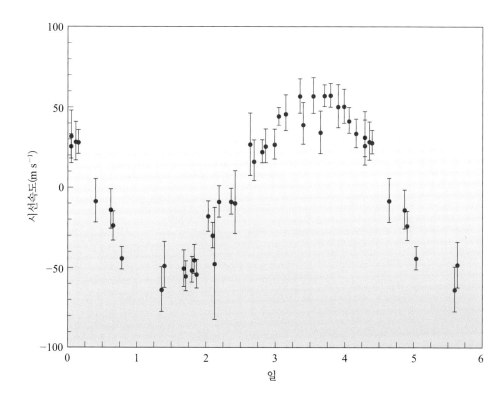

그림 6.20 페가수스자리 51의 한 궤도 주기 동안 시선속도 곡선 (S. Korzennik, Harvard University, Smithsonian Centre for Astrophysics)

어져 있다. 항성의 시선속도가 최고에 있을 때에도 시선속도의 방향은 정확하게 우리와 멀어진 곳을 향하지 않는다(최소 시선속도를 보이는 시간도 마찬가지 현상이 일어난다). 식 (6.12)에서 $\cos\theta$의 값은 1을 초과하지 않기 때문에 우리는 시선속도 v_r은 항성의 궤도속도 v_*보다 같거나 작은 값을 지녀야 함을 알 수 있다. 관례상 그림 6.21b에 보여진 항성계의 기울어짐 정도

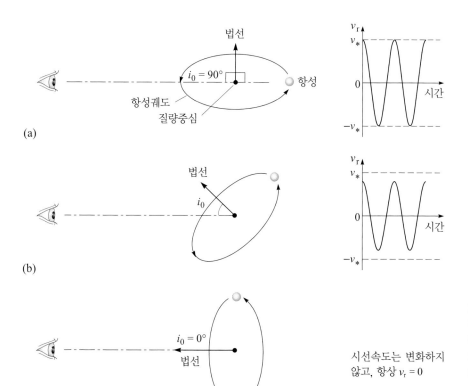

그림 6.21 항성의 원형궤도의 기울어짐. 굵은 점은 실제 항성의 위치가 아니라 행성계의 질량중심을 나타내고 있다. 행성은 더 멀리 떨어져 있어서 이 그림에서는 표시되지 않았다. (a) $i_0 = 90°$, 가장 큰 시선속도를 지니는 가장 좋은 상황, (b) $0° < i_0 < 90°$, (c) $i_0 = 0°$, 시선속도가 0이 되는 가장 최악의 상황

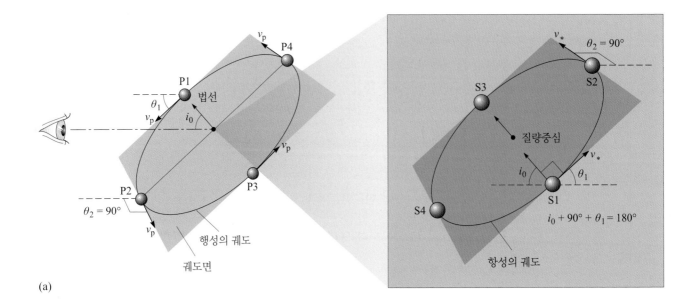

(a)

그림 6.22 (a) 4개의 동일한 시간 간격 1, 2, 3, 4에서 항성(S)과 행성(P)의 위치. 행성과 항성이 P1과 S1에 있는 시간에서 θ와 i_0 사이의 관계를 유도할 수 있다. 이 위치에서 시선속도는 최고가 된다. 항성의 궤도를 크게 확대해보면(M_*/M_p배 확대), 항성의 궤도는 행성의 궤도와 같다는 것을 볼 수 있는데, 한 가지 다른 점은 행성의 궤도가 더 작고 항성은 항상 행성의 반대편에 놓여 있다는 것이다. 정의에 따라, 행성과 항성이 위치 1에 있을 때 직선이 되기 위해서는 θ와 i_0 그리고 90도의 합이 180도가 되어야 한다. 행성과 항성이 2번 위치에 있을 때 시선방향과 항성의 속력 사이의 각은 $\theta_2 = 90°$이다. 이 그림에서 수평의 점선은 시선방향을 나타낸다. (b) (a)의 경우에 표시된 지점과 상응되는 항성의 시선속도 곡선

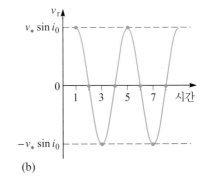

(b)

는 시선과 궤도면에 수직인 선(법선) 사이의 각으로 측정된다. 이 각은 기울기 i_0라고 부른다. $i_0 = 90°$의 경우 우리는 가장 좋은 상황을 얻게 되며, $i_0 = 0°$인 경우(그림 6.21c)에는 시선속도가 항상 0이 되어버려 도플러 분광학을 사용할 수 없게 되는 최악의 상황을 접하게 된다.

이제 우리는 항성의 속력과 시선방향의 각도인 θ와 궤도의 시선방향에 대한 기울기인 i_0 사이의 관계를 다루어 볼 수 있다. 그림 6.22는 행성궤도와 항성궤도를 확대시켜본 그림을 보여주고 있다. 항성은 항상 행성궤도의 반대 방향에 놓여 있다는 것에 주목해보자. 그렇지 않으면 질량중심이 중심에서 정지된 상태가 되지 않기 때문에 이 조건이 유지되어야 한다. 시간 1에 있는 위치에서부터 우리는 경사각 i_0와 시선방향과 항성의 속도 사이의 각인 θ_1 사이에 다음과 같은 관계를 유도할 수 있다.

$$\theta_1 = 90° - i_0$$

실제 상황에서는, 거의 모든 천문학자들이 i_0를 사용하기 때문에 최고 시선속도가 일어나는 시간에 대해 식 (6.12)를 다음과 같이 바꾸어보는 것이 유용하다.

$$(v_r)_{MAX} = v_* \cos\theta_1 = v_* \cos(90° - i_0) = v_* \sin i_0$$

(코사인과 사인함수는 그 이름이 암시해주는 바와 같이 밀접한 관계를 지니고 있다. 위의 공식에서 코사인에서 사인으로 변환하는 것을 증명하기 위해 임의의 각에 사인을 취해서 그 결

과를 적어보자. 그러고 나서 90°에서부터 각을 빼고난 후 코사인을 취해보자. 그 결과는 똑같다. 만일 이런 결과가 나오지 않았다면 계산기를 'degree' 또는 'deg' 모드로 했는지 확인해보라.)

■ 항성이 그림 6.22의 위치 2에 있을 때 시선속도가 0이 되어야 하는 이유를 설명해보자.

□ 항성의 속도는 위치 2에서 시선방향과 90도가 되는데, 이는 시선속도가 0이 되는 것을 의미한다(그림 6.18 참조). 또 다른 방법으로는 수학적으로 다음과 같이 표현해볼 수 있다.

$$(v_r)_2 = v_* \cos\theta_2 = v_* \cos 90° = 0$$

이제 여러분들은 항성의 최대 시선속도 $v_* \sin i_0$는 위치 1에서 일어난다는 것을 이해할 수 있을 것이다. 시선속도는 위치 2에서 0으로 떨어지고 항성과 행성이 위치 1의 반대 방향에 있을 때는 $-v_* \sin i_0$가 되었다가 위치 4에서 위치 2와 반대 방향에 놓을 때 다시 0이 된다. 이는 그림 6.19에서 살펴본 시선속도 코사인 곡선의 형태와 진폭을 설명해주며 이 사실을 질문 6.4의 답을 하면서 이미 그려봤을 것이다.

도플러 분광학이 제공하는 정보의 중요한 부분은 항성의 궤도속력을 항성계의 기울기의 사인값에 곱한 값 $v_* \sin i_0$를 제공한다는 것이다. 불행하게도, 기울기를 추정해보는 데 적합한 일반적인 방법이 없다(HD 209458의 경우처럼 행성의 규칙적인 통과 현상이 일어난다 할지라도, 기울기는 90도에 가까워야 한다). 그러나 사인함수와 코사인함수는 항상 −1과 +1 사이의 값을 지닌다. 이는 $v_* \sin i_0$로 나타내는 시선속도의 최곳값은 실제 궤도속도의 하한값임을 의미한다.

이제 도플러 분광학 이론의 중요한 부분을 다루어본다. 관측되는 물리량인 시선속도와 주기를 이용하여 장반경과 질량 같은 행성계의 성질을 유도해보자. 도플러 분광학을 이용하여 가장 최초로 발견된 페가수스자리 51를 이용하여 우리가 전개할 이론을 설명해본다.

우선 페가수스자리 51이 선형궤도를 지닌다고 가정한다. 궤도주기는 항성과 행성의 경우 모두 $P = 4.23$일이고 항성의 최고 시선속도는 위에서 추정한 것보다 더 정확한 값인 $57.9\,\mathrm{m\,s^{-1}}$이다. 원형궤도에서 궤도속도 v_*는 일정하고 주기 P는 한 궤도를 완전히 돌 때의 시간으로 정의한다. 이는 한 궤도에서 운동한 거리는 원의 둘레 $2\pi a_*$와 같다는 것을 의미한다. 그래서

$$v_* P = 2\pi a_* \tag{6.13}$$

가 성립한다. 이 방정식을 재정리해보면

$$a_* = \frac{v_* P}{2\pi}$$

을 얻는다. 이 시점에서 우리는 경사각을 알고 있지 못하기 때문에 v_*를 결정할 방법이 없다는 것을 인정해야 한다. 그래서 우리는 단지 $v_* \sin i_0$의 값만 알고 있다는 사실을 인정하고 항성궤도의 궤도반경에 대한 **한계값**을 알아보자. 우리가 식 (6.13)에 $\sin i_0$를 곱해본다면 우리는 i_0값은 알지 못한 채 $v_* \sin i_0 = 57.9\,\mathrm{m\,s^{-1}}$ 값만 알고 있는 상태에서 $a_* \sin i_0$를 얻게 된다. 그 결과는

$$a_* \sin i_0 = \frac{v_* \sin i_0 P}{2\pi} = 3.37 \times 10^6\,\mathrm{m} \tag{6.14}$$

가 된다. $v_* \sin i_0$이 v_*의 하한값이라는 것과 같은 이유로 $a_* \sin i_0$는 항성의 궤도반경 a_*의 하한값이 된다.

지금까지 우리는 도플러 분광학이 행성계에 대한 다음과 같은 중요한 정보를 어떻게 제공해 줄 수 있는지 살펴보았다:

> 주기 P
>
> 항성의 궤도속도의 하한값, $v_* \sin i_0$
>
> 항성의 궤도반경의 하한값, $a_* \sin i_0$

이제 우리는 행성의 질량과 궤도반경을 추정해보는 것을 시도할 수 있지만, 이 작업을 하기 전에 우선 항성의 질량을 추정해볼 필요가 있다. 한 가지 방법은 다음과 같이 주어지는 항성들의 질량-광도에 관한 경험법칙을 이용해 보는 것이다.

$$\frac{L_*}{L_\odot} = \left(\frac{M_*}{M_\odot} \right)^3 \tag{6.15}$$

여기에서 $L_\odot$과 $M_\odot$은 태양의 광도와 질량이다. 예를 들어, 태양 질량의 두 배인 항성은 태양 보다 $2^3 = 8$배 정도 큰 광도를 지닌다. 실제로는 항성의 밝기 b_*가 관측이 되기 때문에, 항성의 거리 d가 주어지면 광도는 6.2절에서 토의된 바와 같이 $L_* = b_* 4\pi d^2$으로부터 계산될 수 있다. 이 값을 알면, 항성의 질량 M_*은 식 (6.15)로부터 추정 가능해진다.

다음으로 우리는 뉴턴의 중력법칙에서 파생된 몇 가지 이론이 필요하다. 궤도반경 a_p와 주기 사이에는 다음과 같은 관계가 있다.

$$P^2 = 4\pi^2 \left(\frac{a_\mathrm{p}^3}{GM_*} \right) \tag{6.16}$$

여기서 $G = 6.67 \times 10^{-11} \mathrm{~N~m^2~kg^{-2}}$의 값을 지닌다. 이는 케플러 제3법칙($P^2 = ka^3$)의 완전한 표현이어서 다음과 같이 재정리될 수 있다.

$$a_\mathrm{p} = \left(\frac{GM_* P^2}{4\pi^2} \right)^{1/3} \tag{6.17}$$

이제 여러분은 궤도반경을 추정해보고 행성질량의 한계값들을 가늠해볼 수 있는 위치가 되었다. 다음에 제시된 세 가지 질문들이 계산이 어떻게 진행되고 있는지 알려주고 또 거기서 얻어지는 결과들이 얼마나 중요한지를 보여주게 될 것이다.

- ■ 태양과 비슷한 질량을 지닌 페가수스자리 51 주위를 궤도운동하고 있는 행성의 궤도반경을 계산해보라. 결과값은 AU 단위로 환산해보자.

- ❑ 식 (6.17)을 활용하면 다음과 같은 결과를 얻게 된다.

$$a_\mathrm{p} = \left(\frac{GM_* P^2}{4\pi^2} \right)^{1/3} = \left(\frac{6.67 \times 10^{-11} \mathrm{~N~m^2~kg^{-2}} \times 1.99 \times 10^{30} \mathrm{~kg} \times (4.23 \times 24 \times 3600 \mathrm{~s})^2}{4 \times (3.14)^2} \right)^{1/3}$$

$$= \left(4.50 \times 10^{29} \mathrm{~m^3} \right)^{1/3} = 7.66 \times 10^9 \mathrm{~m} = \frac{7.66 \times 10^9}{1.50 \times 10^{11}} \mathrm{~AU} = 0.051 \mathrm{~AU}$$

- 여러분이 방금 계산한 0.051 AU라는 궤도반경의 값이 태양계에서 가장 가까운 궤도를 돌고 있는 행성의 궤도반경과 비교해 어느 정도인가 살펴보자.

- 페가수스자리 51의 행성은 태양에서 0.39 AU 떨어진 곳에서 궤도운동을 하고 있는 수성보다 훨씬 더 안쪽에서 항성의 주위를 돌고 있다.

- 전에 우리는 $a_* \sin i_0 = 3.37 \times 10^6$ m임을 계산했다. 이 값과 질량중심 개념(식 6.10)을 이용하여 행성질량의 하한값 $M_p \sin i_0$를 구해보자. 계산값을 목성 질량의 단위로 환산해보자($M_J = 1.90 \times 10^{27}$ kg).

- 식 (6.10)을 M_p에 대해 정리해본다.

$$M_p = \frac{a_*}{a_p} M_* \tag{6.18}$$

우리는 a_p와 M_* 그리고 $a_* \sin i_0$ 값만 알고 있다. 그러나 우리가 만일 $\sin i_0$를 위의 식의 양변에 곱해보면 우리는 $M_p \sin i_0$ 값을 계산할 수 있는데 이는 행성질량의 하한값이 된다.

$$M_p \sin i_0 = \frac{a_* \sin i_0}{a_p} M_* = 8.75 \times 10^{26} \text{kg} = 0.46 M_J \tag{6.19}$$

페가수스자리 51의 행성질량은 그래서 적어도 $0.46\,M_J$가 된다.

$\sin i_0$는 0과 1 사이의 값을 지닐 수 있다는 점을 기억해보자.

페가수스자리 51에 아주 근접해서 궤도운동을 하고 있는 행성은 수성처럼 작은 행성이 아니라 목성 정도의 질량을 지닌 큰 행성이다. 이 결과는 도플러 분광학을 이용하여 행성을 찾아내던 초기 행성 탐사자들에게는 아주 놀라운 결과이었지만 실제로는 도플러 분광학을 이용해서 찾아낼 수 있는 행성들은 바로 이런 종류의 뜨거운 목성형 행성들이다. 그 이유는 단순히 관측을 통해 시선속도 변화가 큰 항성들을 가장 쉽게 찾아낼 수 있기 때문인데, 시선속도는 물론 항성의 궤도속도와 아주 밀접한 관계를 지니고 있다. 식 (6.13)으로부터, 항성의 궤도속도 v_*는 다음과 같이 구할 수 있다.

$$v_* = \frac{2\pi a_*}{P} \tag{6.20}$$

식 (6.16)을 이용하여 P값을 치환하고 식 (6.18)을 이용하여 a_*값을 대입해보면

$$v_* = 2\pi \frac{M_p a_p}{M_*} \left(\frac{GM_*}{4\pi^2 a_p^3} \right)^{1/2} = \left(\frac{G}{M_*} \right)^{1/2} \frac{M_p}{a_p^{\frac{1}{2}}} \tag{6.21}$$

을 얻는다. 질량이 큰 행성(큰 값의 M_p)이 항성 주위를 아주 근접해서 궤도운동을 하고 있을 때(작은 a_p) 항성의 궤도속도가 가장 커진다는 사실을 인정하는 것이 중요하다. 이런 사실뿐만아니라 그런 행성들은 며칠 정도의 아주 짧은 궤도주기를 지니게 되어서, 우리는 12년의 궤도주기를 지니고 있는 실제 목성과 비교해볼 때 그렇게 많은 횟수의 관측을 필요로 하지도 않는다. 이와 같은 이유 때문에, 도플러 분광학은 작은 궤도 반경을 지닌 질량이 큰 별을 찾는 데 아주 적합하다. 이는 **선택 효과**(selection effect)의 전형적인 예가 되는데, 선택 효과라 함은 우리의 발견들은 가장 쉽게 발견될 수 있는 사례에 편향된다는 것이다. 어떤 사람이 질량이나 궤도주

기 같은 발견된 외계행성의 성질들이 통계학적으로 어떻게 분포되었는지 알아보는 것에 관심이 있다면 반드시 이런 선택 효과를 인식하고 접근하는 것이 필수적이다.

■ 어두운 천체에 포함된 주기적 현상에서 초 단위의 짧은 주기와 몇 세기 단위의 장주기를 관측할 때 파생되는 어려운 점은 무엇일까?

□ 초 단위의 주기의 경우 여러분은 아마 천체의 영상이나 스펙트럼을 만들어보기에 충분한 빛을 모을 시간이 부족할 것이다. 아주 어두운 천체들에 대해서는 몇 초 단위의 시간 안에 그 천체의 존재 자체도 발견할 수 없을지도 모른다. 몇 세기 정도 주기의 경우, 몇 세대를 걸쳐 진행하는 프로젝트를 수행하는 과학자들에 의존해야 한다. 일관성을 유지하기 위해 어떤 새로운 장비를 세심하게 보정을 하거나 미래에도 기존의 전통적 기술을 꾸준히 사용할 수 있도록 보장해야 할 것이다. 아마도 그런 장주기 노력에 대해 꾸준히 연구를 하는 데 관심 있는 젊은 학자들을 찾는 것보다 그런 장주기 프로젝트를 위한 재원 조달이 더 어려울 것이다.

도플러 분광학이 행성을 직접 관측하는 것이 아니기 때문에, 우리는 외계행성의 구성성분, 자전율 그리고 축 기울기 같은 외계행성의 물리적 성질을 직접 분석하기 위해서 다른 방법을 사용해야 한다.

여러분은 아마 그림 6.19에서처럼 시선속도의 형태는 무시하고 분광선 편이 그림의 최댓값만 사용하여 왔음을 눈치챘을 수도 있다. 그러나 시선속도 곡선의 형태는 항성의 궤도 형태와 그에 따른 행성의 궤도 형태에 대해 몇 가지 유용한 정보를 제공해준다.

원형 궤도에서와는 달리 타원궤도에서는 궤도속도가 상수가 아니다. 이는 불광선 편이 그림에서 제시된 바와 같이 시선속도의 시간에 따른 모습이 더 복잡해짐을 의미한다. 그림 6.23은 이심률이 아주 큰 타원궤도가 시선속도의 시간에 따른 모습의 관측에 어떤 영향을 주는지 보여주는 예이다. 이 곡선으로부터 우리는 궤도의 이심률 e를 추정해낼 수 있다. 이심률이 0인 경우는 원형궤도이고 이심률이 클수록 더 심한 타원궤도이다.

원형궤도를 포함하여 타원궤도의 일반적인 경우에서 $(v_r)_{MAX}$와 $(v_r)_{MIN}$의 차이는 $2v_{rA}$로 표시되는데, 여기서 $2v_{rA}$는 관측된 시선속도 진폭이라 불린다.

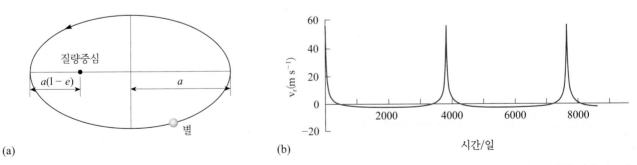

(a) (b)

그림 6.23 (a) 타원궤도. 장반경 a는 타원을 가로지르는 가장 긴 축의 절반 거리인데, 그래서 질량중심은 이심률이 e인 경우 장축을 따라 $a(1-e)$에 놓여 있다. $e=0$일 때 궤도는 원형궤도가 되고 a는 궤도의 반경이 된다. (b) 기울기가 90도이고 장축이 하늘 면에 놓여 있는 타원궤도의 시선속도 윤곽. 크고 좁으며 양의 방향으로 솟은 피크는 궤도속도가 가장 커질 때의 시간인데 이때 행성은 항성과 가장 가까운 위치에 있게 된다.

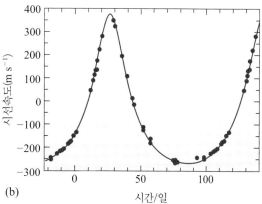

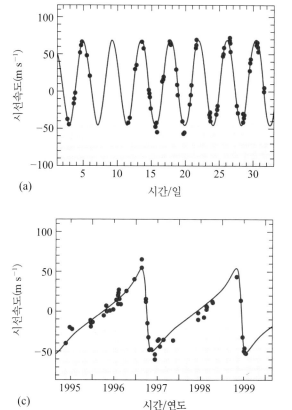

그림 6.24 서로 다른 각도에서 원형궤도와 이심률이 있는 타원궤도를 지니고 있는 외계행성을 지닌 항성들의 시선속도 곡선. (a) 원형궤도(그림 6.20에 제시한 바와 같은 페가수스자리 51), (b) 그림 6.23에서보다 덜 일그러진 타원궤도. 장축과 평행한 방향에서 관측한 결과이다(처녀자리 70). (c) 장축에 비스듬하게 바라볼 때의 타원궤도(백조자리B 16). [(a) Marcy and Butler]

■ 그림 6.23b를 보면서 그림 6.23a와 상대적으로 관측자가 이와 같은 시선속도 윤곽을 보려면 어느 방향에서 관측해야 할지 추론해볼 수 있는가?

❑ 시선속도 윤곽은 대칭이어서 관측자는 타원의 장축 방향으로 관측해야 한다. 사실, 가장 큰 속도는 관측자 쪽을 향할 때와 멀어질 때 나타나기 때문에 관측자는 그림 6.22a의 왼쪽에서 시작해서 오른쪽으로 봐야 한다. 오른쪽에서 시작해서 왼쪽으로 본다면 (b)에서 곡선은 다른 방향으로 나타나게 될 것이다.

그림 6.24는 원형궤도상에 있는 하나의 외계행성을 지니고 있는 한 항성과 관측자 관점에서 볼 때 서로 다른 방향에서 이심률이 다른 타원궤도상에 외계행성을 지닌 2개 항성의 시선속도 곡선의 예들을 보여주고 있다.

6.7 여러 개의 행성을 지닌 항성

지금까지 우리는 하나의 외계행성이 발견된 항성들을 다루어 왔다. 측성학 또는 도플러 분광학에 대해 이런 행성은 모행성의 운동에 가장 큰 효과를 일으키는 천체가 될 것이다. 행성 통과 방법에서는 가장 쉽게 발견될 수 있는 통과 현상을 지닌 행성이 되는데, 전형적으로 이 행성계에서 가장 큰 행성이다. 영상관측의 경우에는 행성이 크고 항성에서 멀리 떨어져 있을 때 도움이 되는 반면, 미시 중력렌즈 현상의 경우에서는 행성은 우연히 관측될 수 있는 자리에 있어야 한다(그림 6.16).

6.7.1 다중 행성 통과

충분한 관측을 통해 때때로 추가의 행성이 발견될 수도 있다. 예를 들어, 외계행성계의 궤도가 우리 태양계의 경우와 같이 거의 한 평면에 가깝다면 외계행성들 중 하나의 궤도의 방향이 지구에서 볼 때 모행성 앞면을 가로지르도록 하는 경우에 적어도 몇 개의 다른 외계행성들이 관측될 수 있다. 만일 우리가 반복되는 통과 관측을 두 번 이상 수행해서 서로 다른 통과 깊이와 통과 지속시간 그리고 통과가 반복되어 일어나는 간격이 다양한 결과를 얻었다면, 우리는 그곳에 생성이 하나 있다고 생각하고 우리가 할 수 있는 한 최선의 방법으로 각 행성에 대한 정보를 유도해볼 수 있다.

6.7.2 통과 시간의 변화

두 번째 행성의 통과를 보여주는 관측 자료가 없을 때도 통과가 일어날 때의 정확한 시간에 조직적인 변화가 보일 때는 가끔 두 번째 행성의 존재가 확인되기도 한다. 이런 현상은 통과가 일어나는 외계행성이 통과를 일으키지 않는 다른 행성에 의해 궤도섭동이 일어나기 때문에 일어날 수 있다. 통과 시간의 변화는 그래서 상호작용하는 외계행성의 질량을 모델링하는 데 사용될 수 있다.

6.7.3 다중 행성계의 시선속도

항성이 시선속도에 관측 가능할 정도로 영향을 미치기에 충분히 질량이 큰 외계행성을 2개 이상 보유한 항성의 경우, 광도 곡선은 그림 6.20에서 제안된 단순한 곡선 형태보다 더 복잡해질 수 있다. 항성에 가장 가까이 놓여 있으면서 가장 질량이 큰 외계행성의 영향이 광도 곡선에 가장 큰 영향을 미치겠지만, 이 행성의 성분을 제거해보면 다른 외계행성의 존재가 잔차 시선속도 곡선에서 주기성을 띠는 것으로 확인될 수 있다. 그림 6.25가 안드로메다자리의 입실론별(v And)의 예를 보여주고 있는데, 주된 영향을 미치고 있는 큰 행성의 4.6일 주기를 차감했을 때 그림 6.20에서 페가수스자리 51의 행성의 4.2일의 주기보다 아주 크게 다르지는 않지만

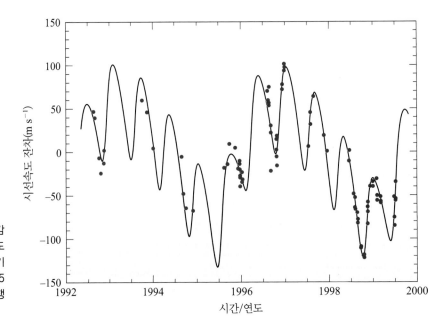

그림 6.25 4.6일의 시선속도 변화를 차감한 안드로메다자리의 입실론별의 시선속도 곡선으로 뜨거운 목성형 행성에 의해 생기는 성분들이다. 잔차 곡선은 241일과 3.5년의 궤도주기를 지닌 2개의 다른 거대행성의 존재를 보여주고 있다.

이 광도 곡선은 1개가 아닌 2개의 또 다른 외계행성을 보여주고 있다. 사실 그림에서 보여주고 있는 것을 넘어 서서 10년간의 추가 자료를 이용해서 10.5년 주기의 네 번째 외계행성의 존재를 확인해낸 바 있다.

6.8 관측 가능한 물리량과 주요 성질

어떤 종류의 과학이든지, 특별히 이론적인 모델링을 하는 데 수학을 사용하는 과학은 특히 관측될 수 있는 양들[관측 가능한 물리량(observables) 또는 관측량이라 부른다]을 이론에 포함된 중요한 성질들과 연결시키는 것이 필요하다. 식 (6.22)에서 식 (6.26)까지의 방정식들은 왼쪽 항에는 외계행성과 관련된 중요한 물리적 성질들을 지니고 있고 오른쪽 항에는 중요한 관측량을 지니고 있다. 또한 오른쪽 항에는 물리상수들과 보통의 관측으로부터 정확하게 결정될 수 있는 항성의 반경과 질량같은 물리량들이 있다. 이 방정식들 전부는 이 장의 이전 절에서 제시된 방정식들에서 유도된 것들이고, 그래서 질문 6.5에 해답에 요약해놓았다. 질문 6.5와 질문 6.6을 이해해보려 시도해보기 바란다. 이런 시도는 이 장에서 제시된 외계행성을 관측하는 다양한 방법들을 더 잘 이해하는 것을 도울 것이다. 특히 수학이 어렵다고 판단된다면 이런 시도가 도움이 될 것이다.

$$a_p = \beta_p d_{*E} \tag{6.22}$$

$$a_p = \frac{M_*}{M_p} \beta_* d_{*E} \tag{6.23}$$

$$a_p = \left(\frac{G M_* P^2}{4\pi^2} \right)^{\frac{1}{3}} \tag{6.24}$$

$$R_p = R_* \sqrt{f_p} \tag{6.25}$$

$$M_p \sin i_0 = \left(\frac{M_*^2 P}{2\pi G} \right)^{\frac{1}{3}} (v_r)_{MAX} \tag{6.26}$$

[우리는 $(v_r)_{max}$ 대신 v_{rA}를 사용할 수 있다.]

질문 6.5

이 질문은 식 (6.22)에서 식 (6.26)까지의 방정식과 연관이 있다. (a) 방정식에 나오는 각각의 변수들에 대한 정의를 적어보라. (b) 각각의 방정식에 대해 그 방정식이 말하는 발견 방법을 진술해보고 또 제6장에서 그 방정식을 유도하는 데 사용되었던 방정식의 개수를 말해보라.

질문 6.6

외계행성을 찾아내는 다음의 방법들을 고려해보자: 직접적인 방법, 중력렌즈, 측성학, 도플러 분광학

(a) 주어진 질량의 행성에 대해 그 행성의 궤도반경이 작을 때 주로 사용되는 방법은 무엇인가? 그렇게 답을 한 이유를 간단하게 설명해보라. (b) 궤도반경이 주어졌을 때 더 큰 행성들(질량이 크든지 또는 반경이 크든)을 찾아내는 데 사용되는 방법은 무엇인가? (c) 아주 먼 거리에 있어서 낮은 밝기의 행성을 관측하는 것이 확실히 어렵다는 점을 제외하고, 거리와 무관하게 사용될 수 있는 방법은 무엇인가?

질문 (a)에서 (c)까지 대답을 하는 과정에서 여러분이 말하고자 하는 점을 지원하는 데 필요한 방정식들을 제시해보라.

6.9 요약

- 드레이크 방정식은 우리 은하에서 교신을 하는 지적생명체가 얼마나 있는지를 서술해주고 있으며, 행성들과 생명체들을 우리 은하에서 찾아내는 과학의 기본 틀을 제공해주고 있다.

- 외계행성은 기본적으로 모행성의 빛이 행성에 반사된 빛을 관측해서 발견될 수 있지만, 항성과 행성의 밝기 차이가 너무 나기 때문에 현재의 기술로는 그들을 분해해 낼 수 없다.

- 행성과 항성에서 나오는 적외선 밝기 차이가 광학 영역에서보다 작기 때문에, 행성 자체에서 방출되는 적외선 복사로 외계행성을 발견하는 것이 반사된 빛을 관측하는 것보다 더 가능성이 있다. 적외선 영역의 분광선은 행성 대기에 있는 어떤 가스의 존재에 대해 말해줄 수 있다. 물론 현재 기술 수준으로 볼 때 이런 분광선의 관측은 매우 어려운 작업이다.

- 외계행성은 식이 일어날 때 관측될 수 있는데, 이때 항성의 빛은 행성이 항성의 앞을 지나갈 때 어두워지는 것처럼 보인다. 이 방법은 행성 통과 방법인데, 통과 측광학으로 알려져 있다.

- 미시 중력렌즈 현상은 앞에 있는 별이 뒤에 있는 별을 지나갈 때, 뒤에 있는 별을 몇 주일 동안 밝아졌다가 어두워지게 한다. 앞에 있는 별 주위를 돌고 있는 행성의 존재는 기본적으로 항성의 미시 중력렌즈 광도 곡선의 꼭대기에서 일어나는 피크가 며칠 정도 지속되는 것으로 확증이 된다.

- 외계행성의 존재는 항성을 직접 관측할 수 있는 궤도운동을 하게 만든다. 직접 외계행성을 발견하는 한 가지 방법은 측성학인데 이제 막 기술적으로 실현 가능한 단계에 놓여 있다. 두 번째 방법은 도플러 분광학인데, 여기서는 항성의 시선속도의 주기적 변화를 측정한다.

- 통과 측광학은 지금까지 가장 많은 외계행성들을 발견하였고 도플러 분광학(시선속도) 방법이 두 번째로 강력한 외계행성 탐사 방법이다.

- 선택 효과는 각 방법이 특별한 궤도를 지니는 특별한 형태의 외계행성을 발견하는 것에 편향되어 있음을 의미한다. 도플러 분광학에서는 모항성에 근접하여 궤도운동을 하는 질량이 큰 행성들을 발견하는 것에 편향되어 있다는 점이 중요하다.

- 궤도 경사가 독립적으로 관측되지 않는 한, 도플러 분광학 방법은 행성의 질량에 대한 하한값($M_p \sin i_0$)을 추정하게 해준다. $\sin i_0$가 0과 1 사이의 값을 지니기 때문에 하한값이 된다.

- 충분한 정밀도를 지닌 관측이 충분히 오랫동안 지속된 경우라면, 통과 측광학과 도플러 분광학은 같은 별 주위를 돌고 있는 또 다른 외계행성들을 발견해낼 수 있다.

7

외계행성계의 본질

앞에서 다양한 외계행성 탐지 방법을 알아보았고, 이제는 탐색의 결과를 살펴보자. 지금까지는 어떤 유형의 행성과 행성계가 검출되었는가? 어떤 유형의 행성 검출을 기다리는가? 잠재적인 행성 서식지를 이미 발견했는가? 발견했어야 하는가? 아니면 여전히 발견을 기대하고 있는가? 드레이크 방정식(6.1.1절)의 관점에서, 적당한 별 주위에 행성이 형성될 확률과 행성계당 거주 가능 지역에 있을 행성의 평균 개수를 얼마나 확신할 수 있을까?

7.1 외계행성계의 발견

태양이 항성계로 알려진 이후로 사람들은 다른 별들 주위에도 행성이 존재하는지 알고자 해왔다. 그러나 천문학자들이 이러한 발견을 가능하게 할 도구가 준비됨을 확신하게 된 것은 1930년대 이후이다. 먼저 가장 가까운 별들을 대상으로 하는 측성학에 적용되기 시작했다. 여기에 미국의 스프로울 관측소의 연구원인 피터 반 데 캠프(Peter van de Kamp, 1901~1995)가 있었다. 그는 1937년 초부터 질량이 작은 별들에서 행성 질량을 가진 동반 천체를 갖는 별의 운동을 검출하기 위해 노력했다. 어떤 때에는 그런 행성을 발견했다고 판단했으나 이후에 밝혀진 결과에 의하면 아닌 경우도 있었다. 심지어 그가 1949년과 1957년에 망원경을 바꿔가며 얻은 별의 궤도 결과였다. 그럼에도 불구하고, 반 데 캠프는 태양에서 단지 5.9광년 거리에 있는 버나드 별 주변에 적어도 1개의 행성을 발견했다고 믿는 채로 생을 마감했다.

1989년 별 HD 114462의 시선속도 변화로부터 보이지 않은 동반성의 존재가 시사되었다. 당시 이 동반 천체는 행성으로 보기에는 질량이 너무 커서, **갈색 왜성**(brown dwarf)일 것으로 생각되었다. 대략적으로 13~80 M_J(M_J는 목성의 질량이며, 지구 질량 M_E의 318배이다.) 범위의 중수소(^{2}H) 핵반응을 하는 질량이 매우 작은 별일 수는 있지만, 수소 핵융합을 할 수는 없다. 사실상 HD 114462의 동반 천체는 외계행성으로 간주되지는 않았지만, 추후의 연구로 인해 이 천체의 질량 추정치가 하향 조정되었고, 2012년 외계행성으로 최종 확정되었다. 그러나 그 사이 이미 수백 개의 외계행성들이 알려졌다.

최초의 외계행성은 1992년 미국의 천문학자인 알렉산데르 볼시찬(Alex Wolszczan, 1946~)과 데일 프레일(Dale Frail, 1961~)에 의해 발견되었다. 이 천체의 전파 신호에서 규칙성에서 벗어난 약한 편차가 관측되었고 그로부터 (제6장에서는 설명되지 않았던 기술적 방법), **펄서**(pulsar)로 불리는 희귀하게 별 주변을 공전하는 2개의 행성(각각 약 4 M_E를 가짐)이 검출되었음을 발표했다. 이 주장에 대해 초기 다른 천문학자들은 회의적으로 받아들였으나, 이후 많은 관측으로 몇 개의 유사한 후보가 발견되었다. 펄서는 빠르게 회전하는 중성자별이며, **초신성**(supernova, 질량이 큰 별은 주계열 단계 후에 수명의 최후에 폭발한다)의 잔해 일부가 수축된

그림 7.1 태양과 유사한 별을 공전하는 최초의 행성을 발견한 미셀 마요르와 디디에 켈로즈 (Geneva Observatory)

핵으로 크기가 작고 밀도가 높다. 그리고 별이 가진 행성들은 이 폭발의 참사를 피할 수 없을 것이다. 그런 이유로 행성계가 만들어지진 않았을 것이다. 아마도 관측된 행성들은 폭발에서 남은 파편으로 생성되었거나, 어쩌면 펄서가 동반성의 근처를 지나갈 때 포획되었을 것이다. 우리에게 중요한 사실은 생명체가 폭발에서 살아남을 수 없었을 것이고, 이후에 행성에서 형성되었거나 행성에 도착했다고 할지라도, 펄서와 너무나 가까운 거리로 인한 치명적인 방사선으로 생존할 수 없었을 것이다. 따라서 펄서의 행성에 대해 더 이상 고려하지 않고 태양과 유사한 별의 주변 행성에 대해서 관심을 집중할 것이다.

제네바 천문대의 두 스위스 천문학자, 미셀 마요르(Michel Mayor, 1942~)와 디디에 켈로즈(Didier Queloz, 1966~; 2019년에 태양과 비슷한 별을 공전하는 외계행성을 발견한 공로로 노벨물리학상을 수상했다－역자 주)는 1995년 10월에 도플러 분광학으로 태양과 유사한 물리량을 갖는 페가수스자리 51(페르세우스 별자리의 목록 중 별 51) 주위를 공전하는 첫 번째 비펄서 행성의 발견을 발표했다. 그 결과는 곧 다른 연구자들에 의해 재확인이 되었고($M_p \sin i_0 = 0.46\, M_J$), 외계행성 발견의 오랜 갈증이 해소되었다. 외계행성 발견은 급물살을 타기 시작했고, 2017년 말에는 약 2,800개의 별에서 3,700개가 넘는 비펄서 외계행성들이 확인되었다. 그중 600개 이상의 별이 1개 이상의 행성을 가지고 있었다. 단일 행성의 형성과 생존은 희박할 것이며, 그래서 아마도 거의 대부분의 다른 행성들도 다중 행성계일 것으로 기대된다.

7.1.1 외계행성의 명명

각 외계행성은 국제천문연맹(IAU)에 의해 정식으로 승인을 받아, 속해 있는 별을 기준으로 공식 명칭을 받는다. 문자 'b'는 발견된 첫 번째 행성을 나타내는 데 사용되고, 'c'는 그다음에, 이후에도 발견이 되면 d, e, f … 순으로 명명된다('a'는 사용하지 않는다). 그래서 페가수스자리 51의 유일하게 알려진 행성은 페가수스자리 51 b로 이름 지어졌다. 만약 단일계에서 여러 개의 행성이 동시에 발견되었다면, 가장 안쪽에서 시작해서 바깥쪽순으로 알파벳이 부여된다. 앱실론 안드로메다(그림 6.25)의 경우, 1996년에 발견된 가장 안쪽(그리고 가장 짧은 주기)의 행성이 앱실론 안드로메다 b로 명칭을 부여받았지만, 1999년 동시에 발견된 다른 2개는 앱실론 c 그리고 d는 안에서 바깥으로 명명되었다.

사람들에게 무분별하게 판매되는 것을 막기 위한 노력의 일환으로, IAU는 2013년 사람들이 추천을 하고 이후 가장 그 특징을 잘 표현하는 행성(그리고 모성)의 이름을 투표하는 제도를 도입했다. 2015년에 발표된 결과는 14개의 별을 공전하는 31개의 행성들에 대해 이름이 할당되었다. 예를 들어, 페가수스자리 51은 Helvetios 그리고 페가수스자리 51 b 행성은 Dimidium이 되었다. 앱실론 안드로메다와 그 행성은 Titawin, Saffar, Samh 그리고 Dimidium이 되었다. 이러한 명칭들은 형식적인 과학적 표기의 허용 가능한 대안으로 이용하려 하였으나 완전히 대체되지는 않았다. 이 방법이 널리 쓰일지는 두고 볼 일이다.

7.1.2 발견과 특성화

첫 번째 외계행성은 도플러 분광법으로 발견되었는데, 이는 2012년 통과 측광 방법이 등장할 때까지 가장 많은 발견의 수단이었다. 2017년 말에 도플러 분광법으로 발견된 외계행성의 총

그림 7.2 지구 관측자 기준으로 본 별의 앞을 가로지르는 HD 209458 b 행성의 통과를 표현한 상상도. 광도 곡선은 그림 6.13 참조. (Copyright © Lynette R. Cook)

수는 약 700개에 머물렀고, 통과 측광 방법으로는 대략 2,800개가 발견되었다. 다른 방법들의 경우 외계행성 발견(직접영상 89, 미시 중력렌즈 65, 통과 시간 변동 7, 측성법 1)의 총개수를 보면 결실이 거의 없음이 입증되었다.

도플러 분광법은 궤도의 크기와 편심값을 특성화할 수 있다. 궤도의 기울기는 HD 209458 b(그림 7.2)의 경우와 같이, 통과 관측에서 정확하게 확인할 수 있는 경우처럼 시선방향에 거의 누워 있는 상태(거의 100번당 1번의 기회)로 일어나지 않는다면 대개 알기가 어렵다. 그렇지 않으면 외계행성의 질량에 대한 우리가 알고 있는 지식은 대체로 $\sin i_0$ 값의 불확실성에 인한 한계가 있다.

도플러 분광법은 스펙트럼으로 분별할 수 있을 만큼 빛이 충분할 때 활용될 수 있기 때문에 밝은 별에 잘 적용되어서 대부분의 알려진 예들이 약 600광년보다 가깝다. 2016년 가장 가까운 외계행성인 프록시마 센타우리 b($M_p \sin i_0 = 1.3\ M_E$)를 도플러 분광법으로 발견했다. 이 외계행성은 태양계에서 가장 가까운 별인 프록시마 센타우리를 공전하며 단 4.2광년 거리에 있다.

통과 관측 방법은 2002년 별 OGLE-TR-56을 공전하는 행성의 발견으로 첫 번째 성공을 거두었다. 발견 전에는 이 별은 항성 목록에도 기록되어 있지 않았고, 칠레의 라스 캄파나스 천문대에서 수행한 광학 중력렌즈 실험인 서베이 조사 관측으로 부여된 이름을 갖고 있었다. 이는 미시 중력렌즈 효과(6.5.1절 참조)에 의해 야기된 뚜렷한 별의 등급 변화를 찾는 서베이 관측이었지만 통과에 의한 밝기 되먹힘 감소도 탐지할 수 있었다.

통과 및 미시 중력렌즈 방법은 도플러 분광법에서 일반적으로 허용되는 적용 범위보다 더 넓게 적용할 수 있다. 약 5,000광년 떨어진 OGLE-TR-56의 먼 거리를 예로 들 수 있다. 먼 거리에도 불구하고, 이후 도플러 분광법에 의해 1.2일의 매우 짧은 궤도 주기값을 도출하여 이 행성(OGLE-TR-56 b)의 질량은 1.2 M_J로 결정되었다. 많은 다른 통과 방법을 통한 발견 결과들은 다른 서베이 관측, 특히 케플러 위성 관측(그림 7.3)으로 재확인되었다. 단일 통과 관측으로 행성의 반경(질량과는 반대로)을 알 수 있으며, 6.4.1절에서 설명했듯이 행성의 대기를 분석하는 기회를 제공하는 동시에, 궤도 주기상에서 극대와 극소 사이의 간격을 결정한다. 항성의 밝기는 도플러 분광법에서보다 통과 검출에서 덜 민감하며, 통과 측광에 의해 검출된 가장 먼 거리의 외계행성은 28,000광년 거리의 SWEEPS-11 별을 공전하는 뜨거운 목성에 해당한다.

그림 7.3 우주에 있는 NASA의 케플러 망원경을 표현한 상상도(관측 영역 일부가 배경에 표시되어 있음). 케플러 망원경은 2009년 관측을 시작하여 2017년까지는 여전히 관찰을 수행하였으나 반작용 휠의 고장으로 지향 능력에 제한이 있었다. (NASA Ames/JPLCaltech/T Pyle)

이제 알려진 외계행성계를 보다 자세히 살펴보고자 한다. 7.2절에서 모성의 속성에 이어 외계행성들의 속성이 계략적으로 설명되어 있다. 관측의 선택 효과 때문에 주로 지구 질량 정도의 행성들은 초기에 잘 발견되지 않았으며, 대부분이 생명을 보유할 것 같지 않은 거대행성이었다(일부 검출되지 않은 거주 가능한 위성들을 가질 수 있었지만 말이다. 7.5절 참조).

이 관측적 편향(선택 효과)은 오늘까지도 지속되고 있고, 넓은 범위의 질량과 궤도 크기에 걸친 행성의 실질적 풍부함을 받아들일 만큼의 충분한 데이터를 보유하고 있다. 7.3절에서 우리는 거대행성의 안쪽 궤도로의 이주와 별의 거주 가능 지역에서 지구와 같은 행성의 안정성에 미치는 영향을 살펴본다.

7.4절에서 우리는 우리 태양계가 얼마나 전형적인가에 대해 알아보고, 지금까지 발견된 생명체의 거주 가능성이 가장 높은 외계행성에 대해 설명하겠다.

질문 7.1

그림 6.24의 그래프를 이용하여, 그림 6.24a~c의 시선속도의 진폭을 측정한다. 결과를 (a) $m\,s^{-1}$로 표현하고, (b) 주거 지역에서의 차량 속도 제한(영국에서는 시속 30마일, 이는 $13.4\,m\,s^{-1}$에 해당)의 배수로 표현하라.

7.2 외계행성계

7.2.1 알려진 외계행성계의 별

초기 도플러 분광기는 일반적으로 F, G, 또는 K(글상자 7.1) 분광형에 해당하는 주계열의 별들인 '태양과 같은 별'에 전념하여 외계행성을 검색하였다. 태양의 분광형은 G2이며, G0 별의 특성과 크게 다르지 않다. 태양과 유사한 별은 선명한 스펙트럼 선들과 우수한 표면 안정성을

글상자 7.1 | 별과 별의 분류

별은 태어날 때 주로 두 가지의 가장 가벼운 원소인, 수소(H)와 헬륨(He)으로 만들어진다. 이 원소들은 우주를 지배하고 있고 태양은 젊었을 때 약 73%의 수소, 25%의 헬륨, 그리고 2%의 기타 원소로 구성되었을 것이다. 천문학에서 H와 He 이외의 원소는 무거운 원소로 불리며, 천문학자들은 금속원소로 부른다. 무거운 원소의 비율은 별의 **금속성**(metallicity)으로 불린다. 지구 질량의 99% 이상은 무거운 원소이지만, 거대행성인 목성은 젊은 태양과 매우 흡사하다. 하지만 분명히 태양보다 무거운 원소의 비율이 더 높고, 아마도 5~10% 정도일 것이다.

오늘날 우리가 보는 태양을 포함한 모든 별들은 태어날 때 거의 같은 구성성분을 가진다. 가장 큰 차이는 금속성에 있으며, 탄생 초기 대부분의 별의 금속성은 0.05~3% 수준이다. 이들의 진화는 (가까운 동반성에 의한 간섭이 없다면) 거의 질량에 의존한다. 만약 질량이 0.08 태양질량(0.08 $M_\odot$)보다 크다면, 어느 순간에 별의 중심핵이 수소가 헬륨으로 변환되는 핵융합 반응이 유지될 만큼 충분히 뜨거워진다. 핵융합 반응은 이 별을 매우 안정된 상태로 유지하는 에너지를 방출한다. 그리고 이 별은 **주계열 별**(main sequence star)로 불리며 별의 수명에서 이 단계의 시점이 이 별의 0살(zero-age)로 표현된다. 주계열 단계에 있는 동안의 별의 광도는 대략 세 배로 증가하고, 이 단계를 거치는 동안 증가율이 꾸준하게 커진다.

표면 온도(핵융합이 발생하는 핵의 온도보다는 훨씬 낮은 온도)는 10% 정도로 훨씬 작게 변한다. 표 7.1은 주계열의 수명 중, 대략 중간에 해당하는 전형적인 경우에서 광도와 표면 온도가 어떻게 질량에 의존하는지를 보여준다.

■ 표 7.1을 보면, 1.6 $M_\odot$ 질량을 갖는 별의 주계열 수명, 광도, 그리고 표면 온도가 0.79 $M_\odot$ 질량을 갖는 별의 경우와 얼마나 차이가 나는가?

❑ 주계열의 수명은 약 5배 짧고, 광도는 12배 정도 더 크고, 표면 온도는 1.4배 더 크다.

표 7.1 네 번째 열은 별의 분광형이며, 본질적으로 표면 온도를 명시하는 방법이다. 분광형은 추론된 온도로부터 항성 스펙트럼의 관측된 특성이 결정되기 때문에 표면 온도보다 널리 사용된다. 이 분광 계급 명명의 속성은 영향력을 주지 않을 것이며, 알파벳과 온도로 이루어진 형태의 임의적인 조합의 이유도 마찬가지이다. 이것은 엄밀하게는 역사적인 이유이다. 목적에 맞게 주계열 표면 온도에 대한 대용으로 별의 분류를 사용할 수 있다. 온도는 O, B, A, F, G, K, M순으로 감소한다. 각 계급은 0, 1, … 9로 세분되며 숫자가 증가함에 따라 온도가 감소한다.

■ 다음의 분광형을 온도가 감소하는 순서로 배열하라: M5, A9, G2, B0, G5.

❑ B0, A9, G2, G5, M5.

분광 계급 계열의 통용되는 연상법은 'Oh Be A Fine Guy/Girl, Kiss Me'이며, 현대적 버전은 'Only Boys Accepting Feminism Get Kissed Meaningfully'이다.

특정 질량을 갖고 탄생하는 별의 구성비율은 질량이 작아질수록 급격하게 증가한다. 예를 들어 0.5 $M_\odot$ (분광형 M)의 별이 2 $M_\odot$ (분광형 A)보다 약 25배 더 많다. 풍부한 주계열의 M 별은 매우 작은 크기로 인해, **M 왜성**(M dwarfs)으로 불린다. 프록시마 센타우리가 한 예이다. (주계열 K와 M 별들은 때때로 동시에 '붉은 왜성'으로 표현된다.)

주계열 수명의 기간은 표 7.1에서 보듯이 질량이 증가하면서 감소하는 경향으로 별의 질량에 매우 민감하다. 별의 주계열에서의 수명은 별의 핵에 있는 수소가 헬륨으로 융합하면서 지속하기에 충분한 에너지를 방출하는 과정이 더 이상 충분하지 않을 때 끝난다. 후속 사건들은 극적이고 주계열의 수명보다는 매우 짧은 기간에서 이루어진다. 8 $M_\odot$까지의 별은 크게 팽창하여 **적색 거성**(red giant)이 되어 식는다. 그런 다음, 질량의 상당 부분을 우주 공간에 날려버리고, 지구 크기의 매우 뜨겁고, 밀도가 높은 거대한 잔해를 남기고 이후에는 매우 천천히 식는다. 이 잔해를 **백색 왜성**(white dwarf)이라고 한다. 질량이 더 큰 별의 종말은 훨씬 더 극적이다. 그런 별은 팽창하여 초거성이 되고 이후 **중성자 별**(neutron star)이라 불리는 지름이 수십 킬로미터나 되는 매우 고밀도의 천체가 되거나, **블랙홀**(black hole)로 불리는 특별한 잔재를 남기고 거의 모든 질량이 우주로 퍼트려지는 (타입 II) 초신성 폭발을 겪게 된다. 펄서는 중성자별의 특이한 한 종류임에 주목하라.

표 7.1 질량이 다른 주계열 별의 특징

질량($M_\odot$)	광도($L_\odot$)	표면 밝기(K)	분광형	주계열 수명(100만 년)
23	87,000	35,000	O8	3.0
17.5	40,000	30,000	B0	15
2.9	50	9,800	A0	500
1.6	5.7	7,300	F0	3,000
1.05	1.35	5,940	G0	10,000
0.79	0.46	5,150	K0	15,000
0.51	0.070	3,840	M0	200,000
0.21	0.0066	3,170	M5	매우 길다.

가지고 있기 때문에 도플러 분광 방법을 이용하기 적합하고 그 때문에 밝기가 밝은 예들이 많이 있다. 또한 아득하게 먼 곳에서 생물권을 발전시키고 검출될 수 있을 만큼 충분히 긴 주계열에서의 수명을 가진다.

■ 왜 모성의 주계열 단계 이후의 수명을 포함할 수 없는가?

☐ 모성이 주계열 단계를 끝낼 때에 그 행성에 존재했을 수도 있는 어떠한 (기술적인 것이 아닌) 생명도 주계열 이후 상태에서는 살아남지 못할 것이다.

제2장에서 단단한 철의 형성과 탄소 동위원소 증거의 존재가 지구가 형성된 후 600~700만 년이 된 지구에서 생명체가 출현했을 수도 있음을 제시했음을 상기하라. 생명체를 멀리서 감지하는 것은 극단적으로 어려웠을 것이지만, 생명이 대기를 크게 바꿔 놓은 후에는 쉬워졌을 것이다(2.4.4절). 지구에서는 이 경우가 약 20억 년이 되었을 때 일어났다. 그때쯤 산소 광합성이 대기 중 상당한 산소의 증가를 야기시켰고, 제8장에서 이것이 어떻게 지구에서 연구하는 외계 행성의 검출이 될 수 있을지를 보게 될 것이다. 그러므로 만약 지구의 역사가 적절한 기준이라면, 태양과 유사한 별들(F, G, K 분광형)은 우리가 알고 있듯이 생명체가 거주 가능한 영역이 행성에서 정착 서식할 수 있을 정도로 주계열 단계에서 충분히 긴 수명을 보낸다.

M 왜성들이 초기에 외계행성 탐색의 표적이 되지 않았지만, 별의 비율이 O형에서 M형으로 크게 증가하여, M 왜소성들이 단연코 가장 흔하다. 그리고 주계열에서 아주 긴 수명(표 7.1)을 가지고 있다. 초기 외계행성 탐색에서 이들이 무시된 이유는 부분적으로 더 복잡한 스펙트럼 선들과 낮은 밝기, 이 두 가지가 시선 속도 연구에 방해가 되는 요인이었기 때문이다.

별의 생명체 거주 가능 지역이 극도로 근접한 경우도 문제가 될 것으로 생각되었다. 거주 가능 지역이 항성풍을 내는 별로부터 최소한 표면의 일부에서 물이 액체로 존재하는 지구와 유사한 행성 사이의 거리임을 상기하라(2.3절). 그림 7.4는 젊은 M0 별과 젊은 태양(G2)과 같은 별의 거주 가능 지역을 보여준다. 젊은 M0 별은 낮은 밝기를 가지고 있어 거주 가능 지역이 별에 가깝고, 심지어 M1~M9보다도 가깝다. 거주 가능 지역에 있는 어떤 행성이라도 행성이 동주기 공전을 하기에 충분히 무거운 별과 이 별과 행성 사이의 조석 상호작용이 있어야만 한쪽 반구만 별을 마주 보는 동주기 회전을 유지한다. 달이 지구에 하는 것처럼 조석 상호작용은, 글상자 4.2에서도 설명되었듯이 동주기 회전도 언급되었으나 가열 효과가 주요 관심사였다. 동주기 회전이 이루어지게 되면 별을 마주하지 않는 쪽 행성의 반구 표면은 극도로 차가워질 수 있다. 어떤 이들은 이것이 전체 대

거주 가능 지역의 내부 경계와 외부 경계 사이에 있는 '거주 가능 지역 내부'와 거주 가능 지역의 안쪽 경계보다 별에 더 가까운 지역인 '거주 가능 지역 안쪽'의 구분에 주목하라.

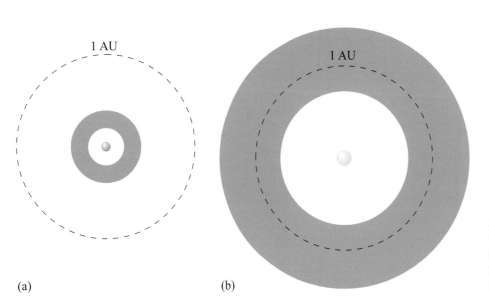

그림 7.4 거주 가능 지역(파란색으로 칠해진 영역). (a) M0 주계열성 별 주변, (b) 별이 젊을 때 (태양과 같은) G2 주계열성 주위. 거주 가능 지역 경계에 적용되는 중간 기준이 채택되었다(1 AU는 지구 궤도의 반경이다).

기를 한쪽 반구에 응축시켜 표면에서 서식할 생명체를 제한시킬 것이라고 주장해왔다. 그러나 아마도 충분히 풍부한 대기는 이것을 예방할 수 있을 만큼 반대쪽 반구를 따뜻하게 유지하기에 충분할 정도로 격렬하게 순환할 것이다.

질문 7.2

별이 약 50억 년이 되었을 때 거주 가능 지역이 어디에 위치할지를 보이도록 그림 7.4를 다시 그려보자. 예측의 근거를 작성하라. 정확한 위치가 아닌 해당 구역의 이동을 지시하여 나타내라(힌트 : 주계열 별의 광도가 나이가 들면서 어떻게 되는지 생각해보라).

2009년 케플러 우주 망원경이 가동되었을 때, 작고 희미한 별 앞에 있는 행성의 이동이 상대적으로 광도 곡선에 큰 영향을 주었기 때문에 M 왜성을 공전하는 외계행성을 찾는 데 큰 성공을 거두었다. M 왜성 주변의 더 안쪽 궤도에서는 행성의 통과가 더 빠르게 되어 더 자주 탐지된다. 케플러 관측을 시작한 지 불과 4년 만에 이미 M 왜성 중 90%가 50일 주기 미만의 $0.5 \sim 4\, R_E$ 정도의 크기를 갖는 행성을 가지고 있음을 알게 되었다. 그리고 그중 대략 50%는 $0.5 \sim 14.4\, R_E$ 크기임을 보고했다. 이 정도 크기 범위는 **지구와 유사한 외계행성**(Earth-like exoplanet)으로 분류된다. 연구 결과에 따르면 20개 중 약 1개의 M 왜성이 거주 가능 지역에 지구와 유사한 외계행성을 가지고 있음을 보고했다.

행성을 가지고 있는 것으로 알려진 별들의 20% 이상이 2개 이상의 외계행성을 갖고 있는 것으로 확인되었고 2017년에는 7개의 별이 6개 또는 7개의 확인된 행성들을 가지고 있고, HD 10180의 경우 최대 9개의 외계행성을 가진 것으로 나타났다. 여기서 확실한 것은 우리 태양계가 독특하지 않다는 것이다. 외계행성들은 많은 가능한 방법으로 배열될 수 있다. 그림 7.5는 HD 10180가 갖는 외계행성계의 배치 모형이다. 별은 분광형 G1으로 태양과 매우 유사해보이나 행성계는 상당히 작은 반경의 궤도 범위를 갖고 대부분의 행성들의 질량이 해왕성과 비슷하다(표 7.2).

7.2.2 외계행성의 종류

관측된 많은 수의 외계행성에 대해 분류가 이루어지면서, 편의상 외계행성을 표현하기 위한 몇 가지 용어가 사용되었다. '뜨거운 목성'과 '유사한 지구'는 이미 구분되었다. 표 7.3에 공통적으로 사용되는 용어가 추가된 것을 볼 수

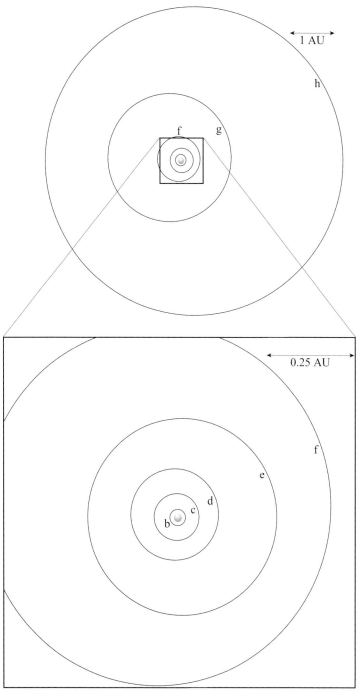

그림 7.5 시선속도 측정 방법에 기초한 HD 10180의 7개 행성 배치 모형이다. 표시된 행성들 중 b만이 지구와 유사한 질량을 지닌 것으로 보이지만 불확실하다.

표 7.2 도플러 분광학으로부터 예측된 G1형 분광형 별 HD 10180의 행성들

	b	c	d	e	f	g	h
P(일)	1.18	5.76	16.4	49.8	123	596	2300
a(AU)	0.022	0.064	0.13	0.27	0.49	1.4	3.5
$M_p \sin i_0 (M_E)$	1.3 ± 0.8	13 ± 2	12 ± 2	25 ± 4	24 ± 1	21 ± 3	65 ± 31

있다. 하지만 모두가 동의할 엄격한 정의는 아니다. 크기에 대한 정의는 통과 관측을 이용하면 반지름을 알 수 있고, 도플러 분광법에 근거하여 질량을 예측하게 된다.

표 7.3 외계행성을 표현하기 위해 사용되는 용어 몇 가지

구분	규모	설명
뜨거운 목성	$0.4 \sim 12\, M_J$	항성에 가까워 짧은 주기(1~110일) 궤도를 갖는 목성형 행성
뜨거운 해왕성	$\sim 0.05\, M_J$ $\sim 20\, M_E$	항성으로부터 약 1AU 이내의 해왕성형 행성
작은 해왕성	$0.01 \sim 0.03\, M_J$ $4 \sim 10\, M_E$	얼음이나 암석 위로 두꺼운 수소와 헬륨의 대기를 가짐
거대 지구	$1.4 \sim 10\, M_E$ $1.2 \sim 2\, R_E$	풍부한 대기를 포함하면 소형 해왕성의 상단 범위와 중복됨
물의 세상	$1.4 \sim 10\, M_E$ $1.2 \sim 2\, R_E$	질량의 10% 정도에 해당하는 전지구적 바다를 가진 수퍼지구
유사 지구	$0.5 \sim 1.4\, R_E$	보통 온도보다는 크기(또는 질량)에 근거함

7.2.3 외계행성의 질량

그림 7.6은 통과 관측법 없이 도플러 분광법만으로 관측된 경우로, 궤도 경사각이 90° 부근인 외계행성들의 0~0.5 M_J, 0.5~1.0 M_J 등의 질량 범위에서 측정된 $M_p \sin i_0$ 값의 분포이다. M_p는 행성의 실제 질량이며, i_0는 하늘 면에 대한 궤도의 기울기이다. 통과-반지름 속도법에서는 M_p가 아닌 $M_p \sin i_0$를 얻을 수 있음을 확인하라(6.6.2절). 13 M_J 이상의 외계행성들에서는 적용하지 않는다. 왜냐하면 그 경우에는 행성보다는 항성으로 분류되기 때문이다. 그러한 거대한 질량은 대부분 대량의 수소 및 헬륨으로 만들어진 항성의 구성체가 될 것이다. 13 M_J는 내부 깊은 하부에서 중수소(^{2}H) 열 핵융합을 하기에 충분히 뜨거운 수준을 넘어서며 이것은 갈색 왜성이 만들어지는(7.1절) 임계값 정도이다. 이 융합 과정은 1,000 Ma 단위에까지 지속될 수 있다. 비록 중수소 양은 풍부하지 않지만, 비교적 질량이 작은 천체에서는 적당한 온도에서 서서히 소비된다.

약 80 M_J(0.08 $M_\odot$)보다 큰 질량의 별의 내부 온도는 매우 풍부한 동위원소인 ^{1}H(풍부한 에너지의 원천)가 융합 반응을 시작할 만큼 충분히 높아서 이 별은 주계열 단계로 진입한다(글상자 7.1). 따라서 80 M_J는 갈색 왜성의 질량 상한선이 된다. 동시에 주계열성으로 진화할 수 있는 천체의 질량 하한선이다.

이것은 그림 7.6의 행성 중 실제로 얼마나 많은 행성이 갈색 왜성으로 가능한지에 관한 문제로 i_0가 매우 작고 실제 질량이 13 M_J 이상일 경우로 제한된다.

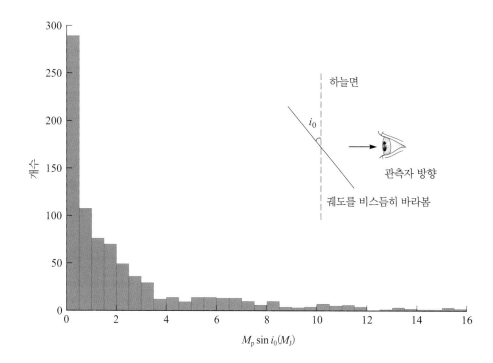

그림 7.6   2017년 말까지 도플러 분광법으로 측정된 외계행성에 대한 $M_p \sin i_0$의 분포 (삽도 : illustration of i_0)

■ 만약 외계행성이 $M_p \sin i_0 = 4.5\ M_J$이고 $i_0 = 5.7°$의 값을 갖는다면, 이 외계행성의 실제 질량은 얼마일까?

☐ $M_p = 4.5\ M_J / \sin 5.7° = 4.5\ M_J / 0.099 \approx 45\ M_J$

통계 자료에 따르면 그림 7.6의 외계행성 중 매우 일부만 갈색 왜성이 될 수 있다. 외계행성의 궤도 방향이 무작위이면, 소수만이 실제 질량을 $M_p \sin i_0$ 값의 두 배 이상으로 가질 것이다. 도플러 분광법으로 발견된 외계행성이 모항성을 통과하는 방법으로도 관찰될 수 있다면(7.1절), 거의 누워진 궤도여야 한다. 사실 $i_0 \geq 87°$이면, $\sin i_0$는 1에 근접하여 충분히 행성 후보로 다루어질 수 있는 예시가 된다. 또한 우리는 원시행성 원반의 잔재물로 추정되는 먼지 고리가 수반되는 별의 영상을 보는 경우 i_0를 추정할 수 있다. 만약 고리가 원형으로 보이면 i_0는 0에 매우 가깝다. 그러나 만약 타원형이라면 그 모양을 사용하여 궤도 경사 각도를 추정할 수 있다. 엡실론 에리다니(Epsilon Eridani) b는 도플러 분광법으로 관측된 예로 $M_p \sin i_0 = 1.6\ M_J$으로 발견 당시 보고되었다. 하지만 이 별은 먼지 고리를 가지고 있었고 이를 통해 i_0가 $30 \pm 3°$인 것으로 추정되었다. 따라서 주어진 엡실론 에리다니 b 질량은 $M_p \sin i_0 = 3.2\ M_J$이다.

다음과 같이 실제 엡실론 에리다니 b 질량을 계산할 수 있다.

$$M_p = \frac{1.6\ M_J}{\sin 30°}$$
$$= 2.0 \times 1.6\ M_J$$
$$= 3.2\ M_J$$

통과 방법으로 대다수의 외계행성 발견이 이루어진 이후에는, 더 이상 통계적 방법이나 먼지 고리에 의한 질량 추론에 의존하지 않아도 된다. 그림 7.7은 그림 7.6과 같은 시기에 i_0가 알려진 모든 외계행성에 대한 질량 분포 막대 그래프를 보여준다.

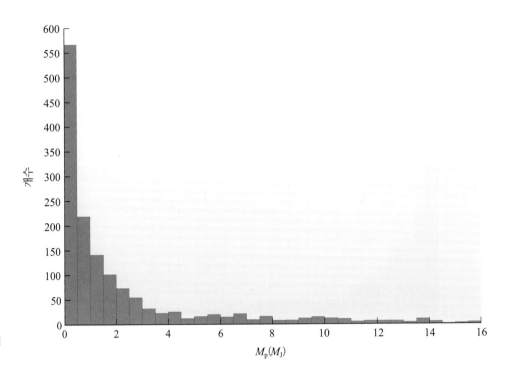

그림 7.7 2017년 말까지 i_0가 알려진 외계행성의 M_p에 대한 개수 분포

■ 그림 7.7과 그림 7.6을 비교해보자. 두 분포의 양상에 중요한 차이점이 보이는가? 그림 7.6의 유용성에 대해 어떤 결론을 내릴 수 있을까?

□ 그림 7.7은 실제로 거의 두 배나 많은 외계행성을 기반으로 하므로 더 대표성을 띠어 보이지만, 이 둘은 매우 유사해보인다. 두 도표에서 2.0~$2.5\,M_J$와 4.0~$4.5\,M_J$ 구간을 비교해보면, 그림 7.6은 실제로 2.0~$2.5\,M_J$ 구간에서 상대적으로 훨씬 많은 외계행성을 가지고 있어서 분포의 모양에 있어 약간의 차이가 있다. 그러나 어쨌든 도플러 분광법만으로도 상대적으로 외계행성 질량 범위에 대한 충분히 양적으로 좋은 데이터를 확보할 수 있다는 데 의심의 여지가 없다. 그리고 $2\,M_J$보다 작은 외계행성이 $2\,M_J$보다 큰 외계행성보다 더 많이 알려져 있다.

질문 7.3

$M_p \sin i_0$ 방법으로 $0.0061\,M_J$의 질량으로 알려진 가장 작은 외계행성 중의 하나인 글리제 581 e를 살펴보자. 이 행성에 대한 M_p의 상한선은 얼마인가? 지구 질량 단위로 표현하라.

그림 7.6과 7.7은 발견된 가장 작은 질량을 갖는 행성들의 질량을 나타내지는 않는다. 이를 확인하려면 그림 7.7의 질량이 작은 부분을 지수 눈금으로 바꿔야 한다. 그림 7.8에서 보이는 것은 지구 질량 정도의 외계행성이 발견되기 시작한 때에 밝혀졌다. 가장 작은 질량의 예들(백색 왜성을 공전하는 붕괴하는 작은 행성으로 의심이 되는 천체를 포함)을 제외하면, 가장 작은 질량으로 확신이 드는 행성은 M 왜성을 공전하는 $0.07\,M_E$ 화성 규모의 행성인 케플러-138b이다. 이 별이 가진 다른 2개의 알려진 행성(두 경우 모두 지구와 유사하다)과 마찬가지로 통과 방법에 의해 발견되었고 그 질량은 통과 시계열 관측에 의해 두 배 비율로 확신되었다.

- ■ 케플러-138b의 공전 운동 특성이 통과 관측의 결과로 예측될 수 있는가?

- ☐ 별의 광도 곡선에서의 움푹 파인 깊이로부터 이 천체의 반경(식 6.25)을 예측하고, 통과 현상 사이의 간격으로부터 궤도 주기를 결정할 수 있다. 그런 이유로 궤도 반경을 계산 하는 데 이용되었을 것이다.

- ■ 그림 7.8에서 케플러-138b는 어디에 위치하는가?

- ☐ 이 천체의 질량은 0.07 M_E이므로 왼쪽에서 세 번째 열(7×10^{-2} M_E)에 표시되는 단일 외 계행성이어야 한다.

7.2.4 외계행성의 크기와 구성

천문학자들은 상세한 관측과 모형 계산으로부터 목성은 태양이나 다른 주계열성이 핵융합하 기 전 단계의 아주 젊었을 때와 크게 다르지 않은 구성을 가지고 있음을 알고 있다. 질량의 비 율에 따라, 젊은 태양은 수소 73%, 헬륨 25%, 중금속 2%(글상자 7.1)였다. 목성은 이것에 근 접한 조성을 가질 수 있거나, 형성의 양상에 따라 무거운 원소 질량이 5~10%의 정도로 풍부 할 수 있다(글상자 7.2 참조). 어쨌든 여전히 수소와 헬륨이 거의 대부분이어야 한다.

이제는 연구 논문에 보고된 상당한 개수의 외계행성 통계자료 덕분에 우리가 가진 질문들 중에 어느 목성 질량 범위의 외계행성이 얼음, 규산염 및 철이 풍부한 지구와 같은 구성을 가 지고 있는지 답해 볼 수 있다.

■ 어떤 외계행성이 목성(318 M_E)과 질량이 같고, 평균 밀도는 지구의 밀도와 같다고 가정하자. 이때 이 행성의 반경을 지구의 반경 R_E으로 계산하라(단, 반경이 R인 구형체의 부피 V는 $4\pi R^3/3$이다).

□ 밀도 ρ는 다음과 같이 주어진다.

$$\rho = \frac{M}{V} = \frac{M}{\left(\dfrac{4\pi R^3}{3}\right)}$$

여기서 M은 질량에 해당하고, 방정식은 아래와 같이 변환 가능하다.

$$R = \sqrt[3]{\frac{M}{\dfrac{4\pi}{3}\rho}} = \left(\frac{M}{\dfrac{4\pi}{3}\rho}\right)^{1/3}$$

그러므로, 목성 질량 외계행성

$$R = \sqrt[3]{\frac{318M_E}{\dfrac{4\pi}{3}\rho_E}}$$

그러나 지구의 경우는

$$R_E = \sqrt[3]{\frac{M_E}{\dfrac{4\pi}{3}\rho_E}}$$

그러므로

$$\frac{R}{R_E} = \sqrt[3]{\frac{318M_E}{\dfrac{4\pi}{3}\rho_E}\frac{\dfrac{4\pi}{3}\rho_E}{M_E}}$$

$$= \sqrt[3]{318}$$

$$= 6.8$$

질량이 큰 외계행성의 내부 압력은 지구 정도의 경우보다 훨씬 클 것이므로, 내부는 압축되어 밀도가 더 커질 것이다. 지구와 유사한 조성을 가진 목성 질량의 행성이 가질 반지름은 5~6 R_E 정도일 것이다.

실제 목성의 반경은 $R_J = 11\ R_E$이 해당된다. 지구와 조성이 같지 않기 때문에 이 같은 큰 반경을 가질 수 있다. 즉, 비슷한 압력에서 수소, 헬륨은 얼음, 규산염 및 철보다 밀도가 낮아, 규산염 및 철의 행성이 같은 질량의 수소-헬륨 행성보다 작은 크기가 된다. 그러므로 조성을 추론하는 한 가지 방법으로 알려진 질량의 외계행성의 직경을 측정하는 것이 가능하다. 사실상, 평균 밀도를 결정하게 된다.

도플러 분광법으로 HD 209458 b를 발견할 당시, 이 별은 3.52일의 짧은 주기로 겉보기 밝기가 감소하는 것으로 밝혀졌는데, 이것은 이 별의 궤도주기와 행성의 궤도주기가 정확히 같아야 한다. 주기적인 밝기 감소는 별의 앞을 지나는 행성의 통과식에 인한 것이다(그림 7.2).

따라서 시선 속도와 별의 질량 M_*를 사용하여 행성의 질량이 $0.69\,M_J$(식 6.26)임을 결정할 수 있다. 이제 이 천체는 확실히 뜨거운 목성에 해당한다. 별의 감광 정도로부터 행성의 반지름이 지구 반지름의 약 15배인 $1.35\,R_J$로 계산된다(식 6.25).

거대한 크기에 비해 작은 질량을 가지므로 확실히 얼음-규산염-철 성분은 배제된다. 그러나 왜 이 외계행성은 목성 반지름의 1.35배나 되지만 목성의 질량의 0.69배밖에 되지 않는지에 대한 질문을 야기한다. 그 해답은 단지 0.045 AU(1 AU는 지구 궤도의 장축단반경)밖에 되지 않는 별과 행성과의 짧은 거리이다. 별에 가깝다 하더라도 행성 대기의 열팽창은 적은 영향을 받는다. 더 중요한 것은 별의 열이 행성의 냉각 속도에 미치는 효과이다. 질량이 $0.69\,M_J$인 수소-헬륨이 풍부한 행성이 형성 직후부터 별로부터의 거리가 이 정도 가까운 거리에 있었다면, 별의 열은 행성의 냉각 속도를 늦추었을 것이고, 더 멀리 있을 때보다 더 크게 그 영향을 유지하게 될 것이다. 큰 크기에서 이 행성이 수소-헬륨이 풍부한 천체일 뿐만 아니라 형성 직후부터 별과 가까워 있었음을 알 수 있다. 7.3.1절의 후반부를 참고할 수 있다.

대기의 조성 정도를 구할 수 있는 다른 방법은 별의 스펙트럼에서 행성 대기의 흔적을 조사하는 것이다. 실제로 2001년 허블 우주 망원경이 HD 209458 b의 통과식이 있는 동안 항성 스펙트럼에 겹쳐지는 나트륨 수증기의 증가로 인한 흡수를 발견함으로써 대기의 조성이 감지된 첫 번째 외계행성이 되었다. 나트륨은 비교적 검출하기 쉽지만, 이후 수소, 탄소, 산소는 행성의 '표면' 위의 거의 세 배 행성 반경으로 확장되는 포피에서 발견되어 약 1만 K의 온도에 도달한다. 이탈하는 수소는 다른 원소의 더 무거운 원자(아마도, 검출되지 않은 헬륨을 포함하여)를 동시에 이끌고 나간다. 지난 50억 년 동안의 질량 손실 비율은 행성의 원래 질량의 약 7%의 손실과 같다고 추정될 수 있다.

질문 7.4

HD 209458은 $9.7\,R_J$의 반경을 가진 비교적 태양과 유사한 천체이다. 그림 6.13에서 HD 209458 b가 별 앞을 지나갈 때 겉보기 광도는 1.6% 감소한다. 식 (6.9)를 사용하여 지구의 반지름 $(0.090\,R_J)$과 같은 반경을 가진 행성이 통과할 때 별의 겉보기 광도의 비율 감소를 계산한다. 지구 대기를 통과하여 관측하는 것으로 신뢰할 수 있는 검출 한계는 약 0.1% 이하의 광도 감소로 가정하면 지상의 망원경으로 지구-반경 행성의 통과를 감지할 수 있다.

질문 7.5

이 행성의 질량을 $M_p \sin i_0 = 1.9\,M_J$로 가정하자. 통과식으로 반경이 $1.2\,R_J$로 관측이 되었다. 어떻게 이 천체가 수소-헬륨 거대행성일 것으로 결론지을 수 있는지 보이라.

실제로 목성 정도의 질량을 가진 외계행성의 전형적인 특징은 심지어 별에 가까운 경우조차도 목성의 구성에 일치하는 크기와 밀도를 가진 것으로 밝혀졌다. 이것은 7.3절에서 형성된 위치에 관련한 고려해야 할 제약 조건에 해당한다. 그렇다면, 지구와 더 유사한 외계행성이라면 어떨까?

그림 7.9는 행성 반경이 행성 질량에서 결정될 수 있는 매우 유용한 다이어그램으로, 두 가지 물리량이 알려진 외계행성으로부터 얻은 것이다. 이들 중 일부는 통과식 방법에 의해 발견된 이후 도플러 분광 방법에 의해 확인되었고(가장 질량이 작은 것으로 알려진 케플러-138 b

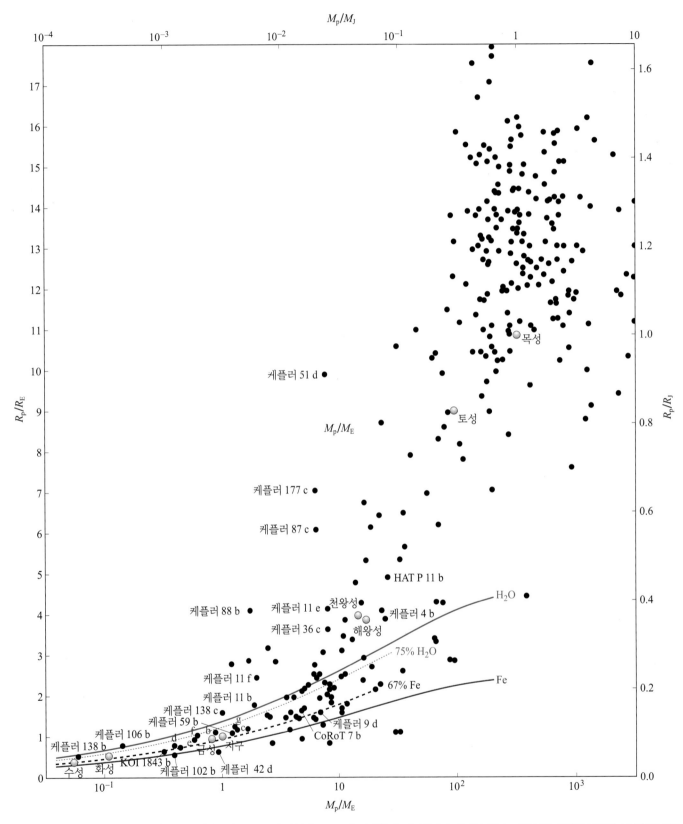

그림 7.9 통과하는 외계행성의 반경이 질량(지구의 R_E, M_E 및 목성의 R_J, M_J에 비례함)에 대비하여 표시되어 있다. 기준선은 다양한 조성을 고려하여 예측되는 질량-반경 관계를 보여준다. H_2O는 물로 된 얼음이며, 이 선 위의 모든 행성들은 실질적인 H/He 외피를 반드시 가져야 한다. 75% H_2O는 22%의 규산염과 3%의 철이 함유된 물이다. 67%의 F_e는 지구와 유사한 지구형 행성(규산염 질량이 33%)이다. 철은 순수한 철이다. 비교를 위해 태양의 여덟 행성들이 표시되었다. 일부 개별 외계행성에 이름이 표시되었다. 빨간색 글자 b-g는 TRAPPIST-1 시스템의 행성 b-g를 지시한다(7.4.1절).

를 제외한 경우에서는 통과 시간의 변화로부터 질량을 구한다), 이 외의 경우에는 도플러 분광법에 의해 발견된 후 통과식 방법에 의해서도 검출되었다. 이 그림은 질량과 크기 모두에서 지구와 같은 외계행성을 탐지할 수 있게 되었음을 보여준다. 다양한 조성의 반지름과 질량 사이의 이론적인 관계를 나타내는 선을 주시하라. 그러나 가시적인 **물의 세상**(waterworld)이 밀도가 높은 대용량의 대기로 둘러싸인 다량의 철과 또는 규산염을 가진 핵으로 대체될 수 있음을 유의하라.

■ 그림 7.9에서 순수한 철의 조성을 나타내는 선 아래에 표시된 외계행성에 대해 어떤 결론을 내릴 수 있는가?

□ 순수한 철보다 밀도가 높은 행성은 매우 특이하고 존재하기 어려운 조성을 가지고 있다. 모형으로 계산된 철의 밀도가 (몇몇 M_E의 행성 깊숙한 곳) 매우 높은 압력에서 과소평가되어 선을 더 낮게 이동시켰거나, 또는 선 아래에 표시된 외계행성의 크기가 과소평가되어져 있을 수 있다.

7.2.5 외계행성 궤도

그림 7.10은 2017년 후반까지 발견된 궤도 장반경(a)과 목성 질량 대비 행성의 질량의 관계를 보여준다. 점들이 밀집된 방향은 이전보다 발전된 기술에 의해 특정 특성을 가진 외계행성 탐지의 비교적 쉬워진 검출의 결과이다. 목성의 왼쪽에 있는 무리는 대부분 도플러 분광 방법에

그림 7.10 2017년도 후반까지 발견된 외계행성의 궤도 장반경(a)과 목성 질량 대비 행성의 질량 관계. 태양의 8개 행성은 비교를 위해 추가 표시되었다. 일부 개별 외계행성에는 표식이 붙어 있다. 빨간색 글자 b~g는 TRAPPIST-1 행성계의 행성 b~g를 지시한다(7.4.1절).

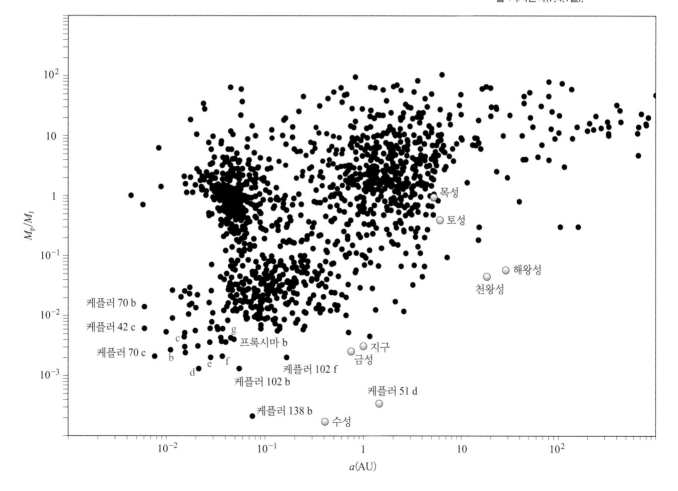

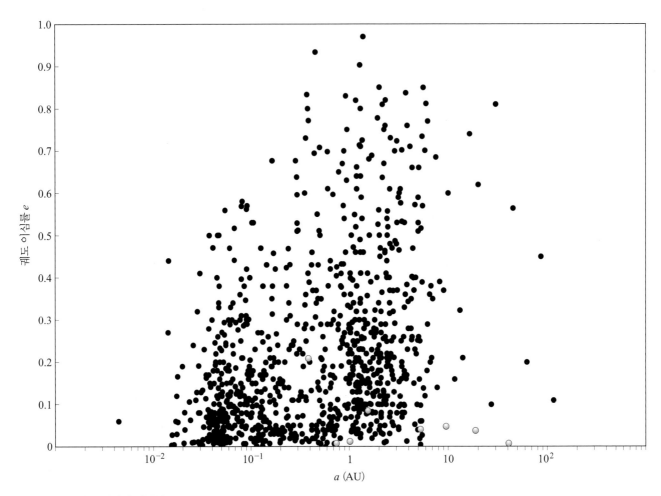

그림 7.11 2017년 후반에 알려진 외계행성의 궤도 장축단반경(a)에 대한 궤도 이심률 e에 해당한다. 비교를 위해 태양의 여덟 행성이 추가되었다.

의해 발견된 외계행성이지만 0.1 AU 미만의 대다수의 경우는 통과 방법에 의해 발견되었다. 10 AU보다 큰 장축단반경을 가진 경우의 대부분은 직접 영상으로 발견되었다.

질문 7.6

외계행성 OGLE-2013-BLG-0341L b가 미시 중력렌즈로 검출되었다. 이 천체의 질량은 약 0.005 M_J로 추정되며, 장축반경이 약 0.7 AU이다. 그림 7.10에 표시되어 있지만 이름표는 없다. 어느 점에 해당하는가? 왜 미시 중력렌즈 탐지 기술로는 이 천체에 대해 더 많은 것을 알 수 없을까?

그림 7.10은 궤도 편심 정도의 범위를 설명하지는 않는다. 알려진 외계행성의 약 절반은 궤도 이심률이 (e > 0.4인 약 15%를 포함하여) e > 0.1이다. 반면, 우리 태양계에서 가장 큰 이심률은 수성의 경우 0.2와 화성의 경우 0.09이다. 그림 7.11에서 궤도 장축반경에 대한 이심률이 표시되어 있다.

그림 7.10과 7.11의 눈에 띄는 특징은 장축단반경이 얼마나 작은가이다. 눈금은 지수적이다. 목성과 토성은 많이 발견된 외계행성들보다 더 멀리 떨어져 있다.

■ 그림 7.10과 7.11에서 별에 가까운 몇몇 행성들은 장축반경이 약 0.04 AU이다. 태양계의 가장 안쪽 행성인 수성 궤도의 장축반경은 0.387 AU와 비교하고, 태양 반경 6.96×10^8 m의 배수로 표현하라.

☐ 비율은 0.04 AU/0.387 AU = 0.10으로, 수성의 장축반경의 약 10분의 1이다. 태양 반경 = 6.96×10^8 m /1.50×10^{11} m AU^{-1} = 0.0046 AU. 따라서 비율은 0.04 AU/0.0046 AU = 8.7 이다.

태양계에서와 같이, 작은 질량의 외계행성은 철-규산염 천체이지만, 대부분이 수소-헬륨의 거대 천체(뜨거운 목성들)였다면 근접 천체들은 눈에 띄지 않을 것이다. 그러면 왜 근접 천체들이 현저한지를 보려면 거대행성의 형성을 설명하는 현존하는 두 가지 모형에 대해 알 필요가 있다. 글상자 7.2에 충분한 설명이 제시되어 있다.

글상자 7.2 | 행성의 형성

대부분의 천문학자들은 행성들이 중심별이 형성되는 과정에 원반에서 형성된다는 견해를 갖고 있다. 이전에, 이 모든 물질은 주로 수소와 헬륨으로 이루어진 성간 구름이 천천히 회전하는 조각들이었고, 그 자체의 중력으로 수축되기 시작했다.

각운동량의 보존은 수축을 하면서 회전 속도를 빠르게 했다(팔을 뻗었던 빙상 스케이트 선수의 회전 속도가 팔을 당기면서 증가하는 것과 동일한 이유). 분명하지는 않지만 중심으로의 수축, 증가하는 회전 속도 및 원반 내의 분자와 먼지 입자의 충돌은 그림 7.12의 상황과 유사할 것이다. 질량의 대부분은 별이 되는 중심의 고밀도 영역에 있으며, 몇 퍼센트의 질량은 별 주위를 돌고 있는 원반에 있다.

거의 모든 질량을 별이 갖는 것으로 마감이 되지만, 별과 원반은 같은 원소 구성을 가지고 있다. 각각의 질량 중 약 4분의 3은 수소이고, 약 4분의 1은 헬륨이며, 중금속의 비율인 금속성은 몇 퍼센트가 될 수 있다. 원반에서 일부는 무거운 원소의 화합물에 속하며, 주로 풍부한 수소(예 : 일반적인 얼음 물질인 CH_4, NH_3 및 H_2O)에 결합되지만, 서로 간에 흡착이 되기도 한다(예 : 규산염인 $FeMgSi_2O_6$). 거의 모든 무거운 원소는 초기에 원반 전체에 퍼진 먼지 알갱이 속에 있었다. 주요 예외는 네온 및 아르곤과 같은 화학적으로 반응하지 않는 것들인데, 이들은 기체로 남아 있다. 비감소성 먼지로 인해 충분히 낮은 금속성 성분은 행성 형성을 방해할 수 있다.

별이 형성되면, 원반을 가열하고, 먼지의 일부를 증발시켜 먼지의 구성에 방사상의 변화가 나타난다. 별과 아주 가까운 곳에는 먼지가 전혀 없고, 가스만 있을 뿐이다. 다음으로 먼지가 철과 규산염과 같이 가장 응축성 있는 화합물(가장 내화성이 강한 화합물질만)로 구성된 구역이 있다. 더 멀리 나가면 매우 중요한 경계를 접하게 된다. 여기서부터 물이 응결되어 얼음 성분의 입자를 형성할 수 있게 된다.

그림 7.12 예술가 율리안 바움은 행성이 형성되는 젊은 별과 나선형의 원반을 상상도로 나타냈다. 비스듬히 보이며, 원반은 원형이다(Julian Baum/Take 27 Ltd).

■ 무거운 원소 중 산소가 가장 풍부함을 감안할 때, 물의 상대적 함량은 어떠한가?

☐ 수소가 훨씬 풍부하기 때문에 물은 풍부한 화합물이 되어야 한다.

여기에서 물은 사실 수소와 헬륨보다 20배 더 풍부하다. 물이 응결되는 경계를 결빙선(iceline, 때로는 스노우 라인)이라고 한다. 태양계에서는 약 4 AU에 있었고, 이 경계에서 물과 얼음은 매우 풍부하기 때문에 먼지 입자의 질량이 상당히 증가한다.

내부 원반에서 먼지가 응집되어 킬로미터 크기의 행성계를 형성하고 이것은 결국 $0.1 M_E$의 질량을 갖는 행성 태아(planetary embryos)를 형성하고,

다음으로 지구의 질량에 이르는 몇 개의 철-규산염체를 형성한다. 결빙선 너머에는 물 얼음이 많기 때문에 몇몇 천체의 질량은 10 M_E 정도로 커진다. 이 **커널**(kernel) 질량의 중심은 원반으로부터 가스를 중력적으로 포획한다.

■ 이 가스는 무엇으로 만들어졌는가?

□ 주로 수소와 헬륨이다.

따라서 수소와 헬륨이 풍부한 거대한 행성들이 형성된다. 거대한 행성들은 거대한 중심부를 만들기 위한 H_2O가 없기 때문에 결빙선의 안쪽에서는 형성되지 못한다. 별 주변의 원반이 소멸되면 소위 T-타우리 단계에서 격렬한 바람을 발산하는 원시별의 강력한 활동으로 가스의 포획이 멈춘다. 가스의 포획 과정 내내, 아마도 이후 어느 정도 시간이 지난 때에, 얼음과 암석의 미행성체가 포획되어, 구성은 여전히 수소와 헬륨에 지배되지만, 더 많은 무거운 원소를 농축한다. 태양계에서 목성은 질량이 318 M_E이며, 이 모형에 의하면 5~10%는 무거운 원소일 것이다. 질량이 95 M_E인 토성은 무거운

원소의 총질량이 비슷하다면 비례적으로 더 많은 무거운 원소의 질량을 가진 것이다. 토성은 목성보다 질량이 작다. 왜냐하면 태양이 T-타우리 원시별 단계 초기 때 목성보다 더 천천히 형성되어 더 적은 가스를 포획했기 때문이다. 천왕성과 해왕성은 약 15 M_E에서 훨씬 더 천천히 형성되었을 것이며, 물은 이들의 주요 구성 요소에 해당한다.

이 설명은 1990년대 후반까지의 표준화된 견해였다. 그 후, 이전 수십 년간 지속되어 왔고 사라지지 않았던 한 이론이 부활했다. 이것은 두 단계의 커널-가스 포집 과정이 아니라 한 단계에서 거대행성을 형성하는 것이다. 모형들은 별로부터 결빙선을 넘어 먼 거리에서 거대한 행성이 직접 수축하거나 가스원반의 공기 역학적인 항력에 의해 느려지는 자갈 크기의 물체의 응고로 인해 직접적으로 수축하는 방식으로 중력적으로 불안정해질 수 있음을 보여주었다. 이 경우 거대행성은 초기에는 별과 같은 무거운 원소의 비율을 약 3%까지 가지지만, 그 이후 얼음과 암석으로 덮인 행성을 포획하면 5~10%까지 증가할 수 있다. 두 이론에서 하나는 일부 원반 환경에서 우세하고, 다른 하나는 나머지 환경에서 우세하나 이 두 가지 과정 모두 적용된다.

태양과 같은 별을 기준으로 했을 때 거대한 행성은 약 4 AU의 결빙선 주위나 그 너머에서 두 단계 또는 한 번의 과정으로 형성한다. 그러므로 만약 거대한 행성들이 이 두 가지 방법 중 한 가지로 형성된다면, 현재 별의 결빙선 안에 있는 거대한 외계행성들은 그 이후에 내부로 이동했을 것이다. 이것은 1995년에 발견된 페가수스자리 51 B의 첫 번째 발견 이후 얼마되지 않아 발견된 이 뜨거운 목성에 대해 이론가들은 그들을 만들어낼 수 있는 이주 메커니즘을 제시했다. 이러한 메커니즘이 상당히 설득력 있는 것은, 가까운 거대행성들의 조성이 수소-헬륨이라는 관점에 무게를 더한다. 이 메커니즘은 다음 절에서 설명한다.

7.3 외계행성계 내에서 외계행성 이주

그림 7.13 행성 커널에 의해 형성된 나선형 구조를 가진 원반을 설명하는 수치 모형. 행성 근처의 원반이 모형화되지 않아 구멍은 인공적으로 표현되었다. (Pawel Artymowicz)

1990년대 중반 뜨거운 목성의 발견은 형성 과정을 예측한 기존 모형보다 별에 너무나 가까웠기 때문에, 정확한 메커니즘은 여전히 논쟁 중에 있지만, 수개월 만에 행성이 어떻게 내부로 이동할 수 있는지에 대한 타당한 설명을 이끌어냈다. 물론 뜨거운 목성이 어떤 식으로든 우리가 발견한 곳 근처에서 형성될 수 있다면 이주는 불필요하지만 어떻게 별과 그렇게 가깝게 행성이 형성될 수 있었는지는 이해할 수 없다. 이로부터 행성의 광범위하거나 제한적인 이주는 이제 거의 불가피한 것으로 보인다. 행성 이주가 10년 전에 이미 예측되었지만 대부분 간과되어 왔다. 이주 메커니즘은 7.3.1절에 설명되어 있다. 그런 다음 7.3.2절에서 지구 질량 행성의 형성과 생존을 위한 거대한 행성 이주의 영향을 확인한다.

7.3.1 거대한 행성의 이주 메커니즘 및 결과

이주의 열쇠는 거대한 행성이 가스와 먼지의 나선 모양 원반에 미치는 중력 효과이다. 세부 사항은 복잡하기 때문에 질적 개요만 나와 있다. 초반에 원반은 그림 7.12와 같이 중심을 통과하는 축 주위로 대칭이다. 그러나 이 거대한 행성의 질량이 증가함에 따라 중력장은 그림 7.13과 같이 이 대칭을 파괴하는 나선형 구조를 원반에 만들어낸다. 원반의 질량은 그 원반으로부

터 형성될 행성의 질량을 상당히 초과하므로 많은 원반 질량이 남아 있다. 얼음으로 덮인 암석 커널의 질량이 M_E보다 작은 시점에서 거대행성의 형성을 2단계로 고려해보자. 원반 내부의 커널 안쪽 나선형 구조는 중력을 가하여 커널을 안으로 밀어 넣는 경향이 있는 중력을 일으킨다. 신뢰할 만한 원반 모형의 경우, 내부 방향으로 밀어 넣는 것이 더 많기 때문에 순 효과는 내부 방향으로 이동한다. 이주 속도는 원반의 질량과 커널의 질량에 비례하므로 크기가 커질수록 원반의 안쪽으로 더 빠르게 이주한다. 이 경우를 **유형 I 이주**(type I migration)라고 한다. 원반 자체도 내부로 이주되지만 항상 커널보다 느리게 이주된다는 점에 유의하라.

유형 1 이주는 그림 7.14에서 나타낸 것과 같이 커널이 원반의 틈을 열기에 충분히 커질 때까지 지속된다. 그 격차는 이주에 큰 변화를 야기한다.

커널과 원반이 같은 속도로 안쪽으로 이동하기까지는 10배에서 100배 사이로 급격히 느려진다. 이것이 **유형 II 이주**(type II migration)이다. 전환이 일어나는 커널 질량은 원반의 다양한 특성(밀도, 두께, 점도, 온도 등)과 별에서 커널까지의 거리에 따라 달라진다. 대략적인 범위는 10~100 M_E이다. 그리고 이 전환기에는 완전히 새로운 거대한 커널과 일부 포획된 가스가 있을 가능성이 높다. 간격의 형성은 커널이 원반으로부터 질량을 얻는 속도를 줄이지만 이것을 멈추지는 않기 때문에 수 M_J에 이르는 거대 행성들이 형성될 수 있다.

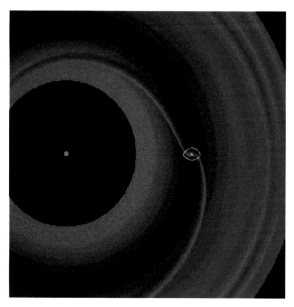

그림 7.14 거대한 커널이 나선형 원반의 틈을 벌린다. (Pawel Artymowicz)

■ 만약 거대 행성이 단일 단계로 형성된다면, 형성 과정이 어떻게 수정되는가?

☐ 커널 구축이 없기 때문에 유형 I 이주가 없을 가능성이 높다. 거대행성은 자격을 제대로 갖춘 유형 II 이주의 시점에서 형성이 시작할 것이다.

이주는 어느 순간에는 중단되어야 한다. 그렇지 않으면 모든 거대행성들이 결국 항성에 가깝게 될 것이다. 원반을 제거해야 하거나 반작용 효과가 있어야 한다. 이 원반은 부분적으로 항성의 점진적 형성 전개에서, 원시별의 T-타우리 단계에서 관찰되는 항성풍과 강한 자외선 광선이 원반을 밀어낼 때 제거될 것이다.

젊은 별들을 관찰하면 원반이 1~10 Ma(Ma, 100만) 광년까지 지속된다고 한다. 원반의 특성 및 기타 매개 변수에 따라 유형 II 이주의 시간이 이보다 짧을 수 있기 때문에 거대한 행성이 생존하는 시간이 너무 길어질 수도 있다. 그러나 행성과 별 사이의 조력 상호 작용, 별과 원반 사이의 자기적 상호 작용, 이주 장벽을 만드는 별에서 몇 AU 떨어진 원반 내의 좁은 영역에의 항성 복사에 의한 증발 등을 포함한 역효과가 나타날 수 있는 몇 가지 방법이 있다. 이것은 다소 미미한 영향을 주며 흐름의 주변적인 부분이므로 여기에서 자세히 설명하지는 않지만, 그렇지 않으면 불운한 행성을 구해낼 수 있다는 점에 주목하자.

지금까지 우리는 원반 내에 있는 유일한 거대행성을 고려했지만, 태양계와 많은 알려진 대부분의 외계행성계들은 하나 이상의 거대행성을 가지고 있고, 이를 통해 대부분의 다른 행성계들 역시 그럴 것으로 추정된다. 두 거대행성을 가진 원반의 수치 모형은 거대행성들 사이의 상호작용이 느린 속도로 진행될 수 있고 심지어 II형 이주를 뒤집을 수 있다는 것을 보여주었다. 이것은 목성과 토성이 결빙선을 넘어 다시 태양계로 끝날 수 있는 한 가지 방법이다. 예를 들어, 목성과 토성은 2 : 3 궤도 공명에 묶여서 남아 있는 원반 물질로부터 각운동량을 빼앗아서 2개의 행성이 바깥쪽으로 움직이기 시작하는 동안 물질들은 안쪽으로 떨어지게 했을지도 모른다. 또한 나선형의 원반 매개변수의 특별한 선택하에 매우 거대한 상호작용을 일으키지 않고 제한된 이동으로 끝날 수도 있다.

복수 거대행성의 경우는 이심률이 매우 큰 궤도를 공전하는 거대행성들을 설명할 수 있다. 그림 7.11에서 알려진 모든 외계행성(거대행성이 대부분)의 궤도 이심률 e와 궤도 장축단 반경과 태양계 행성의 물리량을 비교할 수 있다. 일부 이심률 값은 매우 높다. 특이한 경우 없이 나선형 원반으로부터 형성되어 그런 큰 이심률을 만들어내기는 어렵다. 높은 이심률을 만들 수 있는 한 가지 방법은 두 거대행성의 궤도 주기가 1 : 2 또는 1 : 3과 같은 단순한 비율일 때, 이를 궤도공명이라고 한다(글상자 4.2). 이 경우 거대행성들 사이의 중력적 상호작용은 누적 방식으로 궤도를 교란시킬 수 있으며 결과적으로 궤도가 크게 바뀐다. 일상적인 유사 상황은 그네를 타고 있는 아이를 미는 것이다. 만약 정확하게 밀고 있다면 큰 진폭이 형성된다.

큰 이심률을 이루기 위한 또 다른 방법은 거대행성 간의 접전을 통해 가능하다. 수치 모형은 여러 경우에서 하나의 거대행성이 성간 공간의 차가운 공간으로 던져지고 다른 하나는 높은 e 이심률 궤도를 유지한다는 공통된 결과를 보여준다. 이러한 시나리오는 별과 가까운 거대행성에 대한 추가적인 설명의 기초이기도 하다. 생존한 거대행성은 **근성 거리**(periastron distance, 별과의 근접점)에서 가진 높은 e 궤도를 가졌다면, 아마도 잔여 원반 가스의 도움으로 별과의 조력 상호작용으로 e는 감소되고 작고 낮은 이심률의 공전 궤도를 가진 거대행성으로 마무리될 수 있다.

결론적으로, 별, 원반 및 거대행성을 규정하는 시스템 매개 변수는 수적으로 충분하고, 질량이 매우 큰 거대행성, 궤도의 장축반경 및 이심률의 결과를 다양하게 초래할 수 있으며, 과학적으로 충분히 가변적이다. 우리는 관찰된 외계행성계에 대해 확신하는 가능성 있는 설명을 가지고 있다. 우리 태양계의 거대한 행성들의 형성은 단지 가능한 많은 유형의 결과 중 하나로 표현된다. 그러나 실제로 이런 방식으로 태양계의 거대행성이 형성되었다고 설명하는 것이 꼭 타당하다고 보기는 어려우며, 위에서 설명한 방식으로 외계 시스템이 존재했다는 보장은 없다.

질문 7.7

표 7.4를 보라. 각각 하나의 확인된 행성을 가지고 있는 2개의 외계행성계의 몇 가지 특성을 보여준다. 각각에 대해, 각 거대행성들이 결빙선을 넘어 지구 질량 커널에서 오늘날 우리가 가진 계까지 이끌 수 있었던 일련의 사건의 순서를 개략적으로 설명해보라.

표 7.4 2개의 외계행성계의 특성

외계행성계	M_p/M_J	장측반경 a/AU	궤도이심률 e
엡실론 에리다니	3.1	3.4	0.70
HD 168746	0.23	0.065	0.081

하지만 지구와 유사한 행성은 어떨까? 알려진 외계행성계의 거주 가능 지역에서 이들이 형성되고 생존하는 것이 얼마나 가능할까?

7.3.2 지구–질량 행성의 형성과 생존을 위한 거대행성 이동의 시사점

유형 I 이주의 주요 문제점은 지구–질량 행성을 빠르게 항성 가까이로 옮긴다는 것이다. 원반 매개 변수의 신중한 선택만이 약 $1 M_E$의 질량을 가진 행성이 원반보다 지속되어 오래 생존할 수 있을 만큼 충분히 천천히 이동하는 것이 가능하다. 이것은 다소 인위적으로 보일 수 있다. 이해하기에 다행스럽게도 모형들은 $1 M_E$ 행성의 성장이 거주 가능 지역이 놓여 있는 결빙선 내부로의 결빙선을 넘어서는 커넬의 성장보다 훨씬 더 느릴 수 있음을 보여준다. 나선형 원반의 1~1,000만 년 수명 동안 내부 행성의 유형 I 이주는 매우 적고, 원반이 흩어지면 이 내부 지역에는 최대 $0.1 M_E$의 질량을 갖는 많은 배아가 포함될 가능성이 매우 높다. 그리고 더 작은 질량의 행성들의 무리가 많은 성장을 할 수 있다.

한편, 성장은 결빙선을 넘어 더욱 빨라져, 거대한 행성이 결빙선을 가로질러 안쪽으로 이주할 수 있었다. 만약 태양계에서와 같이, 목성과 유사한 행성의 이동이 경미한 경우 지구형 행성 지역에서는 이주로 인한 방해를 받지 않았을 것이다. 거대행성이 거주 가능 지역에 아직 미치지 못하더라도, 거대행성이 안쪽으로 이동하면서 미소 행성체와 행성이 거주 가능 지역에 걸쳐 궤도 공명을 휩쓸려 흩어질 것이다. 만약 거대행성이 이 거주 가능 지역을 이동하며 가로지르면 미소 행성체와 행성들은 분명히 흩어질 것이다. 그렇다면 거대행성의 이주가 끝난 후에 지구형 행성들이 생성될 수 있을 것이며, 그러한 행성들이 오늘날 거주 가능한 지역에서 살아남아 있을 수 있는가?

이론적 연구에 따르면 거대행성의 이동이 완료된 후 지구–질량 행성이 거주 가능 지역에서 형성될 수 있다. 거대행성이 거주 가능 지역을 벗어나 이주하는 경우, 거대행성이 거주 가능 지역의 바깥 경계에 근접하지 않는다는 전제하에 충분한 미소 행성체와 행성들이 남게 된다. 그러나 거대행성이 거주 가능 지역을 지나가다 거주 가능 지역의 내부 경계선 안쪽의 별 근처에 멈추는 경우, 너무 적은 양의 물질이 남게 되어 행성과 미소 행성체로부터 지구 질량 행성이 형성될 가능성이 없을 것이다.

이러한 상반되는 요인들의 균형을 맞추면 외계행성계의 약 50%가 거주 가능 지역에 지구 질량 행성으로 시작될 수 있다는 잠정적인 결론을 이끌어낸다. 그 후에, 주계열성 수명의 수십억 년 동안 거대행성과의 중력적 상호작용에 의해 야기된 약간의 마찰로 지구 질량 행성의 약 절반을 성간 공간으로 퍼트릴 수 있다.

뜨거운 목성의 궤도 바깥에서 궤도를 도는 검증된 지구 질량의 외계행성계는 2007년 이전까지는 없었다.

- ■ 7.2.1절에서 인용한 케플러의 관측 증거와 비교했을 때, 거주 가능 지역에서 이론적인 지구 질량 행성들의 생존율은 어떠한가?

- ☐ 이론적 고려사항은 주계열성의 수명 동안 별의 약 50%(미지의 분광형 유형)에서 생존하는 지구 질량 행성, 즉 약 25%의 경우를 시사한다. 7.2.1절의 케플러 관측 결과는 M 왜성에만 고려한 지구와 유사한 행성으로 제안한다. 비록, 이론은 이러한 관측의 하위 집합에 의해 제시되는 것보다 더 높은 비율의 거주 가능 지역 유사 행성을 예측하지만, 중요한 점은 모두 거주 가능한 지구와 유사 행성들이 드물지 않다는 데 동의한다는 것이다.

질문 7.8

거대행성이 완전히 거주 가능 지역 내(지역 안쪽이 아니라 지역 내에)에 있다고 가정하자.

(a) 이 계에서 오늘날의 지구 질량 행성은 어디에서 발견될 수 있을까?

(b) 실제로 거주 가능 행성은 어디에서 발견될 수 있는가?('거주 가능 지역'의 정의가 얼마나 좁은지 기억하라.)

7.4 태양계는 얼마나 전형적인가

7.1.2절에서 설명한 것처럼, 비록 이제 외계행성이 상당히 많이 알려져 있지만, 관측의 선택 효과(외계행성 탐지 및 측정 기법이 서로 달라 크기, 질량 및 궤도를 검출하는 용이함의 차이)는 알려진 외계행성으로부터 알려지지 않은 사례에 이르기까지 직접적으로 추정하는 것과는 차이가 있다. 게다가 관측기술 혁신에 따른 새로운 발견은 놀라운 속도로 진행되었다. 2014~2015년에 수행된 연구는 태양계의 특성에 대해 일반적인 외계행성계와 비교하여 다음과 같은 결론에 도달했다.

- 나이 : 태양의 나이는 우리 은하 원반의 나이의 절반 정도이며, 주계열 수명의 절반 정도 된다. 따라서 우리는 우리 은하의 원반에 있는 별들의 약 반이 우리 태양보다 더 나이가 많고, 나머지 반은 더 젊을 것으로 예상한다. 이것은 우리 태양계의 나이가 특별하지 않다는 것을 의미한다.
- 행성 질량 및 밀도 : 지구보다 작은 질량의 외계행성은 아직 거의 알려져 있지 않지만(그림 7.15), 아마도 관측 선택 효과일 것이다. 목성과 토성은 크기와 질량에서 거대행성을 합리적으로 대표하는 것으로 보인다. 태양계에서 **거대 지구**(super-Earth) 또는 작은 해왕성(mini-neptunes)이 부족한 것은 이례적이다.
- 금속성 : 많은 예외가 있기는 하지만, 금속 함량이 낮은 별보다는 금속 함량이 높은 별에서 목성 크기의 행성이 있고, 반대로 금속 함량이 높은 별보다는 금속 함량이 낮은 별에서 지구 크기의 행성 또는 거대 지구 행성을 갖는 통계적 경향이 있다.
- 궤도 반지름 : 태양계에는 항성과 매우 가까운 행성이 없지만, 외계행성계(그림 7.10)에서 많은 것처럼 보이는 것은 아마 관측 선택 효과일 것이다.
- 궤도 이심률 : 우리 태양계보다 훨씬 더 큰 이심률을 가진 많은 외계행성(그림 7.11)이 있지

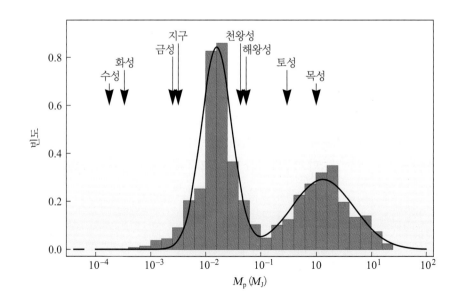

그림 7.15 2015년에 알려진 1,516개의 외계행성의 특성을 기반으로 한 외계행성의 질량 분포와 태양계 행성의 질량 분포의 비교(Martin and Livio, 2015). 가장 높은 봉우리는 우리 태양계에는 결여된 거대 지구와 작은 해왕성에 해당한다. 그림 7.8의 두 봉우리 사이의 상대적 높이 차이는 서로 다른 데이터 세트를 사용함으로써 발생한다.

만, 이것은 태양계가 매우 많은 행성을 가지고 있어서 궤도를 더 원형으로 만들게 된 결과로 쉽게 설명된다.

7.4.1 태양계의 유사성과 비유사성

비록 항성의 거주 가능 지역에 위치한 지구와 유사한 몇 개의 외계행성에 대해 알고 있긴 하지만, 우리는 아직 우리 태양계와 매우 흡사한 외계행성계를 발견하진 못했다. 그림 7.5의 HD 10180, 우리 태양계보다 훨씬 더 작은 규모의 행성계를 가진 G0 별, 별은 안쪽에 거대 지구와 5개의 작은 해왕성 또는 해왕성과 유사한 행성들을 가지고 있으며, 바깥쪽에는 토성 질량 행성을 가지고 있다.

태양계와 더 유사한 경우는 8개의 행성을 가진 G0 별인 케플러-90이다(그림 7.16). 가장 안쪽에는 6개의 거대 지구가 있고 바깥쪽 2개는 목성 질량 행성이 있다. 그러나 이것 역시 소형의 계이다. 케플러-11은 수성보다 더 가까운 궤도를 도는 5개의 거대 지구 또는 뜨거운 소형 해왕성이 있는 알려진 G형 별에서 가장 작은 외계행성계를 보유하고 있다(그림 7.17).

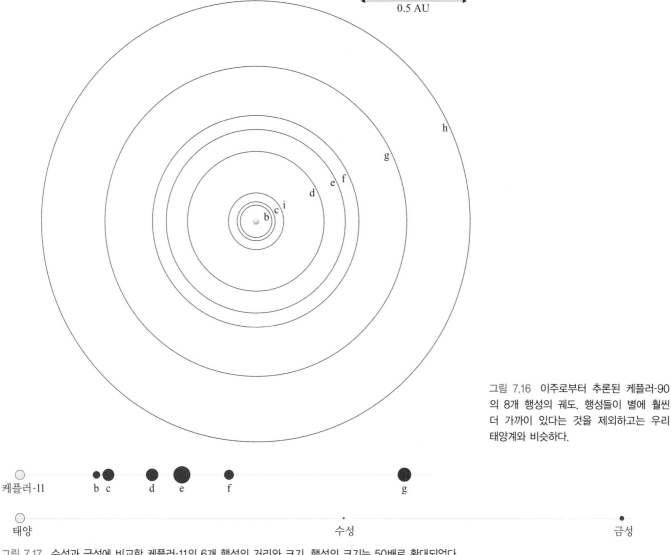

그림 7.16 이주로부터 추론된 케플러-90의 8개 행성의 궤도. 행성들이 별에 훨씬 더 가까이 있다는 것을 제외하고는 우리 태양계와 비슷하다.

그림 7.17 수성과 금성에 비교한 케플러-11의 6개 행성의 거리와 크기. 행성의 크기는 50배로 확대되었다.

표 7.5 M 왜성 TRAPPIST-1의 행성들. 주기, 궤도의 반경과 장축반지름은 단순한 통과 관측법으로 도출된 것이다. 단, 행성 h를 제외하고는 대략 2개의 유효 숫자로 정밀하다. 질량은 통과 시간의 변화로 추정되어 더 큰 불확실성이 있다. 밀도는 반지름과 질량으로 결정되었으므로 질량에서 큰 불확실성이 전이된다.

	b	c	d	e	f	g	h
P(일)	1.51	2.42	4.05	6.10	9.21	12.4	20
a(AU)	0.011	0.015	0.021	0.028	0.037	0.045	0.063
$R_p(R_E)$	1.09 ± 0.04	1.06 ± 0.04	0.077 ± 0.03	0.92 ± 0.04	1.05 ± 0.04	1.13 ± 0.04	0.76 ± 0.03
$M_p(M_E)$	0.8 ± 0.7	1.4 ± 0.6	0.4 ± 0.3	0.6 ± 0.6	0.7 ± 0.2	1.3 ± 0.9	–
$\rho_p(\rho_E)$	0.7 ± 0.6	1.2 ± 0.5	0.9 ± 0.6	0.8 ± 0.8	0.6 ± 0.2	0.9 ± 0.6	–

그림 7.18 TRAPPIST-1과 알려진 7개의 지구형 행성들이 태양, 지구형 행성, 목성, 그리고 4개의 갈릴레이 위성과 함께 크기를 비교하여 그려졌다. 수평 눈금은 실제 거리가 아닌 각 주요 천체에 대한 *궤도주기*를 나타낸다. (Snellen, 2017의 편집본)

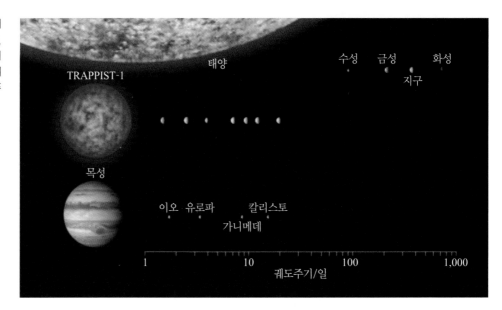

훨씬 더 소형의 계들이 M 왜성에서 발견된다. 예를 들어, TRAPPIST-1은 39.5광년 떨어진 약 $0.08\ M_\odot$(더 작은 질량이면 갈색 왜성이 될 것이다)의 M8 왜성이 있다. 2016~2017년에는 통과 관측법으로 검출된 총 7개의 지구 크기 행성이 발견되었으며, 통과 시간의 차이로 지구의 밀도와 비슷함을 암시할 정도의 충분히 많은 행성들의 질량을 제안하였다(표 7.5). 가장 잘 결정된 질량과 그로 인해 계산된 밀도는 행성 f에 대한 것으로 확실히 지구보다 밀도가 낮으며 따라서 더 작은 중심핵 및/또는 (더 가능하게) 훨씬 더 많은 물을 가져야 한다. 모두 별에 너무 가까워서 궤도주기는 목성 근처의 갈릴레오 위성들의 궤도주기와 비슷한 범위에 걸쳐 있다(그림 7.18).

7.4.2 거주 가능성이 가장 높은 외계행성은?

잠재적으로 거주 가능한 행성을 가진 M 왜성의 순수한 개수는 동주기 거의 불가피한 자전에도 불구하고 매우 중요한 의미를 갖는다(7.2.1절). 그러나 그들은 종종 젊었을 때 다양한 광도를 가지고 있고, 특히 행성의 거주 가능성을 감소시킬 수 있는 구조 및 코로나 질량 방출이 발생한다(예 : 대기를 침식함으로써). 더 복잡한 것은 때때로 '극한의 왜성'이라는 이름으로 알려진 가장 작은 질량의 M형 왜성이 주계열에서 식고 정착하는 데 약 10억 년이 걸린다는 사실이다. 그 기간 동안 그들의 거주 가능 지역이 안쪽에서 범위를 가지며, 결국 장기 거주 가능 지역은 그때까지 안쪽으로 이동하지 않는 한 물을 넓게 가지게 된 행성만을 받아들일 수 있다는 것이다.

이전의 절에서 살펴본 TRAPPIST-1 계는 흥미로운 사례 연구를 제공한다. 이 별의 나이는 50~100억 년으로 추정되며, 별에서 현재 약 0.025~0.045 AU 범위로 확장된 기존에 정의된 거주 가능 지역에 위치한 행성을 갖고 있다.

■ TRAPPIST-1 행성 중 지금 거주 가능 지역에 있는 행성은 어느 것인가?

□ 표 7.5의 궤도 장반경 축은 현재 거주 가능 지역(0.025~0.045 AU)에 있는 행성 e, f, g 를 보여준다.

그림 7.19 TRAPPIST-1e에서의 멋진 휴가? (NASA-JPL/Caltech)

TRAPPIST-1 계의 내부 행성들도 거주 가능 지역의 내부 가장 자리보다 별에 가까움에도 불구하고 여전히 많은 물을 가지고 있을 가능성이 있다. 이는 표 7.5에 나타낸 밀도로 허용되지만, 이 추정치에는 불확실성이 크게 있다. 그들이 여전히 물을 가지고 있다면 이것에 대한 가장 좋은 설명은 이 행성들(아마도 그것들 모두 7개)이 궤도지역에서보다 서너 배 이상의 물이 풍부한 물체로 시작되었다는 것이다. 이는 별의 첫 10억 년 동안의 비교적 빠른 냉각 단계에서 안쪽으로 이동한 것이다. 원래 물의 대부분을 잃어버렸음에도 불구하고, 내부 행성은 그 별의 느린 노화와 냉각으로 인해 거주 가능 지역이 더 안쪽으로 줄어들었을 때에도 이 내부 행성은 먼 미래에 충분히 거주 가능할 정도의 지역에서 유지될 수 있다.

안쪽 궤도 이동은 6개의 내부 행성의 잘 제한된 궤도주기들 사이의 관계에 의해 제기된다. 이는 12:10:6:4:3:2 공명에 매우 가깝기 때문에 서로 조화를 이루며 이주했음을 암시한다.

우리는 제임스웹 우주 망원경(6.3절)이 가동 상태가 되어 행성이 방출하는 열을 감지하고, 대기의 존재와 구성을 결정할 수 있을 때, TRAPPIST-1 행성의 현재 거주 가능성을 보다 확실하게 제한할 수 있을 것이다. 그림 7.19는 우주에 거주하는 사람들의 미래 세대를 위한 휴양지로 TRAPPIST-1e를 보여주는 포스터로 아직은 매우 동떨어진 듯하지만 불가능한 이야기는 아니다.

프록시마 센타우리 b(7.1.2절)는 M 왜성의 잠재적 거주 가능 행성이다. 이 글을 쓰는 시점에서는 방사형 속도 측정($M_p \sin i_0 = 1.3 M_E$) 방법으로만 알 수 있다. 머지않아 가이아(6.6.1절)가 얻은 천문 관측 자료로부터 M_p의 상한선을 곧 정할 수 있을 것이고, 현재도 지구와 비슷한 행성(지구보다 확실히 더 크며, 그림 7.20)일 확률은 80% 이상이다. 이 행성은 별의 거주 가능 지역의 바깥 가장자리 약간 안쪽에 놓여 있다. 그리고 자전이 조석력으로 동주기화된 경우라면, 최소한 별을 향하는 가까운 지점에서는 액체 상태의 물이 충분히 따뜻할 것이다. 대안적으로, 그 궤도는 3:2 회전 궤도 공명(수성처럼 두 궤도마다 세 번 자전)으로 잠겨 있어 적도 주위의 온도를 더 균일하게 평균화할 정도로 궤도이심률이 충분히 클 것이다.

2017년말 11광년 거리로 약간 더 먼 M형 왜성인, 로스 128은 시선속도 연구에 의해 기존의 거주 가능 지역의 안쪽 가장자리 부근에 행성($M_p \sin i_0 = 1.35 M_E$)을 갖고 있음이 밝혀졌다. 로

그림 7.20 프록시마 센타우리 b의 지표면에서의 시야를 표현한 상상도. 두 번째 별인 α 센타우리가 0.25광년밖에 떨어져 있지 않아 프록시마의 오른쪽 위쪽 하늘에 보이고 있다. (출처 : ESO/M. Kornmesser)

스 128은 프록시마 센타우리보다 덜 활동적이며 약한 자기장과 느린 회전을 가지고 있다. 이 것은 행성의 대기가 침식될 가능성을 감소시키므로 미래의 거주 가능성 지역 연구의 주요한 대상이다.

발견된 태양과 유사한 별의 최초 거주 가능 행성은 케플러-452b이다. 이것은 통과 방법 관측($R_p = 1.6\ R_E$)으로만 확인되었으며, 거대 지구에 해당한다. 모성은 G형(태양과 같지만 약간 더 방대한)이며 궤도주기는 384일이고 유일하게 알려진 행성이 거주 가능 지역에 가깝게 자리 잡고 있다. 안타깝게도 그것은 1,400광년 떨어진 거리에 있어, 현재 또는 차세대 망원경으로 는 대기를 식별하거나 통과법이나 도플러 분광법으로 그 행성의 질량을 결정하기에는 밝기가 너무 약하다.

7.5 외계위성?

제4장의 연구에서 거주 가능한 환경이 다른 행성계의 어디에서 발견될 수 있는지를 고려할 때 외계행성에만 국한시키는 것이 옳지 않음을 확신해야 한다. 거주 가능 지역에 있는 외계행 성의 달, 즉 **외계위성**(exomoon)은 같은 이유로 좋은 후보가 될 것이다. 예를 들어 HD 10180 g(그림 7.5)는 별의 거주 가능 지역에 있다. 이 행성은 해왕성보다 더 거대하여 거주 가능하다 고 보이지 않지만 지구와 유사한 달이 있다면 흥미로운 대상이 될 것이다. 목성과 유사한 외계 행성 주위를 공전하고 조석열을 받는 위성(tidaly heated moons)과 항성의 거주 가능 지역 너머 에 위치한 작은 해왕성은 생명을 주관할 수 있는 거주 가능 지역에 해당된다.

■ 우리 태양계에 거주 가능한 행성과 거주 가능한 위성의 비율은 얼마인가?

❑ 거주 가능한 위성의 통상적인 개수는 2개(유로파와 엔셀라두스)이며, 거주 가능한 행성 의 개수인 2개(지구와 화성)로 나눈다면 비율은 1이다. 우리가 좀 더 폭을 넓혀 거주 가 능한 위성을 추정한다면 타이탄과 다른 몇 개의 얼음위성이 추가되어 비율은 2~3이 될 것이다.

만약 이러한 경우의 비율이 외계행성계의 실제와 맞다고 하더라도, 외계위성이 반드시 행 성 자체보다 생명체를 찾을 수 있는 더 좋은 장소가 되는 것은 아니다. 조석적으로 열을 받는 외계위성의 얼음 아래에 존재하는 생명체는 발견하기가 매우 어려울 것이다(아직 우리 태양계 내에서조차도 발견하지 못했다!). 그러나 그림 7.10의 각 별에서 1 AU 정도 떨어진 목성 질량 의 외계행성들은 어떨까? 그중 어떤 행성에는 지구 같은 위성들이 공전할 수 있을까?

적어도 행성의 자기권에 집중되어 있는 하전된 입자들의 띠를 벗어날 만큼 행성에서 충분히 멀리서 궤도를 도는 위성들이라면 가능하지 않을 이유는 없겠다. 예를 들어 방사선량은 목성 의 이오의 경우처럼 생명 확산에 비생산적이며 외계위성의 대기를 파괴하게 될 것이다.

거주 가능한(사실, 거주하지 않지만) 외계위성들이 공상과학 영화에서 눈에 띄게 등장했지 만(예 : 1983년 영화 '스타워즈 에피소드 6 : 제다이의 귀환'과 2009년 영화 '아바타'의 외계위 성 판도라) 아직까지 실제 외계행성이 검출된 적이 없다. 행성을 가로지르는 외계행성의 통과 방법의 관측이 아마도 최초가 될 것이다. 가능한 검출 시나리오는 다음과 같다.

• 이동의 시간이나 지속 시간의 변화가 외계행성에 구속된 위성과 공유되는 질량 중심

그림 7.21 케플러-90의 3개의 각각의 통과에 의한 광도 곡선들. 처음 2개에서 예상되는 위치에서 최솟값에 약간의 변위와 세 번째 예에서 별도의 (화살표가 있는) 밝기 파임이 모두 외계위성의 증거가 될 수 있다. (Cabrera et al., 2014)

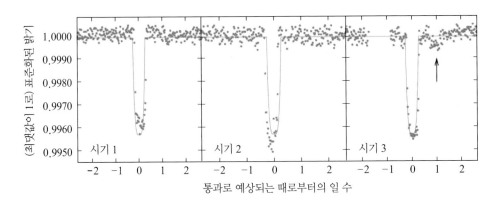

(barycenter)을 중심으로 한 회전으로 인해 발생할 수 있다.
- 외계행성이 충분히 큰 특유의 대기는 분광학적으로 발견될 수 있다(6.4.1절).
- 별의 광도 곡선에서 구분되는 골(dip)을 확인하는 방법으로 통과 위성을 직접 검출할 수 있다.

이미 보았던 외계행성 중 하나가 외계위성을 가질 것으로 최초로 확증된 후보 천체이다. 이것은 케플러-90 g(그림 7.16)으로, $1.1\,M_\odot$ 질량을 갖는 별로부터 0.7 AU 반경에서 공전하는 $0.7\,R_J$ 크기의 행성이다. 케플러의 측광 자료(그림 7.21)는 상당한 크기의 위성을 암시하고 있지만 아직 확인되지는 않았다.

외계위성은 간접적인 방법으로도 발견될 수 있다. 한 예로 1 SWASP J1407로 분류된 젊은(1,600만 년) 별의 유일한 동반자(그래서 'b')가 있다. 시선속도 측정에 따르면 1 SWASP J1407 b는 $M_p \sin i_0 = 20 \pm 6\,M_J$를 가지며, 궤도의 장축 반경은 약 4 AU이다. 비록 이 천체가 별을 통과하지는 않았지만, 56일 동안의 별의 광도 곡선에서 연속된 일련의 밝기 파임들을 측광하여 i_0가 거의 90이며, 반경이 약 0.6 AU인 크고 그리고 상당히 잘 구조화된 원형으로 둘러싼 원반계가 별을 가로 질러 지나가는 것으로 알려져 있다. 학자들의 관점에서 보면, 각각의 고리 입자들이 위성들로 간주될 수 있지만, 이 경우 고리에서 검출된 넓은 간격이, 토성의 경우 고리 간격(그림 4.5)에 있는 팬이나 다프니스와 같은 보이지 않는 위성의 존재를 시사하지만, 실제로는 약 $0.8\,M_E$ 정도의 훨씬 큰 규모의 질량을 가진 위성일 수 있다.

질문 7.9

(a) 1 SWASP J1407 b가 어떤 종류의 천체에 속할 가능성이 가장 높을지 설명하시오.
(b) 고리-간격에 영향을 주었을 것으로 추정되는 $0.8\,M_E$ 천체가 실재한다고 가정할 때, 이것이 외계위성인지 아닌지 설명하시오.

7.6 요약

제시된 많은 자료는 2017년에 맞춰져 있으며 앞으로 변경될 수 있다. 시작에서 제기한 드레이크 방정식의 변인인 p_p와 n_E에 관해서는 6.1.1절에 제시된 p_p에 대한 높은 값(> 0.7)이 적당하다는 것을 지금쯤엔 이해해야 한다. 당신이 지금 만난 (때로는 항성에 1개 이상이기도 한) '지구와 유사한' 행성의 예와 별의 5~25%의 거주 가능 지역에 있는 지구-질량 행성의 제안(7.3.2

절)은 6.1.1절에서 제시된 n_E의 가치를 매우 보수적으로 간주하도록 유도할 수 있다. 그러나 우리의 예는 크기나 질량의 측면에서 대기를 가질 것으로 보이는 지구와 유사한 행성은 포함하지 않는다. 항성풍과 플레어(M형 왜성의 행성들에 특별히 영향을 미치는)에 의한 대기 침식이 신중하게 고려할 이유이다.

다음 장에서 외계행성의 대기권의 검출과 구성 성분 측정에 대한 관측에 대해 고려할 것이다. 이 장의 다른 주요 요점은 다음과 같다.

- 1995년 도플러 분광기에 의해 처음으로 확인된 비펄서 별의 외계행성이 발견됐다. 통과 측광은 2002년에 첫 성공을 거두었고, 2012년에는 가장 많은 개수의 외계행성 발견 기술이었던 도플러 분광기에 의한 관측 발견 개수를 능가했다.
- 2017년까지 통과 측광 방법은 도플러 분광기 관측 방법보다 약 네 배 많은 외계행성을 발견했다.
- 2017년까지 외계행성을 가진 별의 약 4분의 1이 2개 이상의 검증된 행성을 가지고 있었지만, 아마도 단일 외계행성은 드물고 대부분 여러 개 행성계에 속할 것으로 예상된다.
- 초기 외계행성 탐색은 F, G, K 분광형의 주계열 별에 집중되었지만, M형 왜성에서도 외계행성이 일반적인 것으로 현재 인식되고 있다.
- 거대 외계행성들의 이주는 별 주변의 거주 가능 지역에서의 지구 질량을 갖는 외계생성의 생존 가능성을 감소시키지만, 관측에 따르면 별의 5~25%에서 거주 가능 지역에 지구와 유사한 외계행성들이 존재함을 시사한다.
- 알려진 많은 외계행성들은 궤도 장반경 $a < 0.1$ AU를 가지고 있고, 10 AU를 가진 경우는 거의 없다. 이러한 통계, 특히 뜨거운 목성이 매우 우세함은 선택 효과에 의해 크게 가중된 것으로, 도플러 분광기와 통과 측광 방법 둘 다 근접궤도에서의 거대 외계행성 탐지가 용이하기 때문이다.
- 일부 별 주변에는 무려 7개의 확인된 외계행성들이 있다. 우리 태양계와 매우 유사한 것으로 보이는 기록된 외계행성계는 없다. 하지만 우리는 그들의 별이 갖는 거주 가능 지역에 지구와 같은 외계행성을 찾아내기 시작하고 있다.
- 우리 태양계에는 다른 곳에서는 흔히 볼 수 있는 거대 지구와 작은 해왕성이 부족하다.

8

외계행성에서 생명을 찾는 방법

제7장에서 우리는 6.1.1절에 소개된 드레이크 방정식의 세 가지 항(적당한 별이 생성되는 비율 R, 적당한 별 주변에 행성이 생성될 확률 p_p, 거주 가능 지역 안에 위치하는 적당한 행성의 평균 개수 n_E)을 차례로 살펴보았다. 이제 우리는 그다음 항인 p_l, 즉 거주 가능 지역에 위치한 적당한 행성에서 생명이 등장할 확률을 어떻게 결정할 수 있을지 논의하려고 한다.

이 장에서는 복합 탄소 화합물과 액체 상태의 물로 구성된 생명체, 즉 탄소-액체 상태의 물로 된 생명의 검출에 집중하고자 한다. 그러니까 지구의 생명과 유사한 생명을 다루겠다는 것이다. 물론 이것이 외계 생명이 지구의 생명과 마찬가지로 탄소 분자로 구성되어 있다고 가정하자는 뜻은 아니다. 외계 생명은 지구의 생명이 사용하는 분자와는 거울상 이성질체인 분자를 사용할 수도 있고, DNA가 아닌 다른 탄소 화합물을 통해 유전 정보를 전달할 수도 있다. 또 단백질이 아닌 다른 탄소 화합물이 지구의 생명에게 있어 단백질이 하는 기능과 동일한 기능을 할 수도 있다. 그러나 그럼에도 불구하고 여전히 이 생명은 탄소-액체 상태의 물로 된 생명이라 간주할 수 있다. 이는 상당히 우리 위주의(그러나 나름 합리적인) 사고이며 탄소-액체 상태의 물이라는 이러한 제한 조건은 제9장에 가서야 사라지게 된다. 제9장에서는 지적인 외계 생명을 탐색하는 과정(search for extraterrestrial intelligence, SETI)을 소개하는데, 이 과정에서 생명을 구성하는 화학적 토대와는 관계 없이 기술 문명의 증거를 탐색할 것이다.

탄소-액체 상태의 물로 구성된 생명의 흔적을 탐색하는 과정에서, 우리는 적어도 우리가 가능하리라고 알고 있는 어떤 것을 찾게 된다. 이 전략을 정당화하는 근거들은 화학에서 찾을 수 있다. 첫째, 탄소 외의 어떤 원소도 탄소만큼 충분히 복잡하고 다양하며(여러 생명 유지 기능을 돕는) 유연한 역할을 하는 화합물을 만들지는 못한다(1.1.2절 참조). 둘째, 물 역시 그렇다. 물을 제외하면 극히 일부의 액체만 적절한 용매와 반응물 역할을 할 수 있다. 낮은 온도에서는 암모니아도 물의 대안이 될 수 있지만(암모니아는 1기압에서 195~240 K의 온도일 때 액체 상태이다) 낮은 온도에서 존재하는 생명의 형태가 물 대신 암모니아를 사용할 수 있으리라는 점은 추측에 불과하다. 우리의 전략을 지지하는 세 번째 근거는 우리가 탄소-액체 상태의 물로 구성된 생명의 증거를 찾는 방법을 '알고' 있다는 것이다. SETI 외에는, 우리는 우리가 아는 생명과 완전히 다른 화학에 기반한 생명을 찾는 방법을 알지 못한다. 특히 이렇게 아득히 먼 곳에서 관측을 진행해야만 한다면 말이다.

8.1 행성의 거주 가능성

제7장의 요약에서, 우리 은하 내 우리 근처 몇 퍼센트의 별이 자신의 거주 가능 지역 안에 지구 질량의 행성을 가질 수 있다는 결론을 내린 바 있다. 안전하게 이 비율을 5%로 잡으면(20분의

별 하나가 차지하는 평균 부피는 $(6광년)^3$이다. 만약 20개의 별 중 하나가 거주 가능 지역 안에 지구 크기의 행성을 가지고 있다면, 이러한 별을 찾기 위해서는 별 하나가 차지하는 부피의 20배가 필요할 것이다. 그러한 별과 별 사이의 평균 거리는 $(20 \times 6^3)^{1/3}$, 즉 16광년 정도가 된다.

1) 우리 주변 별들의 평균 거리가 6광년이라는 점을 감안할 때 거주 가능 지역 안에 지구 정도 크기의 행성을 보유할 수 있는 별과 별 사이의 평균 거리는 약 16광년이라고 추론할 수 있다.

■ 제7장에서 언급된 지구와 비슷한 크기의 행성들 중 그 정도로 가까운 거리에 있는 것들을 나열해보라.

□ 프록시마 센타우리 b($M_p \sin i_0 = 1.3\ M_E$, 7.1.2절과 7.4.2절)는 우리로부터 겨우 4.2광년 떨어져 있다. TRAPPIST-1(7.4.1절과 7.4.2절) 항성은 우리로부터 39.5광년 떨어져 있으며 지구와 비슷한 크기의 행성을 몇 개 가지고 있다.

만약 거주 가능 지역에 위치한 행성이 지구와 질량, 밀도(구성 성분)가 비슷하다면 이 행성은 생명의 서식지가 될 수 있다. 그 행성은 (지구와 같이) 주로 암석질로 구성되어 있을 것이기 때문이다. 거주 가능 지역에 위치한 지구와 비슷한 크기의 행성은 '1 지구 질량'이라는 수치가 목성처럼 수소와 헬륨이 풍부한 행성이 되기에는 너무 작은 값이기 때문에 당연히도 암석질일 것이다.

■ 그런 행성이 완전히 두꺼운 얼음층으로 덮여 있다든지 해서 주 구성 성분이 얼음일 가능성은 없는가?

□ 거주 가능 지역의 정의 자체에 따르면 거주 가능 지역의 온도는 행성이 얼음 덩어리가 되기에는 지나치게 높다. 액체 상태의 물이 깊은 대양을 이루는 '수중 세계'일 수는 있을 것이다. 그러나 그림 7.9에 제시된 바로는 대부분의 지구 크기 행성의 밀도는 철과 물의 중간 정도이다. 즉 이들의 조성은 지구와 크게 다르지 않을 것이다.

그러나 행성이 암석으로 구성되어 있더라도 관습적인 정의인 '거주'는 불가능할 수도 있다. 거주 가능하다(habitable)는 조건을 만족시키기 위해서는 물이나 탄소 화합물 같은 휘발성 물질이 필요한데 그래야 대기를 만들 수 있고 표면의 물을 액체 상태로 유지할 수 있기 때문이다. 지구의 경우, 물과 탄소가 미행성체와 초기 행성에 포함되어 있었고, 혜성을 비롯한 다른 충돌체들이 휘발성 물질을 이후로도 계속 공급해주었다. 다른 행성들에도 휘발성 물질이 비슷하게 있었으리라 생각되지만, 어쩌면 전부 다는 아닐지도 모른다. 거주 가능하기 위해 필요한 것들은 더 있다. 예를 들면, 큰 규모의 충돌이 너무 많다면 생명이 자랄 수 없을 것이다. 그런 의미에서 근처에 위치한 거대행성의 역할이 매우 중요한데, 거대행성은 거주 가능한 행성 후보를 충돌 자체로부터 방어하거나, 심각한 충돌과 충돌 사이의 조용한 기간을 조절하는 등의 존재일 수 있기 때문이다. 따라서 현재 우리의 지식으로는 파악하기 힘들지만, 거주 가능 지역 안에 위치한 지구 크기의 행성 중에서도 일부는 거주 가능하지 않을 수 있다(혹은 잠시 동안만 거주 가능할 수 있다).

생명이 등장하기에 충분한 시간(아마도 수억 년)이 흐른 뒤의 상황이라면 거주 가능 지역에 위치한 거대행성의 위성 또한 거주지 후보일 수 있다(7.5절). 거주 가능 지역(2.3절)이 생명의 거주지를 천체의 표면으로 한정한, 생명 지대의 매우 보수적 정의임도 잊지 말아야 한다. 생명이 거주하기에 천체의 표면이 너무 춥더라도, 내부는 충분히 따뜻할 수 있다. 거주 가능 지역 바깥에 위치한 거대행성도, 유로파의 예처럼 조석력에 의한 가열이 있다면 거주 가능한 위성을 가질 수 있다. 심지어 조석력에 의한 가열 효과가 없더라도 외계행성이나 외계위성의 내부는 방사성 동위원소의 붕괴와 같은 열원이 있다면 따뜻하게 유지될 수 있다. 별에 의한 가열 효과를 무시하더라도 지구 크기 행성의 표면 아래 수 km 지점의 온도는 100억 년 가까이(현재 태양계 나이의 두 배가 될 시간 동안) 물이 액체 상태로 존재할 수 있을 만큼 따뜻하게 유지될 수 있다.

8.1.1 외계행성의 대기

6.4.1절에서, 외계행성이 항성 앞을 지날 때 행성 대기에 의한 흡수선이 중심 항성의 스펙트럼에 겹쳐져 나타남을 소개한 적이 있다. 7.2.4절에서는 처음으로 이러한 관측이 시도된, '뜨거운 목성' HD 209458 b의 관측 결과를 소개하였다. 그러나 외계행성의 대기를 이렇게 직접 검출하기 전에도, 외계행성에 대기가 존재하리라는 점은 이미 분명히 알려져 있었다.

- ■ 그림 7.9를 다시 살펴보자. 반지름이 지구의 1.5배보다 큰 외계행성의 밀도로부터 이 행성에 대기가 존재하는지 여부를 추론할 수 있는가?
- ☐ 그러한 모든 외계행성은 물보다 밀도가 낮다. 이를 설명할 수 있는 유일한 방법은 이들의 반지름 측정 과정에 (불투명한, 흐릿한, 구름이 낀) 기체가 고려되어야 한다는 것이다. 따라서 이들 행성에는 대기가 존재한다.

이 장에서 우리가 특별히 관심을 기울일 대상은 크기가 작은(지구 반지름의 1.4배 이하) 지구형 행성이다. 그 전에 일단, 글상자 8.1에 대기에 관한 정보가 알려진 외계행성들의 목록을 제시하였는데, 여기에 제시된 행성은 지구형 행성들이 아니다.

글상자 8.1 │ 대기의 존재와 그 특성이 알려진 외계행성

외계행성의 대기 특성을 파악하는 연구는 한창 성장하고 있는 분야이다. 2017년을 기준으로, 해왕성보다 작은 크기의 어떠한 외계행성에 대해서도 그 대기를 구성하는 원자/분자 상태의 기체 성분에 대한 신뢰도 높은 보고가 없었다. 이 장의 남은 부분에서 계속 논의를 진행하기 위해 여기 몇 가지 외계행성의 대기에 관한 연구 예를 제시하였다(안타깝게도 이들 모두가 관측적으로 확실히 증명되었다고 보기는 어렵다). 관측에 대한 기본 가정, 원리 등은 글상자 8.2에서 찾아볼 수 있다.

- 글리제 1132 b, 1.6 M_E, 1.4 R_E : M형 왜성 주변을 공전하고 있는(공전궤도 장반경 : 0.0151 AU) 뜨거운 (600 K) 슈퍼지구이다. 라 실라(La Silla)에 위치한 2.2 m 망원경을 사용해 행성의 항성 통과 연구를 수행하였다. 대기 투과도는 대기 구성 성분이 수증기(H_2O) 혹은 메테인(CH_4)일 때와 일치하였다.
- 게자리 55 b, 8.1 M_E, 2.0 R_E : 태양과 유사한 중심별을 공전하고 있는(공전궤도 장반경 : 0.11 AU) 뜨거운(2000 K) 슈퍼지구이다. 허블 우주 망원경으로 항성 통과 연구를 수행했고 대부분 수소와 헬륨(H/He), 일부 수산화시안(HCN)으로 구성된 대기가 있을 것으로 생각된다. 물의 존재를 시사하는 어떠한 증거도 발견되지 않았다.
- HAT-P-11 b, 26 M_E, 4.7 R_E(0.082 M_J, 0.41 R_J) : 뜨거운(880 K) 해왕성으로 분류되는 천체로 허블 우주 망원경, 케플러 우주 망원경, 스피처 우주 망원경 관측에 의해 상대적으로 투명한, 수소와 수증기로 구성된 대기가 존재할 것으로 짐작된다.
- 뜨거운 목성들 : HD 209458 b, WASP-12 b, WASP-17 b, WASP-19 b, XO-1 b 허블우주망원경으로 식 관측을 수행하여 대기 중 수증기를 검출하였다.
- 케플러-7 b, 0.43 M_J, 1.6 R : 태양과 유사한 중심별을 공전하는(공전궤도 장반경 : 0.06 AU) 뜨거운(880 K) 목성이다. 행성이 반사하는 가시광선 영역/적외선 영역 스펙트럼을 케플러와 스피처 우주 망원경으로 관측했을 때, 이 행성에는 두꺼운 구름으로 뒤덮인 대기가 존재할 것이라 생각된다.

2003년 발사된 스피처 우주 망원경은 태양을 중심으로 한 궤도를 공전하는 0.85 m짜리 적외선 망원경이다. TRAPPIST-1 항성 주위의 네 번째부터 일곱 번째 행성을 발견하였다(7.4.1절).

8.1.2 표면에 거주하는 생명

이제 표면에 거주하는 생명체, 즉 육지나 노출된 대양에 살고 있는 생명체에 집중해보자(그러니까, 지하에 살고 있거나 행성 전체를 덮고 있는 얼음층 아래에 살고 있는 생명체를 제외하고!). 이들은 그 흔적을 추적하기가 가장 덜 까다로운 대상들이다. 외계행성이(혹은 외계행성의 위성이) '거주 가능성이 있는' 것이 아니라 '정말로 거주자가 있는' 세계라는 것을 결정하기위해, 우리는 이 행성에 대해 제7장에서 논의했던 특성들보다도 더 많은 것을 알아야 한다. 관측된 전자기파 복사를 분석해야 하는데, 이를 위해서는 중심 항성에서 오는 복사와 행성에서오는 복사를 구별할 수 있을 정도로 충분한 분해능이 필요하다. 점점 이와 같은 관측이 가능해지고 있으며 심지어 우리는 가까운 별에 탐색선을 보내는 것도 상상해볼 수 있다. 그러나 우리의 '탐사 기기'가 행성으로 향하든, 지구나 태양 주변을 공전하든, 아니면 심지어 지구의 표면을 향하든 우리는 이러한 질문을 던져야 한다. "이렇게 멀리 떨어진 곳에서 수행하는 관측이어떻게 저 멀리에 있는 생명체의 흔적을 찾을 수 있을까?"

질문 8.1

외계행성을 찾아내는 방법들[시선속도를 이용하는 방법, 측성학적 방법, 측광학적(항성면 통과) 방법]에 따라 각 방법별로 해당 행성에 대해 어떤 물리량을 구할 수 있는지 표로 정리해보자. 이 정보는 행성에서 생명의 존재 가능성에 대해 어떤 점을 알려주는가?

밝기를 측정하는 방법, 움직임을 측정하는 방법 모두 해당 외계행성에 생명체가 있을 '가능성'을 보여주긴 하지만 실제로 생명체가 있는지 여부를 알려주지는 못한다. 그렇다면 TRAPPIST-1 f와 같은 외계행성(그림 8.1) 표면에 생명체가 살고 있다고 가정해보자. 멀리 떨어진 곳에서,실제 거기 있는 생명체의 흔적을 찾아내기 위해 우리가 가지고 있는 도구는 무엇일까?

그림 8.1 TRAPPIST-1 f 행성의 표면에 대한 상상도. (NASA/JPL-Caltech)

8.2 외계행성에서 생물권을 찾는 방법

멀리 떨어진 곳에서 다른 행성을 관측했을 때 생명체의 존재를 확인할 수 있는 방법이 있다면 그 방법의 유효성을 검증하기 위해서는 이 방법이 지구에서 생명체의 존재를 찾아낼 수 있는지 확인하면 된다. 8.2.1절의 주제는 바로 이것이다. 특히 분광 관측과 같이 성과가 있는 기법에 대해서는 더 자세히 살펴볼 예정이다.

8.2.1 지구에는 생명이 있는가?

1989년, NASA는 갈릴레오 탐사선을 발사했다(그림 8.2). 갈릴레오 탐사선의 주된 목적은 목성과 그 위성들을 연구하는 것으로(4.1.5절) 4.2절에서 여러분은 이미 이 탐사선이 어떤 식으로 유로파에 생명체가 존재할 수 있음을 보였는지 살펴본 바 있다. 목성으로 향하기 전에(갈릴레오 탐사선은 1995년 12월에 목성에 도착했다) 탐사선은 1990년 12월, 1992년 12월 두 번 거듭하여 지구 근접 통과를 하면서 지구 중력의 도움을 얻어 운동에너지를 증가시켰다. 이는 보이저 탐사선이 외행성을 향해 탐사할 때와 같은 방식으로 우주 탐사에 일반적으로 사용된다(글상자 4.1). 이러한 움직임은 갈릴레오 탐사선이 가진 소박한 추진체로도 멀리 떨어진 목성까지 무거운 탑재체를 실어 보낼 수 있게 했다.

유명한 과학자이자, 사이언스 커뮤니케이터인 칼 세이건(Carl Sagan, 1934~1996)이 이끄는 팀은 이러한 '접근'을 활용하여 행성을 지나가는 탐사선이 지구에서의 생명의 존재 여부를 판별하는 기법의 유효성을 테스트할 기회를 가질 수 있었다. 탐사선에 탑재된 기기들이 특별히 생명의 흔적을 검출할 수 있도록 디자인된 것은 아니었지만, 테스트 결과는 천문학자들로 하여금 다른 세계에서 생명을 찾아내는 방법을 설계할 수 있도록 도와줄 것이라 기대되었다. 그 과정 동안 그들은 "거기에 정말로 생명체가 존재한다"는 확실한 증거를 여러 개 확보하게 되

그림 8.2 지구 궤도를 떠나는 갈릴레오 탐사선의 상상도(우주왕복선으로 해당 궤도에 배달되었다). 이 탐사선은 지구를 돌아 목성으로 향했다. (NASA)

그림 8.3 1992년 12월 16일, 갈릴레오 탐사선이 촬영한 지구와 달. (NASA)

었다. 그러한 증거를 제공한 관측 기기는 총 3개였다.

첫 번째로, 근적외선 분광기인 NIMS가 있다(4.1.5절). 이 기기는 지구가 방출하는 적외선 복사의 (방출선) 스펙트럼(8.2.2절에서 자세히 설명함)을 촬영하여 천문학자들이 대기를 구성하는 성분을 확인할 수 있게 했다. 검출된 구성 성분에는 오존(O_3)과 메테인(CH_4)이 포함되어 있었다.

지구의 생물권에서 만들어낸 산소(O_2)가 대기의 주된 구성성분임을 감안할 때, 여러분은 오존이 구성성분으로 드러난 사실에 놀랄지도 모른다. 그러나 적외선 영역에서 산소의 스펙트럼선이 약한 데 반해, 산소에 태양의 자외선 광자가 작용하면 상당한 양의 오존이 생성되고, 이 오존은 적외선 영역에서 검출될 정도로 강한 스펙트럼선을 형성한다. 여러분은 8.2.2절에서 관측되는 오존의 양을 생성하기에 충분한 산소의 양을 설명하려면, 광합성 외의 다른 과정을 상상하기 매우 어렵다는 것을 보게 될 것이다. 이 한 가지 사실만 가지고는 확신을 할 수 없지만, 또다른 관측 증거인 메테인의 존재(화성에서도 비슷하게 중요할 수 있다. 3.4.5절)가 생명의 존재를 더욱 확신하게 한다. 산소와 마찬가지로, 메테인도 생물권에 존재하는 커다란 유기체와 특정 미생물에 의해 형성된다. 메테인은 산소에 의해 산화되어 이산화탄소(CO_2)와 수증기(H_2O)를 만들어내고, 그 결과 지구 대류권에 있는 분자 중 메테인의 개수 비는 겨우 60만분의 1에 불과하다. 하지만 NIMS가 적외선에서 그 흔적을 검출해내기에는 충분한 숫자였다. 중요한 점은, 산소가 풍부한 대기로 엄청난 양의 메테인이 방출되지 않았다면 안정한 대기에서 대기 중 메테인의 양은 훨씬 더 작을 것이며, NIMS가 이를 관측하는 것은 불가능했으리라는 것이다. 지구와 같이 온난한 행성은 메테인을 공급할 수 있는 메테인-얼음을 확보하고 있지 않고, 화산 분출로 인한 메테인 공급도 거의 없다. 따라서 생물권에서 엄청난 양이 생성되지 않는다면 메테인의 양은 훨씬 적을 것이다. 산소와 메테인이 (화학 평형에서 크게 어긋나게) 동시에 관측된다는 것은 지구에 생물권이 존재한다는 사실에 의심의 여지가 없게 한다.

산소와 메테인 중, 상대적으로 양이 적은 메테인은 단순히 산소와 화학 평형을 이룬다는 가정하에서 추산한 양보다는 훨씬 많은 양이 검출되는데, 이는 메테인이 생화학 반응을 거쳐 생성되기 때문이다. 사실 메테인과 산소는 **산화-환원 반응의 한 쌍**(redox pair)으로, 화학 반응에서 이에 관여하는 한 원자/분자가 **산화**(oxidation)를 겪을 때 나머지 원자/분자가 **환원**(reduction)을 겪게 되는 짝이다. 산화-환원 반응에서, 한 원자/분자로부터 다른 원자/분자로 전자가 옮겨간다.

$$CH_4 + O_2 = CO_2 + 2H_2 \tag{8.1}$$

전자를 잃는 대상이 공여체(donor), 전자를 얻는 대상이 수여체(acceptor)이다. 위 반응의 좌변에서 공여체(O_2)는 산화되었으며, 수여체(CH_4에 들어 있는 C)는 환원되었다. 우변에서는 전자를 잃은 대상이(CO_2의 C) 산화되었고 전자를 얻은 대상이(H_2) 환원되었다. 글상자 3.5로 다시 돌아가보면 산화/환원이 다른 방식으로 설명되어 있다.

이 경우, 메테인이 전자 공여체, 산소가 수여체 역할을 한다.

두 번째로, 갈릴레오 탐사선은 지구가 반사하는 태양복사의 양을 다양한 파장에서 측정하였다. 즉, '**반사 스펙트럼**(reflectance spectrum)'을 얻었다. 0.8 μm 부근, 즉 적외선 근처이자 가시광선의 붉은 쪽 끝 지점에서 반사율이 급격히 증가한다는 것이 관측되었는데, 특히 육지에서

화학적으로 메테인의 탄소는 '환원된' 상태(수소와 결합한 상태)인데, 산화시키는 물질(이를 테면 산소)의 양이 많으면 이런 일은 일어나지 않는다.

의 반사율 스펙트럼이 그런 경향이 두드러졌다. 이는 적색 에지(red edge)라고 불리는데, 엽록소를 가진 녹색 식물이 엽록소에서 사용하지 않는 복사를 방출하는 것과 연관이 있다. 하지만 우리가 지구에서는 이러한 스펙트럼 형태를 어떻게 해석할지 알고 있다 할지라도, 외계행성의 생물권에서 진행되는 광합성 과정이 지구와 동일하리라는 보장은 없다. 아마도 이러한 스펙트럼 형태가 광물로는 설명할 수 없는 것이라고 판단하는 정도가 최선일 것이다. 전반적으로 이 방법은 화학 평형에서 크게 벗어난 기체(이를 테면 산소와 메테인 같은)를 찾는 것보다는 덜 확실한 방법이다.

엽록소는 태양에서 오는 복사 중 스펙트럼의 푸른 쪽, 붉은 쪽 부분을 주로 흡수한다.

세 번째, 갈릴레오의 전파 수신기는 매우 좁은 파장 범위에 국한된 강한 복사를 검출했다. 게다가 특정 파장대에서 검출된 복사는 그 값이 일정하지 않았고, 자연적인 과정으로는 설명할 수 없는 복잡한 방식으로 변조가 된 상태였다.

■ 이 복사의 원인은 무엇이었을까?

□ 지구에서 송출되는 다양한 라디오, 텔레비전 신호였다.

변조된 상태는 프로그램의 내용이 전달하는 정보였다 ─ 정상파로는 드라마를 송출해낼 수 없다. 이는 지구가 생물권을 가지고 있을 뿐만 아니라 매우 특별하고 또 어쩌면 아주 드문 방식, 즉 기술을 가진 문명이 등장하는 방식으로 진화해 왔음을 보여준다. 갈릴레오 탐사선의 작은 카메라로는 도시나 수력 발전소 같은 커다란 공학적인 구조를 명확히 확인할 수 있는 사진을 얻지는 못했다.

(1990년의 지구 근접 통과와 달리) 1992년 12월의 지구 근접 통과 기간 동안 갈릴레오의 기기는 지구 대신 달을 관측했는데, 모두 부정적인 결과를 얻었다. 달에는 대기가 거의 없었으며, 대기 중에서 그 양이 화학 평형에 어긋나는 어떠한 기체도 관측할 수 없었다. 특별히 '적색 에

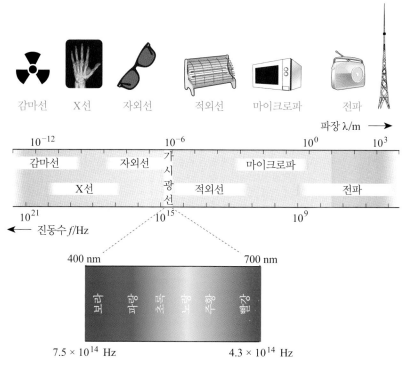

그림 8.4　전자기 스펙트럼

지'에 해당하는 반사율 스펙트럼도 관측되지 않았고, 전파나 TV 송출 신호도 검출할 수 없었다. 이로부터 이끌어낼 수 있는 결론은 '만약 달에 생명체가 있다면' 지각 깊은 곳에 있어야 한다는 것이다(달에 물이 거의 없다는 것을 고려하면 이 역시 거의 불가능할 것이라 생각된다).

이제, 송출된 전파 신호의 검출은 제9장으로 잠시 미뤄두고 적외선 스펙트럼과 가시광선 스펙트럼을 더 자세히 살펴보자. 스펙트럼은 (전파 신호 검출과 마찬가지로) 멀리서도 생물권의 존재를 확인할 수 있기 때문에 매우 중요한데(그림 8.4), 우리는 지구 정도의 질량을 가진 외계 행성을 연구할 수 있는 분광 관측 기기를 곧 가지게 될 것이다. 적외선 스펙트럼부터 시작하자.

8.2.2 지구의 적외선 스펙트럼

이 장과 이어지는 장의 핵심 내용은 스펙트럼선과 그에 대한 해석이다. 글상자 8.2에 이에 대한 기본적인 배경 지식을 제시하였으니 앞으로 더 나아가기 전에 이 내용과 친숙해지도록 하자.

글상자 8.2 | 스펙트럼선

낮은 에너지 단계─'바닥 상태'─에 있는 분자(원자)를 상상해보자. 특정한 파장의 전자기 복사에 이 분자(원자)가 노출되었다. 많은 경우, 이 분자(원자)에는 별다른 변화가 없다. 하지만 어떤 경우에는 그 분자가 복사로부터 광자를 흡수할 수 있다. 그러면 분자(원자)의 에너지가 증가해 '들뜸 상태'라고 불리는 상태가 된다. 잠시 뒤 이 분자(원자)는 흡수한 에너지의 크기와 같은 크기의 에너지를 가진 광자를 방출하면서 분자(원자)를 바닥 상태로 되돌린다. 광자는 무작위 방향으로 방출된다. 만약 이 광자가 방출되는 방향에서 이를 관찰한다면(그림 8.5의 A 방향) 광자가 방출되는 파장(이 경우는 λ_1)에서 입사하는 복사와 같은 밝은 빛을 관찰할 수 있을 것이다. 만약 광자를 흡수하는 물체를 향한 방향에서 관찰한다면(그림 8.5의 B 방향) 세기가 약간 감소한 것을 관측할 수 있을 것이다.

임의의 시간 간격으로 광자가 계속 방출되기 때문에 검출기가 아주 빠르게 반응하지 않는다면 파장 λ_1에서 일정하게 에너지의 방출이 기록될 것이다. B 방향에서는 검출기와 광원 사이에 분자(원자)가 없을 때에 비하면 λ_1에서 적은 양의 복사가 도달할 것이다.

만약 광원에서 나오는 복사가 전 파장에 걸쳐 퍼져 있다고 생각해보자. 그리고 검출기는 서로 다른 파장에서 들어오는 복사를 표시할 수 있어, 우리는 파장에 따라 들어오는 복사의 양이 어떻게 달라지는지 확인할 수 있다고 가정하자. A 방향에서 우리는 광원을 볼 수 없지만, 정확히 λ_1의 파장을 가진 광자가 사방으로 방출될 때 우리 방향으로 들어오는 광자를 관찰할 수 있다.

■ B에서는 무엇을 볼 수 있는가?

□ 광원을 보면 광원에서 나오는 다양한 파장의 광자가 방해받지 않고 출발해 우리에게 도달한다. 그러나 파장 λ_1에 해당하는 에너지는 일부가 분자(원자)에 흡수되어 임의의 방향으로 재방출되기 때문에 이 부분의 빛은 방해를 받는다.

이러한 두 경우에 따른 결과를 그림 8.6에 나타내었다. 그림 8.6과 같은 형태를 **스펙트럼**(단수 : spectrum, 복수 : spectra)이라고 한다. A에서 관측되는 밝은 선은 '**방출선**(emission spectral line)'이라고 하며 B에서 볼 때 보이는 어두운 선은 '**흡수선**(absorption spectral line)'이라고 한다. 즉, 문제가 되는 광자의 파장이 동일하더라도 방출선을 보게 될지 흡수선을 보게 될지는 관측 방향에 따라 결정된다.

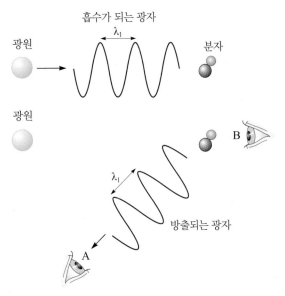

그림 8.5 분자에 의한 광자 흡수와 방출

이제 이러한 분자(원자)들의 개수가 많다고 생각해보자. 이 분자(원자)의 집단에서 광자가 산탄총처럼 사방으로 방출될 것이다. A 방향에서 관찰하면

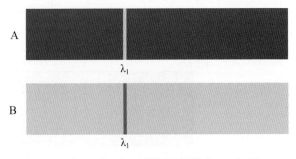

그림 8.6 그림 8.5의 A와 B 방향에서 관찰되는 스펙트럼

관측자와 광원 사이에 위치한 분자들의 집단은 해당 분자들의 무작위 운동을 대표할 수 있는 '온도'를 가진다. 이러한 움직임에 의해 발생하는 충돌은 연속적이며 넓은 범위의 복사를 만들어내는데, 이 복사는 광원에는 관계없이 오직 온도에 의해서만 결정된다. 이는 분자의 **열적 복사**(thermal emission)이다. 많은 경우, 열적 복사는 λ_t 근처 파장에서 지배적이다. 이 경우 방출되는 복사가 배경에 더해져 흡수선은 덜 어두워진다.

이제까지 우리는 하나의 스펙트럼선에 대해 이야기를 나누었다. 사실 하나의 분자는 자외선부터 마이크로파까지 다양한 파장 범위에서 많은 흡수선을 만들 수 있다. 흡수선의 파장은 분자를 구성하는 원자 조합이나 원자가 연결되어 있는 방식에 따라 특정하게 정의된다. 분광이 화학 조성을 찾아낼 수 있는 매우 강력한 도구인 이유가 바로 여기에 있다.

스펙트럼선의 세기는 모두 다르다. 특정 분자는 어떤 파장에서는 매우 적은 비율로 광자를 흡수하고, 다른 파장에서는 매우 높은 비율로 광자를 흡수한다. 같은 원자 2개로 이루어진 이원자 분자(diatomic molecules)는 적외선을 흡수하는 비율이 매우 낮다고 알려져 있다. 그 결과, **동핵 이원자 분자**(homonuclear diatomic molecules)의 스펙트럼선을 조사하기에 적외선은 좋은 선택지가 아니다.

- ■ 적외선에서 우리가 숨 쉴 때 사용하는 흔한 분자인 산소가 아닌 오존을 연구할 수밖에 없는 이유는?
- ☐ 산소와 달리, 오존은 동핵 이원자 분자가 아니기 때문이다.

단순히 말하면, 동핵 이원자 분자에서 분자를 오가는 전하의 분포는 중심을 기준으로 대칭적이다. 그 결과 전자기 복사는 분자에 큰 알짜 힘을 줄 수 없다. 오존 분자는 산소 분자와는 다른 대칭성을 띠고 있어서, 전자기력의 영향이 더 강하다. 전자기력은 **이핵 분자**(heteronuclear molecules)에서도 강하게 작용하므로 HCl, CO_2, H_2O 등도 적외선에서 강한 흡수선을 만들어낸다.

그림 8.7는 우주에서 본 지구의 적외선 스펙트럼이다. 이러한 형태는 그림 8.4와 8.6에서 본 스펙트럼을 표시하는 다른 방식이다. 각 파장에서 복사의 상대적인 양 차이는 이제 그래프 형태로 보여진다. 갈릴레오 우주탐사선이 관측한 스펙트럼은 아니고, 1970년대 님버스-4 위성이 얻은 더 자세한 스펙트럼이다. 그림 8.7의 스펙트럼은 특히 서태평양 위를 위성이 낮 시간 동안 지날 때 얻은 것인데, 멀리 있는 관측자가 전 행성에서 오는 빛을 한 번에 모아서 얻는 스펙트럼(구름의 영향이 거의 무시된 상태)과 비슷하다고 볼 수 있다. 그림 8.7을 이용해 어떻게 하면 지구가 '거주 가능성이 있는' 행성에 머무르지 않고 정말로 '거주자가 있는' 행성임을 알 수 있는지 알아보자.

그림 8.7의 윗부분에 진동수 간격을 일정하게 하여 그림을 그렸는데, 이에 따라 파장 간격은 긴 파장에서 더 조밀하게 나타났다. 이는 진동수 f와 파장 λ 사이에 $\lambda = c/f$의 관계가 있기 때문이다(c는 파동의 속력으로, 여기서는 빛의 속력이다).

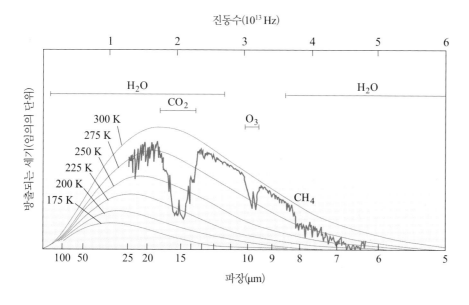

그림 8.7 1970년대, 님버스-4 위성이 낮 시간 동안 서태평양의 구름이 없는 지역을 지날 때 얻어진 지구의 적외선 스펙트럼

■ 빛의 속력 c를 $3.00 \times 10^8 \, \text{m s}^{-1}$로 가정했을 때(광속) 진동수 $f = 1.00 \times 10^{13} \, \text{Hz}$, $2.00 \times 10^{13} \, \text{Hz}$, $3.00 \times 10^{13} \, \text{Hz}$에 대해 파장 λ를 계산하라.

☐ 각각 $30.0 \, \mu\text{m}$, $15.0 \, \mu\text{m}$, $10.0 \, \mu\text{m}$이다.

그러므로 만약 진동수 간격이 일정하더라도, 파장의 간격은 그렇지 않다. 적외선 영역에서는 일정한 간격으로 표시된 진동수를 사용하는 경우가 흔한데, 우리는 파장만 사용할 것이다.

그림 8.7에서 세로축은 방출되는 에너지의 크기에 비례한다. 매끈한 곡선이 여러 개 있는데, 각각에는 온도가 표시되어 있다. 이들은 표시된 온도에 해당하는 물체가 방출하는 열적 복사를 나타낸다. 그 외에도 훨씬 복잡한 선이 있는데, 이는 관측된 지구 방출 복사이다. 지구에 생명체가 있음을 보여주는 증거는 이 복잡한 선의 자세한 부분이다.

매끈한 곡선의 솟아오른 봉우리에 해당하는 파장은 이 곡선으로 대표되는 온도에 반비례한다. 이 관계는 빈의 변위 법칙으로 알려져 있다.

표면 온도

그림 8.7에 제시된 $12 \, \mu\text{m}$과 $8 \, \mu\text{m}$ 사이를 보면 $9.6 \, \mu\text{m}$ 부근의 약간 들어간 부분을 제외하고는 지구의 스펙트럼이 $300 \, \text{K}$라고 표시된 매끈한 곡선($300 \, \text{K}$ 물체가 방출하는 복사에 해당하는 곡선)의 살짝 아래, $275 \, \text{K}$ 곡선의 한참 위를 잘 따라가고 있다. 기체 등에 의해 생성되는 강한 스펙트럼선이 없다는 것은 님버스-4가 촬영한 지구 스펙트럼의 이 부분이 대기 중 기체의 층보다는 지구의 표면이나 구름에서 방출된 것임을 의미한다. 사실 이는 구름이 없는 지구 표면에서 방출된 것이다. 지구의 스펙트럼이 $300 \, \text{K}$ 곡선의 약간 아래에 표시되기 때문에, 표면 온도는 $300 \, \text{K}$보다 약간 낮을 것이라고 추론할 수 있다.

■ 온도가 $300 \, \text{K}$ 근방이면 물은 어떤 상태로 존재할까?

☐ 이 온도에서는 물이 액체 상태로 존재할 수 있다.

대기압에 따라 약간씩 달라지지만, 물은 $273 \, \text{K}$ 부근부터 더 높은 온도까지 액체 상태로 존재할 수 있다. 지구 표면의 기압은 약 $10^5 \, \text{Pa}$로, 이 상태에서 물은 $373 \, \text{K}$ 정도까지 액체로 존재할 수 있다. 따라서 지구의 표면 온도가 표면 위의 물을 액체 상태로 유지할 수 있을 정도라는 결론을 내릴 수 있다. 외계행성의 경우, 우리는 $8{\sim}12 \, \mu\text{m}$에서의 복사가 구름에서 오는 것일지, 표면에서 오는 것일지 당장은 알지 못한다. 하지만 만약 구름의 분포가 시간에 따라 변한다면, 혹은 구름의 입자와 관련이 있을 수 있는 스펙트럼선이 관측된다면 아마도 이에 대한 답도 제시할 수 있을 것이다.

표면 온도에서 또다른 중요한 점은 복잡한 탄소 화합물이 존재하기 충분한 온도라는 것이다. 대부분의 생명체를 구성하는 화합물-단백질이나 DNA 등은 $400 \, \text{K}$ 이상의 온도에서(2.5절) 그 연결이 끊어진다. 따라서 지구의 표면은 이로부터 안전한, 너무 뜨겁지 않은 온도라고 할 수 있다. 반면 생화학 반응은 온도가 감소함에 따라 급격히 감소하는데, 지구의 온도는 생명이 존재할 수 없을 정도로 생화학 반응이 일어나기 드문 너무 낮은 온도는 아니다.

물

지구에 **정말로** 물이 존재한다는 사실, 적어도 대기 중에 수증기로 존재한다는 사실은 그림 8.7에 나오는 스펙트럼의 자세한 형태로부터 알 수 있다. 물 분자(H_2O)는 적외선 스펙트럼에서 선폭이 좁은 흡수선을 많이 만들어내기 때문에, 여러 개의 흡수선들은 서로 합쳐져 **흡수선띠**(absorption bands)를 만든다. 그림 8.7에서 보는 바와 같이 흡수선의 띠는 개별 선에 비해 많이 관측된다. 그림 8.7의 파장 범위가 끝나는 부분에(즉, 15 μm보다 길거나 8 μm보다 짧은 부분에) 특히 수증기에 의한 흡수선이 표시되어 있다. 온도가 275 K인 곡선은 이 양쪽 끝의 스펙트럼과 잘 들어맞는다.

■ 스펙트럼의 이 부분 역시 표면에서 방출된 것이라고 할 수 있을까?

□ 그렇지 않다. 앞서 표면 온도는 300 K라고 언급했다.

그러므로 이 파장에서 수증기는 표면으로부터 출발해 우주로 나가는 복사를 차단하는 역할을 할 것이다. 수증기는 표면에서 방출되는 복사를 전부 흡수하여 약간 낮은 온도에서 재방출한다. 때문에 대기 중의 수증기가 존재하는 일반적인 고도에서 온도는 표면에서보다 낮음을 짐작할 수 있다. 온도가 275 K인, 수증기에 의한 재방출이 일어나는 실제 고도를 그림 8.7로부터 정확히 알아내기는 어렵다. 이를 알아내려면 직접 측정을 거쳐 평균치로 구한, 지구에서 고도에 따른 온도 변화(그림 8.8)를 알 필요가 있다. 그림에 따르면 275 K라는 온도를 가진 고도는 겨우 수 km 수준이다. 따라서 이 고도 아래에는 이 파장 영역에서 표면이 우주에서 직접적으로 노출되는 것을 차단할 수 있는 넉넉한 양의 수증기가 존재할 것이라 생각된다. 실제로 지구 대기의 아래 수 km 위치에 수증기가 밀집되어 있다는 직접적인 측정과 이 사실은 아주 잘 일치한다.

이산화탄소

그림 8.7에 나타난 지구 스펙트럼에서 15 μm 주변을 보면 크게 아래로 파인 부분이 있다. 이는 이산화탄소(CO_2)에 의한 흡수선들이 중첩되어 생긴 띠를 보여준다. 가장 강한 흡수선의 온도는 약 220 K에 해당하는데, 그림 8.8을 보면 온도는 약 10 km 상공, 즉 대류권 상층의 온도에 해당한다. CO_2가 그곳에 몰려 있기 때문이 아니라(실제로 이산화탄소는 해당 고도에 집중되어 있지 않다) 충분한 CO_2가 아래층을 차단하고 있어 15 μm라는 파장으로 관측할 때 이 고도까지만 들여다볼 수 있기 때문이다. 그림 8.7로부터 우리는 이미 CO_2가 분명히 존재한다는 결론을 내렸고, 이 행성이 생명을 구성하는 분자를 만드는 데 꼭 필요한 탄소를 가지고 있음을 확인하였다. 실제로 모든 분자 대비 탄소의 비율은 약 0.035%이다. CO_2 분자는 2개 이상의 원자로 구성되어 있는 데다 서로 다른 핵으로 구성되어 있으므로 적외선에서 뚜렷한 흔적이 나타난다.

산소와 메테인

그림 8.7에서 9.6 μm 부근, 아래로 파인 부분은 오존(O_3) 때문이다. 오존은 태양으로부터 오는 자외선 복사에 의해 산소 분자(O_2)가 광분해되어 생성된다. O_3 흡수선의 깊이는 지구 대기에 충분한 양의 O_2가 존재한다는 것을 보여준다.

지구에는 고도에 따른 온도 경사가 역전되는 성층권이 존재하기 때문에 대기 중 온도가 220 K일 때는 30 km 부근, 65 km 부근 두 가지 가능성이 있다. 이론적으로 우리가 보고 있는 위치는 둘 다 될 수 있지만, 실제로 대류권계면 위쪽으로는 대기가 너무 희박하여 복사의 차단이 일어나지 않는다.

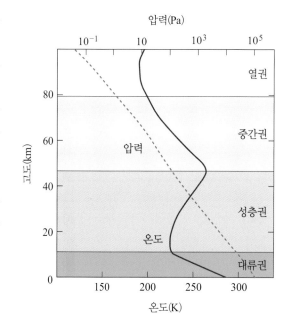

그림 8.8 지구 표면에서의 고도에 따른 대기의 온도(실선)와 압력(점선) 변화. 선은 전 지구에 대한 평균값이다.

O_2가 흡수하는 적외선 복사의 양은 매우 적기 때문에 적외선에서 직접적으로 O_2를 검출할 수는 없다(글상자 8.1) O_3 흡수선의 중심 부분을 맞추기에 적절한 온도는 약 270 K이다.

■ 지구 대기 중 어떤 부분에서 이런 과정이 일어날까?

□ 그림 8.8에 따르면 대류권 하부, 혹은 성층권 상부에서 이런 과정이 일어난다.

이 고도는 바로 우주로 방출될 수 있는 오존이 위치한 후보 지역이다. 실제로 오존은 성층권에 집중되어 있어서, 이 복사가 대류권 하부라기보다는 성층권 상부에서 방출됨을 알 수 있다. 오존을 생성하기 위해서 태양 자외선 복사의 흡수가 일어나는데, 실은 이러한 작용 덕에 지구의 아래쪽 대기는 자외선으로부터 보호받는 셈이다.

오존의 존재로부터 떠올릴 수 있는 또 다른 질문은 오존을 만들어낸 O_2가 어디서 생겨났느냐는 것이다. 산소를 만들어낸 것은 생물권일까, 아니면 다른 무언가일까? 생명과 연관되지 않은 가능성 중 하나는 물의 광분해인데(4.2.1절) 자외선 광자에 의해 물 분자가 OH와 H로 분리된다는 것이다. 이후 가벼운 수소는 우주 공간으로 흩어진다. OH가 화학 작용을 통해 O_2를 만든다. 광분해는 항상 약간의 O_2를 지구에 공급해주고 있다. 하지만 O_2는 지표면의 암석과 화산 기체를 산화시키기 때문에, 대기 중 O_2가 오로지 광분해에 의해서만 생성된다면 검출될 O_2의 양은 실제 지구 대기 중에 있는 것보다는 훨씬 적어야 할 것이다. 즉, 관측된 O_2의 양은 O_2 대부분이 생물 기원으로, 광합성을 통해 생성됨을 시사한다.

물의 광분해가 산소의 양을 증가시킬 수 있는 경우가 있긴 하다. 우선, 물의 광분해를 통해 산소가 생성되는 비율이 월등하게 더 높을 때가 그러하다. 지금으로부터 약 10억 년 혹은 그 이상이 지나면 태양의 광도는 증가하고, 지구의 상층 대기도 뜨거워져 지금보다 훨씬 많은 양의 수증기를 포함할 수 있을 것이다. 수증기가 많다는 것은 광분해가 많이 일어나고, 산소가 더 많이 생성될 수 있다는 것이다. 그러나 그러한 산소 공급은 오래 가지 못한다. 광분해로 인해 수증기를 잃게 되고, 수백만 년 동안 모든 물을 잃어버리면 지구는 말라갈 것이다. 비슷한 시간에 O_2는 지표면의 암석이나 화산 기체를 산화시키는 데 소모되면서 사라진다. 즉 물을 잃어버리는 도중의 일부 시간을 제외하고는, 광분해로는 높은 O_2 비중을 설명할 수 없다. 금성은 이미 갖고 있던 물을 잃어버린 것으로 생각된다. 지구보다 태양에 가깝게 위치하기 때문에, 아마도 생성 초기에 이런 일이 일어났을 것이다.

두 번째로, 산소가 실제보다 훨씬 느린 속도로 지질학적으로 사라지게 된다면 광분해는 산소의 비율을 늘리는 데 기여할 수 있다. 그리고 수백만 년 동안 천천히 산소의 양은 증가할 것이다. 이런 측면에서 보면, 행성의 크기가 중요해진다. 지구와 같이 비교적 큰 암석질 행성은 꽤 오랫동안 (지구의 예에서는 판구조를 중심으로) 지질 활동을 계속 할 수 있다. 작은 행성은 그러한 활동을 유지하기가 어렵다. 그러므로 만약 작은 행성이 중심 항성에 충분히 가깝게 위치하고 대기에 수증기가 있을 정도가 된다면, 물의 광분해가 서서히 많은 산소를 만들어낼 것이다. 화성은 작은 행성이고 지질 활동이 그다지 활발하지 않은데, 아마 태양으로부터 꽤 멀리 위치해 있었기 때문에 많은 산소를 공급해줄 수 있을 만큼 '촉촉한' 대기를 유지하기는 어려웠으리라 짐작된다.

이런 측면에서 지구의 사례를 참고로, 행성의 크기와 우리 행성이 모든 물을 잃어버릴 때의 특별한 순간을 잡아내기는 어렵다는 점을 감안하면, 우주의 관측자가 현재 행성에서 진행 중인 산소를 만들어내는 광합성 과정을 관찰할 수 있다는 결론이 나온다. 8.2.1절에서 논의한 바와 같이, 지구 대기에서는 메테인과 산소가 **동시**에 관측되고 이 사실은 생물권의 존재를 의심할 수 없게 한다. 메테인으로 인한 스펙트럼의 띠는 그림 8.7에서는 아주 약하다. 메테인이 적외선에서 강한 흡수선을 만들긴 하지만 갈릴레오 탐사선이 관측하던 시기에 대류권의 분자 중 메테인이 차지하는 비율은 겨우 1.7 p.p.m에 불과했다. 그럼에도 불구하고 이 양은 '검출'되었으며, 이 사실로부터 지구는 정말로 생명체가 존재하는 행성이라는 확신에 찬 결론을 내릴 수 있었다.

대류권 내 메테인의 양은 현재는 인간 활동 때문에 1.9 p.p.m 가까이 증가했다.

질문 8.2

지구와 같은 행성이 완전히 구름으로 덮여 있고, 그 결과 고도 10 km 아래에서 우주로 나가는 모든 복사가 차단된다고 가정하자. 적외선 스펙트럼을 이용해 실제로 이 행성에 생명체가 있는지 알아낼 수 있을지를 논하라. 그림 8.8에 제시된 압력 곡선이 답변의 힌트가 될 수 있다.

8.2.3 화성의 적외선 스펙트럼

그림 8.9는 맑은 날 낮, 화성의 중위도 지역을 관측한 적외선 스펙트럼이다. 이 데이터는 화성을 공전하는 마리너 9호에 의해 얻어진 것이다. 이 스펙트럼을 어떻게 해석할지는 연습문제로 남겨져 있지만(질문 8.3) 이 스펙트럼에서 O_3를 찾아볼 수 없다는 것, 즉 O_2가 화성 대기에 있다 하더라도 검출이 안 될 정도라는 것은 확실하다. 제3장에서 언급했듯이 CH_4도 그 양이 매우 적다. 따라서 그림 8.9에서는 생물권의 흔적을 찾을 수 없다. 하지만 이 사실이 생물권이 전혀 없음을 의미하지는 않는다! 대기의 특징적 복사에 기여하는 바가 매우 적은 생명이 있을 수도 있다. 지구의 대기를 보아도 20억 년 전 산소가 충분치 않을 때는(2.4절) 지구의 적외선 스펙트럼으로부터 생명의 존재를 확인하기가 어려웠을 것이다. 그러나 어쨌든 화성 착륙선은 오늘날에는 화성 표면에 생명이 존재하지 않는다는 증거를 보내왔다(3.3절).

마리너 9호는 1971년 11월 화성을 공전하는 궤도에 진입했다.

그러므로 만약 화성에 생명이 있다면, 표면 아래에 있을 가능성이 높다. 표면과 달리 액체 상태의 물이 짧은 기간 동안이라도, 혹은 연속적으로 계속 있을 수 있는 위치이기도 하다. 모든 행성은 내부로 갈수록 온도가 증가한다. 우리가 화성 내부의 열원과 지각의 특성에 대해 알고 있는 것이 불확실하기 때문에, 정확히 깊이에 따라 온도가 어떻게 증가하는지는 잘 알려져 있지 않다.

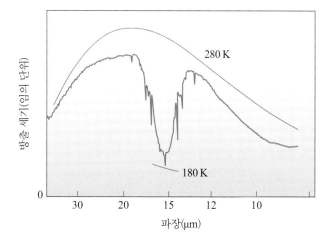

그림 8.9 화성의 적외선 스펙트럼. 자료는 화성을 공전하는 탐사선 마리너 9호가 얻은 것이다. (Wallace, 1977) 맑은 날 낮 시간에 중위도 지역을 관찰하면서, 지름이 125 km인 원 영역에서 나오는 복사를 관측하였다.

화성의 회귀선 근방에서 온도가 273 K에 도달하지 않고 가장 깊이 들어갈 수 있는 깊이는 11 km라고 추정되지만, 어쩌면 이 값은 1 km에 불과할 수도 있다. 현재까지 최고의 추정치는 약 2.3 km이다. 극지방에서는 이 값은 6.5 km이다. 레이더나 GRS 관측으로 어떤 특정 상태의 물이 화성 표면 근처에 많다는 것이 알려져 있다(3.4.2절). 수 km 아래 지점에서라면 물은 액체 상태일 수 있다.

질문 8.3

그림 8.9로부터 다음과 같은 사실을 추론하게 된 과정을 설명하라.

(a) 화성의 낮 시간, 중위도 지역의 표면 온도는 약 270 K이다.
(b) CO_2는 화성 대기에서 상당한 비율을 차지한다.
(c) 화성의 대기에는 수증기가 거의 없다.

8.2.4 외계행성의 적외선 스펙트럼

제임스 웹 우주 망원경(그림 6.9), 유럽 초대형 망원경(그림 6.10)이 지구와 비슷한 크기의 행성의 영상을 촬영할 수 있을 그때를 상상해보자. 외계행성에 탐사기기를 직접 보내지 않는 이상(8.3절), 그 영상은 점이나 흐릿한 얼룩에 불과하여 뚜렷한 원빈도, 표면의 모습도 알아볼 수 없을 것이다. 그러나 점이든 원반이든 입사하는 빛이 적외선 분광기를 통과하면 생명의 흔적이 있는지 분석의 대상이 될 수 있다. 그림 8.10에 관측될 것이라 생각되는 스펙트럼의 예시를 제시하였다.

우선 확인할 수 있는 사실은 **분광 분해능**(spectral resolution)이 매우 낮다는 것인데, 그림에서 스펙트럼이 파장 축으로 큰 단위로 퍼져 있음을 볼 수 있다. 가로축의 단위가 $\Delta\lambda$인데, 이보다 가까이 있는 스펙트럼상의 특징은 구별해낼 수 없다. 그렇다면 되도록 $\Delta\lambda$를 줄이는 것이 좋을 것이다. 그러나 $\Delta\lambda$가 작을수록 빛을 더 많이 쪼개기 때문에 각 위치에서 축적되는 광자의 양은 작아지고, 우리가 원하는 스펙트럼을 얻기 위해서는 노출 시간을 계속 늘려야 한다. 즉, $\Delta\lambda$의 감소와 노출 시간 Δt의 증가는 상호 교환적인 관계인 것이다. 그림 8.10에 제시된 예는 지구 크기의 행성이 거주 가능 지역 안에 있으면서 30광년 떨어진 적외선 우주 망원경으로 관측될 때, $\Delta\lambda \approx 0.5\ \mu m$, $\Delta t \approx 40$일인 상황을 가정한 것이다.

같은 기간 동안 계속해서 반복 관측하면 잡음은 매번 달라지지만 주된 신호는 그대로이다.

그림 8.10에 표시된 280 K짜리 스펙트럼은 그림 8.7에 표시된 것과 약간 다른 파장에서 최곳값을 보여준다(그림 8.7에서는 275 K 곡선을 이용해 비교하라). 또한 그림 8.9의 280 K 곡선과도 다르다. 그 이유는 그림 8.7과 8.9에 표현된 복사의 세기는 단위 진동수당 에너지로 기술되며, 그림 8.10에 표시된 값은 단위 파장당 에너지이기 때문이다. 또한 그림 8.10에서 파장은 왼쪽에서 오른쪽으로 가며 증가하는 반면 그림 8.7, 8.9에서는 이 방향이 반대이기도 하다. 파장이 표시된 간격이 유일하게 그림 8.10에서만 일정한 것도 그 이유이다(그림 8.7, 8.9에서는 진동수 간격이 일정하게 표시되어 있다). 행성의 적외선 스펙트럼을 연구할 때는 두 표기 방식 모두 사용된다. 복사의 최고치가 다른 파장 대에서 관측되는 이유는 파장이 증가하면서, 진동수의 간격에 해당하는 파장 간격이 증가하기 때문이다(파장=광속/진동수로 구할 수 있다).

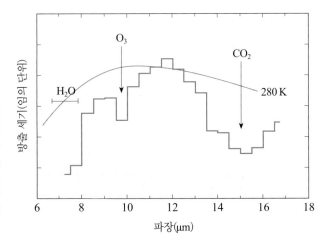

그림 8.10 미래의 적외선 우주 망원경이 중심 항성의 거주 가능 지역 내에 위치한 지구 크기의 행성을 관측했을 때 얻을 수 있으리라 생각되는 스펙트럼의 모습. 분광 분해능 $\Delta\lambda$는 약 0.5 μm이고, 노출 시간 Δt는 40일, 해당 항성은 지구로부터 약 30광년 떨어져 있다고 가정하였다. (ESA)

따라서 스펙트럼의 높이는 통계적인 요동과 관련이 있다. 그림 8.10의 경우 들어오는 광자의 양이 적기 때문에, 관측에 따라 요동이 다르게 관측될 것이다.

그림 8.10의 스펙트럼에서, 8~12 μm 영역의 창을 이용해(O_3 흡수 부분 제외) 표면 온도를 구할 수 있다.

■ 이런 방식으로 표면 온도를 구하기 위해서는 어떤 조건이 필요한가?

❑ 이 파장대에서 O_3를 제외하고는 대기가 비교적 투명해야 한다.

■ 표면 온도는 얼마이며, 이 사실로부터 무엇을 추론할 수 있는가?

❑ 약 280 K이며, 이 온도에서는 복잡한 탄소 화합물이 만들어질 수 있고 대기압이 충분히 높다면 물이 액체 상태로 존재할 수 있다.

이 스펙트럼에서는 또한 이산화탄소와 오존 흡수선을 확인할 수 있다. 게다가, 6~8 μm에서 구해낸 온도는 대기층 하부에 수증기가 있음을 시사한다. 메테인 흡수선은 너무 약해 검출되지 않았다. 그럼에도 불구하고 이 외계행성에는 아마도 살아있는 생명들로 구성된 생물권이 있으리라고 결론을 내릴 수 있다.

■ 어떤 상황이라면 이 결론이 흔들릴까?

❑ 물의 광분해로 만들어진 산소가 간헐적으로 분출되는 상황, 혹은 지질 활동이 거의 없는 상황(8.2.2절)

산소가 없는 경우

그림 8.10과 같은 외계행성의 스펙트럼에서 오존 흡수선이 없는 상황을 생각해보자. 이제 이 행성의 **거주 가능성**에 대해(즉, 온도가 적당하고, 탄소가 있으며, 액체 상태의 물이 존재하는) 희망적으로 바라보고 싶지만 정말로 여기에 생명체가 **존재함**을 보여주는 증거는 없다. 이 상황에서 우리는 중요한 금언을 떠올릴 필요가 있다: "증거가 없다는 것이 없다는 증거는 아니다." 생물권이 실제로 존재하지만, 산소가 검출되지 않을 가능성이 몇 가지 있다. 이를 테면 분자 상태의 산소는 충분히 있지만, 중심 항성에서 배출되는 자외선 플럭스의 양이 오존을 생성할 만큼 넉넉하지는 않을 수도 있다. 혹은 오존이 어떠한 이유에서 분자 상태의 산소로 쉽게 다시 전환될 수도 있다. 만약 정말로 산소가 없다 하더라도, 여전히 그 행성에는 생명체가 살고 있을 가능성이 있다. 적어도 다음의 세 가지 가능성을 고려해봐야 한다.

- 실제로 행성 표면에 광합성으로 산소를 만들어내는 생물권이 존재하지만, 이 행성의 상황은 약 20억 년 전의 지구와 동일하다. 즉, 아직 멀리서도 검출이 될 수 있을 정도로 많은 양의 산소를 만들지는 못했다.
- 행성 표면에 생물권이 존재하지만, 광합성을 하더라도 산소를 만들어내지는 못하거나, 아예 광합성에 의존하지 않는 생명체일 수 있다. 지구에 존재하는 생물 중에도 이에 해당하는 생명체가 있다(2.6절).
- 생물권이 지표 깊은 곳 아래에 있어서 대기에 영향을 주지 못한다. 이는 오늘날의 화성이

Δ 기호('델타')는 기호 뒤에 표기된 변수의 간격을 의미한다. Δλ는 파장 간격을, Δt는 시간 간격을 의미한다.

나, 겉표면이 얼음으로 덮인 유로파, 엔셀라두스와 같은 사례일 것이다.

화학적 평형에서 벗어난 대기?

적외선 스펙트럼에서, 생물과 연관되지 않은 기작으로는 설명이 불가능한 산소 분자 외의 기체를 추가로 검출할 수도 있다. 그러나 만약 한 종류의 기체만 검출된다면, 산소가 물의 광분해로 생겨났을 가능성이 있듯이 항상 생물과 관련되지 않은 방식으로 기체의 존재를 설명할 수 있는지를 되짚어 보아야 한다. 복수의 기체가 있을 때, 화학반응을 통해 한쪽 혹은 양쪽 기체의 양을 확 줄여버릴 가능성이 있는 두 종류의 기체가 존재한다면 생명체의 존재를 시사하는 훨씬 강력한 증거가 된다.

■ 지구 대기를 구성하는 기체들 중 그러한 한 쌍이 될 수 있는 기체는?

□ 지구의 경우, 분자 상태의 산소와 메테인이 그런 사례에 해당한다.

화학반응에서 메테인은 전자의 공여체, 산소는 수여체이다. 그러나 다른 어떤 산화 환원 짝이라도 평형 상태에서 벗어나 있다면 이는 외계생명의 존재 가능성에 대한 증거가 된다. 산소가 항상 수여체가 될 필요는 없다. 가능한 산화-환원 반응의 짝은 훨씬 더 다양한데, 예를 들면 산화제로 산소 대신 황이 쓰이는 경우이다(실제로 지구의 미생물 중 일부가 그러하다).

또한 산화나 환원 반응을 포함하지 않는 한 쌍이 있을 수도 있다. 만약 평형을 벗어난 기체의 쌍이 확인된다면, 생물과 연관되지 않은 방식으로 이를 설명하려고 하는 많은 시도들이 있을 것이다. 만약 그 모든 것이 실패한다면, 비로소 우리는 외계의 생명체가 보이는 생화학 반응을 확인했다고 할 수 있을 것이다.

질문 8.4

그림 8.10을 참조하여 지구와 같은 외계행성에 탄소-액체 상태의 물로 구성된 생명이 존재할 때 그 행성의 적외선 스펙트럼이 시간에 따라 어떻게 변해 갈지 설명하라. 첫째, 생물권이 대기의 조성에 큰 영향을 미치기 전, 둘째, 생물권이 가장 활발한 시점, 그리고 마지막으로 생물권이 극 주변의 아주 국한된 지역으로 한정될 만큼 축소된 시점. 이는 중심 항성의 나이가 들어가면서 광도가 증가할 때 주변의 행성이 겪게 될 상황이다.

8.2.5 가시광선과 근적외선에서의 외계행성 스펙트럼

그림 8.10의 파장 범위에 걸쳐 제시된 외계행성의 적외선 스펙트럼은 행성의 표면과 대기에서 방출되는 복사, 대기의 구성 성분에 의한 흡수선을 더해 시뮬레이션한 것이다. 이외에도 외계행성에서 생명의 증거를 탐색하는 다른 방법들이 있다.

■ 갈릴레오 탐사선이 지구에서 생명체의 존재를 검출하는 데 사용했던 방법을 다시 떠올리면서, 생명체의 존재를 알아낼 수 있는 다른 방법 두 가지를 설명하라.

□ 행성 표면에 (녹색) 식물이 존재한다면 그로 인한 스펙트럼의 적색 에지를 검출할 수 있고, 기술 문명이 만들어낸 전파 송출 신호를 검출할 수 있다.

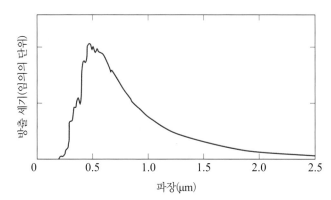

그림 8.11 태양과 같은 별의 스펙트럼

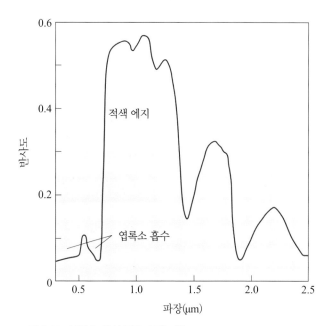

그림 8.12 낙엽송 잎의 반사 스펙트럼

전파 신호의 검출에 대해서는 제9장에서 서술하겠다. 녹색 식물에 의한 적색 에지는(만약 외계행성의 식물이 지구의 식물과 동일하다면) 가시광선 근방에서 검출될 것이다. 가시광선 근방은 **근적외선**(near-infrared, NIR)이라고도 불리는데 2 μm 영역까지를 의미한다. 그림 8.11은 태양과 같은 별의 복사 대부분이 가시광선(0.38~0.78 μm)과 근적외선 파장대에서 방출되는 것을 보여주는데, 이는 그림 8.10에 제시된 범위에 비해 훨씬 짧은 파장대이다. 이 장에서는 가시광선과 근적외선 영역에서의 스펙트럼을 다루고자 한다.

지구의 녹색 식물들 때문에 관측되는 적색 에지는 엽록소와 관련이 있다. 엽록소는 녹색 식물(그리고 일부 단세포 생물)의 광합성에 가장 중요한 분자이다. 엽록소는 태양복사로부터 오는 광자를 흡수하여 생명체가 태양에너지를 흡수할 수 있게 하고 생명체의 기능을 다할 수 있도록 탄소를 고정하는 역할을 한다. 엽록소는 붉은색 혹은 푸른색에 해당하는 특정 파장대의 광자만을 받아들이는데, 바로 이것이 대부분의 식물이 녹색으로 보이는 이유이다. 녹색 식물에서 엽록소는 근적외선 복사를 반사하는 구조로 되어 있는데 아마도 이것은 복사로 인한 과열을 막기 위한 것이라 짐작된다. 그리고 이 점 또한 스펙트럼의 적색 에지를 만들어낸다. 두 효과를 결합한 결과가 그림 8.12에 제시된 반사율 그래프이다. 이 그래프는 전형적인 녹색 식물의 한 예인 낙엽송의 잎이 파장에 따라 반사하는 정도를 그린 것이다. 그림에 제시된 반사 스펙트럼을 앞서 논의했던 방출 스펙트럼과 혼동하지 않도록 주의하라. 반사 스펙트럼에서 세로축은 멀리 있는 광원(예 : 태양 같은)에서 방출된 복사가 물질에 의해 얼마나 반사되는지를 보여준다. 방출 스펙트럼에서의 복사는 물체 자체에서 나오는 것이다.

적색 에지는 엽록소와 관련이 있는 특성 중 가장 검출되기 쉽다. 그럼에도 불구하고, 외계행성에서 이를 관측하려면 지름이 10 m 내외인 우주 망원경이 필요한데 이는 제임스 웹 우주 망원경(6.3절)보다도 더 큰 규모이다. 게다가 외계행성의 스펙트럼 형태가 지구와 유사하지 않다면, 우리는 우리가 관측한 것이 생물 기원인지 생명이 아닌 요인에서 기인한 것인지 알 수 없을 것이다.

행성의 반사를 이용할 수 있는 방법이 하나 더 있는데, 어쩌면 제임스 웹 우주 망원경이나 유럽 초대형 망원경에 이 방법을 응용할 수 있을지도 모른다. 그림 8.13에 제시된 수성, 금성, 지구, 화성, 달의 가시광선 사진을 보라. 태양으로부터 받는 총광량(스펙트럼이 아니라)을 몇 시간 간격으로 반복해서 측정한다고 생각해보자. 그림 8.14에 그 대략적인 결과를 제시했다.

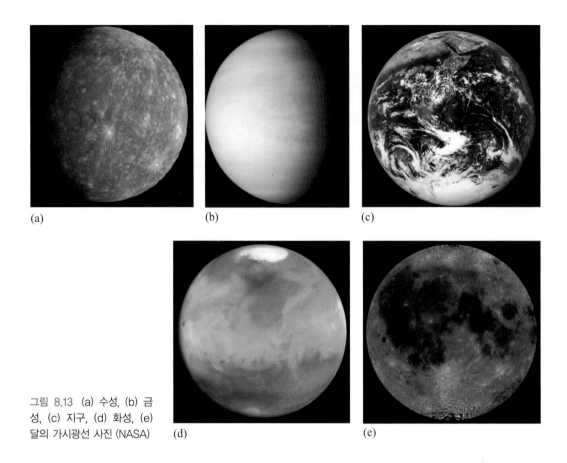

그림 8.13 (a) 수성, (b) 금성, (c) 지구, (d) 화성, (e) 달의 가시광선 사진 (NASA)

■ 그림 8.14a의 광도 변화 곡선은 광도 변화의 폭이 크다. 지구의 광도 변화 곡선은 이에 가까운 형태로 나타날 것이라 생각된다. 왜일까?

☐ 제시된 5개의 행성/위성들 중 지구의 표면과 대기는 지구 반구에서의 위치에 따라 가장 크게 차이가 날 수 있다. 따라서 반사율 또한 곳에 따라 그 차이가 크다.

구름, 눈, 빙하가 입사하는 빛의 60% 이상을 반사하는 반면, 바다는 입사하는 빛의 10% 미만을 반사한다. 사막이나 숲의 반사율은 그 중간의 어느 값이다. 지구가 자전하면서 멀리 있는 관측자가 보게 되는 면은 이 서로 다른 요소들의 조합으로 이루어져 있어서, 날짜에 따라 지구가 반사하는 면의 밝기는 최대 두 배까지 변할 수 있다. 만약 반사하는 모든 빛의 양을 측정하는 것이 아니라 특정 파장에서 오는 빛을 분리해 측정할 수 있다면 그 차이는 더 커질 수 있을 것이다. 또한 매일매일이 아닌 더 장기적인 변화도 나타나는데, 지구에서는 구름 양의 변화로 인해 조금 더 긴 시간 규모의 반사율 변화도 존재하기 때문이다. 이러한 반사율 변화가 생물권

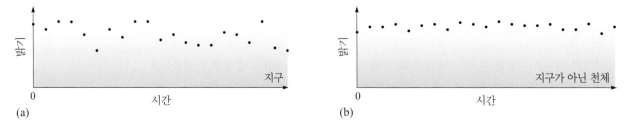

그림 8.14 태양빛을 반사하는 반구의 광도 변화를 (a) 지구, (b) 지구보다 더 균일한 표면 상태를 가진 지구형 행성/위성에 대해 예상한 것

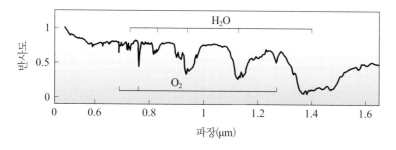

그림 8.15 가시광선, 근적외선 파장대에서 관측한 지구의 반사 스펙트럼. 이 스펙트럼은 지구가 태양빛을 반사하는 면 전체의 반사 스펙트럼을 합한 것이다. H_2O와 O_2 흡수선의 위치가 표시되어 있다.

의 존재를 증명할 수는 없지만, (예를 들어) 적외선 스펙트럼과 같은 다른 관측과 결합하면 꽤 확실한 증거가 될 수 있다.

가시광선이나 근적외선 파장대에서는 행성의 반사 스펙트럼뿐만 아니라 대기의 흡수선 스펙트럼도 존재한다. 행성 표면에서 방출된 복사가 대기를 구성하는 성분에 의해 특정 파장에서 흡수되면서 흡수선이 형성된다. 가시광선, 근적외선 파장대에서 두드러지는 지구 대기의 구성 성분은 특히 H_2O와 O_2이다(그림 8.15). 특히 적외선 스펙트럼에서는 거의 보이지 않았던 O_2가 가시광선 영역의 붉은 끝에서부터 근적외선 영역까지 강한 흡수선을 만들고 있음에 주목하라. 하지만 지구와 유사한 외계행성을 조사할 때 이를 이용하려면 우리는 10 m 규모의 우주 망원경과, 행성의 중심 항성에서 오는 빛을 차단할 수 있는 광학계가 필요하다.

여담으로, 앞서 대칭성을 가진 분자(O_2와 같은)가 흡수하는 에너지가 약해서 적외선에서 흡수선을 만들기 어렵다고 언급한 바 있는데 오히려 적외선보다도 짧은 파장대인 가시광선에서 강한 흡수선을 보이는 것에 대해 여러분은 의아해 할지 모르겠다. 그 이유는 다음과 같다. 적외선에서는 O_2 분자 전체가 복사에 반응하기 때문에 대칭성이 주요 기준이 되지만, 짧은 파장에서는 원자 중의 전자 하나가 복사에 관여하기 때문에 분자 구조의 대칭성이 크게 중요하지 않다.

질문 8.5

지구에서의 관측을 통해 유로파와 같은 (외계행성의) 위성에서 물을 포함한 생물권을 검출할 가능성에 대해 논하라.

8.2.6 항성 앞을 지나는 외계행성의 스펙트럼

외계행성의 대기를 분석하기에 가장 좋은 기회는 외계행성이 중심 항성 앞을 지날 때이다. 이때는 강한 배경 광원(중심 항성)이 존재하고 별빛이 행성 원반의 가장자리인 대기를 수직으로 통과할 때 그 배경 스펙트럼 위에 흡수선이 겹쳐지게 된다. 글상자 8.1에 제시된 예시 대부분이 이 방식으로 분석한 것인데, 이 예시들은 대부분 기체 행성의 것이다.

지구와 같은 행성을 관측하는 것은 더 어렵지만, 제임스 웹 우주 망원경은 이들의 관측을 목표로 하고 있다. 예를 들면, 그림 8.16은 TRAPPIST-1 d 행성이 지구와 같은 대기를 가지고 있다는 가정하에, 중심 항성(7.4.1절에서 언급한 것과 같이, 이 시스템의 중심 항성은 분광형이 M8인 왜성이다) 앞을 지날 때 예상되는 흡수 스펙트럼을 모델링한 것이다.

그림 8.16 TRAPPIST-1 d 행성의 통과 동안 대기에 의한 흡수 스펙트럼을 모델링한 결과(행성은 지구와 같은 대기를 가졌다고 가정하였다). 배경값은 기본적으로 행성에 의해 가려지는 별의 빛이고 그 위로 솟아오르는 부분은 행성의 대기에 의해 흡수된 부분을 나타낸다. 이 그림은 그림 8.7과 반대 방식으로 그린 것인데, 그림 8.7에서는 흡수되는 부분이 아래로 내려가게 그려졌기 때문이다. (Barstow and Irwin 2016에서 수정)

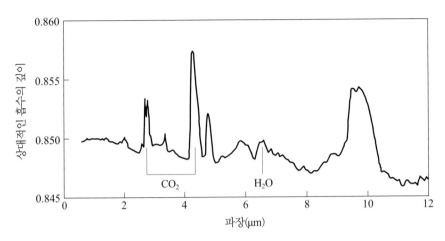

- 그림 8.16에는 짧은 파장 쪽에 CO_2와 H_2O에 의한 흡수선이 표시되어 있다. 10 μm 부근의 표시되지 않은 흡수선을 만들어내는 것은 무엇일까?

□ 그림 8.7(이 그림에서는 왼쪽에서 오른쪽으로 갈수록 파장이 감소하였다)과 그림 8.10에서 보았던 오존의 흡수선 띠이다.

상황은 꽤나 긍정적으로 보이지만, 실은 한 번의 통과(transit) 현상에서 얻어지는 데이터는 너무 잡음이 심해서 이 데이터로부터 스펙트럼의 특징을 알아내기는 어렵다. 적어도 60회의 통과를 관측하고 관측된 스펙트럼을 전부 더해야만 배경의 잡음으로부터 CO_2나 O_3 흡수선 띠를 확인해낼 수 있다. 실질적으로 그 정도 횟수의 데이터를 얻어내기 위해서는 제임스 웹 우주 망원경이 6년 정도는 관측을 수행해야 할 것이다. 게다가 그렇다 하더라도 O_2의 존재를 알려줄 오존과 '함께' 검출할 수 있기를 기대하는 메테인(CH_4)은—모델 스펙트럼을 보여주는 그림 8.16을 보면 잘 알 수 있지만—7.9 μm 근방의 아주 작은 흡수선에 불과하기 때문에 실제 데이터에서는 검출되기 어려울 것이다.

- 외계행성의 대기에서 오존과 메테인을 같이 검출할 수 있어야 한다는 사실이 왜 중요한가?

□ 오존은 산소의 존재를 알려주므로, 같은 대기에서 오존과 메테인이 동시에 관측된다는 것은 산화-환원 반응의 짝인 산소와 메테인이 화학 평형과 어긋나는 범위에서 동시에 존재할 수 있다는 것이기 때문에, 생물 반응이 있다는 꽤 강력한 증거가 된다(8.2.4절).

슬프게도 차세대 우주 망원경조차 외계행성에 생명의 흔적이 있는가에 대해서는 강한 증거를 보여주지는 못할 것으로 보인다. 그렇다면 데이터를 얻기 위해 아예 가까운 곳으로 탐사선을 보내면 어떨까?

8.3 항성 간 이동 탐사선

(우주 망원경에 비해) 항성 간을 이동해 가는 탐사선의 장점이라면 당연하게도 관측 기기를 외계행성에서 훨씬 가까운 곳에 놓을 수 있다는 점이다. 그렇게 된다면 지구에서 관측하는 것보다 훨씬 쉽고 빠르게 스펙트럼 데이터를 얻을 수 있고 또 지구에서는 검출하지 못할 너무 약한

스펙트럼 정보까지도 획득할 수 있을 것이다. 탐사선이 정말로 가까이 간다면, 대기로 진입하여 지표에 도달하고 직접 표본을 채취하고 가까이에서 영상을 얻는 것조차 가능할지 모른다. 그렇게 된다면 아주 표면 아래 깊숙한 곳에 묻혀 존재하는 생물권 외에는 전부 검출할 수 있을 것이다. 그렇다면, 우리가 태양계 바깥쪽으로 탐사선을 보내는 것과 같이, 탐사선을 외계행성으로 보내지 못할 이유가 뭐란 말인가? 이러한 탐사 프로그램의 최우선 순위는 가장 가까운 별, 프록시마 센타우리일 것이다(이 별에는 생명이 거주할 가능성이 있는 행성이 있다고 알려져 있다. 7.1.2절과 7.4.1절 참고). 하지만 태양계로부터 4.25광년 떨어진 프록시마 센타우리까지의 비행에는 역시 여러 어려움이 있다.

- ■ 1광년(빛이 1년 동안 갈 수 있는 거리)은 9.46×10^{15} m이다. 프록시마 센타우리까지의 거리를 AU로 나타내면 얼마인가?
- ❑ 1 AU는 1.50×10^{11} m이다(부록 B2). 따라서 프록시마 센타우리까지의 거리(4.25광년)를 AU로 바꾸면 $(4.25 \times 9.46 \times 10^{15}\,\text{m})/(1.50 \times 10^{11}\,\text{m}) = 2.6 \times 10^{5}$ AU

- ■ 광속의 10%의 속력으로 이동한다면 프록시마 센타우리까지의 여행에 소요되는 시간은 얼마인가?
- ❑ 프록시마 센타우리까지의 거리는 4.25광년이므로 광속의 10%로 이동하는 탐사선이 프록시마 센타우리에 도착하기에는 42.5년이 걸릴 것이다(실제로는 더 긴 시간이 필요한데, 탐사선을 최소 속력으로 가속하는 데에도 시간이 추가로 걸리기 때문이다). 물론 그 탐사선이 목적지에 도착해서 보낸 최초의 신호가 다시 지구로 돌아오기까지는 추가로 4.25년이 더 걸린다.

이러한 탐사는 장기 프로젝트가 될 것이다. 게다가 탐사선을 광속의 10%로 가속하기 위해서는 많은 에너지가 필요하므로 화학적인 방식 말고 다른 추진 방식이 있다면 크게 도움이 될 것이다. 탐사선이 도착할 때 기대되는 속력 역시 고민해봐야 한다. 광속의 10%로 이동하는 탐사선이 1 AU를 지나는 데에는 1시간 남짓밖에 걸리지 않고, 지구-달 사이의 거리만큼 떨어져 외계행성에 근접하는 시간은 몇 초밖에 되지 않는다. 카메라나 다른 기기들을 정확히 원하는 위치와 방향으로 향할 기술이 있다 하더라도 이는 데이터를 얻기에는 너무 짧은 시간이다. 만약 도착 지점에서 감속할 수 있는 방안이 만들어진다면 훨씬 좋겠지만, 그러기 위해서는 엄청난 연료가 필요하다. 무슨 방법이 없을까?

이에 대해서는 곧 알아볼 것이다. 그러나 우선, 우리가 지금까지 우주 탐사선으로부터 얻은 것은 무엇일까? 1950년대, 우주 시대의 개막 이후로 많은 탐사선이 발사되었다. 그중 어느 것도 다른 항성을 목표로 한 적은 없었지만, NASA의 보이저 1호(글상자 4.1)는 2012년 말 태양으로부터 약 120 AU 떨어진 성간 공간에 도착했고 이 공간은 태양풍으로 전달된 입자라기보다는 성간물질을 구성하는 전하를 띤 입자들의 홍수를 헤엄치게 되었다. 1년에 약 3.6 AU의 속력(즉, 17 km s⁻¹)으로 움직이면서 혜성의 고향인 오오트 구름에 도착하기까지는 약 1,000년이 걸릴 것이지만, 전력을 생산하는 발전기의 효율이 떨어지기 때문에 2020년대 중반에는 우리는 이 탐사선과 통신이 끊어질 것이다. 플루토를 탐사한 뒤 마찬가지로 태양계 바깥으로 나아가고 있는 뉴 호라이즌스 탐사선(4.3.3절)은 더 느리게 움직이고 있기 때문에(14 km s⁻¹) 절대 보이저 1호를 추월할 수 없을 것이다.

그림 8.17 폭이 300 m 정도 되는 빛의 돛을 단 탐사선이 먼 항성으로의 항해를 출발하는 모습에 대한 상상도 (NASA)

보이저 1호가 가장 가까운 항성(들)에 도착하기 위해서는 수만 년의 시간이 필요할 것이다. 게다가 항성들 가까이를 우연히 지나가기 위해서는 더 긴 시간이 필요할지도 모른다. 그럼에도, 외계인이 이를 발견할 수 있을 가능성을 결코 무시해서는 안 된다. (그렇기 때문에) 이 탐사선에는 긴 시간 동안 재생할 수 있는 유성 레코드가 실려 있는데, 이 레코드에는 지구의 소리와 이미지가 담겨 있다. 어떤 외계인이 그 레코드를 재생하고, 내용을 이해할 수 있을지는 잘 모르겠지만 말이다.

현재로서는, 태양을 벗어날 때 가속하고 목적지에 도착하기 전에 감속해야 한다는 조건을 동시에 만족시키기 위한 가장 그럴 듯한 해결책은 태양의 광자로부터의 복사압을 이용해 큰 돛을 단 배처럼 '빛으로 항해를 진행하는(light-sail)' (그림 8.17) 방식으로 탐사선을 태양계 밖으로 가속시키는 것이다. 태양으로부터 오는 광자 대신 지구에 설치한 레이저빔을 활용하거나, 둘을 같이 사용할 수도 있으며 목적지에 도착해서는 목적지 항성의 광자를 대신 이용해 탐사선의 속도를 늦춘다. 돛은 가볍고 두께가 거의 원자 몇 개의 개수에 맞먹을 정도로 얇은 (아마도 그래핀의 형태) 첨단 기술을 활용한 도구여야 하고, 돛의 면적이 300 m² 정도 된다면 약 0.1 kg 정도의 질량을 가진 탐사선을 운송할 수 있을 것이다. 이 정도의 무게는 (데이터를 수집하고 지구로 다시 보내기 위해 필요한) 자동 제어 시스템, 전력 공급, 카메라, 메모리 장치와 송신 기능을 모두 포함하기에는 너무나 작다. 하나의 탐사선이 실패할 가능성을 고려하면, 아주 많은 개수의 탐사선을 보내는 것이 나을 것이다. 연료를 가지고 가지 않아도 되는 탐사 프로그램을 중복해서 수행하기 위한 새로운 전략인 것이다.

프록시마 센타우리를 공전하는 궤도에 도달하기까지 빛의 돛의 능력을 활용하기 위한 상상 속 방법이 그림 8.18에 설명되어 있다. 첫 번째 목표는 알파 센타우리(α Cen)로 이 별은 알파 센타우리 A와 B로 구성되어 있는데, 이 두 별은 수십 AU 떨어져서 서로를 공전한다. 프록시마 센타우리는 이 둘로부터 약 15,000 AU 떨어져 있다. 빛의 돛으로 움직이는 탐사선은 α Cen A에 먼저 도달하고 이후 α Cen B에 도달하는데, 이 과정에서 돛의 방향을 틀고 감속하고 두

그래핀은 2차원 육각 격자를 구성하는 원자들의 집합인 탄소의 한 형태로, 그 강도는 철의 200배이다.

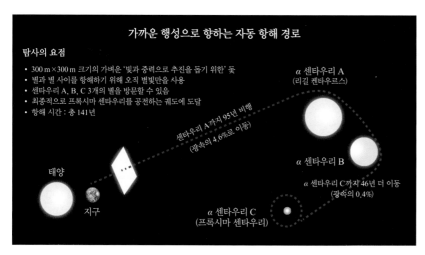

그림 8.18 프록시마 센타우리로 향하는 '빛의 돛' 방식을 소개하는 개략도. 0.09 kg 질량을 단 돛이 α 센타우리 A에 도착하기까지는 100년 가까이 걸리고, 근처에 위치한 프록시마 센타우리에 도착하기에는 추가로 50년이 더 필요하다. (Planetary Habitability Laboratory, University of Puerto Rico at Arecibo)

항성의 중력의 힘을 얻기도 한다[이 결합된 형태를 광중력 도움(photogravitational assist)이라고 부른다]. 이 과정을 통해 속력이 원래의 10%로 줄어든 상태로 프록시마로 향한다. 올바른 접근 방향을 택하면 프록시마를 공전하는 이심률이 큰 공전궤도에 탐사선을 올려놓을 수 있으며, 시간이 지남에 따라 돛을 활용하면 탐사선은 원에 가까운 공전궤도에 올라 프록시마를 공전하게 될 것이다.

그러므로 발사로부터 약 40년간 광속의 10%로 항해한 뒤 빛의 돛을 써서 궤도에 오르는 탐사 미션은 도착까지 1세기가 넘게 걸리고, 이 책의 현재 판본을 읽는 독자들 중에는 외계행성에 근접해서 획득한 데이터가 전송되어 오는 것을 볼 수 있는 사람이 아무도 없을 것이다. 다행히, 지상 망원경과 우주 망원경의 분광 능력이 점점 발달하면서 수십 년 내에 태양계 바깥에서 실제로 생명이 검출되었다는 실질적인 증거를 얻게 될 전망은 충분히 있다.

질문 8.6

외계행성이 충분한 생물권을 가지고 있지만, 이 생물권은 지구와 다음과 같은 관점에서 지구와 상당히 다르다고 가정하자.

- 이 외계행성의 생물권은 물에 기반하지 않는다.
- 광합성 결과, 대기 중에는 산소가 아닌 다른 기체가 방출된다.

(a) 이 행성의 경우는 아니지만, 어떤 행성에 지구와 유사한 생물권이 존재한다고 결론 내릴 수 있는 근거를 나열하라.

(b) 이 외계행성에 생물권이 존재함을 지구에서 어떻게 알 수 있을지 설명하라.

8.4 요약

- 만약 외계행성에 탐사선을 가까이 지나가게 하거나 탐사선이 착륙하게끔 할 수 있다면, 우리는 지표에서 직접 표본을 채취하거나 표면을 촬영함으로써 생물권의 존재 여부를 결정할 수 있다. 이러한 가능성이 실현되려면 1세기 정도는 더 있어야 할 것이다. 일단은 태양계 안에서의 관측에 만족해야 하는데, 우리에게 첫 번째로 필요한 것은 외계행성으로부터 받는 전자기 복사의 분석 방법이다.

- 외계행성의 적외선 스펙트럼은 이 파장 범위가 표면을 관찰할 수 있는 스펙트럼의 창일 때는 표면의 온도, 그렇지 않을 때는 대기의 온도에 대한 정보를 준다. 또한 스펙트럼은 대기의 조성을 알려주기도 한다. 수증기와 CO_2가 존재한다는 증거가 발견된다면, 그리고 표면 온도가 액체 상태의 물과 복잡한 탄소 화합물이 존재할 수 있는 범위 내라면, 아마도 그 행성은 탄소-액체 상태의 물로 구성된 생명이 표면에 살기에 적절한 환경일 것이다.

- 생물권이 실제로 존재한다는 것은 강한 오존 흡수선으로부터 알 수 있는데, 오존은 곧 충분한 양의 O_2를 의미하고 충분한 양의 O_2는 산소를 만들어내는 광합성을 거쳐 생성되기 때문이다. 오랜 시간 동안 행성에 지질 활동이 일어나지 않았다면(즉, 표면 암석의 산화에 O_2가 소모될 일이 없다면) 물의 광분해로도 많은 O_2가 만들어질 수 있다. 혹은 물이 감소하는 아주 짧은 시기 동안 관측이 있었다면 관측된 O_2의 양이 물의 광분해로 설명될 수도 있다.

- 생물권의 존재를 뒷받침하는 보다 강한 대기과학적 증거는 화학 평형에서 벗어난 산화-환원 반응의 짝이 동시에 관측된다는 사실이다. 예컨대 지구 대기에서의 $O_2(O_3$의 존재로부터 추정된)와 CH_4 같은 것들이다.

- 대기 중에 O_2가 충분하지 않다고 해서 생물권이 존재하지 않는다는 뜻은 아니다.

- 외계행성의 가시광선, 적외선 스펙트럼으로도 대기를 구성하는 기체를 검출하고 엽록소 및 다른 생물학적인 요소들의 효과를 파악하고 광도 변화 곡선을 분석함으로써 행성의 거주 가능성과 생물권의 유무를 알아낼 수 있다.

9

외계 지적 생명체

9.1 서론

지적 생명체란 무엇인가? 철학적 의미에서 대답하기 쉽지 않은 질문이다. 주관적인 답도 괜찮다면, 인류가 지적 생명체라고 선언함으로써 시작할 수 있다. 그러나 여전히 지구상의 수많은 다른 종(種)은 어떤가 하는 물음표가 남는다. 그래서 좀 더 구체적으로, 우주를 가로질러 신호를 주고받으며 소통할 수 있는 지능에 대해 논할 것이다. 현재로서는 그것이 우리가 발견하고자 하는 유일한 형태의 외계 지적 생명체(extraterrestrial intelligence)이다. 그러므로 이 장에서 다루고자 하는 지적 생명체는 성간 통신에 관여할 수 있는 생명체를 가리킨다는 점을 이해하기 바란다(이 실용적인 정의에 따르면, 인류가 지적이었던 것은 겨우 지난 수십 년간에 불과하며, 뉴턴, 다윈과 같이 과거에 존재했던 여러 훌륭한 과학자들도 실질적으로는 지적 생명체에 해당되지 않는다).

지능에 대한 우리의 실용적인 해석을 바탕으로, **외계 지적 생명체 탐사**(Search for Extraterrestrial Intelligence, SETI)란, 우주 어딘가의 생명체가 보내오는 신호를 찾아야 한다는, 아주 잘 정의된 주제이다. 우리의 현재 기술로는 전자기복사의 형태로 전송된 신호만 감지할 수 있을 뿐이지만, 우리는 외계의 탐사선의 방문을 받거나 로봇 메신저 장치와 만날 수도 있을 것이다. 고향 문명이 나누고자 했던 정보를 싣고 있는, 높은 수준의 인공 지능이 자율 운영하는 성간 탐사정 같은 것 말이다. 그런 장치를 **브레이스웰 탐사정**(Bracewell probe)이라 부르는데, 1960년에 이 개념을 제안한 호주의 과학자 로널드 브레이스웰(Ronald Bracewell, 1921~2007)의 이름을 따른 것이다. 브레이스웰 탐사정은 물리적으로 만나거나 (성간 공간보다는 짧은) 단거리 통신 전략을 사용하도록 고안될 수 있는데, 어느 쪽이라도 우리에게 도달하기 위해서는 적어도 수십 년, 어쩌면 그보다 훨씬 더 오랫동안 항해해야 한다. 작은 탐사정에서부터 거대한 천체공학적 장치에 이르는 외계 인공물의 신호를 탐색하는 것을 **외계 인공물 탐사**(Search for Extraterrestrial Artifacts, SETA)라고 한다. 우리는 여기에서 외계인의 고향 행성에서 오는 신호를 탐색하는 것, 그러니까 SETA보다는 SETI에 초점을 맞춘다.

별 사이의 거리, 은하 사이의 거리는 너무도 광대해서 빛의 속도로 이동하는 전자기 신호가 외계로부터 우리에게 도달하려면 수년에서 수백만 년이 걸린다. 거기에 더해 탐색해야 할 별들의 수는 많고 신호는 약해서 SETI라는 관찰 업무는 여러 세대에 걸쳐 지속되어야 한다. 성공적으로 수신할 기회를 최대화하기 위해서, 우주의 특정 영역을 목표로 삼아 우리가 신호를 보낼 수 있다. 이런 식으로 접촉을 시작하려는 행동을 **외계 지적 생명체와의 소통**(Communication with Extraterrestrial Intelligence, CETI)이라고 부르기도 한다. 우리가 무엇을 송출할지 생각해보는 것도 흥미롭다. 그것을 정하고 나면, 우리가 탐사할 때 어떤 신호를 염두에 두어야 하는가 예상하는 데 도움이 될 것이다. 우리가 정말로 신호를 탐지한다면, 그때는 인류와 외계인 모두가 인식할 수 있는 정보를 찾아 공통 기반에서 대화를 시작해야 한다. 일단 접촉이 이루어지면, 우리는 무엇을 말할지, 인류를 어떻게 나타낼 것인지, 누가 우리 행성을 대표할지에 대해 대단히 주의를 기울여야 한다. CETI 문제 전체의 근간이 되는 하나의 중요한 질문은 우리가 접촉하기 위한 시도 자체를 해야 하느냐이다. 그렇게 하는 것은 보다 발전되고, 어쩌면 적대적일 수도 있는 외계 문명이 '지능적'이 된 지 겨우 수십 년 된 우리의 젊은 문명을 만나거나 최소한 영향을 미치도록 공개적으로 끌어당기는 것을 포함한다.

9.2 탐사 – SETI

왜 탐사해야 하는가? 이는 자신들의 전문적인 관심사에 자원을 쏟아부으려는 천문학자부터 가능성 있는 장기적 이득보다는 당장의 시간적·경제적 비용에 더 관심을 두는 정치가와 납세자에 이르기까지 모든 사람이 공통으로 제기한 질문이다. SETI에 반대하는 사람들은 만약 외부에 생명체, 특히 더 발전된 생명체가 있다면, 그들이 조만간 주요 중심 도시의 심장부에 착륙하거나 해서 우리를 찾아올 것이라고 주장할 것이다. 탐사할 것인가 아니면 기다릴 것인가 하는 문제는 사회적·정치적·경제적으로 어려운 질문이다. 여기에서는 우리가 탐사하고자 한다고 가정하고, 그러기 위해 어떻게 할지 알아보자.

오늘날에는, 외계 지적 생명체 탐사는 지구에 도달하는 전자기복사의 흐름을 샅샅이 뒤지는 작업으로 한정돼 있다. 어쩌면 더 발전된 문명은 중력복사나 입자 빔 혹은 우리가 아직 상상할 수 없는 방법을 사용할 수도 있지만, 현재로서는 우리가 그런 신호를 탐지하지 못한다. 언젠가는 우리가 성간 거리도 여행하게 될지 모르지만, 전자기복사를 정밀하게 걸러내는 방법에 대한 현재 전망조차도 우리 기술로는 어려운 문제다. 전 하늘을 탐사해야 할 뿐 아니라, 전파장 영역에 대해서도 탐사해야 한다. 다행스럽게도 과학은 우리가 어디에(공간, 파장, 시간의 측면에서) 노력을 집중해야 할지 단서를 준다. 물리적 법칙의 명백한 보편성은 외계의 과학자들도 같은 결론에 도달했을 것이라는 희망을 더해준다.

9.2.1 어느 주파수인가

지구에서는, 시력을 가진 모든 생명체는 전자기 스펙트럼의 가시광 영역을 보도록 진화했다. 이는 다음의 두 가지 이유, 스펙트럼의 가시광 영역에서 대기가 투명하고 태양이 밝다는 것 때문이다. 지구의 대기는 전파에서도 투명해서, 인류가 전파 통신과 전파천문학의 과학을 발전시킬 수 있었다[어떤 생명체도 '전파의 눈'(radio eyes)을 진화시키지 않았는데, 이는 전파를 발하는 강한 광원이 없고, 전파에서 쓸모 있는 공간 분해능을 가지려면 거대한 눈이 필요하기 때문이다. 글상자 6.3과 식 (6.7) 참조]. 현재로서는, 순전히 경제적 이유로 가시광선과 전파 통신이 SETI에서 선호되는데, 지상에서 탐색과 송출이 가능하기 때문이다. 외부의 지적 생명체가 사람과 비슷하다고 가정하면, 이들이 지구와 비슷한 행성에 살고, 지구처럼 가시광과 전파 주파수에서 투명한 대기를 가진 곳에서 산다고 생각할 수도 있을 것이다. 이 주장의 옳고 그름에 상관없이, 요점은 현재 SETI는 사실상 가시광과 전파 주파수에 제한돼 있다는 것이다.

태양을 포함해 모든 별의 전자기 스펙트럼은 적외선부터 가시광선에 이르는 영역에서 최대치를 보인다. 가시광선과 전파에서 각각 똑같은 너비를 갖는 2개의 주파수 대역을 생각해보면, 별이 전파에서 방출하는 에너지는 가시광 대역에서보다 수백 배, 수천 배 이상 적을 것이다. 그래서 초기의 SETI 선구자들은 별의 강력한 가시광 방사를 피해, 전파 영역에서 탐사하기로 했다(관습적으로, 우리 가정에 있는 라디오에서처럼 전파 천문학자들은 보통 파장 대신 주파수를 사용한다). 신호를 더 뚜렷하게 보려면 더 좁은 주파수 대역과 더 좁은 빔, 즉, 더 좁은 대역폭과 더 좁은 광폭을 갖는 신호로 한정할 수 있다. 멀리 있는 별 주위를 도는 행성의 전파 망원경으로부터 이런 신호가 정확히 우리를 향해 곧장 온다면, 우리는 스펙트럼의 전파 영역에서 그 별을 수백만 배 이상 밝게 보게 된다. 그런 신호는 틀릴 여지가 없을 것이다. 하지만 그런 신호를 관측하려면 외계인이 송출하는 바로 그 주파수 대역을 보고 있어야 한다. 어떤 주파수에서 그런 신호를 탐색할 수 있을까?

주파수에 대한 질문에 일반적으로 주어지는 대답은 우주에서의 수소의 편재성에 의존한다. 천문학자들은 수소 원자가 파장 21 cm, 주파수로는 1,420 MHz(1 MHz = 초당 100만 번)에서 내는 방출선, 소위 '수소선(hydrogen line)'을 관측함으로써 우리 은하의 모양을 지도로 만들어 낼 수 있었다. 은하의 지도화에 관심이 있는 지적 외계인이라면 아마도 이 분광선의 유용함을 발견했을 것이고, 그들도 역시 1,420 MHz가 신호를 관찰하고 송출하기에 좋은 주파수라고 결론지었을 것이다. 그러나 이 주파수에는 다양한 자연적 방출도 포함되어 있어서 송출된 신호가 분명히 '인공적인' 품질이어야 뚜렷하게 드러날 것이다. 일을 더 복잡하게 하는 것은 수소 구름이 우리 은하와 함께 회전하기 때문에(최대 150 km s^{-1} 정도의 회전 속도로) 발생하는 도플러 이동이다. 이 때문에 방출선이 약간 흐릿해지고, 1,419 MHz부터 1,421 MHz로 번진다. 자연 방출선들의 불협화음에 묻혀 신호를 잃어버리지 않으려면, 칼 세이건(그림 9.1 참조)은 1,420π MHz나 1,420/π MHz에서 송출하고 관찰하는 것이 좋을 수도 있다고 제안했다. π는 보편적인 숫자이므로(9.3.1절 참조), 외계 과학자들도 똑같이 생각할 가능성이 있다. 이 방출선 역시 수신기에 대한 발신기의 방사 속도에 의한 도플러 이동을 경험하지만, 이들 파장에서는 자연 방출선이 거의 없으므로 잡음이 별로 없을 것이다. 또 하나의 주목할 만한 주파수는 1,720 MHz로, OH 분자(산소와 분자)의 가장 센 방출선이며, 이 OH 분자는 다른 수소와 만나 물, H_2O를 만든다. 우리가 생명체 유지에 물(또는 최소한 산소와 가장 흔한 원소인 수소)이 필수적이라고 생각한다면, 1,720 MHz 선을 지켜보는 것도 일리가 있다.

그림 9.1 칼 세이건은 SETI의 발전과 홍보에 있어 핵심적인 인물이었다. 그는 활발한 행성 과학자이기도 했다. 금성 대기의 뜨겁고 조밀한 성질을 발견하고, 타이탄에 있을 것으로 추측되는 바다가 생명에 필요한 분자들로 가득 차 있을 것이라는 견해를 정립하는 데 주된 역할을 했다. (Getty Images)

■ 왜 우리는 중요한 주파수에 π를 더하거나 빼는 대신 π를 곱하거나 나누는가?

□ 만약 π를 더하거나 뺀다면, 외계인이 우리의 메가헤르츠 단위를 알지 않는 한(그러리라고는 믿기 어렵다) 우리의 신호를 알아채는 데 도움이 되지 않는다.

어떤 주파수를 사용할지 결정했다면, 대역폭은 어떤 것이 최선일까? 이 문제에 연관된 대역폭은 두 가지이다. 방출 신호의 대역폭과 신호를 탐지하는 데 쓰일 수신기의 대역폭이다. 총 방출에너지가 동일한 2개의 신호가 있다고 할 때, 좁은 대역폭은 스펙트럼의 좁은 영역에 에너지를 효과적으로 집중시켜 스펙트럼의 특정 주파수 부근에서 상대적으로 더 큰 플럭스 증가를 만들어낼 것이다. 그러나 관측하는 수신기가 정확히 그 주파수를 중심으로, 비슷한 대역폭으로 운용되어야 이러한 협역 신호가 잘 검출된다. 더 넓은 대역폭으로 방출되는 신호의 경우, 딱 맞는 주파수를 좁은 대역폭으로 관찰하는지는 그다지 중요하지 않지만, 똑같은 방출에너지라도 스펙트럼상에서 다소 크지 않은 증가를 보일 것이다. 그림 9.2는 주어진 신호를 서로 다른 대역폭의 두 수신기에서 관측할 때의 대역폭 문제를 보여준다.

'협역 밴드'와 '좁은 대역폭'이라는 용어는 전파 천문학자들이 구별 없이 사용한다. '광역 밴드'와 '넓은 대역폭'도 마찬가지다.

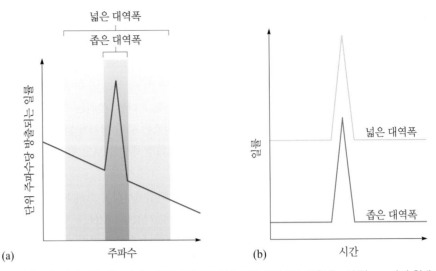

그림 9.2 (a) 좁은 대역폭을 갖는 전파 파동의 스펙트럼으로, 단위 주파수당 방출되는 일률(power)의 형태이다. 대역폭에 들어오는 방출 신호의 일률은 뾰족한 부분 아래의 면적과 같다. (b) 좁은 대역폭과 넓은 대역폭의 수신기로 관련된 주파수 범위를 스캔할 때의 시간에 따른 변화 그래프. 좁은 대역폭은 방출 신호의 주파수 범위 일부만 수신하지만, 신호가 없는 양 말단에서는 자연적인(또는 배경의) 스펙트럼도 수신하지 않는다. 그런 식으로, 검출되는 일률의 증가량이 상대적으로 크다. 넓은 대역폭 수신기는 방출 대역폭의 양 말단에서 배경 스펙트럼을 수신하기 때문에 신호의 일률이 약해진다. 시간에 따른 변화 그래프에서 전반적인 일률은 광대역 수신기에서 더 크지만, 수신된 배경에 비해 일률 증가량은 더 적다.

■ 외계인이 1,420 MHz에서 10 Hz의 대역폭으로 송신한다고 하자. 전파 망원경은 이 주파수에서 1 Hz, 5 Hz, 혹은 100 Hz의 대역폭을 갖는 채널을 관찰하도록 맞춰둘 수 있다. 배경에 비해 가장 큰 신호를 수신하려면 어떤 대역폭을 선택하겠는가?

☐ 5 Hz를 사용해야 한다. 1 Hz는 신호의 10분의 1만 탐지할 것이고, 100 Hz로 맞추면 90 Hz의 배경 잡음이 포함되기 때문이다.

어떤 주파수를 관찰할지 선택하는 문제는 기술 발전과 함께 완화되었다. 초기 전파 망원경은 단순히 특정 주파수에 맞춘 뒤 그 주파수 근처의 대역폭 안에 들어오는 전파를 수신했다. 이런 망원경들은 우리가 라디오를 다른 방송국에 맞추는 것과 비슷하게 다른 주파수에 맞출 수 있었다. 그림 9.2에서 보이는 것과 같은 스펙트럼을 얻기 위해서, 우리는 보고자 하는 주파수 근처를 천천히 스캔(scan)해야 했다. 반면, 요즘의 전파 망원경은 동시에 수백 개의 협역 밴드(1 Hz 미만) 채널(channel)을 관찰할 수 있어서, 탐색 과정이 매우 빨라졌다.

이런 종류의 관측이 주기적으로 수행되면 — 실제로 그렇다 — 엄청난 양의 자료를 분석하고 탐색해야 하는 추가적인 문제가 있다. 이는 우리의 현대 컴퓨터 기술과 직면한다. 1999년부터는 인터넷을 영리하게 사용하는 SETI@Home 프로젝트가 전 세계의 쉬고 있는 컴퓨터의 미사용 처리 능력을 활용하고 있다.

9.2.2 어디를 볼 것인가

관측의 실용성이라는 측면에서, 우리는 주어진 한 시점에 하늘의 작은 한 부분에 집중해야 한다. 그런 탐사는 힘겹지만, 장점도 있다. 우리가 파장을 논할 때 알게 된 것처럼, 하늘의 너무 넓은 영역을 한꺼번에 보면 신호가 배경 속에 파묻혀 버린다. 어디를 볼 것인가 하는 질문은 우리가 무엇을 찾고 있느냐에 따라 달라진다. 우리는 외계인의 지역 통신을 엿들으려는 것인가, 아니면 그들이 존재를 알리려고 의도적으로 전송하는 것을 찾으려는 것인가?

의도되지 않은 전송

먼저, 의도되지 않은 전송에 대해 생각해보자. 우리를 향해 직접 전송된 것은 아니므로, 우주를 가로질러 퍼져나가는 동안 우리가 탐지할 수 있는 것은 직접적인 빔(beam)보다 훨씬 약할 것이다. 최악의 경우는 등방성 신호인데, 복사가 전 방향으로 똑같이 퍼져나가기 때문이다. 우리가 바랄 수 있는 것은, 우리 은하 근방에 있는 몇몇 세계에서 오는 의도되지 않은 전송을 탐지하는 것뿐이다. 그런 신호를 포착하고자 한다면, 목표로 삼을 대상은 많지 않다. 가까이에서 오는 신호뿐이다. 그러나 다양한 주파수를 관찰해야 한다. 지구에서 새어나가는 전파 방출의 사례에 근거할 때, 의도되지 않은 전송은 전파 스펙트럼 전역에 우연히 흩뿌려질 것이기 때문이다.

의도된 전송

어떤 외계 문명이 의도적으로 접촉하려고 시도한다고 생각해보자. 메시지를 보내고 받는 데 걸리는 기나긴 시간을 받아들이기만 한다면, 좁은 빔과 대역폭으로 은하계의 다른 문명과 대화를 수행할 수 있는 기술을 오늘날 우리가 갖고 있다는 사실은 놀라운 일이다. 만약 멀리 있는 외계인이 전자기 신호로 우리의 주의를 끌고자 한다면 그들은 방출 에너지를 어떤 특별한 주파수(9.2.1장에서 논한 것과 같이) 주위의 협대역에 집중시키고, 우리 태양계를 조준해 빔을 전송해야 할 것이다. 우리가 외계인의 신호를 발견하기 위해서는 협대역 수신기로 수십억 개의 별들을 목표로, 하늘 전체를 샅샅이 뒤져야 한다. 외계인이 어디서 송출하고 있는지 전혀 모른다면 이는 분명 매우 시간이 많이 드는 일이다. 또한 과연 외계인이 태양과 같이 지구가 궤도를 돌고 있는 별을 목표로 삼을 것인지 궁금하다. 이에 대해 명확한 대답은 없다. 그런 외계인이 우리보다 더 발전되어 그들의 과학과 기술로 태양이 생명체가 거주 가능한, 혹은 이미 거주 중인 행성을 거느리고 있음을 알아내기를 바랄 뿐이다.

의도된 신호를 발견하고자 한다면 탐색해 볼 만한 대상이 너무 많아서 일부만 고를 수밖에 없다. 메시지 교환에 드는 시간(수년에서 수십 년)이 합리적 수준인 근방의 별들이 우선순위에 오를 것이다. 만약 자원이 한정되어 있어서 선택할 수밖에 없다면, 자연스럽게 우리가 잘 알고 있는 지구와 태양 같은 별을 추적하게 된다. 행성 탐지 기술의 급격한 발전에 힘입어 우리는 더 멀리 갈 수 있으며, 목성형 행성이 목성형 궤도를 도는 별까지 제한 범위를 넓힐 수 있다.

- ■ 목성형 행성이 목성형 궤도를 도는 별이 생명체가 사는 다른 행성도 거느릴 것으로 예상되는 이유는?

- ❏ 그러한 행성이 혜성이나 다른 행성계 파편과의 충돌로부터 안쪽에 위치한 지구와 같은 행성들을 보호할 수 있기 때문이다.

또한 우리는 M형 왜성에서 오는 신호만 찾아볼 수도 있다. 많은 M형 왜성이 지구처럼 잠재적으로 생명체가 서식할 수 있는 행성을 거느린다는 것이 알려져 있기 때문이다(7.2.1절 참조). 대부분의 별들은, 심지어 흔한 M형 왜성들도 넓게 떨어져 있으므로 전파 망원경의 빔 크기를 효율적으로 활용할 수 있을 만한 하늘 영역을 골라 탐색해야 한다. 근방(약 100광년 전후를 뜻한다)의 성단이 좋은 목표일 것이다. 예를 들어, 플레이아데스성단(그림 9.3)에는 150여 개

그림 9.3 플레이아데스성단. 400광년 떨어진 거리에 있으며 태어난 지 겨우 1억 년 정도밖에 안 된 150여 개의 별들이 자라고 있다. (8444611 Photographed by David Malin. Copyright © UKATC/ AAO, Royal Observatory, Edinburgh)

의 별이 하늘의 0.5° 정도(태양이나 보름달의 각 크기와 같은)에 퍼져 있는데, 동시에 전부 관찰할 수 있는 영역이다. 불행히도 보통 1억 년 정도 된 이 별들은 생명체가 존재하기에는 너무 젊고, 뜨겁고, 밝다. 우리가 여기서 정의한 의미대로의 지적 생명체가 태양계에 등장하는 데 46억 년 정도 걸렸다. 별들의 탄생지인 **산개성단**(open star clusters)은, 이름에서 알 수 있듯이, 좋은 목표 지점이 아닌 게 틀림없다.

　　구상성단(globular star cluster)도 있다(그림 9.4). 산개성단과는 반대로, 여기에는 수천, 어쩌면 수백만의 늙은 별들이 있으며 보통 100억 년 이상 된 별들이다. 그러나 이런 성단에 생명체가 있을 것으로 예상하지 않는다. 첫째로, 그렇게 오래된 별은 무거운 원소(행성 형성에 필수적인)가 생겨나기 전에 생성되었기 때문이다. 무거운 원소는 큰 별의 핵에서 생성되었다가 우

그림 9.4 나이가 많은 별들로 이루어진 구상성단 M13. (US Naval Observatory, Washington DC)

주 공간으로 폭발해 다음 세대 별에 섞여 들어간다. 둘째로, 구상성단에 있는 별들은 서로 간의 거리가 짧아서 그 상호작용 때문에 안정적인 행성 궤도의 수가 제한적이다. 그럼에도 불구하고, 우리가 어떠한 형태의 생명체가 존재할 수 있는지에 대해 계속 마음을 연다면, 이러한 이유들 혹은 산개성단에 대해 논한 이유들로 생명체의 존재를 배제하지 않을 수 있음을 기억하는 것이 중요하다.

9.2.3 무엇을 찾을 것인가

어느 여름날 밖에 앉아 있다고 생각해보자. 무수한 소리가 들려올 것이다. 그중 하나에만 집중해보면, 전에 한 번도 들어 본 적이 없고 무슨 소리인지 모른다고 해도 그것이 자연에서 오는 것(새나 바람에 의한 것)인지 인공적인 것(자동차나 잔디깎이에 의한 것)인지 구별할 수 있을 것이다. 대부분의 인공적인 소리는 규칙적이다. 대부분 어떤 이동부의 회전 등에서 나기 때문에 단순 반복 구조를 갖는다. 반면, 자연은 주파수 스펙트럼 전체에 걸쳐 더 복잡한 구조를 갖는 소리를 만들어낸다. 나무를 스치는 바람 소리는 가청주파수 거의 전체에서 비슷한 비율(백색 소음이라고 불리는)을 갖고, 거의 음악에 가까운 새 소리는 매우 구조화되어 있지만 불규칙적인 주파수 스펙트럼을 만들어낸다.

자연 전파와 인공 전파의 분광 구조를 비교해보면 비슷한 결론에 도달할 수 있다. 라디오와 텔레비전 전송은 주파수 면에서나 시간 면에서나 뚜렷하고 규칙적이어서 대부분의 자연 현상과는 다르다. 물론 예외적으로 자연 주파수가 증가하는 경우(예 : 1,420 MHz 수소선)도 있지만, 그런 것은 원자물리학에서 쉽게 예측된다. 가끔 불명료한 것도 있다. 천문학에서 가장 인상적인 예는 1967년 영국 케임브리지의 전파 망원경에 매우 규칙적인 파동이 탐지된 것이다. 후에 **펄서**로 알려진 이 현상은 처음에 작은 녹색 사람들(Little Green Men)이라는 뜻의 LGM이라는 별명으로 불렸는데, 그때는 자연 방출 기작이 그렇게 규칙적으로 맥동할 것이라고는 상상하지 못했기 때문이다. 알고 보니 이 현상에 대한 이론적 설명이 있었다. 중성자별이라고 불리는 빠르게 자전하는 별로, 보통의 별 반지름에서부터 수십 킬로미터까지 수축한 별이다. 펄서의 경우를 염두에 둬야 하지만, 자연 신호와 인공 신호 사이의 그와 같은 혼동은 규칙이 아니라 예외일 뿐이다(그리고 펄서에 의한 혼동은 사실 매우 빨리 해결되었다). 규칙적인 구조를 갖는 전파 신호가 외계 지적 생명체의 흔적인지 추론할 때 더 악명 높은 문제는, 그런 신호의 절대 다수가 여기 지구에서 기원한다는 것이다.

> ■ 어떤 외계인이 우연히 1초나 1분, 1시간, 1일, 1년의 주기로 신호를 송출한다면 왜 안타까운가?
>
> ❏ 우리가 사용하는 시간 단위 중 하나에 들어맞는 주기를 보이는 신호라면 지구에서 기원한 것으로 간주될 가능성이 매우 크기 때문이다. 1일 혹은 1년 주기의 신호는 지구의 자전이나 공전을 완전히 교정하는 데 실패했을 때 잘 생긴다.

의도된 최초의 접촉

지구상의 라디오, 텔레비전, 통신, 심지어는 보안 군사 설비에서 오는 가짜 경보를 모두 배제할 수 있다고 가정하고, 외계에서 접촉할 의도로 보내온 최초의 전파 신호는 어떤 구조를 갖는다고 예상할 수 있을까? 첫 번째로, 그들이 서투르거나 우리를 놀리려는 것이 아니라면, 그 신

그림 9.5 구조화된 방법으로 도달하는 파동의 시간에 따른 변화 그래프. 첫 번째와 두 번째 파동 사이의 시간은 Δt, 두 번째와 세 번째 파동 사이의 시간은 $\pi\Delta t$, 세 번째와 네 번째 사이의 시간은 $2\pi\Delta t$, 네 번째와 다섯 번째 사이는 $3\pi\Delta t$ 등이다. 전파 신호를 스캔하고 이러한 구조를 찾아내는 다양한 방법이 있으며, 이들은 빠르고, 쉽게 자동화할 수 있다.

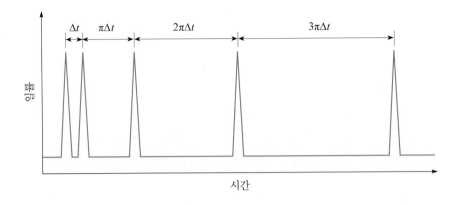

호가 시간이나 주파수 스펙트럼상에서 어떤 뚜렷한 규칙적인 구조를 가질 것이다. 위에서 들었던 간단한 예로는 1,420 MHz 수소선보다 π배 만큼 크거나 작은 주파수에서 전송하는 것이다. 또 다른 예는 그림 9.5의 시간에 따른 변화 그래프에 나타나 있듯이, π가 파동의 도착 시점에 암호화되어 있는 것이다. 이런 패턴은 탐지하기도 쉽고, 자연 현상으로는 설명하기 어렵다. 9.3절에서 우리는 외계인들이 우리에게 어떻게 접촉을 시도할까에 대해 더 자세히 다루겠다.

의도되지 않은 최초의 접촉

다른 문명이 본의 아니게 우주로 전송한 것을 탐지할 수 있는지 논하기 위해서, 지구가 어떻게 다른 외계 문명의 SETI에 의해 탐지될 수 있는지 생각해보자. 지구 대기 안에서 전송되는 무수히 많은 약한 전파들도, 원칙적으로는 우주에서 탐지될 수 있다. 첫 번째 문제는 외계인들이 어느 주파수를 지켜봐야 할지 모른다는 것이다. 게다가 이러한 전파 송신은 SETI의 관점에서 볼 때 광대역이다. 뿐만 아니라 이 복사는 어떤 특정 방향을 향해 보내진 것이 아니다(사실 지표면의 좁은 지역에 도달시키기 위한 것이다). 신호가 우주로 퍼져나가면서 신호의 세기(플럭스)는 약해져서 결국에는 전파를 방출하는 자연 배경에 묻혀 사라질 것이다. 그들이 가까이에 있다면, 외계인의 기술에 따라 그들이 이 신호를 감지할 수도 있을 것이다. '가까이'의 정량적 의미는 주파수, 자연 배경에 대한 신호의 세기, 신호의 대역폭에 따라 다르지만, 그 범위는 보통 수십 광년을 넘지 않을 것이다.

외계인이 우리가 무심코 우주로 전송한 것을 탐지하고, 스펙트럼의 인공 구조를 눈치챘다고 가정해보자. 그들이 24시간 주기의 규칙적 변화를 찾아낸다면 그들의 의심은 더욱 고조될 것이다. 지구의 표면은 송신기로 균일하게 덮여 있지 않고, 미국과 캐나다의 동부 · 서부 해안과 서유럽 지역에 집중돼 있기 때문에 특히 눈에 띈다. 이들 장소의 위치가 잘 들어맞아서 여기서 전송하는 신호가 외계인이 사용하는 시스템으로 직접 향하게 된다면, 외계인은 그림 9.6에서 보이는 것과 같이 방출 신호의 뚜렷한 증가를 목격할 것이다.

■ 그림 9.6에서, 왜 뾰족한 부분들이 인구 밀집 지역이 뜨고 지는 것과 긴밀히 연관되어 있는가?

□ 첫째로, 인구 밀집 지역에는 가장 많은 수의 라디오와 텔레비전 방송국이 있다. 둘째로, 이 방송국은 지구상에서의 수신을 위한 것이기 때문에 지구 표면에 평행한 방향으로 전파를 보낸다. 따라서 신호가 가장 강할 것은 이들 지역이 외계인이 볼 때 가장자리에 있을 때, 즉, 이들 지역이 뜨거나 질 때다.

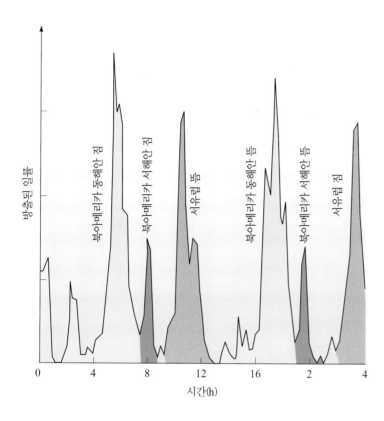

■ 외계인이 우리를 수년간 꾸준히 관찰한다면 그들이 발견할 것 같은 고무적인 다른 신호에는 무엇이 있는가?

❑ 지구가 태양 주위를 도는 공전궤도를 발견하고, 궤도를 도는 행성을 거의 확실하게 찾았음을 확인할 것이다. 매일의 신호 패턴이 장기적으로 자전 중의 몇 단계에서 강화되는 쪽으로 변하는 것도 발견될 것이다. 지구상의 개발도상국 부분에서는 텔레비전의 신호가 강화되고, 다른 지역에서는 더 많은 TV가 아래로 송신하는 위성을 통해 방송되므로 신호가 감소하는 데서 기인하는 것이다.

접촉을 시작하는 것을 재고해야 할지도 모를 더 사악한 탐지 방법은, 핵폭발의 복사 특성이다. X선, γ선, 그리고 별에서 오는 다른 고에너지 입자들의 섬광은 처음에는 작은 항성 플레어로 오인될 수 있다. 우리 태양의 작은 플레어조차도 핵무기의 에너지 출력보다 수천만 배 크다. 핵무기에서 방출되는 에너지의 특성은 아마도 매우 다를 것이다. 따라서 근방의 외계인이 매우 강력한 핵무기를 폭발시킨다고 해도(행성 전체를 파괴할 목적으로!) 우리는 겨우 그들의 존재를 감지할 수 있을 뿐이다.

현재 지구상의 인구 증가율은, 저지되지 않는다면, 그리 머지않은 미래에 심각한 문제를 일으킬 것이다. 기술 진보에 힘입어, 우리는 이 문제를 달, 화성, 심지어는 소행성에 이주지를 만드는 것으로 상쇄할 수 있다. 그러나 결국에는 이 천체들의 자원이 한정되어 있어 우리는 태양계 너머를 바라보게 될 것이다. 끊임없이 퍼져나가려는 본능을 가진 종족으로서, 우리는 지속되는 생활 공간 문제에 대한 해결책을 찾아야 할 것이다. 한 가지 독창적인 아이디어는 충분히 발전된 문명이라면 별 주위에 행성궤도에 해당하는 반지름을 갖는 수많은 고리나 **다이슨 구**(Dyson spheres)라고 불리는 완전한 구를 만들 수 있다는 것이다. 이러한 구에 사는 문명은 별로부터 생명을 지탱할 수 있는 복사에너지를 받는 혜택을 모두 누리고, 막대한 생활 공간을 갖

다이슨 구의 개념은 더 일찍 제안되었으나, 1960년에 이를 널리 알린 영국계 미국인 물리학자 프리만 다이슨(Freeman Dyson, 1923~)을 따라 이름 지어졌다.

는다. 별은 엄청나게 많이 있고 수명이 10억 년에 달한다는 것을 생각하면, 확장하는 문명을 수용하는 문제에 대해 아주 장기적인 해결책이 될 수 있다. 더 급진적인 아이디어는 다이슨 구를 블랙홀 주변에 건설해, 문명의 모든 폐기물을 버리는 것이다. 폐기물이 블랙홀 주변을 소용돌이치는 뜨겁고 조밀한 물질과 만나면 핵반응에 의해 에너지가 방출될 것이다. 이 에너지는 결국 복사의 형태로 방출되고 다이슨 구의 안쪽 표면에 흡수되어, 구의 바깥쪽 표면에 존재하는 거주자가 다루기 쉬운 에너지원을 제공할 것이다. 이는 에너지 재활용 프로그램의 궁극점이고, 기술이 그만큼 발전할 수만 있다면, 거대한 인구를 유지할 방책으로 상상할 수 있는 것 중 아마도 가장 효율적인 방법이다.

■ 외계인이 우리처럼 수백 켈빈의 온도 환경을 선호한다고 가정하면, 다이슨 구의 중요한 특성은 무엇인가?

☐ 지구와 같이 수백 켈빈의 온도에서는, 다이슨 구가 적외선을 방출할 것이다. 지구보다 훨씬 크므로, 매우 밝은 광원이 될 것이다(방출량은 밝기와 표면적의 곱에 비례하고, 구의 표면적은 반지름의 제곱에 비례한다).

만약 고립된 적외선 별이 발견된다면, 우리는 그것이 다이슨 구가 아닌가 생각할 것이다. 처음에는 갈색 왜성(목성의 큰 버전과 비슷하게, 자기 에너지 대부분을 생성하기에 부족한 질량을 갖는 별)처럼 보일 수도 있다. 그러나 갈색 왜성의 특성(밝기, 온도, 반지름, 질량)이 있으므로, 컴퓨터 모델을 이용해 각 특성을 검사, 검증할 수 있다. 만약 컴퓨터 모델과 달리 비정상적으로 반지름이 큰 갈색 왜성을 발견한다면, 그것이 다이슨 구가 아닌지 의심해볼 수 있다. 한번 의심이 생겨난다면 그 전파 신호를 지켜봄으로써 외계 문명의 결정적인 증거를 얻을 수 있을 것이다.

질문 9.1

어떤 외계 문명이 고향 세계의 표면에서와 비슷한 중력을 갖기 위해 블랙홀 둘레에 반지름 8.3×10^9 m의 다이슨 구를 건설한다고 하자.

(a) 이 반지름을 지구의 공전궤도 반지름과 비교하면?

(b) 인구 밀도가 지구의 대륙에서의 평균과 같다고 가정하면, 다이슨 구의 인구는?

(c) 이는 지구 몇 개에 해당하는가? (지구의 인구는 7.4×10^9이고, 대륙은 지구 표면의 약 3분의 1을 차지한다. 지구의 반지름은 6.4×10^6 m이다.)

9.3 교신 – CETI

9.3.1 공통의 지식

서로 언어가 전혀 통하지 않는 누군가를 만날 때, 시간이 충분하다면 서로의 언어를 배울 수도 있을 것이다. 처음에는 자기 자신을 가리키며 이름을 말하고, 다음에는 머리를 가리키며 '머리'라고 알려주는 식으로 말이다. 요점은 인간 언어가 공통된 특징을 공유한다는 것으로, 가장 뚜렷하게는 이름을 말하는 명사와 신체 부분을 부르는 명사가 그렇다. 이 공통된 근거는 어느 한쪽의 언어를 바탕으로 발전 가능한 의사소통을 시작하기에 충분하다.

물론, 최초에 아무것도 모르는 누군가를 대상으로 광막한 우주를 가로질러 전파 신호를 교환하는 것은 그보다 더 도전적인 문제다. 그러나 공통 지식 활용의 원칙은 여전히 적용할 수 있다. 우리 행성에서 발견된 자연법칙이 온 우주에서의 자연법칙과 같다는 것은 근본적이고 잘 검증된 과학적 가정이다. 따라서 이러한 자연법칙의 공통 근거를 찾고, 이를 위의 예에서 명사의 사용과 같이 활용할 수 있다. 게다가 우리의 교신 매체가 전자기복사이므로, 이러한 신호를 수신할 수 있는 존재라면 적어도 전자기학의 기본 지식을 갖고 있다고 가정해도 문제가 없다.

■ 만약 외계인이 전자기학 지식을 갖고 있다면, 그들이 거의 확실히 알고 있을 물리 상수는 무엇인가?

□ 모든 전자기복사가 진공 속을 지나는 속도, 광속이다.

표 9.1은 몇몇 상수(모든 값은 주어진 마지막 유효숫자까지 인정된 것)와 그 해석을 보여준다. 이들 모두가 SETI 교신에 활용하기 적합한 것은 아니다. 먼저, 빛의 속도처럼 단위를 갖는 상수와 π처럼 단위가 없는 상수를 구별해야 한다. 단위를 갖는 상수는 우리가 그 단위를 임의로 선택했기 때문에 문제가 될 수 있다. 예를 들어, 광속을 초속 미터로 표현한 숫자와 시속 마일의 형태로 표현한 숫자는 완전히 달라서, 만약 외계인이 둘 중 어느 한 단위를 사용한다면 환상적인 우연일 것이다! 어떤 경우에는 비율을 활용해서 이 문제를 해결할 수 있다. 인용된 전자와 양성자(우주에서 가장 흔한 입자)의 질량은 각각 킬로그램의 단위로 되어 있지만, 그들의 비율은 질량 기준 단위가 무엇인가에 상관없이 1836.153이다. 근본적이고 보편적인 의미가 있을 뿐 아니라, 이 숫자는 실험실에서 굉장한 정밀도로 측정될 수 있다.

또 다른 보편적인 비율은 빅뱅으로부터 생성되었을 수소 대 헬륨의 질량비다. 별 탄생 지역(별들은 분명 가벼운 원소로부터 무거운 원소를 만든다)을 제외하면, 이 원시 비율은 과학적으로 유능한 종족이라면 누구에게나 명료할 것이다. 그러나 이 값을 실험실에서 시료를 이용해 측정할 수 없고(적어도 우리는 할 수 없다), 우주에서도 별의 존재에 따라 지역 차가 있다. 이러한 이유로 인해, 외계 과학자들에게 공통적일 정밀하고 유일한 값을 정의하는 것은 불가능하다.

표 9.1 몇 가지 상수와 수열(SETI에 유용한 모든 수를 나열한 것은 아니다)

기호	값	의미
π	3.141 592 654 $\cdots$	원 둘레의 지름에 대한 비율
e	2.718 281 829 $\cdots$	지수함수와 자연로그에서 쓰이는 오일러(Euler)의 수
–	1, 2, 3, 5, 7, 11, 13, 17, 19, 23, 29 $\cdots$	소수
–	1, 2, 4, 8, 16, 32, 64, 128, 256 $\cdots$	2의 제곱수
–	0, 1, 1, 2, 3, 5, 8, 13, 21, 34, 55, 89 $\cdots$	피보나치 수열($F_n = F_{n-1} + F_{n-2}$)
c	$2.997\ 924\ 58 \times 10^8\,\mathrm{m\,s^{-1}}$	진공에서 전자기복사의 속도
m_e	$9.109\ 38 \times 10^{-31}\,\mathrm{kg}$	전자 질량
m_p	$1.672\ 622 \times 10^{-27}\,\mathrm{kg}$	양성자 질량
–	76/24 = 3.17	초기 우주에서 수소의 헬륨에 대한 질량비
$M_\odot$	$1.9891 \times 10^{30}\,\mathrm{kg}$	태양 질량

π와 같이 근본적이고 단위가 없는 상수의 자릿수 문제에 더하여, 우리는 근본적으로 중요한 수열도 사용할 수 있다. 어떤 수학적 체계를 갖는 외계인이라도 소수(prime number)의 배열은 알아볼 것이다. 또 다른 중요 수열은 2의 제곱수이다. 이 숫자들은 컴퓨터나 다른 디지털 장비에 관련해 자주 보이므로 여러분도 이들을 알아볼 수 있을 것이다. 이진수 체계가 사용된다면, 즉 기본 체계가 0 또는 1, 켜고 끔, 예 또는 아니요 등인 컴퓨터가 사용된다면 알 수 있다. 수학적 수열은 미지의 외계 언어를 배우는 데에도 중요할 뿐 아니라, 숫자를 이용한 암호화를 구축하는 데에도 중요하다(다음 절 참조). 다시 말하면, 상수는 언어를 배울 때의 명사처럼 작용하고, 수학적 수열은 알파벳의 쓰임을 발견할 수 있게 해준다.

9.3.2 암호화

코딩 또는 암호화는 보통 제3자에게 내용을 숨겨야 하는 비밀 메시지를 떠올리게 한다. 여기서 말하는 암호화란 정반대의 문제를 다룬다. 누구나, 특히 외계의 지적 생명체가 해석할 수 있도록 암호화하는 방법에 관한 것이다. 과학자나 수학자, 공학자, 컴퓨터 전문가 중 누구를 붙잡고 물어보아도 가장 간단하고 보편적인 암호 체계는 '이진법'이라고 답할 것이다. **이진법**(binary system)은 오로지 2개의 숫자, 0과 1[끄고 켬, 아니오와 예, 무(無)와 유(有) 등]만을 포함한다. 모든 체계에서 가장 간단한 이진법은 거의 모든 형태의 교신을 암호화하는 데 쓰일 수 있다. 이진법의 몇 가지 예를 글상자 9.1에서 논한다. 우리의 관심 목표에서는, 1이 신호가 있는 것, 0이 신호가 없는 것을 뜻한다.

글상자 9.1 | 이진법

0과 1의 수열로 암호화될 수 있는 모든 정보를 이진수나 비트(bit)라 한다. 우리는 일상적으로 숫자와 소리, 영상을 디지털 형태로 수신한다(이 맥락에서, '디지털'은 그저 이진 암호화를 말한다). 우리는 SETI를 위해서 이진의 숫자와 영상에 대해 다룰 것이다.

이진수
우리가 보통 사용하는 수 체계(십진법)는 10의 제곱수(1, 10, 100, 1,000…) 단위마다 10개의 숫자를 사용할 수 있다. 이와 비슷하게, 각 자릿수마다 2개의 숫자를 사용해 2의 제곱수(1, 2, 4, 8, 16, 32, 64, 128, 256…)를 표현하는 이진법을 만들 수 있다. 다음의 예제를 생각해보라.

첫째, 숫자 13 :
십진법 : $13 = (1 \times 10) + (3 \times 1)$
이진법 : $1101 = (1 \times 8) + (1 \times 4) + (0 \times 2) + (1 \times 1)$
둘째, 숫자 307 :
십진법 : $307 = (3 \times 100) + (0 \times 10) + (7 \times 1)$
이진법 : $100110011 = (1 \times 256) + (0 \times 128) + (0 \times 64) + (1 \times 32) + (1 \times 16) + (0 \times 8) + (0 \times 4) + (1 \times 2) + (1 \times 1)$

인류는 자연스럽게 숫자 10을 바탕으로 하는 십진수 체계에 적응했는데, 이는 기본 산수를 배울 때 우리가 가진 10개의 손가락이 수 세기를 도왔기 때문이다.

이진 영상
영상은 이진법의 형태로 나타낼 수 있다. 예를 들어, 그림 9.7의 두 영상을 보자. 1이 있는 곳은 흰 픽셀(화소), 0이 있는 곳은 검은 픽셀을 의미한다. 이 영상은 수신자가 영상의 크기를 알 방법만 있다면, 길다란 이진 수열의 형태로 전송될 수 있다.

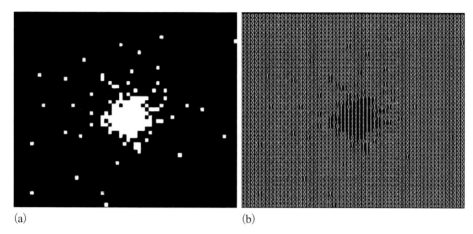

그림 9.7 구상성단 M13(그림 9.4의 영상을 기반으로 만든 것). (a) 흑백 영상, (b) 이진 형태. (David Parker, 1997/Science photo Library)

■ 다음의 이진수를 십진수로 바꿔보아라 : 101, 1010, 100011011.

❑ $4 + 0 + 1 = 5$
$8 + 0 + 2 + 0 = 10$
$256 + 0 + 0 + 0 + 16 + 8 + 0 + 2 + 1 = 283$

질문 9.2

4개의 신호 그룹이 세 번의 시간 단위 간격을 두고 반복적으로 전송된 것을 알게 되었다. 예를 들어,

111100011110001111000111100011111000 ···

때때로 네 그룹 가운데 몇 번의 신호를 놓쳤고, 매번 000 이후에 이 패턴이 일어난다는 것을 알았다.

··· 0011000000100001000000001000010100010010001000 ···

이 메시지는 무엇을 전하고자 하는가? 자연에서 오는 신호인가? 이 외계인의 손가락은 몇 개일까?

우리가 이진법이 정말 보편적인 체계라고 받아들인다면 이를 이용해 우리의 메시지를 보내는 것이 간단한 일인가? 글쎄, 아마도 그럴 것이다. 유일한 문제는, 이진법의 개념이 보편적이라 해도(더 간단한 체계는 없으니까!) 이를 암호화하는 정밀한 체계는 여전히 우리에게만 있는 규칙이라는 것이다. 예를 들어, 어떤 다른 문명이 숫자를 뒤에서 앞의 순서로 읽는다면(지구상의 어떤 언어는 오른쪽에서 왼쪽으로 읽어야 한다), 1011은 11이 아니라 13이 된다. 그래서 수학적 숫자의 자연 수열이 필요하다. 우리가 다음의 메시지를 보낸다면

1, 10, 11, 101, 111, 1011, 1101, 10001, 10011 ···

외계 지적 생명체는 이를 여러 방법으로 해독하려 할 것이다. 외계인의 이진법이 오른쪽에서 왼쪽으로 되어 있다면 이 숫자는

1, 1, 3, 5, 7, 13, 11, 17, 25 ⋯

가 되어 별 의미가 없어 보인다. 외계인이 25 = 5 × 5를 제외한 모든 숫자가 소수라고 생각할 것이다. 그러면 다른 이진 암호 체계를 시도해보려고 할 것이다. 맞게 해석한다면(왼쪽에서 오른쪽으로), 이 전송이 자연 현상이 아니라 소수의 배열임을 알아볼 수 있다.

1, 2, 3, 5, 7, 11, 13, 17, 19 ⋯

외계인이 이 수열을 보면 우리의 이진 암호화 체계를 알게 되고 답으로 간단한 메시지를 보낼 수 있을 것이다. 물론 우리의 SETI가 성공한다면, 우리는 외계인의 위치를 우리 스스로 알아낼 수 있을지도 모른다. CETI를 위한 암호화에 관한 문제를 생각해보면, 우리가 실제로 어떤 신호를 보내고 싶지는 않더라도 SETI를 위해 중요한 교훈을 얻을 수 있을 것이다. 예를 들어, 여기서 논한 이진 암호화는 우리가 메시지에서 찾아야 할 것이 특정한 이진수 같은 것이 아니라 메시지의 구조(structure)에 관한 일반적인 신호라는 것을 알려준다.

9.3.3 아레시보 메시지

우리의 존재를 알리려는 다양한 시도가 있어왔다. 이와 관련한 잠재적 위험(9.5절 참조)이 있는데도 불구하고, 이러한 의사결정은 이 행성에 사는 사람들 대부분의 합의점을 찾으려는 노력 없이 이뤄졌다. 전송된 메시지 중 가장 유명한 것은 프랭크 드레이크(그림 6.1)가 1974년 아레시보(Arecibo) 전파 망원경(그림 9.8)으로 보낸 것이다. 당시 왕실천문관(Astronomer Royal)이었던 마틴 라일 경(Sir Martin Ryle, 1918~1984)은 드레이크에게 이것이 분별 있는 행동이었는지 묻는 편지를 보냈다. 드레이크의 답은 우리는 이미 지난 수년간 그런 걱정을 하지 않은 채 전파 신호를 우주로 유출하고 있다는 것이었다. 그런 것을 떠나서, 그런 직접적인 위협은 없다고 말할 수 있다. 우리가 5만 년 동안은 답장을 기대하지 않는 것처럼 말이다. 게다가 이 메시지의 목표 지점은 구상성단 M13(그림 9.4)으로, 앞에서 논한 바와 같이 생명체의 고향으로 그다지 이상적인 곳이 아니다. 또한 이 메시지는 딱 두 번, 각각 2분 동안만 전송되었으므

그림 9.8 푸에르토리코에 있는 305 m의 아레시보 전파 망원경. (NAIC, Arecibo observatory)

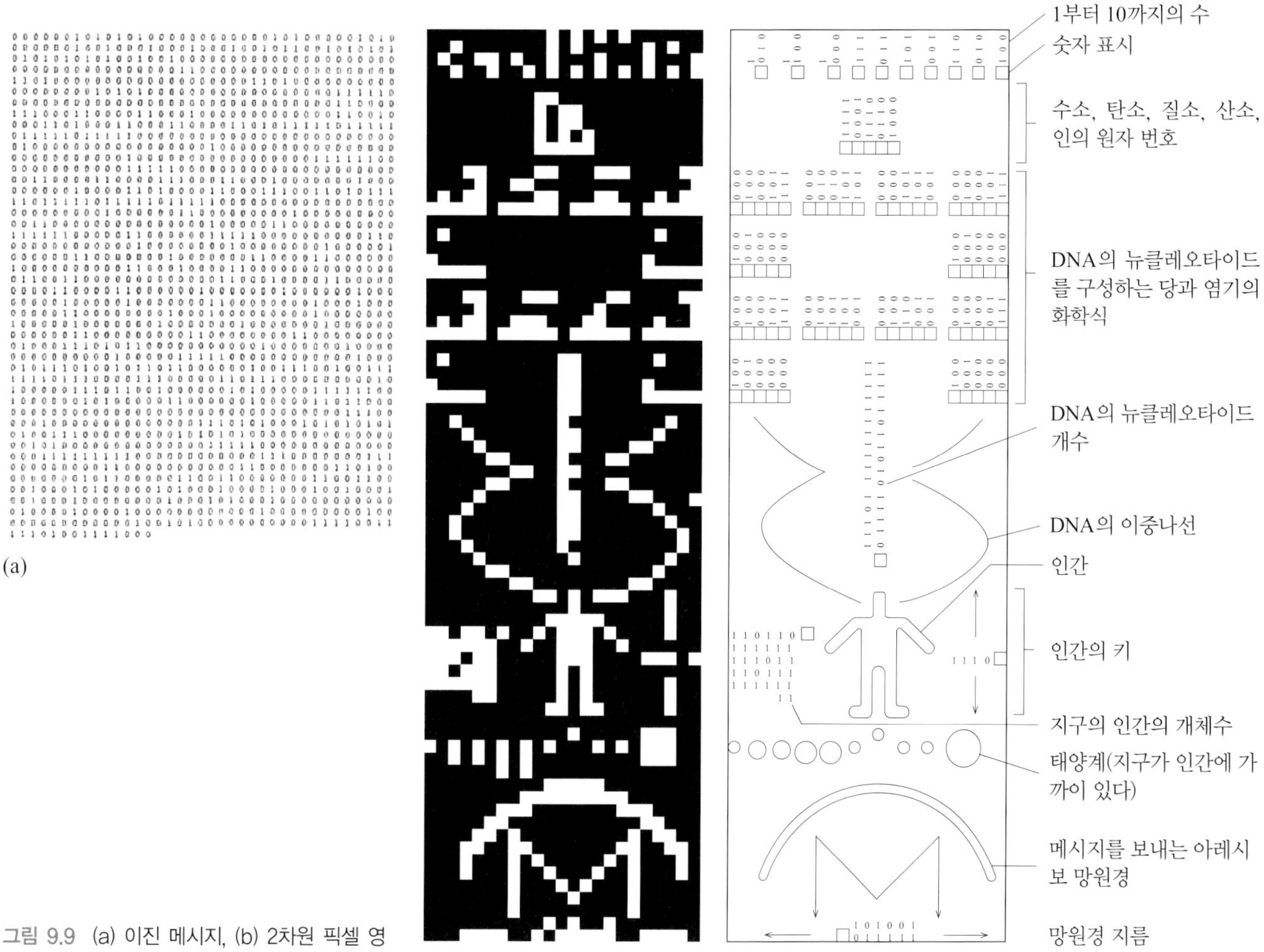

그림 9.9 (a) 이진 메시지, (b) 2차원 픽셀 영상, (c) 영상 해설. (Sagan and Drake, 1975)

로 외계인이 이를 수신하려면 우리보다 훨씬 좋은 SETI 프로그램이 있어야 할 것이다. 따라서 1974년의 아레시보 메시지는 실제적이라기보다는 그 상징성이 중요한 것이며, 미지의 수신자를 위해 어떻게 정보를 암호화할 것인가에 대한 고전적 사례를 남긴 것이다.

그림 9.9a는 2,380 MHz(과학적이라기보다는 현실적인 기술상의 이유로 선택된) 부근에서 각각 10 Hz의 대역폭을 갖는 두 전파 주파수로 전송된 비트의 원시 자료를 나열한 것이다. 총 1,679비트의 정보가 들어 있다. 이 문장은 표준 암호화 체계로 저장되면 컴퓨터 메모리에서 최대 800비트를 차지할 것이다. 그런데 이 정도 비트 수에 얼마나 많은 정보가 채워지는지는 놀라울 정도다. 그런데 왜 1,679일까? 왜 1,000이나 2,000 혹은 2의 제곱인 1,024나 2,048이 아닐까? 1,679는 23과 73이라는 두 소수의 곱이며, 둘 중 하나의 정수로 나누면 나머지 정수가 나오는 유일한 쌍이다.

■ 글상자 9.1에 나온 내용에 유념하여, 이 메시지가 어떤 힌트를 주는지 생각해보라.

❑ 이 메시지는 2차원 영상으로 읽히도록 고안된 것이다. 두 소수는 영상의 크기가 23열과 73행임을 알려준다.

그림 9.9b는 흑백으로 된 2차원의 픽셀 영상으로, 그림 9.9a의 이진법으로부터 구성된 것이

다. 드레이크가 이 이진 비트를 동료들에게 보여주었을 때, 그들 중 일부만이 메시지를 부분적으로 해독하는 데 성공했다. 그러나 그림 9.9c에 나오는 것과 같은 정보를 모두 해독하는 데 성공한 사람은 아무도 없었다.

> ■ 이 메시지에는 2개의 길이 척도, 사람의 키와 아레시보 접시의 지름이 들어 있다. 드레이크가 어떤 길이 단위를 사용했다고 생각하는가?
>
> ☐ 주파수 2,380 MHz는 파장 12.6 cm에 해당한다. 사람의 키(단위 길이의 14배)와 망원경의 지름은 12.6 cm의 배수로 표현되어 있다.

그 외의 시도로는 다양한 '우주의 부름(Cosmic Call)' 메시지가 있는데, 1999~2003년에 옙파토리아 행성 레이더(Yevpatoria Planetary Radar, 크림 반도의 70 m 조향 안테나)에서 25광년 거리 이내의 적당한 별 여럿을 향해 전송된 것이다. 2008년, 같은 안테나로 20광년 떨어져 있는 글리제 581(Glise 581)에 '지구로부터의 메시지'를 전송했다. 우리는 7.2.3절에서 글리제 581e에 대해 다룬 바 있고, 이번에는 잠재적으로 생명체가 서식할 수 있는 슈퍼지구(super-Earth) 글리제 581c가 목표점으로 고려된 것인데, 가상의 거주자는 이 메시지의 내용으로부터 정보를 얻기보다는 어리둥절했을 것이다. 거기에는 소셜 네트워킹 사이트 비보(BeBo)의 사용자들이 투표로 정한 문자 메시지, 사진, 그림의 '디지털 타임 캡슐'이 들어 있다.

9.4 현재까지의 탐색

외계 지적 생명체와의 교신에 대한 개념이 어떻게 시작되었는지 보여준 것은 아레시보 메시지가 아니었다. 칼 가우스(Carl Gauss, 1777~1855)는 무려 1826년에 CETI를 위한 한 가지 아이디어를 제안했다. 그는 전자기학이라는, 전파 천문학의 바탕이 되는 물리학의 한 분야의 토대를 마련한 사람이다. 가우스는 시베리아의 숲에 있는 나무를 베어 거대한 직각삼각형을 그리자고 제안했다. 그의 생각에는, 이것이 달에 사는 존재로 하여금 지구에 지적 생명체가 있다는 것을 알아차리게 할 것 같았다. 이 이야기에 아마 정신이 번쩍 들 것이다. 그런데 가우스로부터 거의 200년 가까이 지난 지금, 우리가 전파 교신으로 시도하고 있는 것은 조금이라도 덜 공허한가?

SETI의 근대는 1959년, 미국 코넬대학교의 쥬세페 코코니(Giuseppe Cocconi, 1914~2008)와 필립 모리슨(Philip Morrison, 1915~2005)이 네이처에 발표한 논문과 함께 시작되었다. 그들은 이런 일에는 전파가 가장 적합하며 1,420 MHz가 모니터하기에 적합한 주파수라고 결론지었다. 어떻게 진행할 것인지에 대한 확고하고 과학적 근거가 있는 제안과는 별도로, 그들의 연구 방법은 우리 자신의 존재를 드러내지 않으면서도 외계 지적 생명체를 탐지하는 최초의 실질적 방법을 제공했다. 그다음 해에, 드레이크는 오즈마 계획(Project Ozma)을 가지고 실제적인 전파 SETI를 시작했다. 코코니와 모리슨의 논문에 대해서는 알지 못한 채였지만, 그들의 중요한 제안이 현명했음을 확인시킨 셈이었다. 드레이크의 수신기는 1,420 MHz선을 중심으로 하는 100 MHz 폭의 밴드에서 운영되었다. 드레이크는 초기 탐색에서 아무것도 찾지 못했지만, 대중의 관심을 크게 끌어올렸다. 무엇보다도, 갓 설립된 미 항공우주국(National Aeronautics and Space Administration, NASA)으로부터 추가 자금을 조달할 기회를 얻게 되었다.

NASA는 마침내 지름 100 m짜리 전파 망원경 수천 개의 네트워크를 건설한다는 야심찬 계획을 세웠다. 휴렛팩커드의 연구소장이었던 버나드 올리버(Bernard Oliver, 1916~1995)가 이를 이끌었다. 사이클롭스 계획(Project Cyclops)이라고 불린 이 계획은 미국 정치인들의 호감을 얻기에는 너무 큰 비용이 필요했고, 결국 자금 지원을 받지 못했다. 희망이 보인 것은 1990년대 초반, NASA가 고해상도 마이크로파 탐사(High Resolution Microwave Survey)라는 프로젝트에 상당한 자금(NASA 자체 예산의 0.1%에 해당하는)을 대기로 하면서였으나, 1년 뒤 다시 정치가들이 개입했고 투자금은 철회되었다.

잘 구성된, 큰 규모의 전파 SETI를 위한 앞선 시도들의 잔해로부터 SETI 연구소가 탄생했고, 피닉스 계획(Project Phoenix)이 이어졌다. 개인 투자금의 지원을 받아, 이 계획은 세계에 있는 몇몇 주요 전파 망원경에 접근할 수 있다. 아레시보, 영국의 조드럴 뱅크, 호주의 파크스(최초의 달 착륙 때, 원격 측정데이터를 중계한 천문대), 웨스트버지니아의 그린뱅크(드레이크가 SETI를 시작한 곳) 등이다. 1995년부터 2004년까지 이 계획은 200광년 내에 있는 태양과 같은 별 800개를 1,000~3,000 MHz 범위 전체를 1 Hz의 대역폭으로 스캔했지만, 어떠한 신호의 증거도 찾지 못했다. 우리는 조용한 동네에 사는 것 같다.

2007년부터, SETI가 부분적으로 관리하는 42대의 6.1 m 전파 망원경, 앨런 망원경 집합체(Allen Telescope Array)가 운영되기 시작했다. 원래는 최소 98대까지 확장할 계획이었으나, 다양한 자금난에서 살아남은 뒤 지금은 관측 시간을 SETI와 전통적인 전파 천문학이 나누어 쓰고 있다. 앨런 망원경 집합체의 시야가 넓어서, SETI와 전파 천문학 연구에 모두 적합하다.

캘리포니아대학교 버클리는 SERENDIP(Serch for Extraterrestrial Radio Emissions from nearby Developed Intelligent Populations, 근처에 있는 발달한 지적 인구로부터의 외계 전파 방출 탐사)라는 프로젝트를 진행하고 있다. 이 프로젝트는 전파 천문학자들이 거대한 아레시보 망원경에서 꾸준히 관측한 자료를 뜻밖의 용도로 사용한다. 1,420 MHz 선 주변의 168채널(각각 0.6 Hz의 대역폭)로부터 거의 매 초 데이터를 얻는 것이다. 여기에는 두 가지 함정이 있다. 첫째로, 이 프로젝트는 하늘의 여러 부분이 무작위로 관측한다. 여러 달이 지난 뒤에 보면 아레시보의 고정된 안테나가 제공하는 하늘 탐사 자료 전체를 제공받은 셈이므로 그럭저럭 괜찮다. 둘째로, 검색해야 하는 수신 데이터가 이 프로젝트의 컴퓨터 용량을 초과한다. 이에 대한 해결책은 SETI@Home라고 불리는, 전 세계 컴퓨터의 쉬는 시간을 활용하는 방법이 있다. 여러분의 CPU를 SETI가 사용하도록 제공하고 싶다면, 기존의 화면보호기 대신에 SETI@Home 프로젝트에서 애플리케이션을 내려받자. 이 애플리케이션이 인터넷으로 자료를 수집하고 구조화된 신호가 있는지 분석한다. 프랭크 드레이크가 1960년 오즈마 계획에서 수개월, 혹은 수년 걸렸던 일을 여러분의 컴퓨터로는 몇 초 만에 해낼 수 있다.

2015년에 브레이크스루 리슨(Breakthrough Listen)이라는 새로운 10년짜리 계획이 시작되었다. 여기에는 러시아 기업가 유리 밀너(Yuri Milner, 1961~)가 1억 달러의 현금을 투자했고 프랭크 드레이크 자신은 물론, 이론물리학자 스티븐 호킹 경(Sir Stephen Hawking, 1942~2018), 작가이자 칼 세이건의 부인이었던 앤 드류얀(Ann Druyan, 1949~), 왕실천문관 마틴 리스(Martin Rees, 1942~) 등 유명인사들의 지원이 있었다. 이 계획은 그린뱅크와 파크스 전파 망원경 관측 시간의 20~25%를 구입했다. 2016년 1월에 시작한 이래 이전의 탐사에 비해 열 배 이상의 하늘 면적과 적어도 다섯 배 이상의 전파 스펙트럼 영역을 다루면서도, 이전의 탐사들에 비해 100배 빠른 속도를 낼 것으로 예상된다. 중국에서 새로 개발한 직경 500미터 구면 전파망원경(Five-hundred-meter Aperture Spherical Telescope, FAST)도 2016년 후

그림 9.10 2007년의 앨런 망원경 집합체 일부 (Colby Gutierrez-Kraybill)

그림 9.11 중국에 있는 500 m FAST 망원경 (VCG/Getty Images)

반부터 기여하기 시작했다.

광학(optical) SETI, 혹은 때때로 **OSETI**라고 불리는 연구가 전자기 스펙트럼의 가시광 영역에서 진행되었는데, 1961년 레이저의 발명에 영감을 받은 것이다. 이 장의 앞부분에서 왜 전파가 SETI 연구에서 역사적으로 선호되었는지 설명했다. 그러나 OSETI의 잠재력이 평가절하되었다는 것이 점차 알려지고 있다. 보다 강력한 레이저를 만드는 기술에 힘입어, 좁은 레이저 빔으로도 태양의 어마어마한 복사 출력과 경쟁할 만하다는 것을 이제 알고 있다. 레이저는 짧은 순간(보통 1나노초 동안 지속되는) 동안 특정 방향으로만 전송 가능하지만, 멀리 있는 행성계에서 본다고 해도 충분히 탐지할 수 있을 만큼 뚜렷하다. 레이저의 복사가 좁은 파장 대역에만 집중된다고 해도, 총일률(단위 시간당 에너지)은 여전히 태양복사가 전 파장에 걸쳐 내는 총일률보다도 크다. 전파 SETI에서처럼 협역 밴드를 정확한 파장에 맞춰야 할 필요가 없다는 뜻이다. 만약 외계인이 그러한 레이저를 우리에게 직접 향하게 한다면, 그들이 있는 별의 밝기가 급증해 우리가 가진 어떤 광대역 광학 탐지장치로도 뚜렷하게 볼 수 있다. 따라서 적어도 원론적으로는, 밤하늘에 있는 별들의 짧은 섬광을 찾아보는 것만으로도 OSETI 탐색이라고 보는 것도 이상하지 않다.

그러나 기술적으로 더 노련한 여러 가지의 OSETI 실험들도 진행되고 있다. 그중 하나인 브레이크스루 리슨은 광학 신호를 찾기 위해 캘리포니아 릭(Lick) 천문대에 있는 2.4 m 자동행성탐사망원경(Automated Planet Finder Telescope)을 사용한다.

OSETI의 약점은, 정확히 우리를 향해 오는 신호에만 의존하거나 움직이는 레이저 빔이 우연히 우리 앞을 지나갈 때 발견해야 한다는 것이다. 레이저 빔이 (단단히 시준되어) 너무 좁기 때문인데, 이 경우 우리가 특정 방향에서 보았을 때 인공 광원이 그 모항성보다 더 밝게 보일 수도 있다.

9.5 모두 어디에 있는가

아무 결과도 없다면 무슨 소용인가? 지금까지 60년간의 SETI에서 우리는 외계 문명의 신호라 할 수 있을 만한 것을 발견하는 데 실패해왔다. 과학과 통계학에서 이것을 **무위 결과**(null result)라고 한다. 이런 결과는 우리에게 아무것도 말해주지 않는다. 물론, 메시지를 보내는 문명의 개수 상한선을 추정하는 데는 쓰일 수 있을 것이다. 그러나 다양한 탐사를 통해 여러 종류의 외계행성(탐지되지 않기를 선택할 수 없는)을 발견해낸 것과는 달리, 외계 지적 생명체의 존재에 대해서는 어떤 확고한 제한 조건도 만들어지지 못했다.

우리의 현대 기술로는 누구도 인류의 수명 내에 태양계 너머로 여행할 수 없다. 그러나 현재의 기술로, 혹은 적어도 다음 세기 내에 개발될 수 있을 기술 같은 것으로 놀라운 전망을 해볼 수는 있다. 지구를 떠나 10광년 떨어진 근방의 별을 향해 90년간 항해하는 배가 있다고 하자. 이 배는 남자 반, 여자 반으로 구성된, 다양한 직업(공학자, 과학자, 선원, 교사, 의사 등)을 가진 자원자 1,000명을 싣고 떠난다. 적당한 항성계에 도착하면, 이 별을 제1별(Stellar One)이라고 이름 붙이고, 이 항성계에 속한 행성과 소행성, 혜성의 물질을 가능한 모두 활용해 지구에서처럼 또 하나의 복제선을 건설한다. 도착 10년 후, 지구를 떠난 지는 100년 후가 되었을 때, 만약 적당한 장소가 있다면 자급자족할 수 있는 정착민을 남겨놓고, 두 대의 배가 제1별을 떠나는 것이다. 100년이 더 지나면, 또 다른 두 대의 배가 2개의 새로운 지역에서 각각 건설될 것이고, 이주의 물결은 점점 크고 넓게 확장될 것이다.

■ 이 항해에 함께한 사람들이 출발 시점에 25세였고 75세까지 산다고 가정하자. 배 안에서 커플당 평균 4명의 아이를 갖고, 이 아이들(그리고 그 아이들의 아이들, …)이 25년 뒤 후손을 갖는다고 하면, 도착했을 때 몇 세대가 생존해 있으며, 인구수는 얼마인가?

□ 첫 번째 세대의 500쌍으로부터 4 × 500 = 2,000명의 아이가 태어난다. 25년 뒤 이 아이들이 4 × 1,000 = 4,000명의 손자세대를 낳는다. 항해 50년이 되면 첫 번째 세대는 사망하지만 4 × 2,000 = 8,000명의 증손세대가 태어난다. 75년이 지나면 출생이 두 배로 늘어 1만 6,000명의 고손세대가 태어나지만, 두 번째 세대가 사망한다. 그러면 인구는 두 세대로 구성된 2만 4,000명이다. 이 중 1만 6,000명은 20대 중반이고, 8,000명은 50세 부근이다.

100년에 10광년씩 나아가는 이런 방법으로, 인류는 100만 년 뒤 은하의 반대편(약 10만 광년 떨어져 있다)까지 이주할 수 있다. 그때쯤이면, 자원이 충분하다고 할 때 제1별로 가는 첫 번째 배에 탄 최초 인구 1,000명이 두 배로 늘어나기를 10^6년/25년 = 4만 번이나 반복했을 것이다. $2^{40,000}$이나 되는, 상상할 수 없이 큰 숫자다. 배의 수는 100년마다 두 배로 늘어, 약 3만 년 뒤에는 우리 은하 속 별의 수만큼 많은 배가 있을 것이다. 현실적으로는, 은하 이주의 장애물은 기술이 아니라 활용 가능한 자원이라는 것을 알 수 있다.

이런 상상의 요점은 우리 또는 비슷한 종족의 외계인이 아광속(sub-lightspeed) 기술로, 태양과 같은 별의 진화에 걸리는 10억 년, 또는 우리 문명이 지구에 등장하는 데 걸린 46억 년보다 훨씬 짧은 시간 동안 우리 은하 전체에 정착할 수 있다는 것이다. 예를 들어, 자원이 모자라거나 10광년 가는 데 실제로는 1,000년이 걸리거나 해서 위에서 계산한 정착률이 수백 배 감소한다고 해도 변함없는 결론이다. 외계 문명이 급파할지도 모르는, **폰 노이만 탐사정**(von Neumann probes)이라 불리는 자율 · 자가 복제기의 이론적 분산율에도 비슷한 논리가 적용된다.

이제 소위 **페르미 역설**[Fermi paradox, 물리학자 엔리코 페르미(Enrico Fermi, 1901~1954)가 1950년에 이룬 업적을 따른 이름]이라고 불리는 것에 대해 생각해보자. 만약 지적 생명체가 드물지 않다면, 그리고 그들이 은하에 정착할 수 있다면(직접 또는 폰 노이만 탐사정을 활용해서), 지적 문명이 되어가는 수백만 년 동안 우리 은하가 그러한 생명체의 징후로 완전히 가득 차야 하는 것 아닌가? 이 질문에서 제시한 2개의 가정이 참이라고 믿는 경우에만 이를 역설이라고 할 수 있다. 그게 아니라, 지적 생명체가 드물거나 지속을 위한 자원이 부족하다고 한다면 이 역설은 성립하지 않는다. 분명히 이러한 가정은 서로 별개의 것이 아니다. 자원이 부족하다면 지적 생명체의 발전에 제약이 가해지기 때문이다. 자원이 충분하다고 가정해도, 문명은 어떤 방법, 예를 들어 핵전쟁이나 그들이 사는 행성의 기후를 망가뜨림으로써 스스로를 전멸시킬 수 있다. 자연재해, 예를 들면 슈퍼화산(supervolcano)의 폭발, 소행성이나 혜성의 충돌, 항성 플레어나 근방의 초신성 폭발에서 오는 γ선 등도 문명의 수명을 제약할 수 있다.

지적 생명체가 우리 은하 전체에 퍼져 번식하고 있다고 해도, 페르미 역설에 대해 크게 주목받지는 않지만, 아주 그럴듯한 설명이 있다. 우리 태양계와 같은 것이 우리 태양이 있기 수십억 년 전 다른 곳에서도 쉽게 생겨났을 것이라는 사실을 고려할 때(그보다 더 전에는 우리가 알고 있듯이 생명체에 필수적인 무거운 원소들이 부족했다), 다른 문명은 기술과 진화의 측면에서 볼 때 우리보다 수백만 년에서 수십억 년 앞서 있을 수도 있다. 우리의 지난 역사를 보면, 단 100년 사이에도 기술 진보에 있어서 엄청난 차이가 생긴다. 따라서 별을 기준으로 할 때 지

폰 노이만 탐사정은 자가복제이론의 선구자였던 헝가리계 미국인 물리학자 존 폰 노이만(John von Neumann, 1903~1957)의 이름을 따른다.

적 문명들의 나이 차가 극히 작더라도, 예를 들어 1,000년이라도 기술과 문화의 차이는 어마어마할 수 있다. 어쩌면 지적이고 기술적인 종족이 현실보다 '가상 현실'을 더 좋아해서 그 속에 푹 빠져 있을 수도 있다. 그렇다면, 우리 은하의 지적 생명체 대부분은 우리가 알아볼 수 있는 어떤 흔적도 남기지 않고, 우리가 미생물과의 교신에 갖는 흥미 이상은 갖지 않을 수도 있다.

어떤 이들은 우리가 가장 고급 문명이며, 그래서 혼자인 것처럼 보이는 것이라고 주장한다. 이러한 주장은 인간이 우주에서 특별한 장소나 시간을 차지하는 것이 아니라는 **코페르니쿠스의 원칙**(Copernican principle)에 위배되는 것으로 보일 수 있다. 많은 신념체계가 인간이 모든 것의 전체 기작에서 특별한 위치를 갖기를 바라고 있음에도, 이 원칙의 정당성은 여러 차례 입증되었다. 코페르니쿠스가 태양계의 중심에 지구 대신 태양을 둔 사건과, 이어진 갈릴레오의 가톨릭 교회와의 싸움이 아마 가장 유명한 사례일 것이다. 코페르니쿠스의 원칙은 자연의 법칙이 아니므로 확고한 과학적 결론에 도달하는 데 쓰일 수는 없다. 논쟁은 아마도 우리가 어느 한쪽의 증거를 만날 때까지 계속될 것이다. 우리 은하(그리고 그 너머)를 샅샅이 탐사해 다른 곳에서 지적 혹은 그냥 생명체에 대한 증거를 찾지 못하거나, 외계의 인종과 실제로 교신하거나 할 때까지 말이다.

만약 후자의 일이 일어난다면, 우리는 이 '최초의 접촉' 상황에 어떻게 대처해야 할까? 만약 외계인이 오늘 지구에 도착한다면 협상할 중앙 권력을 발견하는 대신 수많은 사람이 평화롭게 혹은 전쟁을 하며 공존하고 있는 것을 보게 될 것이다. 가능성이 더 높은 것은 우리가 전파나 레이저 메시지를 수신하는 것인데, 이 경우에도 중앙 권력이 없다는 위험요소가 있다.

9.6 최초의 접촉 규약

이 문제를 극복하기 위해, 그리고 최초의 접촉 시점에 단지 최강국이나 소수의 독재자 그룹이 지구를 대표하지 않을 것임을 확실히 해두기 위해, 합의된 계획을 만드는 것도 일리가 있다. 1989년, 국제우주학회(International Association of Astronautics, IAA)는 '외계 지적 생명체 탐지에 따르는 행동 강령'의 원칙을 포고했고, 뒤이어 다른 몇몇 관계기관들도 이에 동의했다. 이 원칙에 들어 있는 내용은 다음과 같다.

- 신호를 탐지한 개인이나 기관은 이를 발표하기 전에 지적 기원을 가질 가능성이 있는지 입증하기 위해 노력해야 한다.
- 외계 지적 생명체가 발견되었다는 증거를 대중에 발표하기 전에, 발견자는 이 선언에 속한 모든 관측자와 연구 기관에 즉시 알려, 이 발견을 다른 독립적인 관측으로 확인해볼 수 있도록 해야 한다.
- 주어진 천문 관측이 믿을 만한 외계 신호라고 결정되면, 천문학계와 UN 사무총장, 전 지구의 과학 단체에 알려야 한다.
- 관측이 외계에서 기원한 것으로 확증되었으면, 발견 소식을 대중에 알려야 한다.
- 발견을 확증하는 모든 자료는 전 세계의 과학계에 출판되어야 하며, 가능한 상시 이용할 수 있는 형태로 보존되어야 한다.
- 발견자 혹은 다른 누군가는 관측된 신호에 응답해야 하며, 이를 위해서는 별도의 절차에 따른 국제적 합의가 있어야 한다.

그러나 외계인과의 접촉이 이뤄진 적이 있는지 우리가 어떻게 판단하겠는가? 어떤 '발견'의 중요성에 수치를 매기려고 하는 한 가지 접근법은 **리우 척도**(Rio Scale)라는 것으로, 글상자 9.2에 요약되어 있다.

글상자 9.2 │ 리우 척도

리우 척도는 2000년에 국제우주대회(International Astronautical Congress, IAC)가 열린 리우데자네이루의 이름을 따라 명명되었다. 이는 '리우 척도 지수'(Rio Scale Index, RSI)를 도입해 외계 신호 탐지, 혹은 다른 접촉의 중요성을 정량화하려는 것으로, $RSI = Q \times \delta$와 같이 정의된다. 여기서, Q는 Q_1, Q_2, Q_3의 세 가지 '중요 수준'의 합이고, δ는 분수로 표현되는 신뢰도 항이다.

중요 수준 Q

Q_1	현상 등급	Q_2	발견 형태	Q_3	거리
1	현존하거나 소멸된 문명에 의한 우주공학의 흔적 또는 기술적 활동의 징후	1	입증할 수 없는 과거 기록으로부터의 발견	1	은하 외부
2	해석할 수 없는 복사 누출 또는 이해 가능한 명분이 없는 인공물	2	SETI/SETA 외의 관측으로, 신뢰할 수 있으나 반복되지 않은 일시적 현상	2	우리 은하 내부
3	주목을 끌기 위해 고안된 전방향(omnidirectional) 비콘(beacon) 또는 일반 문자로 된 메시지를 담은 인공물	3	SETI/SETA 관측으로, 신뢰할 수 있으나 반복되지 않은 일시적 현상	3	인간의 수명 안에 (광속으로) 교신 가능한 거리 이내
4	우리의 주목을 끌기 위해 지구를 특정하는 비콘 또는 인간에게 보내는 메시지를 담은 인공물	4	SETI/SETA 외의 관측으로, 반복된 관측이나 조사로 입증 가능한 지속적 현상	4	태양계 내부
5	해독 가능한 정보를 담은 전방향 메시지 또는 작동하는 인공물이나 탐사정	5	4번과 동일한 수준의 SETI/SETA 관측 결과		
6	지구를 특정하는 메시지 또는 물리적 접촉				

신뢰도, δ

δ	신뢰도
0	명백한 허위의 날조
1/6	매우 불확실하나 입증할 가치 있음
2/6	가능성 있으나 심각하게 고려되기 전에 입증되어야 함
3/6	이미 입증되었으며 매우 가능성 높음
4/6	어떤 의심도 없이 절대적으로 믿을 수 있음

RSI가 높을수록 그 발견은 더 중요한 것이다. RSI가 3보다 작으면 그다지 기대할 만하지 않다. 6 이상의 점수는 주목할 만하다.

(※ 역자 주 : 리우 척도에 대한 개념은 2000년에 처음 도입되었으며, 이 책이 출판된 후인 2018년, Q와 δ를 보다 정밀하게 평가하기 위해 개정된 기준안이 발표되었다.)

다음의 상황에 대해 리우 척도 지수를 평가하라.

(a) 1,300광년 떨어진 나이 든 별의 빛이 불규칙적으로 흐려지는 것이 케플러 망원경에서 수년에 걸쳐 관측되었으며, 별 주위에 건축 중인 다이슨 구의 일부 요소들이 별과 우리 사이를 지나가는 것이라는 보고가 동료 심사를 거친 과학 문헌에 발표됨.

(b) 백악관 잔디 위의 비행 접시가 사회 매체에 보고됨.

외계인으로부터 진짜 신호나 메시지를 받았다는 데 많은 사람의 의견이 일치한다면, 우리가 답해야 하는가를 두고 격론이 벌어질 것이다. 이에 대한 전문가 의견은 1970년대 마틴 라일 경이 프랭크 드레이크에게 보낸 서한과 같이 둘로 나뉜다(9.3.3절 참조).

그러나 그들이 실제로 여기 착륙한다면, 우리는 대화에 참여하는 것 외에 선택의 여지가 없다. 그렇다면 최초의 (물리적) 접촉에 대한 우리의 행동 수칙은 무엇이어야 할까? 수칙은 합의된 행동 강령이며 만나는 상대방에 따라 달라진다. 예를 들어, "안녕하세요?"라고 물은 뒤 악수를 하는 것은 일반적으로 사용되는 사회적 수칙이다. 명함을 교환하는 것은 일반적인 직업 수칙이다. 기술을 사용할 때는 구체적인 수칙이 존재한다. 예를 들어, 컴퓨터는 사용자 이름과 비밀번호를 전송하는 보인 수칙이 있다.

최초 접촉 수칙에 무엇이 들어가야 한다고 생각하는가?

인류 역사에는 진보된(기술과 법의 관점에서) 문명이 덜 발전된 사람들을 만나는 상황의 사례가 많이 있다. 아마도 외계 문명과의 첫 조우를 예상할 때 여기에서 배울 점이 있을 것이다. 그들이 가까운 미래에 우리를 방문할지 모르는데, 그들의 기술은 우리보다 대단히 많이 발전되었을 것이 거의 확실하기 때문이다.

지구상에서 서로 다른 문화가 최초로 접촉한 유사 사례들은 그다지 희망적이지 않다. 아메리카 원주민, 오스트레일리아 원주민과 같은 토착민들은 심한 경우 몰살당하기도 했다. 의도한 것은 아니지만, 많은 원주민이 새로 들어온 질병에 대한 면역이 없어 사망했다. 좀 더 운이 좋았던 사람들은 이종교배로 인해 그들의 뚜렷한 인구 집단이 사라져 버리거나, 나중에 도착한 정착민들이 외면한 땅으로 이주되어 그곳에서 살아남아야 했다. 약간 다른 예는, 유럽에서 온 정착민들과 일종의 공존을 할 수 있었던 뉴질랜드 마오리족의 사례다. 이는, 강력한 마오리 전사 전통과 일부 마오리족이 다른 마오리 부족을 정복하는 데 쓰기 위해 새 정착민들의 무기 일부를 손에 넣은 덕분이다.

인상적인 조우로는 찰스 다윈이 왕립해군 군함 비글(HMS Beagle)에 올랐던 그 유명한 항해 이야기를 들 수 있다. 로버트 피츠로이(Robert Fitzroy, 1805~1865, 그림 9.12 참조)가 지휘한 비글호는 1832년에 남아메리카 남쪽 끝의 척박한 땅, 티에라델푸에고에 도착했다. 원주민에 대한 다윈의 솔직한 의견은 그들의 미개하고 명백히 야만적인 문화와 빅토리아 시대의 배경 사이의 거대한 격차를 보여준다.

그림 9.12 로버트 피츠로이 선장은 찰스 다윈이 그 유명한 발견의 대항해를 했던 왕립해군 군함 비글을 지휘했다. 사실, 다윈이 애초에 배에 오른 이유 중 하나는 피츠로이에게 지적인 동행이 되어 주기 위해서였다. 다윈과의 협력뿐 아니라, 피츠로이는 기상학과 이를 적용한 해상 여행의 선구자로도 기억된다.

(아마도) 전염성 질병과 (거의 확실히) 이종교배는 외계인 접촉의 위험 요소에서 배제할 수 있다.

전 세계를 탐사해도 더 저급한 사람은 찾지 못할 것이다.

Charles Darwin, *Beagle Diary*, R. D. Keynes ed., 1988

종교인이었던 피츠로이는 그 지역의 지도를 만드는 임무 외에도 그 '야만인'들에게 문명을 가져다주고, 그들을 기독교 신자로 개종시키고자 했다. 이를 위해 그는 다윈과 일부 선원을 이끌고 며칠간 탐사하러 가면서 로버트 매튜스(Robert Matthews, 1811~1893)라는 젊은 선교사를 푸에지안들과 살도록 남겨두었다. 그들이 돌아왔을 때, 선교사는 갖고 있던 것을 몽땅 털린 뒤였다.

우리가 떠나자마자 규칙적인 약탈 체계가 시작되었고, 새로운 원주민들이 연이어 들어와… 매튜스는 땅에 묻어두지 않은 것은 거의 모두 잃어버렸다. 원주민들이 모든 것을 찢고 쪼개 놓은 것처럼 보였다.

Charles Darwin, *Voyage of the Beagle*

원주민들의 사회는 소유에 대해 놀랍도록 평등한 풍습을 갖고 있었기 때문에, 그들은 이런 식으로 생각하지 않았던 것 같다. 그러나 다윈은 이와 같은 후진성을 설명할 만한 이유로 다음과 같이 생각했다.

푸에지안 부족 구성원들 사이의 완전평등이 그들의 문명을 오랫동안 뒤떨어지게 했을 것이다… 현재로서는, 누군가에게 천 한 조각이라도 주어지면 산산이 조각나 흩뿌려지므로 어떤 개인도 남들보다 부유해질 수 없다.

Charles Darwin, *Voyage of the Beagle*

사회적 차이는 너무도 커서, 원주민들은 공중에 불을 뿜는 총도 두려워하지 않았다. 그들은 내재된 위협을 이해하지 못했다.

치명적인 위협을 가하지 않고는 그들에게 우리의 우월함을 가르쳐 주기 쉽지 않다… 한번은 피츠로이 선장이 걱정 끝에, 좋은 뜻으로, 모여든 몇몇 사람들을 겁주어 멀리 보내려고 그들 가까이에 단검을 휘둘렀으나 그들은 웃을 뿐이었다. 그래서 그는 원주민들 근처에서 피스톨을 두 번 당겼다. 그 남자는 처음에는 놀란 듯하더니, 동료들에게 뭐라고 지껄일 뿐 도망갈 생각은 전혀 하지 않는 듯 보였다.

Charles Darwin, *Voyage of the Beagle*

결국 피츠로이 선장에겐 두 가지 선택지만이 남았다. 그 자리에 남아 원주민을 쏘아버림으로써 진보된 무기의 효능을 보여주거나, 유혈 사태를 피하기 위해 그들을 떠나거나.

피츠로이 선장은 너무 많은 푸에지안에게 치명적일 수 있는 만남의 기회를 없애려고, 우리에게 몇 마일 떨어져 있는 후미진 곳에서 자도록 권했다.

Charles Darwin, *Voyage of the Beagle*

비글호는 발견과 과학 탐구의 임무를 띠고 있었다. 다른 목적을 가진 이들이 이끌던 배들은 남아서 총을 쏘는 선택을 했다. 이것이 결국 티에라델푸에고 원주민을 전멸시켰다. 일부는 학살당했고, 일부는 질병의 유입으로 사망했다.

왕립해군함 비글의 이야기는 우리에게 희망을 주는 한편, 주의하라고 일러준다. 페르미 역설이 생명과 그를 지탱할 자원의 희소성으로 설명된다면, 외계인들은 살아남기 위해서 혹은 단지 그들의 부를 위해서 우리의 존재를 써먹으려고 찾아올지 모른다. 부디 우리를 찾아온 첫 방문단이 왕립해군함 비글호처럼 다윈 같은 대과학자와 함께하기를, 피츠로이 선장의 윤리를 가진 누군가가 지휘하기를.

질문 9.5

9.3.3절에서 라일과 드레이크의 서신 교환을 언급했다. 드레이크의 회신에 대한 당신의 생각은 어떠한가?

질문 9.6

주파수 90.0 MHz의 짧은 (몇 초) 전파가 의도치 않게 우주로 송출되었다. 송출된 것은 방사형으로(신호 세기가 모든 방향으로 같게) 퍼져나가며, 안테나로부터 1 km 떨어진 거리를 기준으로 할 때, 해당 대역폭에서 자연적인 은하 배경보다 10^{20}배 큰 일률로 방출된다.

(a) 지구의 궤도운동에 의한 청색 이동이 가장 큰 방향은 어느 쪽인가?

(b) 가장 큰 파장 이동량은 얼마인가?

(c) 외계인들이 멀리 있는 별 주위를 도는 행성에 있고, 우연히 이 별이 직접적으로 태양을 향해 약 100 km s^{-1}으로 움직인다고 하자(이는 은하의 자전에 의한 것이므로 수년의 시간 규모 내에서는 변함없을 것이다). 이 움직임에 의한 이동량은 얼마나 되며, 지구의 궤도에 의한 이동량과 어떻게 구별되는가?

(d) 다른 별 주위를 도는 행성에 사는 외계인이 유사한 대역으로 모니터링한다고 가정하면, 이 신호가 그들에게 탐지될 만큼 충분히 강한가?

9.7 요약

- SETI(외계 지적 생명체 탐사)는 현재 전파와 가시광 복사로 전송되는, 우리 은하 어딘가 있을 생명체로부터 오는 신호를 탐색하는 데 관여하고 있다.
- 수소 1,420 MHz와 같이 자연적으로 발생하는 특정 주파수의 전파 전송을 수만 개의 협역 채널(1 Hz 미만)로 탐색하고 있다.
- 근방의, 태양과 비슷하거나 M형 왜성인 단일성이 최우선 순위 대상이다. 다중성계나 성단(단일 전파 빔 폭으로 관측할 수 있는)에도 생명체가 존재할 수 있지만, 그러한 곳에서는 지구에서와 비슷한 생명체가 진화하기 어렵다.
- 우리는 의도된 전송을 탐색하거나 외계 문명의 내부 통신을 엿들을 수 있다. 전자의 경우 신호가 우리 은하의 어디쯤에서 오든 탐지할 수 있으나, 후자의 경우 지구로부터 수십 광년 이내의 별로 제한된다.

- 인공적인 전송은 스펙트럼과 시간에 따른 변화 모두에서 특정 구조가 나타난다. 그러한 인공 구조를 가진 지구 전파를 걸러내는 것이 전파 SETI의 주요 과제이다.

- 다른 문명과 교신하기 위해 우리는 먼저 공통 기반을 구축해야 한다. π의 값과 같이 보편적인 상수나, 양성자와 전자의 질량비처럼 같은 단위를 갖는 물리 상수들의 비율 등이 가능성 있는 사항이다.

- 전송은 이진 형태로 부호화되어 있을 것이다.

- 인류는, 적어도 한 번 이상, 다른 주의 깊은 외계 생명체에게 의도적으로 우리의 존재를 선언하는 메시지를 보낸 적이 있다. 그렇게 하는 것에 대한 방법과 현명함에 대해 1974년 왕실천문관 마틴 라일 경, 그리고 이후 여러 다른 이들이 의문을 표했다.

- 최초의 SETI 시도는 1959년의 오즈마 계획이었다. 현재는 SETI 연구소의 앨런 망원경 집합체와 캘리포니아대학교 버클리의 SERENDIP 계획이 SETI@HOME과 합작해 SETI 연구를 이끌고 있다.

- 우리가 100만 년 내에 우리 은하 전체에 정착할 수 있음을 생각할 때, 기존의 다른 외계 문명이 우리를 아직 방문하지 않았다는 것은 다소 놀라운 일이며, 이를 페르미 역설이라고 한다.

- 기술 발전의 정도가 서로 다른 지구 문명들 간의 조우는 보다 발전된 외계 문명이 지구에 도착하는 상황에 대한 흥미로우면서도 어쩌면 우려스러운 선례를 제공한다. 그러한 사건에 대처하기 위한 행동 수칙이 필요하다.

질문과 대답

생물학적 활동으로 분자를 합성하기 어렵거나 반응하지 않는 비활성 기체 원소들은 생명체를 구성하는 요소로 중요하지 않다. 이러한 이유로 표 1.1의 '인간' 열에 비활성 기체가 없다.

(a) 표 1.7 물질이 현재 지구에 누적되는 비율(완성됨)

출처	질량 범위(kg)	질량 누적률(추정) (10^6 kg yr^{-1})	탄소(%)	탄소 누적률 (10^6 kg yr^{-1})
운석 물질				
유성(혜성에서 유래)	$10^{-17} \sim 10^{-1}$	16.0	10.0	1.6
운석	$10^{-2} \sim 10^5$	0.058	1.3	7.5×10^{-4}
분화구를 만드는 운석	$10^5 \sim 10^{15}$	62.0	4.2	2.6
유기물질에 영향 미치며 충돌에도 녹지 않는 물질				
유성(혜성에서 유래)	$10^{-15} \sim 10^{-9}$	3.2	10.0	0.32
운석, 비탄소질	$10^{-2} \sim 10^5$	2.9×10^{-3}	0.1	2.9×10^{-6}
운석, 탄소질	$10^{-2} \sim 10^5$	1.9×10^{-4}	2.5	4.7×10^{-6}

참고 : 탄소 누적율 = 질량 누적율 $\times \dfrac{탄소\%}{100}$

(b) 최대 운석 탄소원은 분화구를 만드는 크기의 운석이다. 이런 천체는 시간이 흐르면서 꾸준히 유입되지는 않는다.

(c) 유기물질에 영향을 미치는 최대 탄소원은 혜성에서 유래한 유성이다.

(d) 전체 유성 탄소의 누적 비율은 유성 유기 탄소의 누적 비율보다 훨씬 많다. 유성의 탄소는 주로 무기질이다.

(e) 운석 탄소는 10년 동안 평균 42×10^6 kg 유입되는데[$(1.6 + 2.6) \times 10^6$ kg yr^{-1}], 유성과 분화구를 만드는 운석의 값을 합한 것이고, 운석에 의한 극미량은 무시했다. 100년 동안에는 420×10^6 kg이, 10만 년 동안에는 $420,000 \times 10^6$ kg이 유입된다.

(f) 운석 유기 탄소는 10년 동안 3.2×10^6 kg이 누적된다. 100년 동안에는 32×10^6 kg이, 10만 년 동안에는 32000×10^6 kg이 유입된다.

생물권의 탄소는 현재 6.0×10^{14} kg이다. 오늘날의 비율을 고려할 때, 운석물질이 다음과 같이 공급되었을 것이다.

(a) 비슷한 양의 탄소는

$$\frac{6.0 \times 10^{14}\,\text{kg(생물권 탄소)}}{4.2 \times 10^6\,\text{kg(운석 탄소 yr}^{-1})} = 1.4 \times 10^8 년$$

(b) 비슷한 양의 유기 탄소는

$$\frac{6.0 \times 10^{14}\,kg(생물권\ 탄소)}{0.32 \times 10^6\,kg(운석\ 유기\ 탄소\ yr^{-1})} = 1.9 \times 10^9 년$$

운석 유입률은 지구의 역사 초기에 훨씬 많았을 것이다.

질문 2.1

이 항성은 태양보다 1만 배 더 밝고, 유효 온도는 광도의 4승근에 비례하므로 열 배 더 높아지게 된다. 따라서 이 항성의 유효 온도는 2,550 K, 즉 섭씨 2,300 °C가 된다.

질문 2.2

지구와 동일한 온도를 유지하기 위해서는 1만의 제곱근에 해당되는 거리, 즉 100 AU까지 행성이 물러나야 한다. 이 거리는 해왕성 공전 반경의 세 배가 넘는 거리이다.

질문 2.3

화성이 현재 추운 이유는 규산염의 풍화작용(글상자 2.2)을 통해 대기 중 CO_2의 수치를 조절하고, 이에 따라 기후를 조절하기 위해서는 상당한 양의 탄산염 광물과 이를 CO_2에 재활용하기 위한 메커니즘이 결여되어 있기 때문이다. 비록 탄산염 암석이 화성 표면에 풍부하다 하더라도(탄산염 광물의 첫 탐지는 2008년 화성 궤도 탐사선에서 분광학적으로 그리고 극지 착륙선에 의해서도 탐지되었다) CO_2에 재활용할 메커니즘은 분명히 존재하지 않는다. 글상자 2.2에서 보았듯이, 지구상에서 탈탄화과정이라고 불리는 이 과정은 해양 탄산가스가 유입될 때 발생하며, 결과적으로 탄산가스가 분해되고 이산화탄소가 대기 중으로 방출된다. 작은 행성인 화성은 지구보다 내부 온도가 낮고 광범위한 판구조운동이나 새로운 화산활동의 징후는 보이지 않는다.

질문 2.4

2.5 Ga보다 나이가 많은 BIF의 총질량은 3.3×10^{16} kg이다. 이 가운데 30%는 Fe_2O_3이므로 Fe_2O_3는 $3.3 \times 10^{16} \times 0.3$ kg, 즉 9.9×10^{15} kg이다.

산소와 이온의 원자량은 각각 16과 56이므로 Fe_2O_3의 분자량은 $(2 \times 56) + (3 \times 16) = 160$이다. 따라서 BIF 퇴적물에 관여된 산소의 총량은 $(48/160) \times 9.9 \times 10^{15}$ kg $= 2.97 \times 10^{15}$ kg이다.

질문 2.5

이 장에서 살펴본 지질학적 정보와 제1장에서 언급한 생화학적 정보를 모두 살펴보면, 지구상의 생명체 출현에 대한 가능한 시나리오를 제시하는 몇 가지 핵심 요점을 알 수 있다.

지금까지 조사된 가장 오래된 암석들은 분명히 물속에서 퇴적된 것이므로 바다의 존재를 암시한다. 이 퇴적암들은 풍화작용과 침식의 과정이 활발했을 것임을 보여준다. 그러므로 초기의 지질학적 기록은 지구 역사에서 아주 초기에 친숙한 지질학적 및 지질화학적 과정이 작동하고 있었다는 생각을 뒷받침한다.

미행성의 응집 모형, 내부의 분화 모형, 맨틀 대류 모형들은 판구조 운동이 초기 지구에서 작동하고 있었고 내부 열이 최대 다섯 배 더 많이 생성되고 있었음을 암시한다. 지구의 초기 대기는 주로 CO_2, N_2, 수증기로 이루어져 있었던 것으로 보인다.

열수계는 계통수의 가장 깊고 가장 짧은 가지에 위치하는 호열성 생명체와 초호열성 생물에 에너지를 공급할 수 있는 핵심 환경이다.

따라서 첫 번째 생명체가 이형질 세포로 발현된 '생명체 원료 수프'를 만든 환원 대기에 외부 에너지원이 개입되었다는 생각은 1.5절과 1.8.2절에서 이미 살펴보았듯이 지지할 수 있는 근거를 찾기가 점점 더 어려워 보인다. 대신, 우리는 자가영양적 환원적 대사과정으로 양육되는 환경의 형성을 초래하는 지질화학적 에너지와 연관된 내적 기작을 포함하는 생명의 출현에 대한 시나리오를 가지고 있다.

질문 2.6

오늘날처럼 화산활동 및/또는 판구조 운동을 경험하고 있는 지각과 맨틀 위에 물로 닫힌 수계가 있었다. 그러나 4 Ga 무렵에는 복사열 발생률이 오늘날보다 약 다섯 배 더 높았기 때문에 생명체의 출현을 선호하는 (그리고 더 활발한) 열수계가 있었을 것이다(오늘날 새로운 생명체가 나타날 수 있지만, 현존 생명체와의 과도한 경쟁에서 살아남아 생존할 가능성은 거의 없을 것이다).

질문 2.7

비록 지구상의 생명체는 비교적 일찍 정착하였지만, 절반 이상의 시간 동안 단세포 생명체였고, 복잡한 다세포 동물들은 650 Ma 정도에 출현한 것으로 확실하게 추적할 수 있을 뿐이다. 다른 생명체는 아직 다세포 단계에 도달하지 못했거나(도달할 수 없거나) 심지어 이형질 세포 생명체(즉, 동물 없음!)로 진화되지 않았을 수도 있다. 그러나 일단 복잡성이 발생하게 되면, 다원적 진화의 광풍이, 대량 멸종 사건으로 인한 간헐적인 지구환경 파괴에 의한 대량 멸종과 함께, 이를 강하게 앞으로 몰고 갈 것이라고 추측하는 것이 아마도 안전할 것이다. 우리는 확실히 다른 곳의 복잡한 생명체가 반드시 우리 자신의 육체와 같은 패턴에 근거할 것이라고 가정해서는 안 된다.

질문 2.8

메테인오피루스, 그리고 **술폴로부스**는 계통수의 고세균류의 뿌리 가까이에 위치하며, 테르모플라즈마는 고세균류 가지에서 이들보다 조금 더 위쪽에 위치한다. 계통발생학의 계통수는 마지막 공통 조상이 오늘날 열수분출구 주변에 풍부하게 존재하고 고온을 좋아하며 화학합성을 하는 생명체와 매우 닮아 있을 것이다.

질문 3.1

$g_E = GM_E/R_E^2$와 $g_M = GM_M/R_M^2$이다. 여기에서 아래 첨자 E와 M은 지구와 화성의 값을 의미한다. 그러므로

$$\frac{g_M}{g_E} = \frac{M_M}{M_E}\left(\frac{R_E}{R_M}\right)^2 \frac{G}{G}$$

이다.

여기에서 G는 중력 상수이다. 약분하면

$$\frac{g_M}{g_E} = \frac{M_M}{M_E}\left(\frac{R_E}{R_M}\right)^2 = (0.1) \times (2)^2 = 0.4$$

를 얻는다. 즉, 화성의 표면 중력은 지구의 약 40%이다.

질문 3.2

화성 표면에서의 평균 조건은 대기압이 6 mbar이고 온도는 약 −60 ℃이다. 이것은 그림 3.7에 O라고 표시된 삼중점 약간 아래의 왼쪽에 찍힌다. 얼음에 대한 안정 영역이다. 따라서 평균 조건에서 물의 안정된 형태는 액체라기보다는 얼음이다. 그러나 전형적인 낮 기온은 −100 ℃에서 +15 ℃까지 변한다. 그림 3.7의 OA 선을 가로지르며 수증기의 안정 영역으로 확장된다. 이것은 극관의 물 얼음이 여름 동안 대기로 승화되는 (녹지 않고) 이유를 설명한다.

액체 물이 안정되기 위해서 압력-온도 조건이 그림 3.7에서 '액체 물'이라고 표시된 영역으로 들어갈 필요가 있다. 대기압은 계절에 따라 2.4 mbar 정도 변할 수 있음과 매우 낮은 지역에서는 싱딩히 높아질 수 있음을 3.2절에서 보았다. 여름의 정오 때 온도가 약 +20 ℃까지 올라갈 수 있다는 사실과 더불어 이런 조건은 간헐적이고 일시적으로 액체 물에 대한 안정 영역 안에 놓일 수 있다.

질문 3.3

(a) 바이킹 생물학 실험이 화성 생명의 모든 가능성을 제외한다는 의견에 반대하는 데 사용될 수 있는 가장 강력한 논점은 다음과 같다. 바이킹 생물학 실험은 바이킹 착륙 장소 두 군데에서만 수행되었다. 화성에서는 많은 형태의 조건이 있으며 어떤 조건은 잔존하는 생명 혹은 멸종한 생명의 잔재에 대해 더 유리할 수 있다. 그것들은 시험되지 않았다. 더욱이 토양 표본은 표면 밑 얕은 깊이에서만 수집되었다. 표면의 산화 성질의 관점에서 우리는 이 표본들이 불모지였을 것으로 예상한다. 더 깊은 깊이의 표본은 다른 결과를 만들 수도 있다.

(b) 화성 표본으로부터의 GEX, LR, PR 실험 결과는 각각 산소가 발생했고, 표가 붙은 기체가 발생했고, 탄소가 검출되었다는 것이다. 표면적으로 이것들은 지구의 생명 표본에서 기대할 수 있는 것과 같은 결과이다(표 3.3 참조). 적어도 GEX와 PR 실험에 대해서 같은 결과를 보인 통제 표본이 없다면 바이킹 생물학 실험 결과는 생명의 존재를 암시하는 것으로 해석될 수 있다. 그러나 그렇게 하는 것은 매우 나쁜 과학이다. 가능하다면 실험은 언제나 '통제'를 포함해야 한다. 이 경우 통제 표본은 '생명 징후'의 일부가 비생물학적으로 만들어질 수 있음을 보여준다.

질문 3.4

(a) 해상도는 영상의 크기나 척도를 픽셀의 수로 나눈 값으로 주어진다. 그래서 (경로를 가로지르는) 한 면에서 한 면까지의 해상도는 (12.7/1024) km = 12.4 m이다.

(다른 방향의 해상도에서는 다른 숫자를 가질 수 있지만 일반적으로 경로를 따라가는 방향의 추출률이 가로지르는 픽셀 크기와 맞춰지기 위해 선택된다는 것을 주목하자.)

(b) (i) 해상도는 500 m보다 훨씬 작다(따라서 더 좋다). 그래서 이 크기의 충돌구는 구별될 수 있다(분해된다). (ii) 1 m는 픽셀 크기보다 훨씬 작다. 그래서 1 m 크기의 바위는 분해되지 않을 것이다.

(c) 이 경우 영상에 의해 담긴 면적은 더 클 것이다. 따라서 픽셀 크기는 더 클 것이고 해상도는 더 성글 것(즉, 더 나쁠 것)이다.

질문 3.5

(a) 평균 속도는 분자의 질량 m에 의존한다. 더 명확하게 말하자면 속도는 (1/분자 질량)$^{1/2}$에 따라 변한다. 그래서 분자가 더 무거울수록 (직관적으로 기대할 수 있는 것처럼) 평균 속도는 더 느려진다. 이것은 더 가벼운 분자는 행성의 탈출 속도보다 빠른 속도를 가질 확률이 더 높다는 것과 그렇기 때문에 대기에 가벼운 기체(예 : 수소)를 보유하기가 더 어렵다는 것을 의미한다.

(b) 표 3.2로부터 우리는 화성 대기의 가장 흔한 두 성분은 CO_2와 N_2라는 것을 안다. 부록 C의 표 C1으로부터 우리는 적절한 상대 원자량에 대해 다음 값(표 3.8)을 얻는다.

표 3.8 질문 3.5(b)

원소	상대 원자량
C	12
O	16
N	14

CO_2의 상대 원자량은 12 + 16 + 16 = 44이고 N_2의 상대 원자량은 14 + 14 = 28이다. H_2는 2이다. 그러므로 평균 속도의 비는 CO_2/H_2가 $(2/44)^{1/2} = 0.21$이고 N_2/H_2가 $(2/28)^{1/2} = 0.27$이다.

그러므로, 온도가 무엇이든지 CO_2 분자의 평균 속도는 N_2 분자의 평균 속도의 0.21/0.27 (즉, 78%)이다.

질문 3.6

(a) 화성, 금성, 달의 질량과 반지름에 대한 적당한 값을 사용하고 식 (3.8)에 대입하면, 탈출 속도에 대해 다음 값을 얻는다(표 3.9).

표 3.9 질문 3.6(a)

	탈출 속도(km s^{-1})
화성	5.0
금성	10.4
달	2.4

따라서 탈출 속도의 올림차순으로 정리하면 달, 화성, 금성이다.

(b) 이 천체들로부터 물질이 지구에 도달할 가능성을 지배하는 다른 요소들은

1. 관련 천체에 대기가 존재하는지 여부와 대기의 밀도. 예를 들어, 금성의 경우 높은 탈출 속도와 짙은 대기의 조합은 표면 충돌의 결과로 튕겨진 물질의 일부가 금성의 대기를 통과해 지나는 동안 증발할 것임을 의미한다.

2. 거리 또한 분출물이 지구에 도달할 가능성에 영향을 준다.

3. 태양계의 위치. 예를 들어, 중력 효과 때문에 태양(예 : 수성)이나 목성 같은 큰 행성(이오의 경우처럼)과의 근접성은 물체가 지구에 도달할 기회에 불리하게 영향을 준다.

질문 3.7

논쟁의 여지가 있지만, 우리의 답을 표 3.10에 제시한다.

표 3.10 질문 3.7의 해답

범주	이유
(i) IV	혜성은 생명체의 기원을 이해하는 데 필요한 관심 대상이고 오염이 미래 실험을 위험에 처하게 할 수 있으므로 범주 IV가 제안된다. 그러나 많은 혜성이 있기 때문에 몇 개는 '망쳐도' 될 여유가 있어 약간 낮은 범주(따라서 낮은 수준의 보호)가 정당화된다.
(ii) I	수성은 생명의 화학적 진화 과정을 이해하기 위한 직접적인 대상이 아니므로 범주 I이 적당하다.
(iii) II	유로파와 궁극적으로 충돌할 (범주 IV 보호가 요구되는) 가능성이 있지 않는 한, 화성의 근접 비행만 계획되었기 때문에 주로 범주 II에 해당하는 의도하지 않는 충돌만 고려의 대상이다.
(iv) IV	이 범주는 생명의 기원을 이해하는 데 필요한 대상으로의 착륙과 오염이 미래 실험을 위험에 처하게 할 수 있는 우주 비행에 적용된다. 화성은 이 범주에 속한다.
(v) V	지구로 귀환하는 우주 비행은 모두 범주 V이다. 표본이 혜성에서 나올 것이기 때문에 신중하게 '제한된 지구 귀환' 소범주에 할당해야 한다.

질문 3.8

얼음은 태양 자외선을 차단할 수 있다. 남극 극관은 아마 대부분 이산화탄소일 것이고 물이 부족해서 자외선을 막을 수 없다. 북극 극관은 겨울에 이산화탄소로 덮여 있지만 밑에 있던 물 얼음이 여름에 나타난다. 최고 온도가 -20 °C(3.2절) 위로 올라온다는 것은 지구에서 알려진 가장 추위를 잘 견디는 호저온성 미생물이 살 수 있는 정도일 것이다(71쪽). 지구에서 극 지역 얼음에서 사는 해조류 꽃은 실제로 추위를 좋아하는 유기물이라기보다는 생존 사회이지만(76쪽), 이것이 화성 북극 표면 근처의 물 얼음에 사는 유기체를 배제하지 않는다. 여름의 정오 무렵 짧은 시간 동안만 광합성하든지 활동적일 수 있다. 바람에 불려온 먼지는 깨끗한 얼음에 없는 영양분을 공급할 수도 있다. 특히 자전축 경사가 높은 시기에(3.2절), 여름 동안 얼음의 승화는 가장 얕은 유기물이 자외선에 너무 많이 노출된다는 문제를 만든다. 피닉스가 북극 극관 근처에서 발견한 과염소산염(3.3절)은 조건이 다른 방법으로 유난히 가혹할 수 있다는 것을 상기시킨다.

질문 4.1

(a) 이 문제의 풀이 방법은 다양하지만 여기에 그중 하나를 소개한다. 찾고자 하는 값이 x이므로, x를 포함하는 모든 항이 같은 변에 오도록 식 (4.1)을 정렬해야 한다. 먼저, 괄호를 전개

해서 아래와 같은 식을 얻는다.

$$\rho_{평균} = x\rho_{고} + \rho_{저} - x\rho_{저}$$

다음으로, 식의 양변에서 $\rho_{저}$을 빼준다.

$$\rho_{평균} - \rho_{저} = x\rho_{고} - x\rho_{저}$$

이 식을 정렬하면,

$$\rho_{평균} - \rho_{저} = x(\rho_{고} - \rho_{저})$$

식의 양변을 $(\rho_{고} - \rho_{저})$로 나누어주면, 아래와 같은 식이 얻어진다.

$$\frac{(\rho_{평균} - \rho_{저})}{(\rho_{고} - \rho_{저})} = x$$

이제 주어진 밀도값들을 그냥 대입하면 된다. 칼리스토의 평균 밀도는 $\rho_{평균}$, 얼음 밀도는 $\rho_{저}$, 그리고 암석의 밀도는 $\rho_{고}$이다. 따라서

$$x = \frac{(1.83 \times 10^3 \, \mathrm{kg\,m^{-3}}) - (0.95 \times 10^3 \, \mathrm{kg\,m^{-3}})}{(3.10 \times 10^3 \, \mathrm{kg\,m^{-3}}) - (0.95 \times 10^3 \, \mathrm{kg\,m^{-3}})}$$

$$x = \frac{0.88 \times 10^3 \, \mathrm{kg\,m^{-3}}}{2.15 \times 10^3 \, \mathrm{kg\,m^{-3}}} = 0.41$$

칼리스토의 부피에서 암석이 차지하는 비율은 약 0.41이다.

(b) 이 계산 값이 실제 값과 다를 수 있는 한 이유는, 이 문제에 사용된 암석과 얼음의 밀도가 압력이 낮은 조건일 때의 값이기 때문이다. 거대한 얼음위성의 내부는 자체압축(self-compression)이 일어날 정도로 압력이 매우 크므로 밀도가 상당히 높아진다. 또 다른 이유로는 이 문제에서 암석과 얼음만 고려하고, 철의 함량이 높은 내핵처럼 밀도가 훨씬 더 높은 영역이 존재할 가능성은 무시했기 때문이다.

질문 4.2

글상자 4.2에 따르면, 조석력은 궤도반경의 세제곱에 반비례한다. 따라서 (유로파에 대한 조석력)/(이오에 대한 조석력) = (이오의 궤도반경)³/(유로파의 궤도반경)³ = 421.6³/670.9³ = 0.249이다. 즉, 유로파에 대한 조석력은 이오에 대한 조석력의 4분의 1이다. (참고 : 조석력의 결과인 조석가열의 정도는 강제이심률의 값이나 해당 천체의 내부 특성과 같은 다른 요인들에 따라서도 달라진다.)

질문 4.3

이 문제는 로그 눈금의 값을 읽는 연습문제이다. 지구 해수에서 염화물(Cl^-)의 농도는 리터당 0.6몰로 주어져 있다. 유로파 해수에서 Cl^-의 농도는 리터당 0.02몰로 주어져 있다. 두 농도의 비는 0.6/0.02 = 30이다. 따라서 지구 해수에서 Cl^-의 농도는 유로파 해수보다 30배 더 높다.

질문 4.4

이 문제에 대한 답을 찾는 것은 배우는 과정의 일부였다. 따라서 어떻게 할 바를 모른다 해도 걱정할 필요는 없다. 그러나 아래에 주어진 답을 읽은 뒤에는 나중에 비슷한 과제가 주어질 때 좀 더 능숙하게 답할 수 있기를 기대한다.

(a) 대부분의 표면은 중간 회색을 띠며 별로 특색이 없어 보인다. 이 지역에는 폭이 최대 수십 킬로미터에 달하는 수많은 선형 특징(띠)들이 서로 교차한다. 대부분의 띠들은 검은색이다. 일부는 계속 이어지는 직선의 선분들로 이루어져 있고, 일부는 곡선들이다. 왼쪽 아래 근방에 밝은색의 곡선 띠 하나가 뚜렷하게 보인다. 오른쪽 위(북동쪽)의 표면 특징은 이와 전혀 달라서 띠들은 사라져 없고 반점들이 뒤덮고 있다. 태양의 고도가 낮아지는 화면의 오른쪽(동쪽) 경계 근방에서만 지형을 가늠할 수 있다. 이 지역에 들어서면 검은 띠들의 흔적을 쫓기가 어려워지지만 대신에 일련의 굽이치는 능선들이 나타난다.

(b) 검은 띠들은 자신들이 가로지르는 중간 회색의 표면보다 나이가 젊음에 분명하다. 오른쪽 위에 반점으로 뒤덮인 지대는 대부분의 띠보다 아마 젊을 것으로 생각되는데, 그 이유는 띠들이 이 지대에 이르렀을 때 사라지기 때문이다. 오른쪽 아래 모서리에 있는 굽어진 능선들 일부는 띠들을 올라타고 넘어가는 것처럼 보이므로 이들 능선도 띠보다 젊을 것임에 분명하다.

질문 4.5

푸일은 예상대로 둥그런 윤곽을 갖고 있지만, (주변 영역의 그림자들로부터 판단하건대) 태양의 고도가 매우 낮을 때 촬영된 이 사진에서조차 지세(topography)가 극히 완만해 보인다. 테두리도 형태를 제대로 갖추지 못한데다, 이 정도 크기의 충돌구에서 예상되는 단일 중앙봉이 아닌 한 무더기의 중앙봉들을 갖고 있다.

질문 4.6

그림 4.20b에 주어진 비슷한 크기의 영역과 비교했을 때, 그림 4.23에서는 능선과 홈의 크기가 더 다양하지만, 이 영역과 그림 4.22의 대부분 영역은 기본적으로 '실꾸리' 지형이라고 할 수 있다.

질문 4.7

A 지형이 B 지형을 가로지르므로 둘 중에서 A 지형이 더 젊어야 한다. 더구나 A 지형에 의해 둘로 나누어진 B 지형의 부분들 간에 정렬이 어긋나 있다. B 지형의 일부분은 오른쪽으로 거의 1 km만큼 이동이 일어났다. 이에 대해 가장 단순하게 설명하자면, A 지형은 B 지형을 가로질러 1 km 정도의 측면 이동이 일어난 단층[지질학자의 표현을 빌자면, 오른쪽(또는 우측면) 주향 이동 단층]이다. 화면의 아래 3분의 1 구역에 있는 비교적 평탄한 표면의 가장자리가 A에 의해 어긋나버린 결과에서도 우측 이동에 대한 동일한 결론을 내릴 수 있다(A가 B보다 젊기는 하지만, 그렇다고 A의 능선이나 홈이 이 영역에서 가장 젊다는 의미는 아니라는 사실에 주목하라. 예를 들어, 화면의 위쪽 가장자리 근방에 A를 직각으로 가로지르는 더 젊은 홈이 존재한다).

ⓐ 분명히 그림 4.24의 영역 전체가 한때 '실꾸리' 지형으로 뒤덮여 있었을 것이다. 그러나 이 지형이 소멸된 정도를 다양하게 보여주는 10 km 크기의 구역들이 많이 있다. 예를 들어,

   (ⅰ) D4 구역에서는, '실꾸리' 표면이 위쪽으로 부풀어 올라 완만한 반구형이 되면서, 지붕 부분이 잡아당겨져 찢어진 자리에 톱니 형태의 균열이 생겼다.

   (ⅱ) D/E−5/6 구역에 위치한 대략 사각형 형태의 한 영역에서는 '실꾸리' 표면이 전체적으로 소멸되었지만, 이 영역의 남서쪽 가장자리 근방에 있는 4 km × 2 km의 소구역만 유일하게 살아남았다. 위의 소구역을 제외한 이 영역의 전체 표면은 반구형으로 부풀어 올라 있지만, 이 영역의 가장자리가 안쪽을 향하는 절벽으로 이루어져 있다는 사실로 미루어 볼 때, 표면의 높이는 주변보다 분명히 낮을 것이다.

   (ⅲ) D/E−1/2 구역에는 기존 표면에서 분출된 죽처럼 보이는 물질이 주위로 흘러넘쳐 형성된 것처럼 보이는 지형이 있는데, 이 지형에는 '실꾸리' 지형의 단서가 될 만한 어떤 흔적도 남아있지 않다.

     (ⅰ)~(ⅲ)의 구역들은 '실꾸리 지형'이 점차적으로 더 심하게 소멸되는 단계를 보여주는 예라고 할 수 있다. (ⅱ)와 (ⅲ)의 예 사이에 위치하는 중간 단계 반구형 지형으로 간주할 수 있는 예가 B1−B2에서 발견된다. 아울러 표면에 균열이 전혀 없는 반구형 지형 서너 개를 (그림 4.24에서 그리고 그림 4.22의 해당 구역 근방에서) 더 포착할 수 있다.

     (참고 : 이 사진은 어느 구역에도 함몰된 지형이 없다. 모두가 위로 솟아오른 반구형 지형이다. 태양이 오른쪽에서 비추고 있는데도, 이 지형들이 반구형으로 인식되지 않는다면, 화면을 반시계 방향으로 90° 회전시켜서 태양이 위 방향에 위치하도록 시도해보라. 이렇게 하면, 햇빛이 비추는 방향이 좀 더 '자연스럽게' 느껴지므로, 우리 뇌가 이 사진 속 지형을 더 잘 파악할 수 있을지 모른다.)

ⓑ 그림 4.25에서 전반적으로 '실꾸리' 표면은 널판 형태의 조각들로 쪼개져 있는데, 각 판 조각의 가장자리가 절벽인 점으로 미루어 볼 때, 이 판 조각들은 주변 표면보다 더 높이 솟아 있는 데 비해, 주변 표면은 폭이 수백 미터 정도의 작은 언덕 모양의 빙구(氷丘)들로 뒤덮여 있다. 이 판 조각들이 '실꾸리' 지형의 흔적을 아직 간직하고 있으므로, 이웃한 판 조각들의 주요 능선이나 홈을 대조시켜보면, 화면의 북서쪽(왼쪽 위)에 있는 판 조각들이 서로 밀치면서 약 1 km 정도 거리를 이동했음을 알 수 있다. 그러나 화면의 남동쪽으로 갈수록 서로 대조할 수 있는 판 조각들을 찾기가 어려워지고, 나지막한 작은 언덕들로 뒤덮인 새롭게 형성된 표면의 비율이 증가한다.

이 홈은 래프트(raft)들과 매트릭스를 모두 가로지른다. 래프트 위를 가로지를 때는 그다지 두드러지지 않기 때문에 래프트의 '실꾸리' 지형의 일부처럼 보일 수 있지만, 연속적으로 매트릭스까지 가로질러가는 것을 볼 수 있다. 전반적으로 이 홈의 진로는 한 표면에서 다른 표면으로 건너갈 때 휘거나 꺾이지 않는다. 따라서 이 홈은 매트릭스가 사실상 래프트만큼이나 단단해졌을 때 형성되었음이 분명하다. 그림 4.27에서 이 홈은 화면 오른쪽 가장자리 근방의 매트릭스를 가로지르는데, 홈의 양쪽으로 능선이 있다. 그림 4.25에서는 최소 2개의 또 다른 홈이

매트릭스를 가로지른다. 그중 하나는 첫 번째 홈에 평행하게 남서쪽으로 약 5 km 떨어져(그림 4.27에서도 보이다시피) 지나간다. 또 다른 하나는 그림 4.25의 북서쪽 모서리로부터 약 5 km 떨어진 지점에서 첫 번째 홈을 직각으로 가로지른다.

질문 4.10

(a) 우리가 찾고자 하는 값은 w이므로, w이 포함된 모든 항들을 식의 같은 변에 모아야 한다. 식 (4.3)은 아래와 같이 전개될 수 있다.

$$\rho_1 h + \rho_1 w = \rho_2 w$$

이 식의 양변에서 $\rho_1 w$을 빼주면, 다음 식을 얻는다.

$$\rho_1 h = \rho_2 w - \rho_1 w = w(\rho_2 - \rho_1)$$

그리고 w의 값을 찾으려면, 양변을 $(\rho_2 - \rho_1)$으로 나누어야 한다.

$$w = \frac{\rho_1 h}{(\rho_2 - \rho_1)}$$

(b) 래프트의 밀도가 최내이면, 래프트의 두께가 최내가 될지 아니면 최소가 될지가 즉각적으로 명백하지 않더라도, 어찌됐건 둘 중에 하나일 것이다. 이 식에서 ρ_1으로 1,126 kg m^{-3}의 값을 대입하고 h에는 100 m, ρ_2에는 1,180 kg m^{-3}을 사용하면, 아래의 값이 얻어진다.

$$w = \frac{(1{,}126 \,\text{kg m}^{-3} \times 100 \,\text{m})}{(1{,}180 \,\text{kg m}^{-3} - 1{,}126 \,\text{kg m}^{-3})} = \frac{(1{,}126 \,\text{kg m}^{-3} \times 100 \,\text{m})}{54 \,\text{kg m}^{-3}} = 2{,}085 \,\text{m}$$

래프트의 두께는 $(h + w)$이므로, 위의 값에 100 m(h의 값)을 더하면 래프트의 두께는 2,185 m이다.

동일한 식에 ρ_1으로 927 kg m^{-3}을 대입하면, 아래 값이 얻어진다.

$$w = \frac{(927 \,\text{kg m}^{-3} \times 100 \,\text{m})}{(1{,}180 \,\text{kg m}^{-3} - 927 \,\text{kg m}^{-3})} = \frac{(927 \times 100 \,\text{m})}{253} = 366 \,\text{m}$$

따라서 래프트의 두께는 466 m이다.

물론 절벽의 높이가 유효숫자 3개의 정확도로 알려져 있을 리는 만무하므로, 위 결과에서도 유효숫자를 2개 이상 인용해서는 안 된다. 따라서 이 방법에 의하면, 래프트의 두께는 최소 약 470 m에서 최대 약 2,200 m까지이다.

사실, 래프트와 유체 간의 밀도 차이가 작을수록 절벽의 높이는 낮아진다. 만약 래프트가 유체와 밀도가 같다면, 간신히 떠있어야 한다. 반면에 래프트가 유체보다 상당히 밀도가 낮다면, 래프트 부피의 비교적 작은 일부만 유체에 잠기더라도 이에 상응하는 유체의 질량을 밀어낼 수 있으므로 래프트가 더 높이 떠 있을 수 있다.

질문 4.11

(a) 식 (4.2)에 관련 값들을 대입하면 (그리고 km에서 m로의 전환에 유의하면), 아래와 같은 결과가 얻어진다.

$$P = 1,030\,\text{kg m}^{-3} \times 9.8\,\text{m s}^{-2} \times 3.0 \times 10^3\,\text{m} = 3.0 \times 10^7\,\text{kg m s}^{-2}\,\text{m}^{-2} = 3.0 \times 10^7\,\text{Pa}$$
$$= 30\,\text{MPa}$$

[$\text{kg m s}^{-2}\,\text{m}^{-2}$은 단위 면적당 받는 힘이므로 압력이다. 압력의 SI 단위는 파스칼(pascal)인데 간략하게 Pa로 표시한다. $\text{kg m s}^{-2}\,\text{m}^{-2}$을 $\text{kg m}^{-1}\,\text{s}^{-2}$로 쓸 수도 있지만, 그러면 kg m s^{-2}가 힘을 나타내는 SI 단위라는 의미가 표현되지 않으므로 유의하라.]

(b) 비슷하게, 식 4.2에 관련 값들을 대입하면 아래의 결과가 얻어진다.

$$P = 1,180\,\text{kg m}^{-3} \times 1.3\,\text{m s}^{-2} \times 10^5\,\text{m} = 1.5 \times 10^8\,\text{kg m s}^{-2}\,\text{m}^{-2} = 1.5 \times 10^8\,\text{Pa} = 150\,\text{MPa}$$

(또는 깊이 100 km에 대해 단 1개의 유효숫자만 가정한다면, 답은 200 Mpa)

질문 4.12

유로파의 연간 생물자원 생산율은 현재의 지구보다 최소 여덟 자릿수(10^8배)만큼 작을 것으로 (유로파에서의 최대치 $10^6\,\text{yr}^{-1}$에 대해 지구에서의 총량은 약 $10^{14}\,\text{yr}^{-1}$) 추정된다. 화학합성에 의한 생물자원 생산율만 비교한다 해도, 유로파는 최소 네 자릿수(10^4배)만큼 생산율이 작다.

질문 4.13

아마 유로파에 대해 더 많이 알기 위해 사용할 수 있는 가장 확실한 방법은 광범위한 표면 촬영이라고 할 수 있는데, 카오스 영역을 특정하기에 충분한 정도의 높은 공간 분해능뿐 아니라 얼음에 포함된 염류나 다른 오염물질을 특정하기에 충분한 정도의 높은 분광 분해능으로 관측해야 할 것이다. 또한 지형도 작성을 위해 레이더나 레이저 고도계의 사용을 고려한다면 목표 3에도 기여할 수 있을 것이다. 본문에서 간략하게 논의되었다시피, 잠재적으로 레이더 장비는 목표 1과 2에도 상당한 도움이 될 수 있다. 탐사선의 경로를 정확히 추적한다면 유로파의 중력장 그리고 이에 따른 내부 구조에 대한 상세한 정보를 얻을 수 있으므로 목표 1과 2에도 도움이 되기 때문이다. 활동적인 플룸의 특성에 대해 알려면(목표 4), 최상의 방법은(이 목표는 엔셀라두스에서 이미 달성되었다는 사실을 4.3.1절에서 알게 되겠지만) 플룸을 통과해 비행하면서 질량분석계로 플룸의 성분을 측정하는 것이다.

질문 4.14

바다가 암석층 위에 놓여 있다면, 화학합성에 사용될 수 있는 영양분을 암석이 공급할 수 있는데, 특히 열수분출구가 있다면 암석과 반응을 겪은 가열된 해수가 바다로 재분출될 수 있다. 이런 곳이야말로 생명이 처음 시작될 가능성이 있다고 생각되는 바로 그런 환경이다.

질문 4.15

(a) 여기 래프트들 사이의 매트릭스는 평탄해 보이는데다, 문제가 되는 홈에 의해 가로질러진 흔적이 보이지 않는다. 이는 이 홈이 매트릭스보다 더 오래되었음을 의미한다(혹시 그림 4.25에서 관련 세부 특징을 찾아내기 힘들면, 그림 4.39에 해당 지역이 확대되어 있다). 이 결과는 북서쪽과 남동쪽에서 이 홈이 명백히 매트릭스를 가로지르는(문제 4.9 참조) 경우와 전적으로 다르다.

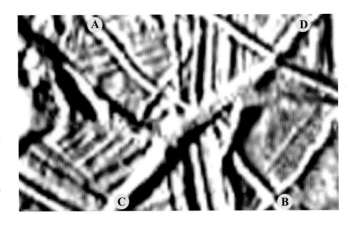

그림 4.39 문제 4.15의 해당 지역을 확대한 모습. 문제가 되는 홈이 A와 B를 통과한다. 메워진 매트릭스는 C와 D를 통과한다.

따라서 여기 래프트들 사이의 매트릭스는 그림 4.25의 다른 지역의 매트릭스보다 젊을 것이다.

(b) 만약 래프트들 사이의 이 매트릭스가 다른 지역의 매트릭스보다 젊다면, 이 지역 전체에서 일어난 사건의 시간 순서는 분명히 다음과 같을 것이다. 카오스 형성, 매트릭스가 결빙하면서 두꺼워지고 단단해진 표면에 홈들이 형성. 문제가 되는 이 홈의 형성, 래프트들 사이의 매트릭스가 국지적으로 재이동하면서 이 위치에 있는 홈을 지워버림. 이로부터 매트릭스의 해당 부분이 장기간에 걸쳐 활동적이었다는 결론을 내릴 수 있다.

(c) 여기 래프트들 사이의 매트릭스는 흰색이므로(그림 4.22의 설명문 참조), 푸일의 분출물이 그 위를 덮고 있다고 할 수 있다. 매트릭스의 재이동이 일어나면 그런 얇게 덮인 분출물은 아마 훼손되거나 파괴될 것이므로 푸일의 충돌은 이 국지적 재이동이 있고난 뒤에 일어났을 것이다.

질문 4.16

문제 4.10b를 풀기 위해 사용된 방법에서 ρ_2에 $1{,}140 \, \text{kg m}^{-3}$의 새로운 값을 대입하면, 아래의 값이 얻어진다.

$$w = \frac{(1{,}126 \, \text{kg m}^{-3} \times 100 \, \text{m})}{(1{,}140 \, \text{kg m}^{-3} - 1{,}126 \, \text{kg m}^{-3})} = \frac{(1{,}126 \, \text{kg m}^{-3} \times 100 \, \text{m})}{14 \, \text{kg m}^{-3}} = 8{,}043 \, \text{m}$$

래프트의 두께는 $(h+w)$이므로 위의 값에 100 m을 더하면 래프트의 두께는 8,143 m로 얻어지는데, 2개 이상의 유효숫자를 인용하면 안 되므로 답은 8,100 m이다.

질문 4.17

대안적 설명으로는,

1. 이전에 방문한 탐사선에 우연히 실려 지구에서 건너온 이곳에 적응 가능했던 미생물들로 오염된 것이다.
2. 이 생명체는 유로파에 고유하게 독립적으로 발생했다.
3. 이 생명체는 유로파에 고유하지만, 지구와 유로파 모두 동일한 외부 원천(예 : 혜성)으로부터 생명이 기원했다.
4. 이 생명체는 유로파에 고유하지만, 지구(또는 화성)에서 기원한 운석에 포함된 생명이 유

로파를 오염시키면서 기원했다.

설명 1은 이전의 모든 탐사선에 대해 발사 전 살균 소독이 엄중하게 이루어졌다고 확신한다면 가능성이 낮을 것이다. 그러나 '유로파 서식' 미생물에 대한 상세한 유전학적 연구를 통해 이 들 미생물이 지구 미생물과 가까운 관계가 아니라고 (로봇 탐사선으로는 실행하기 어렵지만) 증명되거나, 또는 최초의 오염 가능성 이후에 형성되었다고 보기에는 시간상 불가능해 보이는 상당히 복잡한 생태계(특히 다세포 미생물 그리고 독립영양 미생물을 잡아먹는 종속영양 미생 물)가 발견된 경우에만 목록에서 제외될 수 있다.

설명 2~4는 모두 외계생명의 증거가 될 수 있지만, 어느 것이 옳은지 결정하려면 상세한 유 전학적 연구가 필요할 것이다. 만약 유로파의 아미노산이 지구에서 보편적인 왼손잡이성 카이 랄성(1.6절)과는 달리 오른손잡이성 카이랄성을 지니는 것으로 발견된다면, 설명 2의 가능성 이 높아진다. 그러나 왼손잡이성 카이랄성이 독립적으로 발생할 확률이 최소 50:50이므로 유 로파에서 왼손잡이성 카이랄성이 발견된다면, 판단에 도움이 되지는 않을 것이다.

질문 4.18

엔셀라두스의 궤도주기(1.37일)는 한 위성 건너 그다음에 위치한 위성 디오네의 궤도주기 (2.74일)의 정확히 절반이다. 이러한 궤도공명은 엔셀라두스 궤도에 강제로 이심률을 가해 글 상자 4.2에서 설명한 것처럼 조석가열을 일으킬 수 있다. 또한 엔셀라두스는 토성의 모든 작은 위성들 중에서 가장 밀도가 높으므로 분명히 규산염의 함량도 더 클 것이고 결과적으로 방사 성 열을 더 많이 생성할 것이다.

질문 5.1

표 5.1에서 타이탄에 대해 다음과 같은 정보를 찾을 수 있다.

질량 = 1.346×10^{23} kg, 지름 = 2.575×10^6 m

구의 경우, 부피 = $(4/3)\pi R^3$이고, 밀도 ρ = 질량/부피이다. 따라서 타이탄의 밀도 ρ를 구하면 다음과 같다.

$$\rho_{Titan} = \frac{1.346 \times 10^{23} \text{ kg}}{\frac{4}{3}\pi \left(2.575 \times 10^6 \text{ m}\right)^3}$$

$$\rho_{Titan} = 1.9 \times 10^3 \text{ kg m}^{-3}$$

부록 A의 표 A2 혹은 표 4.1을 보면, 위성의 밀도가 대부분 $(1\sim2) \times 10^3$ kg m^{-3} 범위에 있지만, 지구형 행성의 경우는 대략 $(4\sim5.5) \times 10^3$ kg m^{-3} 범위에 드는 것을 알 수 있다(부록 A의 표 A1 참조). 따라서, 밀도가 1.9×10^3 kg m^{-3}인 타이탄은 유로파와 이오를 제외한 대부분의 (얼음형) 위성과 잘 맞아떨어진다.

표 5.1에서 필요한 값을 찾아 넣으면 다음과 같다.

$$g = \frac{GM}{R^2}$$

$$= \frac{(6.67 \times 10^{-11}\,\text{N m}^2\,\text{kg}^{-2}) \times (1.346 \times 10^{23}\,\text{kg})}{(2.575 \times 10^6\,\text{m})^2}$$

이때 $N = kg\,m\,s^{-2}$이므로 단위가 $(kg\,m\,s^{-2}\,m^2\,kg^{-2}\,kg)/m^2 = m^3\,s^{-2}/m^2 = m\,s^{-2}$이 되어, 최종 결과는 $1.35\,m\,s^{-2}$이다(유효숫자 세 자리까지 표시).

이 값은 표 5.1에 인용된 타이탄의 표면 중력과 같다.

(a) 그림 5.24는 타이탄의 고도에 따른 온도 변화를 보여주며, '대류권'과 '열권'이 표시되어 있다. 대류권은 표면 근방의 영역으로, 고도가 높아질수록 온도가 낮아진다. 열권은 높은 고도 영역으로, 고도에 따라 온도가 증가한다. 이 곡선은 지구의 경우와 유사한 형태를 보이는데, 지구형 행성 가운데 지구만이 성층권을 갖고 있다.

(b) 그림 5.13의 중간권 부분의 곡선을 직선으로 근사하고 이를 그림의 축 밖으로 연장하면 기온 감률을 추정할 수 있다. 약 150~190 K의 온도 범위와 250~500 km 고도 범위를 사용하면, 결과는 대략 40 K/250 km = 0.16 K km^{-1}이다.

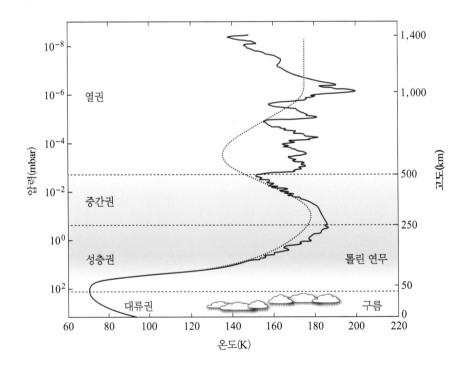

그림 5.24 타이탄의 고도에 따른 온도 변화 곡선(그림 5.13과 같음). 대류권과 열권이 표시돼 있다.

호수의 총부피(V_{total})는 호수의 총면적($4\pi R^2 \times 10\%$, R은 타이탄의 반지름)과 호수의 평균 깊이의 곱으로 주어진다.

따라서, $V_{total} = 4\pi R^2 \times 0.1 \times 400\,\text{m}$이다.

호수의 총질량(M_{total})은 V_{total}과 유체 밀도(ρ)의 곱이므로 다음과 같다.

$$M_{total} = V_{total} \times \rho$$
$$= 4\pi R^2 \times 0.1 \times 400 \, \text{m} \times 0.66 \times 10^3 \, \text{kg m}^{-3}$$

호수 속 메테인의 총질량($M_{methane}$)은 다음과 같다.

$$M_{methane} = M_{total} \times 0.7$$
$$= 4\pi R^2 \times 0.1 \times 400 \, \text{m} \times 0.66 \times 10^3 \, \text{kg m}^{-3} \times 0.7$$

5.4.1절에 의하면, 메테인의 질량 소멸률은 $1.3 \times 10^{-12} \, \text{kg m}^{-2} \, \text{s}^{-1}$이다. 대기에서 사라지는 메테인의 질량은 $1.3 \times 10^{-12} \, \text{kg m}^{-2} \, \text{s}^{-1} \times 4\pi R^2$로 주어진다. 따라서 호수가 대기 속으로 메테인을 채워 넣을 수 있는 시간(T)은 다음과 같다.

$$T = \frac{4\pi R^2 \times 0.1 \times 400 \, \text{m} \times 0.66 \times 10^3 \, \text{kg m}^{-3} \times 0.7}{1.3 \times 10^{-12} \, \text{kg m}^{-2} \, \text{s}^{-1} \times 4\pi R^2}$$

$$= \frac{0.1 \times 400 \, \text{m} \times 0.66 \times 10^3 \, \text{kg m}^{-3} \times 0.7}{1.3 \times 10^{-12} \, \text{kg m}^{-2} \, \text{s}^{-1}}$$

$$= 1.42 \times 10^{16} \, \text{s}$$
$$\approx 4.51 \times 10^8 \, \text{년}$$
$$\approx 450 \, \text{Ma}$$

여기에서는 호수의 평균 깊이를 과대평가했음에도 불구하고(그리고 그에 비례해 부피도 과대평가), 이 값은 태양계의 나이에 비교해 현저히 작으므로, 대기에 메테인을 공급하는 또 다른 원천이 있어야 한다.

　여기에서는 메테인이 대기 중에서 소멸하는 즉시 호수에 있던 메테인으로 대체된다고 가정했다.

질문 5.5

10^9년 동안 생성되는 유기물질의 질량은 $10^9 \, \text{kg yr}^{-1} \times 10^9 \, \text{yr} = 10^{18} \, \text{kg}$이다.

　모래 언덕이 차지하는 총부피(V_{dunes})는 다음과 같다.

$$V_{dunes} = \frac{\text{유기물질의 질량}}{\text{유기물질의 밀도}}$$

$$= \frac{10^{18} \, \text{kg}}{2000 \, \text{kg m}^{-3}}$$

$$= 5 \times 10^{14} \, \text{m}^3$$

타이탄 표면에서 모래 언덕이 차지하는 면적(A_{dunes})은 다음과 같다.

$$A_{dunes} = 4\pi R^2 \times 0.2 = 1.7 \times 10^{13} \, \text{m}^2$$

따라서, 모래 언덕의 깊이는 다음과 같다.

$$모래 언덕의 깊이 = \frac{V_{dunes}}{A_{dunes}}$$

$$= \frac{5 \times 10^{14}\,\mathrm{m}^3}{1.7 \times 10^{13}\,\mathrm{m}^2}$$

$$= 30\,\mathrm{m}$$

질문 5.6

이 두 가지 과정만 고려하면 된다고 가정하면, 얼음 화산에서 분출하는 메테인의 양은 5.4.1절의 광해리 소멸률 $1.3 \times 10^{-12}\,\mathrm{kg\,m^{-2}\,s^{-1}} \times 4\pi R^2$과 같아야 한다($R$은 타이탄의 반지름).

그렇다면 메테인은 $1.3 \times 10^{-12}\,\mathrm{kg\,m^{-2}\,s^{-1}} \times 4\pi R^2$의 비율로 얼음 화산에서 타이탄의 대기로 옮겨간다.

따라서 얼음 화산에서 분출되는 물질 중 메테인의 비율($F_{methane}$)은 다음과 같이 주어진다.

$$F_{methane} = \frac{1.3 \times 10^{-12}\,\mathrm{kg\,m^{-2}\,s^{-1}} \times 4 \times \pi \times (2.575 \times 10^6\,\mathrm{m})^2}{9{,}500\,\mathrm{kg\,s^{-1}}}$$

$$= 1.14 \times 10^{-2}$$

$$\approx 1.1\%$$

질문 5.7

지구에서 토성까지의 거리가 가장 가까울 때와 가장 멀 때는 토성과 지구가 태양으로부터 같은 선상에 있을 때로, 두 행성이 모두 태양으로부터 같은 쪽에 있을 때와, 태양을 기준으로 서로 반대 방향에 있을 때이다[이러한 상황을 기술적으로는 합(合)이라고 한다]. 부록 A의 표 A1으로부터, 지구의 궤도는 거의 원에 가까운 반면($e = 0.017$), 토성은 $e = 0.055$의 이심률을 갖는다. 대략적인 답을 위해서는, 이들 궤도가 원이라고 가정하고 태양으로부터 각 행성의 평균 거리인 1.0 AU와 9.5 AU를 사용할 수 있다.

그렇게 하면, (a) 가장 가까울 때의 거리는 (9.5 − 1.0) AU = 8.5 AU가 되고, (b) 가장 멀 때의 거리는 (9.5 + 1.0) AU = 10.5 AU가 될 것이다. 이들 값은 각각 1.275×10^9 km와 1.575×10^9 km에 해당한다.

보다 정확한 결과를 얻기 위해, 토성의 궤도 이심률이 태양으로부터 가장 가까운 곳(근일점)에 있을 때의 거리 9.0 AU와 가장 멀 때의 거리 10.0 AU로부터 왔음을 생각해 보자. 그렇다면, 지구와 토성 사이에서 가능한 가장 가까운 간격은 (9.0 − 1.0) AU = 8.0 AU이고, 가장 큰 간격은 (10.0 + 1.0) AU = 11.0 AU이다. 이들 값은 각각 1.2×10^9 km와 1.65×10^9 km에 해당한다.

카시니 탐사선이 이러한 거리의 두 배 이상을 항해한 것은 직선 궤도로 가지 않았기 때문이다. 그 대신에, 토성계까지 탑재체를 보내기 위해 중력 도움 기술을 사용했다. 이 기법으로 꽤 복잡한 궤도(그림 5.5 참조)를 통해 금성과 지구, 목성을 근접통과했으며, 이 때문에 3.2×10^9 km의 거리를 항해했다.

질문 6.1

목성의 밝은 부분이 지구를 향했을 때 밝기가 최고가 된다. 이 현상은 두 행성이 태양과 같은 면에 일직선상에 놓일 때 일어난다. 이때 지구−목성 거리는 $d_{EJ} = 4.2$ AU이다. 식 (6.5)로부터,

우리는 지구에서 볼 때 지구의 밝기를 얻게 된다.

$$b_{JE} = \frac{L_J}{2\pi d_{EJ}{}^2}$$

여기서 반사된 빛의 목성광도 L_J는 목성에서 태양의 밝기와 목성의 알베도 A_J 그리고 표면적 S_J가 주어지면 계산될 수 있다(식 6.4).

$$L_J = A_J b_{\odot J} S_J$$

그림 6.3 위의 본문은 목성에서 태양의 밝기는 $b_{\odot J} = 50.4 \ \text{W m}^{-2}$임을 알려주기에, 지구에서의 목성 밝기를 계산할 수 있다.

$$b_{JE} = \frac{L_J}{2\pi d_{EJ}{}^2} = \frac{A_J b_{\odot J} S_J}{2\pi d_{EJ}{}^2} = \frac{0.5 \times 50.4 \ \text{W m}^{-2} \times 1.54 \ \times 10^{16} \ \text{m}^2}{2\pi(4.2 \times 1.50 \ \times 10^{11} \ \text{m})^2} = 1.56 \times 10^{-7} \ \text{W m}^{-2}$$

이 결과는 알파 센타우리 같은 0등급의 별(글상자 6.2 참조)보다 열 배 정도 밝은 값이어서, 목성이 밤하늘에서 아주 밝은 별처럼 보이게 된다는 것을 증명하게 되었다.

질문 6.2

목성의 밝게 빛나는 전체 면이 알파 센타우리를 향할 때 목성의 밝기는 다음과 같다.

$$b_{J\alpha} = \frac{L_J}{2\pi d_{\alpha J}{}^2} = \frac{A_J b_{\odot J} S_J}{2\pi d_{\alpha J}{}^2} = \frac{0.5 \times 50.4 \ \text{W m}^{-2} \times 1.54 \ \times 10^{16} \ \text{m}^2}{2\pi(4.07 \times 10^{16} \ \text{m})^2} = 3.73 \times 10^{-17} \ \text{W m}^{-2}$$

목성의 밝게 빛나는 전체 면이 알파 센타우리를 향할 때 목성의 등급은 다음과 같다.

$$m_{J\alpha} = -2.5\log_{10} \frac{3.73 \times 10^{-17} \ \text{W m}^{-2}}{2.29 \times 10^{-8} \ \text{W m}^{-2}} = -2.5\log_{10} 1.63 \times 10^{-9} = 22.0$$

질문 6.3

금성이 태양과 지구 사이에 놓여 있을 때 지구–금성 간 거리는 $d_{EV} = a_E - a_V$이다. 식 (6.8)을 정리하고 반경에 대한 값을 대입하면 f_V 값을 얻는다.

$$f_V = \left(\frac{R_V / d_{EV}}{R_{\odot} / a_E} \right)^2 = \left(\frac{R_V}{R_{\odot}} \right)^2 \left(\frac{a_E}{a_E - a_V} \right)^2$$

$$= \left(\frac{6.2 \times 10^6 \ \text{m}}{6.96 \times 10^8 \ \text{m}} \right)^2 \left(\frac{1 \ \text{AU}}{0.28 \ \text{AU}} \right)^2 = 1.01 \times 10^{-3}$$

질문 6.4

(a) $v_r = v \cos \theta = 100 \ \text{m s}^{-1} \cos 0° = 100 \ \text{m s}^{-1} \times 1 = 100 \ \text{m s}^{-1}$

(b) $v_r = 100 \ \text{m s}^{-1} \cos 30° = 100 \ \text{m s}^{-1} \times 0.87 = 87 \ \text{m s}^{-1}$

(c) $v_r = 100 \ \text{m s}^{-1} \cos 60° = 100 \ \text{m s}^{-1} \times 0.5 = 50 \ \text{m s}^{-1}$

(d) $v_r = 100 \text{m s}^{-1} \cos 90° = 100 \ \text{m s}^{-1} \times 0 = 0 \ \text{m s}^{-1}$

(e) $v_r = 100 \ \text{m s}^{-1} \cos 120° = 100 \ \text{m s}^{-1} \times -0.5 = -50 \ \text{m s}^{-1}$

(f) $v_r = 100\ \text{m s}^{-1} \cos 150° = 100\ \text{m s}^{-1} \times -0.87 = -87\ \text{m s}^{-1}$

(g) $v_r = 100\ \text{m s}^{-1} \cos 180° = 100\ \text{m s}^{-1} \times -1 = -100\ \text{m s}^{-1}$

그래프를 그려보면 그림 6.19에 제시된 그래프와 비슷해야 한다. 음수의 속도는 관측자쪽으로의 운동을 의미한다.

질문 6.5

(a) 여러분들의 정의는 글상자 6.1에 주어진 정의와 일치해야 한다. β_p와 β_*에 대해 (b)에서의 설명도 일치해야 한다.

(b) 방정식들은 다음과 같은 방법들과 관련이 있어서 아래와 같이 유도해볼 수 있다.

$$a_p = \beta_p d_{*E} \tag{6.22}$$

식 (6.22)는 행성을 직접 관측하는 방법과 관계되는데 이때 항성에서 반사되거나 또는 행성자신의 적외선 방출에서 나온 복사를 직접 관측하게 된다. 모항성에서 최대 각거리 β_p에서 행성의 관측은 궤도의 실제 반경과 식 (6.6)과 같은 관계가 성립한다.

$$a_p = \frac{M_*}{M_p} \beta_p d_{*E} \tag{6.23}$$

식 (6.23)은 측성학적 방법과 관계가 있는데, 여기서 항성궤도의 각반경 β_*가 직접 관측된다. 식 (6.10) 또는 식 (6.18)으로 표현되는 질량중심 방정식과 식 (6.6)으로부터 다음과 같은 식으로 정리될 수 있다.

$$a_p = \left(\frac{GM_* P^2}{4\pi^2} \right)^{\frac{1}{3}} \tag{6.24}$$

식 (6.24)는 궤도주기를 우리에게 제공하는 방법과 관련이 있는데, 다음과 같은 방법이 있을 수 있다. 행성에서 방출하는 빛이나 반사된 빛을 직접 관측하는 방법, 측성학적 방법, 엄폐 방법, 또는 도플러 분광학 방법. 실제 이 식은 케플러 제3법칙인데 식 (6.17)에 설명되어 있다.

$$R_p = R_* \sqrt{f_p} \tag{6.25}$$

식 (6.25)는 특별히 엄폐 방법과 관계 있는데, 여기서 행성은 항성 원반의 일부를 가리게 된다. 식 (6.9)를 다시 정리하면 관계식을 구할 수 있다.

$$M_p \sin i_0 = \left(\frac{M_*^2 P}{2\pi G} \right)^{\frac{1}{3}} (v_r)_{\text{MAX}} \tag{6.26}$$

식 (6.26)은 특히 도플러 분광학과 관계되어 있는데, 여기서 최고 시선속도 (Vr) 편이된 파장으로부터 측정된다. 이 값은 식 (6.10) 또는 식 (6.18)으로 주어지는 질량중심에 $\sin i_0$를 곱하여서 식 (6.19)에 대입한 후 a_*를 치환하기 위해 식 (6.14)를 이용하고 a_p를 치환하기 위해 식 (6.17)을 사용하여서 얻어진다.

(a) 케플러 제3법칙(식 6.17)에 의하면, 행성이 항성에 가까울수록 궤도주기는 짧아진다는 사실을 기억해보자.

- **직접적 방법** : 가까이 있는 행성은 항성의 밝은 빛 때문에 직접 관측하기 어렵다. 그러나 멀리 떨어진 행성은 더 어두워지기 때문에 이 문제가 명확하게 설명되지는 않고 있지만, 6.2절에서 우리가 살펴보았듯이, 현대 첨단 망원경은 모항성 주변을 가까이에서 궤도운동을 하는 목성형 행성을 직접 관측할 수 있었다.
- **엄폐 방법** : 인접한 행성이 쉽게 항성면을 가로질러 지나가게 되고, 그래서 더 큰 궤도반경을 지닌 행성보다 더 자주 엄폐 현상을 일으키게 될 것이다.
- **측성학적 방법** : 질량이 주어졌을 때 가까이 있는 행성이 더 큰 궤도반경에 있는 행성보다 더 작은 항성의 위치 변화를 야기하게 되고 그래서 그 변화를 관측하기가 더 어렵게 된다(식 6.23). 아주 궤도가 큰 경우에, 주기는 또한 아주 길어서 운동을 검출하여 완전한 운동을 정의하기 위해서 아주 긴 시계열 관측을 해야 한다. 그러나 이 문제의 중요한 점은 인접한 행성이 항성 위치의 변화에서 작은 비틀거림을 만들어내고, 그래서 결국 비틀거림이 작을수록 관측하기는 더 어려워진다는 것이다. 왜냐하면 관측기기의 각분해능에 한계가 있기 때문이다.
- **도플러 분광학** : 인접한 행성들은 큰 속도를 지니고 있고, 그래서 큰 편이 현상을 보이게 되고, 그래서 쉽게 관측이 된다(식 6.21).

(b) 행성의 밀도가 변한다 할지라도 (태양계 행성보다 여섯 배 정도), 일반적으로는 큰 행성이 더 질량이 크다고 이야기할 수 있다.

- **직접적 방법** : 더 큰 행성이 더 큰 반경을 지니게 되어서 반사하거나 빛을 방출하는 표면적이 더 커져서 쉽게 관측된다.
- **엄폐 방법** : 더 큰 행성들이 자신의 모항성의 빛을 더 많이 가리게 될 것이기에 더 쉽게 관측이 될 것이다(식 6.8 또는 식 6.25).
- **중력렌즈 방법** : 6.5절은 수학적으로 기술되지는 않았지만 질량이 큰 행성일수록 더 큰 아인슈타인 고리를 지니게 되고 그래서 더 배경 천체에서 나오는 빛을 휘게 할 수 있고 또 질량이 작은 행성보다 질량이 큰 행성이 더 긴 중력렌즈 효과 지속 시간을 지닌다는 것을 쉽게 추론해볼 수 있었을 것이다.
- **측성학적 방법** : 질량이 더 큰 행성은 모항성의 운동을 더 크게 만들 것이다[식 (6.10), 식 (6.18) 또는 (6.23)을 재정리해서 a_* 또는 β_*를 왼쪽항에 놓아보면 된다].
- **도플러 분광학** : 질량이 큰 행성일수록 더 큰 시선속도를 보이게 되고(식 6.21) 그래서 더 큰 편이를 보이게 되고 더 쉽게 관측될 수 있다.

(c) 엄폐 방법(식 6.25), 중력렌즈 방법 그리고 도플러 분광 방법(식 6.26)은 행성계의 거리와는 무관한 방법들이다.

(a) 진폭은 가장 잘 맞춘 이론적 곡선의 최대값과 최소값의 반에 해당한다.
   (i) 51페가시 : 시선속도 진폭 $= 60 \, \mathrm{m \, s^{-1}}$
   (ii) 70버스지아 : 시선속도 진폭 $= 315 \, \mathrm{m \, s^{-1}}$

(iii) 16시그니 B : 시선속도 진폭 = 55 m s^{-1}

(b) 결과값을 차량의 속도 제한(시간당 30마일)의 배수로 표현하기 위해서는 진폭에 13.4 m s^{-1} 을 나누면 된다.

(i) 60 m s^{-1}/13.4 m s^{-1} = 제한 속도의 4.5배

(ii) 315 m s^{-1}/13.4 m s^{-1} = 제한 속도의 23.5배

(iii) 55 m s^{-1}/13.4 m s^{-1} = 제한 속도의 4.1배

참고 : 측정되는 속도 변화가 주변의 움직이는 별의 경우에 비해서 얼마나 작은지를 보여 준다.

질문 7.2

그림 7.22는 그림 7.4를 다시 그린 것이다. M0형 별의 주계열 단계에서 수명은 2,000억 년이 므로 광도(그리고 표면 온도)에 따라서 거주 가능 지역은 초반 50억 년 동안에는 거의 변하지 않는다. G2형 별의 주계열 단계에서 수명은 약 110억 년이다(100억 년도 가능하다). 그래서 광 도의 현저한 증가(그리고 표면 온도의 일부 변화)는 50억 년 이후에 나타날 것이다. 결과적으 로 거주 가능 지역의 경계는 바깥쪽으로 옮겨질 것이다.

참고 : 글상자 7.1은 이 질문에 필요한 정보를 제공한다. 그림 7.22는 50억 년 후의 거주 가 능 지역의 정확한 위치를 보여준다. M0 별의 경우에는 작은 또는 거의 변화가 없음을 보이게 하지만, G2 별의 경우에는 훨씬 큰 바깥으로의 이동을 보였다면 괜찮다.

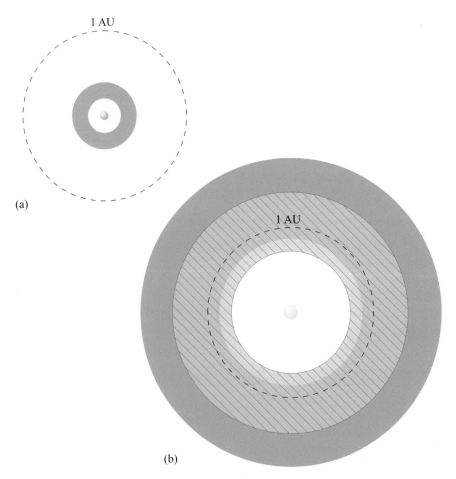

그림 7.22 질문 7.2를 위해 그림 7.4를 다시 그린 것이다. (b)의 빗금은 별의 일생 초기 단계에서 거주 가능 지역을 나타낸다.

글리제 581e는 $M_p \sin i_0 = 0.0061\ M_J$를 갖는다. 이 값은 $1.9\ M_E$에 해당한다. 실제 이 행성의 질량 M_p가 이 값의 두 배 이상일 가능성은 매우 낮으므로 약 $4\ M_E$가 최대 질량이 된다.

행성은 원반을 차지하는 영역에 비례하여 별빛을 가리게 된다(그림 7.2와 6.4절 참조). 식 (6.9)는

$$f_p = (R_p/R_*)^2$$

이며, 여기서 f_p는 가려진 별빛의 비율이고, 따라서 표면 광도에서의 비율적 감소에 해당한다. R_p는 행성의 반경이고 R_*는 별의 반경이다. 행성의 반지름은 $0.090\ R_J$이고 HD 209458의 반지름은 $9.7\ R_J$이다. 따라서

$$f_p = (0.090\ R_J/9.7\ R_J)^2 = 8.6 \times 10^{-5}$$

가 되어 0.0086%이다. 이것은 이 문제의 0.1% 한계보다 더 작기 때문에 지구 크기 행성을 검출하기는 불가능하겠다. 하지만 궤도 위성 망원경의 높은 정밀도로는 검출이 가능하며 현재는 지구와 유사한 행성들을 검출하고 있는 상황이다(M형 왜성은 태양의 약 10분의 1의 반경을 가지므로 이러한 별들 앞을 지나가는 식 현상을 쉽게 검출할 수 있다).

목성 정도의 평균 밀도를 가지고 $1.2\ R_J$ 크기인 행성의 질량은 $(1.2)^3\ M_J$, 즉 $1.7\ M_J$에 해당한다. 이 행성은 이동 식 중에 관측되기 때문에 사실상 $\sin i_0$가 1이므로 실제 질량은 $1.9\ M_J$로 얻을 수 있다. 이 값은 목성의 평균 밀도보다 약간 큰 값을 나타내지만, 더 높은 질량에서는 더 큰 내부 압력 상태가 되어 쉽게 내려 갈 수 있다. 따라서 수소-헬륨 구성일 가능성이 높다.

외계행성의 질량과 장축반경이 주어지고, 축의 로그 척도를 올바르게 이해하면, 이 외계행성이 나타나는 지점은 금성과 지구에 가장 가까운 점이며 금성 바로 위에 그려짐을 알 수 있었을 것이다. 미세 중력렌즈 현상의 무작위성과 빈도문제(6.5.1절)로 재관측은 불가능하다. 미세 중력렌즈 효과로 검출된 지구와 가장 유사한 행성이지만, 사실상 이 행성은 태양 광도의 400분의1배를 갖는 매우 작은 질량의 별을 공전하고, 표면 밝기는 60 K 미만일 가능성이 높다.

엡실론 에리다니

매우 큰 이심률 궤도를 갖는 거성에 속하는 행성이다. 지구 정도의 질량인 초기핵이었을 때에 유형 1 이주를 겪어 빠르게 나선형으로 안쪽 방향으로 이동했다. 2~3배의 지구 질량으로 자랐을 때는 유형 II 이주 형태가 되어 속도가 느려진 채로 안쪽으로 이주하여 거대 행성이 되었다. 결과적으로 (이심 궤도에서 형성되지 않은 한) 이 행성은 두 번째 거대행성과 궤도 공명을 이

루었거나 조석적으로 하나와 가까워졌다. 그래서 이심률 궤도를 획득했다. 이러한 사실로 예상컨대 다른 하나의 거대행성은 행성계 밖으로 튕겨 나갔거나 더 큰 궤도를 갖게 되었다.

HD 168746

거대행성이고 크기가 작은 이심 궤도를 같는 행성계이다. 행성태아가 지구 정도 질량이었을 때 유형 1 이주를 겪어서 나선형으로 빠르게 안쪽으로 이동했다. 여러 배 지구 질량 크기로 성장했을 때 이주는 유형 II로 바뀌었고 결과적으로 안쪽으로의 이주 속도는 느려졌다. 그런 다음 $0.23\,M_J$ 정도의 질량이 되었고 성장은 둔화되었다. 그리고 항성의 원반이 소멸되거나 항성과의 조석 상호 작용으로 원반의 안쪽으로 밀려나거나 항성과 원반 사이의 자기적 상호작용으로 현재의 궤도를 갖게 되었다.

질문 7.8

(a) 거주 가능한 지역 안쪽에 거대한 행성이 있으면 지구 정도 질량의 행성이 이 지역에서 생존 할 가능성은 거의 없다. 그런 행성은 별에 가깝거나, 거주 가능한 지역의 아주 안쪽 또는 별에서 아주 멀리 떨어져 거주 가능 지역 먼 바깥에서 살아남을 수 있다.

(b) 실제로 거주 가능한 행성체는 거대 행성의 큰 위성일 수 있다. 이 위성은 거대행성의 조석 가열과 관계없이 거주 가능 지역에 있을 것이다. 또 다른 가능성은 거주 가능 지역 밖에 있는 지구 질량 정도의 행성일 수 있다. 만약 내부가 여전히 따뜻하다면, 지하 생명체 (또는 빙하 아래) 생명체를 가질 수 있다.

질문 7.9

(a) $20 \pm 6\,M_J$ 질량으로 볼 때, 1 SWASP J1407 b는 거의 확실히 갈색 왜성일 것이다. 왜소 행성의 질량 범위는 $13\,M_J \sim 80\,M_J$ 범위이다(7.1절).

(b) 갈색 왜성은 일반적으로 매우 작은 질량의 별로 간주된다(7.1절). SWASP J1407 b를 둘러싼 고리의 틈새를 만드는, 보이지는 않지만 매개 천체는 외계위성이라기보다는 외계행성으로 분류되어야 하겠다.

질문 8.1

질문에 대한 해답은 표 8.1에 제시되어 있다.

표 8.1 질문 8.1에 대한 해답에서, M_p는 행성의 질량, i_0는 궤도 경사각을 나타낸다.

방법	얻을 수 있는 정보
시선속도	$M_p \sin i_0$, 공전 주기, 공전궤도 이심률
측성	M_p, 공전 주기, 공전궤도 이심률
전면 통과 측광	행성의 반지름, 공전 주기, $\sin i_0 \approx 1$

M_p와 반지름으로부터 평균 밀도를 추산하면 행성이 암석으로 구성되었는지 수소-헬륨으로 구성되었는지 알 수 있다. 공전 주기, 중심 항성의 질량으로부터 행성의 공전 궤도 장반경을 구하면 생명체 거주 가능 지역 내에 위치하는지 여부를 알 수 있다. 이것으로는 생명체의 흔적을 검출하기에는 아직 정보가 부족하다.

질문 8.2

대부분의 오존은 구름 위 성층권에 존재하며, 따라서 적외선 스펙트럼으로 그 존재를 확인할 수 있다. 메테인으로 말할 것 같으면, 고도 10 km에서의 대기압은 지상에 비해 10분의 1에 불과하기 때문에(그림 8.8) 검출 가능한 메테인의 양은 지상에서보다 훨씬 작다. 따라서 메테인의 검출 가능성은 매우 낮고 적외선 스펙트럼은 생명체의 존재 가능성을 보여주기는 하지만 확신을 주지는 못한다.

질문 8.3

ⓐ 흡수선띠를 제외하면 스펙트럼의 전체적인 모양은 그림 8.9에 겹쳐 그린 270 K 흑체복사 곡선과 잘 일치한다. 그림 8.9는 화성에서 구름이 없는 부분에 대한 스펙트럼으로, 흡수선띠 외에는 대기가 투명하다. 따라서 표면의 온도는 270 K로 추정된다.

ⓑ 15 μm 주변의 흡수선띠는 지구 대기에서 관측되는 CO_2 흡수선띠(그림 8.7)와 비슷하므로, CO_2에 의해 생성되었다고 할 수 있다. 비교 결과 그 양은 지구의 대기 중에 존재하는 CO_2 양보다 (만약 적다 하더라도) 훨씬 적다고는 할 수 없다. 화성 대기는 지구에 비해 훨씬 밀도가 낮으며, 상당 부분이 CO_2로 구성되어 있다.

　참고 : 실제로는 대기 구성 성분의 95%가 CO_2이다.

ⓒ 270 K 복사는 그림 8.9의 화성 스펙트럼에 대해 CO_2 흡수선띠를 제외한 모든 부분을 잘 맞출 수 있다. 지구에서 대류권 하층의 수증기 때문에 관측된 파장의 끝부분이 낮은 온도로 기술되었던 것과 같은 현상이 화성 스펙트럼에서는 관측되지 않는다. 또한 화성의 스펙트럼에서는 여러 개의 자잘한 수증기 흡수선이 관측되지 않는다. 즉, 대기가 매우 건조할 것이다.

질문 8.4

적외선 스펙트럼은 오존(O_3) 흡수선띠가 없다는 것만 빼면 그림 8.10과 매우 닮은 모습을 보일 것이다. 스펙트럼에서 가장 에너지가 많이 나오는 파장의 위치 역시 표면 온도가 280 K가 아니라면(그림 8.7 참조) 약간 다를 것이다. 탄소-물에 기반한 생명체가 광합성을 하고 있다면 오존에 의한 흡수선은 더 깊이 패이거나 넓게 나타날 것이다. 생물권이 줄어든다면 O_3 흔적은 사라질 것이다. 중심 항성의 광도 증가에 따라 생물권은 줄어들 것이고, 스펙트럼은(CO_2 흡수선띠를 제외하면) 높은 표면 온도와 잘 맞도록 변화할 것이다.

　참고 : 산소를 이용한 광합성이 매우 활발하다면, O_3 흡수선띠는 곧 최대치에 도달할 것이며 이후 O_2 양이 두드러지게 감소하지 않는다면 변하지 않을 것이다. CO_2와 H_2O 흡수선띠의 세기 역시 변할 수 있다. 그림 8.10은 CH_4 흡수선을 보여주기에는 너무 해상도가 낮기 때문에, 이 답안에서는 논의되지 않았다.

질문 8.5

첫 번째 어려움은 위성의 스펙트럼을 위성이 공전하는 거대행성의 스펙트럼으로부터 분리해 내는 것이다. 이를 위해서는 위성을 행성과 분리해낼 수 있는 매우 높은 공간 분해능이 필요하다. 두 번째로 유로파와 같은 천체에서 물에 사는 생물권은 매우 두꺼운 얼음층 아래에 위치할 것이라는 점이다. 얼음 위에는 오늘날 유로파가 그러하듯이 대기가 거의 없거나 매우 부족할 것이다(4.2.1장). 따라서 위성이 유로파나(그림 4.29). 혹은 엔셀라두스나(그림 4.34)에서 보다 더 활발하게 화산 분출을 하고 있지 않다면 적외선 흡수선은 매우 약할 것이다. 어떤 경우라도 두꺼운 얼음 지각 아래의 생물권은 대기에 영향을 거의 끼칠 수 없다. 만약 틈을 타고 흘러 나온 물이 유기물을 가지고 있다면 반사 스펙트럼에서 적외선 흡수선띠를 검출할 수 있을 것이다(지구의 엽록체처럼).

질문 8.6

(a) 산소나, 오존 흡수선띠의 존재와 마찬가지로 수증기에 의한 스펙트럼선의 존재는 상관이 없다.

(b) 산화-환원 반응의 짝이 되는 기체가 대기 중 화학 평형에서 크게 벗어나는 것이 관측된다면 생물권이 존재한다고 할 수 있다.

질문 9.1

(a) 지구의 궤도 반지름은 $1\,AU = 1.5 \times 10^{11}\,m$이므로 지구 궤도 반지름에 대한 다이슨 구 반지름의 비는 $(8.3 \times 10^9\,m)/(1.5 \times 10^{11}\,m) = 0.055$이다.

(b) 지구상의 인구 7.4×10^9명이 지구 표면적의 3분의 1, 즉 $0.333 \times 4\pi R^2$에 해당하는 육지 영역에 고루 퍼져 있다. 따라서 육지의 평균 인구밀도는 다음과 같다.

$$\frac{7.4 \times 10^9}{0.333 \times 4\pi(6.40 \times 10^6\,m)^2} = 4.3 \times 10^{-5}\,m^{-2}$$

다이슨 구의 표면적은 $4\pi \times (8.3 \times 10^9\,m)^2 = 8.65 \times 10^{20}\,m^2$이므로, 다이슨 구의 인구는 다음과 같다.

$$4.3 \times 10^{-5}\,m^{-2} \times 8.65 \times 10^{20}\,m^2 = 3.7 \times 10^{16}$$

(c) 이는 지구의 현재 인구보다 $(3.7 \times 10^{16})/(7.4 \times 10^9) = 5.0 \times 10^6$배 크다.

질문 9.2

펄스의 첫 번째 시리즈는 메시지가 7자 길이로 끊어져 있음을 알려주며, 각 분절은 항상 4개의 1과 3개의 0을 갖고 있으므로, 우리는 문제에서 주어진 첫 번째 이진 문자열을 다음과 같이 나눌 수 있다.

1111000 1111000 1111000 1111000 1111000 …

이제 메시지의 더 흥미로운 비트(문제에서 주어진 두 번째 문자열)로 관심을 돌려보면, 이 패턴은 무너지고 대신 몇 개의 1(펄스)이 0(간격)으로 바뀌어 있다. 우선 이 문자열을 7개의 블록으로 나누어보자.

… 0011000 0001000 0100000 0001000 0101000 1001000 …

각 마디가 앞서와 같이 3개의 0으로 끝난다. 이 3개의 0은 신호가 없는 긴 간격으로, 단어 사이의 공백처럼 이 메시지의 분절들 사이 공간을 의미하는 것일 수 있다. 그렇다면, 각 분절마다 앞의 네 자리가 메시지를 담고 있다는 뜻이다. 각 마디에서 3개의 0을 제거하면 다음과 같다.

··· 0011 0001 0100 0001 0101 1001 ···

이것을 10진수로 변환하면(글상자 9.1 참조) 다음과 같다.

··· 3 1 4 1 5 9 ···

π의 값을 소수점 다섯째 자리까지 나타내면 3.14159이고, 이로부터 이것이 외계인의 신호임을 알 수 있다. 보편적으로 중요한 이 숫자를 이런 방식으로 부호화할 수 있는 자연적 원천은 어느 것도 떠올릴 수 없다. π가 십진법 기반으로 주어졌음에 주목하자. 각 신호가 이진법으로 암호화되어 있었지만, 각 마디가 십진법의 자릿수를 알려주고 있다. 외계인이 십진 체계를 사용한다는 것은, 그들의 수 체계가 우리처럼 열 손가락을 가졌다는 사실에 기반한 수 체계를 갖고 있음을 말해준다(물론 그들이 이미 우리에 대해 좀 알기 때문에 십진수를 사용했을 수도 있다).

질문 9.3

글상자 9.2의 '중요 수준'과 '신뢰도' 값을 사용한다.

(a) 현상 등급은 (잠재적으로) '우주공학의 흔적'이므로 Q_1은 1점이다. 발견 형태는 비(非)SETI에 해당하지만, 반복된 관측이므로 Q_2는 4점이다. 거리를 고려하면 Q_3는 2점이다. 이들을 결합한 Q는 $(Q_1 + Q_2 + Q_3)$이므로, 7점이다. 신뢰도 δ는 최대로 잡아도 6분의 2이다. 비록 우주공학적 구조가 '그럴듯하게 설명'된다고 해도, 높은 점수를 매기기 전에 다른 가능한 설명들을 모두 제외하려고 노력해야 한다. 그러면 RSI = 7 × 2/6 = 14/6이다. 3보다 작으므로, 이 사건은 SETI로는 중요도가 낮다[이 예제는 아직 마무리되지 않았다. 묘사된 상황은 1,280광년 떨어져 있는 분광형 F의 주계열성에 해당하는 것으로, 목록에는 KIC 8462852로 올라가 있고, 태비의 별(Tabby's Star) 혹은 보야지안의 별(Boyajian's Star)로 알려진 이 별은 흐려지는 현상이 2011년 처음으로 발견되었다. 2017년, 이 불규칙한 흐려짐이 가시광선이나 자외선보다 적외선에서 덜하다는 것이 보고되면서, 단단한 구조의 요소보다는 먼지 입자(크기 수 μm 미만)로 된 울퉁불퉁한 구름이 별 주위를 도는 것임이 강하게 시사되었다].

(b) 현상 등급은 '물리적 조우'이므로 Q_1은 6점이다. 발견 형태는 비SETI이다. 비행접시가 여전히 거기 있다는 주장이므로 관대하게 (a)에서와 같은 점수를 주면 Q_2는 4점이다(만약 착륙했다가 다시 떠나버렸다고 주장한다면 2점에 불과하다). 거리를 고려하면 Q_3는 4점이다. 그러면 이들을 결합한 Q는 $(Q_1 + Q_2 + Q_3)$이므로 14점이다. 신뢰도를 고려하기 전까지는 이 점수가 굉장해 보인다. 사회매체에 보고되는 것들이 단지 주류 뉴스 매체에서 다루지 않는 '명백한 허위'라고 생각한다면 신뢰도 δ는 0이므로, 전체 RSI도 0이 된다. 기껏해야 이 사건을 '매우 불확실하지만 입증하려고 노력할 가치가 있음' 단계로 정할 수 있을 것이다. 그러면 δ는 6분의 1이 되어 RSI = 14 × 1/6 = 14/6이다. (이 예제는 마무리했다.)

질문 9.4

물론 여기에 대해 단 하나의 답이 있는 것은 아니지만, 그중에 다소 이상적인 의견이 하나 있다. 첫째로, 언어 장벽은 조심해서 극복해야 한다. 한 번 언어 장벽이 완화되고 나면, 미리 선정된 소규모의 인간 대표들이 임명된 지도자와 함께 비슷한 수의 외계인 대표를 만날 것이다. 맨 처음의 상황에서부터 인류는 평화를 선호한다는 것이 명확하게 드러나야 한다. 우리 종(種)은 역사적으로 여러 나라로 나뉘어 서로 다른 언어와 관습을 가지며, 우리 대표단은 이 다양한 공동체를 대표한다는 점을 설명하는 것도 중요하다. 그러고 나서 우리의 지식을 공유할 수 있다. 그들이 우리보다 훨씬 더 발전되어 있다면 이 같은 것이 어려울 수도 있지만, 적어도 우리는 우리의 문화, 과학, 지구상의 생명체와 우리 종족, 행성, 그리고 태양계의 역사에 대해 알려줄 수 있다.

질문 9.5

지구상의 전파 신호를 유출하는 것이 근방의, 생명체가 거주하는 몇몇 항성계에 경종을 울리는 정도인 반면, 구상성단 M13의 경우라면 이론상으로는 엄청난 수의 문명이 이를 듣게 될 수 있다. 아레시보 메시지는 수신자에게 모든 인간이 접촉을 추구한다는 인상을 주는 반면, 우리의 의도적이지 않은 전송만 엿듣는 외계인은 접촉하자는 명시적 초대를 학수고대할지도 모른다.

질문 9.6

(a) 도플러 청색 이동(제6장 참조)은 전송 당시 지구의 운동 방향에 있는 수신자에게 가장 클 것이다.

(b) 지구 궤도의 반지름은 1.50×10^{11} m이므로, 1년에 $2 \times \pi \times (1.50 \times 10^{11}$ m$) = 9.42 \times 10^{11}$ m의 이동에 해당한다. 1년은 $365 \times 24 \times 3{,}600$초 $= 3.15 \times 10^7$초에 해당한다. 그러면 지구의 이동 속도는 다음과 같다.

$$v = (9.42 \times 10^{11}\,\text{m})/(3.15 \times 10^7\,\text{s}) = 2.99 \times 10^4\,\text{m s}^{-1}$$

주파수 90.0 MHz에 해당하는 파장은 다음과 같다.

$$\lambda = c/v = (3.00 \times 10^8\,\text{m}^{-1})/(9.00 \times 10^7\,\text{Hz}) = 3.33\,\text{m}$$

도플러 이동 공식 (6.11)에서

$$\frac{\Delta\lambda}{\lambda} = \frac{v_\text{r}}{c}$$

이므로

$$\Delta\lambda = \frac{v_\text{r}\lambda}{c} = \frac{-2.99 \times 10^4\,\text{m s}^{-1}}{3.00 \times 10^8\,\text{m s}^{-1}} \times 3.33\,\text{m} = -3.32 \times 10^{-4}\,\text{m}$$

이다. 음수 부호는 청색 이동, 즉, 지구의 송신자가 수신자를 향해 움직이고 있음을 뜻한다.

(c) 이제 $v_\text{r} = -1.00 \times 10^5$ m s^{-1}이므로,

$$\Delta\lambda = \frac{v_\text{r}\lambda}{c}\,\frac{-1.00 \times 10^5\,\text{m s}^{-1}}{3.00 \times 10^8\,\text{m s}^{-1}} \times 3.33\,\text{m} = 1.11 \times 10^{-3}\,\text{m}$$

이다. 별의 움직임에 의해서는 지속적인(관측 시간 규모 내에서 지속적인) 청색 이동이 일어나는 반면, 지구 궤도에 의한 이동량은 적색 이동과 청색 이동 사이를 1년 주기로 진동할 것이다.

(d) 전파 전송의 신호 일률은 역제곱의 법칙에 의해 거리의 제곱의 따라 줄어든다. 거리 $d_1 = 1$ km에서 신호의 세기가 S_1이라 하면, 거리 d_2에서의 신호 세기 S_2는 다음의 관계를 따른다.

$$\frac{S_1}{S_2} = \frac{d_2^2}{d_1^2}$$

신호가 배경 세기에 묻힐 때까지 줄어들었다면 $S_1/S_2 = 10^{20}$이므로, 우리는 다음과 같이 d_2를 구할 수 있다.

$$d_2^2 = \sqrt{\frac{S_1}{S_2}}\, d_1$$

$$= 10^{10} \times 1 \text{ km}$$

$$= 10^{13} \text{ m}$$

$$= 1.06 \times 10^{-3} \text{광년}$$

이 거리는 1광년의 1,000분의 1 정도이므로, 신호는 다른 별에 닿기 한참 전에 탐지할 수 없는 상태가 될 것이다.

다른 한편으로는, 가장 가까운 별(4.3광년)에 도달했을 때 신호 세기가 얼마나 줄어들었는지 배율을 계산함으로써 이 질문에 답할 수 있다. 계산해보면 1.65×10^{27}으로, 10^{20}보다 명백히 크므로 신호가 가장 가까운 별에 닿기도 전에 이미 자연 배경 수준보다 한참 아래로 떨어졌을 수 있다. 따라서 두 방법 다 다른 별 주위를 도는 행성에 사는 외계인이 배경 수준 이상의 신호를 탐지할 가능성은 없음을 말해준다.

부록

부록 A   유용한 행성 자료

표 A1 달과 명왕성을 포함한 행성 기본 자료

	Mercury	Venus	Earth	Moon	Mars	Jupiter	Saturn	Uranus	Neptune	Pluto
Mass										
$/10^{24}$ kg	0.330	4.87	5.97	0.074	0.642	1900	569	86.8	102	0.013
/Earth masses	0.055	0.815	1.00	0.012	0.107	318	95.2	14.4	17.1	0.002
Orbital semimajor axis[a]										
$/10^6$ km	57.91	108.2	149.6	149.6	227.9	778.4	1427	2871	4498	5906
/AU	0.39	0.72	1.00	1.00	1.52	5.20	9.54	19.19	30.07	39.48
Orbital eccentricity	0.206	0.007	0.017	0.055	0.093	0.048	0.054	0.047	0.009	0.249
Orbital inclination / degrees	7.0	3.4	0.0	5.2	1.9	1.3	2.5	0.8	1.8	17.1
Orbital period[b]	88.0 days	224.7 days	365.3 days	27.3 days	687.0 days	11.86 days	29.46 days	84.01 days	164.8 days	247.7 days
Axial rotation period[b]/ days	58.6	243	0.997	27.3	1.03	0.412	0.444	0.718	0.671	6.39
Axial inclination / degrees	0.1	177.3	23.5	6.7	25.2	3.1	26.7	97.9	29.6	119.6
Polar radius/km	2440	6052	6357	1738	3375	66 850	54 360	24 970	24 340	1187
Equatorial radius/km	2440	6052	6378	1738	3397	71 490	60 270	25 560	24 770	1187
Mean radius[c]/km	2440	6052	6371	1738	3390	69 910	58 230	25 360	24 620	1187
Density/10^3 kg m^{-3}	5.43	5.20	5.51	3.34	3.93	1.33	0.69	1.32	1.64	1.86
Surface gravity/m s^{-2}	3.7	8.9	9.8	1.6	3.7	23.1	9.0	8.7	11.1	0.62
Mean surface temperature/K	443	733	288	250	223					38
Effective cloud-top temperature/K						120	89	53	54	
Temperature at 1 bar pressure/K						165	135	75	70	
Rings	0	0	0	0	0	few	many	several	few	0
Satellites	0	0	1	0	2	≥69	≥62	≥27	≥13	5
Atmospheric surface pressure/bar[d]	$\approx 10^{-15}$	92.1	1.01	$\approx 10^{-14}$	6.3×10^{-3}					$\approx 10^{-5}$ $\approx 10^{-4}$
Atmospheric surface density/kg m^{-3}	$\approx 10^{-13}$	67	1.293	$\approx 10^{-13}$	0.018					≈ 1
Atmospheric column masse/kg m^{-2}	$\approx 10^{-11}$	1.03×10^6	1.03×10^4	$\approx 10^{-11}$	1.69×10^2					
Atmospheric main components (relatively minor components in parentheses)	O Na H$_2$ (He)	CO$_2$ (N$_2$)	N$_2$ O$_2$ (H$_2$O) (Ar)	Ar H$_2$ He Na	CO$_2$ (N$_2$) (Ar) (O$_2$)	H$_2$ He (CH$_4$)	H$_2$ He (CH$_4$)	H$_2$ He (CH$_4$)	H$_2$ He (CH$_4$)	N$_2$ (CH$_4$) (CO$_2$)

a 장반경은 태양까지의 **평균거리**를 나타내기도 한다.

b 지구의 하루나 1년은 항성 주기(즉, 태양이 기준이 아니라 항성이 기준)

c 평균 반지름은 부피에 대한 반지름으로 정의하고(즉, 같은 질량의 구로 여겨졌을 때 천체의 반지름), $(R_e^2 R_p)^{1/3}$으로 계산한다. 기체형 행성에 대한 반지름은 기체압이 1 bar인 대기층까지를 말한다(또한 표면 중력 값에도 적용된다).

d 압력에 대한 SI 단위계의 단위가 파스칼(pascal)이어도, 표에서는 간단하게 쓰고 쉽게 비교하기 위해 지구 표면 기체압 ≈1 bar를 사용한다. 1 bar는 10^5 Pa이다.

e 기둥밀도는 행성 표면의 단위 면적 (1 m²) 위에 있는 대기의 질량이다.

표 A2 행성의 위성

Planet	Satellite	Mean distance from planet/10³ km	Orbital period/days	Mean radius[a]/km	Mass/10²⁰ kg	Density/10³ kg m⁻³
Earth	Moon	384	27.3	1738	735	3.34
Mars	Phobos	9.4	0.32	11.1	0.00011	1.90
	Deimos	23.5	1.26	6.2	0.000018	1.76
Jupiter	Io	422	1.77	1821	893	3.53
	Europa	671	3.55	1565	480	2.99
	Ganymede	1070	7.15	2634	1482	1.94
	Callisto	1883	16.7	2403	1076	1.85
	≥65 others					
Saturn	Mimas	186	0.94	199	0.38	1.15
	Enceladus	238	1.37	249	0.73	1.61
	Tethys	295	1.89	530	6.2	0.96
	Dione	377	2.74	560	10.5	1.47
	Rhea	527	4.52	764	23.1	1.23
	Titan	1222	15.95	2575	1346	1.88
	Iapetus	3561	79.3	718	15.9	1.09
	≥55 others					
Uranus	Miranda	130	1.42	236	0.66	1.20
	Ariel	191	2.52	579	13.5	1.7
	Umbriel	266	4.14	585	11.7	1.4
	Titania	436	8.71	789	35.3	1.71
	Oberon	583	13.46	761	30.1	1.63
	≥22 others					
Neptune	Proteus	118	1.12	209	≈0.5?	≈1.2?
	Triton	355	5.88	1353	215	2.05
	Neroid	5513	360	170	≈0.3?	≈1.2?
	≥11 others					
Pluto	Charon(+ 4others)	19.4	6.39	606	15.9	1.7

a 평균 반지름은 부피에 대한 반지름으로 정의한다(즉, 같은 질량의 구로 여겼을 때 천체의 반지름).

표 A3 우주탐사선이 근접 비행하거나 접근했던 소행성 일부(세레스는 왜소행성으로 분류된다.)

Asteroid[a]	Spacecraft	Encounter date	Asteroid Size/km	Mean Radius[b]/km	Density/kg m⁻³	Semimajor
(951) Gaspra	Galileo	29 Oct 1991	19×12	6.1	2500 ± 1000?	2.21
(243) Ida	Galileo	28 Aug 1993	58×23	15.8	2600 ± 500	2.86
(253) Mathilde	NEAR	27 Jun 1997	59×47	26.4	1300 ± 200	2.65
(433) Eros	NEAR	14 Feb 2000	33×13	9.69	2670 ± 30	1.46
(25143) Itokawa	Hayabusa	20 Nov 2005	0.53×0.21	0.32	1900 ± 130	1.32
(21) Lutetia	Rosetta	10 July 2010	121×75	50	5500 ± 900	2.44
(4) Vesta	Dawn	16 July 2011	569×453	263	3456 ± 35	2.36
(1) Ceres	Dawn	23 Apr 2015	965×891	473	2161 ± 9	2.77

a 소행성은 이름을 가질 뿐만 아니라 숫자로도 나타낸다. 여기서는 (숫자) 이름으로 나타낸다.

b 평균 반지름은 부피에 대한 반지름으로 정의한다(즉, 같은 질량의 구로 여겼을 때 천체의 반지름).

표 A4 태양계에서 가장 큰 작은 천체들

Object	Semimajor axis/AU	Orbital period/yr	Orbital inclination	Orbital eccentricity	Mean radius$a$/km
Largest bodies in the asteroid belt:					
(1) Ceres	2.77	4.60	10.6°	0.076	473
(4) Vesta	2.36	3.63	7.1°	0.089	263
(2) Pallas	2.77	4.61	34.8°	0.231	256
(10) Hygiea	3.14	5.59	3.8°	0.114	215
(704) Interamnia	3.06	5.35	17.3°	0.154	158
Largest known (as of 2017) bodies in the Kuiper Belt:					
Pluto	39.4	248	17.1°	0.249	1187 ± 4
Eris	67.8	558	44.0°	0.441	1163 ± 6
2007 OR$_{10}$	66.9	547	30.9°	0.507	735 ± 100
Makemake	45.7	309	29.0°	0.156	725 ± 20
Haumea	43.2	284	28.2°	0.507	735 ± 100
Quaoar	43.4	286	8.0°	0.035	555 ± 3
Sedna	506.2	11400	11.9°	0.855	500 ± 400
Orcus	39.5	248	10.6°	0.218	459 ± 13

a 평균 반지름은 부피에 대한 반지름으로 정의한다(즉, 같은 질량의 구로 여겼을 때 천체의 반지름).

표 A5 일부 혜성

Comet$a$	Perihelion distance/AU	Semimajor axis/AU	Orbital period/yr	Eccentricity	Inclination	Velocity at perihelion/km s^{-1}
2P/Enke	0.338	2.22	3.30	0.847	11.8°	69.6
26P/Grigg−Skjellerup	1.118	3.04	5.31	0.663	22.3°	36.0
46P/Wirtanen	1.059	3.09	5.44	0.658	11.7°	37.3
81P/Wild 2	1.590	3.44	6.40	0.539	3.2°	29.3
67P/Churyumov-Gerasimenko	1.243	3.46	6.44	0.641	7.0°	34.2
55P/Tempel−Tuttle	0.977	10.3	33.2	0.906	162.5°	41.6
1P/Halley	0.587	17.9	76.0	0.967	162.2°	54.5
109P/Swift−Tuttle	0.958	26.3	135	0.964	113.4°	42.6
153P/Ikeya−Zhang	0.507	51.0	367	0.990	28.1°	59.0
Hale−Bopp	0.925	184	≈2500	0.995	89.4°	43.8
Hyakutake	0.230	1490	≈58 000	0.9998	124.9°	87.8

a 관측이 잘 된 주기 혜성(즉, 단주기 혜성)은 소행성처럼 숫자로도 나타낸다. 지정된 숫자 P/처럼 나타내며, 일례로 2P/Enke가 있다.

표 A6 연간 주요 유성우

Date of maximum rate	Name of shower	Hourly meteor rate	Parent
3 Jan	Quadrantids	130	unknown
12 Aug	Perseids	80	Swift−Tuttle
21 Oct	Orionids	25	Halley
17 Nov	Leonids	25a	Tempel−Tuttle
13 Dec	Geminids	90	(3200)Phaethon

a 이 비율은 일반적으로 관측되는 비율이며, 33년 정도의 주기로 공전하는 모 혜성 템펠-터틀 혜성이 통과한 직후에는 훨씬 높은 비율을 보인다.

표 A7 유명한 태양계 천체 탐사선 일부(ESA : 유럽우주국)

Mission	Launch	Description
Sputnik 1 (USSR)	4 Oct 1957	최초 지구 궤도 위성. 92일간 궤도에서 비행.
Pioneer 4 (USA)	3 Mar 1959	1959년 3월 4일 : 최초 달 근접 비행(달 표면으로부터 6만 km 상공).
Luna 2 (USSR)	12 Sep 1959	1959년 9월 14일 : 달에 최초로 착륙(충돌)한 우주탐사선.
Venera 1 (USSR)	12 Feb 1961	1961년 5월 19일 : 최초 금성 근접 비행(근접 비행 전에 통신 두절).
Mars 1 (USSR)	1 Nov 1962	1963년 6월 19일 : 최초 화성 근접 비행(근접 비행 전에 통신 두절).
Venera 3 (USSR)	16 Nov 1965	1966년 3월 1일 : 금성에 최초로 착륙한 우주탐사선(착륙 전에 통신 두절).
Luna 9 (USSR)	31 Jan 1966	1966년 2월 3일 : 달에 최초로 연착륙한 우주탐사선. TV 사진을 지구로 전송함.
Zond 5 (USSR)	14 Sep 1968	최초 달 궤도 우주탐사선(1968년 9월 18일)으로 지구에 안전하게 귀환함(1968년 9월 21일). 이 탐사선에는 거북이, 파리, 벌레, 식물들이 탑승해 있었다.
Apollo 8 (USA)	21 Dec 1968	최초 유인 달 궤도 우주탐사선(1968년 12월 24일). 1968년 12월 27일 귀환.
Apollo 11 (USA)	16 July 1969	최초 유인 달 착륙선(1969년 7월 20일). 탑승자 : 닐 암스트롱, 에드윈 '버즈' 올드린, 마이클 콜린스(궤도선). 1969년 7월 24일 귀환.
Apollo 12 (USA)	14 Nov 1969	두 번째 유인 달 착륙선(1969 11월 19일). 탑승자 : 찰스 콘라드, 알란 비인, 리처드 고든(궤도선).
Apollo 13 (USA)	11 Apr 1970	달 탐사선으로 미션 도중 탱크 폭발로 중지됨(1970년 4월 14일). 탑승자 : 제임스 러벨, 프레드 헤이스, 존 스위거트(궤도선).
Luna 16 (USSR)	12 Sep 1970	기계장치를 이용하여 최초로 달에서 샘플을 얻음. 약 100 g의 달 물질을 가지고 귀환.
Apollo 14 (USA)	31 Jan 1971	세 번째 유인 달 착륙선(1971년 2월 5일). 탑승자 : 앨런 셰퍼드, 에드거 미첼, 스튜어트 루사(궤도선).
Mars 3 (USSR)	28 May 1971	1971년 12월 2일 : 최초 화성 착륙선. 연착륙. 사진 영상 전송.
Apollo 15 (USA)	26 Jul 1971	네 번째 유인 달 착륙선 (1971년 7월 30일). 최초로 월면 주행 '로버' 사용. 탑승자 : 데이비드 스콧, 제임스 어윈, 알프레드 워든(궤도선).
Pioneer 10 (USA)	3 Mar 1972	태양계 밖 최초 우주 탐사선. 1973년 12월 3일 목성 근접 비행. 2003년 통신 두절, 태양으로부터의 거리 80 AU.
Apollo 16 (USA)	16 Apr 1972	다섯 번째 유인 달 착륙선(1972년 4월 21일). 탑승자 : 존 영, 찰스 듀크, 토마스 매팅리(궤도선).
Apollo 17 (USA)	7 Dec 1972	여섯 번째(이자 마지막) 유인 달 착륙선(1972년 12월 11일). 탑승자 : 유진 서넌, 해리슨 슈미트, 로널드 에반스(궤도선).
Pioneer 11 (USA)	6 Apr 1973	1973년 12월 4일 : 목성 근접 비행. 1979년 9월 1일 : 토성 근접 비행.
Skylab (USA)	14 May 1973	최초 유인 우주 정거장. 1974년 2월 8일까지 탑승. 아폴로 새턴 V 로켓의 마지막 사용.
Mariner 10 (USA)	3 Nov 1973	최초 (그리고 유일한) 수성 탐사선. 1974년 2월 5일 : 금성 근접비행. 1974년 3월 29일, 1974년 9월 21일, 1975년 3월 16일 수성 근접 비행.
Viking 1 (USA)	20 Aug 1975	화성 궤도선이자 착륙선. 1976년 6월 19일 : 화성 도착. 1976년 7월 20일 : 착륙선 착륙.
Viking 2 (USA)	4 Sept 1975	화성 궤도선이자 착륙선 : 1976년 8월 7일 : 화성 도착. 1976년 9월 3일 : 착륙선 착륙.
Voyager 2 (USA)	20 Aug 1977	최초 (유일한) 모든 기체형 행성을 여행한 탐사선. 1979년 7월 9일 : 목성 근접 비행. 1981년 8월 26일 : 토성 근접 비행. 1986년 1월 24일 : 천왕성 근접 비행. 1989년 8월 25일 : 해왕성 근접 비행.
Voyager 1 (USA)	5 Sep 1977	1979년 3월 5일 : 목성 근접 비행. 1980년 11월 12일 : 토성 근접 비행.
ISEE-3/ICE (USA)	12 Aug 1978	1985년 9월 11일 : 최초 '원거리 근접 비행' 혜성(자코비니-지너) 우주탐사선.
Venera 13 (USSR)	30 Oct 1981	1982년 3월 1일 : 금성 착륙. 금성 표면의 컬러 사진 전송.
Giotto (ESA)	2 Jul 1985	1986년 3월 13일. 최초 가까운 근접 비행(600 km) 혜성 핵(핼리) 탐사선.
Magellan (USA)	4 May 1989	1990년 8월 10일 금성 궤도 진입, 1980~1994년 동안 궤도에서 레이더 매핑.
Galileo (USA)	18 Oct 1989	1991년 10월 29일 : 소행성(951) 가스프라 근접 비행, 1993년 8월 28일 소행성(243) 아이다 근접 비행. 1995년 12월 7일 : 목성 도착하여 조사선을 목성 대기로 보냄. 궤도선은 2003년 9월 21까지 운영.

표 A7 유명한 태양계 천체 탐사선 일부(ESA : 유럽우주국)(계속)

Mission	Launch	Description
Ulysses (ESA)	6 Oct 1990	태양 주위의 황도면을 떠난 최초 우주탐사선, 북극과 남극을 지남. 1992년 2월 8일 : 목성 근접 비행.
Near Earth Asteroid Rendezvous (NEAR) Mission (USA)	17 Feb 1996	소행성에 최초로 궤도비행하고 착륙한 우주탐사선. 1997년 6월 27일 : 소행성(253) 마틸다 근접 비행. 2000년 2월 14일 : 지구 근접 소행성(433) 에로스 주위를 궤도 운동 시작. 2001년 2월 12일 : 우주 탐사선 에로스에 착륙.
Mars Global Surveyor (USA)	7 Nov 1996	성공적인 화성 리모트 센싱 임무. 1997~2006년까지 작동.
Mars Pathfinder (USA)	4 Dec 199	1997년 7월 4일 : 화성 착륙. 1997년 7월 6일 : 소저너 로버 활동
Cassini−Huygens (USA + Europe)	15 Oct 1997	2004년 7월 1일부터 2017년까지 토성 궤도 우주탐사선. 2005년 1월 14일 호이겐스 착륙선 타이 탄 착륙.
Deep Space 1 (USA)	24 Oct 1998	2001년 9월 22일 : 보렐리 혜성 핵의 가까운 근접 비행. 영상 전송. 1999년 7월 29일 : 브라유 근 접 비행(9969).
Stardust (USA)	7 Feb 1999	빌드 2 혜성의 근접 비행과 혜성 더스트 샘플 채취 후 귀환 미션.
2001 Mars Odyssey (USA)	7 Apr 2001	2002년 1월 11일 : 화성 궤도 진입. 화성 표면 미션의 연장.
Genesis (USA)	8 Aug 2001	태양풍 입자의 샘플 채취 후 귀환 미션. 2004년 9월 : 샘플 채취 후 지구 귀환.
Rosetta (ESA)	2 March 2004	소행성 근접 비행 후 혜성 궤도 운동과 착륙 탐사선(2014~2016).
Mars Express (ESA)	2 June 2003	2004년부터 궤도선 작동 중(착륙선 비글 2 추락)
Mars Exploration Rovers (NASA)	10 June & 7 July 2003	스피릿 착륙선 2004년 1월 4일~2010년 3월 22일. 오퍼튜너티 로버 2004년 1월 25일~.
MESSENGER (NASA)	3 Aug 2004	수성 근접 비행 2008~2009년, 2010~2015년 궤도 운동.
New Horizons (NASA)	19 Jan 2005	명왕성-샤론 근접 비행 2015년 7월, 2019년 1월 2014 MU69 근접 비행.
Mars Reconnaissance Orbiter (USA)	12 Aug 2005	2006년~ 현재 화성 궤도에서 작동 중.
Venus Express (ESA)	9 Nov 2005	2006~2014년 금성 궤도에서 작동 중.
Dawn (USA)	27 Sept 2007	소행성 베스타 탐사(2011~2012), 소행성 세레스 탐사(2015~2017).
Chandrayaan-1 (India)	22 Oct 2008	달 궤도선과 충돌선.
LRO (USA)	18 June 2009	Lunar Reconnaissance Orbiter. 높은 해상도 탐사.
Juno (USA)	5 Aug 2011	목성 극 궤도선 2016년 7월~2018년 2월.
GRAIL (USA)	10 Sept 2011	달 중력장 지도를 매핑하는 쌍둥이 궤도 탐사선.
Curiosity (USA)	26 Nov 2011	화성 로버(2012년~현재).
Mars Orbiter Mission (India)	24 Sept 2014	화성 궤도선과 기술개발 데몬스트레이터.
Chang'e 3 (China)	1 Dec 2013	달 착륙선과 로버.
ExoMars 2016 (ESA)	14 Mar 2016	트레이스 가스 오비터(Trace Gas Orbiter)와 (실패한) 착륙 데몬스트레이터.
OSIRIS-Rex (USA)	8 Sept 2016	소행성 샘플 귀환(2023).
Chang'e 5 (China)	Nov 2017	달 샘플 귀환.
InSight (USA)	2018	화성 착륙선(지진계와 열 탐사선) 2018년 11월.
BepiColombo (ESA-Japan)	2018	유럽과 일본의 수성 궤도선 2025~2026.
Chang'e 4 (China)	2018	달의 뒷면 착륙선과 로버.

표 A7 유명한 태양계 천체 탐사선 일부(ESA : 유럽우주국)(계속)

Mission	Launch	Description
Mars rover (China)	2020	착륙선과 로버.
Mars 2020 (USA)	2020	착륙선과 로버.
Hope (UAE)	2020	화성 궤도선.
Lucy (USA)	2021	목성 트로이 소행성군을 연구할 탐사선(2027~2033).
Psyche (USA)	2022	금속성 소행성 16 프시케 궤도선(2026).
JUICE (ESA)	c2022	가니메데, 칼리스토, 유로파를 연구할 목성 궤도선(2030).
Europa Clipper (USA)	c2022	유로파에 집중할 목성 궤도선.
Martian Moons Exploration Project (Japan + France)	2024	포보스 샘플 귀환.

부록 B 주요 물리 상수와 단위 변환

표 B1 SI 기본 단위

Quantity	Unit	Abbreviation	Equivalent units
mass	kilogram	kg	
length	metre	m	
time	second	s	
temperature	kelvin	K	
angle	radian	rad	
area	square metre	m^2	
volume	cubic metre	m^3	
speed, velocity	metre per second	$m\,s^{-3}$	
acceleration	metre per second squared	$m\,s^{-2}$	
density	kilogram per cubic metre	$kg\,m^{-3}$	
frequency	hertz	Hz	$(cycles)\,s^{-1}$
force	newton	N	$kg\,m\,s^{-2}$
pressure	pascal	Pa	$N\,m^{-2}$ or $kg\,m^{-1}\,s^{-2}$
energy	joule	J	$kg\,m^2\,s^{-2}$
power	watt	W	$J\,s^{-1}$, $kg\,m^2\,s^{-3}$
specific heat capacity	joule per kilogram kelvin	$J\,kg^{-1}\,K^{-1}$	$m^2\,s^{-2}\,K^{-1}$
thermal conductivity	watt per metre kelvin	$W\,m^{-1}\,K^{-1}$	$m\,kg\,s^{-3}\,K^{-1}$

표 B2 주요 물리 상수와 사용되는 값

Quantity	Symbol	Value
speed of light in a vacuum	c	$3.00 \times 10^8\ m\,s^{-1}$
Planck constant	h	$6.63 \times 10^{-34}\ Js$
Boltzmann constant	k	$1.38 \times 10^{-23}\ J\,K{-1}$
gravitational constant	G	$6.67 \times 10^{-11}\ N\,m^2\,kg^{-2}$
Stefan–Boltzmann constant	σ	$5.67 \times 10^{-8}\ W\,m^{-2}\,K^{-4}$
Avogadro constant	N_A	$6.02 \times 10^{-23}\ mol^{-1}$
molar gas constant	R	$8.31\ J\,K^{-1}\,mol^{-1}$
charge of electron	e	$1.60 \times 10^{-19}\ C$ (negative charge)
mass of proton	m_p	$1.67 \times 10^{-27}\ kg$
mass of electron	m_e	$9.11 \times 10^{-31}\ kg$
Astronomical quantities:		
mass of the Sun	$M_\odot$	$1.99 \times 10^{30}\ kg$
radius of the Sun	$R_\odot$	$6.96 \times 10^8\ m$
photospheric temperature of the Sun	$T_\odot$	5770 K
luminosity of the Sun	$L_\odot$	$3.84 \times 10^{26}\ W$
astronomical unit	AU	$1.50 \times 10^{11}\ m$

표 B3 다른 단위계에서 SI 단위로 변환

Quantity	Unit	SI equivalent
angle	1 degree	$(\pi/180)$ rad
pressure	1 bar	10^5 Pa
temperature	1°C	1 K
energy	1 erg	10^{-7} J
	1 electron volt	1.60×10^{-19} J
	1 ton of TNT	4.18×10^9 J
length	1 foot	0.305 m
	1 mile	1.61×10^3 m
area	1 square inch	6.45×10^{-4} m^2
	1 square mile	2.59×10^6 m^2
mass	1 pound	0.454 kg
speed, velocity	1 mile per hour	0.447 m s^{-1}

표 B4 그리스 알파벳

Quantity	Unit	SI equivalent
Alpha	α	A
Beta (bee-ta)	β	B
Gamma	γ	Γ
Delta	δ	Δ
Epsilon	ε	E
Zeta (zee-ta)	ζ	Z
Eta (ee-ta)	η	H
Theta (thee-ta – 'th' as in theatre)	θ	Θ
Iota (eye-owe-ta)	ι	I
Kappa	κ	K
Lambda (lam-da)	λ	Λ
Mu (mew)	μ	M
Nu (new)	ν	N
Xi (cs-eye)	ξ	Ξ
Omicron	o	O
Pi (pie)	π	Π
Rho (roe)	ρ	P
Sigma	σ	Σ
Tau	τ	T
Upsilon	υ	Y
Phi (fi e)	ϕ	Φ
Chi (kie)	χ	X
Psi (ps-eye)	ψ	Ψ
Omega (owe-me-ga)	ω	Ω

부록 C 원소

표 C1 원소들과 이들의 함량

상대 원자 질량(A_r)은 지구에서 발생한 원소의 원자 평균 질량이다. 원소의 모든 동위원소를 평균한 것이다. 이 비율은 탄소 동위원소 ${}^{12}_{6}C$를 상대 원자 질량인 12로 고정한 것이다. 보통, 태양계 함량은 수소 10^{12} 원자 개수를 기준으로 표준화하며, CI 콘드라이트 함량은 규소 10^6 원자 개수를 기준으로 표준화한다. 태양계 함량을 콘드라이트 함량과 개수로 직접 비교하려면, 콘드라이트 함량에 35.8을 곱한다.

Atomic number, Z	Name	Chemical Symbol	Relative atomic mass, Ar	Solar System abundance		CI chondrite abundance by number
				by number	by mass	
1	hydrogen	H	1.01	1.0×10^{12}	1.0×10^{12}	2.79×10^{10}
2	helium	He	4.00	9.8×10^{10}	3.9×10^{11}	2.72×10^{9}
3	lithium	Li	6.94	2.0×10^{3}	1.4×10^{4}	57.1
4	berylium	Be	9.01	26	2.4×10^{2}	0.73
5	boron	B	10.81	6.3×10^{2}	6.8×10^{3}	21.2
6	carbon	C	12.01	3.6×10^{8}	4.4×10^{9}	1.01×10^{7}
7	nitrogen	N	14.01	1.1×10^{8}	1.6×10^{9}	3.13×10^{6}
8	oxygen	O	16.00	8.5×10^{8}	1.4×10^{10}	2.38×10^{7}
9	fl uorine	F	19.00	3.0×10^{4}	5.7×10^{5}	843
10	neon	Ne	20.18	1.2×10^{8}	2.5×10^{9}	3.44×10^{6}
11	sodium	Na	22.99	2.0×10^{6}	4.7×10^{7}	5.74×10^{4}
12	magnesium	Mg	24.31	3.8×10^{7}	9.2×10^{8}	1.074×10^{6}
13	aluminium	Al	26.98	3.0×10^{6}	8.1×10^{7}	8.49×10^{4}
14	silicon	Si	28.09	3.5×10^{7}	1.0×10^{9}	1.00×10^{6}
15	phosphorus	P	30.97	3.7×10^{5}	1.2×10^{7}	1.04×10^{4}
16	sulfur	S	32.07	1.9×10^{7}	6.0×10^{8}	5.15×10^{5}
17	chlorine	Cl	35.45	1.9×10^{5}	6.6×10^{6}	5240
18	argon	Ar	39.95	3.6×10^{6}	1.5×10^{8}	1.01×10^{5}
19	potassium	K	39.10	1.3×10^{5}	5.2×10^{6}	3770
20	calcium	Ca	40.08	2.2×10^{6}	8.8×10^{7}	6.11×10^{4}
21	scandium	Sc	44.96	1.2×10^{3}	5.5×10^{4}	34.2
22	titanium	Ti	47.88	8.5×10^{4}	4.1×10^{6}	2400
23	vanadium	V	50.94	1.0×10^{4}	5.3×10^{5}	293
24	chromium	Cr	52.00	4.8×10^{5}	2.5×10^{7}	1.35×10^{4}
25	manganese	Mn	54.94	3.4×10^{5}	1.9×10^{7}	9550
26	iron	Fe	55.85	3.2×10^{7}	1.8×10^{9}	9.00×10^{5}
27	cobalt	Co	58.93	8.1×10^{4}	4.8×10^{6}	2250
28	nickel	Ni	58.69	1.8×10^{6}	$1.0 \times 10r^{8}$	4.93×10^{4}
29	copper	Cu	63.55	1.9×10^{4}	1.2×10^{6}	522
30	zinc	Zn	65.39	4.5×10^{4}	2.9×10^{6}	1260
31	gallium	Ga	69.72	1.3×10^{3}	9.4×10^{4}	37.8
32	germanium	Ge	72.61	4.3×10^{3}	3.1×10^{5}	119
33	arsenic	As	74.92	2.3×10^{2}	1.8×10^{4}	6.56
34	selenium	Se	78.96	2.2×10^{3}	1.8×10^{5}	62.1
35	bromine	Br	79.9	4.3×10^{2}	3.4×10^{4}	11.8
36	krypton	Kr	83.8	1.7×10^{3}	1.4×10^{5}	45
37	rubidium	Rb	85.47	2.5×10^{2}	2.1×10^{4}	7.09
38	strontium	Sr	87.62	8.5×10^{2}	7.5×10^{4}	23.5

표 C1 원소들과 이들의 함량 (계속)

Atomic number, Z	Name	Chemical Symbol	Relative atomic mass, Ar	Solar System abundance		CI chondrite abundance by number
				by number	by mass	
39	yttrium	Y	88.91	1.7×10^2	1.5×10^4	4.64
40	zirconium	Zr	91.22	4.1×10^5	3.7×10^4	11.4
41	niobium	Nb	92.91	25	2.3×10^3	0.698
42	molybdenum	Mo	95.94	91	8.7×10^3	2.55
43	technetium	Tca	98.91	$-b$	$-b$	$-b$
44	ruthenium	Ru	101.07	66	6.8×10^3	1.86
45	rhodium	Rh	102.91	12	1.3×10^3	0.344
46	palladium	Pd	106.42	50	5.3×10^3	1.39
47	silver	Ag	107.87	17	1.9×10^3	0.486
48	cadmium	Cd	112.41	58	6.5×10^3	1.61
49	indium	In	114.82	6.6	7.6×10^2	0.184
50	tin	Sn	118.71	140	1.6×10^4	3.82
51	antimony	Sb	121.76	11	1.3×10^3	0.309
52	tellurium	Te	127.6	170	2.2×10^4	4.81
53	iodine	I	126.9	32	4.1×10^3	0.9
54	xenon	Xe	131.29	170	2.2×10^4	4.7
55	caesium	Cs	132.91	13	1.8×10^3	0.372
56	barium	Ba	137.33	160	2.2×10^4	4.49
57	lanthanum	La	138.91	16	2.2×10^3	0.446
58	cerium	Ce	140.12	41	5.7×10^3	1.136
59	praseodymium	Pr	140.91	6	8.5×10^2	0.1669
60	neodymium	Nd	144.24	30	4.3×10^3	0.8279
61	promethium	Pma	146.92	$-c$	$-c$	$-c$
62	samarium	Sm	150.36	9.3	1.4×10^3	0.2582
63	europium	Eu	151.96	3.5	5.3×10^2	0.0973
64	gadolinium	Gd	157.25	12	1.8×10^3	0.33
65	terbium	Tb	158.93	2.1	3.4×10^2	0.0603
66	dysprosium	Dy	162.5	14	2.3×10^3	0.3942
67	holmium	Ho	164.93	3.2	5.2×10^2	0.0889
68	erbium	Er	167.26	8.9	1.5×10^3	0.2508
69	thulium	Tm	168.93	1.3	2.3×10^2	0.0378
70	ytterbium	Yb	170.04	8.9	1.5×10^3	0.2479
71	lutetium	Lu	174.97	1.3	2.3×10^2	0.0367
72	hafnium	Hf	178.49	5.3	9.6×10^2	0.154
73	tantalum	Ta	180.95	1.3	2.4×10^2	0.0207
74	tungsten	W	183.85	4.8	8.8×10^2	0.133
75	rhenium	Re	186.21	1.9	3.5×10^2	0.0517
76	osmium	Os	190.2	24	4.6×10^3	0.675
77	iridium	Ir	192.22	23	4.5×10^3	0.661
78	platinum	Pt	195.08	48	9.3×10^3	1.34
79	gold	Au	196.97	6.8	1.3×10^3	0.187
80	mercury	Hg	200.59	12	2.5×10^3	0.34
81	thallium	Tl	204.38	6.6	1.4×10^3	0.184
82	lead	Pb	207.2	110	2.3×10^4	3.15

표 C1 원소들과 이들의 함량(계속)

Atomic number, Z	Name	Chemical Symbol	Relative atomic mass, A_r	Solar System abundance		Cl chondrite abundance by number
				by number	by mass	
83	bismuth	Bi	209.98	5.1	1.1×10^3	0.144
84	polonium	Po[a]	209.98	$-c$	$-c$	$-c$
85	astatine	At[a]	209.99	$-c$	$-c$	$-c$
86	radon	Rna	222.02	$-c$	$-c$	$-c$
87	francium	Fr[a]	223.02	$-c$	$-c$	$-c$
88	radium	Ra[a]	226.03	$-c$	$-c$	$-c$
89	actinium	Ac[a]	227.03	$-c$	$-c$	$-c$
90	thorium	Th[a]	232.04	1.2	2.8×10^2	0.0335
91	protoactinium	Pa[a]	231.04	$-c$	$-c$	$-c$
92	uranium	U[a]	238.03	0.32	7.7×10^1	0.009
93	neptunium	Np[a]	237.05	$-c$	$-c$	$-c$
94	plutonium	Pu[a]	239.05	$-c$	$-c$	$-c$

[a] 안정한 동위원소 없음.

[b] 소수의 진화된 별 스펙트럼에서 관측됨.

[c] 지구 밖에서는 거의 검출되지 않음(즉, 함량이 잘 알려져 있지 않음).

참고 : 95~118 원소는 실험실에서 합성되었지만, 모든 동위원소의 반감기가 매우 짧아 우주에서 별로 중요하지 않을 것이다.

용어해설

간섭계(interferometers) 각 망원경에서 관측한 서로 다른 빛들을 합쳐주는 관측기기로, 주로 전파 망원경들의 분해능을 개선하기 위해서 또는 항성의 영상을 제거하여 바로 옆에 있는 어두운 행성을 관측하기 위해 사용된다.

갈릴레이위성(Galilean satellites) 목성의 4개 주요 위성들인 이오, 유로파, 가니메데, 칼리스토를 가리키며 1610년에 갈릴레오 갈릴레이에 의해 발견되었다.

갈색 왜성(brown dwarf) 대략 13~80배의 목성 질량 범위의 질량의 수소가 풍부한 천체이다. 핵에서 열적 핵융합이 일어날 정도로 충분히 질량이 크지만 주계열별이 되기에는 충분한 질량이 아니다.

강제이심률(Forced eccentricity) 인접한 위성들이 궤도공명 관계에 있으면, 서로 간 중력에 의한 인력이 반복적으로 적용되면서 위성의 궤도 모양이 점차 타원형으로 변해가는, 즉 궤도이심률의 증가를 뜻하며, 이로 인해 조석가열이 일어난다.

거대분자(macromolecule) 작은 단위의 중합으로 만들어진 큰 분자. 잘 알려진 것으로 지방질, 탄수화물, 단백질과 핵산이 있다.

결빙선(ice-line) 물이 응축될 수 있는 별 주위의 경계. 물이 충분히 풍부하기 때문에 훨씬 많은 응축성 재료들을 만들 수 있다.

계통 나무(phylogenetic tree) 유기체의 진화 역사와 관련된 그림

공간 분해능, 공간 해상도(spatial resolution) 이 각도보다 작은 것은 영상에서 구분되는 것으로 보이지 않는다.

관측 가능한 물리량(observables) 직접 측정하거나 가정에 의한 추정 또는 관측되고 있는 물리량에 대한 특별한 모델을 이용하여 측정해볼 수 있는 물리량을 말한다.

광도 곡선(light curve) 천체의 밝기를 시간에 따라 그려놓은 그래프

광도(luminosity) 전자기복사의 형태로 별에서 매초 방출되는 에너지

광분해(photodissociation) 전자기파 복사의 광자를 흡수하여 분자가 분해되는 광화학 과정

광분해(photolysis) 분자가 단파장(일반적으로 자외선) 복사에 노출되어 기(基, radicals) 또는 개별 원자로 분해되는 현상. 광해리(photodissociation)라고도 한다.

광합성(photosynthesis) 조류를 포함한 녹색식물과 일부 박테리아가 태양에너지를 이용해 유기화합물을 합성하는 것으로, 일부 박테리아만 제외하고 광합성하는 모든 유기체에서, 이산화탄소가 물에서 얻은 수소 원자들을 추가하며 탄수화물로 고정되고 부산물로 산소가 발생한다.

$$nCO_2 + nH_2O + 에너지 \longrightarrow (CH_2O)_n + nO_2$$

광화학적(photochemical) 전자기파 복사의 광자를 흡수한 결과로 나타나는 화학 반응

구상성단(globular star cluster) 수백, 수천의 100억 년 이상 된 매우 늙은 별들의 집단

궤도공명(orbital resonance) 궤도를 따라 운동하는 천체(태양 주위를 도는 행성 또는 행성 주위를 도는 위성)의 궤도주기가 다른 천체의 궤도주기와 간단한 비례 관계(예 : 2:1, 3:2, 4:1 등)에 있는 상태

극한 생명체(extremophiles) 극한 환경, 예컨대 고온, 저온, 높거나 낮은 pH, 고압, 높은 염분 농도 등에서 생존하는 생명체로서 주로 미생물

극호열성(hyperthermophile) 약 105 °C까지 아주 고온의 환경에서 잘 자라는 극한 생명체. 113 °C에서 견디는 것도 있긴 하지만 일반적으로 90 °C 이하에서는 증식하지 못한다.

근성 거리(periastron distance) 행성과 가장 가까운 별까지의 거리

금속성(metallicity) 별의 조성에서 수소와 헬륨보다 무거운 원소(일반적으로 질량 기준)의 비율

기둥 질량(column mass) 행성 표면의 단위 단면적(즉, 1 m²)으로부터 수직으로 대기 최상단부까지 이어지는 기둥 형태의 영역에 들어 있는 기체의 질량을 표현하는 파라미터

눈덩어리 지구(Snowball Earth) 지금으로부터 580~750 Ma 사이에 최소한 네 번 이상 전 지구가 얼어붙었던 시기의 지구를 일컫는 말

뉴클레오티드(nucleotides) 핵산을 이루는 단량체. 각 단량체는 리보스와 디옥시리보스 분자에 결합된 인산기와 염기로 이루어져 있다.

니트릴(nitril) CN기를 포함하는 유기화합물

다윈의 진화(Darwinian evolution) 성공적으로 번식하며 그 형

질을 자손에게 물려줄 수 있는 성질을 가진 개체가 자연선택에 의해 진화한다는 이론

다이슨 구(Dyson sphere)   항성으로부터 에너지를 가져다 쓰기 위해 항성 주위에 인공적으로 건설된 표면으로, 매우 많은 인구를 감당할 수 있도록 고안된다.

단량체(monomer)   개별 유기분자 구성 단위로 비슷한 구성 단위가 연결되어 중합체를 이룰 수 있다.

단백질(protein)   아미노산이 사슬 모양으로 연결된 큰 유기 화합물

단일층(monolayer)   분자의 단일 층으로 이루어진 막

대상 철 형성(banded iron formations, BIFs)   주로 600 Ma 이상의 나이를 가진 암석에서 발견되는 것으로 규산염광물층과 철이 풍부한 층이 띠 모양으로 반복되어 나타나는 퇴적암층으로, 층의 두께는 수백 미터에 이르며 길게는 150 km의 길이로 길게 뻗어 있는 것도 있다.

도플러 분광학(doppler spectroscopy)   스펙트럼선의 시선속도를 측정하는 방법으로 외계행성 탐색에 아주 성공적으로 사용되었다.

도플러 효과(doppler effect)   스펙트럼 선의 파장이 편이되는 효과로 빛을 내는 물체가 관측자 쪽으로 다가오거나 멀어질 때 일어난다.

독립영양생물(autotrophic/autotroph)   무기 화합물로부터 자신의 유기물질을 만들어내는 생명체를 말한다. 말 그대로, 자급자족이다. 독립영양생물은 주요 생산자이고, 식물, 광합성하는 박테리아, 태양에너지보다 화학에너지를 사용하는 해저 열수구 박테리아가 있다.

동위원소 분별(isotope fractionation)   핵의 질량 차이의 결과로 일어나는 자연적인 과정으로 인해 어떤 원소가 일정한 비율로 동위원소로 분리되는 현상

뜨거운 목성들(hot jupiters)   모항성 주위를 아주 가까운 궤도로 돌고 있는 질량이 큰 행성을 지칭하는 개념이다. 이 행성의 질량은 목성 질량과 비슷하거나 더 크다. 이런 거대 외계행성은 모항성의 얼음 경계선 내에 많이 존재한다.

라디칼/자유 라디칼(radicals/free radicals)   하나 이상의, 쌍을 이루지 못한 전자를 가지며 전하를 띠지 않는 (대개 매우 반응성이 높은) 원자 혹은 그러한 원자들의 집합

라세믹(racemic)   왼손잡이형과 오른손잡이형 분자 구조가 동일한 양으로 혼합된 것을 설명한다.

레이더(radar)   송신된 마이크로파 파동이 되돌아오는 것을 분석하여 정보를 얻는 기술. 우주 탐사선에서 사용하는 것처럼 고도계, 지하-투과 혹은 얼음-투과 레이더와 같이 높이 측정 목적을 위해 아래 방향을 향하는 파동을 사용하기도 한다. 레이더 영상은 우주 탐사선 경로의 한쪽을 향해 비스듬한 방향으로 향하는 레이더 광선이 되돌아오는 메아리를 복잡한 신호 처리 과정을 거쳐 얻게 된다.

루비스코(Rubisco)   광합성 과정에서 탄소 고정의 첫 단계를 조절하는 효소인 ribulose bisphosphate carcoxylase/oxygenage의 약어

리보좀(ribosome)   모든 생명체 세포에서 발견되는 '분자 공장'으로, mRNA(메신저 RNA) 분자에 의해 정해진 순서에 따라 아미노산이 단백질 사슬로 결합된다.

리우 척도(Rio Scale)   외계의 신호 혹은 다른 형태의 접촉이라고 주장되는 발견의 유의성을 정량화하는 척도

마이셀(micelle)   구형 단일층

무극성(apolar)   전기 극성을 띠지 않는 분자를 나타낸다.

무위 결과(null result)   어떤 증거도 찾지 못한 과학 연구에서 나온 결과로, 이는 대개 우리에게 현상 뒤에 발견되는 사건에 제한을 둠으로써 정보를 줄 수 있다.

물의 세상(waterworld)   질량의 큰 비율이 액체 상태의 물인 질량이 최대 수배의 M_E에 해당하는 외계행성을 칭하는 비공식적 용어이다. '해양행성'이라고도 한다.

미생물(microbes)   맨눈으로 보기에는 너무 작은 것들을 통칭하는 아주 작은 유기체(micro-organisms)의 약자. 박테리아, 고세균, 단세포 진핵생물이 있다.

미시 중력렌즈 효과(micro-lensing)   렌즈 효과에 기인한 밝기 변화만이 관측될 수 있는 중력렌즈 효과. 이 경우 렌즈 효과를 일으키는 천체는 분해되어 관측될 수 없다.

바이오버든(bioburden)   어떤 물건에 존재하는 살아있는 미생물의 수

반사율(albedo)   행성과 같이 스스로 빛을 내지 않는 천체가 자신이 받는 빛을 반사하는 비율

발효(fermenation)   당질과 탄수화물이 산소 없이 이산화탄소와 에탄올로 분해되어 에너지를 발생시키는 대사 과정

밝기(brightness)   단위 시간당 단위 면적을 통과하는 빛에 의해 전달되는 에너지. 광원의 밝기는 또한 그 광원의 플럭스라고 부르기도 한다.

방사선 분해(radiolysis)   분자가 하전 입자들과 충돌해서 기 또는 개별 원자로 분해되는 현상

방출선(emission spectral line)   주변 파장보다 스펙트럼이 밝게

보이는 좁은 파장 범위의 흔적

백색 왜성(white dwarf)　적색 거성 질량의 많은 양을 소실한 후의 잔해에 해당한다. 백색 왜성은 아주 높은 밀도이지만 크기는 지구 정도로 온도가 매우 높다.

부피비(몰분율)[volume ratio(or mole fraction)]　존재하는 원자나 분자가의 개수비

분광 분해능, 분광 해상도(spectral resolution)　스펙트럼에 있는 특징이 구분될 수 있는 파장의 최소 차이

분자(molecules)　물질을 구성하는 최소 단위로 물질의 화학적 성질을 지닌다. 분자는 다른 원소의 원자를 포함할 필요가 없다.

분해능, 해상도(resolution)　세밀한 부분을 구별할 수 있는 광학 기구의 능력으로 보통 각도나 행성 표면에서의 실제 거리로 특정된다. 더 작은 값일수록 기구가 작은 부분을 잘 인식할 수 있다.

브레이스웰 탐사정(Bracewell probe)　성간 접촉을 위한 장치로, 아마도 높은 수준의 인공 지능을 갖춘 자동 탐사정으로 구성되어 있으며, 그들의 고향 문명에서 온 정보를 갖고 있다.

블랙홀(black hole)　질량이 큰 별(약 여덟 배 태양 질량보다 큰)의 초신성 잔해의 한 유형이다. 밀도가 무한한 점 질량체이며 빛조차도 빠져 나갈 수 없는 지역으로 둘러싸여 있다.

비활성 기체(noble gas)　자연적으로 발생한 단일 원자로 이루어진 기체 원소. 주기율표의 18족에 해당하며, 6개가 있다: 헬륨(He), 네온(Ne), 아르곤(Ar), 크립톤(Kr), 제논(Xe)과 라돈(Rn)

빛의 상쇄간섭(null)　빛 파동의 골과 마루가 만나서 파동이 완전히 사라지는 점을 말한다. 간섭계는 빛의 상쇄간섭을 만들어내서 항성의 영상을 제거하여 별 바로 옆에 있는 아주 어두운 행성을 관측해낸다.

사문석화 작용(serpentinization)　고철질 또는 초고철질 암석과 물 사이의 작용으로 인해 일부 광물질이 수화되어 수소가 방출되는 작용으로 메테인 대사를 하는 미생물에서 일어날 수 있는 기작

산개성단(open star cluster)　수백에서 수천 개의 최근에 생성된 별들의 집단으로, 별들의 나이는 대개 수천만 년 정도다.

산화-환원 반응의 한 쌍(redox pair)　어떤 원자/분자가 환원되어 다른 원자/분자가 되고, 거꾸로 원자/분자가 산화되면 다른 원자/분자가 되는 반응의 한 쌍

산화(oxidation/oxidized/oxidizing)　원자나 분자에서 하나 이상의 전자를 잃어버리는 과정(산화-환원 과정에서 이렇게 잃어버린 전자는 다른 원자/전자와 결합한다) 이전에는 어떤 원소와 산소가 결합하여 산화물을 만드는 과정으로 국한하여 쓰였다. 산화제는 다른 물질을 산화시키는 물질이다.

삼중점(triple point)　상평형 도표에서 고체, 액체, 기체의 모든 위상이 서로 평형을 이루며 존재할 수 있는 압력과 온도를 나타내는 (유일한) 값

삼투 현상(osmosis)　반투과 성막을 통해 높은 농도의 용매로부터 낮은 농도의 용매쪽으로 용매가 이동하는 현상

상평형 도표(phase diagram)　고체, 액체, 기체 상태의 관계를 나타내기 위해 물질 상태를 온도와 압력의 함수로 나타낸 도표

생명 이전(prebiotic)　지구에 생명이 발생되기 전에 형성되거나 나타난 유기 분자 같은 것들을 '생명 이전의'라고 한다.

생물 지표(biomarker)　생명체의 존재를 나타내는 지표. 화학적이거나 물리적인 것일 수 있고, 현재나 과거일 수 있다.

선택 효과(selection effect)　어떤 특정한 방법이 어떤 종류의 천체를 특별히 더 잘 발견할 것 같다는 것을 뜻하는 효과이다. 예를 들어 도플러 분광학은 모항성 주위를 아주 가까이 돌고 있는 질량이 큰 외계행성을 특별히 잘 찾아낼 수 있다.

성간 물질(interstellar medium)　별 사이의 공간을 낮은 밀도로 채우고 있는 물질. 주로 수소 기체로 이루어져 있으며 미량의 먼지 티끌도 있다.

소수성(hydrophobic)　말 그대로 '물을 싫어하는' 뜻으로, 물에 녹지 않는 경향을 가진 무극성 분자(혹은 분자의 일부)를 설명한다.

소행성(asteroid)　소행성은 크기가 보통 수 킬로미터 정도로 작은 태양계 소천체로, 화성과 목성 궤도 사이에 존재한다.

소행성대(asteroid belt)　소행성 대부분이 소행성대에 속해 있으며 화성과 목성의 궤도 사이 2.2~3.2 AU에 위치한다.

슈퍼 지구(super-Earths, 거대 지구)　질량이 $1\,M_E$보다 크고 약 $10\,M_E$보다는 작은 범위에 해당하는 외계행성을 지칭하는 비공식적 용어

스캔(scan)　수신기의 주파수를 시간에 따라 연속적으로 증가(혹은 감소)하면서 전파 신호를 모니터하는 것

스트로마톨라이트(stromatolites)　불룩한 둔덕을 연상케 하는 모습으로 형성된 바위로 시아노박테리아 또는 이와 유사한 미생물이 퇴적물에 포획되어 오랜 시간 동안 여러 겹이나 층으로 퇴적되어 형성된 암석

시상(seeing)　지구 대기에 의해 야기되는 빛의 왜곡을 말할 때 천문학자들이 사용하는 개념이다.

시선속도 방법(radial velocity method)　도플러 분광학을 보라.

시선속도(radial velocity)　시선방향에서 측정된 속도 성분을 말하는데, 주로 도플러 효과를 이용해서 측정된다. 일반적으로 광

원이 관측자로부터 멀어질 때 시선속도는 양의 부호를 지닌다.

쌍성계(binary system) 서로 인접한 두 천체가 역학적으로 결합되어 서로 공전하고 있는 항성계

아미노산(amino acids) 카르복실기($-COOH$)와 아미노기($-NH_2$)를 가진 간단한 유기 분자. 중합될 때 탈수 반응으로 단백질을 생성할 수 있다.

아인슈타인 고리(einstein ring) 중력렌즈를 일으키는 천체와 광원이 정확하게 관측자의 시선방향에 놓였을 때 하늘에서 보이는 광원이 만드는 원형 궤적

알베도(albedo) 행성의 표면과 같이 빛을 내지 않는 물체의 표면에 입사된 빛 또는 모든 복사에너지 중에서 반사된 복사에너지의 비율

암호성 지의류(cryptoendoliths) 다공성 암석의 내부에 서식하는 지의류

양친매성(amphiphiles) 유기 분자의 자연 합성을 위한 틀을 제공할 수 있는 라멜라 구조를 형성할 수 있는 극성 분자

얼음(ice) 때로는 단순히 얼어 있는 물을 뜻하지만, 메테인과 암모니아, 일산화탄소, 이산화탄소, 질소 등과 같은 휘발성 물질이 얼음 상태(단일 성분 혹은 혼합 형태로)에 있는 경우를 의미하기도 한다. 얼어 있는 물은 (명료성을 위해) 물 얼음으로 구분하기도 한다.

열 이력(thermal hysteresis) 기온이 물의 빙점보다 낮을 경우 생명체의 조직이나 체액이 얼어버리는 것을 막기 위해, 생명체가 생성하는 물질을 통해 물의 어는 온도를 낮추려는 작용

외계행성(exoplanets) 태양계 밖에 존재하는 행성들

운석(meteorites) 지구나 다른 행성의 표면에 떨어진 행성 밖 물질

유전 정보(genetic code) 아미노산의 위치를 상대적으로 정확하게 정보화한 RNA(와 DNA)의 염기 서열

유체역학적 탈출(hydrodynamic escape) 빠르게 움직이는 유출류의 결과로 대기에서 기체가 손실되는 과정

유형 I 이주(Type I migration) 원반에서 중력 상호작용에 의한 행성이나 초기 핵의 안쪽으로의 이동. 이동 속도는 유형 II 이주보다는 훨씬 빠르며, 행성/초기 핵의 질량과 원반의 질량에 비례한다. 원반은 덜 빠르게 안쪽으로 이동한다.

유형 II 이주(Type II migration) 원반의 간극이 열린 곳에서 항성 원반과 중력적 상호작용에 의해 행성이나 초기 핵이 안쪽으로 이동하는 경우로 이주 비율은 유형 I보다는 훨씬 적으며, 원반과 행성/초기핵이 함께 이주한다.

은하계 거주 가능 지역(galactic habitable zones) 은하 내에서 생명의 발생과 진화가 가능한 지역

이성질체(isomers) 분자식이 같으나 원자의 배열이 달라 다른 분자를 이성질체라 한다.

이중 나선(double helix) 폴리디옥시리보뉴클레오티드 두 가닥이 서로 감겨서 DNA 분자를 이루는 구조

이중층 막(bilayer vesicle) 분자 이중층으로 구성된 구형의 막

이중층(bilayer) 분자의 이중층으로 구성된 막

자외선 원형 편광(UVCPL) X선과 가시광선 사이의 파장이나 주파수를 가진 빛의 편광(빛의 파동은 단지 한 방향으로 진행되는 전자기파의 진동을 가진다). 편광은 세 종류가로 선형 편광, 원형 편광, 타원 편광이 있다. 각각은 진동의 진행 방향에 의존한다.

적색 거성(red giant star) 약 여덟 배 정도의 태양 질량보다 작은 질량을 갖는 별이 주계열을 마치고, 물질 방출로 백색 왜성이 되기 전 단계에서의 별이다. 적색 거성은 주계열성일 때보다 크기가 훨씬 더 크다.

종속영양생물(heterotrophic/heterotroph) 다른 유기체로 합성한 유기화합물을 이용하여 세포 조직을 이루는 유기체. 말 그대로, '다른 것을 먹어서'이다. 종속영양생물은 소비자나 2차 생산자로도 알려져 있으며, 동물, 균과 박테리아가 있다.

주계열 항성(main sequence star) 별의 진화 단계에서 표면 온도와 에너지 생성이 안정적으로 일어나고 있는 안정된 항성

주연 감광(limb darkening) 대기의 존재 때문에 행성이나 별의 가장자리가 더 어둡게 나타나는 현상

중력렌즈 효과(gravitational lensing) 질량을 지닌 물체가 빛의 경로를 바꾸는 현상으로 마치 중력이 렌즈처럼 작용을 한다.

중성자 별(neutron star) 질량이 큰 별(약 여덟 배 이상의 태양 질량)의 (유형 II) 초신성 폭발 후의 잔존물 중 하나로 직경이 수십 킬로미터에 불과하지만 밀도가 매우 높다.

중온성 생물(mesophiles) 온도가 25 °C와 40 °C 사이에서 잘 생존할 수 있는 생명체

중합체(polymer) 개개 유기물 단위로 이루어진 그룹이 반복된 큰 분자

지구와 유사한 외계행성(Earth-like exoplanet) 공식적인 정의는 아니지만, 크기가 0.5~1.4배 지구 반지름(R_E)의 범위에 있고, 암석체일 가능성이 높으며, 지표면 중력이 지구와 유사한 외계행성을 지칭하는 것으로 이해된다.

지속 거주 가능 지역(continuous habitable zone) 항성 거주 가능 지역과 마찬가지로 항성의 주변을 공전하는 행성의 표면 온도가

물이 액체 상태로 존재할 수 있는 범위에 있어 항성의 수명이 다하는 기간 동안 생명의 탄생과 진화가 보장되는 영역

지의류(endolith) 암석의 표면이나 암석의 내부 특히 결정 사이의 구멍 등에 서식하는 극한 생명체

지질(lipids) 지방과 관련이 있는 유기화합물로 에너지를 저장한다.

질량중심(center of mass) 2개의 질량이 이 점을 중심으로 서로 공동의 궤도를 돌고 있다(참고 : 이 점은 질량중심이 제6장에서 어떻게 정의되었는지 알려준다).

채널(channel) 전파 스펙트럼의 좁은 대역. 현대의 전파 수신기는 여러 채널을 동시에 관측할 수 있다.

초신성(supernova) 수명이 끝난 무거운 별의 폭발(이 별의 주계열 단계 동안에 수 태양 질량)

촉매(catalyst) 반응 속도를 증가시키는 물질이지만 반응 후 변하지 않는다. 생명체에는 모든 효소가 촉매이다.

최초 공통 조상(last common ancestor) 모든 생명체가 진화한 가장 초기의 유기체

충돌 침식(impact erosion) 충돌이 일어난 곳에서 뜨거운 기체 기둥이 탈출 속도보다 빠르게 팽창해서 행성의 대기에서 손실되는 과정

친수성(hydrophilic) 말 그대로 '물을 좋아하는' 뜻으로, 물에 잘 용해되는 극성 분자(혹은 분자의 일부)를 설명한다.

칭동(libration) 동주기 자전하는 위성의 자전 속력은 일정하지만 위성궤도는 타원이라서 궤도속력이 변하기 때문에, 모행성에서 관측했을 때 위성이 마치 좌우로 약간씩 진동 운동을 하는 것처럼 보이는 현상

카오스(Chaos) 행성과 같은 천체의 표면 특징에 대한 국제적으로 합의된 명명법에 의하면, 카오스는 확실하게 균열이 일어난 지형을 가리키는 서술적 용어이다. 유로파에서 이 명칭은 얼음 표층이 쪼개져 개별적인 판 조각들로 이루어진 것처럼 보이는 지역에 적용된다.

커널(kernels, 초기핵) 결빙선 너머에서 형성될 수 있고, 항성의 원반에서 가스를 포획해서 거대한 행성으로 성장할 수 있고 주로 물로 구성된 열 배 지구 질량 정도의 질량체

코아세르베이트(coacervates) 소수성 힘에 의해 결합되어 있는 구형 지방질 분자들의 집합체

코페르니쿠스의 원칙(Copernican principle) 우주에서 인류가 특별한 장소를 차지하지 않는다는 원칙

키랄성(chirality) 어떤 물체가 그것의 거울상과 정확히 겹쳐지지 않는 특징. 일례로, 왼손과 오른손이 그렇다. 분자에 적용해보면, 분자 모형과 이 분자의 거울상 모형이 겹쳐지지 않는 구조를 가진다면 이 분자를 카이랄하다고 한다.

탄소질 콘드라이트(carbonaceous chondrite) 유기화합물의 형태로 2~5%의 탄소 질량을 가지고 있는 운석의 종류

탄수화물(carbohydrates) 탄소, 수소, 산소로 이루어진 사슬 같은 형태의 분자로 당(sugar)과 다당을 아우르는 용어

탈수가사상태(anhydrobiosis) 극도의 건조 환경이나 스트레스에서 살아남기 위해 대사활동이 정지된 것과 같이 생명 현상이 정지된 상태

탈출 속도(escape velocity) 어느 천체의 중력으로부터 탈출하는 데 필요한 최소 속도. 중력 상수가 G일 때 질량이 M이고 반지름이 R인 천체의 탈출 속도는 $\sqrt{2GM/R}$이다. 예를 들어, 지구의 경우 탈출 속도는 11.2 km s^{-1}이다.

태양계 성운(solar nebula) 기체와 먼지 티끌로 이루어진 이론적인 성운으로 태양과 태양계 구성원들이 여기에서 생성되었다.

톨린(tholin) 유기 화합물 복합체로 만들어진 주황색 물질. 지구에서는 자연적으로 존재하지 않는데, 산화반응을 잘 일으키는 현재의 대기가 톨린이 합성되는 것을 막기 때문이다. 그러나 톨린은 실험실에서 메테인과 암모니아, 수증기의 혼합물을 모의 번개 방전에 노출시켜 만들 수 있으며, 타이탄을 비롯한 외태양계의 다양한 여러 천체에서 나타날 수 있다.

통과(transits) 한 천체가 다른 천체 앞을 지나가는 현상

파수(wavenumber) 파장의 역수, 즉, 1/파장

판스페르미아(panspermia) 생명체가 우주 공간에서 행성 표면으로 유입됨

펄서(pulsar) 빠르게 회전하는 것으로 여겨지는 특정 종류의 중성자 별

페르미 역설(Fermi paradox) 페르미 역설은 지적 생명체가 우주에 흔하다는 가정을 기반으로 한다. 이 가정이 참이라고 할 때, 이 역설은 왜 외계 생명체가 우리에게 아직 접촉한 적이 없는가 묻는 것이다.

평형 상수(equilibrium constant) 평형 상태에서의 반응물과 생성물의 농도비. 주어진 가역 반응과 특정 온도에서 일정하다.

포접 화합물(clathrate) 어떤 분자가 다른 분자의 결정 구조 안에 물리적으로 포획되어 있는 화합물

폰 노이만 탐사정(Von Neumann probe) 자가 복제하는 성간 탐사정 형태의 기계로, 목적지의 자원을 활용해 스스로를 복제하고 배치할 수 있다.

표토(表土, regolith) 행성과 같은 천체의 표면에 충돌구가 형성되는 과정에서 부스러지고 혼합되어 넓은 범위에 걸쳐 흩뿌려진 표면 물질

플럭스 밀도(flux density) 밝기 참조

플럭스(flux) 밝기 참조

하이드라진(hydrazine) 로켓 연료로 쓰이는 환원성이 매우 높은 액체(N_2H_4)이며, 타이탄 대기 중에 있는 암모니아의 광분해에 따른 중간 생성물이기도 하다.

항성 거주 가능 지역(circumstellar habitable zone) 항성 주변을 공전하는 행성의 표면 온도가 적절하여 생명체의 발생과 진화가 기대되는 영역을 말한다. 일반적으로 생명체가 생존 가능한 온도의 범위를 물이 액체 상태로 존재할 수 있는 범위로 간주한다.

해저 열수구(hydrothermal vent) 깊은 바다 해저 산맥의 갈라진 틈으로 뜨겁고 광물이 풍부한 물이 나오는 곳. 경우에 따라, 열수가 바닷물을 만날 때 용해되지 않은 광물이 석출되기도 한다. 이 현상을 '블랙 스모커'라고 한다.

핵산(nucleic acids) 핵산에는 두 종류가 있다: DNA(디옥시리보핵산)와 RNA(리보핵산). DNA와 RNA는 핵산으로 불리는 단량체의 중합체다. DNA와 RNA 일부는 세포의 유전 정보를 가지고 있는 화학물질이다.

행성 보호(planetary protection) 우주 임무에 의해 지구에서 다른 행성체로, 혹은 다른 행성체에서 지구로 살아있는 유기물이 옮겨지는 위험을 취소화하는 절차

행성 태아(planetary embryos) 행성 질량의 100분의 1에서 10분의 1 정도에 해당하는 가설의 물체로 미행성체의 급격한 성장의 최종 결과물로 만들어진다.

행성체(planetary body) 행성이나, 달, 소행성 카이퍼대 천체, 혜성과 같은 작은 천체들을 포함하기 위해 사용하는 용어

혜성(comets) 직경이 보통 10 km로 태양 주위를 이심률이 큰 궤도로 공전하는 태양계 천체로 '더러운 눈뭉치'로도 불린다. 얼음과 성간 먼지, 유기 분자로 이루어져 있다. 혜성이 태양으로 근접할 때, 온도가 올라가고 일부 얼음은 기화한다. 얼음과 먼지 모두 태양 반대 방향으로 나와, 지구에서 맨눈으로도 볼 수 있는 멋진 꼬리를 만들기도 한다.

호산성 생명체(acidophiles) 낮은 pH, 특별히 pH 5 이하의 조건에서 살 수 있는 생명체

호알칼리성 생명체(alkaliphiles) 높은 pH, 즉 pH 9.0 이상의 알칼리 환경에서 살 수 있는 생명체

호열성(thermophile) 80 ℃ 정도까지 높은 온도인 환경에서 잘 자라는 극한 생명체

호염성 생물(halophile) 매우 강한 염분 환경에서 생존하는 생명체

호흡/산소호흡(respiration/aerobic respiration) 광합성으로 생성된 생물체($CH_2O)_n$가 대기의 산소에 의해 산화되어 이산화탄소와 물을 형성하는 대사 과정으로 유용한 에너지를 만든다.

$$(CH_2O)_n + nO_2 \longrightarrow nCO_2 + nH_2O + 에너지$$

화학적 평형(chemical equilibrium) 가역반응에서, 어느 한쪽 방향의 반응이 일어나는 비율과 역방향의 반응이 일어나는 비율이 서로 같아 생성물과 반응물의 농도가 안정된 상태의 값을 갖는 상황

화학합성(chemosynthesis) 태양에너지를 이용하는 광합성과는 달리 화학에너지를 이용하여 유기물을 합성하는 것으로, 주로 산화와 환원이 관련되어 있다.

환원(reduction/reduced/reducin) 원자나 분자가 산소를 잃거나 수소를 얻거나, 혹은 전자를 얻는 반응. 환원제는 다른 물질을 화학적으로 환원시키는 물질이다(산화 참조).

효소(enzymes) 생명체에서 발견된 효소로 복잡한 생화학적 반응이 일어나도록 한다. 효소 대부분이 단백질이다.

후기 대량 폭격(late heavy bombardment) 약 40억 년 전 행성을 형성하고 남은 조각들이 행성체에 수많은 폭격을 가하던 시기

휘발성 물질(volatiles) 상대적으로 낮은 온도에서 승화되거나 녹거나, 끓으며 마찬가지로 낮은 온도에서 응축되는 원소 또는 화합물. 수소, 헬륨, 이산화탄소, 물 등이 속한다.

흡수선(absorption spectral line) 주변 파장보다 스펙트럼이 어둡게 보이는 좁은 파장 범위의 흔적

흡수선띠(absorption bands) 가까이 위치한 여러 흡수선이 겹쳐져 뚜렷하게 보이는 것

CETI Communication with Extraterrestrial Intelligence(외계 지적 생명체와의 소통)의 약자

DNA(deoxyribonucleic acid) 디옥시리보스 분자에 결합된 인산기로 이루어진 혼합 분자인 단량체에 네 가지 다른 유기염기와 교대로 결합한 고분자─네 가지 유기염기는 아데닌, 구아닌, 사이토신 혹은 타이민이다. DNA 분자는 아주 커질 수 있다. 인간 DNA 중 어떤 분자는 상대 분자 질량이 10^{12}보다 큰 것도 있다.

M형 왜성(M dwarfs) 태양 질량의 절반보다 작은 질량을 갖는 주계열 별이며, 특별히 개수가 풍부하며 긴 수명을 갖는다.

OSETI, 광학 SETI(OSETI, Optical SETI) 전자기 스펙트럼의 가시광 영역에서 수행되는 SETI.

RNA(리보핵산)[RNA(ribonucleic acid)] 인산기가 리보스 분자

에 결합되어 구성된 분자들의 단위로 이루어진 중합체로 4개의 다른 유기 염기 중 하나와 결합한다 — 아데닌, 사이토신, 구아닌, 우라실. RNA 분자는 DNA 분자보다 훨씬 작고, 상대 분자량이 35,000 이하이다.

SETI   Search for Extraterrestrial Intelligence(외계 지적 생명체 탐사)의 약자

SLiME(SLiME)   Subsurface Lithoautotrophic Microbial Ecosystem의 약자. 지구 표면 깊숙한 축축한 암석에서 생존하는 미생물 군집

더 읽을거리

Beatty, J. K., Peterson, C. C. and Chaikin, A. (1999) *The New Solar System*, Cambridge, Cambridge University Press.

Bennett, J. O., Shostak, G. S. and Jakosky, B. M. (2003) *Life in the Universe*, San Francisco, California, Addison Wesley.

Catling, D. C. and Kasting, J. F. (2017) *Atmospheric Evolution on Inhabited and Lifeless Worlds*, Cambridge, Cambridge University Press.

Cockell, C. S. (2015) *Astrobiology: Understanding life in the universe*, Chichester Wiley Blackwell.

Conway-Morris, S. (2003) *Life's Solution: Inevitable Humans in a Lonely Universe*, Cambridge, Cambridge University Press.

Gibson, E. K. et al. (1997) 'The case for relic life on Mars', *Scientific American*, vol. 277, pp. 58–65.

Green, S. F. and Jones, M. H. (2015) *An Introduction to the Sun and Stars*, 2nd edn, Cambridge, Cambridge University Press.

Greenberg, R. (2008) *Unmasking Europa: The search for life on Jupiter's ocean moon*, New York, Springer-Praxis.

Haswell, C. A. (2010) *Transiting Exoplanets*, Cambridge, Cambridge University Press.

Jones, M. H., Lambourne, R. J. A. and Serjeant, S. (2015) *An Introduction to Galaxies and Cosmology*, 2nd edn, Cambridge, Cambridge University Press.

Knoll, A. H. (2003) *Life on a Young Planet*: *the first three billion years of evolution on Earth*, Princeton, New Jersey, Princeton University Press.

Langmuir, C. H. and Broecker, W. (2012) *How to build a habitable planet*: *the story of Earth* from the Big Bang to Humankind, Princeton, New Jersey, Princeton University Press.

Lorenz, R. and Mitton, J. (2010) *Titan Unveiled*, Princeton, New Jersey, Princeton University Press.

de Pater, I. and Lissauer, J. J. (2010) *Planetary Sciences*, Cambridge, Cambridge University Press.

Rothery, D. A. (2010) *Planets*: *a very short introduction*, Oxford, Oxford University Press.

Rothery, D. A. (2015) *Moons*: *A very short introduction*, Oxford, Oxford University Press.

Rothery, D. A., McBride, N. and Gilmour, I. (2018) *An Introduction to the Solar System*, Cambridge, Cambridge University Press.

Ward, P. D. and Brownlee, D. (2000) *Rare Earth*: *why complex life is uncommon in the Universe*, New York, Copernicus.

Ward, P. D. and Brownlee, D. (2003) *The Life and Death of Planet Earth: how the new science of astrobiology charts the ultimate fate of our world*, New York, Times Books.

크레딧

그림 1.1 Robert Thom; 그림 1.3, 1.4, 1.5 그리고 1.7a Zubay, G. (2000) Origins of Life on the Earth and in the Cosmos, Elsevier Science; 그림 1.10 Lowestein, J. M. and Zihlman, L. (1998) 'The pulse of life' in Gribben, J. (ed.) A Brief History of Science, Weidenfeld and Nicholson; 그림 1.11a Joxerra Aihartza. This image is used under a Free Art License, http://artlibre.org/licence/lal/en/; 그림 1.11b the3cats. Used under a CC0 Public Domain Licence via Pixabay https://creativecommons.org/publicdomain/zero/1.0/deed.en; 그림 1.11c Bergadder. Used under a CC0Public Domain Licence via Pixabay, https://creativecommons.org/publicdomain/zero/1.0/deed.en; 그림 1.13 Courtesy of I. D. J. Burdett; 그림 1.14 Lahav, N. (1999) Biogenesis: Theories of Life's Origins, Oxford University Press, Inc; 그림 1.15 European Space Agency; 그림 1.16 Adapted from de Muizon et al., (1986) in Pendleton, Y. J. and Tielens, A. G. G. M. (1997) 'From Stardust to Planetesimals, Astronomical Society of the Pacifi c; 그림 1.17, 1.18 NASA; 그림 1.26 © Akira Fujii/David Malin Images; 그림 1.30a From www.angelfi re.com; 그림 1.30b University of Hamburg website; 그림 1.31 Dr. David Deamer, UC Santa Cruz; 그림 1.36 Dr Ken Macdonald/Science Photo Library; 그림 1.38 Lahav, N. Biogenesis: theories of life's origin (1999), Oxford University Press. Used with permission of the author.

그림 2.1 NASA; 그림 2.2 © NASA/George Curruthers; 그림 2.3 NASA; 그림 2.4 Malin Space Science Systems/NASA; 그림 2.9 The Royal society (2009) Journal of the History of Science, The Royal Society; 그림 2.15a Hamersley Iron Pty Ltd; 그림 2.15b © Graeme Churchill, This fi le is licensed under the Creative Commons Attribution Licence http://creativecommons.org/licenses/by/3.0/; 그림 2.16 Andrew A. Knoll; 그림 2.17 Professor J. W. Schopf; 그림 2.18 Commonwealth Palaeontological Collections of the Australian Geological Survey; 그림 2.19 Matthew Dodd; 그림 2.21 Schidlowski, M. (1988) 'A 3800 million year isotopic record of life from carbon in sedimentary rocks', Nature International Journal of Science, vol. 333, pp. 313 – 318. Macmillan Magazines; 그림 2.22 Adapted from Carroll (2001); 그림 2.23a와 b Simon Conway Morris, University of Cambridge; 그림 2.23c and d © Aleksey Nagovitsyn, This fi le is licensed under the Creative Commons Attribution-Share Alike Licence http://creativecommons.org/licenses/by-sa/3.0/; 그림 2.24 © 3Dstock/www.shutterstock.com; 그림 2.27 NASA; 그림 2.28 Courtesy of L. Thomas; 그림 2.29 Courtesy C. S. Cockell/The Open University. Professor Don A. Cowan, Centre for Microbial Ecology and Genomics, University of Pretoria.

그림 3.1 Courtesy Yerkes Observatory, University of Chicago; 그림 3.3 Mary Evans Picture Library; 그림 3.4 Smithsonian, National Air and Space Museum; 그림 3.5 NASA; 그림 3.6 NASA; 그림 3.10b NASA/JPLCaltech/ASI/UT; 그림 3.11 NASA/JPL; 그림 3.12 NASA/JPL-Caltech/University of Arizona/Texas A&M University; 그림 3.13 NASA; 그림 3.14 NASA; 그림 3.15 NASA/JPL; 그림 3.17 USGS; 그림 3.18 JPL/NASA; 그림 3.19 NASA/JPL/Cornell; 그림 3.20 NASA/JPL/Cornell; 그림 3.21 JPL/NASA; 그림 3.25 NASA/JPL/University of Arizona; 그림 3.26 NASA/JPL-Caltech/University of Arizona; 그림 3.27 NASA/JPL/University of Arizona; 그림 3.28 NASA/JPL/Malin SSS; 그림 3.30 NASA/JPL/University of Arizona; 그림 3.31 NASA; 그림 3.34 Trent Schindler/NASA; 그림 3.35 ESA; 그림 3.36 Manish Patel, The Open University; 그림 3.37a Proszynski I S-ka SA 1999 – 2001; 그림 3.37b Douglas A. Kurtze, North Dakota State University of Physics; 그림 3.37c Monica Grady, The Open University; 그림 3.37d Douglas A. Kurtze, North Dakota State University of Physics; 그림 3.37e Douglas A. Kurtze, North Dakota State University of Physics; 그림 3.38 Everett Gibson (NASA/JSC).

그림 4.1 nicku/123RF.com; 그림 4.2 Georgios Kollidas/123RF.com; 그림 4.4a NASA/JPL/Space Science Institute; 그림 4.4b NASA; 그림 4.5 NASA/JPL-Caltech/Space Science Institute; 그림 4.6 NASA; 그림 4.7 NASA/JPL/Space Science Institute; 그림 4.8 Dutch National Archives, The Hague. This fi leis licensed under the Creative Commons Attribution-Share Alike Licence http://creativecommons.org/licenses/by-sa/3.0 Netherlands; 그림 4.10a NASA; 그림 4.10b NASA/JPL-Caltech/Space Science Institute; 그림 4.11 NASA; 그림 4.12 NASA; 그림 4.13 David A. Rothery; 그림 4.14 NASA; 그림 4.15 NASA; 그림 4.17 NASA; 그림 4.18 NASA; 그림 4.19 David A. Rothery; 그림 4.20 NASA; 그림 4.22 NASA; 그림 4.23 NASA; 그림 4.24 NASA; 그림 4.25 NASA; 그림 4.26 NASA; 그림 4.27 NASA; 그림 4.29 NASA, ESA, W. Sparks, STScI; 그림 4.30 NASA/JPL-Caltech; 그림 4.31 NASA; 그림 4.33 NASA/JPL/SSI/USRA/LPI; 그림 4.34 NASA/JPL/SSI; 그림 4.35 NASA/JPL-Caltech; 그림 4.36 NASA/Johns Hopkins University Applied Physics Laboratory/Southwest Research Institute; 그림 4.37 NASA; 그림 4.38 NASA/ESA; 그림 4.39 NASA.

그림 5.1 Royal Astronomical Society Library; 그림 5.2 NASA; 그림 5.4 Painting by Duragel, courtesy of Observatoire de Paris; 그림 5.6

ESA; 그림 5.7 NASA/JPL/Space Science Institute; 그림 5.13: ESA; 그림 5.14 ESA/NASA/JPL/University of Arizona; 그림 5.15 ESA/NASA/JPL/University of Arizona; 그림 5.17a ESA/NASA/JPL/University of Arizona; 그림 5.17b ESA; 그림 5.18 NASA/JPL/USGS; 그림 5.19 NASA/JPL-Caltech/ASI/Proxemy research; 그림 5.20 NASA/JPL/University of Arizona/DLR; 그림 5.21 NASA/JPL; 그림 5.22 NASA/JPL-Caltech/USGS/University of Arizona; 그림 5.23 NASA/JPL.

그림 6.1 Dr Seth Shostak/Science Photo Library; 그림 6.5 Steve Mandel/Galaxy Images; 그림 6.6 J. Rameau (UdeM) and C. Marois (NRC Herzberg); 그림 6.9 Northrop Grumman/NASA; 그림 6.10 ESO/L. Calçada. This fi le is licensed under the Creative Commons Attribution Licence http://creativecommons.org/licenses/by/4.0/; 그림 6.11a NASA; 그림 6.11b NASA/SDO; 그림 6.12 David Anderson; 그림 6.13 Observatoire de Paris; 그림 6.14 Stevenson, K. B. et al. (2014) 'Thermal structure of an exoplanet atmosphere from phase-resolved emission spectroscopy', Science, vol. 346. AAAS; 그림 6.20 S. Korzennik, Harvard University, Smithsonian Centre for Astrophysics; 그림 6.24a Marcy & Butler; 그림 6.25 Butler, R. P. et al. (1999) 'Evidence for multiple companions to Andromedae', The Astrophysical Journal, vol. 526, December, The American Astronomical Society.

그림 7.1 Geneva Observatory; 그림 7.2 Copyright © Lynette R. Cook; 그림 7.3 NASA Ames/JPL-Caltech/T Pyle; 그림 7.6 exoplanet. eu; 그림 7.7 exoplanet. eu; 그림 7.8 exoplanet.eu; 그림 7.10 exoplanet.eu; 그림 7.12 Julian Baum/Take 27 Ltd; 그림 7.13 Pawel Artymowicz; 그림 7.14 Pawel Artymowicz; 그림 7.15 Adapted from Martin, R. G. and Livio, M. (2015) 'The solar system as an exoplanetary system', The Astrophysical Journal vol. 810, no. 2, The American Astronomical Society; 그림 7.18 Adapted from Snellen, I. A. G. (2017) 'Astronomy: Earth's seven sisters', Nature, no. 7642, vol. 542, Nature Publishing Group; 그림 7.19 NASA-JPL/Caltech; 그림 7.20 ESO/M. Kornmesser; 그림 7.21 Adapted from Cabrera, J. et al. (2014) 'The planetary system to KIC11442793: a compact analogue to the solar system', The Astrophysical Journal, vol. 781, no. 1, The American Astronomical Society; 그림 7.22: NASA/JPL-Caltech.

그림 8.1 NASA/JPL-Caltech; 그림 8.2 NASA; 그림 8.3 NASA; 그림 8.10 ESA; 그림 8.13 NASA; 그림 8.15 Seager, S. (2013) 'The future of spectroscopic life detection on exoplanets', PNAS Proceedings of the National Academy of Sciences of the United States of America, vol. 111, no. 35, September 2 (2014), National Academy of Sciences of the United States of America; 그림 8.17 NASA; 그림 8.18 Planetary Habitability Laboratory, University of Puerto Rico at Arecibo.

그림 9.1 © Bettmann/Getty Images; 그림 9.3 Photographed by David Malin. Copyright ©UKATC/AAO, Royal Observatory, Edinburgh; 그림 9.4 US Naval Observatory, Washington DC; 그림 9.6 Copyright © Woodruff T. Sullivan III, University of Washington; 그림 9.8 NAIC, Arecibo Observatory; 그림 9.9 Sagan, C and Drake, F. (1975) 'The search for extra-terrestrial intelligence', Scientifi c American 1975, Scientifi c American; 그림 9.10 Colby Gutierrez-Kraybill; 그림 9.11 © VCG/Getty Images.

저작권 소유자를 빠짐없이 표기하기 위해 모든 노력을 기울였지만 혹시라도 의도치 않게 누락된 부분이 있다면, 출판사에서 기꺼이 필요한 조치를 취하겠다.

그림 참고문헌

Abe, Y., Ohtani, E., Okuchi, T., Righter, K. and Drake, M. (2000) 'Water in the early Earth', in Canup, R. M. and Righter, K. (eds) *Origin of the Earth and Moon*, University of Arizona Press.

Barstow, J. K. and Irwin, P. G. J. (2016) 'Habitable worlds with JWST: transit spectroscopy of the TRAPPIST-1 system?', *Monthly Notices of the Royal Astronomical Society: Letters*, vol. 461, no. 1, 1 September, pp. L92-L96.

Cabrera, J., Csizmadia, Sz., Lehmann, H., Dvorak, R., Gandolfi, D., Rauer, H., Erikson, A., Dreyer, C., Eigmüller, Ph. and Hatzes, A. (2014) 'The planetary system to KIC11442793: a compact analogue to the solar system', *The Astrophysical Journal*, vol. 781, no. 1. The American Astronomical Society.

Carroll, S. B. (2001) 'Chance and necessity: the evolution of morphological complexity and diversity', *Nature*, vol. 409, pp. 1102-09.

de Muizon, M., Gabelle, T. R., d'Hendecourte, L. and Baas, F. (1986) in Pendleton, Y. J. and Tielens, A. G. G. M. (eds) (1997) 'From Stardust to Planetesimals', *Astronomical Society of the Pacifi c Annual Meeting*, San Francisco, California, 24-26 June 1996.

Feldman, W. C., Prettyman, T. H., Maurice, S., Plaut, J. J., Bish, D. L., Vaniman, D. T., Mellon, M. T., Metzger, A. E., Squyres, S. W., Karunatillake, S., Boynton, W. V., Elphic, R. C., Funsten, H. O., Lawrence, D. J. and Tokar, R. L. (2004) 'Global distribution of near-surface hydrogen on Mars', *Journal of Geophysical Research*, vol. 109, doi:10.1029/2003je002160.

Greenberg, R. (2008) *Unmasking Europa: the search for life on Jupiter's ocean moon*, Praxis Publishing Ltd.

Kasting, J. F., Whit more, D. P. and Reynolds, R. T. (1993) 'Habitable Zones around Main Sequence Stars', *Icarus*, vol. 101, p. 108.

Lahav, N. (1999) *Biogenesis: theories of life's origin*, Oxford University Press, Oxford.

Lowenstein, J. M. and Zihlman, A. (1998) 'The Pulse of Life', in Gribbin, J. (ed) *A Brief History of Science*, Weidenfeld and Nicholson Ltd.

Melosh, H. J. (1989) *Impact Cratering, a Geological Process*, Oxford University Press, Oxford.

Porcelli, D. and Pepin, R. O. (2000) 'Rare gas constraints on early Earth history', in Canup, R. M. and Righter, K. (eds) *Origin of the Earth and Moon*, University of Arizona Press.

Rothschild, L. J. and Mancinelli, R. L. (2001) 'Life in extreme environments', *Nature*, vol. 409, pp. 1092-101.

Sagan, C. and Drake, F. (1975) 'The search for extraterrestrial intelligence', *Scientific American*, vol. 232, pp. 80-9.

Schidlowski, M., Hayes, J. M. and Kaplan, I. R. (1983) 'Isotopic inferences of ancient biochemistries: carbon, sulfur, hydrogen, and nitrogen', in Schopf, J. W. (ed) *Earth's Earliest Biosphere: Its Origin and Evolution*, Princeton University Press, Princeton, New Jersey.

Schopf, J. W. (ed) (1983) *Earth's Earliest Biosphere: Its Origin and Evolution*, Princeton University Press, Princeton, New Jersey.

Snellen, A. G. (2007) 'Astronomy: Earth's seven sisters', *Nature*, no. 456, pp. 421-3.

Stevenson, K. B., Désert, J. M., Line, M. R., Bean, J. L., Fortney, J. J., Showman, A. P., Kataria, T., Kreidberg, L., McCullough, P. R., Henry, G. W. and Charbonneau, D. (2014) 'Thermal structure of an exoplanet atmosphere from phase-resolved emission spectroscopy', *Science*, vol. 346, no. 6211, pp. 838-41.

Wallace, J. M. (1977) *Atmospheric Science*, Academic Press, San Diego.

Zubay, G. L. (2000) *Origins of Life on the Earth and in the Cosmos*, Academic Press, San Diego.

찾아보기

내용

ㄱ
간섭계 204
갈릴레이위성 123
갈색 왜성 225
감속 101
강제이심률 133
거대분자 5
거대 지구 246
거울 반사 187
결빙선 241
계통 나무 34
공간 분해능 200
관측 가능한 물리량 223
광도 41
광도 곡선 206
광분해 88, 137
광합성 33
광화학적 93
구상성단 284
궤도공명 133
극관 79
극성 4
극한 생명체 67
극호열성 34
근성 거리 244
근적외선 271
금속성 229
기둥 질량 84

ㄴ
눈덩어리 지구 53
뉴클레오티드 8

ㄷ
다윈의 진화 2
다이슨 구 287
단량체 6

단백질 5
단일층 28
대상 철 형성 57
도플러 분광학 212
도플러 효과 213
독립영양생물 33
동위원소 분별 62
동핵 이원자 분자 263
디옥시리보 핵산 8
뜨거운 목성들 207

ㄹ
라디칼 176
라세믹 24
레이더 88
루비스코 62
리보솜 11
리보 핵산 8
리우 척도 299

ㅁ
마이셀 28
마이크로스피어 29
무극성 4
무위 결과 296
물의 세상 239
미생물 26
미시 중력렌즈 효과 208

ㅂ
바이오버든 118
반사 스펙트럼 260
발효 33
밝기 197
방사선 분해 137
방출선 262
백색 왜성 229
분광 분해능 268
분자 3

브레이스웰 탐사정 279
블랙홀 229
비활성 기체 4
빛의 상쇄간섭 204

ㅅ
사문석화 작용 77
산개성단 284
산화 89, 260
산화-환원 반응의 한 쌍 260
삼중점 86
삼투 현상 72
상평형 도표 86
생명 이전 25
생물 지표 12
선택 효과 219
성간 물질 13
소수성 5
소행성 18
소행성대 20
스트로마톨라이트 58
스펙트럼 262
승화 86
시상 197
시선속도 213
시선속도 방법 212
쌍성계 48

ㅇ
아마조니안 시대 94
아미노산 7
아인슈타인 고리 208
알베도 42
암호성 지의류 76
양친매성 28
얼음 127
열 이력 71
열적 복사 263
외계위성 251

외계 인공물 탐사 279
외계 지적 생명체와의 소통 279
외계 지적 생명체 탐사 279
외계행성 193
운석 17
운하 79
유전 정보 9
유체역학적 탈출 111
유형 II 이주 243
유형 I 이주 243
은하계 거주 가능 지역 48
이성질체 22
이중 나선 9
이중층 28
이중층 막 29
이진법 290
이핵 분자 263

ㅈ
자연선택 2
자외선 원형 편광 25
적철광 94
종속영양생물 34
주계열 별 229
주계열 항성 44
주연감광 167
중력렌즈 효과 208
중성자 별 229
중온성 생물 69
중합체 6
지구와 유사한 외계행성 231
지속 거주 가능 지역 44
지의류 76
지질 5
질량중심 211

ㅊ
초신성 225
촉매 8
최초 공통 조상 35
충돌 침식 111
친수성 5
칭동 133

ㅋ
카오스 146
커널 242
코아세르베이트 29
코페르니쿠스의 원칙 298
키랄성 22

ㅌ
탄소질 콘드라이트 18
탄수화물 5
탈수가사 상태 72
탈출 속도 106
태양계 성운 16
톨린 180
통과 205

ㅍ
파수 173
판스페르미아 26
펄서 225
페르미 역설 297
평형 상수 175
포접 화합물 112
폰 노이만 탐사정 297
표토 129
프랭크 드레이크 193
플럭스 197
플럭스밀도 197

ㅎ
항성 거주 가능 지역 41
해상도 94
해저 열수구 31
핵산 5
행성 보호 117
행성체 107
행성 태아 241
헤스페리안 시대 94
혜성 16
호산성 생명체 72
호알칼리성 생명체 72
호열성 34
호염성 생물 72

호흡 32
화학적 평형 175
화학합성 33
환원 89, 260
환원된 89
효소 8
후기 대량 폭격 22
휘발성 46
흡수선 262

기타
DNA 8
M 왜성 229
OSETI 296
RNA 8
SLiME 77

인명

ㄱ
갈릴레오 갈릴레이 123
귄터 바흐터스하우저 31

ㄷ
데이비드 데스 마라이스 12
데이비드 디머 30
데이비드 맥케이 114
데일 프레일 225
디디에 켈로즈 226

ㄹ
로버트 피츠로이 300
로절린드 프랭클린 9
루이 파스퇴르 1

ㅁ
마틴 리스 295
마틴 브레이저 60
말콤 월터 12
모리스 윌킨스 9
미셸 마요르 226

ㅂ

브레이크스루 리슨 295
빌 쇼프 60

ㅅ

스반테 아레니우스 26
스탠리 밀러 17
스티븐 호킹 295
시드니 올트먼 32
시드니 폭스 29

ㅇ

안톤 반 레벤후크 1
알렉산데르 볼시찬 225
알렉산드라 오파린 29
앤 드류얀 295
에버렛 깁슨 114
윌리엄 라셀 123
윌리엄 톰슨 26

윌리엄 허셜 123, 167
유리 밀너 295

ㅈ

장-도미니크 카시니 170
제라드 카이퍼 127, 167
제임스 왓슨 8
제임스 카스팅 45
조반니 비르지니오 스키아파렐리 79
존 허셜 167
주제프 코메즈 이 술라 167
쥬세페 코코니 294
짐 가빈 81

ㅊ

찰스 다윈 2

ㅋ

칼 가우스 294

칼 세이건 259
캐시 토마스-켑플타 114
크리스티안 하위헌스 167

ㅌ

토마스 체크 32

ㅍ

퍼시벌 로웰 80
프란시스 크릭 8
프란시스코 레디 1
피터 반 데 캠프 225
필립 모리슨 294

ㅎ

해럴드 유리 17

편저자

David A. Rothery

영국 오픈대학교의 행성지질학 교수이며 화산 지질학자다. 지질 원격탐사 분야의 경력이 있으며 외행성들의 위성에 특히 관심이 많다. 여러 우주 탐사 미션에 참여해왔으며 수성 프로젝트인 유럽 우주국 베피콜롬보 미션의 서피스 앤드 콤퍼지션 워킹그룹을 이끌고 있다.

Iain Gilmour

영국 오픈대학교의 동위원소 지질화학 교수이며 고기후 변화와 대규모 행성 충돌에 의한 지질화학을 연구하고 있다. 오픈대학교와 다른 기관에서 지질학과 행성 과학에 대한 다양한 분야의 강좌를 열어 가르치고 있다.

Mark A. Sephton

임페리얼칼리지런던 지구과학공학과의 유기지질화학 및 운석 분야 교수다. 지구와 우주의 유기물 기록에 대해 관심을 가지고 연구하고 있다. 지구 밖에서 유입되는 운석에 포함된 유기물질, 우주 탐사선의 생명체 발견, 대멸종의 원인과 결과, 환경 변화의 지표에 대해서도 연구하고 있다.

옮긴이

송인옥
영국 노팅엄대학교 화학과 박사
현 KAIST 부설 한국과학영재학교 교사

권석민
서울대학교 천문학과 박사
현 강원대학교 과학교육학부 교수

장헌영
영국 케임브리지대학교 천문학과 박사
현 경북대학교 천문대기과학과 교수

김유제
미국 미시간대학교(앤아버) 대기우주과학과 박사
현 한국천문올림피아드 사무국장

심채경
경희대학교 우주탐사학과 박사
현 경희대학교 우주과학과 학술연구교수

김용기
독일 베를린공과대학 물리학부 이학박사
현 충북대학교 천문우주학과 교수

손정주
서울대학교 물리천문학부 천문학과 박사
현 한국교원대학교 지구과학교육과 교수

심현진
서울대학교 물리천문학부 천문학과 박사
현 경북대학교 지구과학교육과 교수

윤문·감수 최은실
이화여자대학교 대학원 박사과정 통번역학과 수료
부산외국어대학교 통역번역대학원 조교수